全国高等农林院校"十一五"规划教材
高等农林院校生命科学类系列教材

植 物 学

（南方本）

第 2 版

许鸿川　主编

中国林业出版社

图书在版编目(CIP)数据

植物学：南方本/许鸿川主编．-2版-北京：中国林业出版社，2008.1(2021.9重印)
(全国高等农林院校"十一五"规划教材，高等农林院校生命科学类系列教材)
ISBN 978-7-5038-4972-5

Ⅰ．植…　Ⅱ．许…　Ⅲ．植物学-高等学校-教材　Ⅳ．Q94

中国版本图书馆 CIP 数据核字(2008)第000952号

出版　中国林业出版社(100009　北京西城区刘海胡同7号)
E-mail　publicbook@163.com　电话　010-83143555
网址　http://www.forestry.gov.cn/lycb.html
发行　中国林业出版社
印刷　三河市祥达印刷包装有限公司
版次　2006年1月第1版
　　　　2008年1月第2版
印次　2021年9月第8次
开本　787mm×1092mm　1/16
印张　27.5
字数　760千字
定价　66.00元

高等农林院校生命科学类系列教材

编写指导委员会

顾　问：谢联辉
主　任：尹伟伦　董常生　马崎英
副主任：林文雄　张志翔　李长萍　董金皋　方　伟　徐小英
编　委：（以姓氏笔画为序）

马崎英　王冬梅　王宗华　王金胜　王维中　方　伟
尹伟伦　关　雄　刘国振　张志翔　张志毅　李凤兰
李长萍　李生才　李俊清　李国柱　李存东　杨长峰
杨敏生　林文雄　郑彩霞　胡德夫　郝利平　徐小英
徐继忠　顾红雅　蒋湘宁　董金皋　董常生　谢联辉
童再康　潘大仁　魏中一

全国高等农林院校"十一五"规划教材
高等农林院校生命科学类系列教材

《植物学（南方本）》编写组

主　编　许鸿川

编著者　（以姓氏笔画为序）

　　　　　许鸿川（福建农林大学）

　　　　　林　如（福建农林大学）

　　　　　黄榕辉（福建农林大学）

　　　　　黄春梅（福建农林大学）

审稿人　顾红雅（北京大学）

　　　　　强　胜（南京农业大学）

　　　　　金银根（扬州大学）

出版说明

进入 21 世纪以来，生命科学日新月异，向人们展现出了丰富多彩的生命世界及诱人的发展前景，生命科学已成为高等院校各相关专业关注的焦点，包括理科、工科和文科在内的各个学科相继酝酿、开设了与生命科学相关的课程。为贯彻和落实教育部"十一五"规划高等学校课程体系改革的精神，满足农林院校中生物专业和非生物专业教学的需要，中国林业出版社与北京林业大学、福建农林大学、山西农业大学、河北农业大学、浙江林学院等院校共同组织了各院校相关学科的资深教师编写了这套适合于高等农林院校使用的生命科学类系列教材，并希望成为一套内容全面、语言精炼的生命科学的基础教材。

本系列教材系统介绍了现代生命科学的基本概念、原理、重要的科学分支及其研究新进展以及研究技术与方法。我们期望这套系列教材不仅可以让农林院校的学生了解生命科学的基础知识和研究的新进展，激发学生们对生命科学研究的兴趣，而且可以引导他们从各自的研究领域出发，对各种生命现象从不同的角度进行深入的思考和研究，以实现各领域的合作，推动学科间的协同发展。

近几年来，各有关农林院校的一大批长期从事生物学、生态学、遗传学以及分子生物学等领域的教学和科研工作的留学归国人员及骨干教师，他们在出色完成繁重的教学和科研任务的同时，均亲自参与了本系列教材的编撰工作，为系列教材的编著出版付出了大量的心血。各有关农林院校的党政领导和教务处领导对本系列教材的组织编撰都给予了极大的支持和关注。在此谨对他们表示衷心的感谢。

生命科学的分支学科层出迭起，生命科学领域内容浩瀚、日新月异，且由于我们的知识构成和水平的限制，书中不足之处在所难免，恳请广大读者和同行批评指正。

高等农林院校生命科学类系列教材
编写指导委员会
2006 年 5 月 18 日

第 2 版前言

《植物学(南方本)》自 2006 年 1 月出版以来已近两年了,根据对使用者的调查,普遍认为该书教学内容符合高等农林院校人才培养目标及本课程教学的要求,取材合适,深度适宜,分量恰当。章节清晰合理,知识体系完整、严密,主次分明,详略得当,图文并茂,配套教材完整。在各章范例的选择上,注重理论密切联系实际,极大地提高了教材的实用性和教学效果。不仅有利于教师更好地组织教学,也方便学生的预习和复习,从而加快和加深学生对植物学知识的理解和掌握,深受使用者的普遍欢迎和好评。

本教材现已被南方多所高等农林院校选用,也被部分北方高等农林院校选用。其中,作为本科专业基础课教材使用的包括生物类和农林类中的近 20 个专业。此外,本教材也被部分高等农林院校的生物类和农林类专业选作硕士研究生招生入学考试用书;还被部分省市作为选拔普通高职高专应届优秀毕业生进入本科高等学校继续学习生物类和农林类入学考试用书。

这次再版主要是对第一版中存在的缺点和不足进行修订,使之更加完善,包括:订正了一些文字,更新了一些插图,调整了版面结构。

再版工作自始至终得到中国林业出版社的指导和支持。同时也得到编者所在学校和学院领导以及有关教师和实验技术人员的热情关心、大力支持和帮助。

请允许编者在此对所有选用本教材以及对本教材的再版工作给予关心、支持和帮助的同志们,表示衷心的感谢!

欢迎兄弟院校使用本教材。由于编者理论水平和实践经验有限,书中难免有错误或欠妥之处,敬请各位读者批评指正。

编 者
2007 年 11 月

第1版前言

植物学是生物学系列课程中的核心课程之一,是高等农林、师范及综合院校生物科学类、植物生产类、环境生态类和资源类本专科各专业必修的一门专业基础课。主要研究被子植物个体发育和植物界各类群系统发育的基本规律以及与规律有关的基本过程。通过本课程学习,一方面使学生全面掌握植物形态构成和植物界系统演化的规律,掌握被子植物分类的基本理论、基本知识和基本技能,了解植物与人类的关系,为后续课程提供必要的植物学基础知识;另一方面,帮助学生树立环境意识和自然界可持续发展思想,为全面提高学生的素质服务,为合理开发利用和保护植物资源打好必要基础。基于以上目标,我们在编写过程中,着重注意以下几方面:

第一,注重教材的系统性和先进性。本教材分别从微观和宏观两个方面来表述植物学的知识结构。在微观方面,它从细胞、组织和器官三个层次来剖析高等显花植物(主要是被子植物)的形态、结构和功能;在宏观方面,它从植物界的基本类群和分类以及被子植物的主要分科两条线索来阐述植物界的发生和发展规律以及植物与人类的关系。本教材兼顾了植物个体发育的整体性和系统发育的连贯性,将植物学的微观知识同宏观知识有机地联系起来。虽然植物学的发展历史悠久,但它又是近现代迅速发展的学科之一。近20年来,植物学的相关学科相互渗透,一些传统学科的界线正在淡化,尤其是有关分子生物学的新概念和新技术的引入,使边缘学科和新的综合性研究领域层出不穷。在新的形势下,植物学的教学内容也应考虑各分支学科之间的交叉、渗透和融合。为此,我们参考了一些最新教材、专著和论文,将植物科学的一些新进展和新的研究成果充实到教材中,使之能成为一本顺应时代发展的崭新教材。

第二,注重理论联系实际。本教材作为中国南方地区的植物学教材,除了正确地阐述本学科的科学理论和概念外,在各章节范例的选择上,特别注意结合中国南方实际,举例所用到的植物是在中国南方(主要是中亚热带、南亚热带和热带)大部分地区有栽培或常见的植物。特别在被子植物分类等章节中,列举了大量中国南方地区常见的属种,并将植物分类与植物的经济用途紧密联系起来,教学内容力求能体现植物学与农业、林业生产实际的密切联系和为农业、林业现代化服务的思想。这也是本书的特色和创新点。理论密切联系实际,不仅提高了教材的实用性,同时也提高了教学效果。有时为了形态特征上对照的需要,也列举了一些北方的植物,如大麦是我国各地普遍栽培的粮食作物,其变种青稞则主要栽培于我国西部,另一变种三叉大麦则主要分布于青海、西藏、四川、甘肃等省(区)。大麦颖果成熟时黏着内外稃不易脱出；其变种青稞和三叉大麦的颖果成熟时则易与内外稃分离。通过比较来加深对理论知识的掌握，同时也拓宽了知识面。

第三，注重教学内容的通俗易懂、主次分明、详略得当。这不仅有利于教师更好地组织教学，也方便学生的预习和复习。每章之前都有一段概述，指明主要内容和目的要求。每章之后都有本章小结、复习思考题与习题。此外，还另编有与本教材配套的《植物学学习指导》，指导学生活学活用植物学的知识。由于植物学所涉及的知识面很广，但教学时间较少，教师的课堂教学不能面面俱到，因此本教材安排了一部分由学生自学的内容，这些内容在正文中用小五号字表示。各校也可以根据各自教学大纲的要求自行增减学生自学的内容。学生通过自学，可以拓宽知识面并开阔眼界；通过思考和练习，可以加快和加深对知识的理解和掌握，为更好地学习后续的专业课和今后从事相关的科研工作打下坚实的基础。

第四，注重教材的规范化和形象化。本教材所用的名词均采用全国自然科学名词审定委员会公布的名词，其中主要的名词术语均列出英文，所涉及的植物名称在系统分类的章节中均同时列出学名。精选插图400余幅，不仅便于学生加深对教材内容的理解和掌握，而且大大增加了教材的形象化、真实感和美感。

本教材可作为中国南方高等农林院校生物科学类、植物生产类、环境生态类和资源类本科各专业的植物学教材，也可作为中国南方其他高等院校植物学的教材及植物爱好者的参考书。本教材由福建农林大学许鸿川教授主编，并负责全书的统稿工作。编写工作分工如下：绪论、第一章、第四章至第七章以及第九章和第十章由许鸿川负责编写；第二章由黄春梅负责编写；第三章由林如负责编写；第八章由黄榕辉负责编写。

本书许多材料和图片引自国内外已出版的植物学教材和其他教学参考书，限于篇幅，恕未逐一加注，在此一并表示衷心的感谢！本书承蒙北京大学顾红雅教授、南京农业大学强胜教授和扬州大学金银根教授审稿，其中顾红雅教授负责绪论、第九章和第十章的审稿工作，强胜教授和金银根教授负责第一章至第八章的审稿工作。编写工作自始至终得到中国林业出版社的指导和支持，同时也得到编者所在学校和学院领导以及有关教师和实验技术人员的热情关心、大力支持和帮助。

请允许编者在此对所有参与本教材审稿以及对本教材的编写工作给予关心、支持和帮助的同志们，表示衷心的感谢！

欢迎兄弟院校使用本教材。由于编者理论水平和实践经验有限，书中难免有错误或不妥之处，敬请各位读者批评指正。

编　者

2005年9月

目　　录

绪　论 ……………………………………………………………………………… （1）
　　一、植物界的多样性 ………………………………………………………… （1）
　　二、植物的基本特征和植物界的划分 ……………………………………… （2）
　　三、植物在自然界及人类生活中的重要作用 ……………………………… （3）
　　四、植物科学的发展简史 …………………………………………………… （7）
　　五、植物科学的研究内容、分科及发展趋势 ……………………………… （8）
　　六、高等农林院校植物学课程的内容、学习目的和方法 ………………… （8）

第一章　植物细胞 ……………………………………………………………… （10）
　第一节　细胞概述 ……………………………………………………………… （10）
　　一、细胞的发现及细胞学说的建立和发展 ………………………………… （10）
　　二、细胞的基本概念 ………………………………………………………… （11）
　　三、原核细胞与真核细胞 …………………………………………………… （11）
　　四、真核植物细胞的基本特征 ……………………………………………… （13）
　第二节　细胞生命活动的物质基础——原生质 ……………………………… （15）
　　一、原生质的基本化学组成 ………………………………………………… （15）
　　二、原生质的物理性质和生理特性 ………………………………………… （19）
　第三节　细胞的外被结构——细胞壁与细胞膜 ……………………………… （19）
　　一、细胞壁 …………………………………………………………………… （19）
　　二、细胞膜 …………………………………………………………………… （22）
　第四节　细胞间的联络结构——纹孔与胞间连丝 …………………………… （24）
　　一、纹　孔 …………………………………………………………………… （24）
　　二、胞间连丝 ………………………………………………………………… （25）
　第五节　细胞质 ………………………………………………………………… （26）
　　一、胞基质 …………………………………………………………………… （26）
　　二、细胞器 …………………………………………………………………… （27）
　　三、细胞骨架系统 …………………………………………………………… （35）
　第六节　细胞核 ………………………………………………………………… （36）
　　一、细胞核的形态及其在细胞内的分布 …………………………………… （36）
　　二、细胞核的结构 …………………………………………………………… （37）
　　三、细胞核的功能 …………………………………………………………… （39）

第七节　后含物 (39)
　　　　一、淀　粉 (39)
　　　　二、蛋白质 (40)
　　　　三、脂　类 (41)
　　　　四、晶　体 (41)
　　　　五、次生代谢物质 (41)
　　第八节　细胞的繁殖 (42)
　　　　一、细胞周期 (42)
　　　　二、有丝分裂 (43)
　　　　三、无丝分裂 (46)
　　第九节　细胞的生长与分化 (47)
　　　　一、细胞的生长 (47)
　　　　二、细胞的分化 (48)

第二章　植物组织 (52)

　　第一节　植物组织的概念与类型 (52)
　　第二节　分生组织 (52)
　　　　一、细胞特点 (53)
　　　　二、分　类 (53)
　　第三节　营养组织（薄壁组织） (54)
　　　　一、同化组织 (55)
　　　　二、贮藏组织 (55)
　　　　三、吸收组织 (56)
　　　　四、通气组织 (56)
　　　　五、传递细胞 (56)
　　第四节　保护结构 (57)
　　　　一、表　皮 (57)
　　　　二、周　皮 (60)
　　第五节　机械组织 (61)
　　　　一、厚角组织 (61)
　　　　二、厚壁组织 (61)
　　第六节　输导组织 (63)
　　　　一、运输水分和无机盐的组成分子 (63)
　　　　二、运输同化产物的组成分子 (65)
　　第七节　分泌结构 (68)
　　　　一、外分泌结构 (68)
　　　　二、内分泌结构 (70)

第八节　复合组织和组织系统……………………………………………(71)
　　　　一、复合组织…………………………………………………………(71)
　　　　二、组织系统…………………………………………………………(72)

第三章　根……………………………………………………………(75)

　　第一节　根的功能……………………………………………………(75)
　　　　一、根的一般功能……………………………………………………(75)
　　　　二、根的特殊功能……………………………………………………(75)
　　第二节　根的形态类型………………………………………………(76)
　　　　一、定根和不定根……………………………………………………(76)
　　　　二、直根系和须根系…………………………………………………(77)
　　第三节　根尖的初生生长与初生结构的形成………………………(78)
　　　　一、根尖分区及其初生生长…………………………………………(78)
　　　　二、根的初生结构……………………………………………………(82)
　　第四节　侧根的发生…………………………………………………(86)
　　　　一、侧根原基的发生…………………………………………………(86)
　　　　二、侧根的形成及其在母根上的分布………………………………(86)
　　第五节　双子叶植物根的次生生长与次生结构……………………(87)
　　　　一、维管形成层的发生与次生维管组织的形成……………………(88)
　　　　二、木栓形成层的发生与周皮的形成………………………………(89)
　　第六节　根瘤与菌根…………………………………………………(90)
　　　　一、根　瘤……………………………………………………………(91)
　　　　二、菌　根……………………………………………………………(92)

第四章　茎……………………………………………………………(96)

　　第一节　茎的性质、生长习性及其主要生理功能…………………(96)
　　　　一、茎的性质…………………………………………………………(96)
　　　　二、茎的生长习性……………………………………………………(97)
　　　　三、茎的主要生理功能………………………………………………(97)
　　第二节　芽与枝条……………………………………………………(98)
　　　　一、芽…………………………………………………………………(98)
　　　　二、枝条的形态特征及分枝方式……………………………………(100)
　　第三节　茎尖的分区及茎的初生生长………………………………(103)
　　　　一、茎尖的分区………………………………………………………(103)
　　　　二、茎的初生生长……………………………………………………(106)
　　第四节　双子叶植物茎的初生结构…………………………………(106)
　　　　一、表　皮……………………………………………………………(107)

二、皮　层 …………………………………………………………………（107）
　　三、维管柱 …………………………………………………………………（108）
第五节　双子叶植物茎的次生生长与次生结构及多年生木本植物茎的特点 ………（108）
　　一、维管形成层的发生、组成及其活动 …………………………………（109）
　　二、木栓形成层的发生与活动 ……………………………………………（111）
　　三、多年生木本植物茎的特点 ……………………………………………（113）
第六节　单子叶植物茎的结构特点 ……………………………………………（120）
　　一、禾本科植物茎节间的结构 ……………………………………………（120）
　　二、单子叶植物茎的加粗 …………………………………………………（122）
第七节　茎的生长特性与人的生活 ……………………………………………（123）
　　一、纤维植物中茎纤维的特点 ……………………………………………（123）
　　二、枝条生根与人工营养繁殖 ……………………………………………（124）
　　三、茎的创伤愈合与嫁接 …………………………………………………（126）
　　四、抗倒伏植物茎的结构特征 ……………………………………………（127）

第五章　叶 …………………………………………………………………（130）

第一节　叶的生理功能 …………………………………………………………（130）
　　一、叶的普通生理功能 ……………………………………………………（130）
　　二、叶的特殊功能 …………………………………………………………（130）
第二节　叶的形态 ………………………………………………………………（131）
　　一、叶的组成 ………………………………………………………………（131）
　　二、叶片的形状 ……………………………………………………………（132）
　　三、单叶和复叶 ……………………………………………………………（137）
　　四、叶序和叶镶嵌 …………………………………………………………（138）
第三节　叶的发生和生长 ………………………………………………………（139）
　　一、叶原基的发生 …………………………………………………………（139）
　　二、完全叶各部分的发生 …………………………………………………（139）
　　三、叶片的发育 ……………………………………………………………（139）
第四节　叶的结构 ………………………………………………………………（139）
　　一、双子叶植物叶的结构 …………………………………………………（140）
　　二、禾本科植物叶的结构 …………………………………………………（145）
第五节　叶片结构与生态环境的关系 …………………………………………（150）
　　一、旱生植物叶片的结构特点 ……………………………………………（150）
　　二、水生植物叶片的结构特点 ……………………………………………（152）
　　三、阳地植物和阴地植物叶的结构特点 …………………………………（153）
第六节　叶的衰老与脱落 ………………………………………………………（154）
　　一、叶的衰老 ………………………………………………………………（154）

二、叶的脱落 …………………………………………………………………… (154)
　第七节　叶的生长特性与农业实践 …………………………………………………… (155)
　　　一、叶的生长特性与种植方式 …………………………………………………… (155)
　　　二、不同叶位的叶与作物产量 …………………………………………………… (155)
　　　三、叶的再生长与草皮、牧草和饲用作物生产 ………………………………… (156)

第六章　营养器官之间的联系及其变态 …………………………………………… (158)

　第一节　营养器官之间的联系 ………………………………………………………… (158)
　　　一、营养器官功能的协同性 ……………………………………………………… (158)
　　　二、营养器官间结构的联系 ……………………………………………………… (160)
　　　三、营养器官生长的相关性 ……………………………………………………… (163)
　第二节　营养器官的变态及其调控 …………………………………………………… (166)
　　　一、变态的概念 …………………………………………………………………… (166)
　　　二、根的变态 ……………………………………………………………………… (166)
　　　三、茎的变态 ……………………………………………………………………… (170)
　　　四、叶的变态 ……………………………………………………………………… (174)
　　　五、同源器官和同功器官 ………………………………………………………… (175)
　　　六、变态的调控 …………………………………………………………………… (176)

第七章　花 …………………………………………………………………………… (179)

　第一节　花在个体发育与系统发育中的意义 ………………………………………… (179)
　第二节　花的组成及形态 ……………………………………………………………… (180)
　　　一、花的概念与组成 ……………………………………………………………… (180)
　　　二、花的形态类型 ………………………………………………………………… (181)
　　　三、禾本科植物小穗和小花的构造 ……………………………………………… (189)
　　　四、花程式与花图式 ……………………………………………………………… (190)
　　　五、花　序 ………………………………………………………………………… (191)
　第三节　花芽分化 ……………………………………………………………………… (193)
　　　一、花芽分化时的顶端分生组织的变化 ………………………………………… (193)
　　　二、花芽分化的时期 ……………………………………………………………… (194)
　　　三、花芽分化的过程 ……………………………………………………………… (194)
　第四节　雄蕊的发育和结构 …………………………………………………………… (197)
　　　一、花丝和花药的发育 …………………………………………………………… (197)
　　　二、花粉粒的发育过程 …………………………………………………………… (199)
　　　三、花粉粒的形态与结构 ………………………………………………………… (205)
　　　四、花粉粒的生活力 ……………………………………………………………… (206)
　　　五、花粉败育和雄性不育现象 …………………………………………………… (207)

　　　　六、花药、花粉培养和花粉植物 …………………………………… (207)
　第五节　雌蕊的发育和结构 ………………………………………………… (208)
　　　　一、雌蕊的组成 ………………………………………………………… (208)
　　　　二、胚珠的组成和发育 ………………………………………………… (209)
　　　　三、胚囊的发育和结构 ………………………………………………… (210)
　第六节　开花与传粉 ………………………………………………………… (212)
　　　　一、开　花 ……………………………………………………………… (212)
　　　　二、传　粉 ……………………………………………………………… (213)
　第七节　受　精 ……………………………………………………………… (215)
　　　　一、花粉的萌发 ………………………………………………………… (215)
　　　　二、花粉管的生长 ……………………………………………………… (216)
　　　　三、双受精过程 ………………………………………………………… (218)
　　　　四、受精与双受精作用的生物学意义 ………………………………… (219)
　　　　五、多倍体的概念 ……………………………………………………… (219)
　　　　六、传粉、受精作用的调控 …………………………………………… (220)

第八章　种子和果实 …………………………………………………………… (223)

　第一节　种　子 ……………………………………………………………… (223)
　　　　一、种子的发育 ………………………………………………………… (223)
　　　　二、种子的结构和类型 ………………………………………………… (230)
　　　　三、种子的寿命和种子的休眠 ………………………………………… (234)
　　　　四、种子的萌发与幼苗的形成 ………………………………………… (236)
　第二节　果　实 ……………………………………………………………… (241)
　　　　一、果实的形成和发育 ………………………………………………… (241)
　　　　二、果实的类型 ………………………………………………………… (242)
　　　　三、单性结实和无籽果实 ……………………………………………… (245)
　第三节　果实和种子的传播 ………………………………………………… (245)
　　　　一、借重力传播的果实和种子 ………………………………………… (245)
　　　　二、借水力传播的果实和种子 ………………………………………… (245)
　　　　三、借风力传播的果实和种子 ………………………………………… (246)
　　　　四、借果实自身力量传播的果实和种子 ……………………………… (246)
　　　　五、借动物和人类传播的果实和种子 ………………………………… (247)

第九章　植物界的基本类群与演化 …………………………………………… (250)

　第一节　植物分类的基础知识 ……………………………………………… (250)
　　　　一、植物分类的方法 …………………………………………………… (250)
　　　　二、植物分类的各级单位 ……………………………………………… (251)

三、植物的命名方法……………………………………………(252)
　　　四、植物检索表的编制与应用……………………………………(253)
　第二节　植物界的基本类群……………………………………………(254)
　　　一、藻类植物………………………………………………………(255)
　　　二、菌类植物………………………………………………………(270)
　　　三、地衣植物………………………………………………………(280)
　　　四、苔藓植物………………………………………………………(281)
　　　五、蕨类植物………………………………………………………(287)
　　　六、裸子植物………………………………………………………(297)
　　　七、被子植物………………………………………………………(310)
　第三节　植物界的发生和演化…………………………………………(314)
　　　一、细菌和蓝藻的发生和演化……………………………………(314)
　　　二、真核藻类的发生和演化………………………………………(314)
　　　三、黏菌和真菌的发生和演化……………………………………(316)
　　　四、苔藓植物的发生和演化………………………………………(316)
　　　五、蕨类植物的发生和演化………………………………………(316)
　　　六、裸子植物的发生和演化………………………………………(319)
　　　七、被子植物的发生和演化………………………………………(322)

第十章　被子植物主要分科 ……………………………………………(329)

　第一节　双子叶植物纲…………………………………………………(329)
　　　一、木兰科…………………………………………………………(329)
　　　二、樟　科…………………………………………………………(331)
　　　三、睡莲科…………………………………………………………(332)
　　　四、毛茛科…………………………………………………………(333)
　　　五、桑　科…………………………………………………………(335)
　　　六、胡桃科…………………………………………………………(336)
　　　七、壳斗科…………………………………………………………(337)
　　　八、藜　科…………………………………………………………(338)
　　　九、苋　科…………………………………………………………(340)
　　　十、石竹科…………………………………………………………(341)
　　　十一、蓼　科………………………………………………………(342)
　　　十二、山茶科………………………………………………………(343)
　　　十三、椴树科………………………………………………………(344)
　　　十四、锦葵科………………………………………………………(345)
　　　十五、西番莲科……………………………………………………(346)
　　　十六、番木瓜科……………………………………………………(348)

十七、葫芦科 …………………………………………………………………… (348)
十八、杨柳科 …………………………………………………………………… (350)
十九、十字花科 ………………………………………………………………… (351)
二十、杜鹃花科 ………………………………………………………………… (353)
二十一、柿树科 ………………………………………………………………… (354)
二十二、蔷薇科 ………………………………………………………………… (355)
二十三、豆　科 ………………………………………………………………… (358)
二十四、桃金娘科 ……………………………………………………………… (363)
二十五、大戟科 ………………………………………………………………… (364)
二十六、鼠李科 ………………………………………………………………… (367)
二十七、葡萄科 ………………………………………………………………… (368)
二十八、无患子科 ……………………………………………………………… (368)
二十九、漆树科 ………………………………………………………………… (370)
三十、芸香科 …………………………………………………………………… (371)
三十一、伞形科 ………………………………………………………………… (372)
三十二、夹竹桃科 ……………………………………………………………… (374)
三十三、茄　科 ………………………………………………………………… (375)
三十四、旋花科 ………………………………………………………………… (377)
三十五、唇形科 ………………………………………………………………… (378)
三十六、木犀科 ………………………………………………………………… (380)
三十七、玄参科 ………………………………………………………………… (381)
三十八、茜草科 ………………………………………………………………… (382)
三十九、菊　科 ………………………………………………………………… (384)

第二节　单子叶植物纲 …………………………………………………………… (388)
　　一、泽泻科 …………………………………………………………………… (388)
　　二、棕榈科 …………………………………………………………………… (389)
　　三、天南星科 ………………………………………………………………… (391)
　　四、莎草科 …………………………………………………………………… (392)
　　五、禾本科 …………………………………………………………………… (394)
　　六、姜　科 …………………………………………………………………… (399)
　　七、百合科 …………………………………………………………………… (401)
　　八、石蒜科 …………………………………………………………………… (403)
　　九、兰　科 …………………………………………………………………… (405)

第三节　被子植物的主要分类系统及分类原则 ………………………………… (407)
　　一、被子植物系统演化的两种学说 ………………………………………… (407)
　　二、被子植物的主要分类系统 ……………………………………………… (409)
　　三、被子植物的分类原则 …………………………………………………… (413)

参考文献 …………………………………………………………………………… (419)

绪 论

一、植物界的多样性

从地球上生命诞生至今，经历了约35亿年漫长的发展和进化过程，形成了今天约200万种的生物，其中植物界（按两界系统划分）约50余万种，包括藻类、菌类、地衣类、苔藓、蕨类、裸子和被子植物七大类群。

植物在地球上的分布极广，无论平原、丘陵、高山、大陆、荒漠、河海，或温带、赤道、极地，都有不同的植物种类生长繁衍。

不同种类植物的形态、结构、生活习性和对环境的适应性各不相同，千差万别。有的植物体微小，结构简单，仅由单细胞组成；有的由一定数量的细胞聚成群体；多数植物的细胞之间联系紧密，形成多细胞植物体，其中较进化的已有维管系统的分化，形成根、茎、叶等器官；最进化的类型——种子植物，还能通过产生种子繁殖后代。

植物的寿命长短不一，相差悬殊。如有的细菌仅生活20~30min，即可分裂而产生新个体；而裸子植物的北美红杉 *Sequoia sempervirens* (Lamb.) Lindl.，其寿命可达4 000年。在一个植物类群内部，寿命也参差不齐。如被子植物中的草本种类寿命一般很短，一年生和二年生的植物分别在一年中或跨越两个年份就完成了生命周期，并结束其生命；多年生草本的寿命虽然长些，但一般也不超过十几年；而木本种类的寿命则长得多，其中不少种类可以生活几百年，甚至几千年。据报道，产在索马里的百合科植物龙血树 *Dracaena draco* 可以存活6 000~8 000年，是植物界中寿命最长的树。

从营养方式来看，绝大多数植物种类，其细胞中都具叶绿素，能够利用光能自制养料，它们被称为绿色植物或光能自养植物。另一类植物（如真菌、细菌）的体内不含叶绿素，称为非绿色植物。它们或是寄生在其他生物体上，从寄主身体上吸取养料，称为寄生植物；或是从死亡的生物体上吸取养料，称为腐生植物。寄生植物和腐生植物合称异养植物。非绿色植物中也有少数种类，如硫细菌、铁细菌等，可以借氧化无机物获得能量而自制养料，它们被称为化能合成菌。

植物的生活环境是多种多样的。大多数植物都生长在陆地上，通称为陆生植物；少数植物生于水里，通称为水生植物。水生植物又可分为浮水及沉水植物。陆生植物根据它们需要阳光及忍耐光照程度不同，可分为阳地植物和阴地植物；还可以根据它们对土壤水分的要求和适应程度的差异分为旱生植物、中生植物及湿生植物。有的植物生活于沙漠之中，称为沙生植物；有的则生活于盐碱土上，称为盐碱土植物；有的则生活于沼泽之中，称为沼生植物等。

各种植物由于其形态结构和生活环境的不同，使得它们的代谢产物和贮藏物质也是多种多样，这就对人类产生了各种各样的用途，尤其是被子植物，由于代谢产物和贮藏物质丰富，因而形成了许多经济价值很大的资源植物。

二、植物的基本特征和植物界的划分

虽然植物多种多样，但依然有其共有的基本特征。植物细胞有细胞壁，初生壁主要由纤维素和半纤维素构成，具有比较稳定的形态；绿色植物可借助太阳光能，少部分非绿色植物能借助化学能，把简单的无机物质制造成复杂的有机物质，行自养生活；大多数植物在个体发育过程中，能不断产生新的器官或新的组织结构，即具有无限生长的特性。植物对于外界环境的变化影响一般不能迅速作出运动反应，而往往只在形态上出现长期适应的变化，如高山、极地植物，通常植株矮小，呈匍匐状或莲座状，便是对紫外光、低温的形态适应。前述特征在进化地位愈高的植物类群中，愈为明显。

自然界中，凡是有生命的机体，均属于生物。生物应分为几个界，不同时期的不同学者，则有不同的看法。

1753年，瑞典植物学家林奈根据能运动还是固着生活，吞食还是自养，把生物分为动物界

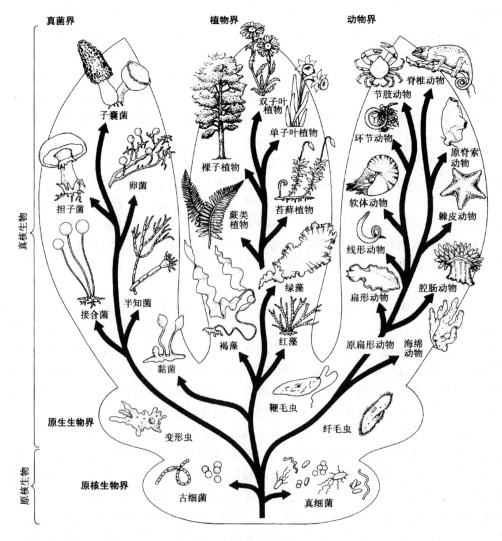

图1 生物分类的五界系统

（Animalia）和植物界（Plantae），这样划分的系统称为两界系统，这一系统被广泛沿用至今。

1866 年，德国著名生物学家海克尔（Haeckel）提出三界系统，即原生生物界（Protista）、植物界和动物界。他把那些长期被生物学家们所争议的、兼有动物和植物两属性的生物（如裸藻、甲藻，它们既含叶绿素，能自养，同时又有眼点能感光，有鞭毛能游动）独立为原生生物界（包括菌类、低等藻类和海绵）。

1938 年，美国的科帕兰（Copeland）根据有机体的细胞结构和组织水平，主张建立四界系统，即原核生物界（prokaryota）、原始有核界（protista）、后生植物界（metaphyta）和后生动物界（metazoa）。其中原核生物界包括细菌和蓝藻，原始有核界包括低等的真核藻类、原生动物、真核菌类。

1969 年，美国的维泰克（Whittaker）根据有机体营养方式的不同，认为应将分解有机体的还原者真菌从原来的植物界中独立分出，而把生物重新划分为五界，即原核生物界、原生生物界、真菌界（fungi）、植物界和动物界。此五界系统影响较大，流传较广（图1）。

1979 年，中国学者陈世骧根据病毒（virus）和类病毒（viroids）没有任何细胞形态、不能自我繁殖等特点，建议在五界系统的基础上，将它们另立为非胞生物界，从而形成了六界系统。

1980~1990 年，沃尔斯（Woese）等利用分子遗传学方法，并深入到基因组层次，提出了三原界六界系统，即古细菌原界（archaebacteria），仅有古细菌界，包括产甲烷细菌、极端嗜热细菌和极端嗜盐细菌；真细菌原界（eubacteria）仅有真细菌界，包括细菌和蓝藻；真核生物原界（eucaryotes）包括原生生物界、真菌界、植物界和动物界。三原界系统目前正受到人们的重视。

1989 年，卡瓦里-史密斯（Cavalier-Smith）提出了八界系统，即古细菌界、真细菌界、古真核生物界、原生动物界、藻界（chromista）、植物界、真菌界和动物界。

有关生物的划分虽然各有所据，其中有两个标准却是共同的，即营养方式和进化水平。根据高等农林院校的要求，需要给学生一个较广泛的植物学基础，所以本教材采用的是沿用至今的两界系统。

三、植物在自然界及人类生活中的重要作用

（一）参与生物圈形成，推动生物界发展

生物圈为地球表面进行生命活动的、连续的有机圈层，种类繁多的植物则是这个圈层中的重要组成部分。

地球的历史大约有 46 亿年。在地球形成初期，地球上并无生命，直至地球表面产生了大气层，避免了紫外线和宇宙射线的伤害，才使生命的起源成为可能。早期的大气层中，只有水、二氧化碳、甲烷、硫化氢、氮、氨等，尚缺少生命攸关的游离分子氧。因此，当时出现的原始生命很可能是通过化能合成或异养的生活方式获得能量。大约在距今 35 亿年前，当含光合色素的蓝藻和其他原始植物出现后，才能以大气中的二氧化碳为碳源，以水中的氢离子为还原剂，利用光能进行光合作用而制造有机物，并释放出氧气；再加上自然界中的紫外线长期对水的解离作用，使大气中氧气的含量逐渐增加，从而为生物的生存和进一步发展提供了条件。以后，随着植物种类和数量的增加，氧气逐渐达到现在大气中的含量水平，环境条件进一步改善，因此逐渐形成了丰富多彩的生物世界。

（二）植物的光合作用

绿色植物的叶绿体能够利用太阳的光能，把简单的无机物（水和二氧化碳），合成为复杂的有

机物（碳水化合物），并放出氧气，这个过程称为光合作用。同时，植物能利用光合产物进一步合成脂肪、蛋白质、多糖等复杂的有机物质。这些有机物质不仅供给植物本身新陈代谢的需要，而且供给包括人类在内所有动物所需食物的来源。此外，人类的衣、食、住、行，药物和工业原料等也来源于植物的光合作用。

绿色植物在光合作用中将无机物转变为有机物的同时，也将光能转变为化学能储存在有机物内，这种储积的能量，除了成为一切生物所需要的能源外，也供给人类多方面的利用，如工业上主要动力来源之一的煤，就是古代植物所储存的能量，而石油、天然气的形成，绿色植物也起了很重要的作用。

光合作用释放氧气，不断地补充大气中的氧气含量，对改善生物生活环境具有极其重要的意义。因为氧气是植物、动物和人类呼吸，以及物质燃烧所必需的气体。大气中的氧约占20%，它能够稳定地保持平衡，源源不断地供应，这要归功于绿色植物的光合作用（图2）。

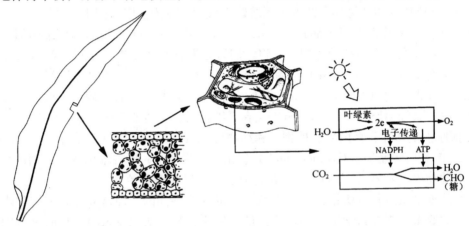

图2　光合作用

（三）植物的矿化作用

通过非绿色植物（菌类）的作用，将复杂的有机物分解为简单的无机物（矿物质）的过程，称为矿化作用。

自然界如果只有有机物质的合成和积累，这将会使自然界成为原料缺乏、生命枯竭的世界。自然界的物质总是处在不断的运动中，不仅从无机物合成有机物的过程；也有从有机物分解为无机物的过程。有机物的分解主要有两个途径，一是通过植物和其他生物的呼吸来进行；二是通过菌类对死的有机体的分解来进行。后一途径就是矿化作用。

矿化作用首先使大气中的碳素得到平衡。大气中只含有0.03%的二氧化碳，这些二氧化碳不断由绿色植物的光合作用加以利用。据估计，地球上的绿色植物在光合作用过程中每年吸收的二氧化碳约等于大气中二氧化碳总量的1/50～1/35。如果大气中的碳素得不到补充，那么，它只能维持绿色植物35～50年的消耗。事实上，大气中的二氧化碳长期以来一直保持相对平衡，这主要是由于矿化作用不断释放二氧化碳的结果。虽然动、植物的呼吸作用以及物质燃烧也形成二氧化碳，但与矿化作用相比，数量很少。

矿化作用也使大气中的氮素含量得到平衡。大气中氮的含量占78%，但这种游离状态的氮，绿色植物无法直接利用，只有固氮细菌和少数固氮蓝藻能够吸收利用，它们把空气中的游离氮变成植物能够吸收利用的氮化合物——铵盐，绿色植物在同化过程中将铵盐与碳水化合物合成蛋白质，用于建造自身或贮存体内。动物摄取植物的蛋白质，加工成本身的蛋白质。生物有机体死亡后，经非绿色植物的作用放出氨。一部分氨成为铵盐被植物再吸收；另一部分氨经过硝化细菌的硝化作用，形成硝酸盐，被植物吸收利用。硝酸盐也可以经过反硝化细菌的反硝化作用，再放出游离氮或氧化亚氮返回大气中。以后，又可再被固定而利用。由此可见，氮的循环也只有在植物的作用下，才能不断进行（图3）。

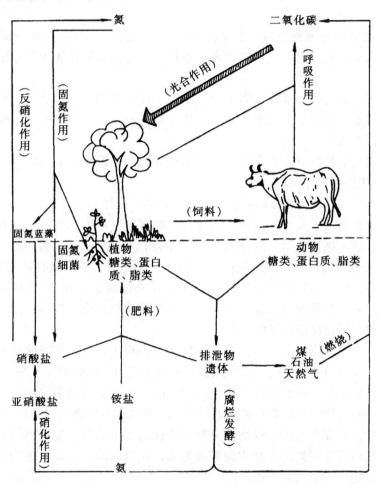

图3　自然界碳素和氮素循环示意图

自然界还有其他一些元素，如氢、磷、钾、铁、镁、钙以及各种微量元素，也都从土壤中被吸入植物体内，经辗转变化，又重返土壤中。它们能在植物体和土壤之间循环着，同样离不开矿化作用。

（四）植物在国民经济发展中的重要性

植物是人类赖以生存的物质基础，是发展国民经济的物质资源。人类生活中的衣、食、住、行等方面都离不开植物。

我国是世界上植物资源最丰富的国家之一，能直接或间接为人类利用的植物有数千种。陆地棉和海岛棉均为世界著名的纤维作物，种皮上的棉纤维为重要的纺织原料。作为日常的主要粮食作物有稻、小麦、大麦、玉米、高粱等。常见栽培的糖料作物有甜菜、甘蔗等。常见栽培的油料作物有大豆、油茶、落花生、油菜等。常见栽培的蔬菜植物有卷心菜、甘蓝、花菜、萝卜、大白菜、青菜、菠菜等；许多食用菌如香菇、蘑菇、木耳等也是美味的菜肴。常见栽培的果树有桃、枇杷、苹果、梨、柿、荔枝、龙眼、桑、枣、橘、橙、柚、猕猴桃等。茶、可可、小果咖啡、椰子等均为著名的饮料植物。

可供药用的植物资源也极丰富，至少有3 000种，如杜仲、人参、麻黄、党参、天麻和甘草等久负盛名。

我国观赏植物之多更是著称于世，常见的有牡丹、芍药、月季、玫瑰、菊花、桂花、山茶、建兰、杜鹃等均为名品。被誉为活化石的银杏、水杉、水松、银杉更属稀世珍宝，也常栽培作为园林绿化观赏树种。

在工业方面，无论是食品工业、油脂工业、制糖工业、制药工业、建筑工业、纺织工业、造纸工业，或是橡胶工业、油漆工业、酿造工业、化妆品工业，甚至冶金工业、煤炭工业、石油工业都需要植物作为原料或参与作用。

这些蕴藏巨大潜力的植物财富为我国经济的发展提供了雄厚的物质基础。

（五）植物对环境的保护作用

植物对环境的保护作用，主要反映在它对大气、水体、土壤的净化作用上。

由于工业生产规模日益扩大，工厂排放的含有各种有害气体如二氧化硫、氟化氢、氯气等的废气大量进入大气，越来越严重地污染环境，影响人类的生产和生活。植物对大气的净化，首先是通过叶片吸收大气中的毒物，减少大气中的毒物含量。如植物对二氧化硫有较强的吸收能力，所以在二氧化硫污染区内，植物叶片含硫量比正常叶片含量高5~10倍。植物吸收二氧化硫后，便形成毒性小得多的亚硫酸及亚硫酸盐，只要大气中二氧化硫浓度不超过一定限度，植物叶片不会受害，并能不断对二氧化硫进行吸收。

植物除能吸收大气中污染物质之外，还能降低和吸附粉尘，例如茂密的树林能降低风速，使空气中的尘埃降落。草坪也有显著的减尘作用，并有调节气候、减弱噪音等作用。

植物对水域的净化主要表现在对有毒物质进行分解转化和富集两个方面。有些水生的藻类植物有分解和转化某些有毒物质、积累重金属的作用。还有些水生植物在水中毒物低浓度的情况下，能吸收某些有毒物质，并在体内将有毒物质分解和转化为无毒成分。如植物从水中吸收有毒物质丁酚，并在体内形成酚糖苷一类无毒物质而贮存起来，在以后的生长发育过程中，酚糖苷可以被分解和利用而参加细胞的正常代谢过程。

就植物与环境污染的关系来说，污染物对植物具有不同程度的危害，甚至造成植物的死亡。植物受害的程度，随着污染物的性质、浓度和植物的种类而有差异。有些植物表现出相当敏感，并在植物体上，特别在叶片上显出可见的症状，因此可以用来监测环境污染的程度。近年来污染生物学的研究，筛选出百种以上对大气、水质污染反应敏感或具有抗性和净化环境的植物。

植物对土壤的净化，主要表现在对土壤中污染物质的吸收上，如植物对化学农药、毒性除莠剂、工业废水、废渣中的有毒物质等都能吸收，从而减少土壤中污染物质的数量。

（六）植被对水土保持的作用

植被具有保持水土的作用，特别是森林植被最为突出。森林的存在，可使雨水沿树冠及地被层缓缓流入土中，减少雨水在地表的流失和对表土的冲刷，防止水土流失。因此，河川上游有茂密的森林，就能涵养水源，使清水常流，削减洪峰流量，保护坡地，防止水土流失。此外，森林枝叶的蒸腾作用，使其上空的水汽增多，容易凝结成雨，减少干旱。

除森林外，灌丛和草丛也具有保持水土的作用。特别在陡坡、沙地、土层瘠薄等很难形成森林的地段，充分发展灌丛或草丛，就能很好地防止水土流失。

四、植物科学的发展简史

植物科学是随着人类利用植物的生产实践活动而逐渐发展起来的。人类从采集植物充饥御寒、尝试百草医治疾病开始，利用植物并积累有关植物的知识，如识别植物、了解植物的形态特征、生活习性及其与环境的关系等，于是植物科学得以逐步形成。

我国研究植物的历史悠久，远在商朝就开始种麦、黍、稻、粟。周代的《诗经》有多种植物知识的记载。以后历代多有志书、农书和本草等书籍问世，如晋代稽含撰写的《南方草本状》，记载了中国热带和亚热带植物80种，并分为草、木、果、竹四类，是中国最早的地方植物志。明代李时珍所著《本草纲目》总结了16世纪以前我国的本草著作，记载药物1 892种，其中植物药1 094种，分为草、谷、菜、果、木等5部，内容十分丰富。清代吴其濬著《植物名实图考》和《植物名实图考长编》，记载了1 714种植物，是研究我国植物的重要文献。

国外植物科学的发展历史，最早可追溯到古希腊亚里士多德（Aristotle，公元前384年~公元前322年）的学生德奥弗拉蒂斯（E. Theophrastus，公元前371年~公元前286年）所著《植物的历史》和《植物本原》，记载了500多种植物，并提出各种植物器官的名称。

英国学者胡克（Robert Hooke）用自己制造的显微镜，进行了许多观察，发现了细胞，写成《显微图谱》一书，于1665年出版，从此打开了探索生物体微观世界的大门。1672年英国格里（Grew）发表《植物解剖学》。1737年林奈发表《自然系统》，奠定了现代植物分类学的基础。

欧洲的文艺复兴解放了人们的思想，植物科学也蓬勃发展起来。从18世纪开始，植物科学从描述转向实验，细胞学、解剖学、生理学、胚胎学、分类学等先后发展起来。

德国的施莱登（M. J. Schleiden）于1838年发表《植物发生论》一文，指出细胞是植物体的结构单位。德国的施旺（T. Schwann）于1839年在《关于动植物的结构和生长一致性的显微研究》中指出了动物细胞和植物细胞的相似性。他们共同创立了细胞学说，证明了生物在结构上和起源上的同一性，为以后生物学中发展起来的实验方法奠定了基础。

1859年，英国达尔文（C. R. Darwin）的《物种起源》问世，从而创立了进化论，也促进了植物分类学、植物系统学等学科的发展，在生物学发展史上起着巨大的推动作用。

1866年孟德尔（Mendel）的豌豆杂交实验揭示了植物遗传的基本规律，此后，遗传学得到较快的发展。美国的摩尔根（Morgan）于1926年发表《基因论》，总结了遗传学的成就，形成了遗传学的理论体系。

1895年丹麦植物学家Warming的《以植物生态地理为基础的植物分布学》以及1898年德国植物学家Schimper的《以生理学为基础的植物分布学》标志着植物生态学的诞生。

1897年，德国植物学家恩格勒（A. Engler）和伯兰特（K. Prantl）发表了《植物自然分科志》，提出了试图反映植物类群亲缘进化关系的植物分类系统。这是分类学史上第一个比较完整的自然分类系统。

总之，经过18世纪到20世纪初期的发展，诞生了一批植物科学的分支学科，如植物形态学、植物分类学、植物解剖学、植物生理学、植物细胞学、植物遗传学、植物生态学等。植物科学由描述植物学时期发展到主要以实验方法了解植物生命活动过程的实验植物学时期。

20世纪60年代以来，由于研究方法和实验技术的不断创新，植物科学迅猛发展。在微观方面，由细胞水平进入亚细胞、分子水平，对植物体的结构与机能有了更深入的了解，在光合作用、生物固氮、呼吸作用、离子吸收、蛋白质的合成等许多工作上获得了重大的突破，在宏观方面，已由植物的个体生态进入到种群、群落以及生态系统的研究，甚至采用遥感技术研究植物群落在地球表面的空间分布和演化规律，进行植物资源调查，研究植物与环境间的相互关系和作用，保护生物的多样性，改善人类的生存环境。这些新的内容和发展动态标志着植物科学已进入一个新的更高的发展时期。

五、植物科学的研究内容、分科及发展趋势

植物科学是研究植物和植物界的生活和发展规律的生物科学。主要研究植物的形态结构和发育规律，生长发育的基本特性，类群进化与分类，以及植物生长、分布与环境的相互关系等内容。随着生产和科学的发展，植物科学已形成许多分支学科，现择要介绍如下：

植物分类学：研究植物种类的鉴定、植物类群的分类、植物间的亲缘关系，以及植物界的自然系统。依不同的植物类群又派生出细菌学、真菌学、藻类学、地衣学、苔藓学、蕨类学和种子植物学等。

植物形态学：研究植物的形态结构在个体发育和系统发育中的建成过程和形成规律。广义的概念还包括研究植物组织和器官的显微结构及其形成规律的植物解剖学，研究高等植物胚胎形成和发育规律的植物胚胎学，以及研究植物细胞的形态结构、代谢功能、遗传变异等内容的植物细胞学。

植物生理学：研究植物生命活动及其规律性的学科，包括植物体内的物质和能量代谢、植物的生长发育、植物对环境条件的反应等内容。有的已进一步形成专门学科，如植物代谢生理学、植物发育生理学等。

植物遗传学：研究植物的遗传和变异的规律以及人工选择的理论和实践的学科，已发展出植物细胞遗传学和分子遗传学等。

植物生态学：研究植物与其周围环境相互关系的学科。随着科学的发展，派生出植物个体生态学、植物群落学和生态系统学等。

最近 20 年，植物科学的各个领域不断与相邻学科渗透，一些传统学科间的界限正在淡化；尤其是分子生物学和基因组学的迅速崛起，对植物学的发展产生了巨大的影响，致使边缘学科和新的综合性研究领域层出不穷，如植物细胞分类学、植物化学分类学、植物生理解剖学、植物细胞生物学、植物生殖生物学、空间植物学等。根据近两届，即第 16 届（1999 年）和 17 届（2005 年）国际植物学会议对植物科学内容的归纳分组，将植物科学主要分为系统与进化植物学；植物生态学；植物结构、发育和细胞生物学；植物分子和基因组学；植物生理学；植物生物化学；经济植物学等，也大体反映出植物科学发展的一般现况。可以预期，通过学科的渗透交叉和创新提高，植物科学将在探索植物生命的奥秘和发生发展的规律方面获得巨大进展。

六、高等农林院校植物学课程的内容、学习目的和方法

根据农林院校的特点和教学要求，目前国内大多数植物学课程的教学内容主要包含植物形态学和植物分类学的部分。着重研究被子植物个体发育和植物界各类群系统发育的基本规律以及与规律有关的基本过程。在微观方面，它从细胞、组织和器官三个层次来剖析高等显花植物（主要是被子植物）的形态、结构和功能；在宏观方面，它从植物界的基本类群和分类以及被子植物的

主要分科两条线索来阐述植物界的发生和发展规律以及植物与人类的关系。

植物学在农林院校中是一门涉及专业面最广的重要基础课程。在栽培和繁育作物、果树、蔬菜、花卉、茶、桑、经济林木、观赏树木以及其他经济植物时，需要掌握植物学的基本知识。防治病虫、改良土壤，其最终目的是要使种植的植物达到优质高产；家禽、家畜的饲养以及农产品加工，分别需要植物作为饲料或原料；其他如荒山造林、环境保护、野生植物的引种驯化、植物资源的调查和利用、珍稀濒危植物的保护以及城市草坪绿地建设等问题也与植物密切相关。上述诸方面均需具备有关的植物学知识。因此，通过本课程学习，一方面使学生全面掌握植物的形态构成和植物界系统演化的规律，掌握被子植物分类的基本理论、基本知识和基本技能，了解植物与人类的关系，为后续课程（如植物生理学、植物病理学、植物遗传学、农业生态学、土壤学、栽培学、育种学等），以及从事大农业生产和科学研究时，提供必要的植物学基本理论、基本知识和实验技术。另一方面，帮助学生树立环境意识和自然界可持续发展思想，为全面提高学生的素质服务，为合理开发、利用和保护植物资源打好必要基础，为进一步提高农作物的产量和品质，引种驯化，为发展国民经济，改善人们生活，更好地为我国社会主义现代化建设服务。

学习植物学时，必须注意辩证思维，把握知识间的内在联系。如植物有机体的局部和整体之间；植物的细胞、组织与各器官之间；形态结构与生理功能之间；形态、结构与环境之间；营养生长与生殖生长之间；个体发育与系统发育之间都是相互联系，又相互制约的关系。在植物的生活史中，需要经历一系列生长发育的过程，在认识植物的形态结构建成和生理功能变化的规律时，要特别注意建立动态发展的观点。植物种类繁多，类群复杂，它们是在自然界中经过长期演化而来的，应贯穿由低级到高级的系统进化观念去理解植物的多样性。在学习植物学过程中，要善于运用观察、比较和实验的研究方法，尤其要重视理论联系实际，加强实验观察和技能的训练，以增加感性知识，加深理解。同时要有实事求是的科学态度，使植物学的学习能在掌握知识的广度和深度上，以及分析问题、解决实际问题的能力上得到提高。此外，要在学习植物学的基本理论和基本知识的基础上，注意了解新成就、新动向和新发展。要学会和经常查阅国内外重要的植物科学期刊和参考书，以了解植物科学的新信息。

复习思考题

1. 植物界的多样性表现在哪些方面？
2. 植物有哪些共有的基本特征？
3. 何谓"五界系统"？"五界系统"划分的优缺点是什么？
4. 什么是光合作用和矿化作用？它们在自然界中各起什么作用？
5. 植物对环境的保护作用主要反映在哪些方面？
6. 你认为今后植物科学的发展趋势如何？
7. 如何学好植物学？

第一章
植 物 细 胞

对种子植物来说，从种子萌发到开花结实形成下一代种子的过程中，生长、发育和繁殖等一系列变化，归根到底是细胞不断地进行生命活动的结果。为此，要了解植物体生命活动的规律，就必须从细胞入手。本章内容着重介绍植物细胞的基本构造及其生命现象，通过学习，加深对植物细胞概念的理解，加深对生命活动的本质和规律的认识，为学习后续章节和进一步认识植物生长、发育等方面的内在规律性打下基础。

第一节　细胞概述

一、细胞的发现及细胞学说的建立和发展

细胞的发现依赖于显微镜的发明和发展。因为绝大多数细胞直径在 $30\mu m$ 以下，远远超出了人们肉眼直接可见的范围（$100\mu m$ 以上），因此，只有借助放大装置才能观察到细胞。

1665 年，英国学者胡克用自制的显微镜（放大倍数为 40～140 倍），观察了软木的切片，看到了许多紧密排列的、蜂窝状的小室，称之为细胞（cell）。实际上他所看到的是软木组织中死细胞的空腔，空腔的周围是细胞壁。胡克有关细胞的首次描述，出现在他 1665 年出版的《显微图谱》一书中。因此，人们也就认为细胞的发现是在 1665 年。细胞的发现在生物学中是一个重大的突破，使人们对植物的观察从肉眼可见的宏观领域跨入了微观领域，打开了植物微观世界的大门。

可是在相当长的一段时期内，由于所使用的显微镜比较简单，分辨率较低，清晰度也不高，限制了人们对细胞的深入认识。虽然普遍接受了有机体是由细胞组成的概念，但对细胞的内容物和细胞壁的意义、细胞来源及其在组织中作用的重要性的认识是十分模糊的。直到 19 世纪 30 年代，显微镜制造技术明显改进，分辨率提高到 $1\mu m$ 以内，同时由于切片机的制造成功，使显微解剖学取得了许多新进展。1831 年，布朗（R. Brown）在兰科植物和其他几种植物的表皮细胞中发现了细胞核。特别是 1838～1839 年，德国的植物学家施莱登（M. J. Schleiden）和动物学家施旺（T. A. H. Schwann）根据对植物和动物观察的大量资料，几乎同时得出结论，提出了细胞学说，认为：动物和植物组织均由细胞构成；所有细胞均由细胞分裂或融合而来；卵和精子都是细胞；一个细胞可以分裂形成组织。细胞学说的创立是生物学发展史上的一个重要阶段，它是生物结构、功能、生长、发育研究的新起点，在科学发展史上具有很重要的意义。恩格斯高度评价了细胞学说，把它和能量守恒与转化定律及生物进化论并列为 19 世纪自然科学的三大发现。细胞学说的重要意义在于它从细胞水平提供了有机界统一的证据，证明了植物和动物有着细胞这一共同的起源，从而为 19 世纪在自然哲学领域中，辩证唯物主义战胜形而上学、唯心主义，提供了一个有力的证据；为近代生物科学的发展，接受生物界进化的观念，准备了条件，推动了近代生物学的研究（图 1-1）。

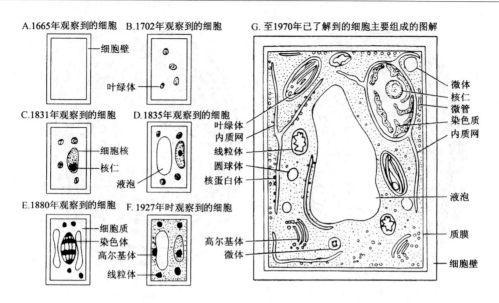

图 1-1　细胞结构研究历史图解（细胞内各部分不是按比例画制）

二、细胞的基本概念

细胞不仅是生物体形态结构的基本单位，而且是生命活动的功能单位。

除病毒外，一切生物体都是由细胞组成的。单细胞生物体只由一个细胞构成，而高等植物体则由无数个功能和形态结构不同的细胞组成。由于细胞的组合和分化，形成了生物体的各种组织和器官，使生物体表现出各种形态特征。

由于细胞的生命活动，使生物体能够生存，能够生长和发育。细胞生命活动的方式是多种多样的，如胞质运动、原生质代谢、细胞的分裂、生长和分化以及细胞的全能性等，这些都是细胞生命活动的综合表现。

细胞是一个高度有序的、能够进行自我调控的代谢功能体系，虽然细胞形态各有不同，但每一个生活细胞都具有一套完整的代谢机构以满足自身生命活动的需要，至少是部分地自给自足。除此之外，生活细胞还能对环境变化做出反应，从而使其代谢活动有条不紊地协调进行。在多细胞生物体中，各种组织分别执行特定功能，但都是以细胞为基本单位而完成的。

细胞是生物体生长发育的基础。一切生物体的生长发育主要通过细胞分裂、细胞体积增长和细胞分化来实现。组成多细胞生物体的众多细胞尽管形态结构不同，功能各异，但它们都是由同一受精卵经过细胞分裂、分化而来的。

细胞具有遗传上的全能性。无论是低等生物或高等生物的细胞、单细胞生物或多细胞生物的细胞、结构简单或结构复杂的细胞、分化或未分化的细胞，它们都包含全套的遗传信息，即具有一套完整的基因组。植物的性细胞或体细胞在合适的外界条件下进行培养，可诱导发育成完整的植物体，这说明从复杂生物体中分离出来的单个细胞，是一个独立的单位，具有遗传上的全能性。

三、原核细胞与真核细胞

根据细胞的进化程度、结构复杂程度以及代谢和遗传上的差异，可把细胞分为原核细胞(procaryotic cell)和真核细胞(eucaryotic cell)两大类(图 1-2 和表 1-1)。

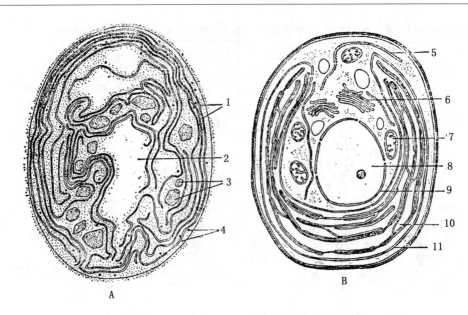

图 1-2 原核细胞（蓝藻）与真核细胞（小球藻）亚显微结构的比较

A. 原核细胞　　　　B. 真核细胞

1. 光合片层　2. 核区（拟核）　3. 多角体　4. 脂类球　5. 内质网　6. 高尔基体
7. 线粒体　8. 细胞核　9. 核膜　10. 杯状色素体　11. 色素体被膜

表 1-1　原核细胞与真核细胞的主要区别

要　点	原 核 细 胞	真 核 细 胞
大小	较小，一般直径为 0.2～10μm	较大，一般直径为 10～100μm
细胞核	无膜包围，称为拟核	有双层膜包围
核仁	无	有
染色体		
形状	多为环状 DNA 分子	核中的多为线形 DNA 分子；线粒体和叶绿体中的为环状 DNA 分子
数目	1 个基因连锁群	1 个或多个基因连锁群
组成	DNA 裸露或结合少量蛋白质	核中 DNA 同组蛋白结合；线粒体和叶绿体中的 DNA 裸露
DNA 系列	无或很少重复序列	有重复序列
基因表达	RNA 和蛋白质在同一区间合成	RNA 在核中合成和加工；蛋白质在细胞质中合成
有膜细胞器	无	有
细胞骨架	无	普遍存在
运动细胞器	由鞭毛蛋白丝构成简单鞭毛	由微管构成纤毛和鞭毛
核糖体	70S（包括 50S 和 30S 的大小亚单位）	80S（包括 60S 和 40S 的大小亚单位）
细胞分裂	直接分裂或出芽分裂	以有丝分裂为主
营养方式	吸收，有的可进行光合作用	吸收，光合作用，内吞

注：表中的 S 为沉降系数，S 值越大，说明颗粒沉降速度越快。

原核细胞通常体积很小，一般直径为 0.2～10μm 不等；现知最小的原核细胞是支原体（mycoplasma），其直径仅为 0.1μm，要用电镜才能看到。原核细胞结构简单，由细胞膜、细胞质和拟核组成。拟核由一条环状 DNA 双链构成，DNA 不与或很少与蛋白质结合，外无核膜。无线粒体、质体等膜细胞器，能进行光合作用的蓝藻也只有由膜组成的光合片层，其上附有光合色素。有的种类具细胞壁，其成分主要是肽聚糖。由原核细胞构成的生物称原核生物，原核生物主要包括支原体、衣原体（chlamvdia）、立克次氏体（rickettsia）、细菌、放线菌（actinomycetes）和蓝藻等。原核生物大多数是单细胞生物，少数为群体，绝无多细胞有机体。

真核细胞体积较大，一般直径为 10～100μm；但也有大大超过这个范围的。结构亦远较原核细胞复杂。除外围的细胞膜外，细胞质中还有多种膜细胞器（线粒体、质体、内质网、高尔基体等）和非膜细胞器（核糖体、微管、微丝等）；代谢活动如光合作用、呼吸作用、蛋白质合成等分别在不同细胞器中进行，或由几种细胞器协同完成，细胞中各个部分的分工，有利于各种代谢活动的进行。有具核膜的真正细胞核；DNA 为线状，主要集中在细胞核中。植物细胞还具有细胞壁，高等植物细胞壁的主要成分是纤维素、半纤维素和果胶质等。由真核细胞构成的生物称真核生物，真核生物中除单细胞和群体外，出现了多细胞有机体；高等植物和绝大多数低等植物均由真核细胞构成。

四、真核植物细胞的基本特征

（一）细胞的大小和形状

细胞一般都较小，形状多种多样。细胞的形状和大小，取决于细胞的遗传性、在生理上所担负的功能以及对环境的适应，且伴随着细胞的长大和分化，常相应地发生改变。

不同种类的细胞，大小差别悬殊。如种子植物的分生组织细胞，直径约 5～25μm；而分化成长的细胞，直径约 15～65μm。这些细胞都要借助显微镜才能观察到。也有少数大型的细胞，如西瓜的果肉细胞直径可达 1mm，而苎麻纤维细胞的长度可达 620mm，这些巨大的细胞用肉眼即可看到。绝大多数细胞的体积都很小。体积小，则表面面积大，有利于和外界进行物质交换，对细胞生活有特殊意义。

植物细胞的形状是多种多样的。有球状、卵形、多面体状、纺锤状和柱状等（图1-3）。单细胞植物体的细胞或从多细胞植物体中分离出来的单个薄壁细胞常常呈球状或卵形。但在多细胞植物体内，细胞是紧密排列在一起的，由于相互挤压，使大部分的细胞呈现多面体

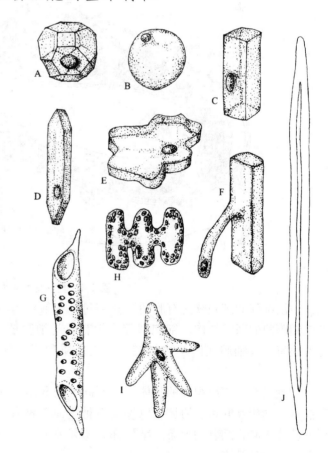

图 1-3 种子植物各种形状的细胞
A. 十四面体状的细胞 B. 球形果肉细胞 C. 长方形的木薄壁细胞
D. 纺锤形细胞 E. 扁平的表皮细胞 F. 根毛细胞
G. 管状的导管分子 H. 小麦叶肉细胞 I. 星状细胞 J. 细长的纤维

形状。并且在多细胞植物体中，由于不同细胞执行的功能不同，因而在形态上常常有很大差异。如种子植物的导管细胞，在长期适应输导水分和无机盐的情况下，细胞呈长管状，并连接成相通的"管道"。又如起支持作用的纤维细胞，一般呈长纺锤形，并聚集在一起，加强机械支持作用。茎、叶表皮细胞，一般呈扁平形，各个细胞紧密相连，防止水分蒸发，起到保护作用。而幼根根毛区表皮细胞，常常向外产生一条长管状突起，叫根毛，增大了它与土壤的接触面，以扩大吸收面积。这些细胞形状的多样性，都反映了细胞形态与功能相适应的规律。

（二）细胞的基本结构

植物细胞虽然大小不一，形状多种多样，但其基本结构是一致的（图1-4）。在细胞的外层为细胞壁，细胞壁里面是原生质体。细胞壁（cell wall）是具有一定硬度和弹性的结构，它构成了细胞的外壳；原生质体（protoplast）是由原生质分化而来，是细胞内有生命的部分，包括细胞膜、细胞质和细胞核等结构。从细胞的结构体系来看，植物细胞中的一些细胞结构是动物细胞所没有的，植物细胞特有的结构包括细胞壁、质体和大液泡。

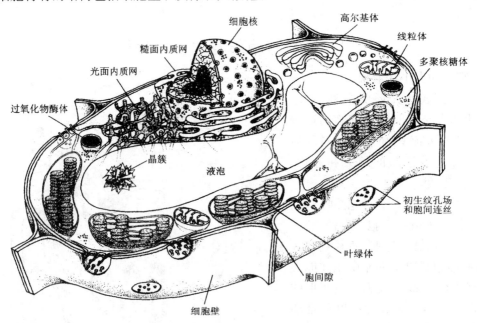

图1-4 真核植物细胞的结构

生活细胞的细胞壁上有胞间连丝穿过，少数细胞具有次生壁，其上有纹孔。胞间连丝和纹孔形成细胞间的联络结构。细胞内部为细胞质与细胞核，细胞质中有多种细胞器及细胞骨架系统；此外还有一些细胞代谢产物如淀粉、蛋白质和脂类等，常呈一定结构分布于细胞质内，统称后含物。

细胞是有高度组织性的整体，其不同结构和组分在执行功能时既有独立性，同时又通过分子和能量流动相互联系、协调，以保证各种生命现象有序地进行。在同一多细胞植物体内，因所执行的功能不同，细胞的形态、结构亦有明显差异。以下就真核植物细胞的普遍共同特征，分述其各部分结构与基本功能。

第二节　细胞生命活动的物质基础——原生质

原生质（protoplasm）是构成细胞的生活物质，是细胞生命活动的物质基础。植物细胞的有生命部分就是由原生质构成的。原生质与原生质体是不同的概念，前者为组成成分的名称，后者为结构的名称。原生质不是单一的物质，而是由复杂的有机物和无机物组成。在不同的生物体中，或在同一生物体的不同细胞中，以及同一细胞的不同发育时期、原生质的组成都有差异。但是，所有的原生质，却有着相似的基本组成成分。根据对原生质进行化学分析，主要由水、无机盐、蛋白质、核酸、碳水化合物、脂类等化合物组成。

一、原生质的基本化学组成

（一）水和无机盐

1. 水

水是原生质中极重要的组分，原生质的含水量变化很大，可随植物种类不同、个体发育阶段不同和所处环境不同而有很大变化，如旺盛生长的幼苗和嫩叶含水量可达鲜重的60%~90%；成长的树叶为40%~50%；休眠的贮藏种子含水量较低，只有10%~14%。原生质中的水，以自由水和束缚水两种形式存在。自由水作为细胞内生理生化反应的溶剂，参与细胞的代谢过程，占全部水的95%；束缚水依靠氢键与蛋白质结合，为原生质结构的一部分。细胞中的水和其他组分联合在一起，构成原生质的胶体状态。因此，含水量的多少，影响到原生质的胶体状态。水分多时，原生质呈溶胶状态，代谢活动旺盛；水分少时，原生质呈凝胶状态，代谢活动缓慢。同时水的比热大，能吸收大量的热能，使原生质的温度不致过高或过低，有利于维持原生质的生命活动。

2. 无机盐

在大多数细胞中无机盐的含量很少，不到细胞总重的1%。这些无机盐常以离子状态存在，如Na^+、K^+、Ca^{2+}、Mg^{2+}、Cl^-、HPO_4^{2-}、HCO_3^-等。有些离子可与有机物结合，形成特殊的物质，如PO_4^{3-}与戊糖和碱基组成了核苷酸，Mg^{2+}参与合成叶绿素。此外，细胞中的各种离子有一定的缓冲能力，可在一定程度上保持细胞内的酸碱平衡，这对于维持细胞代谢活动的正常进行起了重要的作用。

（二）有机物

组成原生质的有机物有蛋白质、核酸、脂类和糖类。此外，还有极微量的生理活性物质，有机物约占细胞干重的90%。这里主要叙述前四大类物质。

1. 蛋白质

蛋白质（Protein）是构成原生质的一大类极其重要的高分子有机化合物，又是细胞内参与调节各种代谢活动，完成各种功能，维持生命活动过程中所不可缺少的重要物质。蛋白质是以氨基酸（amino acid）为单位构成的长链分子，分子量很大，可以从几千到几百万个，甚至更大。氨基酸的通式是：

$$H_2N-\underset{R}{\underset{|}{\overset{H}{\overset{|}{C}}}}-COOH$$

根据R基团的不同，可分为20多种不同的氨基酸。这些氨基酸按不同的种类、数目、顺序进行排列组合，可以形成各种各样的蛋白质。而且蛋白质在原生质中往往不是单纯地、孤立地存在，它们是和某些物质的分子或离子结合的。如与核酸、脂类、糖类等相结合，形成各种核蛋白、脂蛋白、糖蛋白等，这样就更增加了蛋白质的多样性。各种不同蛋白质参加细胞中各种结构的组成，在原生质的生命活动中起着不同的作用，例如叶绿蛋白存在于叶绿体中，参与光合作用；膜蛋白存在于细胞膜的各种结构上，控制着膜内外的物质交换;核蛋白存在于细胞核内,与细胞遗传密切相关。由此我们不难理解,蛋白质多样性是生命活动多样性的物质基础,实际上,也是生物多样性的物质基础。

所有生活细胞内都有一类重要的蛋白质,叫做酶。酶是细胞内生化反应的有机催化剂,它加快反应的速度,但在反应终结后,本身并不发生变化,而且能反复不断地多次起作用。在大多数情况下,一种酶只能催化一种反应,这是酶的专一性。细胞内要进行多种生化反应,因此细胞中有很多不同的酶。据估计,一个细胞内约有 3 000 种酶,合理地分布在细胞的特定部位,从而使各种复杂的生化反应同时在细胞中有条不紊地进行。原生质的不同部分或结构的特定功能,都和所含的特定酶类有关,如细胞质中含有大量的呼吸酶类,而细胞核中则没有。

酶可以从细胞中分离出来,并仍保持其活性,这在工农业生产、医疗等方面有广泛的实用价值。如在农业上,通过测定植物硝酸还原酶活性的强弱来确定植物耐肥能力的强弱,如水稻苗期该酶活力与品种耐肥性呈负相关;又如在杂交育种中,可通过同工酶的测定来确定杂种和筛选杂种,这些都是既省力又有效的先进方法。

2. 核 酸

核酸(nucleic acid)是重要的遗传物质,普遍存在于生活细胞内,担负着贮存和复制遗传信息的功能,同时还和蛋白质的合成有密切关系。

根据核糖的不同类型,将核酸分成两类:脱氧核糖核酸(deoxyribonucleic acid,简称 DNA)和核糖核酸(ribonucleic acid,简称 RNA)。组成 DNA 和 RNA 的基本单位是核苷酸(nucleotide),每个核苷酸包括一个戊糖(核糖或脱氧核糖)、一个磷酸基(PO_4^{3-})和一个含氮碱基所组成。碱基分为两类,一类是嘌呤,一类是嘧啶。嘌呤有两种:腺嘌呤(adenine,简称 A)和鸟嘌呤(guanine,简称 G)。嘧啶有三种:胸腺嘧啶(thymine,简称 T)、胞嘧啶(cytosine,简称 C)和尿嘧啶(uracil,简称 U)。碱基与戊糖结合形成核苷,如果其中的戊糖是核糖,这种核苷就是核糖核苷,如果其中的戊糖是脱氧核糖,这种核苷为脱氧核糖核苷。核糖核苷或脱氧核糖核苷分子上再结合一分子磷酸,就称为核苷酸或脱氧核苷酸。

DNA 主要存在于细胞核内,在线粒体和叶绿体中也有,它是由很多脱氧核苷酸以一定顺序经脱水聚合而成的分子长链。关于 DNA 的分子结构,科学家们作了详细的研究,了解到 DNA 分子的立体结构是由两条互补的多核苷酸链形成的双螺旋结构,可以形象地把它比作是一个很长的螺旋形梯子。梯子的两边是多核苷酸链的磷酸和脱氧核糖构成的骨架,梯子的横档是由两个多核苷酸链的碱基相连而形成的。碱基是按照 A—T、C—G 互补的方式通过氢键相连的,即如果腺嘌呤 A 是横档的一半,那么另一半一定是胸腺嘧啶 T,如果胞嘧啶 C 形成横档的一半,那么另一半一定是鸟嘌呤 G。DNA 分子中一条链和另一条链上的碱基是十分专一地配对,由此而产生的两条多核苷酸链也是互补链(图 1-5)。

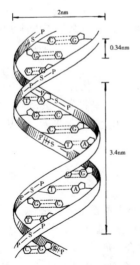

图 1-5 DNA 分子的结构模型

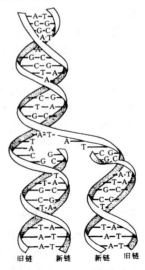

图 1-6 DNA 双螺旋的复制

DNA 分子是基因的载体。它可以进行精确的自我复制将遗传信息传递给下一代。复制通过双链的分离，然后各以一条侧链为模板，复制出另一条对应的互补链，从而形成两个新的 DNA 分子，而每个分子都是原来分子的复制品（图 1-6）。此外，DNA 也可将所携带的基因转录成 RNA，然后翻译成蛋白质，通过合成一定的蛋白质使遗传基因得以表达，使生物体表现出一定的性状。

RNA 与 DNA 不同的是其分子中的戊糖是核糖而不是脱氧核糖。组成 RNA 的碱基是腺嘌呤 A、鸟嘌呤 G、尿嘧啶 U 和胞嘧啶 C，不含胸腺嘧啶 T，与 DNA 的碱基组成有所不同。而且 RNA 的碱基组成不像 DNA 那样有严格的规律。根据 RNA 的某些理化性质和 X 射线衍射分析研究，证明大多数天然 RNA 分子是一条单链，其许多区域自身发生回折，使可以配对的一些碱基相遇，而由 A 与 U，G 与 C 之间的氢键连接起来，构成如 DNA 那样的双螺旋；不能配对的碱基则形成环状突起（图 1-7）。约有 40% ~ 70% 的核苷酸参与了螺旋的形成。所以 RNA 分子是含短的不完全的螺旋区的多核苷酸链（图 1-8）。

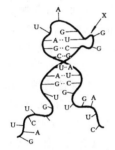

图 1-7 RNA 的双螺旋区

表示 RNA 中碱基配对的双螺旋区；
X 处表示螺旋的环状突起

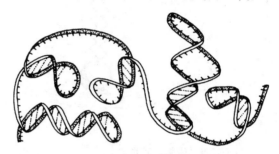

图 1-8 RNA 的二级结构

表示在一条多核苷酸链中有好
几个氢键连接起来的双螺旋区

RNA 主要有三种类型：核糖体 RNA（ribosomeRNA，简称 rRNA）、转运 RNA（transferRNA，简称 tRNA）、信使 RNA（messengerRNA，简称 mRNA）。

mRNA 可转录 DNA 分子中所携带的遗传信息。带有遗传信息的 mRNA，进入细胞质后在核糖体（含有 rRNA）和 tRNA 参与下指导合成蛋白质。这就是 DNA 分子将遗传信息转录到 RNA，RNA（mRNA）再把遗传信息翻译为蛋白质的过程。

3. 脂 类

脂类（lipid）是一大类不溶于水而溶于非极性溶剂（如乙醚、氯仿和苯）的有机化合物，它的分子量比蛋白质、核酸要小得多，主要组成元素也是 C、H、O，其中 C、H 含量很高，有的还含有 P 和 N。脂类主要包括中性脂肪、油、磷脂、角质、木栓质、蜡、类固醇和萜类等。

中性脂肪（fat）和油（oil）都是甘油三酯，常温下呈液态的称为油，呈固态的称为脂肪，是由一分子甘油和三分子脂肪酸脱水缩合而成，其反应式为：

$$
\begin{array}{c}
\text{H} \\
\text{H—C—OH} \\
\text{H—C—OH} \\
\text{H—C—OH} \\
\text{H}
\end{array}
+
\begin{array}{c}
\text{HO—C—R}^1 \\
\text{HO—C—R}^2 \\
\text{HO—C—R}^3
\end{array}
\Longrightarrow
\begin{array}{c}
\text{H} \\
\text{H—C—O—C—R}^1 \\
\text{H—C—O—C—R}^2 \\
\text{H—C—O—C—R}^3 \\
\text{H}
\end{array}
+ 3\text{H}_2\text{O}
$$

（甘油） （三个脂肪酸） （脂肪）

式中的 R^1、R^2、R^3 是烃基，在一个脂肪内可以是相同或不同的。烃的碳原子数在许多常见的动、植物油中是 15 ~ 19。脂肪分子中无极性基团，所以称为中性脂肪，是高度疏水的。在很多植物（如花生、大豆、油菜）的种子中含有大量的脂肪或油，其分子中贮藏着大量的化学能，氧化时产生的能量是糖氧化时产生能量的两倍多。

磷脂（phospholipid）是生物膜中存在着的一类重要脂类，它不仅是生物膜的构造物质，也是许多代谢途径的参与者。磷脂又称磷酸甘油酯（phosphoglyceride）。两个脂肪酸分子通过酯桥分别连接在甘油的两个羟基上，甘油的第三个羟基被酯化成磷酸，从而形成了磷脂（图1-9）。磷脂具有一个亲水头部和一个疏水尾部，头部是由一个带负电荷的磷酸残基结合上带正电荷的有机分子组成，尾部则是由两个非极性的脂肪酸链组成，因此，是双性脂类（amphipathiclipid）。无论是在细胞内还是在细胞外，它都是水相与非水相的重要连接介质。膜中磷脂的存在对于亲水性和疏水性物质的穿膜运输有着重要作用。

角质（cutin）和木栓质（suberin）都是常见的脂类化合物，前者常被覆于茎、叶表皮细胞的外壁表面，后者则存在于木栓细胞的壁上，由于它们的疏水性造成了这些细胞壁的不透水性，不仅防止植物体水分的散失，还增强了抵抗能力。有些植物的茎、叶及果实表面覆盖着非极性的蜡（wax），是由脂肪酸和醇化合而成的酯，能有效地防止细胞失水和病菌的侵入。类固醇（steroid）和萜（terpene）等化合物虽然不含脂肪酸，但理化性质与脂类相近，也属脂类物质。例如植物细胞中的β-胡萝卜素（β-carotene）就属于萜类，在植物的光合作用中有吸收和传递光能

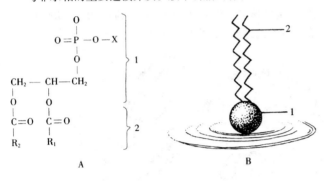

图1-9 磷脂及其性质
A. 磷脂酸分子式（X 是醇基）   B. 磷脂分子的性质
1. 亲水的极性头部 2. 疏水的非极性尾部

的作用；植物的挥发油、树脂、橡胶等也都是萜类化合物，它们存在某些植物的分泌结构中。

4. 糖 类

糖类是由 C、H、O 三种元素组成的一大类有机化合物，三者的比例一般为 1:2:1，即 $(CH_2O)_n$，因此糖被称为碳水化合物（carbohydrate）。绿色植物光合作用的产物是糖，植物体内有机物运输的形式也是糖。在细胞中，糖被分解氧化释放出能量，是生命活动的主要能源；遗传物质核酸中也含有糖；糖还能与蛋白质结合成为糖蛋白，糖蛋白有多种重要的生理功能，如细胞膜上存在糖蛋白，它们在细胞与细胞之间的相互识别中起了重要作用；糖还是组成植物细胞壁的主要成分。细胞中重要的糖可分为单糖、二糖和多糖三类。

单糖是一些简单的糖，即水解时不再产生更小单位的糖。细胞内最重要的单糖是五碳糖（戊糖）和六碳糖（己糖）。前者是核酸的组成成分之一，如核糖、脱氧核糖；后者是细胞内能量的主要来源，如葡萄糖。

双糖是由两个单糖分子失去一分子水聚合而成的。植物细胞中最重要的双糖是蔗糖和麦芽糖，在细胞内成为糖类的贮藏形式。筛管中运输的碳水化合物主要是以蔗糖的形式出现的。

多糖是许多单糖分子失去相应数目的水分子聚合而成的，一般具有很高的分子量。多糖在细胞结构成分中占有主要的地位。植物细胞中最重要的多糖有淀粉和纤维素，前者是植物细胞中最常见的贮藏营养物质，而后者是细胞壁中最重要的结构成分。此外，半纤维素和果胶质也是存在于细胞壁上的多糖类物质。

原生质内除上述四大类有机物之外，还有含量极微，但生理作用颇大的有机物质，主要是维生素、激素、抗菌素等。它们也是细胞正常生活必不可少的。

二、原生质的物理性质和生理特性

（一）原生质的物理性质

原生质是具有一定弹性和黏度的、半透明的、不均一的亲水胶体，其比重略大于水。

原生质中的蛋白质、核酸、脂类和糖类等生物大分子形成直径约 1～500nm 的小颗粒，均匀分散在以水为主而溶有简单的糖、氨基酸、无机盐的液体中。其中的大分子颗粒叫做分散（物）质或分散相，水液叫分散介质或分散媒。均匀分散在介质中的分散质及其介质就构成胶体。由于颗粒能吸附许多水，所以称为亲水胶体。

由于原生质的大分子形成胶粒，这样就有了巨大的表面，可吸附许多物质，对物质的交换和许多生化反应的进行，创造了极其有利的条件。同时，大分子胶粒表面带有电荷，水分子又具有极性，因而离胶粒越近的水分子，与胶粒结合就越紧越强，越远就越弱。与胶粒结合紧的水层，叫做束缚水；束缚水以外的水叫自由水，它比较容易离开胶粒。由于胶粒有紧密的吸附水层并带有电荷，故同种胶粒因所带电荷相同而互相排斥，所以能均匀地分散在介质中而不凝结下沉，保证了原生质结构的稳定性和生理功能的正常。

在正常情况下，细胞中含有较多的水分，原生质胶粒分散在介质中，胶粒与胶粒之间联系减弱，这种状态的胶体称为溶胶。当原生质处于溶胶态时，生命呈现活跃状态，可与外界不断进行物质交换，胶粒间也可进行物质交换，生长发育旺盛进行。

当外界环境不良时（如低温、干旱情况下），细胞中的自由水减少，胶粒之间的距离缩小并互相连成网状、液体分布于网眼内，胶体失去了流动性，这种状态的胶体称为凝胶。当原生质处于凝胶态时，代谢处于非常微弱的状态，这样就可以减少物质和能量的消耗，这是生物对环境适应的一种表现。

当环境改善时，原生质又从凝胶转变为溶胶，恢复正常的代谢活动。但是当逆境超越原生质所能忍受的极限，凝胶就不能复原，生命也就趋于死亡。

（二）原生质的生理特性

原生质最重要的生理特性是具有生命现象，即具有新陈代谢能力。

在生命活动过程中，原生质能够从其周围吸收水分、空气和其他营养物质，经过一系列复杂的生理、生化作用改造成为原生质自身的物质，这个过程叫同化作用；与此同时，原生质内的某些物质，不断地进行分解，成为简单的物质，并释放出能量，供给生命活动的需要，这个过程叫异化作用。同化作用是异化作用的物质基础，而异化作用是同化作用的必要条件。同化和异化矛盾的统一，构成了原生质的新陈代谢，它是生命的重要特征之一。

由此可见，原生质的生命现象不仅表现在它能够不断地进行自我更新，不断地同化和异化，而且在一定的限度下，也能够适应环境的变化。

第三节　细胞的外被结构——细胞壁与细胞膜

一、细　胞　壁

绝大多数植物都具有细胞壁，这是植物细胞和动物细胞的重要区别之一。细胞壁是具有一定硬度和弹性的固体结构。虽然它只是植物细胞表面一层无生命的外壳，但如果把植物细胞看做是构成植物有机体以及生命活动的一个基本单位，那么细胞壁则是这个基本单位中的一个不可缺少的重要的组成部分。它的主要功能不仅在于对原生质体起着保护作用，而且在植物细胞的生长、物质的吸收、运输、分泌、机械支持、细胞间的相互识别、细胞分化、防御、信号传递等生理活动中都具有重要的作用。现以种子植物的细胞壁为例介绍如下：

（一）细胞壁的分层

从层次来讲，一般细胞壁都有两个基本层，即胞间层和初生壁，但有些细胞由于功能上的需要，在初生壁内方，又形成了一层次生壁（图1-10）。

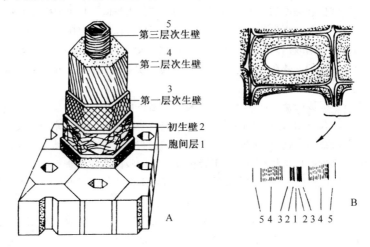

图1-10　细胞壁的分层结构

A. 几个厚壁细胞立体图，中间一个的细胞壁被部分去除，以显示各层。各个壁层上的线条示微纤丝的排列方式　B. 上图为细胞横剖面，下图是两个相邻细胞间部分壁，示各个壁层

1. 胞间层

胞间层（middle lamella）又称为中层或果胶层，是由相邻的两个细胞向外分泌的果胶物质构成的，果胶是一类多糖类物质，胶黏而柔软，可将相邻的细胞黏连在一起，同时又有一定的可塑性，能缓冲细胞间的挤压又不致阻碍初生壁生长扩大表面面积。胞间层常因一些酶（如果胶酶）或酸、碱的作用而被分解，从而使相连的细胞彼此分离。如某些组织成熟时，体内的酶分解部分胞间层，形成细胞间隙（intercellular space）。有些果实，如柑橘、番茄、苹果、西瓜、柿、辣椒等成熟时，感觉变软了，就是胞间层被酶水解而使细胞分离的缘故。在沤麻的工艺中，将麻类植物茎浸入水中的沤麻过程，就是利用微生物分泌酶分解纤维细胞的胞间层使其相互分离。

2. 初生壁

初生壁（primary wall）是新细胞最初产生的壁层，也是细胞生长增大体积时所形成的壁层，是由邻接的细胞分别在胞间层两面沉积壁物质而成，其主要成分是纤维素、半纤维素和果胶物质等。初生壁质地柔软，富有弹性，能随细胞的生长而延展。在许多类型的细胞中，它是仅有的壁层。例如分生组织细胞以及在生理上分化成熟后仍有生活原生质体的成熟组织的细胞，都只有初生壁而不产生次生壁。初生壁一般都很薄，厚度约 $1\sim3\mu m$，不过也有均匀地或局部地增得很厚的，前者如柿胚乳细胞，后者如厚角组织细胞。然而，增厚的初生壁是可逆的，即在一定情况下厚的初生壁又可以变薄，如柿子胚乳细胞的壁物质在种子萌发时，分解转化，厚壁又变薄；厚角组织在转变成分生组织时，其增厚的壁也能变薄。

3. 次生壁

次生壁（secondary wall）是细胞停止生长后，在初生壁内表面继续积累的壁层。构成次生壁的物质以纤维素为主，但还有木质或木栓质等其他物质。次生壁往往较厚，厚度约 $5\sim10\mu m$，比较坚硬，因此有增加机械强度的作用。在植物体中，并不是所有细胞都具有次生壁。大部分具有次生壁的细胞，在成熟时原生质体已死亡，例如，纤维细胞、石细胞、导管分子、管胞、木栓细胞等。

（二）细胞壁的化学组成和超微结构

构成细胞壁的物质种类甚多，按其在组成细胞壁中的作用，可分为构架（framework）物质和衬质（matrix）。构架物质主要是纤维素，衬质则含有非纤维素的多糖、水和蛋白质。在形成了构架和衬质后，某些细胞还分泌附加物质，结合到基质或构架中，或存在于壁的外表面，从而使壁的组成成分、物理性质和功能都进一步特化。物质结合进基质称为内镶（incrustation），在外表的称为复饰（adcrustation）。

（1）构架物质：是指形成细胞壁网络构架的物质，主要成分是纤维素，由纤维素分子组成纤丝系统，纵横交错，起支架作用，使细胞维持一定的形态。

纤维素是由若干个葡萄糖分子以 β-1，4 糖苷键连接的 D-葡聚糖，含有不同数量的葡萄糖单位，从几百到上万个不等，如棉花次生壁的可多达 1.5 万个。纤维素分子以伸展的长链形式存在。数条平行排列的纤维素分子链形成分子团，称为微团（micella），多个微团长链再有序排列形成微纤丝（microfibril），其直径约 $0.025\sim0.03\mu m$。由若干微纤丝和其间的衬质组成较粗的大纤丝（macrofibril），大纤丝之间也充满衬质。所以，高等植物细胞壁的构架，是由纤维素分子组成的纤丝系统。纤丝系统是由分子链→微团→微纤丝→大纤丝等一系列的级别构成的（图 1-11）。

（2）衬质：是指填充在构架中的物质。主要成分有半纤维素、果胶质、蛋白质和水。衬质是一种亲水胶体，膨胀能力强，可塑性大且容易变形。其凝胶化的程度随着水分含量的不同而不同，衬质对细胞壁网络构架起着加固作用。

半纤维素：是存在于纤维素分子间的一类基质多糖，它的种类很多，非常复杂，其成分与含量随植物种类和细胞类型不同而异。木葡聚糖是一种主要的半纤维素成分，木葡聚糖的主链是 β-1，4 糖苷键连接的葡萄糖，侧链主要是木糖残基，有的木糖残基又可与岩藻糖、半乳糖、阿拉伯糖相连。胼胝质也是一种半纤维素成分，它是 β-1，3 葡聚糖的俗名，广泛存在于植物的花粉管、筛板、柱头、胞间连丝等处。胼胝质是一些细胞壁中的正常成分，也是一种伤害反应的产物，如植物韧皮部受伤后，筛板上即形成胼胝质堵塞筛孔，花粉管中形成胼胝质常常是不亲和反应的产物。

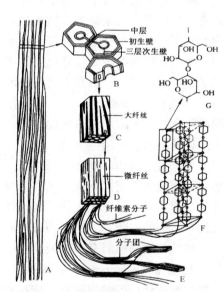

图 1-11 细胞壁的组成与超微结构
A. 纤维细胞束　B. 纤维细胞横剖面，示壁的大体分层
C. 次生壁的第二层部分放大示大纤丝与衬质（涂黑部分）
D. 大纤丝的一部分，示微纤丝及衬质
E、F. 示纤维素分子链聚集为微纤丝的状况
G. 纤维素分子的一部分

果胶多糖或果胶质：是胞间层和双子叶植物初生壁的主要成分，而单子叶植物细胞壁中含量较少。这种多糖与半纤维素一起作为高等植物细胞壁衬质的主要成分，又合称为基质多糖（纤维素则称为结构多糖）。除了作为基质多糖，在维持细胞壁结构中有重要作用外，果胶多糖降解形成的片段可作为信号，调控基因表达，使细胞内合成某些物质，抵抗真菌和昆虫的为害。果胶多糖保水力较强，在调节细胞水势方面有重要作用。

细胞壁蛋白：包括结构蛋白类、酶以及一些尚未确定其功能的蛋白质。壁内蛋白的存在说明壁亦能参与细胞的代谢，并非完全是无生命的结构。

此外，衬质中还含有黏液。例如，根毛、水生植物的叶、种子表面的细胞壁常可见到。是一类正常的生理产物，有其一定的生理作用。而一些木本植物，在受伤部位的细胞壁中形成树胶，则是一种病理产物，如桃胶。

(3) 内镶物质：是指在构架物质和衬质的基础上，进一步附着（镶上）的一些与生理功能分化有关的物质，如木质素、矿质素等，主要起着加固细胞增强机械支持力量的作用。

(4) 覆饰物质：是指覆盖在细胞壁外表的一些物质。主要有角质、蜡质、木栓质和孢粉素等。覆饰物质覆盖在细胞壁的外表，其主要作用是作为细胞的保护层，使细胞增强抗外界干扰的能力。

上述这四类物质中，有两类是细胞壁中最基本的构造物质，即构架物质和衬质。而内镶物质只是个别种类的细胞（如输导水分的导管、管胞、木纤维等）因功能上需要，才形成的。复饰物质多处于植物体的外表，如幼茎的表皮细胞外表一般均具角质，甘蔗、高粱的茎皮外具蜡质，老根、老茎外表具木栓质，而孢粉素主要见于花粉粒的外壁上。

(三) 细胞壁的生长和特化

细胞壁的生长包括两种情况，即增大面积，形成初生壁的生长；增加厚度，形成次生壁的生长。

一般认为初生壁的生长是随细胞生长而增加面积，以填充生长的方式进行。在生长激素和酶等物质的作用下，原有的微纤丝网扩张，出现的空隙为新的壁物质所填充，因而面积得以扩大。

次生壁的形成通常发生于细胞停止生长时，细胞形成次生壁的增厚生长，常以内填和附着两种方式进行。内填生长是新的壁物质插入到原有的结构内；而附着生长是新的壁物质成层地附着在内表面，所以在次生壁中，可以明显地看到内、中、外三层。

细胞壁的特化指细胞生长分化过程中，由原生质体合成一些特殊的物质渗入壁内，改变壁的性质以适应一定功能。一般有下列几种情况：

(1) 木质化（lignifacation）：木质素（lignin）填充到细胞壁中去的变化称木质化。木质素是一种酚类化合物，可增加壁的硬度，加强细胞的机械支持力量。由于木质素是一种亲水性的物质，因此木质化的细胞仍可透过水分。导管、管胞、木纤维和石细胞都是细胞壁木质化的典型例子。

(2) 角质化（cutinization）：细胞壁上增加角质（cutin）的变化称为角质化。角质是一种脂类化合物，角质化的细胞壁不易透水。这种变化大都发生在植物体表面的表皮细胞，角质常在表皮细胞外形成角质膜，可防止水分过度蒸腾和抵御某些病菌的入侵。而油类和脂溶性物质较易透过，所以以油作溶剂的农药，可提高药效。同时角质膜能透光，不影响植物对光的吸收。角质膜的厚薄与作物机械抗病的强弱有一定关系。

(3) 栓质化（suberization）：细胞壁中增加栓质（suberin）的变化叫栓质化。栓质也是一种脂类化合物，栓质化后的细胞壁失去透水和透气的能力。因此，栓质化的细胞原生质体大都解体而成为死细胞。栓质化的细胞常呈褐色，富有弹性，日用的软木塞就是栓质化细胞形成的。栓质化细胞一般分布在植物老茎、枝及老根的外层，以保护植物免受恶劣条件的侵害。根凯氏带中的栓质是质外体运输的屏障。

(4) 矿质化：细胞壁中增加矿质的变化叫矿质化。最普通的有钙或二氧化硅（SiO_2），多见于茎、叶的表层细胞。稻、麦、玉米等禾谷类作物的叶片和茎秆的表皮细胞常含有大量的二氧化硅。细胞壁的硅化能使壁的硬度增大，从而增强作物茎、叶的机械支持力量，提高抗倒伏和抗病虫害的能力。

二、细 胞 膜

细胞膜（cell membrane）又称质膜（plasma membrane），是与细胞壁相邻，包围于细胞质外的一层膜。细胞膜内还有构成各种细胞器的膜，称为细胞内膜。相对于内膜，质膜又称外周膜，外周膜与细胞内膜统称为生物膜（biomembrane）。

（一）膜的化学组成

根据对细胞各种膜的微量化学分析结果表明，膜主要由脂类物质和蛋白质组成，二者的比例，因膜的种类而不同，有很大的差别。此外，膜还含有少量的多糖、微量的核酸、金属离子和水等。

（二）膜的分子结构

对生物膜分子结构的研究是现代生物学研究的一个活跃的领域，生物学家曾提出了许多模型理论。具有代表性的是1959年J. D. Robertson提出的单位膜模型，以及目前得到广泛支持的流动镶嵌模型。

单位膜模型（unit membrane model）：这是根据电镜观察的结果提出来的。在适当的标本中，膜的横断面在电镜下呈现"暗—明—暗"三条平行的带，即内外两层暗的带（由大的蛋白质分子组成）之间，有一层明亮的带（由脂类分子组成），内层和外层为电子致密层，均厚约2.5nm，中间透明层厚为2.5~3.5nm。这样的膜称为单位膜（unit membrane）。

流动镶嵌模型（fluid-mosaic model）：在单位膜模型的基础上，1972年S. J. Singer和G. Nicolson提出了流动镶嵌模型。该模型认为，脂类物质分子的双层，形成了膜的基本结构的衬质，而膜的蛋白质则和脂类层的内外表面结合，或者嵌入脂类层，或者贯穿脂类层而部分地露在膜的内外表面。磷脂和蛋白质都有一定的流动性，使膜结构处于不断变动状态（图1-12）。

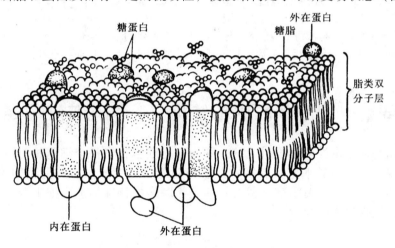

图1-12 生物膜分子结构的一般模型

除了脂类和蛋白质外，膜的表面还有糖类分子称膜糖。膜糖是由葡萄糖、半乳糖等数种单糖连成的寡糖链。膜糖大多和蛋白质分子相结合成为糖蛋白，也可和脂类分子结合而成糖脂。糖蛋白与细胞识别有关。

（三）细胞膜的功能

细胞膜具有选择透性，能控制细胞与外界环境的物质交换。细胞膜既能从周围环境中吸收其需要的水和溶质，又能将其代谢产物排出，从而使细胞具有相对稳定的内环境。此外，许多细胞膜上还存在激素的受体、抗原结合点以及其他有关细胞识别的位点，所以，细胞膜在细胞识别、细胞间的信号传导、新陈代谢的调控等过程中具有重要的作用。现将细胞膜的主要功能简述如下：

（1）物质的跨膜运输：生活的植物细胞要进行各种生命活动，就必然要同环境发生物质交换。物质进出细胞时必须通过细胞膜。而细胞膜对物质的通透有高度的选择性，以保证细胞内各种生物化学反应有序地进行。物质通过细胞膜有多种途径：简单扩散（simple diffusion）、促进扩散（facilitated diffusion）、主动运输（active transport）、内吞作用（endocytosis）和外排作用（exocytosis）等。

（2）细胞识别：所谓细胞识别是细胞对同种或异种细胞的辨认。细胞具有区分自己和异己的识别能力，具有高度的选择性。同种或不同种有机体的细胞之间可以通过释放的信号相互影响，也可通过细胞与细胞的直接接触而相互作用。细胞通过表面的特殊受体与另一细胞的信号物质分子选择性地相互作用，导致细胞内一系列生理生化变化，最后产生整体的生物学效应。

无论单细胞生物或高等植物和动物，许多重要的生命活动都与细胞识别有关。如单细胞的衣藻属 *Chlamydomonas* 植物有性生殖过程中配子的结合；雌蕊柱头与花粉之间的相互识别，决定能否成功地进行受精作用；豆科植物根与根瘤菌相互识别，决定能否形成根瘤等。

植物细胞与动物细胞不同，它的细胞膜外面有细胞壁，两个细胞的细胞膜不能直接接触。一些起识别作用的物质，可从细胞内分泌到细胞壁，因而植物细胞之间的识别，除细胞膜外，细胞壁也起着重要的作用。

（3）信号转换：植物生活的环境在不断变化中，组成植物体的每一个细胞经常不断地感受、接收来自外界环境中各种信号（如光照、温度、水分、病虫害、机械刺激等），并做出一定的反应。作为多细胞有机体内的一个细胞，胞外信号不仅来自外界环境的信号，还包括来自体内其他细胞的内源信号（如激素等）。从细胞外信号转换为细胞内信号并与相应的生理生化反应偶联的过程叫做细胞信号转导（signal transduction）。细胞膜位于细胞表面，在细胞信号转导过程中起着重要的作用。

细胞膜上有接受各种信号的受体蛋白，如感受光的光敏素和激素受体等。当受体与外来信号结合后，受体的构象就发生改变，引发细胞内一系列反应，产生第二信使（second messenger）。许多研究工作证实，植物细胞内游离钙离子是植物细胞信号转导过程中一类重要的第二信使。钙离子与钙结合蛋白，如钙调素（calmodulin，CaM）结合后，激活一些基因的表达或酶的活性，进而促进各种生理生化反应，调节生命活动。

第四节　细胞间的联络结构——纹孔与胞间连丝

种子植物的植物体是由许多细胞组成的，细胞壁与细胞膜将各个细胞相对隔离，从而使细胞间的分工得以实现，并使各类细胞具有特定的、与功能相适应的形态。但植物体的细胞、组织、器官之间又是协调与合作的，细胞壁上留有一些互相联络的特殊构造。据来源、结构和功能上的不同，可分为纹孔和胞间连丝两类。

一、纹　孔

（一）初生纹孔场

细胞壁在生长时并不是均匀增厚的。在细胞的初生壁上有一些明显凹陷的较薄区域称初生纹孔场（primary pit field）。初生纹孔场中集中分布有一些小孔，其上有胞间连丝穿过（图1-13A）。

（二）纹　孔

纹孔是伴随着次生壁的产生而形成的。当细胞形成次生壁时，在一些位置上不沉积壁物质。因此在这些没有次生壁沉积的地方，只存在初生壁和胞间层，细胞壁的这种比较薄的区域就叫做纹孔（pit）。相邻细胞的纹孔往往相对而生，称为纹孔对（pit-pair）。纹孔对之间的隔层（初生壁）叫纹孔膜（pit membrane），纹孔膜两侧的空腔叫纹孔腔（pit cavity）。据结构上的不同，纹孔分为单纹孔和具缘纹孔两种类型（图1-13B～D）。

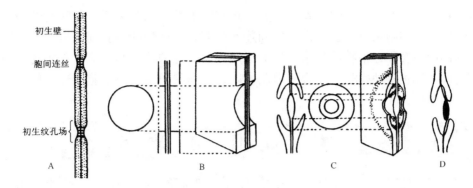

图 1-13 初生纹孔场和纹孔

A. 初生纹孔场及胞间连丝 B. 单纹孔 C. 具缘纹孔 D. 闭塞的具缘纹孔对

1. 单纹孔

单纹孔（simple pit）结构较简单，其特点是纹孔上没有次生壁，整个纹孔腔的直径大小几乎是一致的，单纹孔的主要功能是作为水分的通道。

2. 具缘纹孔

具缘纹孔（bordered pit）结构较复杂，除次生壁在纹孔腔上面形成一个拱形的纹孔缘外，纹孔对之间的初生壁（纹孔膜）有时会加厚，形成纹孔塞（torus），未加厚的边缘部分称为塞周缘，水通过塞周缘在细胞间流动。具缘纹孔不仅是水分的通道，而且对外界的变化也能产生一些反应。当水分流经具缘纹孔时，如果水流过速，就会将纹孔塞推向一侧，如同阀门活塞一样将通道堵塞，使水流速因而减慢，这样就可以调节水流在胞间运输的速度。纹孔的重要功能是输导水分，由于它是次生壁产生的时候才形成的，而且一旦次生壁形成后，细胞中的原生质即失去了活性，所以有纹孔的细胞大都是死细胞。如单纹孔主要分布在纤维细胞壁上，纤维主要起支持作用。具缘纹孔常见于管胞、导管以及纤维管胞的细胞壁上。

二、胞间连丝

胞间连丝（plasmodesma）是穿过细胞壁的细胞质细丝，它连接相邻细胞的原生质体。电子显微镜观察研究表明，胞间连丝与相邻细胞中内质网相连，从而构成了一个完整的膜系统。胞间连丝主要起细胞间的物质运输和刺激传递的作用。在植物体的个别部位和特定时期，胞间连丝还成为原生质、生物大分子，甚至细胞核从一个细胞进入另一细胞的通道。当感染病毒时，又成为病毒迁移的途径。

目前人们普遍接受的胞间连丝超微结构模型如图1-14。这个模型认为，胞间连丝是贯穿细胞壁的管状结构，周围衬有细胞膜，与两侧细胞的细胞膜相连。中央有压缩内质网（appressed ER）通过，压缩内质网中间颜色深，称为中心柱（central rod），它是由内质网膜内侧磷脂分子的亲水头部合并形成的柱状结构。压缩内质网与细胞膜之间为细胞质通道（cytoplasmic sleeve），是物质通过胞间连丝的主要通道。胞间连丝两端窄，形成颈区（neck region）。

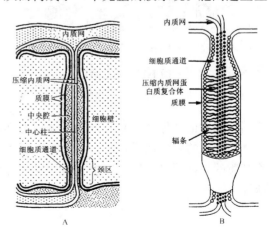

图 1-14 胞间连丝的结构模型

大部分植物细胞间均具有胞间连丝。虽然对具有次生壁的细胞来说，胞间连丝一般失去了作用，但对大多数生活细胞来讲，正是由于胞间连丝的存在，植物的细胞间、组织间、器官间在功能上才能彼此协调与合作；植物体复杂的生命活动，如信息的传递与反应，物质的运输和分配才能完成；植物体才能正常地生长、发育。因此可以说，细胞间主要由于胞间连丝的存在，从而使植物体形成一个整体。

第五节　细　胞　质

真核细胞的细胞膜以内，细胞核以外的部分称为细胞质（cytoplasm），由半透明的胞基质以及分布其中的多种细胞器和细胞骨架系统组成。

一、胞　基　质

细胞质中除细胞器和细胞骨架系统以外的、较为均质的、半透明的液态胶状物质称为胞基质（cytoplasmic matrix），又名细胞质基质、基质、透明质等。各种细胞器和细胞骨架系统分布于其中。

胞基质的主要成分有小分子，如水、无机离子 K^+、Na^+、Mg^{2+}、Ca^{2+}、Cl^- 等，还有脂类、糖类、氨基酸、核苷酸及其衍生物等中等分子，与糖酵解、氨基酸合成与分解有关的各种酶类以及蛋白质、RNA、多糖等大分子，是细胞生命活动不可缺少的部分。细胞中各种复杂的代谢活动是在胞基质中进行的，它为各个细胞器执行功能提供必需的物质和介质环境，细胞的代谢活动常导致酸碱度变化，它作为一个缓冲系统可调节 pH 值，维持细胞正常的生命活动。

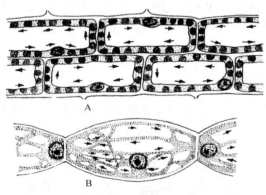

图 1-15　胞质运动
A. 胞基质的旋转运动　B. 胞基质的循环运动

在生活细胞中，胞基质是处于不断的运动状态，它能带动其中的细胞器，在细胞内作有规则的持续的流动，这种流动称为胞质环流（cyclosis），也称为胞质运动（cytoplasmic movement）。当其中只有一个大液泡时，胞基质沿细胞壁围绕着中央大液泡作同向流动，称为旋转运动（图1-15A），如果将黑藻幼叶置于显微镜下观察就可看到这种运动。如有多个小液泡时，胞基质以不同方向围绕着小液泡流动，称为循环运动（图1-15B），这种运动在紫鸭跖草和南瓜花丝毛的细胞中可见到。胞质运动对细胞内和细胞间的物质交换与运输起作用，其速度常因植物体生理状态而不同，同时也受环境条件的影响，体现着细胞的生命现象。当环境中的水、温、光、气等因子适宜时，细胞的新陈代谢旺盛，胞基质的运动就快。当外界条件不大适宜时，细胞的新陈代谢减弱，胞基质的运动就慢，甚至停止。当外界条件极端不利的情况下，胞基质有可能被破坏，失去生命活性。

二、细 胞 器

细胞器（organelle）是细胞质内由原生质分化形成的具有特定结构和功能的亚细胞结构。可根据细胞器的构造特点，将其分为三种类型：双层膜结构的细胞器，包括质体和线粒体；单层膜结构的细胞器，包括内质网、高尔基体、液泡、溶酶体、微体；非膜结构的细胞器，为核糖体。也有将双层膜结构的细胞核和非膜结构的细胞骨架系统，甚至于核仁、染色体，都归为细胞器的。

（一）双层膜结构的细胞器

1. 质 体

质体（plastid）是绿色植物细胞特有的细胞器，体积较线粒体大，在高等植物中常呈圆盘形、卵圆形或不规则形，直径5～8μm，厚约1μm。质体外被双层单位膜，内为液态基质，基质中分布着发达程度不一的膜系统，称为片层。尚未分化完善的质体，称为前质体（proplastid），形状不规则，内部仅有少量片层和基质。前质体常存在于分生组织细胞中，随着细胞的生长和分化，成为成熟质体。成熟的质体是一类合成或积累同化产物的细胞器，根据其所含色素和功能的不同，可分为叶绿体、有色体和白色体三种（图1-16）。

（1）叶绿体（chloroplast）：叶绿体普遍存在于植物的绿色细胞中，主要在叶肉细胞。叶绿体的形状、数目和大小随不同植物和不同细胞而异，如衣藻中只有1个杯状的叶绿体；水绵细胞中有1～4条螺旋带状的叶绿体；高等植物细胞中叶绿体的形状和大小比较近似，多呈椭圆形或凸透镜形，1个细胞中可含十几个、几十个、甚至几百个叶绿体。

叶绿体含有叶绿素a、叶绿素b、叶黄素和胡萝卜素。叶绿素a呈蓝绿色，叶绿素

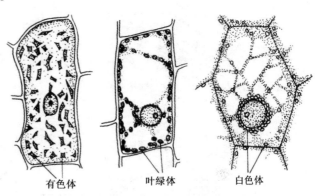

图1-16　不同细胞内的三种质体

b呈黄绿色，叶黄素呈黄色，胡萝卜素为橙色或红色。其中叶绿素是主要的光合色素，它能吸收和利用光能，直接参与光合作用。其他两类色素不能直接参与光合作用，只能将吸收的光能传递给叶绿素，起辅助光合作用的功能。植物叶片的颜色与细胞叶绿体中这几种色素的比例有关，一般情况下，叶绿素占绝对优势，叶片呈绿色，但当营养条件不良、气温降低或叶片衰老时，叶绿素含量降低，叶片便出现黄色或橙黄色。某些植物叶秋天变成黄色或红色，就是因叶片细胞中的叶绿素分解，叶黄素、胡萝卜素和花青素占了优势的缘故。在农业上，常可根据叶色的变化，判断农作物的生长状况，及时采取相应的施肥、灌水等栽培措施。

叶绿体在细胞中可以进行一定的运动，以适应光强的变化。如在弱光下，它们以扁平的一面向光，以接受最大的光量；强光下则以狭小的侧面向光，同时叶绿体向细胞侧壁移动，以避免过度强烈的日光照射导致结构破坏。

电子显微镜下叶绿体具有精致的结构，表面有两层膜包被，内部是电子密度较低的基质（stroma），其间悬浮着由膜所围成的圆盘状或片层状的囊，称为类囊体（thylakoid）（图1-17）。其中一些类囊体整齐地垛叠在一起，形成一个个柱状体单位，称为基粒（basal granule）。形成基粒的类囊体也称基粒类囊体；而连接于基粒之间，由基粒类囊体延伸出的呈分枝网管状或片层状的

类囊体称为基质类囊体或基质片层（stroma lamella），其内腔与相邻基粒的类囊体腔是相通的。一般一个叶绿体中约含有 40~60 个基粒，但因植物种类不同以及细胞所处的部位不同，其基粒中的基粒类囊体数量差别甚大，有 10~100 片不等。光合作用的色素和电子传递系统都位于类囊体膜上。

叶绿体基质中有环状的 DNA，能编码自身的部分蛋白质，其余的蛋白质为核基因编码；具有核糖体，能合成自身的蛋白质。叶绿体中的核糖体为 70S 型，比细胞质中的核糖体小，与原核细胞的核糖体相同。叶绿体中还常含有淀粉粒。

叶绿体的主要功能是进行光合作用（photosynthesis）。光合作用是吸收光能并使之转化为化学能，同时利用二氧化碳和水合成碳水化合物并释放氧的过程。光合作用的过程复杂，包括一系列的生化反应，其总反应式如下：

$$6CO_2 + 6H_2O \longrightarrow C_6H_{12}O_6 + 6O_2 \uparrow$$

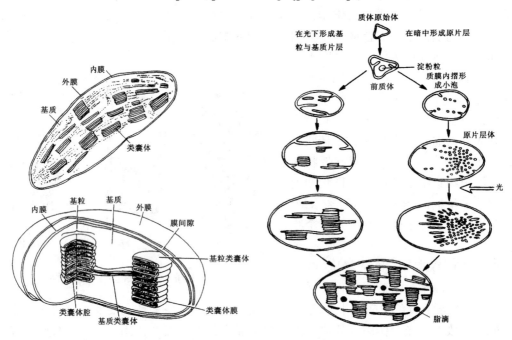

图 1-17　叶绿体的结构图解　　　　图 1-18　叶绿体的发育

光合作用分为光反应（light reaction）和暗反应（dark reaction）两大步骤，光反应在类囊体膜上进行，而暗反应在基质中进行。在光反应中，叶绿素分子吸收、传递光能的电子，将光能转换为活跃的化学能，贮藏在 ATP（三磷酸腺苷）和 NADPH（烟酰胺腺嘌呤二核苷酸磷酸）等高能化合物中，水分子被裂解，放出氧分子到大气中。紧接着的暗反应则利用光反应形成的 ATP 所提供的能量，由 NADPH 还原 CO_2 而制造葡萄糖等化合物，从而将 ATP 和 NADPH 中的活跃的化学能转变成稳定的化学能。

在个体发生上，叶绿体是从前质体发育形成的（图 1-18）。前质体也是其他质体的前体，一般无色。前质体存在于茎顶端分生组织的细胞中，具双层膜，内部有少量的小泡。当叶原基分化出来时，前质体内膜也向内折叠伸出膜片层系统，在光下，如图 1-18 左边所表示的情况，这些片层系统继续发育，并合成了叶绿素，发育成为叶绿体。但在黑暗或光照不足时，如图 1-18 右边所表示的情况，质体内部就不能形成正常的类囊体结构，而形成一些管状的膜结构，不能合成叶绿素，称为原片层体（prollamellabody，或前片层体），这样的质体称为黄化体（etioplast，或黄色体）。如给这些黄化的植株照光，黄化体的原片层体可发生转变，叶绿素能够合成，发育成为具基粒的正常叶绿体。

（2）有色体（chromoplast）：有色体所含色素为胡萝卜素与叶黄素，故呈现黄色、红色或橙色。例如黄色的花瓣，柑橘、山楂、番茄和辣椒的红色果实，胡萝卜橙红色的根，都是由于细胞中含有有色体的缘故。其内部结构较简单，基粒或基质片层多已变形或解体。有色体形状多种多样，有球形、多边形、杆状及其他不规则的形状。有色体能积累淀粉、脂类和胡萝卜素，同时赋予花果以鲜艳的颜色，招引昆虫和鸟类，有利于花粉和种子的传播。

（3）白色体（leucoplast）：白色体是一种不含色素的质体，多存在于幼嫩或不见光的组织中，如甘薯和马铃薯的地下贮藏器官、许多种子的胚以及一些植物叶的表皮细胞中都有白色体存在。白色体一般为近球形或为不规则形状，大小约为 $2\mu m \times 5\mu m$，数目众多，多聚集于细胞核附近。白色体结构简单，表面有双层膜包被，内部仅有少数不发达的片层。根据功能的不同，白色体可分为能积累淀粉的造粉体或称淀粉体（amyloplast）、合成油脂的造油体（elaioplast）和积累蛋白质的造蛋白体或称蛋白体（proteinoplast）。

（4）质体的互相转化：上述三种质体在细胞分化发育过程中随发育状况及外界因素不同可发生转化（图1-19）。白色体在见光的情况下可转化成叶绿体，例如马铃薯的块茎暴露在光下则逐渐呈现绿色，就是细胞中的白色体转变成叶绿体的缘故。叶绿体也可以随着细胞及外界温度变化而转变成有色体，例如某些果树幼嫩的子房是白色的，当子房发育成幼果时逐渐变为绿色，到果实成熟时又转变为红、黄或橙黄色，都是由于细胞内质体的变化引起的。有色体还可从造粉体通过淀粉消失、色素沉积而形成，如德国鸢尾 *Iris germanica* 的花瓣；但卷丹 *Lilium tigrinum* 花瓣内的有色体是直接从前质体发育而来的。

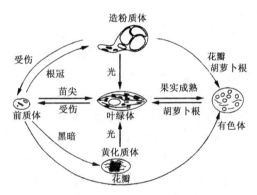

图 1-19　不同类型质体之间的相互转化

质体的分化有时是可以逆转的，叶绿体可以形成有色体，有色体也可转变为叶绿体，如胡萝卜的肉质直根暴露于光下，可由黄色转变为绿色。当组织脱分化而成为分生组织状态时，叶绿体和造粉体都可转变为前质体。

细胞内质体的分化和转化与环境条件有关，最明显的例子是光照影响叶绿体的形成，但这不是绝对的，花瓣一直处于光照下，并不形成叶绿体。同样，根细胞内不形成叶绿体也并非简单地由于它生长在黑暗环境的缘故。质体的发育受它们所在细胞的控制，不同基因的表达决定着该细胞中质体的类型。

2. 线粒体

线粒体（mitochondrion）普遍存在于真核细胞内，形态多种多样，有球状、杆状，也有具分枝状或其他形状的。一般较质体小，其直径一般约为 $0.5 \sim 1.0\mu m$，长约为 $1 \sim 2\mu m$。在光学显微镜下不易辨认，但用染料詹那斯绿 B（janus green B）染色，则可显示出来。线粒体在不同类型细胞中的数目差异也很大，如单细胞的鞭毛藻 *Chromuline pusilla* 只有一个线粒体，而玉米根冠的一个细胞内可有 100～300 个线粒体。

线粒体的超微结构如图 1-20 所示。它是由双层膜围成的囊状结构，由外膜（outer membrane）、内膜（inner membrane）、膜间隙（intermembrane space）和基质（matrix）组成。外膜包围在线粒体外围，平整、光滑；内膜的一些部位向内折叠成管状或板状的嵴（cristae），使内膜面积增加。在高等植物、部分的藻类植物和真菌中，线粒体的嵴多为管状的，动物中一般为板状的。细胞中线粒体的数目与线粒体中嵴的多少，与细胞的生理状态有关，代谢旺盛的细胞有较多的线

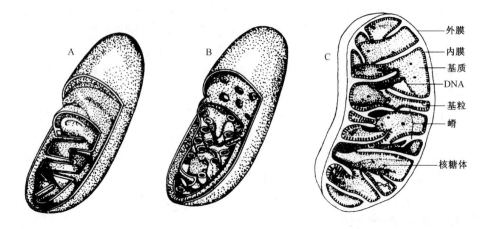

图 1-20 线粒体
A. 具板状嵴的动物线粒体　B. 具管状嵴的植物线粒体　C. 植物线粒体剖面

粒体和较密的嵴；反之则少。因此，可根据嵴的数量判断线粒体的活性及细胞生活力。嵴表面有许多圆球形颗粒，称为基粒，它由头、柄和基部组成，含有 ATP 合成酶（ATP synthase），是氧化磷酸化的关键装置。膜间隙是线粒体内外膜之间的空隙，腔隙宽 6~8nm，内含许多可溶性酶类、底物和辅助因子。嵴间充满胶状基质，内含许多可溶性蛋白质和脂类，包括与呼吸作用有关的各种酶类，还有环状的 DNA 分子和核糖体。DNA 能指导自身部分蛋白质的合成。

线粒体的重要功能是参与呼吸作用，植物维持生命活动，进行生长发育需要能量，呼吸作用是释放能量的具体过程，是将光合作用中所合成的复杂有机物分解成简单的无机物。在光合作用中，光能转化为化学能，进入光合作用的产物之中，成为一种贮藏能。在呼吸作用过程中，化合物分解，化合键断裂，贮藏能便被释放出来，供给植物生命活动的能源。呼吸作用可用如下的反应式简单概括：

$$C_6H_{12}O_6 + 6O_2 \longrightarrow 6CO_2 + 6H_2O + 2867.48 \text{ kJ/mol}$$

呼吸作用分解的物质主要是碳水化合物，如上式一个葡萄糖分子在有氧的情况下则可氧化成 6 分子的二氧化碳和 6 分子的水，放出 2867.48 kJ/mol 能量。整个呼吸过程必须有一系列的酶参加反应，作为重要的生物催化剂，使整个过程在常温下高效率地进行。细胞内的糖、脂肪、氨基酸等物质的最终氧化都在线粒体中进行，并释放能量，供细胞代谢所需，因此线粒体有细胞内的"动力工厂"之称。

叶绿体和线粒体都具有与原核生物相似的 DNA（分子环状，不与蛋白质结合）以及较细胞质核糖体小的核糖体，分裂繁殖前能进行 DNA 复制，并能合成自己的蛋白质。因而这两种细胞器除受细胞核的基因控制外均具一定程度的遗传自主性。据此发展了内共生说，认为叶绿体是真核生物"捕获"并与之共生的原核生物蓝藻，线粒体是被"捕获"、共生的细菌逐渐演变而来的。

（二）单层膜结构的细胞器

1. 内质网

内质网（endoplasmic reticulum，ER）是由单层膜围成的小管、小囊或扁囊构成的一个网状系统。膜形成的扁囊和小管中充满基质。内质网的膜厚度 5~6nm，比质膜要薄得多，两层膜之间的距离只有 40~70nm。

内质网可分两种类型：一种是在膜的外表面附有大量核糖体，称为粗糙型内质网（rough ER 或 rER）（图 1-21）；另一种是膜上无核糖体附着的，称为光滑型内质网（smooth ER 或 sER）。两者在一定部位上互相连接。

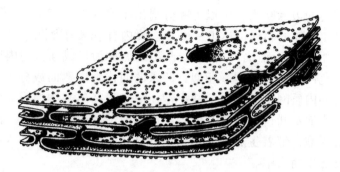

图 1-21　粗糙型内质网的立体结构图解

内质网是常处于变化之中的结构，其形状、数量、类型、组成成分以及在细胞内的分布位置，因细胞类型、发育时期和生理状况而相应地变化。例如，在蚕豆种子成熟后期积累贮藏物质时，粗糙型内质网增多；而未分化成熟的或休眠的细胞，光滑型内质网较多，如休眠期的形成层细胞；当形成层恢复分裂活动时，粗糙型内质网就开始增多。

内质网的膜与细胞核的外膜相连接，内质网内腔与核膜间的腔相通。同时，内质网也可与原生质体表面的质膜相连，有的还随同胞间连丝穿过细胞壁，与相邻细胞的内质网发生联系，因此内质网构成了一个从细胞核到质膜，以及与相邻细胞直接相通的膜系统（图1-22）。

内质网的功能主要有：

（1）内质网具有合成、包装与运输一些代谢产物等多方面的功能。合成的物质可先运至光滑内质网，再形成小泡，运至高尔基体，再分泌至需要的部位。

（2）内质网是许多细胞器的来源，如高尔基体、液泡、圆球体及微体等都可能是由内质网特化或分离出的小泡形成。

（3）内质网可能与细胞壁的分化有关，如导管分化过程中，有内质网分布的部位不会沉积次生壁物质，因而形成导管特有的花纹（环纹、螺纹等）；在形成筛管前，凡端壁附近有内质网处，将来则形成筛孔；又如花粉形成外壁前，凡内方有内质网处，将来形成萌发孔。

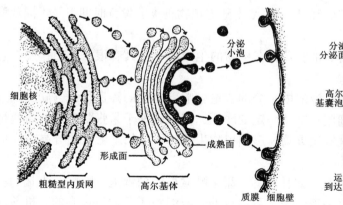
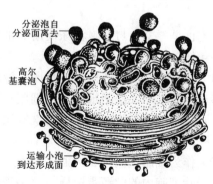

图 1-22　内质网所构成的膜系统　　　　**图 1-23　高尔基体模式图**

（4）在细胞内极有限的空间内，内质网形成的网状膜系统分隔形成了巨大的细胞内表面，使有关的各种代谢活动能分别在特定的环境条件下进行。

2. 高尔基体

高尔基体（Golgi body，dictyosome）由一叠单层膜围成的扁囊组成。囊又称潴泡或槽库，各扁囊间有很窄的空隙。扁囊的边缘膨大，可以不断分离出小泡（图1-23）。一个高尔基体常具5~8个囊，但某些藻类的高尔基体的扁囊可达20~30个。囊内有液状内含物。

高尔基体整体常呈弧形，一面凸，一面凹。凸出的面称为形成面，与内质网膜相联系，接近凸面的扁囊的形态及染色性质与内质网膜相似；凹入的面称为成熟面或分泌面，常位于近细胞表面处。在高尔基体附近的内质网不断形成一些小泡，散布于高尔基体的形成面，内含粗糙内质网所合成的蛋白质成分。小泡不断进入高尔基体，在形成面上形成新的扁囊；而高尔基体的分泌面不断由囊缘膨大形成分泌泡，带着生成的分泌物离开高尔基体。小泡的并入与分离，使高尔基体始终处于新陈代谢的动态平衡之中。

高尔基体的主要功能是：

（1）参与细胞的分泌作用。高尔基体为细胞提供一个内部运输系统，如把内质网合成和运来的蛋白质、脂类和糖类进行加工和浓缩，最后形成分泌泡，通过分泌泡与质膜融合的方式，将其中物质排出细胞。根冠细胞分泌黏液、松树树脂道上皮细胞分泌树脂等都与高尔基体活动有关。

（2）参与细胞壁的形成。高尔基体可以合成和运输纤维素、半纤维素，加工和转运木质素、果胶质。这些物质都是形成细胞壁的重要成分，因此高尔基体的活动与细胞壁的形成有直接关系。在有丝分裂形成新细胞壁的过程中，可以看到大量高尔基小泡参与新细胞壁的形成。

3. 液 泡

液泡（vacuole）是植物细胞区别于动物细胞的一个显著特征，成熟的植物细胞具有一个大的中央液泡。幼嫩细胞，不具液泡或仅具有很多小而分散的液泡。在细胞生长过程中，代谢产物增多，细胞从外界吸收水分，于是小液泡吸水增大，逐渐彼此合并，最后形成一个很大的液泡，占据细胞中央的大部分空间，称为中央液泡。当中央液泡形成后，细胞质和细胞核被挤到细胞的周边，从而使细胞质与环境间有了较大的接触面积，有利于细胞的新陈代谢（图1-24）。

液泡与细胞质接触部分具有一层很薄的膜，称为液泡膜（tonoplast）。液泡内的液汁称为细胞液（cell sap），主要成分是水，水中溶有细胞生命活动过程中所产生的各种代谢产物，如无机盐、糖类、脂类、蛋白质、酶、单宁、有机酸、植物碱、花色素苷等。这些物质的浓度可达很高，致使盐类形成结晶或使液泡带有很深的颜色。细胞液的成分、浓度随着植物种类、发育时期以及不同代谢产物而异。

液泡也是一个参与细胞新陈代谢的细胞器，在植物的生命活动中具有很重要的作用。它的功能主要包括：

（1）调节细胞的渗透作用与膨压。液泡内水分的含量影响着细胞的渗透作用与膨压。液泡能调节渗透压的大小，控制水分出入细胞；维持一定的膨压，使细胞处于紧张状态，从而使植物体保持挺立状态。若细胞失水，植物就发生萎蔫，影响植物生长。保卫细胞膨压的升高与降低直接影响气孔的开闭。

（2）作为细胞代谢产物的贮藏场所。如甘蔗茎、甜菜贮藏根中的液泡，贮藏有大量的糖；又如豆类子叶细胞内的贮藏蛋白质，就是液泡失水后形成的。液泡中还可贮藏过剩的有机酸和其他有害的代谢产物，如草酸钙结晶，使其与细胞代谢区隔离，从而保证代谢活动正常进行。

（3）起消化作用。液泡内常含有如水酶解等多种酶，可以参与大分子物质更新中的降解活动。在一定情况下，液泡膜向内反折包裹细胞的某些膜或细胞器，然后进行分解和消化，因此液泡被认为具有溶酶体的功能。

液泡的发生可能有多种途径，来自高尔基体囊泡、内质网的潴泡，或细胞质中的前液泡。

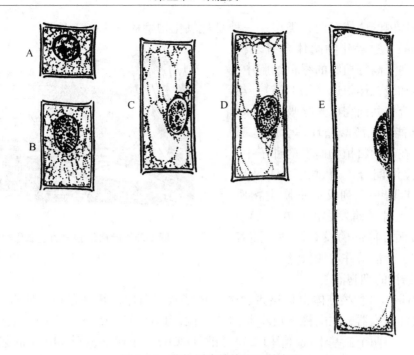

图 1-24 植物细胞的液泡及其发育

A~E. 幼期细胞到成熟的细胞。随细胞的生长，细胞中的小液泡
变大、合并，最终形成一个大的中央液泡

4. 溶酶体

溶酶体（lysosome）广泛存在于动、植物细胞内，是具单层膜的囊泡状结构，主要由高尔基体和内质网分离的小泡生成。它的形态和大小差异很大，一般为球形，直径 0.2~0.8μm。溶酶体含有多种水解酶，如酸性磷酸酶、核糖核酸酶、脂酶、蛋白酶等。一般认为，在溶酶体的膜破裂或损坏以致酶被释放之前，溶酶体内的酶是不活化的。溶酶体的主要功能是：

（1）正常的分解与消化。溶酶体可将细胞内吞进来的或细胞内储存的大分子分解消化，供细胞利用。

（2）自体吞噬。某些溶酶体能吞噬细胞内一些衰老的细胞器或需要废弃的物质，进行消化、降解。

（3）自溶作用。即溶解衰老与不需要的细胞。借助自溶作用往往可以消除一些衰老细胞和不必要的组分与结构，以利细胞的分化和个体发育。

植物细胞中还有其他含有水解酶的细胞器，如圆球体（spherosome）和糊粉粒（aleurone grain）。圆球体是膜包被的球状小体，直径约为 0.1~1μm。在电子显微镜下，可以看出圆球体的膜只有一条电子不透明带，因此可能只是单位膜的一半，膜的内部有一些细微的颗粒结构。圆球体是细胞积累脂肪的场所，当大量积累脂肪后，可发育为脂肪体。圆球体中含有水解酶和脂肪酶，具有溶酶体性质。在一定条件下也可分解和消化脂肪等贮藏物质。在油料作物的种子中，常有许多圆球体。糊粉粒是与圆球体相似的另一类贮存细胞器，多存在于植物种子的子叶和胚乳中，具贮存蛋白质功能，同时也具有溶酶体性质。

5. 微 体

微体（microbody）是由单层膜包被的圆球形小体，直径约 0.2~1.5μm。普遍存在于动、植物细胞内。植物体内的微体有两种类型：一种是过氧化物酶体（peroxisome）；另一种是乙醛酸循环体（glyoxysome）。过氧化物酶体含有多种氧化酶，普遍存在于高等植物的绿色细胞中，位置常在叶绿体和线粒体附近（图1-25），与叶绿体和线粒体合作共同完成光呼吸（photo-respiration）的功能。乙醛酸循环体含有乙醛酸循环酶系，存在于油料植物萌发的种子中，与圆球体和线粒体配合，通过乙醛酸循环（glyoxylate cycle）的一系列反应把脂类物质转化成糖类以满足种子萌发之需。在干燥的种子中，乙醛酸循环体的酶没有活性，随着萌发的进行，才逐渐活动并增加数量。

图1-25　叶肉细胞内的过氧化物酶体

（三）非膜结构的细胞器

核糖体（ribosome）：核糖体也称核蛋白体或核糖核蛋白体，几乎存在于所有的生活细胞内，是一种无膜包被的细胞器，在电镜下成小而圆的颗粒，其直径约为15～25nm，主要成分是rRNA和蛋白质，由大、小两个亚基组成（图1-26A和图1-26B）。小亚基识别mRNA的起始密码子，并与之结合；大亚基含有转肽酶，催化肽链合成。

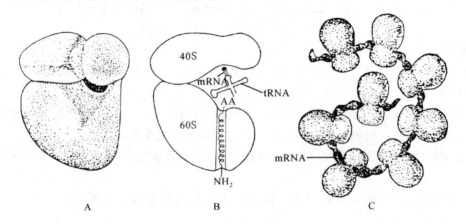

图1-26　核糖体和多聚核糖体模式图

A. 外形　B. 剖面图（其中表示两个亚单位以及mRNA、tRNA可能的位置。
新生的肽链通过大亚单位的中央管而出）　C. 多聚核糖体模式图

　　核糖体是合成蛋白质的主要场所。在进行蛋白质合成时，来自细胞质中的mRNA（信使RNA）带来核的指令，并以mRNA的长链将几个或几十个核糖体串联为念珠状的聚合体，称为多聚核糖体（polyribosome）（图1-26C）。多聚核糖体游离于胞基质中或结合于内质网上，由tRNA（转移RNA）将胞基质中的氨基酸运至核糖体处，在那里按mRNA模板将氨基酸合成各种蛋白质。核糖体的rRNA由核仁染色质DNA转录，大、小亚基在细胞核内分别装配，再运至细胞质内结合成核糖体。

　　核糖体有两种类型：70S和80S（S为沉降系数，S值越大，说明颗粒沉降速度越快）。70S核糖体广泛存在于各类原核细胞中，叶绿体和线粒体内的核糖体也近似于70S。真核细胞细胞质内的核糖体均为80S（大亚单位为60S，小亚单位为40S）。

在真核细胞中，很多核糖体附着在内质网膜表面，称为附着核糖体，它与内质网形成复合细胞器，即粗糙型内质网；还有不少核糖体游离在细胞质基质中，称游离核糖体；在叶绿体和线粒体的基质中，以及核仁和核质内也有核糖体分布。附着在内质网膜表面的核糖体所合成的蛋白质主要是膜蛋白和分泌性蛋白，而游离在细胞质基质中的核糖体所合成的蛋白质则主要是细胞的结构蛋白、基质蛋白与酶等。

三、细胞骨架系统

细胞骨架系统（cytoskeletal system）是真核细胞内微管系统、中间纤维系统和微丝系统三者的总称（图1-27）。分别由不同蛋白质分子以不同方式装配成直径不同的纤维，相互连接形成错综复杂的立体网络，将细胞内的各种结构连接和支架起来，以维持在一定的部位上，使各结构能有条不紊地执行各自的功能。细胞骨架系统还是细胞内能量转换的主要场所。在细胞及细胞内组分的运动、细胞分裂、细胞壁的形成、信号转导以及细胞核对整个细胞生命活动的调节中具有重要作用。

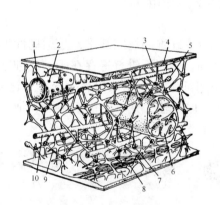

图1-27 细胞骨架系统模型图
1. 内质网 2. 内质网上的核糖体 3. 质膜
4. 细胞质 5. 小泡 6. 线粒体 7. 核糖体
8. 微丝 9. 中间纤维 10. 微管

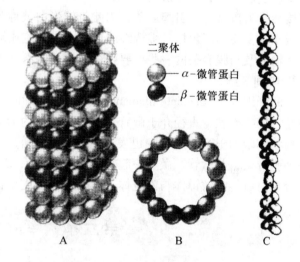

图1-28 微管和微丝
A. 微管整体观 B. 微管横剖面 C. 微丝

1. 微 管

微管（microtubule，MT）为细长、中空的管状结构，外径约25nm，内径约15nm，长度不等，有的可长达数微米。由微管蛋白（tubulin）和微管结合蛋白组成，微管蛋白是构成微管的主要蛋白，约占微管总蛋白质含量的80%～95%。它有两种，即α-微管蛋白与β-微管蛋白，二者连接在一起形成二聚体，二聚体再组成线性聚合体，称为原纤维（protofilament），13条原纤维螺旋盘绕装配成中空的管状结构（图1-28A和图1-28B）。

在植物细胞内，微管有多方面的功能：

（1）构成细胞的网状支架，维持细胞形状，固定和支持细胞器的位置。例如，有花植物的精子细胞呈纺锤形，是和细胞质中的微管与细胞的长轴一致地排列有关，有人试验，当用秋水仙素处理后，微管被破坏，精子便变成球形。

（2）参与构成有丝分裂和减数分裂时的纺锤丝，并牵引染色体位移，也与胞质环流、细胞器的位移有关。

（3）参与细胞的收缩和运动，是纤毛、鞭毛等细胞运动器官的基本结构成分。

（4）参与细胞壁的形成和生长。在细胞分裂时，由微管组成的成膜体，指示着高尔基体小泡，向新细胞壁的方向运动，最后形成细胞板；微管在原生质膜下的排列方向，又决定着细胞壁上纤维素微纤丝的沉积方向。并且，细胞壁一步增厚时，微管集中的部位与细胞壁增厚的部位是相应的。

（5）为细胞内物质定向运输提供运输轨道，已证实病毒与色素可沿微管快速移动。

2. 微 丝

微丝（microfilament，MF）又称肌动蛋白纤维（actin filament），是动、植物细胞中普遍存在的细丝状结构，直径6~8nm，主要由两种近球形肌动蛋白（actin）聚合成的细丝彼此缠绕成双螺旋丝（图1-28C）。不同的细胞还另有不同的蛋白与微丝结合。微丝可成束或分散在基质内。

肌动蛋白可以和肌球蛋白（myosin）结合。肌球蛋白具有ATP酶活性，能水解ATP，将化学能直接转换为机械能，引起运动，因此肌球蛋白被称为微丝马达蛋白，与肌动蛋白相互作用。

微丝的主要作用包括：维持细胞形状、参与胞质环流、染色体移动、叶绿体运动、胞质分裂、物质运输以及与膜有关的一些重要生命活动如内吞作用和外排作用等。

3. 中间纤维

中间纤维（intermediate filament，IF）又名中间丝、中等纤维或居间纤维，是柔韧性很强的蛋白质丝，中空管状，直径介于微管和微丝之间，约为10nm。中间纤维普遍存在于动物细胞中，在一些植物细胞如玉米、烟草中也发现其存在。目前对中间纤维的功能认识尚不充分，已知的有：加固细胞骨架，与微管、微丝一起维持细胞形态和参加胞内运输，并可定位细胞器和细胞核，在细胞分裂时可能对纺锤体与染色体有空间定向与支架作用。

第六节 细 胞 核

细胞核（nucleus）是生活细胞中最显著的结构，是细胞遗传与代谢的控制中心。原核生物与真核生物的主要区别就在于后者有核被膜，把细胞质和核质分开。这是生物进化过程中的一个重大进步。本节所介绍的均为细胞间期核的特征。

一、细胞核的形态及其在细胞内的分布

细胞核的大小、形状及其在细胞内的位置，与细胞的年龄、类型以及生理状况有关，也受外界环境的影响。

在幼嫩的细胞中，核呈球形位于细胞中央；在成熟的细胞中，细胞核和细胞质一起被液泡挤向贴近细胞壁的位置而呈椭圆形、长圆形或不规则形状。细胞核的形状也同细胞形状有一定的关系，球形细胞中的核呈球形，在伸长的细胞中，细胞核也是伸长的。禾本科植物的保卫细胞为哑铃形，细胞中的核也呈哑铃形；有些花粉的营养核形成许多不规则的瓣裂。细胞核的大小在不同植物中也有差别，高等植物的细胞核的直径多为10~20μm，低等菌类的细胞核的直径只有1~4μm。但苏铁卵细胞的核却可达1.5mm以上，肉眼可以看见。在植物中，生活的真核细胞一般都

具有细胞核。维管植物的成熟筛管细胞无细胞核，但在其早期发育过程中是有细胞核的，细胞核后来消失了。大多数细胞具一个细胞核，也有些细胞是多核的，如种子植物的绒毡层细胞常有2个至多个核，部分种子植物胚乳发育的早期阶段，胚囊中有多个游离的细胞核。

二、细胞核的结构

在光学显微镜下，间期细胞核可分为核膜、核仁和核质三个部分。各部分的细微结构要在电子显微镜下才能看到（图1-29）。

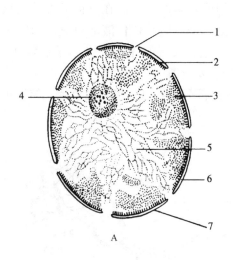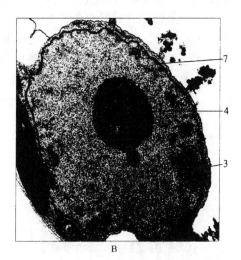

图1-29 细胞核
A. 模式图 B. 细胞核的超微结构
1. 核孔 2. 核纤层 3. 染色质 4. 核仁 5. 核基质 6. 核周间隙 7. 核膜

（1）核膜（nuclear membrane）：也称核被膜（nuclear envelope），位于间期细胞核的最外层，是细胞核与细胞质之间的界限。电子显微镜下核被膜由内、外两层膜组成，外膜表面有大量核糖体附着，且常与粗糙内质网相连。内膜和染色质紧密联系。两层膜之间有20～40nm的间隙，称为核周间隙（perinuclear space），与内质网腔连通。核被膜并非完全连续，其内、外膜在一定部位相互融合，形成一些环形开口，称为核孔（nuclear pore）。在核孔上镶嵌着一种复杂的结构，叫做核孔复合体（nuclear pore complex，缩写为NPC）（图1-30）。核孔在核膜上有规则地分布，它是沟通核质与细胞质的通道。核孔既能将复制、转录、染色体构建等所需的组蛋白、DNA聚合酶、RNA聚合酶等运输到核内，又能把翻译所需的RNA、核糖体亚单位等从核内运到细胞质。核孔有效通道的直径是可以调节的，大分子通过核孔时变为细长形，消耗ATP。这个

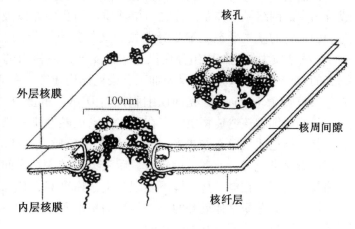

图1-30 核孔复合体在核被膜上的排列方式

运输过程是一个具有高度选择性的分子识别过程。

核被膜的内膜内侧有一层蛋白质网络结构，称为核纤层（nuclear lamina），它与内膜紧密结合，其厚薄随细胞不同而异。它是由 1~3 种核纤层蛋白多肽组成。核纤层与中间纤维、核骨架相互连接，形成贯穿于细胞核与细胞质的骨架体系。核纤层为核膜和染色质提供了结构支架，并介导核膜与染色质之间的相互作用。核纤层还参与细胞有丝分裂过程中核膜的解体和重组。

（2）核仁（nucleolus）：是细胞核中折光性很强的匀质球体，一般细胞核中有 1~2 个，也有多个的。细胞有丝分裂时，核仁消失，分裂完成后，两个子细胞核中分别产生新的核仁。核仁富含蛋白质和 RNA。蛋白质合成旺盛的细胞，常有较大的或较多的核仁。在电镜下可看到核仁是无膜结构，由颗粒状成分、纤维状成分、无定形基质、核仁染色质和核仁液泡组成，如图 1-31。核仁液泡是核仁中染色较浅的部分，有人发现这种核仁液泡会反复收缩与扩张，可能与 rRNA 的合成有关。核仁是 rRNA 合成加工和装配核糖体亚单位的重要场所。

（3）核质（nucleoplasm）：是核仁以外、核膜以内的部分。经碱性染料染色后，核质可分为着色的部分——染色质和不着色的部分——核液。

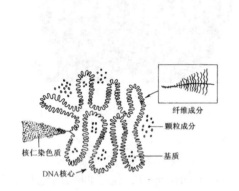

图 1-31 核仁的结构

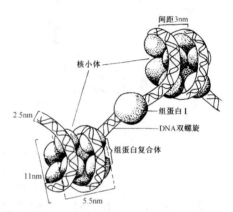

图 1-32 核小体的结构
（一条伸展的染色质丝的一部分）

核液（karyolymph）是充满核内空隙的无定形基质，电镜下观察，可见其中充满一个以蛋白质成分为主的网络结构体系，称之为核基质。网孔中充以液体，其中除水分外还有多种酶和无机盐等。因为它的基本形态与细胞骨架相似又与其有一定的联系，所以也称为核骨架（nuclear skeleton）。核基质为细胞核内组分提供了结构支架，使核内的各项活动得以有序地进行，可能在真核细胞的 DNA 复制、RNA 转录与加工、染色体构建等生命活动中具有重要作用。

染色质（chromatin）是间期细胞核内 DNA、组蛋白、非组蛋白和少量 RNA 组成的线性复合物，是间期细胞核遗传物质的存在形式。它被碱性染料染色后强烈着色，呈或粗或细的长丝交织成网状。染色质按形态与染色性能分为常染色质（euchromatin）和异染色质（heterochromatin）。用碱性染料染色时，前者染色较浅，后者染色较深。在间期中异染色质丝折叠、压缩程度高，呈卷曲凝缩状态，在电子显微镜下表现为电子密度高，色深，是遗传惰性区，只含有极少数不表达的基因。常染色质是伸展开的、未凝缩的呈电子透亮状态的区段，是基因活跃表达的区域。常染色质与异染色质是可以互相转化的。

20 世纪 70 年代发现，染色质是由许多称为核小体（nucleosome）的基本单位组成的串珠状结构（图 1-32）。每个核小体中心有 8 个组蛋白分子，DNA 双螺旋盘缠在它的表面，各核小体之间以 DNA 双螺旋和一个组蛋白分子相连接。当细胞由间期进入分裂期时，染色质丝进一步螺旋化构成染色体。

染色体（chromosome）是细胞有丝分裂时遗传物质存在的特定形式，是由染色质经多级盘绕、折叠、压缩、包装形成的。对染色体的结构、组型、形态、基因定位、分裂中的分子行为等一直是细胞生物学的研究热点，已取得了重大进展；在实际应用上为遗传疾病的诊断、基因治疗、基因工程等新兴领域的发展奠定了基础。

三、细胞核的功能

细胞核是细胞遗传与代谢的控制中心，主要功能为：贮存 DNA 及其上的基因，并在具分裂能力的细胞中进行复制；在核仁中形成细胞质的核糖体亚单位；控制植物体的遗传性状，通过指导和控制蛋白质的合成而调节和控制细胞的发育。

第七节 后 含 物

后含物（ergastic substance）是植物细胞原生质体代谢过程中的产物，包括贮藏的营养物质、代谢废弃物和植物次生物质。它们可以在细胞生活的不同时期产生和消失。后含物的种类很多，主要有淀粉、蛋白质、脂类、无机晶体和多种植物次生物质（如单宁、生物碱和色素等）。许多后含物对人类具有重要的经济价值，如淀粉和蛋白质是植物性食物的主要营养成分，食用油和工业用油是从种子中榨取的，单宁是制革工业中重要的化学原料，许多生物碱具有药用价值。

一、淀 粉

淀粉（starch）是植物细胞中最普遍的贮存物质，常呈颗粒状，在一些贮藏器官的细胞中尤多，如种子的胚乳和子叶中，植物的块根、块茎、球茎和根状茎中都含有丰富的淀粉粒。

淀粉是一种多糖，光合作用形成的葡萄糖可以在叶绿体中先聚合成同化淀粉，再转化成可溶性糖类，运输到贮藏细胞中，在造粉体内形成贮藏淀粉。造粉体在形成淀粉粒时，由一个中心开始，由内向外层层沉积充满整个造粉体。这一中心便形成了淀粉粒的脐点。在一个造粉体中可以形成一个或几个淀粉粒。许多植物的淀粉粒，在显微镜下可以看到围绕脐点有许多亮暗相间的轮纹。禾本科作物淀粉粒的这种轮纹，与昼夜节律有关，白昼运至造粉体的糖少，水分含量高，形成亮带；夜晚糖多，水少，形成暗带。但另外的一些植物如马铃薯的淀粉粒的分层现象却与昼夜无关。有人认为亮、暗交替的分层现象是由于直链淀粉与支链淀粉交替沉积，直链淀粉对水的亲和力大于支链淀粉，二者遇水膨胀不一，从而显出了折光上的差异。

淀粉粒在形态上有三种类型：①单粒淀粉粒，只有一个脐点，无数轮纹围绕这个脐点。②复粒淀粉粒，具有两个以上的脐点，各脐点分别有各自的轮纹环绕。③半复粒淀粉粒，具有两个以上的脐点，各脐点除有本身的轮纹环绕外，外面还包围着共同的轮纹（图 1-33A）。在一个细胞中可兼有几种类型的淀粉粒。此外，不同植物的淀粉粒的大小、形状和脐点位置皆各有不同，可作为商品检验、生药鉴定的依据（图 1-33B～图 1-33G）。

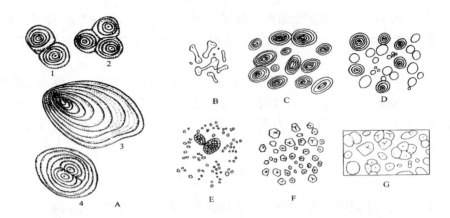

图 1-33　几种植物的淀粉粒

A. 马铃薯（1、2. 复粒淀粉粒　3. 单粒淀粉粒　4. 半复粒淀粉粒）
B. 大戟　C. 菜豆　D. 小麦　E. 水稻　F. 玉米　G. 甘薯

二、蛋白质

有些植物细胞含有贮藏蛋白质，这类蛋白质与作为原生质基本组成的活性蛋白不同，它们无活性、较稳定，常以无定形或结晶状态（称为拟晶体）存在于造蛋白体内，或存在于小液泡中形成糊粉粒（aleurone grain）。

糊粉粒存在于某些植物如禾谷类作物、豆类和蓖麻的种子内，当种子成熟时，贮有蛋白质的小液泡失水干涸，形成小颗粒，即为糊粉粒。糊粉粒含有水解酶，因此，除了是一种蛋白质的贮藏结构外，还可看做是一种被隔离的含水解酶的溶酶体。糊粉粒常集中分布在一层细胞内，如小麦、玉米、水稻胚乳最外层细胞，该层细胞称为糊粉层（图 1-34）。在许多豆类（如大豆、落花生等）种子子叶的薄壁细胞中，糊粉粒以无定形蛋白质为基础，另外包含一个或几个拟晶体。蓖麻胚乳细胞中的糊粉粒，除含有无定形蛋白质和拟晶体外，还含有由蛋白质和磷酸钙镁构成的球状体（图 1-35）。

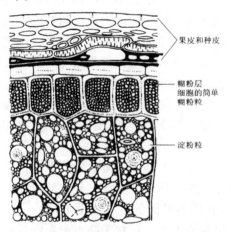

图 1-34　小麦籽粒横切面，示糊粉粒与糊粉层

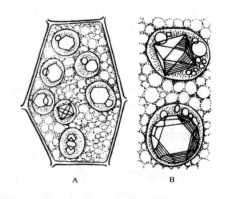

图 1-35　蓖麻种子的糊粉粒

A. 一个胚乳细胞　B. A 中一部分的放大，两个含有拟晶体和磷酸盐球形体的糊粉粒

三、脂　　类

脂类含有很高的能量，是最经济的营养贮藏形式。在常温下贮藏的脂类呈固态的为脂肪，呈液态的为油。脂类或呈小滴、小球散布于细胞质基质内，或于造油体中。它们大量存在于油料植物的种子或果实内（图1-36、图1-37），也见于花粉及一些贮藏器官中。

图1-36　含有油滴的椰子胚乳细胞

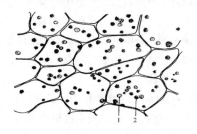
图1-37　花生子叶细胞示贮藏物质
1. 油脂　2. 蛋白质

四、晶　　体

植物细胞中，无机盐常形成各种形状的晶体（crystal），最常见的是草酸钙晶体，有针状、长柱状、晶簇状、棱锥状、沙粒状等不同形态（图1-38）。有些植物如杨、梨、印度橡皮树等细胞中有碳酸钙结晶，禾本科植物中还有二氧化硅结晶。一般认为晶体是新陈代谢的废弃物，形成晶体后便避免了对细胞的毒害。晶体的形状及化学性质在分类学和生药鉴定上有一定的参考价值。

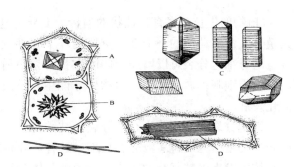
图1-38　晶体常见的类型
A. 棱状晶体　B. 晶簇　C. 其他形状晶体　D. 针晶

五、次生代谢物质

植物次生代谢物质（secondary product）是植物体内合成的，在植物细胞的基础代谢活动中似乎没有明显作用的一类化合物。但这类物质对于植物往往具有重要的生态学意义，如阻止其他生物侵害、吸引传粉媒介等作用等。某些次生代谢物质往往只在亲缘关系相近的植物中存在，这说明它们在植物进化过程中可能有一定作用。现把几种重要的次生代谢物质介绍如下：

（一）单　宁

单宁（tannin）又叫鞣质，是一种无毒、不含氮的水溶性酚类化合物，在许多植物细胞的细胞质基质、液泡或细胞壁中均有分布。在光学显微镜下，是一些黄、红或棕色粒状物，多见于树皮、木材和未成熟的果实中。具涩味，遇铁盐呈蓝色以至黑色。可根据此反应来检验单宁。单宁在植物生活中有防腐、保护作用，能使蛋白质变性，当动物摄食含单宁的植物时，可将动物唾液中的蛋白质沉淀，使动物感觉这种植物味道不好而拒食。单宁是重要的工业原料，可用于制革、防腐、印染，药用上有抑菌和收敛止血的作用。

（二）生物碱

生物碱（alkaloid）是一种含氮的碱性有机化合物，种类很多，因植物的种类不同而异，如咖啡、茶叶中含有咖啡因，烟草中含有烟碱等。有人认为生物碱是代谢作用的最终产物，也有人认为是一种贮藏物质，它们可使植物免受其他生物的侵害，有重要的生态学功能。生物碱在植物界中分布很广，含生物碱较多的科有：罂粟科、茄科、防己科、茜草科、毛茛科、小檗科、豆科、夹竹桃科和石蒜科等。亲缘关系相近的植物，常含化学结构相同或类似的生物碱，一种植物中所含的生物碱也常不止一种。

生物碱有多方面的用途，例如萝芙木根中提取的利舍平碱、阿吗立新碱具镇静降血压的作用；金鸡纳树皮中提取的金鸡纳碱是治疗疟疾的特效药；小檗属植物中提取的小檗碱具杀菌和驱虫作用；烟碱有驱虫作用，因而几乎没有昆虫光顾含烟碱的植物。具有驱虫作用的生物碱还有吗啡、莨菪碱和阿托品等。作为外源试剂，烟碱可抗生长素，抑制叶绿素合成；秋水仙素处理正在进行有丝分裂的细胞，它与微管结合，使纺锤体不能形成，结果形成多倍体，育种工作者常用它作为产生多倍体的试剂。

（三）花青素

花青素（cyanidin）是植物体内比较普遍存在的一种色素，通常溶解在细胞液中。有些植物的花瓣、果实呈现红色、紫色、蓝色以及某些植物的茎叶呈现红色，与花青素的显色有密切关系。花青素的颜色与细胞液的酸碱度（pH 值）有关，酸性呈红色，碱性呈蓝色，中性则呈紫色。植物在开花过程中花色发生变化正是花青素对细胞液不同酸碱度的反应。

第八节　细胞的繁殖

植物的生长、发育，性状的遗传、变异、进化，无一不是通过细胞繁殖来实现的。因而细胞繁殖是生命活动中的一个极其重要的环节。细胞繁殖是以分裂的方式进行的。对于单细胞植物而言，通过细胞分裂可以增加个体的数量，繁衍后代。而多细胞植物，细胞分裂为植物体的组建提供了所需细胞；通过分裂，植物体才能生长、发育；通过分裂，植物体才能进行世代交替，才能演化发展。

细胞分裂的方式分为有丝分裂、减数分裂、无丝分裂和细胞的自由形成等不同方式。前二者属同一类型，可以说减数分裂只不过是有丝分裂的一种独特形式。在有丝分裂和减数分裂过程中，细胞核内发生极其复杂的变化，出现染色体与纺锤丝（spindle fiber）等一系列变化。而无丝分裂则是一种简单的分裂形式。本节只介绍有丝分裂和无丝分裂，其余两种分裂方式将在第七章中讲述。

一、细胞周期

持续分裂的细胞，从结束一次分裂开始，到下一次分裂完成所经历的整个过程，称为细胞周期（cell cycle）。细胞周期可进一步分为 DNA 合成前期（G_1 或 gap_1），DNA 合成期（S 或 synthesis），DNA 合成后期或有丝分裂准备期（G_2 或 gap_2），分裂期（M 期）。前三者合称为间期（interphase），它是细胞进行生长的时期，合成代谢最为活跃，进行着包括 DNA 合成在内的一系列有关生化活动并且积累能量，准备分裂。分裂期是进行细胞分裂的时期。

植物细胞周期一般在十几至几十小时之内完成。细胞内 DNA 含量和生长条件会影响所经历时间的长短。细胞周期中以 S 期最长，M 期最短，G_1 期和 G_2 期长短变动较大（图 1-39）。

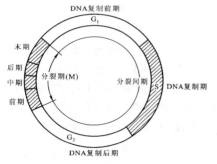

图 1-39　植物细胞周期示意图

（一）细胞分裂间期各期的主要特点

（1）G_1 期：是从前一次分裂结束开始到合成 DNA 以前的间隔时间，即 DNA 合成以前的准备期。细胞代谢活跃，体积增大，进行 RNA、蛋白质的合成，包括与 DNA 合成有关的酶类和磷脂等的合成。如 G_1 期受阻（如将蛋白合成抑制剂注入）则不能进入 S 期。

进入 G_1 期的细胞，一般有三种前途：① 继续进入以下各期而最终产生两个子细胞，如分生组织细胞。② 暂不分裂而执行其他功能，直至植物体有补充新细胞的需要时，才离开 G_1 期继续加入细胞周期的运行轨道，如植物体中的薄壁细胞。③ 终生处于 G_1 期而退出了细胞周期，不再进行分裂。这类细胞将沿着生长、分化、衰老、死亡的轨道运行，大多数成熟组织的细胞属此。

（2）S 期：是从 DNA 复制开始到 DNA 复制结束的时期。这个时期的主要特征是遗传物质的复制，包括 DNA 的复制和组蛋白等染色体蛋白的合成。是细胞增殖的关键时期。通常只要 DNA 合成一开始，增殖活动就会继续下去，直到完成一个细胞周期为止。此期结束时，DNA 和组蛋白的量加倍。细胞核中 DNA 的复制是以半保留方式进行的，组蛋白是在细胞质中合成，然后转运进入细胞核，与 DNA 链结合形成染色质。

（3）G_2 期：是指 DNA 复制完成后到分裂开始前的间隔时期，此期相对较短，主要合成纺锤丝微管蛋白和 RNA 等，以及贮备染色体移动所需能量。在 G_2 期末还合成了一种可溶性蛋白质，能引起细胞进入有丝分裂期。这种可溶性蛋白质为一种蛋白质激酶，在 G_2 期末被激活，从而使细胞由 G_2 期进入有丝分裂期。此种激酶可使核质蛋白质磷酸化，导致核膜在前期末破裂。

（二）细胞分裂期的主要特点和分裂方式

种子植物的细胞进入分裂期后，所进行的分裂方式可以是有丝分裂、无丝分裂、减数分裂或细胞的自由形成等，因发生的部位与发育时期而异。

分裂期一般包括两个过程，即核分裂（karyokinesis）和胞质分裂（cytokinesis）。胞质分裂时，在两个子核间形成新细胞壁而成为两个子细胞。在多数情况下，核分裂和胞质分裂在时间上是紧接着的，但有时核进行多次分裂，而不发生胞质分裂，结果形成多核细胞，如花药绒毡层的细胞。或者在核分裂若干次后再进行细胞质分裂，最终形成若干个单核细胞，如一些植物的胚乳形成时的细胞分裂方式，这种方式也称为细胞的自由形成。

二、有丝分裂

有丝分裂（mitosis）又称间接分裂（indirect division）。它是一种最普遍而常见的分裂方式，植物器官的生长一般都是以这种方式进行的。主要发生在植物根尖、茎尖及生长快的幼嫩部位的细胞中。植物生长主要靠有丝分裂增加细胞的数量。有丝分裂包括两个过程，第一个过程是核分裂，根据染色体的变化过程，又人为地将其分为前期、中期、后期和末期，如图 1-40；第二个过程是细胞质分裂，分裂结果形成两个新的子细胞。

（一）细胞核分裂

1. 前 期

前期（prophase）主要特征是染色质螺旋化缩短成染色体，纺锤丝形成和分裂极确定以及核仁、核膜解体。

（1）染色质螺旋化缩短成染色体。有丝分裂开始时，染色质呈细长的丝状结构，以后经四级螺旋化而加粗、缩短，成为形态上可辨认的棒状结构，即染色体。由于 DNA 和组蛋白已在间期复制完毕，前期的每个染色体是由两条染色单体构成，两条染色单体在着丝粒（centromere）部位结合。着丝粒位于染色体的一个缢缩部位，即主缢痕（primary constriction）中。着丝粒是异染色质

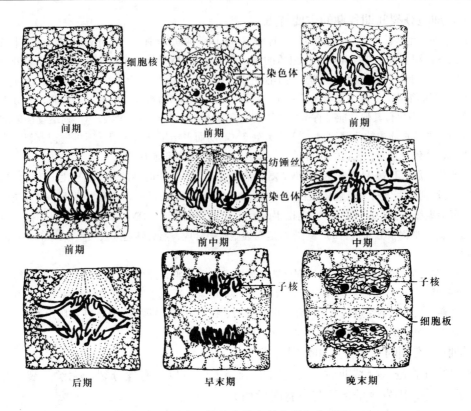

图 1-40　根尖胚性细胞的有丝分裂各个时期

（主要为重复序列），不含遗传信息。在每一着丝粒的外侧还有一蛋白质复合体结构，称为动粒（kinetochore）（图 1-41），也称着丝点，与纺锤丝相连。着丝粒和主缢痕在各染色体上的位置对于每种生物的每一条染色体来说是确定的，或是位于染色体中央而将染色体分成称为臂的两部分，或是偏于染色体的一侧，甚至近于染色体的一端。

（2）纺锤丝形成和分裂极确定。分裂极是纺锤体的端点，位于细胞两极，细胞板在分裂极之间形成，因而分裂极的位置决定细胞分裂的方向。在高等植物中，常能见到在染色质凝缩成染色体的同时，核周围形成一个椭圆形的清晰区，区内无线粒体、质体以及类似大小的细胞器。其长轴两端便是分裂极的位置。

前期之末当染色体形成后，从分裂极向细胞核中央放射状地形成许多由微管组成的丝状结构，称为纺锤丝。纺锤丝有三种类型：从分裂极发出并连接在染色体着丝点上的，称为染色体牵丝（chromosomal fiber）或着丝点牵丝，也称动力微管（kinetochore microtubule）；从一极到另一极而不与染色体相连的，称为连续纺锤丝（continuous fiber）或连续丝，也称为极间微管（polar microtubule），它们不与

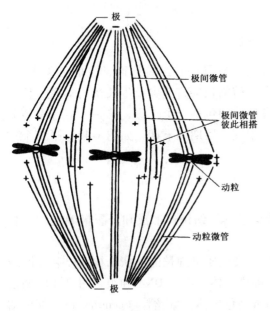

图 1-41　纺锤体

着丝点相连；在分裂后期，染色体开始移向两极时，在两组子染色体之间出现的纺锤丝，称为中间丝。

（3）核仁和核膜解体。在前期的后半段，核仁变得模糊以至最终解体，其中部分物质转移到染色体上，随之分配到子核中，再参加子细胞的核仁形成。在核仁瓦解的同时，核膜也开始破碎成零散的小泡，最后完全消失。

2. 中 期

中期（metaphase）主要特征是纺锤体（spindle）形成，染色体的着丝点排列在赤道板（equatorial plate）上。

当核膜破裂后，染色体牵丝和连续丝清晰可见，整体排列如纺锤形而被称为纺锤体（图1-41）。染色体继续浓缩变短，在染色体牵丝的牵引下，向着细胞的中央移动，最后都以各染色体的着丝点有规律地排列在处于两极当中的垂直于纺锤体纵轴的平面即赤道板（或称赤道面）上，而染色体的其余部分在两侧任意浮动。中期的染色体缩短到最粗短的程度，是观察研究染色体的最佳时期。不同种类生物的染色体数目是相对恒定的，见表1-2，这对维持种的稳定有重要意义。

表1-2 不同植物体细胞中染色体的数量

植物名称	染色体数（2n）	植物名称	染色体数（2n）	植物名称	染色体数（2n）
软粒小麦	42	豌豆	14	苹果、梨	34
硬粒小麦	28	大豆	40	桃、李	16
水稻	24	菜豆	22	茶	30
玉米	20	洋葱	16	樟	24
高粱	10, 20, 40	番茄	24	油桐、桉	22
黑麦	14	黄瓜	14	油橄榄	46
大麦	14, 28	萝卜	18	女贞	46
陆地棉	52	烟草	48	板栗、栎	24
中棉	26	青菜	20	杉木	22
向日葵	34	甘蓝	18	侧柏、圆柏	22
蚕豆	12	柑橘	18	银杏、松	24

3. 后 期

后期（anaphase）主要特征是染色单体在着丝点处分开，分别移向两极。

当所有染色体排列在赤道板上以后，构成每条染色体的两个染色单体从着丝点处裂开，分成二条独立的子染色体（daughter chromosome）；紧接着子染色体分成两组，分别在染色体牵丝的牵引下，向相反的两极运动。子染色体在向两极运动时，一般是着丝点在前，两臂在后。在染色体移向两极的同时，两组子染色体之间出现了中间丝。

4. 末 期

末期（telophase）主要特征是染色单体到达两极，解螺旋转变为染色质，新的核膜形成，核仁重新出现。

染色体到达两极后，纺锤体开始解体，染色体成为密集的一团，并开始解螺旋，逐渐变成细长分散的染色质丝；与此同时，由粗糙内质网分化出核膜，包围染色质，核仁重新出现，形成子细胞核。至此，细胞核分裂结束。

（二）新壁的建成和胞质分裂

与两个子细胞的核建成同时，在原细胞赤道面处形成新的质膜和细胞壁，把母细胞的细胞质一分为二，称为胞质分裂。

当两组子染色体分别接近两极时（晚后期或早末期），两极的纺锤丝消失，而连续丝的中间部分和中间丝保留，并且由于微管的增多，纺锤丝越来越密集，在赤道面区域形成扁桶状构形，这种在染色体离开赤道面后变了形的纺锤体，称为成膜体。在成膜体形成的同时，由高尔基体及内质网分离出来的小泡汇集到赤道面上与成膜体的微管融合为细胞板（cell plate）。小泡融合时，其间往往有一些管状的内质网穿过，将来形成贯穿两个子细胞之间的胞间连丝；小泡内的果胶质形成新壁的胞间层；小泡的膜融合为两侧的质膜；子细胞的原生质体在胞间层两侧又不断添加壁物质而成初生壁（图1-42）。

上述过程是从赤道面的中央开始的。最初，细胞板像一片悬浮在两子核间的圆盘状构造，逐渐作离心式扩展，直至与母细胞侧壁接触，这样就将母细胞的细胞质分隔开来，完成胞质分裂，形成了两个子细胞。

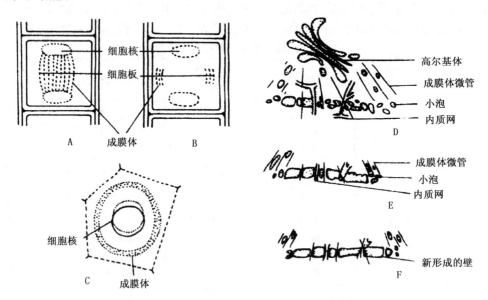

图1-42 有丝分裂末期细胞壁形成过程
A、B. 细胞侧面观　C. 细胞顶面观　D~F. 细胞壁形成过程

（三）有丝分裂的特点及意义

有丝分裂的整个过程比较复杂，在分裂过程中细胞核、细胞质发生巨大变化，尤其是细胞核，出现了纺锤丝、染色体。间期准备时间较长，出现了DNA的复制。整个有丝分裂期需要半个小时或更多，但也随温度的升高而加速。

经过有丝分裂，一个母细胞分裂为染色体数目与母细胞相同的两个子细胞。如以2n表示母细胞的染色体数目，则二子细胞也各有2n染色体。由于染色体的复制和以后染色单体的分离，使每一子细胞具有与原来母细胞同样的遗传性，在子细胞成熟时，它又能进行分裂。在多细胞的植物生长发育时期，出现大量有丝分裂，而每一个细胞分裂，基本上按上述的方法进行。因此，有丝分裂保证了子细胞具有与母细胞相同的遗传性，保证了细胞遗传的稳定性。

三、无 丝 分 裂

无丝分裂（amitosis）又称直接分裂（direct division），是指间期核不经任何有丝分裂时期，直接地分裂，形成差不多相等的两个子细胞。

这种分裂亦始于核的分裂，有横缢、出芽、碎裂等不同方式。现以常见的横缢为例加以说明。在分裂开始时，核仁首先一分为二，接着细胞核伸长，中部横缢，断裂为两个子核，在两个子核之间产生新壁，最后形成两个子细胞。无丝分裂常见于低等植物，在高等植物的某些器官中也常出现无丝分裂，例如甘薯的块根、马铃薯的块茎、大麦的生长点、小麦茎的居间分生组织、蚕豆的花芽和胚囊的形成，小麦和棉花的胚乳（图1-43）以及一些离体培养的愈伤组织的增殖，都可见到无丝分裂。

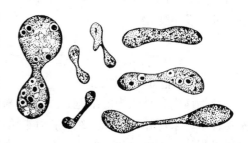

图1-43　棉花胚乳游离核时期细胞核的无丝分裂

无丝分裂过程比有丝分裂过程简单，不出现纺锤丝和纺锤体等一系列变化，消耗能量少，分裂速度也快，但其遗传物质没有平均分配到子细胞，所以子细胞的遗传性可能是不稳定的。

第九节　细胞的生长与分化

就种子植物而言，任何一株植物的成长，都是从受精卵（合子）开始，经过细胞分裂形成胚，以后种子萌发成幼苗，再长成植株。在这过程中，由单细胞的合子到亿万个细胞的植物体，从一种细胞到许多种形态结构和功能不同的细胞，并组合成各种组织和器官，要经过一系列有节律的细胞分裂、生长和分化。因此，组织和器官的建成，植物体的生长，不仅依赖于细胞的分裂和数目的增多，更要依靠细胞的生长和分化。细胞的生长与分化是两个主要的发育过程。分化是在生长的基础上发生，两者密切相关而又有本质的不同。

一、细胞的生长

细胞的生长主要是细胞体积增大、重量增加的变化过程。在植物体的细胞分裂部位，可以明显地看到，有丝分裂后所产生的子细胞开始只有母细胞的一半大小，必须生长至母细胞的大小时，才能进行下一次的分裂；另一些子细胞不再进行分裂，而进入生长阶段。例如，在器官中纵向伸长的纤维细胞，通过生长，便可增大几百倍、几千倍。

植物细胞的生长包括原生质体生长和细胞壁生长两个方面。原生质体生长过程中最为显著的变化是液泡化程度的增加，最后形成中央大液泡，细胞质的其余部分则变成一薄层紧贴于细胞壁，细胞核也移至侧面。在原生质体生长过程中，其合成代谢旺盛，合成大量新的原生质，同时在细胞内也产生一些中间产物和废物。此外，原生质体中的其他细胞器在数量和分布上也发生着各种复杂的变化。细胞壁的生长包括表面积的增加和厚度加厚，原生质体在细胞生长过程中不断分泌壁物质，使细胞壁随原生质体长大而延伸，同时壁的厚度和化学组成也发生相应的变化。

细胞的生长有协调生长与插入（侵入）生长两种方式。前者与周围细胞同步生长，后者则在周围细胞停止生长后，细胞的某些部分还继续增长，致使这些继续生长的部分插入其他已停止生长的细胞之间，如纤维细胞的两端便是。

植物细胞的生长是有一定限度的，当体积达到一定大小后，便会停止生长。细胞最后的大小，随植物细胞的类型而异，即受遗传因子的控制，同时，细胞的生长和细胞的大小也受环境条件的影响。例如，同一品种的作物，在不同的水肥和温度条件下，其茎秆的粗细、高矮、叶面积的大小都可以发生变化。

二、细胞的分化

（一）细胞分化的概念

植物体内各种组织的细胞，虽然都来自合子，但它们在形态结构和功能上却各不相同。在个体发育中，来源相同的众多细胞向不同的方向发展，各自在结构和功能上表现出差异的一系列变化的过程称为细胞分化。细胞分化，基本上包括形态结构和生理生化上的分化两个方面，其中生理生化上的分化先于形态结构上的分化，但形态结构上的分化比较容易察觉。

细胞形态结构的分化，表现在很多方面。例如，茎、叶表皮细胞执行保护功能，在细胞壁的表面就形成明显的角质层以加强保护作用；根的表皮细胞外壁突出伸长形成根毛，行使吸收水分和矿物质的功能；叶肉细胞中发育形成了大量的叶绿体以适应光合作用的需要；输导水分的导管分子发育成长管状、侧壁加厚、中空以利于水分的输导。细胞分化的结果，产生了在形态结构和生理功能上互不相同的细胞群，从而形成了各种组织。植物的进化程度愈高，植物体结构愈复杂，细胞分工就愈细，细胞的分化程度也愈高。细胞分化使多细胞植物体中的细胞功能趋于专门化，这样有利于提高各种生理功能的效率。

（二）细胞分化的原因

具有相同遗传信息的细胞随着生长与分化，为什么会发育成结构和功能很不相同的各种成熟细胞？这是现代生物学研究领域中的一个重要而远未彻底解决的问题。目前对植物个体发育过程中某些特殊类型细胞的分化和发育机制已经有了一定程度的了解，一般认为细胞分化可能有下列原因：

（1）外界环境条件的诱导：外界环境条件主要包括光照、温度和湿度等。如遮光栽培植物，幼苗黄化，组织分化差，薄壁组织多，输导组织和机械组织少，植株柔嫩多汁，与正常光照下栽培的幼苗有明显不同。这说明光对细胞分化有重要作用。蔬菜栽培上利用这个原理培育韭黄、蒜黄和豆芽等。

（2）细胞所在位置的制约：如植物的根、茎中的形成层向心形成的细胞产生木质部，离心的分化为韧皮部。又如根尖、茎尖表面的细胞由于处于植物体的不同区域，根尖表皮细胞产生根毛，茎尖部分细胞参与叶原基的形成。

（3）极性现象的影响：极性是指细胞（也可指一个器官或植株）在轴向的一端与另一端之间，存在结构和生理功能上的差异现象。如胚轴的上端是胚芽，下端是胚根，二者分别形成地上枝系和地下根系，这是器官分化的极性现象。一个细胞，也可能有极性，如在合子内，细胞质及其细胞器的分布是不均匀的。极性的建立常引起细胞不均等分裂，即产生两个大小不同的细胞，这为它们今后的分化提供了前提。如双子叶植物的合子，第一次分裂即产生大小不同的两个子细胞，较小的称为顶细胞，将来发育为胚，较大的称为基细胞，将来发育为胚柄，当胚长成时，它即退化仅留痕迹。又如叶片表皮内经不等分裂产生的小细胞分化为气孔保卫细胞，较大的一个分化为表皮细胞。

（4）生长素和细胞分裂素的作用：大量实验证实，通过调整生长素和细胞分裂素之间的平衡关系，可以在一定程度上定向诱导愈伤组织中根和芽的分化。一般说来，生长素类有利于根的分化，细胞分裂素则有利于形成芽。如在培养基中给予不同的量或两者不同比值，可使人工培养的离体植物组织块分化出芽的原始细胞或者根的原始细胞。

（三）细胞的脱分化与再分化

植物体内某些生活的成熟细胞，分化程度浅，具有潜在的分裂能力，在一定条件下，可恢复分裂机能，重新具有分生组织细胞的特性，这个过程称为脱分化（dedifferentiation）。脱分化后往往随之发生再分化（redifferentiation），沿着另一个发展方向，分化为不同的组织。例如，根发育过程的一定阶段，某些特定部位的中柱鞘细胞脱分化，恢复分裂机能，形成一团分生组织细胞，随后细胞不断分裂、分化形成侧根。在植物形态建成过程中，不定根、不定芽、周皮等都是由成熟的薄壁细胞通过脱分化后再分化形成的。植物体内的表皮细胞、皮层薄壁细胞、髓及髓射线细胞、韧皮薄壁细胞和厚角组织的细胞等都可在一定条件下发生脱分化。利用根、茎、叶进行扦插时，可见到明显的脱分化和再分化过程。

（四）植物细胞的全能性

植物体的全部组成细胞都是由合子的分裂产生的，它们具有与合子相同的染色体或整套的遗传信息。因而植物的大多数生活细胞应与合子一样，具备发育成整个植株的潜在能力，在适当条件下都能由单个细胞经分裂、生长和分化形成一个完整植株，这就是细胞的全能性（totipotency）。细胞的这种全能性已为细胞、组织培养所证实，并已成为一些作物、花卉等的快速繁殖手段应用于生产，称为微型繁殖或试管苗，产生了很好的经济效益。

动物细胞与植物细胞不同。虽然动物细胞的细胞核含有保持物种遗传的全套基因，即使高度分化细胞的核仍具有全能性，这一点可从当前克隆技术的新发展得到证明，但就整体细胞而言，随着发育进程，细胞分化潜能逐渐变窄。高等动物受精卵第一次分裂产生两个细胞，它们具有全能性，即每一个细胞都能发育为完整的个体。随着胚胎的进一步发育，逐渐失去发育为完整个体的能力，其原因尚待深入研究。

本 章 小 结

细胞不仅是生物体形态结构的基本单位，而且是生命活动的功能单位。除病毒外，一切生物体都是由细胞组成的。

细胞可分为原核细胞和真核细胞两大类。原核细胞没有典型的细胞核，没有分化出以膜为基础的具有特定结构和功能的细胞器。而真核细胞具有典型的细胞核结构，同时还分化出以膜为基础的多种细胞器。高等植物和绝大多数低等植物均由真核细胞构成。

植物细胞虽然大小不一，形状多种多样，但其基本结构是一致的。在细胞的外层为细胞壁，细胞壁里面是原生质体。从细胞的结构体系来看，植物细胞中的一些细胞结构是动物细胞所没有的，植物细胞特有的结构包括：细胞壁、质体和液泡。

原生质是构成细胞的生活物质，是细胞生命活动的物质基础。原生质与原生质体是不同的概念，前者为组成成分的名称，后者为结构的名称。原生质由多种无机物和有机物组成。原生质的物理性质表现在它是一种具有一定弹性和黏度的、半透明的、不均一的亲水胶体。原生质最重要的生理特性是具有新陈代谢的能力。

细胞壁的主要功能不仅在于对原生质体起着保护作用，而且在植物细胞的生长、物质的吸收、运输、分泌、机械支持、细胞间的相互识别、细胞分化、防御、信号传递等生理活动中都具有重要的作用。一般细胞壁都有两个基本层，即胞间层和初生壁，有些细胞由于功能上的需要，在初生壁内方，又形成了一层次生壁。

构成细胞壁的物质可分为构架物质和衬质。构架物质主要是纤维素，衬质则含有非纤维素的多糖、水和蛋白质。在形成了构架和衬质后，某些细胞还分泌附加物质，结合到基质或构架中，或存在于壁的外表面，从而使壁的组成成分、物理性质和功能都进一步特化。物质结合进基质称为内镶，在外表的称为复饰。内镶物质如木质素、矿质素等，复饰物质主要有角质、蜡质、木栓质和孢粉素等。

细胞壁的生长包括增大面积，形成初生壁的生长以及增加厚度，形成次生壁的生长。细胞壁的特化有木化、角化、栓化和矿化等几种情况。

细胞膜又称质膜，是与细胞壁相邻，包围于细胞质外的一层膜。细胞膜内还有构成各种细胞器的膜，称为细胞内膜。相对于内膜，质膜又称外周膜，外周膜与细胞内膜统称为生物膜。膜主要由脂类物质和蛋白质组成，此外，还含有少量的多糖、微量的核酸、金属离子和水等。生物膜分子结构有许多模型理论。具有代表性的是单位膜模型，以及目前得到广泛支持的流动镶嵌模型。细胞膜能控制细胞与外界环境之间的物质交换，同时在细胞识别、细胞间的信号传导、新陈代谢的调控等过程中具有重要作用。

细胞壁上留有一些互相联络的特殊构造。据来源、结构和功能上的不同，可分为两类，一类叫纹孔，另一类叫胞间连丝。当细胞形成次生壁时，在一些位置上不沉积壁物质，这些地方只存在初生壁和胞间层，细胞壁的这种比较薄的区域就叫做纹孔。纹孔的重要功能是输导水分，有纹孔的细胞大都是死细胞。胞间连丝是穿过细胞壁的细胞质细丝，它连接相邻细胞的原生质体，主要起细胞间的物质运输和刺激传递的作用。

细胞质由半透明的胞基质以及分布其中的多种细胞器和细胞骨架系统组成。细胞器是细胞质内由原生质分化形成的具有特定结构和功能的亚细胞结构。分为三种类型：双层膜结构的细胞器，包括质体和线粒体；单层膜结构的细胞器，包括内质网、高尔基体、液泡、溶酶体、微体；非膜结构的细胞器，为核糖体。各种细胞器在结构和功能上密切相关。真核细胞的细胞质内普遍存在细胞骨架，包括微管系统、微丝系统和中间纤维系统。它们在细胞形状的维持、细胞及细胞器的运动、细胞分裂、细胞壁形成、信号转导以及细胞核对整个细胞生命活动的调节中具有重要作用。

细胞核是生活细胞中最显著的结构，是细胞遗传与代谢的控制中心。在光学显微镜下，间期的细胞核可分为核膜、核仁和核质三个部分。各部分的细微结构要在电子显微镜下才能看到。

后含物是植物细胞原生质体代谢过程中的产物，包括贮藏的营养物质、代谢废弃物和植物次生物质。种类很多，有淀粉、蛋白质、脂类、无机盐结晶、单宁、生物碱和花青素等。

细胞分裂是植物个体生长发育的基础，植物细胞分裂的方式分为有丝分裂、减数分裂、无丝分裂和细胞的自由形成。持续分裂的细胞，从结束一次分裂开始，到下一次分裂完成所经历的整个过程，称为细胞周期，可划分为分裂间期和分裂期，分裂间期进一步分成 G_1 期、S 期和 G_2 期三个时期。

细胞的生长主要是细胞体积增大、重量增加的变化过程。在个体发育中，来源相同的众多细胞向不同的方向发展，各自在结构和功能上表现出差异的一系列变化的过程称为细胞分化。细胞分化，基本上包括形态结构和生理生化上的分化两个方面，其中生理生化上的分化先于形态结构上的分化，但形态结构上的分化比较容易察觉。植物体内某些生活的成熟细胞，分化程度浅，具有潜在的分裂能力，在一定条件下，可恢复分裂机能，重新具有分生组织细胞的特性，这个过程称为脱分化。脱分化后往往随之发生再分化，沿着另一个发展方向，分化为不同的组织。植物的大多数生活细胞应与合子一样，具备发育成整个植株的潜在能力，在适当条件下都能由单个细胞经分裂、生长和分化形成一个完整植株，这就是细胞的全能性。细胞的全能性已成为一些作物、花卉等的快速繁殖手段应用于生产。

复习思考题与习题

1. 解释下列名词

细胞骨架系统、核小体、胞间层、纹孔、胞间连丝、细胞周期、赤道面、细胞板、后含物、糊粉粒、纺锤体、成膜体、细胞分化、细胞的全能性、细胞脱分化

2. 比较下列各组概念

原生质与原生质体、细胞膜与生物膜、液泡与溶酶体、初生壁与次生壁、纹孔与胞间连丝、有丝分裂与无丝分裂。

3. 分析与问答

(1) 细胞是如何表现出生命现象的？

(2) 简述细胞壁的结构。

(3) 细胞壁的特化有哪几种情况？

(4) 何谓细胞骨架系统？它在植物细胞中起了什么重要作用？

（5）后含物有哪些主要种类？在人类生活中有何重要作用？
（6）概述植物细胞有丝分裂过程中成膜体和细胞板的形成过程。
（7）细胞分化在植物个体发育和系统发育中有什么意义？
（8）怎样理解高等植物细胞形态、结构与功能之间的相互适应？

第二章
植物组织

植物个体发育中，茎尖、根尖的分生组织通过细胞的不断分裂、生长和分化，形成了执行不同功能的各种组织。本章内容着重介绍植物组织的概念和类型，各种组织的形态、结构和功能以及植物的复合组织和组织系统。通过学习，加深对植物组织概念的理解，加深对植物组织在植物体中所担负的各种功能的认识，为后续章节的学习打下基础。

第一节　植物组织的概念与类型

组织（tissue）是形态、结构相似，在个体发育中来源相同，担负着一定生理功能的细胞组合。从系统发育上认识，植物组织是植物体复杂化和完善化的产物。由低等单细胞植物演化至高等多细胞植物的过程中，由于长期对复杂环境的适应，植物体内分化出生理功能不同，形态结构相应发生变化的多种类型的细胞，植物的进化程度愈高，其体内细胞分工愈细。在个体发育中，组织的形成是植物体内细胞分裂、生长、分化的结果，其形成过程贯穿由受精卵开始，经胚胎阶段，直至植株成熟的整个过程。

植物各个器官——根、茎、叶、花、果实和种子等，都是由某几种组织构成的，其中每一种组织具有一定的分布规律并行使一种主要生理功能，而这些组织的功能又是相互依赖和相互配合的，才能使某一器官所担负的生理功能得以正常进行，如叶片是进行光合作用、制造有机营养物质的场所，相应地在叶中就出现了发达的绿色同化组织。在同化组织的外方覆盖着保护结构，以防止同化组织中水分的过度丢失和机械损伤。同时，输导组织贯穿于同化组织中，保证水分供应并把同化产物运输出去。这样，三种组织相互配合，保证了叶的光合作用正常进行。由此可见，组成器官的不同组织，表现为整体条件下的分工合作，共同保证器官功能的完成。

植物体的组织种类很多，按其发育程度、生理功能和形态结构的不同，分为分生组织、营养组织、保护结构、机械组织、输导组织和分泌结构六大类。后五类是由分生组织衍生的细胞，经过生长、分化，渐失分生性能而形成，总称为成熟组织（mature tissue），它们具有一定的稳定性，也称为永久组织（permanent tissue）。但组织的成熟是相对的，成熟组织并非一成不变，有些分化程度较低的组织，有时能随植物体的发育进一步转化为另一种组织，如分化程度较低的薄壁细胞可以脱分化为分生细胞或特化为石细胞。

第二节　分生组织

在植物胚胎发育的早期阶段，所有胚性细胞均能进行细胞分裂。但随着胚进一步生长发育，细胞分裂局限于植物体的某些特定部分，这些部位的细胞分化程度较低或不分化、保持胚性细胞特点，在植物体的一生中具有持续性或周期性进行细胞分裂的能力，称为分生组织。

一、细胞特点

分生组织细胞代谢活跃,有旺盛的分裂能力;细胞排列紧密,一般无细胞间隙;细胞壁薄,不特化,由果胶质、纤维素构成;原生质体分化程度低,虽有较多的细胞器和较发达的膜系统,但通常缺乏贮藏物质和结晶体;质体处于前质体阶段。分生组织的活动直接关系到植物体的生长和发育,在植物个体成长中起着重要作用。

二、分类

根据分生组织的来源和性质或在植物体内分布位置的不同可将分生组织分为不同的类型。

(一) 按来源和性质分

可把分生组织分为原分生组织、初生分生组织和次生分生组织。

1. 原分生组织

原分生组织(promeristem)来源于胚胎或成熟植物体中转化形成的胚性原始细胞。细胞较小,近于等径,细胞核相对较大,细胞质丰富,无明显液泡,有强的持续分裂能力,存在于根尖和茎尖生长点的最先端,是形成其他组织的最初来源(图 2-1)。

2. 初生分生组织

初生分生组织(primary meristem)由原分生组织的细胞衍生而来。紧接于原分生组织后端,一方面继续分裂,一方面开始初步分化,液泡显现,逐渐向成熟组织过渡。根尖、茎尖中分生区的稍后部位的原表皮、原形成层和基本分生组织属此类,它们将继续向成熟方向分化形成表皮、皮层、维管组织、髓等成熟部分。

3. 次生分生组织

次生分生组织(secondary meristem)由初生分生组织产生的薄壁组织在一定条件下经过脱分化,重新恢复细胞分裂能力转变而来。细胞质明显液泡化。它们的分布部位与器官的长轴平行,一般可由皮层、中柱鞘、韧皮部中发

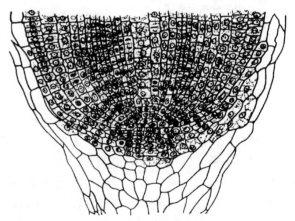

图 2-1 原分生组织
(洋葱根尖纵切,洋葱根尖的原分生组织是由根冠的原始细胞、表皮与皮层的原始细胞、中柱的原始细胞与各原始细胞最近分裂所产生的子细胞共同构成的)

生。次生分生组织主要分布于裸子植物和双子叶植物的根、茎周侧。植物体中由次生分生组织组成的结构部分有维管形成层(包括束中形成层和束间形成层)和木栓形成层,其中束间形成层和木栓形成层是典型的次生分生组织。次生分生组织活动的结果,产生根、茎的次生结构。

(二) 按植物体内的分布位置分

可把分生组织分为顶端分生组织、侧生分生组织和居间分生组织。

1. 顶端分生组织

顶端分生组织(apical meristem)存在于根、茎及各级分枝的顶端。从组织发生的性质分析,顶端分生组织的最先端为原分生组织性质的原始细胞;紧接其后则为由原始细胞分裂衍生来的初生分生组织性质的细胞,它们一面保持分裂能力,一面渐向成熟组织分化。

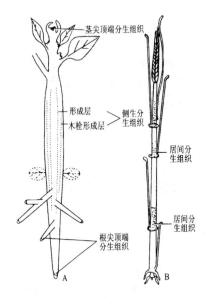

图 2-2 分生组织在植物体内的分布示意图
A. 顶端分生组织和侧生分生组织的分布
B. 居间分生组织的分布

顶端分生组织的分裂活动的结果可使根和茎不断伸长，并在茎上形成侧枝，在根上形成侧根，使植物体扩大营养面积。有花植物由营养生长进入生殖生长时，茎顶端分生组织发生质的变化，形成花或花序。

2. 侧生分生组织

侧生分生组织（lateral meristem）主要分布于裸子植物和双子叶植物的根、茎周侧，与所在器官的长轴成平行排列（图2-2A）。从其起源和性质来看，属于次生分生组织，包括维管形成层和木栓形成层。

维管形成层的存在部位稍深，在横切面上常连成一环，其中位于次生木质部和次生韧皮部之间的称为束中形成层，处于维管束之间的称为束间形成层。其组成分子除了一部分为近于长方体形的短轴细胞之外，大多为扁梭形的长轴细胞。这些细胞高度液泡化，分裂活动性能强，是根、茎增粗的主要动力。

木栓形成层的发生部位一般较浅，根最初由中柱鞘处产生，茎最初通常由皮层或表皮处发生；多年生植物木栓形成层的发生位置逐年内移，虽然也可在较深处发生，但始终位于维管形成层的外侧。木栓形成层仅由横切面呈长方形，径向轴较短，切线切面上呈多角形的一类细胞组成。分裂活动的结果，形成覆盖于根、茎外周的周皮。

3. 居间分生组织

居间分生组织（intercalary meristem）穿插间生于茎、叶、子房柄、花梗、花序轴等器官中的成熟组织之间，通常是指由顶端分生组织衍生而遗留在某些器官的局部区域中的分生组织。就其发生过程而言，应属初生分生组织。禾本科植物茎的节间基部（图2-2B），以及葱、韭、松叶的基部均有居间分生组织分布。水稻、小麦等禾谷类作物的拔节、抽穗，茎秆倒伏后能逐渐恢复向上生长；葱、韭叶割后再生长等现象都与居间分生组织的活动有关。另有一些植物的居间分生组织是由已分化的薄壁组织恢复分裂而来。如花生受精后，位于子房基部的薄壁组织恢复分裂能力，雌蕊柄伸长，将子房推入土中而发育成果实，其居间分生组织的发生，似带有次生分生组织的性质。

居间分生组织的细胞，细胞核大，细胞质浓，无淀粉粒，液泡化明显。主要进行横分裂，使器官沿纵轴方向增加细胞数目。但其持续活动时间较短，一般分裂一段时间后，所有细胞都转为成熟组织。

第三节 营养组织（薄壁组织）

营养组织（nutritive tissue）在植物体内占有最大的体积，在根、茎、叶、花、果实、种子中均含有这种组织（图2-3）。它们是组成植物体的基础，也是进行各种代谢活动的重要组织，担负吸收、同化、贮藏、通气、传递等营养功能。根、茎的皮层和髓、叶肉组织、花的各部分、果实的果肉及种子的胚乳等，全部由营养组织构成，而机械组织和输导组织等则常常包埋在营养组织之中。

第三节 营养组织（薄壁组织）

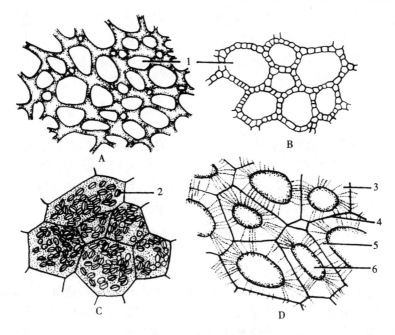

图 2-3　几种营养组织
A. 美人蕉属叶中的臂状通气组织　B. 马蹄莲属叶柄中的通气组织
C. 裸麦属胚乳的贮藏组织　D. 柿胚乳的贮藏组织
1. 细胞间隙　2. 淀粉粒　3. 初生壁　4. 胞间层　5. 胞间连丝　6. 细胞腔

营养组织的细胞具有生活的原生质体，有质体、线粒体、内质网、高尔基体等多种细胞器的分化，液泡发达，细胞排列疏松，胞间隙明显。尤为重要的特征是细胞壁薄，一般仅有由纤维素、果胶质构成的初生壁，常又称为薄壁组织（parenchyma）。

营养组织分化程度低，有潜在的分生能力和较大的可塑性，在一定的条件作用下，可以经过脱分化，恢复分生能力，转变为分生组织，或进一步特化为其他组织。营养组织还有能形成愈伤组织的再生作用，因而与植物创伤的愈合、扦插、嫁接的成活关系密切。分离的营养组织细胞团或单个细胞，通过离体培养，具有发育为整个植株的全能性。

营养组织可再分为同化组织、贮藏组织、吸收组织、通气组织和传递细胞等 5 种类型。

一、同化组织

同化组织（assimilating tissue）的细胞中含有许多叶绿体，能进行光合作用。它们多分布于植物体中易受光的部位，如叶片中的叶肉，幼茎和幼果近表层的皮层部分。这类细胞往往产生明显的液泡化和发达的细胞间隙。同化组织细胞在适当条件下，较易恢复分生作用。

二、贮藏组织

植物根、茎的皮层、髓，果实的果肉以及种子的子叶、胚乳中常有发达的贮藏营养物质的组织存在，这种组织称为贮藏组织（storage tissue）。其细胞一般较大而近等径，贮藏的物质有蛋白质、脂肪、油滴、淀粉和其他糖类，以及某些特殊物质，如单宁、橡胶等有机物和草酸钙、硫酸钙等无机结晶体等。例如水稻、小麦等禾本科植物种子的胚乳细胞，甘薯块根、马铃薯块茎的薄壁细胞贮藏大量淀粉粒；花生种子的子叶中含有贮藏油类的细胞。

贮藏组织有时特化为贮水组织。旱生多浆植物，如仙人掌、芦荟，以及盐生肉质植物，如猪毛菜等，它们的光合作用器官中，除了绿色同化组织之外，还存在一些缺乏叶绿体而充满水分的薄壁细胞，它们形成了贮水组织。有些植物的这类组织中还兼含黏液，增加了细胞的吸水和保水能力，使植物能适应于干旱环境下生长。

三、吸收组织

根毛区的表皮，其细胞壁和角质膜均薄，而且有的表皮细胞外壁向外突出形成许多根毛（root hair）。它们与植物体其他器官部分的表皮不同，特称为根被皮，是主要的吸收组织（absorptive tissue）。根被皮与中柱鞘之间的皮层细胞也具有吸收组织的性能。吸收组织的主要生理功能是从土壤中吸收水分和无机养分，并将吸入的物质转送到输导组织中。

四、通气组织

有些薄壁组织中有发达的细胞间隙，这种具有发达胞间隙的薄壁组织称为通气组织（ventilating tissue）。在水生植物（如睡莲、莲）或湿生植物（如水稻）中，通气组织非常发达，有的形成较宽阔的通气腔室，有的形成曲折贯连的通气道。通气腔和通气道内贮有大量空气，以利于器官中细胞呼吸时的气体交换。同时，像蜂巢状系统的胞间隙可以有效抵抗植物在水生环境中所面临的机械压力。

水稻的根中和茎的基部通气组织发达，并与叶鞘的气道连通，这是对湿生环境的适应。水稻通气腔的大小常因品种、栽培条件和分布部位而有不同，就茎秆来说，近基部的节间中，其通气腔常较发达，越近顶部的通气腔越小，穗颈和紧接其下的节间中已几无通气腔的分化。

有些植物如菱、茭白的通气道中有许多具空隙的横隔，它们并不影响水气的畅通，而对通气道却起着支撑作用。水稻叶鞘和叶片中的通气腔，其横隔由 1~2 层扁平的星形细胞群构成；睡莲叶柄和叶片的气腔中常有星状石细胞或内生毛状体（图2-4），它们均能保证空气自由通过，但对内聚力较强的水液通过却有阻止作用。

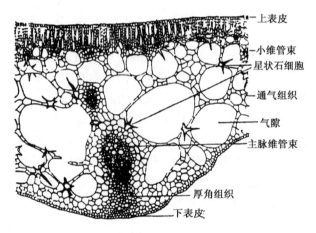

图 2-4　睡莲叶片通过主脉横切面（示通气组织）

五、传递细胞

传递细胞是一些具有胞壁向内生长特性的、能行使物质短途运输功能的特化的薄壁细胞（图2-5）。

传递细胞的特点是在产生非木质化的次生壁时，纤维素微纤丝向细胞腔内形成许多多褶突起，并与质膜紧紧相靠，形成了壁—膜器结构，使质膜的表面积大大增加，提高了细胞内外物质交换和运输的效率。传递细胞具有较大的细胞核、较浓的细胞质以及丰富的线粒体、内质网、高尔基体、核糖体等细胞器；壁—膜器结构形成时，质膜上有强烈的腺苷三磷酸酶活性反应，显示出代谢活跃的生理特性。因此，传递细胞可视为是适应短途装卸溶质的特别有效形式。

传递细胞在植物体中常发生于溶质大量集中、短途转运强烈的有关部位。例如，叶中小叶脉的一些木薄壁细胞和韧皮薄壁细胞可形成壁的内突，同时还可由伴胞和维管束鞘发育成传递细胞，成为叶肉和输导组织之间的物质运输桥梁。另外，在茎节和花序轴节部的维管组织之间常有传递细胞存在。种子的子叶、胚乳或胚柄中，均有传递细胞。由此可见，传递细胞的分布相当广泛。此外，胚囊中的助细胞、反足细胞，某些植物子叶的表皮、胚乳的内层细胞、珠被绒毡层细胞和胚柄细胞以及具有分泌功能的各种腺细胞等，都有传递细胞的性质。

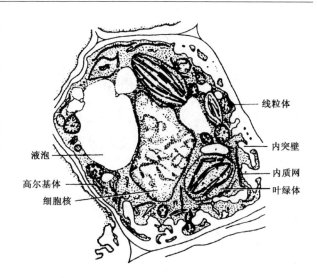

图 2-5　菜豆茎初生木质部中的一个传递细胞

第四节　保护结构

保护结构（protective structure）覆盖于植物体外表，由一至数层细胞所组成，主要起保护作用，可以防止水分的过度蒸腾，抵抗风雨、病虫害的侵袭以及某些机械的损害，维护植物体内正常的生理活动。根据保护结构的发生先后和形态结构不同，又分为初生保护结构——表皮和次生保护结构——周皮。

一、表　皮

表皮（epidermis）是器官外表早期形成的初生覆盖层，为初生保护结构，由原表皮分化而来（图 2-6）。通常为一层细胞，但也有少数植物的某些器官的外表，可形成由多层生活细胞组成的复表皮。表皮遍布于根、茎、叶、花、果实、种子的表面，由表皮细胞、组成气孔器的保卫细胞和副卫细胞、表皮毛或腺毛等附属物组成，其中表皮细胞是最基本的成分。有些植物的表皮中还含有一些特化的异细胞。

（一）表皮细胞

表皮细胞是生活细胞，多呈扁平砖形或为扁平不规则形状，细胞彼此密接或相互嵌合，无胞间隙。液泡化明显，一般缺乏叶绿体，但有时含白色体、有色体或花青素、单宁、晶体等物质。水生植物和某些生长于阴处的植物，它们的表皮细胞内可以形成发育良好的叶绿体。

表皮细胞外壁常角质化，并在外壁的表面形成角质膜。电镜下观察角质膜可明显地再分为角质层和角化层两个层次（图 2-7）。角质层位于外方，由角质和蜡质混合组成；角化层位于内方，紧接表皮细胞外壁，由角质、纤维素、果胶质构成。角质膜的厚薄随植物种类和生态环境不同而有差异。阳光充足的干旱条件下，角质膜较厚；荫蔽、潮湿条件下，角质膜较薄。角质膜表面光滑或形成乳突、皱褶、颗粒等纹饰，有些植物在角质膜的外面还沉淀着各种形式的蜡质，称为蜡被。角质膜和蜡被的存在，一方面可减低水分蒸腾，防止病菌侵害；另一方面，对于某些溶液进

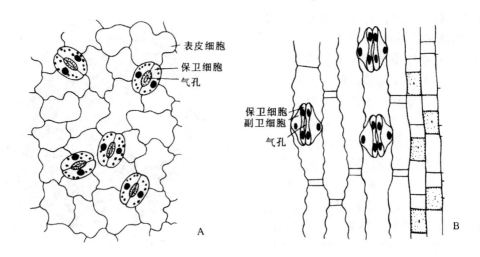

图 2-6 表皮（正面观）
A. 双子叶植物叶的表皮　B. 禾本科植物叶的表皮

入表皮也将发生一定的阻留作用。因此，在选育抗病品种，或施用除草剂、杀菌剂等农药时，重视植物表皮外层结构的特性是很有意义的。角质膜和蜡被有多种形态纹饰，在鉴定植物时有参考价值。此外，有的植物其表皮细胞壁矿化，如禾本科植物的茎、叶表皮细胞硅质化程度很高，使得器官外表粗糙坚实。

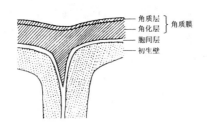
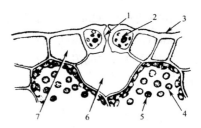

图 2-7　表皮细胞外壁上的角质膜

图 2-8　气孔器的剖面图
1. 气孔　2. 保卫细胞　3. 角质层　4. 叶肉细胞
5. 叶绿体　6. 孔下室　7. 表皮细胞

（二）气孔与气孔器

植物体气生部分的表皮上，一般都有气孔（stoma）分布，特别在叶片上的气孔数量最多。表皮上一对特化的保卫细胞以及它们之间的孔隙总称为气孔，但实践中常将气孔与孔隙等同。由保卫细胞及其围成的孔隙、孔下室或再连同副卫细胞（有或无）共同组成气孔器（stomatal apparatus）（图 2-8、图 2-9），气孔器是调节水分蒸腾和进行气体交换的结构，它与光合、呼吸和蒸腾作用均有关系。

大多数植物的保卫细胞（guard cell）为肾形，保卫细胞显著的特点是细胞内含有叶绿体和细胞壁不均匀加厚。其细胞壁靠近气孔的部分较厚，而与表皮细胞或副卫细胞毗接的部分较薄。禾本科和莎草科植物的保卫细胞呈哑铃形，其细胞壁在球状两端的部分是薄的，而中间窄的部分有很厚的壁。这些特点使保卫细胞易因膨压改变而发生气孔开闭。当保卫细胞膨压变高时，保卫细胞壁的较薄处扩张较多，致使两个保卫细胞相对弯曲或保卫细胞的两端膨大而相互抵撑（禾本科），将气孔缝隙拉开，气孔开放；反之，保卫细胞膨压变低时，气孔关闭（有关气孔的开闭机理

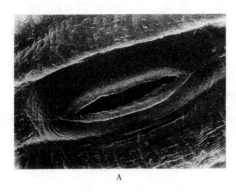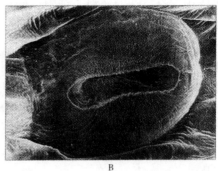

图 2-9 气孔器电镜扫描图
A. 洋葱叶表皮气孔的外面观 　B. 洋葱叶表皮气孔的内面观（紧靠叶肉的一面）

见第五章的相关内容）。

不少植物的保卫细胞外侧或周围有副卫细胞（subsidiary cell），其形状与表皮细胞不同，但在发育和机能上与保卫细胞有密切关系，它们的数目、分布位置与气孔器的类型有关。

（三）毛状体

毛状体（trichome）是表皮上普遍存在的附属物，由表皮细胞分化而来。形态结构多种多样，如丝状、星状、盾状、鳞片状、分枝状或乳突状等；单细胞或多细胞表皮毛；单条或分枝的（图2-10）。在功能上，有具保护作用的、分泌作用的、吸收作用的毛状体。

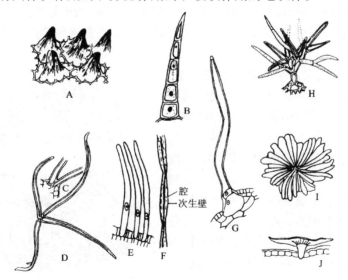

图 2-10 表皮毛状体
A. 三色堇花瓣上的乳头状毛 　B. 南瓜的多细胞表皮毛 　C、D. 棉属叶上的簇生毛
E、F. 棉属种子上的表皮毛（E. 幼期，F. 成熟期） 　G. 大豆叶上的表皮毛
H. 熏衣草属叶上的分枝毛 　I、J. 橄榄的盾状毛（I. 顶面观，J. 侧面观）

（1）表皮毛：常分布于幼茎、叶或芽鳞上。通常为长筒形，也有的形成树状分枝或星状平面分枝；结构上由单细胞或多细胞组成。表皮毛增强了表皮的保护作用。多毛密生的植物表皮，由于折射关系，常呈白色，可削弱强光的影响，减少水分蒸发，是植物抗旱的形态结构，这对于干旱地区生活的植物有利。表皮毛的存在，对防御虫害侵袭也有一定的作用。

表皮毛细胞中常有发达的液泡,细胞壁的成分以纤维素为主,有些表皮毛也会产生木质化或硅质化的细胞壁。棉花种皮上的表皮毛纤细而长,习惯上称为"纤维",其增厚的次生壁几乎纯为纤维素组成,是纺织工业的重要原料。

(2)鳞片:多细胞的扁平毛,或由多细胞组成的伞顶状结构,其中无柄的为鳞片,有柄的为盾状毛。它们的分布情况和主要功能与表皮毛相似。

(3)腺毛:具有分泌作用的毛状体,可以分泌芳香油、黏液、树脂或其他液体物质。腺毛的类型甚多,详见本章第七节分泌结构。

(4)根毛:由于根毛在结构和功能上的特殊,常将其归属于具有吸收作用的营养组织之中(详见营养组织)。

表皮中除上述表皮细胞、气孔器、毛状体之外,有些植物的表皮还存在一些异细胞,如许多单子叶植物(沼生目除外)的叶表皮上常有较大的泡状细胞,禾本科和莎草科的表皮还常有硅细胞和栓细胞。

表皮的形态特征,在不同的科和更小的分类单位中都有很大不同。这些特点已经很成功地应用于某些科内的属、种分类,以及种间杂交种的辨认。

二、周 皮

周皮(periderm)存在于具有次生增粗的器官,如裸子植物、双子叶植物的老根、老茎外表。它们是取代表皮的复合型的次生保护结构。周皮由侧生分生组织——木栓形成层(phellogen)分裂活动形成。木栓形成层平周分裂,向外分化出多层木栓细胞,组成木栓层(phellem),向内分化出少量的细胞,组成栓内层(phelloderm)。木栓层、木栓形成层和栓内层共同构成周皮(图2-11)。

周皮的木栓层细胞之间无胞间隙,细胞扁平,细胞壁较厚并高度栓化,细胞成熟时,细胞内的原生质体解体,而成为中空的死细胞。这些特征使木栓层具有高度的不透水性,并具有抗压、隔热、绝缘等特性,对植物体起到了很好的保护作用。栓皮栎的木栓层特别发达,厚度可达15~30cm,是制作瓶塞、救生衣、浮标、防震和绝缘的良好材料。

栓内层是生活的薄壁细胞,壁没有栓质化,仅有1~2层细胞,一般只能从它们与外面的木栓细胞排成同一整齐的径向行列,而与皮层薄壁细胞相区别。

在周皮的形成过程中,周皮上的某些限定部位,通常发生在茎部表皮气孔的下方,木栓形成层向外分裂衍生出排列疏松的薄壁细胞,称为补充细胞,它突破周皮,在表面形成小突起,称为皮孔。皮孔是水分,气体内外交流的通道。

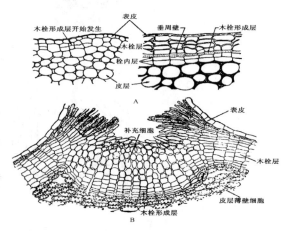

图2-11 周皮的发生和皮孔
A. 周皮的发生 B. 皮孔

随着根、茎的继续增粗,周皮的内侧还可产生新的木栓形成层,再形成新的周皮。这样,随着植物的生长,多层周皮的积累连同夹在各层周皮之间的组织构成了树木茎干和老根的树皮(这里指的是狭义树皮,有关树皮的概念详见第四章)。

第五节 机械组织

　　细胞壁发生不同程度加厚，具有抗压、抗张和抗曲挠性能，起巩固、支持作用的一类成熟组织，被称为机械组织（mechanical tissue）。陆生高等植物的幼小植物体或器官的幼嫩部位，以及一些沉水植物中，机械组织很不发达或全无分化。随着植物器官的生长、成熟，才逐渐分化出机械组织。植株越高大、枝叶越繁茂的木本植物，其体内的机械组织越发达。

　　根据细胞的形态和细胞壁的加厚方式不同，机械组织可分为厚角组织和厚壁组织两类。

一、厚角组织

　　厚角组织（collenchyma）最明显的特征是细胞壁具有不均匀的加厚，壁的增厚部分常位于细胞相互毗接的角隅处（图2-12），因此叫厚角组织；由于增厚的壁是初生壁性质的，主要成分是纤维素，也含有果胶质和半纤维素，但不含木质，故有一定的坚韧性、可塑性和延伸性，既可支持器官直立，又可适应器官的迅速生长。厚角组织一般分布于幼茎、叶柄和花柄等部位的表皮内侧。它们的细胞具有生活的原生质体，常含有叶绿体，并具有一定的分裂潜能。在许多植物中，它们能参与木栓形成层的形成。厚角组织细胞为长柱形，它们常常互相重叠排成环状或分离成束状。在有棱部分特别发达，能起到支持作用，如芹菜、南瓜的茎和叶柄、薄荷的方茎中。很多草本双子叶植物矮小的茎和攀缘茎中，厚角组织作为终生的支持组织。较高大的草本和木本双子叶植物由于后来大量次生组织的产生，形成了许多厚壁组织，厚角组织也就随之破坏。单子叶植物很少有厚角组织，一般植物的根中也很少存在。

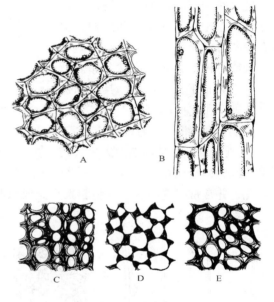

图2-12　厚角组织
A～B. 薄荷茎的厚角组织（A. 横切面；B. 纵切面）
C～E. 厚角组织增厚形式（C. 切向壁增厚；D. 角隅增厚；E. 近间隙处增厚）

二、厚壁组织

　　厚壁组织（sclerenchyma）与厚角组织不同，细胞具有均匀增厚的细胞壁，并且常木质化，细胞腔很小。由于增厚的壁属于次生壁性质，故无可塑性和延伸性。成熟细胞一般没有生活的原生质体，只留下中空的死细胞。厚壁组织细胞可单个的，或成群、成束地分散于其他组织之间，加强组织、器官的坚实程度。通常可再分为石细胞和纤维两类。

（一）石细胞

　　石细胞（sclereid, stone cell）广泛分布于植物的茎、叶、果实和种子中。通常成群聚生，有时也可单生于其他组织之中。多为等径或略为伸长的细胞，还有分枝状、星芒状、长柱形等（图2-13）。它们具有极度增厚的次生壁，增厚的部分强烈木质化，有时也可有栓质参加。壁上常出现同心层纹,有很多圆形的单纹孔,由于壁特别厚而形成明显的管状纹孔道。有时纹孔道随壁的增厚彼此汇合,而形成特殊的分枝纹孔道。细胞成熟时原生质体解体消失,仅留下空而小的细胞腔。如梨果肉中的砂粒状物,便是成簇的石细胞,质劣品种中尤为发达;核桃、桃、梅、椰子果实中坚硬的核,便是多层连续的石细胞组成的内果皮;茶树的叶片中常具有单个呈星状分枝的巨型石细胞,其数量和形状在鉴别茶叶品质和品种分类时有参考价值。豆类种皮上石细胞常呈柱状或三棱形,多成层状分布。石细胞广泛分布于植物体中,具有增加器官的硬度和支持作用。

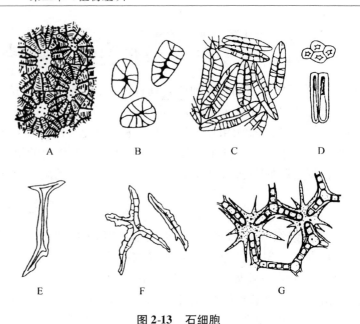

图 2-13 石细胞

A. 桃内果皮的石细胞 B. 梨果肉中的石细胞 C. 椰子内果皮石细胞
D. 菜豆种皮的表皮层石细胞 E. 茶叶片中的石细胞
F. 山茶属叶柄中的石细胞 G. 萍蓬草属叶柄中的星状石细胞

(二)纤 维

纤维(fiber)是两端渐尖呈长纺锤形的细胞,长比宽大许多倍(图2-14)。其次生壁明显增厚,但木质化程度很不一致,壁上有少数纹孔,并常常呈缝隙状,细胞腔狭小。成熟时原生质体通常解体消失,只发现少数植物有保持较长时间生活状态的纤维存在。纤维多成束、成片地分布于植物体中,细胞互相嵌叠,互以尖端交错连接,形成植物体内主要的加强支持或强化韧性的机械组织。纤维的类型甚多,大致可区分为韧皮纤维和木纤维两大类。

韧皮纤维(phloem fiber)是指分布于韧皮部中的纤维,也是韧皮部的主要组成成分之一。有时也将出现在皮层和维管束鞘部分的纤维称为韧皮纤维。韧皮纤维细胞壁富含纤维素,故坚韧而有弹性;而有些植物的韧皮纤维出现不同程度的木质化,其弹性则相应减低。韧皮纤维细胞的长度一般为 1~2mm,但一些麻类作物的较长,如黄麻 8~40mm,大麻 10~100mm,亚麻 9~120mm,苎麻 5~350mm,最长的苎麻纤维可达 620mm。

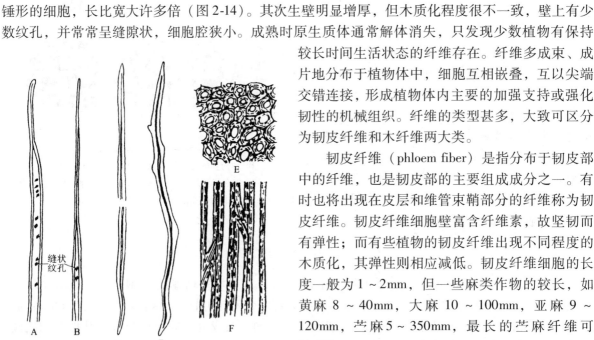

图 2-14 纤 维

A. 苹果的木纤维 B. 白桦的木纤维
C. 黑柳的韧皮纤维 D. 苹果的韧皮纤维
E. 向日葵的韧皮纤维(横切面) F. 同 E(纵切面)

韧皮纤维的工艺价值决定于细胞的长度和细胞壁含纤维素的程度。黄麻的纤维细胞较短,细胞壁木质化程度较高,纤维素含量相对较低,较宜于制麻绳、麻袋等用;苎麻的纤维细胞长,细胞壁含纤维素较纯，是优质的纺织原料。此外，一些木本植物，如青檀、桑树、构树、朴树的茎皮中也含有发达的韧皮纤维，可制造高级特用纸张或作人造棉之用。

木纤维（wood fiber）是分布于木质部中的纤维，也是木质部的主要组成成分之一。其细胞较韧皮纤维稍短，一般长约1mm，增厚的细胞壁高度木质化，细胞腔狭小。它们的细胞长度、壁部厚度，以及纹孔的形态和分布常有变化，是进一步划分类型、鉴定木材的依据。木纤维壁厚而坚硬，抗压力强，增强了木材的机械巩固作用，但韧性降低，脆而易断。木纤维是重要的造纸原料，也供制造人造纤维之用，例如杨树、桉树和桦木等阔叶树材中便富含优质的木纤维，经济价值甚高。

第六节　输导组织

输导组织（conducting tissue）是担负植物体内物质长距离运输的主要组织。它们一方面将根从土壤中吸收的水分和无机盐等运输到地上部分。另一方面又能将茎、叶系统光合作用的产物运输到所需要的地方——根、茎、花和果实等器官。输导组织的细胞一般呈管状，是一类特化成管道的组织，它们可以不同的方式相互连接，在各器官间构成连续的输导系统，共同完成输导功能。根据它们运输的主要物质不同，可分为两类，一类是运输水分和无机盐的组成分子——导管和管胞；另一类则是运输同化产物的组成分子——筛管和筛胞。

一、运输水分和无机盐的组成分子

（一）导　管

导管（vessel）普遍存在于被子植物的木质部中，由许多管状的、细胞壁木质化的死细胞纵向连接而成。组成导管的每一个细胞称为导管分子（vessel element）。幼期的导管分子比较狭小，含有原生质体，并可见到微管、内质网、高尔基体等细胞器。随着细胞的伸长和直径的增大，细胞内出现大液泡，在微管集中分布的部位逐渐形成不同纹式的次生壁，而内质网与质膜相连处则不增厚。不久，导管分子发生胞溶现象，液泡膜破裂，释放水解酶，原生质体被分解。水解酶对未

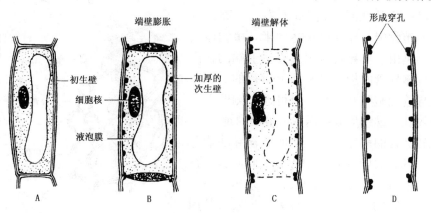

图 2-15　导管分子的发育

A. 导管分子前身，无次生壁形成　B. 细胞体积增至最大限度，细胞核增大，次生壁物质开始沉积　C. 次生壁加厚完成，液泡膜破裂，细胞核变形，壁端处部分解体

D. 导管分子成熟，原生质体消失，次生加厚壁之间的初生壁已部分水解，两端形成穿孔

被木质化次生壁所覆盖的一些初生壁处，进行不同程度的消化。导管分子纵连处的端壁，逐渐解体消失，形成不同程度的穿孔，有的成为大的单穿孔，有的成为由数个孔穴组成的复穿孔。具有穿孔的端壁称为穿孔板。穿孔的形成使导管成为中空的连续长管（图2-15）。

导管分子的形态及其端壁穿孔的类型，常随植物种类而不同。在系统演化上，导管分子外形宽扁，端壁与侧壁近于垂直的比外形狭长而末端斜尖的更进化，形成单穿孔的较形成复穿孔的更为进化。在生理适应上，前者较后者的输导能力更强，更适于通过较大的水液流量。

根据导管的发育先后和侧壁木化增厚的方式不同，可将导管分为环纹、螺纹、梯纹、网纹和孔纹5种类型（图2-16）。

在环纹导管和螺纹导管中，木化增厚的次生壁分别呈环状或螺旋状加在导管的初生壁内侧。由于增厚的部分不多，未增厚的管壁部分仍可适应于器官的生长而伸延。这两种导管的直径较小，输水能力较弱。它们多在器官早期生长过程中出现，一般存在于原生木质部中。

在梯纹导管中，木化增厚的次生壁呈横条状突起，似梯形，与未增厚的初生壁相间。网纹导管木化增厚的次生壁呈网状突起，"网眼"为未增厚的初生壁。孔纹导管壁大部分木质化增厚，未加厚的部分则形成许多纹孔。这三种导管的加厚部分都较多，因而细胞壁的展延性大为降低，但其直径较大，输导效率显著提高。它们出现于器官组织分化的后期，即后生木质部和次生木质部中。

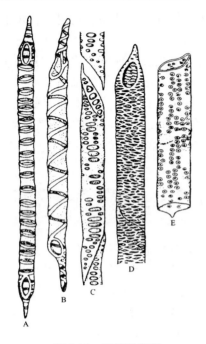

图2-16 导管的类型
A. 环纹导管 B. 螺纹导管 C. 梯纹导管
D. 网纹导管 E. 孔纹导管

导管的长度一般从几厘米到1m左右，在高大的树木和一些藤本植物中，导管可长达数米。植物体内水溶液的运输不是由一根导管从根部直达上端的，而是分段，经过许多导管曲折连贯地向上运行的。水流可以顺利通过导管细胞腔及穿孔，也可通过侧壁上未增厚的部分或纹孔，继续形成输送水溶液的通道。

导管是比较完善的输导结构，然而其输导功能并非永久保持的。其有效期可因植物种类不同而异。在多年生植物中有的可达数年，有的长达十余年。随着植物的生长和新导管的产生，有些较老的导管，其周围的薄壁组织细胞或射线细胞体积增大，从导管侧壁上未增厚的部分或纹孔处向导管腔内生长，形成大小不等的囊状突出物。初期，细胞质和细胞核流入其中，后来又常为单宁、树脂、树胶、淀粉、晶体等所

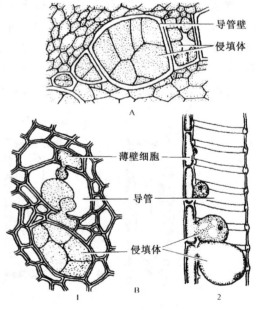

图2-17 导管内的侵填体
A. 木薯块根导管中的侵填体
B. 刺槐茎导管中的侵填体形成
1. 导管横切面 2. 导管纵切面

填充，以致将导管腔堵塞。这种堵塞导管的囊状突出物称为侵填体（图2-17）。侵填体（tylosis）在木本植物中相当普遍，如刺槐、榆树、樟树、桑、核桃、栎类等树木老的木质部中常有侵填体。一些草本植物如南瓜、木薯、茄、甘蔗等中也有存在。侵填体的形成，能增强抗腐能力，防止病菌的侵害，增进了木材的坚实度和耐水性。侵填体也可因创伤而产生，在此种情况下，能起到防止水液外渗的作用。

（二）管 胞

管胞（tracheid）是裸子植物和绝大多数蕨类植物木质部中唯一的输水结构，而多数被子植物的木质部中，管胞与导管可同时存在，但不是主要的输水结构。

管胞是一个两端斜尖、长梭形的细胞。细胞壁木化增厚，成熟时原生质体已解体，仅存细胞壁。管胞也有环纹、螺纹、梯纹、网纹和孔纹5种类型（图2-18）。

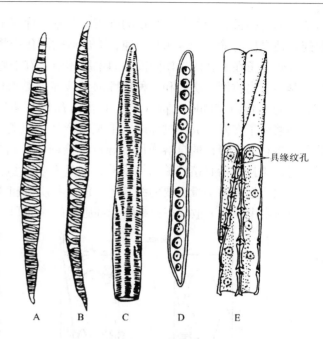

图2-18 管胞的类型

A. 环纹管胞　B. 螺纹管胞　C. 梯纹管胞（鳞毛蕨属 Dryopteris）
D. 孔纹管胞　E. 4个毗邻孔纹管胞的一部分，其中3个管胞纵切，示纹孔的分布与管胞间的连接方式

管胞是单独的细胞，没有互相连接，长度在0.1mm至数厘米之间，一般长约1~2mm。其末端没有如导管分子的穿孔，而是以偏斜的末端相互贴合。在贴合部分，具缘纹孔很多，水溶液主要通过侧壁上贴合部分的纹孔由一管胞进入另一管胞，相互沟通。管胞这种输导水液的途径与效率，显然不及导管。此外，由于管胞的壁部较厚，细胞腔径较小，加之斜端彼此贴合，增加了结构的坚固性，因此管胞兼有较强的机械支持功能。松、杉、柏等裸子植物的木质部主要由管胞组成，并无另外的机械组织，因此，管胞就担负了输导与支持双重作用。这也表明了裸子植物较被子植物原始。

二、运输同化产物的组成分子

（一）筛 管

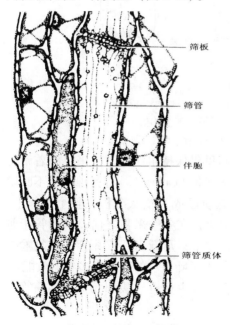

图2-19 烟草茎韧皮部中的筛管与伴胞纵切面

筛管（sieve tube）存在于被子植物的韧皮部中，由一列长管状的、端壁形成筛板的生活细胞连接而成，每一个细胞称为筛管分子（sieve element）。筛管分子的细胞壁为初生性质，由纤维素和果胶质组成。端壁上存在着一些凹陷的区域，其中分布有成群的小孔，这些小孔称为筛孔。具有筛孔的凹陷区域称为筛域，分布有筛域的端壁称为筛板（sieve plate）。只有一个筛域的筛板为单筛板，如南瓜的筛管；分布数个筛

域的则为复筛板，如葡萄和烟草的筛管。相连两个筛管分子的原生质形成的联络索通过筛孔彼此相连，使纵接的筛管分子相互贯通，形成运输同化产物的通道（图2-19）。

筛管分子在发育的早期阶段，原生质体中含有细胞核和液泡，在浓厚的细胞质中还有线粒体、高尔基体、内质网、质体和一种特殊的黏液体。黏液体是筛管分子所特有的具有一定结构的蛋白质，称为P-蛋白（Phloem protein）。P-蛋白有ATP酶的活性，被认为与物质的运输有关。

筛管分子在发育成熟过程中，细胞内产生了显著变化，其细胞核渐渐解体，液泡膜破坏，筛管分子进行有选择性的自溶作用，导致了核糖体、高尔基体、微管和微丝的消失，只保留了与物质运输和维持生活直接有关的细胞器，如具有贮存蛋白质或淀粉功能的质体，以及可以保证筛管分子中物质运输对能量需要的线粒体。但这些质体和线粒体的内部结构也稍有简化。在此过程中，P-蛋白质也由原先分散状态而趋集于细胞腔的侧面和筛孔附近（图2-20、图2-21）。

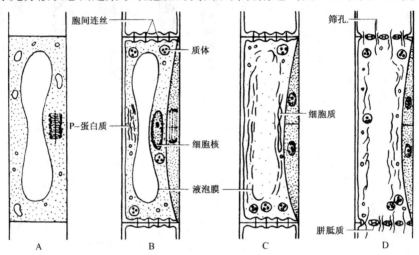

图2-20　筛管分子的发育图解

A. 筛管分子前身在分裂　B. 筛管分子具有P-蛋白，伴胞前身（深色细胞）在分裂
C. 筛管分子的核退化，液泡膜部分破裂，P-蛋白分散，旁有两个伴胞
D. 成熟筛管分子，在筛孔处衬有胼胝质和含有一些P-蛋白，看不到内质网

筛管分子成熟后，细胞核已解体消失，但在相当长的时间里仍保持生活力。后来，沿着筛孔的四周，围绕联络索而逐渐积累一种特殊的碳水化合物——胼胝质（callose）。随着胼胝质不断增多，联络索则相应变细。当筛管分子进入休眠或衰亡时，胼胝质已成为垫状沉积在整个筛板上，而称为胼胝体（callus）。一些多年生双子叶植物如椴树、葡萄等，在冬季来临之前，其筛管于胼胝体形成后，暂时停止输导功能，到翌年春天，胼胝体溶解，联络索重新出现，筛管又恢复输导功能。一般植物的筛管输导功能只能维持1~2年，但是竹类等单子叶植物的筛管有多年的效能。

筛管运输的汁液中主要含蔗糖，此外，还有一些含氮化合物、少量有机酸和无机物。筛管有时也是某些病菌、病毒感染的途径。

在每个筛管分子的旁侧有1个至数个狭长的、两端尖削的薄壁细胞称为伴胞。伴胞（companion cell）与筛管分子是由同一母细胞经过不均等纵裂而来的，其中较小的一个子细胞形成伴胞。伴胞有时还进行横裂，以致在筛管分子的一侧出现一纵列伴胞。伴胞在横切面上多呈三角形、方形或梯形，细胞核和核仁相对较大，有丰富的细胞器和发达的膜系统，有许多高尔基体、线粒体、粗糙内质网和质体。细胞质密度也较大，这些都表明伴胞有很高的代谢活性。伴胞与筛管分

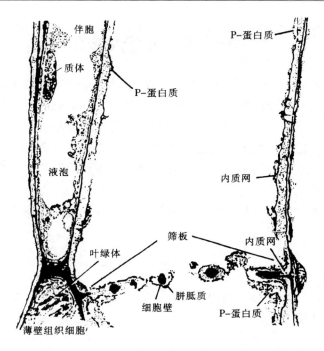

图 2-21 笋瓜 *Cucurbita maxima* 的筛管分子超微结构（纵切面）

子的侧壁之间，有胞间连丝相互贯通，它对维持筛管质膜的完整性，进而维持筛管的功能有重要作用。有些植物其叶脉中的伴胞发育为传递细胞，使筛管分子与伴胞更加紧密联系，同时由于它们位于筛管分子和叶肉细胞之间，能更高效地传递光合产物。当筛管分子衰老死亡时，伴胞也随之失去功能而死亡。

（二）筛 胞

筛胞（sieve cell）是蕨类植物和裸子植物韧皮部中主要担负输导有机物质的细胞。筛胞是单独的细胞，通常比较细长，末端尖斜，没有互相连接。原生质体中没有 P-蛋白。细胞壁上的筛域特化程度不大，也不聚生在一定范围的壁上，不形成筛板。这种筛域上分布的小孔，其孔径狭窄，通过的原生质丝细小。许多筛胞以斜壁或侧壁相互贴合，纵向叠生，并互以筛域相通，有机物质通过筛域输送，输导功能较差。筛胞在植物系统发育中出现较早，比较原始，运输有机物质的速度和效率也都不如筛管。

筛胞的旁侧没有与其同源的伴胞，但在一些裸子植物中却存在形态上和生理上与筛胞有关的蛋白质细胞。蛋白质细胞来源于韧皮部薄壁细胞或韧皮射线细胞的特化。它们具有浓厚的细胞质；与筛胞相接的细胞壁上有胞间连丝存在；具有较高的呼吸强度和酸性磷酸酶活性，这些活性增加的节律常与筛胞在春夏间运输有机物质相对应；筛胞衰老，失去功能时，蛋白质细胞也随之死亡。因此蛋白质细胞与筛胞的关系颇似伴胞与筛管分子之间的密切关系。导管和筛管是植物体内输导组织的主要组成部分，但也是某些病菌侵袭感染的途径。如棉花枯萎病菌的菌丝可从导管侵入，某些病毒可通过媒介昆虫进入韧皮部，引发病害发生。了解致病途径，对于研究和防治病虫害具有重要的实践意义。

第七节 分泌结构

分泌结构（secretory structure）是与产生、贮藏、输导分泌产物有关的细胞或细胞组合。它们的来源、形态与分布都比较复杂，所分泌的物质也多种多样，常见的有挥发油、树脂、乳汁、蜜汁、糖类、单宁、黏液、消化液、盐类、杀菌素等。有的分泌物能引诱昆虫，有利传播花粉和果实；有的能泌溢出过多的盐分，使植物免受高盐毒害；有的对某些病菌及其他生物起抑制或杀死作用；也有的能够促进某些植物的生长。许多分泌物质是重要的药物、香料或其他工业原料，对人类生活有重要经济价值。

通常根据分泌结构的发生部位和分泌物的溢排情况，将分泌结构划分为外分泌结构和内分泌结构两类。

一、外分泌结构

外分泌结构（external secretory structure）多分布于植物体的外表，能将分泌物排于体外。有腺毛、腺鳞、蜜腺和排水器等（图2-22）。

（一）腺 毛

腺毛（glandular hair）是具有分泌作用的毛状体。通常分头部和柄部两部分，头部膨大，由1

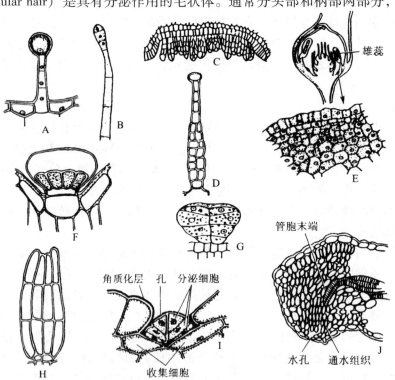

图2-22 外分泌结构
A. 天竺葵属茎上的腺毛 B. 烟草具多细胞头部的腺毛 C. 棉叶主脉处的蜜腺
D. 苘麻属花萼的蜜腺毛 E. 草莓的花蜜腺 F. 百里香叶表皮上的球状腺鳞
G. 薄荷属的腺鳞 H. 大酸模的黏液分泌毛 I. 柽柳属叶上的盐腺 J. 番茄叶缘的排水器

个至数个分泌细胞组成，具有分泌作用；柄部是由不具分泌功能的薄壁细胞组成，着生于表皮上。棉花、烟草、天竺葵、野芝麻等植物的茎和叶上均有腺毛分布。分泌物最初聚集于细胞壁和角质膜之间，后因分泌物增多，胀破角质膜而外泌。腺毛的分泌物常为黏液或精油，对植物具有一定的保护作用。食虫植物的捕虫叶上，有多种腺毛分别分泌蜜露、黏液和消化酶等，有引诱、粘着昆虫并将虫体消化吸收的作用。唇形科、玄参科、茄科等许多植物，它们的茎、叶上常有腺毛分布，腺毛的有无及其形态类型对鉴定植物有一定的参考价值。

（二）腺 鳞

腺鳞（glandular scale）也是一种腺毛，只是柄部极短，头部分泌细胞的数目较多，呈鳞片状排列。唇形科植物中存在相当普遍，薄荷腺鳞的头部一般有8个细胞，可以分泌薄荷油。菊科和桑科植物的体表也常见腺鳞分布。

（三）腺表皮

腺表皮（glandular epidermis）是植物体某些部位具有分泌功能的表皮腺细胞。表皮腺细胞一般较表皮细胞稍小，细胞壁较薄，细胞核大，细胞质较浓，线粒体和高尔基体丰富，内质网发达。如玫瑰、蔷薇、紫丁香等花瓣表皮细胞具有分泌不同挥发香油的功能；矮牵牛、漆树等许多植物花的柱头表皮即为腺表皮，细胞成乳头状突起，能分泌含糖、氨基酸、酚类化合物等的柱头液，利于粘着花粉，并促进花粉萌发。

（四）盐 腺

盐腺（salt gland）是将过多的盐分以盐溶液状态排出体外的分泌结构，常发生于盐碱地上的一些盐生植物体中。滨藜属的一些种，其叶面腺毛的头部为泡状的特大单细胞，通过细胞质和胞间连丝将叶内过多的盐分分泌聚于头部。以后腺毛毁坏，盐分随之沉积在叶表，而被排出体外。柽柳属的盐腺其头部由多个分泌细胞组成，柄部为1个至数个收集细胞。收集细胞与分泌细胞及叶肉细胞的邻壁上有许多胞间连丝。盐分通过收集细胞聚积，再运至分泌细胞而向体外泌出。

（五）蜜 腺

蜜腺（nectary）是能分泌蜜汁的多细胞腺体结构，有的是由腺表皮或腺表皮及其内层细胞特化而成，呈球形、杯状或棒状等多种形态。根据蜜腺在植物体上的分布位置，可将蜜腺分为两类：生长于花部的称为花蜜腺，如油菜、刺槐、苘麻、草莓花部的蜜腺，其分泌蜜汁的作用是对虫媒传粉的适应。花蜜腺发达和蜜汁分泌量多的植物，可为良好的蜜源植物，如紫云英、枣、刺槐等植物，它们的经济价值很高。生长于茎、叶、花梗等营养体部位上的蜜腺称为花外蜜腺，如棉叶脉上的蜜腺，蚕豆托叶上以及李属的叶缘上均有蜜腺存在，虽然它们所分泌的蜜汁与植物传粉无直接关系，但也是昆虫的食物。

蜜腺细胞通常较小，壁薄，核大，细胞质浓，线粒体、内质网、高尔基体和核糖体等细胞器丰富，其中内质网潴泡和高尔基体小泡的释放与糖液分泌有关。蜜腺细胞在生理特性上具有高度磷酸化酶活性。

蜜腺分泌的蜜汁由水分、各种糖类、蛋白质、氨基酸以及少量维生素、蔗糖水解酶、有机酸、矿物质组成，它们主要来源于维管束的韧皮部，经过蜜腺细胞内酶的加工，转变为蜜汁。蜜汁中的含糖量高低与维管束中韧皮部分子的数量多少密切相关，而且也与外界条件有关。有些蜜源植物在长日照、适宜的温度和湿度以及合理施肥的条件下，也能促进蜜汁的分泌和提高含糖量。

（六）排水器

排水器（hydathode）是植物将体内过多的水分排出体外的结构，它的排水过程称为吐水。排水器常分布于植物的叶尖和叶缘。在温、湿的夜间或清晨，常在叶尖或叶缘出现水滴，就是经排水器泌出的水液。吐水现象往往可作为根系正常生长活动的一种标志。

排水器是由水孔、通水组织以及与它们相连的维管束的管胞组成。水孔和气孔相似，是由两个保卫细胞围合而成的孔隙，但其保卫细胞分化不完全，无自动调节开闭的机制，故始终开放着。通水组织是排列疏松而无叶绿体的叶肉组织，细胞较小，与脉梢的管胞相连。水从叶脉木质部的管胞，通过通水组织，经水孔排出体外。

二、内分泌结构

内分泌结构（internal secretory structure）是将分泌物积贮于植物体内的分泌结构。它们常存在于基本组织内，常见的有分泌细胞、分泌腔、分泌道和乳汁管等（图2-23）。

（一）分泌细胞

分泌细胞（secretory cell）是单独分散于薄壁组织中的含特殊分泌物的细胞，由薄壁细胞特化而来，在根、茎、叶、花、果和种子中均可存在。其细胞壁一般稍厚，可以是生活细胞或非生活细胞。分泌细胞常大于它周围的细胞，外形有囊状、管状或分枝状，甚至可扩展为巨大细胞，容易识别，因此称为异细胞。分泌细胞根据分泌物类型不同可分为油细胞（樟科、木兰科）、黏液细胞（仙人掌科、落葵科）、含晶细胞（桑科、鸭跖草科）、鞣质细胞或单宁细胞（蔷薇科、景天科）以及芥子酶细胞（十字花科）等。

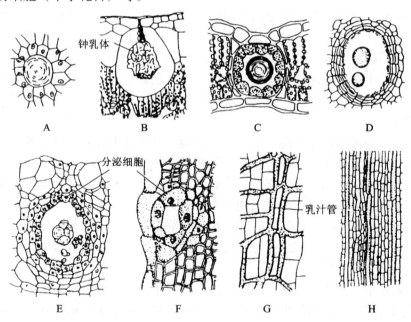

图2-23 内分泌结构

A. 鹅掌楸芽鳞中的分泌细胞　B. 三叶橡胶叶中的含钟乳体异细胞
C. 金丝桃叶中的裂生分泌腔　D. 柑橘属果皮中的溶生分泌腔　E. 漆树的漆汁道
F. 松树的树脂道　G. 蒲公英的乳汁管　H. 大蒜叶中的有节乳汁管

（二）分泌腔

分泌腔（secretory cavity）是植物体内由多细胞组成的贮藏分泌物的腔室状结构。分泌腔多为溶生而成，最初有一群具有分泌能力的细胞，渐渐地细胞内的分泌物质增多，最后细胞解体，形成溶生的腔室，原来细胞中的分泌物贮积在腔中。如在柑、橘的果皮和叶中，可以看到较透亮的小点，这就是分泌腔，其散发出来的芳香气味就是分泌物的气味。棉花的茎、叶和子叶中也有这种分泌腔。也有的植物的分泌腔是由细胞分离后形成的裂生间隙（裂生的）或裂生和溶生两种方式结合而成的间隙（裂溶生的）。

（三）分泌道

分泌道（secretory canal）为管状的内分泌结构，管道内贮存分泌物质。分泌道多以裂生而成。松柏类木质部中的树脂道和漆树韧皮部中的漆汁道都是裂生型的分泌道，它们是分泌细胞间的胞间层溶解而形成的纵向或横向的长形胞间隙，完整的分泌细胞（上皮细胞）衬在分泌道的周围，树脂或漆液由这些细胞排出，积存在管道中。树脂和漆汁都是重要的工业原料，经济价值很高。一些菊科和伞形科的植物，其分泌道也为裂生型，分泌道中含有挥发油。杧果属的叶和茎中的分泌道是裂溶生起源的，是溶生和裂生两种方式相互结合而形成的。

（四）乳汁管

乳汁管（laticiferous tube）是指能分泌乳汁的管状结构。按其形态发生特点通常分为无节乳汁管和有节乳汁管。

无节乳汁管（nonarticulate laticifer）是由单个细胞发育而来，随着植物体的生长而不断伸长，有的形成分枝，贯穿于植物体中，长度可达几米以上，如桑科、夹竹桃科和大戟属植物的乳汁管大多是这种类型的乳汁管。

有节乳汁管（articulate laticifer）通常是由许多管状细胞在发育过程中彼此相连，以后端壁融化消失而形成的，如菊科、罂粟科、番木瓜科、芭蕉科、旋花科以及橡胶树属等植物的乳汁管均属这种类型。也有端壁并不穿孔，而由端壁初生纹孔场沟通的形式，如葱属。此外，在毗邻的乳汁管之间还可进行水平或对角线方向的连接。

乳汁通常为白色或乳白色，少数植物为黄、橙甚至红色。乳汁的成分比较复杂，三叶橡胶树的乳汁中含大量橡胶，是橡胶工业的重要原料；罂粟的乳汁含罂粟碱、咖啡碱等植物碱，为重要的药用成分；有些植物的乳汁还可含蛋白质、酶、淀粉、糖类、植物碱、有机酸、盐类、脂质和单宁等物质，其中不少有很高的经济价值。

第八节　复合组织和组织系统

一、复 合 组 织

植物个体发育中，由一种类型细胞构成的组织称为简单组织（simple tissue），如分生组织、薄壁组织和机械组织；由多种类型细胞构成的组织称为复合组织（compound tissue），如表皮、周皮、树皮、木质部、韧皮部和维管束等。

（一）木质部和韧皮部

木质部（xylem）和韧皮部（phloem）是植物体主要起输导作用的组织。木质部一般包括导管（多数蕨类植物及裸子植物无导管）、管胞、木薄壁细胞和木纤维等；韧皮部包括筛管、伴胞（蕨类植物及裸子植物为筛胞，无伴胞）、韧皮薄壁细胞和韧皮纤维等。木质部和韧皮部的组成分子包含输导组织、薄壁组织和机械组织等几种组织。所以，它们被认为是一种复合组织。由于木质部或韧皮部的主要组成分子都是管状结构，因此，通常将木质部和韧皮部或者将其中之一称为维管组织（vascular tissue）。维管组织的形成，在植物系统进化过程中，对于适应陆生生活有着重要意义。从蕨类植物开始，它们体内已有维管组织的分化出现。种子植物体内的维管组织则更为发达进化。通常将蕨类植物和种子植物总称为维管植物（vascular plant）。

（二）维管束

维管束（vascular bundle）是在维管植物中，由木质部和韧皮部共同组成的束状结构，是由原形成层分化而来的复合组织。在不同种类的植物或不同的器官内，原形成层分化成木质部和韧皮部的情况不同，也就形成不同类型的维管束。

（1）根据维管束内形成层的有无和维管束能否扩大，可将维管束分为有限维管束和无限维管束两大类型。①有限维管束（closed vascular bundle）：有些植物的原形成层在分化时全部分化为木质部和韧皮部，没有留存能继续分裂出新细胞的形成层，因此，这类维管束不再形成新组织，不能继续扩大，称为有限维管束，如大多数单子叶植物中的维管束。②无限维管束（open vascular bundle）：有些植物其原形成层除大部分分化成木质部和韧皮部外，在二者之间还保留一层称为束中形成层的分生组织。这类维管束以后能通过形成层的分裂活动，产生次生韧皮部和次生木质部，可以继续扩大，称为无限维管束，如很多双子叶植物和裸子植物的维管束。

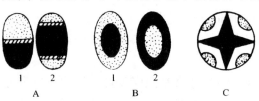

图 2-24　维管组织的排列类型图解
A. 并生排列（1. 外韧维管束　2. 双韧维管束）　B. 同心排列（1. 周韧维管束　2. 周木维管束）　C. 辐射排列
（缀点部分表示韧皮部，黑色部分表示木质部，斜线部分表示形成层）

（2）也可根据木质部和韧皮部的位置和排列情况，将维管束划分为下列几种类型（图 2-24）：①外韧维管束（collateral vascular bundle）：木质部排列在内，韧皮部排列在外，两者内外并生成束。一般种子植物具有这种维管束。如果联系形成层的有无一并考虑，则可分为无限外韧维管束和有限外韧维管束。前者束内有形成层，如双子叶植物的维管束；后者束内无形成层，如单子叶植物的维管束。②双韧维管束（bicollateral vascular bundle）：木质部内外都有韧皮部的维管束。如瓜类、茄类、马铃薯和甘薯等茎中的维管束。③周木维管束（amphivasal vascular bundle）：木质部围绕着韧皮部呈同心排列的维管束称周木维管束。如芹菜、胡椒科的一些植物茎中和少数单子叶植物（如香蒲、鸢尾）的根状茎中有周木维管束。④周韧维管束（amphicribral vascular bundle）：韧皮部围绕着木质部的维管束称周韧维管束。如被子植物的花丝、酸模、秋海棠的茎中，以及蕨类植物的根状茎中为周韧维管束。

此外，幼根的木质部和韧皮部呈辐射状相间排列，一些人习惯上称其为辐射维管束，实际上在幼根的初生结构中，其木质部分成若干辐射角，韧皮部间生于辐射角之间，但并不结合成束状的维管束，因此宜称二者为辐射排列的维管组织或维管柱。

二、组织系统

植物器官或植物体中，由一些复合组织进一步在结构和功能上组成的复合单位，称为组织系统。通常将植物体中的各类组织归纳为皮组织系统、维管组织系统和基本组织系统三种。

(1) 皮组织系统（dermal system）：简称为皮系统，包括表皮、周皮和树皮。它们覆盖于植物体外表，在植物个体发育的不同时期，分别对植物体起着不同程度的保护作用。

(2) 维管组织系统（vascular system）：简称为维管系统，主要包括两类输导组织，即输导养料的韧皮部和输导水分的木质部，它们连续地贯穿于整个植物体的所有器官中。

(3) 基本组织系统（fundamental tissue system）：简称基本系统，主要包括各类薄壁组织、厚角组织和厚壁组织。它们分布于皮系统和维管系统之间，是植物体各部分的基本组成。

植物的整体结构表现为：维管组织包埋于基本组织之中，而外面又覆盖着皮系统，各个器官结构上的变化，除表皮或周皮始终包被在外面，主要表现在维管组织和基本组织相对分布上的差异。组织系统把植物体的地上和地下、营养和繁殖各种器官汇连起来成为一有机整体。

本章小结

组织是植物体中形态结构相似、在个体发育中来源相同、担负着一定生理功能的细胞组合。它是植物体内细胞分裂、生长、分化的结果。根据组织的发育程度、生理功能和形态结构的不同，可将组织分为分生组织、营养组织、保护结构、机械组织、输导组织和分泌结构六大类。后五类是由分生组织衍生的细胞，经过生长、分化，渐失分生性能而形成，总称为成熟组织，它们具有一定的稳定性，也称为永久组织。

分生组织是存在于植物体的特定部位、分化程度较低或不分化、保持胚性细胞特点，在植物体的一生中具有持续性或周期性进行细胞分裂能力的细胞组合。按来源分为原分生组织、初生分生组织和次生分生组织三类。原分生组织来源于胚胎或其他胚性细胞，存在于根尖和茎尖。初生分生组织由原分生组织的细胞衍生而来，包括原表皮、原形成层和基本分生组织三种，它们位于原分生组织的后方，这些细胞一方面继续分裂，但分裂速度较慢，另一方面细胞已开始分化形成表皮、皮层、维管组织、髓等成熟部分。次生分生组织来源于成熟组织，是由某些成熟组织经过脱分化重新恢复分裂能力而来，束间形成层和木栓形成层是典型的次生分生组织，次生分生组织活动的结果，产生根、茎的次生结构。根据在植物体中的分布位置，可将分生组织分为顶端分生组织、侧生分生组织和居间分生组织。顶端分生组织位于根和茎主轴的顶端和各级侧枝、侧根的顶端，主要包括原分生组织和初生分生组织。侧生分生组织分布于植物体内的周侧，平行排列于所在器官的近边缘，从其起源和性质来看，属于次生分生组织。居间分生组织存在于茎、叶、子房柄和花梗等器官中的成熟组织之间，就其发生过程而言，应属初生分生组织。

营养组织是植物体中最基本、分化程度相对较低、分布最广的一类组织。营养组织虽有各种形态，但均由薄壁细胞组成，常又称为薄壁组织。营养组织细胞具有潜在的分裂能力，在一定条件下可经脱分化，激发分裂潜能，进而转化为分生组织，或进一步特化为其他组织。依据营养组织的主要生理功能，又可将其分为同化组织、吸收组织、贮藏组织、通气组织和传递细胞。

保护结构分布于植物体各个器官的表面，起保护作用。根据来源和形态特征分为表皮和周皮。表皮是初生保护结构，通常由一层生活细胞组成。周皮由木栓层、木栓形成层和栓内层共同组成，它是取代表皮的次生保护结构。随着根、茎的继续增粗，周皮的内侧还可产生新的木栓形成层，再形成新的周皮。

机械组织在植物体内主要起机械支持作用，根据细胞的形态和细胞壁的加厚方式不同，可分为厚角组织和厚壁组织两类。厚角组织细胞壁的增厚发生在几个细胞毗接的角隅处，增厚的壁是初生壁性质的，有可塑性和延伸性，既有支持作用，又不影响所在器官的生长。厚壁组织的细胞壁为均匀的次生加厚，无可塑性和延伸性，根据细胞形状分为纤维和石细胞。

输导组织分为两类，一类是输送水分和无机盐的导管和管胞；另一类是输送有机同化物的筛管和筛胞。导管普遍存在于被子植物的木质部，由导管分子纵向相接而成，端壁有穿孔，输导效率较高。管胞是绝大多数蕨类植物和裸子植物中输导水分和无机盐的结构，是单独的细胞，没有互相连接，端壁无穿孔，输导效率较低。筛管存在于被子植物的韧皮部，由筛管分子纵向相接而成，有筛板和伴胞，运输效率较高。伴胞位于筛管旁边，它与筛管有密切的关系。筛胞是蕨类植物和裸子植物体内主要承担输导有机物的结构，是单独的细胞，没有互相连接，无筛板和伴胞，运输效率较低。

分泌结构是与产生、贮藏、输导分泌产物有关的细胞或细胞组合。根据分泌结构的发生部位和分泌物的溢排情况，可将分泌结构分为外分泌结构和内分泌结构两类。外分泌结构多分布于植物体的外表，能将分泌物排于体外，主要有腺毛、腺鳞、腺表皮、盐腺、蜜腺和排水器等。内分泌结构是将分泌物积贮于植物体内的分泌结构。它们常存在于基本组织内，常见的有分泌细胞、分泌腔、分泌道和乳汁管等。

凡由同类细胞构成的组织称为简单组织，而由多种类型的细胞构成的组织称为复合组织。

木质部和韧皮部的主要组成分子是管状结构，因此也称为维管组织。维管组织的形成对于植物适应陆生生活有重要意义。维管束是在维管植物中，由木质部和韧皮部共同组成的束状结构，是由原形成层分化而来的复合组织。根据有无形成层可分为有限维管束和无限维管束。也可根据木质部和韧皮部的位置和排列情况分为外韧维管束、双韧维管束、周木维管束和周韧维管束。

植物器官或植物体中，由一些复合组织进一步在结构和功能上组成的复合单位，称为组织系统。通常可将植物体中的各类组织归纳为三种组织系统，即皮系统、维管系统和基本系统。通常将植物的表皮、周皮和树皮总称为皮系统；一株植物上或一个器官的全部维管组织总称为维管系统；植物的全部基本组织总称为基本组织系统。植物的整体结构表现为维管系统包埋于基本系统之中，而外面又覆盖着皮系统。

复习思考题与习题

1. 解释下列名词

角质膜、周皮、传递细胞、伴胞、筛域、筛板、侵填体、胼胝体、排水器、分泌腔、分泌道、维管组织、木质部、韧皮部、维管束、有限维管束、无限维管束、外韧维管束、双韧维管束、简单组织、复合组织、组织系统、皮组织系统、维管组织系统、基本组织系统

2. 比较下列各组概念

表皮与周皮、厚角组织与厚壁组织、导管与筛管、导管与管胞、筛管与筛胞

3. 分析与问答

（1）举例说明植物组织的形成是细胞生长分化的结果。
（2）说明表皮层细胞的形态、结构和生理功能的相适应性。
（3）为什么薄壁组织又称为营养组织？组织离体培养为什么常用薄壁组织？
（4）分析传递细胞结构和功能的相关性？
（5）试分析导管的构造特点和它的机能的统一。
（6）导管是如何生长分化形成的？

第三章 根

　　被子植物的器官是由多种组织，按一定规律构成的；它们的形态结构是在长期对环境条件的适应和相互作用中形成并完善的。被子植物在营养生长时期，整个植株通常可区分为根、茎和叶三大部分。它们共同担负着植物的营养生长，因而，把根、茎、叶这三个器官称为被子植物的营养器官。植物的不同器官，在植物生长发育过程中，体现了三个特点：形态结构与功能的统一性、植物体的整体性、植物对环境的适应性。本章内容着重介绍植物在营养生长过程中，根的形态和结构如何日趋成熟和完善以及根的形态、结构与生理功能有何相关性。通过学习，加深对根的形态、结构与生理功能相关性的认识，为进一步学习营养器官生长的相关性及植物的生殖生长打下基础。

第一节　根的功能

一、根的一般功能

　　根有固着与支持功能。根能不断产生分枝，形成庞大的根系，其分布范围与深度与地上部分相应，根将植物体固着在土壤中而使植物的地上部分屹立生长在空间。

　　根有吸收功能。根靠根毛和幼嫩的表皮，从土壤中吸收水分和营养供植物生活所需。植物生长需要大量的水，如生产 1kg 的稻谷需要 800kg 的水；根还从土壤溶液中吸收矿质元素、少量含碳有机物、可溶性氨基酸和有机磷等有机物，根还吸收溶于水的 CO_2 和 O_2。

　　根有贮藏功能。根通常具有发达的薄壁组织，植物体地上部分光合作用的产物可以通过韧皮部运送到根的薄壁组织中储藏起来，这些贮藏物质除了满足根的生长发育外，大多水解后经韧皮部上运供地上部分生长发育所需。

　　根有合成和分泌功能。根能合成多种有机物，如氨基酸、激素（如赤霉素和细胞分裂素）及生物碱等物质，这些物质可运至植物体正在生长的部位，或用来合成蛋白质，作为形成新细胞的材料，或调节植物的生长发育。根能分泌近百种物质，包括糖类、氨基酸、有机酸、固醇、生物素和维生素等生长物质以及核苷酸、酶等。这些分泌物可以促进根的吸收功能，有的对其他生物是生长刺激物或毒素，如寄生植物列当，其种子要有寄主根的分泌物刺激下才能萌发，而水稻的根能释放生长抑制物（酚酸类化学物质），抑制周围的杂草如稗 *Echinochloa crusgalli* 的生长和发育，这种现象称为异株克生现象（allelopathy）；根的分泌物还能促进土壤微生物的生长，这些微生物对植株的代谢、吸收、抗病性等方面起作用。

二、根的特殊功能

　　除了上述功能外，某些植物因长期适应某种特定环境而形成了某种特殊功能，并具有相应的特殊形态和结构，经过若干代后成为其遗传特性。

收缩根是草本植物度过不良环境的一种特化形式（图 3-1）。单子叶植物和多年生草本双子叶植物的主根、侧根及不定根普遍地有收缩作用，这种根的薄壁细胞横向扩展和纵向收缩，维管组织也随之扭曲，在根的表面出现明显的皱纹。根收缩时，将顶芽拉入地下，以渡过寒冬。

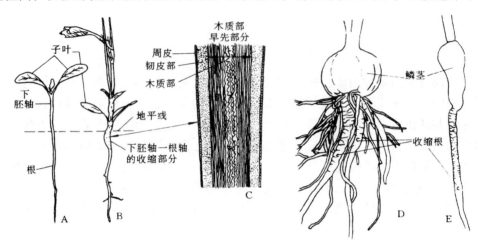

图 3-1 具收缩作用的根
A. 苜蓿幼苗 B. 较老的苜蓿幼苗，由于下胚轴及根上部的收缩，已将子叶拉近地面
C. 苜蓿幼苗收缩部分纵剖面 D、E. 绵枣儿的地下部分，示其鳞茎下端的根群中出现收缩根

在热带与亚热带地区，一些植物树干上长出许多不定根，如榕属植物，不定根下垂如绳，有呼吸和吸收空气中水分的功能，称之为呼吸根。有的呼吸根长得十分粗壮，伸长及地起支持作用，成为支柱根，构成了独木成林的景观。在沼泽地和海滩生长的红树 *Rhizophora apiculata*，其根可背地生长，露出水面，也有呼吸作用。

一些寄生植物如菟丝子和列当等，植物体不含叶绿体，不能自养，以其寄生根插入寄主植物体内摄取水分和营养物质，严重影响寄主的生长乃至使寄主死亡，而寄生植物却得以生长、繁衍后代。

此外，一些藤本植物如常春藤、络石等，其茎上产生出顶端扁平、可附着他物表面生长而使植株攀缘而上的攀缘根。甘薯等植物，其变态根上能产生不定芽和不定根而行繁殖作用。

第二节 根的形态类型

一、定根和不定根

按根的发生部位不同，根可分为定根和不定根两大类。

1. 定根

定根（normal root）是从植物体固定部位长出来的根。种子萌发时，由胚根直接发育而成的根称为主根；主根在一定部位发生分枝，这种分枝称为侧根，侧根上还可发生分枝。主根和侧根都从植物体固定部位长出来的，均属定根。

2. 不定根

有许多植物除产生定根外，从胚轴、茎、叶和老根上也能发生根，这些根发生的部位不固定，称为不定根（adventitious root）（图 3-2）。不定根同样也能产生分枝，即侧根。在农业生产上，特别园艺上常用茎、叶和老根能产生不定根的习性，用扦插和压条等进行营养繁殖。总结起来，被子植物的根有主根、侧根、不定根三种，这三种根主要区别是起源不同，而它们的基本结构是类似的。

二、直根系和须根系

植物体地下部分根的总体称为根系（root system）。按根系的形态不同分为直根系和须根系两种。直根系（tap root system）从外形上看，它有明显的主根，主根粗壮并保持顶端生长的优势，主根上再发生的各级侧根则一级比一级细，双子叶植物的根系多属此种根系，如棉花、油菜、大豆的根系（图 3-3A）。若主根受到损害，侧根能迅速生长，代替主根的作用，所以在移栽时，有意切断主根，可以促进侧根的生长，提高移栽成活率。须根系（fibrous root system）的主根不发达，主要由多条从胚轴和茎下部节上长出的不定根组成，这些根粗细近似，密集成网，单子叶植物的根系多属此类型，如水稻、小麦、葱等植物的根系（图 3-3B）。

各种植物的根系在土壤中分布的深度和宽度不同，有些植物的根，垂直方向的生长占优势，分布在较深层的土壤中，称为深根系；有的植物的根，水平方向的生长占优势，分布在较浅层的土壤中，称为浅根系。一般来说，具有发达主根的直根系，常分布在较深的土层，多属于深根系，而须根系往往分布在较浅的土层，多属于浅根系。农业生产上，可采用间作的方式，如高秆的须根系玉米和矮秆

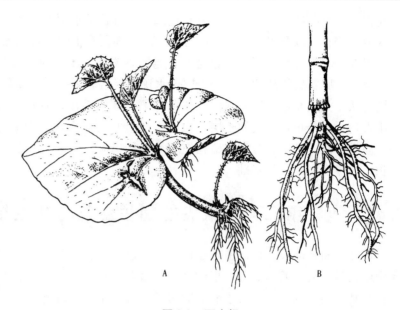

图 3-2　不定根
A. 秋海棠叶上生出的不定根和不定芽
B. 玉米下部茎节上生出的不定根（支柱根）

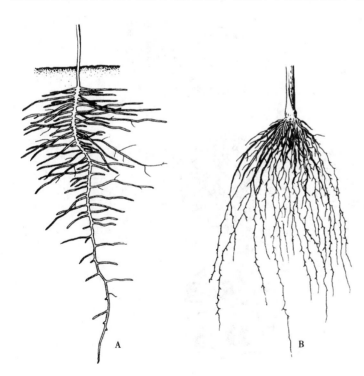

图 3-3　植物的根系
A. 棉花的直根系　B. 小麦的须根系

的直根系大豆间作,一方面能充分利用阳光,提高光合效率;同时又可以充分利用土壤不同层次的水分和养料,以利根的吸收,而且大豆的根部长有根瘤,可固氮,增加肥力。

根在土壤中分布的深浅,除与根系类型有关外,还受到环境条件的影响,如土壤的水分、温度、空气、肥料、物理性质以及光照、水源等因素。同一种植物如果生长在土层较深、通气良好、土壤肥沃、光照充足,地下水位低的条件下,其根系比较发达,可深入到较深的土层。反之,根系不发达,多分布在较浅的土层。农业生产上要为根系发育创造良好的条件,必须通过深耕、中耕,注意灌溉、排水,合理密植和施肥等各种措施,保证根系健全发育,为植株地上部分的繁茂生长,为稳产高产打好基础。

第三节 根尖的初生生长与初生结构的形成

根能不断地伸长生长,主要在根尖部分进行。根尖是根顶端到着生根毛的这一段根,它是根系中生命活动最旺盛的部分。根的伸长、吸收功能,根内组织的形成,主要在根尖完成。了解根的伸长和根的结构,首先要了解根尖的形态结构和活动的规律。

一、根尖分区及其初生生长

根尖从顶端起,根据各段结构的不同,可依次分为根冠、分生区、伸长区和根毛区(成熟区)四个区(图3-4),总长约1～5cm。

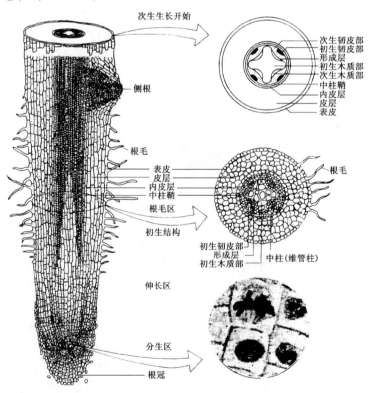

图3-4 双子叶植物幼根的纵切面(左)和横切面的细胞图
(纵切面缩短到能看到根的各个发育时期)

（一）根 冠

根冠（root cap）是由许多排列不规则的薄壁细胞组成的帽状结构，以保护其内的分生区。其外层细胞排列疏松，外壁和原生质体中的高尔基体的大囊泡内含有黏液，可能为果胶物质。囊泡不断地与质膜合并，使黏液释放至壁与质膜间，再分泌至壁外凝成小滴。在根生长时，根冠外层细胞屡有脱落，脱落细胞破裂亦产生黏液，并发现根尖其他部分也分泌类似黏液。这种分泌物可使根尖易于在土壤颗粒间作伸长生长，而且在根表形成一种吸收表面，具有促进离子交换、溶解和可能螯合某些营养物质的作用。在根冠外层细胞脱落的同时，其内侧的顶端分生组织不断进行细胞分裂来补充根冠细胞的消耗，从而使根冠始终维持一定的形状和厚度。

人们很早就了解到根冠与根的向地性生长有关，根冠中央部分的细胞内含有若干被称为平衡石（statolith）的造粉体，当根向地生长时，造粉体分布于细胞下侧；当把根水平放置时，平衡石移向根近地面一侧；这种变化可能导致平衡石本身或通过它影响内质网而释放出 Ca^{2+}，并运向近地一侧；此处 Ca^{2+} 量的增加又可能加强一种生长素（吲哚乙酸，即IAA）的向顶运输，进入根尖伸长区的近地侧面使此处细胞生长速率明显下降，而远地一侧只受微小影响，从而使根向地弯曲生长，如图3-5。还有人提出，位置改变的刺激使根产生地电，电流通过根冠中的重力感受器，而把信息传至伸长区，引起上述的不均衡生长而引起向地性。

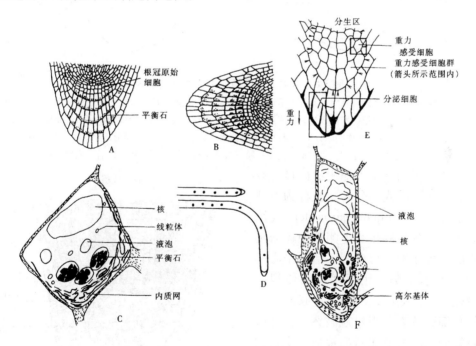

图3-5 根冠细胞对重力的感受和分泌作用

A. 平衡石(小黑点)对重力的反应　B. 根置于水平位置,平衡石移向与土表平行的原垂直壁(A中)　C. 电镜下一个根冠重力感受细胞的结构　D. 根置于水平位置,23h后形成弯曲(位于根前端正在生长的部位)　E. 根冠纵剖面简图,示重力感受细胞和分泌细胞的位置,群箭头标出重力感受细胞群的位置　F. 分泌细胞,箭头所指处为高尔基体产生的含黏液囊泡与质膜合并的情况

（二）分生区

分生区（meristem zone）位于根冠内方，也称生长点或生长锥，由顶端分生组织组成，这些细胞形态较小，排列紧密，细胞质浓，细胞核相对较大，具有很强的分裂能力。分生区细胞不断

分裂增生的细胞,除部分补充到根冠外,大部分进入到伸长区,以后逐渐生长分化形成根中各种初生成熟组织,但总有部分细胞仍保持原有的体积和功能。研究表明,种子植物根尖的分生区,在最前端的是原分生组织,它们的排列和分裂活动具有分层特征,分裂衍生的细胞分别形成原表皮、基本分生组织和原形成层三种初生分生组织。原分生组织这种分层特性,因植物种类的不同而有差别,常见的有如图3-6的两种类型。然而有些植物的顶端原始细胞没有明显分层,根内各种结构都由这些没有分层的原始细胞衍生,如洋葱。

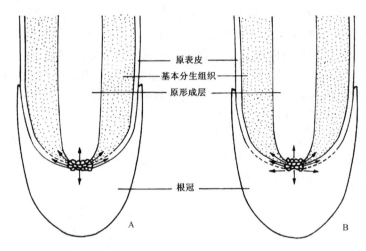

图3-6　根尖分生区原始细胞的分层现象

A. 玉米、大麦根尖分生区。其顶端原分生组织分为三层,第一层产生原形成层,将来进一步分化成中柱;第二层产生基本分生组织和原表皮,将来进而分化为皮层和表皮;第三层成为根冠原,而形成根冠

B. 烟草根尖分生区。其顶端原分生组织也有三层原始细胞,第一层产生原形成层,将来形成中柱;第二层产生基本分生组织,将来形成皮层;第三层产生根冠原和原表皮,以后形成根冠和表皮

在许多植物根顶端分生组织中心区域,有一群细胞分裂的频率低或不分裂,被称为不活动中心(或静止中心)(quiescent center)(图3-7)。不活动中心在胚根和幼小侧根中还未出现,随着根的长大才慢慢形成。不活动中心并非永远不进行细胞分裂,用手术切割使根受伤,或用冷冻使其休眠后,当根再生长时,不活动中心恢复细胞分裂。当根冠破坏后,此区域细胞会恢复分生能力形成新的根冠。生长的根中出现不活动中心的原因,已有很多解释。一种认为不活动中心可能是根尖合成激素的场所,还有的认为活跃的细胞分裂活动发生在中心区的外缘,这对于保持大型分生组织的几何学结构可能也有重要意义。

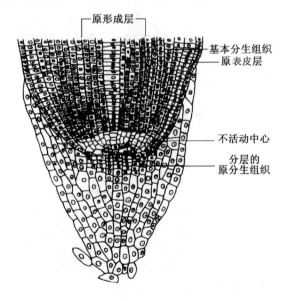

图3-7　不活动中心(部分根尖纵切面)

（三）伸长区

伸长区（elongation zone）是分生区稍后的部分，该区的细胞伸长迅速，细胞质成一薄层位于细胞的边缘部分，液泡明显，在靠近根毛区端原生韧皮部的筛管和原生木质部的导管已相继出现。根长度的生长是分生区和伸长区共同作用的结果，特别是伸长区细胞沿根长轴方向的延伸生长，使根显著伸长，所以伸长区是根伸长生长的主要动力。据报道，伸长区每天可使根冠和分生区向地推进4cm。

（四）根毛区

根毛区（root-hair zone）是伸长区后具有根毛的部分，该区细胞已停止伸长并已分化成各种成熟组织，故又称为成熟区（maturation zone）。成熟区的显著特点是外表密被根毛（图3-8、图3-9），

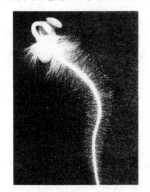

图3-8 萝卜幼苗初生根上有无数根毛

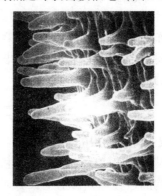

图3-9 根毛的扫描电镜照片

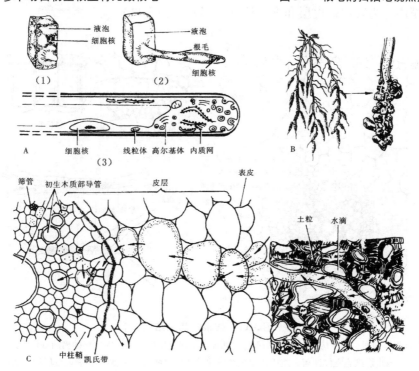

图3-10 根 毛

A. 根毛的分化：（1）表皮细胞外壁突起。（2）细胞核进入伸长的根毛。（3）根毛超微结构
B. 小麦根系，根毛与土粒粘合成"土壤鞘" C. 土壤溶液经根毛进入根的维管柱的途径（箭头）

根毛的数量随植物不同而异,据观察,玉米为 420 根/mm², 苹果 300 根/mm², 豌豆 230 根/mm²。根毛的存在大大增加了根的吸收表面,使这一区成为根部行使吸收作用的主要部位。环境条件对根毛的数量也有影响。水生植物一般缺乏根毛或十分稀少;在湿润的环境中,根毛数量多;在干旱环境中,根毛不发育并会引起根毛枯死。

根毛是根表皮细胞外壁向外突出延伸而形成顶端密闭的管状结构,成熟根毛长约 0.5～10mm,直径 5～17μm。根毛形成时,表皮细胞液泡增大,细胞质集中于突出部,细胞器丰富,细胞核也进入前端。根毛的壁比较柔软,易与土粒紧密结合在一起,有效地吸收土壤中的水分与营养(图 3-10)。

根毛的寿命很短,一般只有几天。由于根尖不断向土壤深处生长,伸长区后面不断产生新根毛,补充代替死亡的根毛,所以根毛区始终保持一定的长度。而失去根毛的成熟区,其主要是起输导及支持作用。农业生产中,在移栽植物时,应采用带土移栽,尽量减少幼根的损伤,移栽后马上灌水;树木带土移栽时,还要考虑适当剪除地上部分的枝叶,减少蒸腾,防止植株过度失水,有利于植株的成活。

二、根的初生结构

(一)双子叶植物根的初生结构

经过顶端分生组织的分裂、生长和分化,植物体发育出成熟的根结构,这种由初生分生组织形成成熟结构的过程称为初生生长。初生生长形成的各种成熟组织都属于初生组织,它们共同组成的器官结构称为初生结构。以双子叶植物棉根为例,通过根毛区作横切面,可清楚地看到根的初生结构由外至内分为表皮,皮层和维管柱三个部分(图 3-11)。

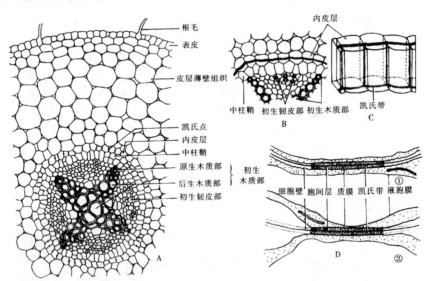

图 3-11 棉根的初生结构

A. 棉根横切面,初生构造　B. 根的部分横切面,示内皮层的位置,内皮层的横向壁可见凯氏带
C. 三个内皮层细胞立体图解,凯氏带出现在横向壁和径向壁上　D. 两个相邻内皮层细胞横切面,
示凯氏带部分的超微结构:①正常细胞中,凯氏带部位质膜平滑,而在它处质膜呈波纹状。
②质壁分离后的状况,凯氏带处的质膜仍与壁粘连,而在它处质膜与壁分离

1. 表　皮

表皮（epidermis）是位于根最外面的一层生活细胞。由原表皮分化而来。细胞略呈长方体，其长轴与根的长轴平行，在横切面上近于方形。表皮细胞排列紧密、整齐。细胞壁薄，由纤维素和果胶质构成，水分与溶质可自由通过。外壁缺乏或仅有一薄层的角质膜，无气孔。大多数表皮细胞向外突出成根毛，扩大了根的吸收面积，因此，幼根根毛区的表皮的吸收作用显然较其保护作用更为重要。一般认为幼根的表皮属于营养组织中的吸收组织。一些植物的表皮具长、短两种细胞，其中长细胞成为一般的表皮细胞，而短细胞含有较浓的细胞质和较大的细胞核，成为生毛细胞，根毛仅由这种细胞发育。

水生植物和个别陆生植物不具根毛；一些气生根表皮亦无根毛，而是经几次平周分裂（细胞分裂的方向和产生的新壁与器官的表面相平行）形成套筒状的多层细胞构成的根被，细胞排列紧密，壁局部栓质化、加厚，原生质体瓦解，细胞腔内充满空气，成为降雨时吸水、减少蒸腾和机械保护的结构。

2. 皮　层

皮层（cortex）位于表皮和中柱之间，在根初生结构的三个组成部分中所占比例最大。皮层由基本分生组织分化而来，由多层薄壁细胞组成，细胞体积较大，细胞壁薄，具有细胞间隙。皮层细胞具有横向运输、贮藏、通气等作用，属于基本组织。

多数植物的皮层最外一层或数层细胞形状较小，排列紧密而整齐，称为外皮层（exodermis）。当根毛枯死表皮脱落时，外皮层细胞壁增厚、栓质化，代替表皮起保护作用，这部分根的吸收功能也因此减弱。

中部皮层薄壁细胞的层数较多，细胞体积最大，排列疏松，有明显的胞间隙，细胞中常贮藏有各种后含物，以淀粉粒最为常见。

皮层最内方的一层细胞排列紧密，称为内皮层（endodermis）。内皮层最显著的结构特征是在细胞的径向壁和上下横壁上具有带状的木化和栓化加厚区域，这一增厚结构最初由德国植物学家 Caspary 于 1865 年发现，以后就称为凯氏带（casparian strip）。在横切面上，凯氏带在相邻细胞的径向壁上呈点状，叫凯氏点。初期的凯氏带是由木质和脂类物质组成，后期又加入栓质，这几种物质的沉积连续地穿过胞间层和初生壁。位于凯氏带处的质膜较厚而平滑，连同细胞质牢固地附着在凯氏带上，质壁分离时亦不分开。这种连接与胞间连丝无关，可能是由于质膜上的类脂或膜蛋白的疏水部分与凯氏带中疏水的栓质相互作用的结果。内皮层的这种特殊结构，被认为对根的吸收有特殊意义：它阻断了皮层与中柱间的质外体运输途径，使进入中柱的溶质只能通过其原生质体，从而使根能进行选择性吸收，同时防止中柱里的溶质倒流至皮层，以维持维管组织中的流体静压力，使水和溶质源源不断地进入导管。

少数双子叶植物的根，没有次生生长，其内皮层细胞的细胞壁常在原有的凯氏带基础上再行增厚，覆盖一层木化纤维层，变为厚壁的结构。这种增厚通常发生在横壁、径向壁和内切向壁，而外切向壁是薄的。也有全部细胞壁都增厚的，如毛茛。少数正对原生木质部的内皮层细胞保持薄壁的状态，这种薄壁的细胞称为通道细胞（passage cell），它们是皮层与中柱之间物质转移的通道。皮层的水分和溶质只能由通道细胞进入初生木质部，缩短了输导的距离。

3. 维管柱

维管柱（vascular cylinder）也称为中柱（stele），为内皮层以内的柱状部分。由原形成层分化而来。由中柱鞘、初生木质部、初生韧皮部和薄壁组织四个部分组成。在根初生结构的横切面上，维管柱所占比例较小。

（1）中柱鞘（pericycle）：中柱鞘位于中柱的最外部，与内皮层毗连，由一或数层薄壁细胞组成。中柱鞘细胞通常仅有初生壁，但老根中柱鞘细胞往往发育出次生壁。中柱鞘细胞具有潜在的分生能力，随着根的生长发育或在适当的条件下，它能分裂、分化形成侧根、不定根、不定芽、部分维管形成层和木栓形成层等。

（2）初生木质部（primary xylem）：初生木质部位于根的中央，呈数个辐射棱角（木质部束）伸向中柱鞘。初生木质部辐射角尖端的导管是在根的伸长过程中成熟的，导管口径较小，为环纹和螺纹导管，这部分木质部称为原生木质部；靠中央的导管是在根的伸长过程中分化，停止伸长后成熟的，导管口径较大，多为梯纹、网纹或孔纹导管，这部分木质部称后生木质部。根中初生木质部这种由外向内逐渐分化成熟的发育方式称为外始式（exarch）。它是根初生木质部的重要特征。初生木质部的这种发育方式与水分和矿质元素的横向运输有关。原生木质部导管与中柱鞘相接，使得从皮层横向运输来的溶液能以最短的距离进入导管而运往地上部分。原生木质部导管常在伸长区的近根毛区处就已成熟，它们的导管次生增厚部分较少，柔韧的初生壁部分还可以随伸长区细胞的伸长而适当延伸。后生木质部在根毛区成熟，此处各部分均由成熟组织组成，处于发挥各种功能，尤其是吸收作用的最佳状态，大口径类型导管的形成正是与此相适应的。

初生木质部的束数相对稳定，一般双子叶植物2~6束，单子叶植物在7束以上。根据束数分别称其根为二原型、三原型、四原型……，如油菜、萝卜、胡萝卜为二原型；花生、蚕豆为四原型；梨、苹果为五原型。但同种植物，品种不同的木质部束数也有变化，如茶因品种不同有5束、6束、8束，甚至12束。一般认为主根中的原生木质部的束数较多的，其形成侧根的能力较强，这是茶树优良品种的特征之一。此外，同一植株的主侧根的木质部束数也有不同，如甘薯主根为4束，侧根可出现5~6束。外因有时亦可造成束数的改变，如用三原型的豌豆根尖做离体培养时，适量的吲哚乙酸可使新生根成为六原型。

（3）初生韧皮部（primary phloem）：初生韧皮部位于初生木质部束之间，其数目与初生木质部相同。初生韧皮部分化成熟的发育方式也是外始式，即原生韧皮部在外方，后生韧皮部在内方。原生韧皮部一般缺乏伴胞，而后生韧皮部主要由筛管和伴胞组成，只有少数植物有韧皮纤维存在。

（4）薄壁细胞：位于初生木质部与初生韧皮部之间的薄壁细胞。在双子叶植物进行次生生长时，其中的一层由原形成层保留的细胞，恢复分裂能力形成维管形成层的一部分。绝大多数双子叶植物根的后生木质部分化到根中央，少数双子叶植物中柱中央由于后生木质部没有继续向中心分化，而形成由薄壁组织构成的髓（pith）。

双子叶植物具初生结构、还未进行次生生长的根又称为幼根。幼根中的中柱所占比例小，机械组织不发达，有较好的柔韧性，适于在土壤中迂回曲折地伸长生长。

（二）禾本科植物根的结构特征

禾本科植物根的结构与双子叶植物根的初生结构基本相同，从根毛区的横切面上，由外至内同样可分为表皮、皮层和维管柱三个基本部分（图3-12、图3-13、图3-14）。但各部分却有其特点，尤其没有维管形成层和木栓形成层，不能进行次生生长。

（1）表皮：根最外的一层细胞，在根毛枯死后，往往解体脱落。水稻由于长期淹水，根毛通常不发育。

（2）皮层：皮层中靠近表皮的一层至数层细胞较小，排列紧密，称为外皮层，在根发育后期常形成栓化的厚壁组织，在表皮和根毛枯萎后，替代表皮起保护作用。

皮层最内的一层细胞为内皮层，在发育后期细胞壁具有显著的五面增厚，只有外切向壁是薄壁的，在横切面上看呈马蹄铁形。对着原生木质部的一些内皮层细胞壁不增厚，称为通道细胞，根吸收的水分和养料经通道细胞进入中柱。内外皮层之间的皮层薄壁细胞，在水稻幼根中呈明显的同心辐射状排列，细胞间隙较大；在水稻老根中，部分皮层薄壁细胞解体而成为气腔。水稻根、茎、叶的气腔互相贯通，形成良好的通气组织，所以能够适应生长在湿生环境，然而三叶期以前的秧苗，通气系统尚未发育完成，所需的氧依靠土壤中供应，故此时秧田不宜长时间保持水层。

(3) 维管柱：也称为中柱，最外层为薄壁细胞组成的中柱鞘，它是侧根发生的部位。在根较老的部分，该处中柱鞘细胞发育到后期，细胞壁木化加厚转变为厚壁组织，所以产生侧根的功能减弱，也不能产生木栓形成层；初生木质部与初生韧皮部之间的薄壁细胞，发育后期也成为厚壁组织，同样不能产生维管形成层，

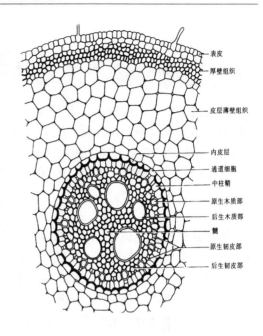

图 3-12　小麦老根横切面（部分）

所以禾本科植物的根不能进行次生生长。初生木质部一般为多原型，如水稻根的原生木质部一般有 6~10 束，玉米 12 束。原生木质部导管与后生木质部导管不像双子叶植物根那样连接呈明显的星芒状。初生木质部与初生韧皮部相间排列，它们的发育方式也是外始式。中柱的中央有髓，由薄壁细胞组成，它在发育后期转变为厚壁组织。所以在水稻老根的中柱内，除初生韧皮部以外，其余的组织都木化增厚，整个中柱起着输导和巩固的作用。

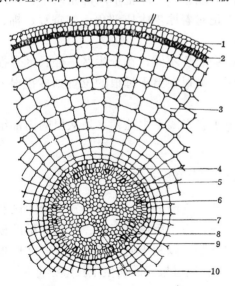

图 3-13　水稻幼根横切面（部分）
1. 表皮　2. 厚壁细胞　3. 皮层薄壁组织　4. 内皮层
　　5. 中柱鞘　6. 原生木质部　7. 后生木质部
　　8. 原生韧皮部　9. 后生韧皮部　10. 髓

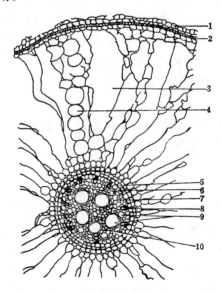

图 3-14　水稻老根横切面（部分）
1. 表皮　2. 外皮层　3. 气腔　4. 残余的皮层薄壁组织
5. 内皮层　6. 中柱鞘　7. 韧皮部　8. 原生导管
9. 后生导管　10. 机械组织

第四节　侧根的发生

植物的主根或不定根在初生生长后不久，将产生分枝，即出现侧根，侧根上又能依次产生各级侧根，从而形成根系，以此扩大根的吸收范围。有研究表明，通常一个根系的体积与根系所占土壤的体积比为5%。可见侧根的形成不但扩大了吸收范围与面积，增强了根的吸收能力，同时也加强了根的固着、吸收、支持、输导等能力。

一、侧根原基的发生

侧根的结构和生长方式与主根相似，侧根是由侧根原基发育形成的。被子植物的侧根原基通常由中柱鞘形成，但是在有些植物中，内皮层也可以形成侧根，蕨类植物的侧根则来自内皮层。

当侧根开始发生时，中柱鞘的某些细胞脱分化，细胞质变浓厚，液泡化程度减小，恢复分裂能力，并进行平周分裂，增加细胞层次，接着进行平周或垂周分裂，从而逐渐形成向着母根皮层一侧突出的一小群分生组织细胞，这种分生组织所组成的结构就是侧根原基（lateral root primordium）。

侧根原基进一步发育，向着母根皮层的一侧生长，逐步分化形成根冠、分生区和伸长区。由于侧根生长点细胞不断进行分裂、生长和分化，侧根不断向前推进，同时由于侧根不断生长所产生的机械压力和根冠分泌的物质可以使皮层和表皮细胞溶解，这样侧根穿过皮层和表皮伸出母根外，进入土壤，其输导组织与母根的输导组织相通（图3-15）。

侧根原基在中柱鞘上产生的位置是固定的，与初生木质部束数有一定关系。一般情况，初生木质部为二原型的根，侧根在原生木质部与原生韧皮部之间或正对着原生木质部角的中柱鞘细胞发生，如萝卜和胡萝卜的根；三至四原型的根，多发生于正对着原生木质部角，如蚕豆、棉、花生；多原型的根，多在正对原生韧皮部处发生（图3-16）。

从母根纵向观察，侧根原基发生的部位在不同植物根中表现不同，在分生区、伸长区、根毛区以及根毛区以上皆可发生。但侧根原基多发生于根毛区，侧根突出于母根的位置则多在根毛区上方。

由于侧根起源的位置是固定的，因而被称为定根；由于它来源于中柱鞘，是从根的内部组织发生的，故属于内起源（endogenous origin）。

二、侧根的形成及其在母根上的分布

侧根原基形成后，将继续发育，向着母根皮层的一侧开始逐渐分化，形成根冠、分生区和伸长区，在突破母根皮层和表皮伸入土壤前，根毛区开始形成，入土后形成根毛，这样侧根的根尖形成了。在此期间，侧根原基可能分泌某些酶来消化皮层细胞，以利于侧根突破生长。在侧根发育后期，其维管组织与母根的维管组织才连接起来，以后侧根通过根尖的初生生长继续伸长。

从外观上看，侧根在母根上的分布是沿母根长轴呈纵向排列，其列数与母根的原数有关。当然，侧根产生的多少和快慢还与植株吸收水肥的效率有关。中耕、施肥等措施，都能促进侧根发生。

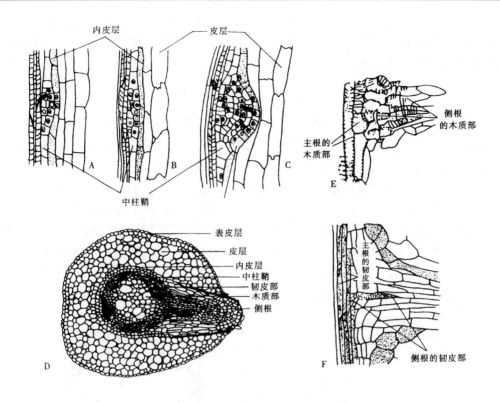

图 3-15 侧根的形成过程
A~C. 胡萝卜侧根的形成（纵切面） D. 胡萝卜侧根的形成（横剖面）
E、F. 侧根与主根维管组织的连接（纵切面）

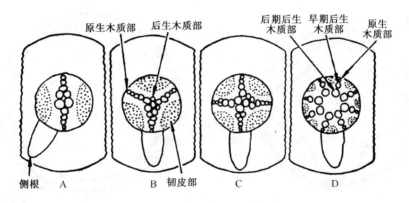

图 3-16 根初生木质部的各种类型及侧根的发生位置
A. 二原型 B. 三原型 C. 四原型 D. 多原型

第五节 双子叶植物根的次生生长与次生结构

大多数双子叶植物和裸子植物的根，在初生生长之后，接着进行次生生长，即在中柱部分产生侧生分生组织——维管形成层（vascular cambium）和木栓形成层（cork cambium），并由它们进行分裂、生长和分化，使根增粗。维管形成层不断地向侧面添加次生维管组织（secondary vascular tissue），木栓形成层在根的外围形成次生保护组织——周皮。这种由次生分生组织分裂、生长和分化，使根增粗的过程称为次生生长。次生生长所形成的结构称为次生结构。现存的蕨类植物以及单子叶植物的根一般都无次生生长，在双子叶植物中，有少数种类的根无次生生长，终生保持初生状态。

一、维管形成层的发生与次生维管组织的形成

当根开始进行次生生长时，位于初生韧皮部内方的一层由原形成层保留的薄壁细胞，首先发生分裂形成片段状的维管形成层（简称形成层，Vascular cambium），接着片状的维管形成层向左右两侧扩展，直到原生木质部辐射角与中柱鞘连接。这时，正对原生木质部的中柱鞘细胞也恢复分生能力变为形成层的一部分，结果形成一个具有几个突起的波浪形的形成层环，形成层环突起数与初生木质部的束数相同。由于形成层发生的迟早不同以及它们分裂的速度不等，凹处是形成层最早形成和进行细胞分裂的部分，因此产生的次生木质部较突起处多，使这部分的形成层较突起处被推移得快，最后使波浪形的形成层环变成圆环形，而后形成层各部分的分裂速度趋于一致，圆环（筒）形的形成层保持终身（图3-17）。

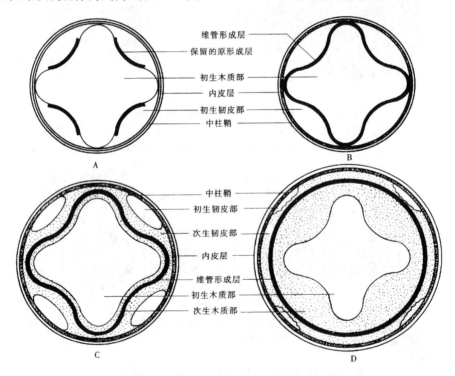

图3-17 维管形成层的发生过程及其活动

形成层的分裂活动主要是切向分裂也称平周分裂（即细胞分裂产生的新壁与器官表面平行，分裂结果增加内外细胞层次，使器官直径加大）。向内分裂出的细胞，分化形成次生木质部，向外分裂出的细胞分化形成次生韧皮部。此外，有些形成层细胞产生径向排列的薄壁细胞，贯穿于次生木质部和次生韧皮部，称为维管射线（vascular ray）。根据射线存在的部位，分别称为木射线（xylem ray）和韧皮射线（phloem ray）。对着初生木质部角处的形成层产生的射线较宽，而在其他部位的射线则较窄。射线有横向运输和贮藏的功能。

维管形成层的活动所形成的次生维管组织就是次生木质部和次生韧皮部（图3-18）。在次生木质部中，垂直系统的成分包括导管、管胞、木纤维和木薄壁细胞；水平系统的成分是木射线。在次生韧皮部中，垂直系统的成分包括筛管、伴胞、韧皮纤维和韧皮薄壁细胞；水平系统的成分是韧皮射线。

由于维管形成层不断进行切向分裂以及向内产生的次生木质部比向外产生的次生韧皮部多（往往分生出数个次生木质部细胞后才分生出一个次生韧皮部细胞），因此，在根的加粗生长过程中，维管形成层的位置不断被推向外方。形成层的周径要随着增大才能适应，所以形成层除进行切向分裂外，也进行少量的垂周分裂（也称径向分裂，即细胞分裂产生的新壁与器官表面垂直），使其本身的周径不断增大，适应根的增粗。

多年生木本植物根的形成层可保持终生，每年均可活动。在老根的增粗过程中，初生木质部位于中央不受挤压，体积基本保持不变，输导水分和矿物质主要由次生木质部担负；而初生韧皮部的外方，

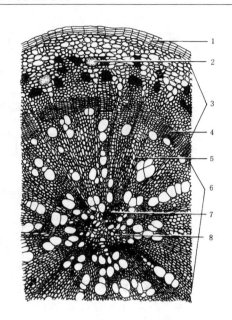

图3-18　棉花老根的次生结构
1. 周皮　2. 分泌腔　3. 次生韧皮部　4. 维管形成层　5. 维管射线　6. 次生木质部　7. 原生木质部　8. 后生木质部

大部分细胞已被挤毁，仅保留韧皮纤维。同化产物的运输均由次生韧皮部来完成。老根形成次生维管组织后，根的直径显著增粗。但呈辐射状态的初生木质部则仍然保留在根的最中心。这是区分老根与老茎的重要标志之一。

二、木栓形成层的发生与周皮的形成

维管形成层的活动使根的直径不断扩大，这种增粗生长只发生于中柱的内部，当中柱增粗到一定程度时，势必导致中柱外方皮层和表皮的破裂。在这些外层组织未破裂之前，中柱鞘细胞恢复分生能力转变为木栓形成层，并进行切向分裂，向外产生多层木栓细胞，其细胞排列紧密而整齐，细胞成熟后，细胞壁木质化和栓质化，原生质体解体成为死细胞，形成不透气、不透水的木栓层。木栓层一般呈褐色，具有保护功能。木栓形成层向内产生的细胞，组成栓内层，栓内层通常为1~3层薄壁细胞，有贮藏作用。由木栓层、木栓形成层和栓内层共同组成周皮（图3-19）。由于木栓层的不透气、不透水，使其外方的皮层和表皮得不到水分和营养而死亡并先后脱落。

多年生木本植物的根，维管形成层能随季节进行周期性活动而使根不断增粗。而木栓形成层的活动有限，活动一个时期便失去再分裂的能力，本身分化为木栓细胞。随着根的不断加粗，木栓形成层每年由内方产生新的木栓形成层，这样木栓形成层有逐年向内推移的趋势，最终可由次生韧皮部的部分薄壁细胞发生。多年生植物的根部，因此而形成每年死去的周皮积累物，次生韧皮部与这些积累物构成了树皮（bark）。

少数植物的木栓形成层可由皮层甚至表皮形成，这时这些植物根中的皮层能部分或全部随着中柱的增粗而作相应扩展。

现将双子叶植物根的发育过程归纳如图3-20。

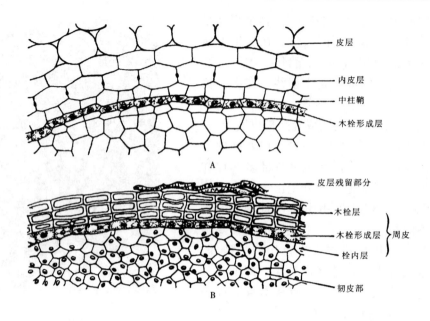

图 3-19 根的木栓形成层及其相关结构
A. 葡萄根中的木栓形成层由中柱鞘发生　B. 橡胶树根中的木栓形成层活动产生周皮

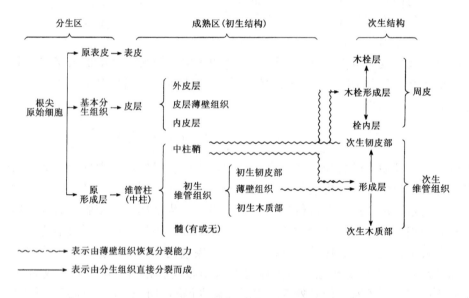

图 3-20 双子叶植物根的发育过程

第六节　根瘤与菌根

植物的根系分布于土壤中，与土壤中的微生物有密切的关系。根部分泌的物质，许多是微生物的营养来源，而土壤微生物活动中分泌的一些物质，直接或间接地影响根的生长发育，甚至能合成有机物质被植物利用。其中有些微生物能侵入到根的组织中，与植物建立互助互利的并存关系，这种关系称为共生（symbiosis）。被侵染的植物称为宿主，侵染的部位多形成特殊结构，通常有根瘤和菌根两种类型。

一、根　瘤

豆科植物的根上，常有各种形状的瘤状突起，这是豆科植物根与土壤微生物根瘤菌相互作用产生的共生结构，称为根瘤（root nodule）（图3-21A）。

在豆科植物的幼苗时期，其根毛分泌的有机物质能吸引在其周围被称为根瘤菌的细菌，使其聚集在根毛附近并大量繁殖。而后，根瘤菌的分泌物刺激根毛，使其顶端卷曲、膨胀，并在根瘤菌分泌的纤维素酶作用下，使根毛部分细胞壁溶解，根瘤菌由此侵入根毛，在根毛中滋生成管状的侵入线（图3-21B），其余的根瘤菌顺侵入线进入根部皮层细胞里，并在其中大量繁殖。皮层细胞因受根瘤菌分泌物的刺激不断迅速分裂，产生大量新细胞，致使该部分皮层体积膨大而向外突出形成根瘤（图3-21C）。含有根瘤菌的薄壁细胞的细胞核和细胞质逐渐被根瘤菌破坏而消失，根瘤菌也相应地转变为拟菌体；同时在拟菌体区域周围分化出的输导组织与根部维管组织相连。拟菌体通过输导组织从皮层细胞中吸收营养和水，进行固氮作用。

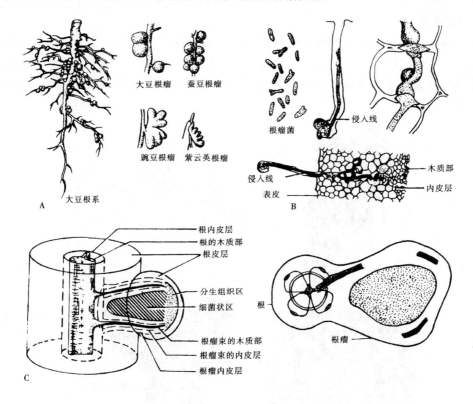

图3-21　根瘤与根瘤菌
A. 几种豆科植物根瘤外形　B. 根瘤菌自宿主根毛侵入皮层的过程
C. 豆科植物根瘤结构（左为立体图，右为横剖面简图）

可见，根瘤菌与宿主的共生关系表现在：宿主供应根瘤菌生长和繁殖所需的碳水化合物，矿物质和水，根瘤菌则将宿主不能直接利用的空气中的游离氮固定，并合成宿主可吸收利用的含氮化合物，双方建立互助互利的共生关系。但豆科植物有时会表现出叶色变浅，生长缓慢的缺氮现象，那是因为当豆科植物体内缺乏糖时，根瘤菌只摄取营养，不供给宿主含氮化合物。所以栽种豆科植物时，施足基肥，适当追施氮肥是必要的。

根瘤菌的种类很多，与豆科植物发生共生关系表现出专一性现象，所以不同的豆科植物，其根瘤形状，颜色和大小不同。农业生产上常利用豆科植物作绿肥，与作物轮作、间作，就是利用根瘤菌的固氮作用来增加土壤肥力及改良土壤的结构。有人估计，全世界年产氮肥 0.5 亿 t 左右，而生物固氮的氮素可达 1.5 亿 t，生物固氮既不污染环境，又可节约能源。

在自然界中，还发现有 100 多种非豆科植物能与类似根瘤菌的固氮细菌发生共生关系，形成可固氮的根瘤或叶瘤。近年来，人们对非豆科植物固氮的研究越来越重视，目前设法通过遗传工程的手段使某些谷类作物和牧草具备固氮能力，可以预见该领域研究的前景非常广阔。

二、菌　　根

菌根（mycorrhiza）是高等植物根部与某些真菌形成的共生体。形成菌根的真菌无严格的专一性，故菌根比根瘤更为普遍。例如小麦、玉米、苜蓿、柑橘、李、桑、茶等都有菌根。根据菌丝在根中分布的情况，通常分为外生菌根、内生菌根和内、外生菌根三种。

（一）外生菌根

外生菌根（ectotrophic mycorrhiza）是真菌的菌丝大多数生长在幼根外表，形成称为菌丝鞘的丝状覆盖层，少数菌丝侵入到表皮和皮层的细胞间隙中（图 3-22）。菌根外形一般较粗，顶端二叉分枝，根毛稀少或无。这类菌根多出现在木本植物的根上，如杜鹃花科、桦木科、松科、杨属、栎属、栗属等。

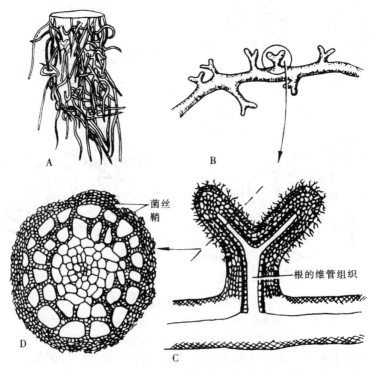

图 3-22　外生菌根
A. 栎树的外生菌根外形　B. 菌根的侧根端部为叉状
C. 为 B 的部分放大　D. 外生菌根的横剖面

(二) 内生菌根

内生菌根（endotrophic mycorrhiza）是真菌的菌丝侵入到根的表皮和皮层细胞内，并在其中形成一些泡囊和树枝状菌丝体（图3-23）。因此，内生菌根也称泡囊-丛枝菌根或VA菌根。许多草本植物和部分木本植物可形成这种菌根，如禾本科、兰科、苜蓿属、胡桃属、葡萄属、柑橘属、葱属、侧柏、银杏等。

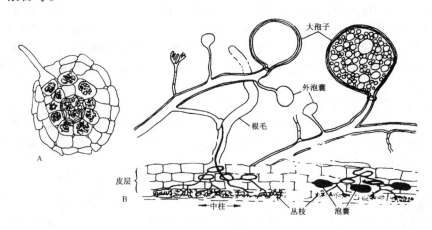

图 3-23 内生菌根（VA 菌根）
A. 小麦根横剖面示内生菌根   B. 泡囊-丛枝状的真菌在宿主根中的分布

(三) 内、外生菌根

内、外生菌根（ectendotrophic mycorrhiza）是真菌的菌丝既能形成菌丝鞘，又能侵入根部组织的细胞中，它是上述两种菌根的混合型。柳属、苹果、草莓、柽柳等植物具有这种类型的菌根。

在菌根中，真菌能在下列诸方面促进植物的生长发育：外生菌根的菌丝代替了根毛的作用，扩大了根的吸收面积，提高根部对水分和无机盐类的吸收；菌丝能分泌水解酶类，促进根际有机物质的分解以便于根吸收；菌丝呼吸产生的 CO_2 溶解成碳酸（H_2CO_3）后，提高了土壤酸性，促进一些难溶性盐类的溶解，使之易于吸收；真菌还能产生如维生素 B_1（硫氨素）、维生素 B_6（吡醇类）等的生长活跃物质，增加根部细胞分裂素的合成，促进宿主根的发育；还能增加豆科植物固氮和结瘤率，提高一些药用植物的药用成分含量，提高苗木移栽、扦插成活率等。另外，兰科植物有独特的兰科菌根，是其种子萌发的必备条件。与此同时，高等植物把它所制造的糖类及氨基酸等有机养料提供给真菌，以满足真菌生长发育的需要。但当土壤营养缺乏时，这种互利的共生关系也会转变成对植物宿主有害的寄生关系。

菌根，尤其是VA菌根，专一性小，能与大多数植物种类形成共生关系，有时数种真菌可与一种植物建成菌根，因而成为植物界中存在的最广泛的一种共生体。由于它们对植物营养的价值，吸引了人们的关注与研究。实验证明小麦播种前接种菌根真菌可增加27%的产量，种子含磷量增加35%。其他如玉米、大豆、牧草等也取得增产效果。因此，一些国家和地区已将接种VA真菌作为商品化措施之一，如对果树苗圃以很小成本接种来替代使用磷肥和锌肥。

在自然界中，菌根对于很多森林树种的正常生活也是十分必要的，如马尾松、栎等植物在没有菌根的土壤里，吸收养分少，就会生长不良，甚至死亡。因此在林业生产中，播种育苗或荒山造林时，常用菌根菌接种，使苗木长出菌根，从而提高树苗的成活率，加速其生长发育。现已发现有2 000多种植物的根上能形成菌根，包括被子植物、裸子植物和蕨类植物，其中在多年生的木本植物中最多，而且很多都是造林树种，尤以松柏类植物更显著。

本章小结

根的一般功能是吸收、固着、支持、输导、贮藏、合成和分泌，某些植物因长期适应某种特定环境而形成了某种特殊功能，如收缩、呼吸、寄生、攀缘、繁殖等。

按根的发生部位不同，根可分为定根和不定根两大类。主根和侧根都从植物体固定部位长出来的，均属定根。除主根、侧根外，还可在茎、叶、老根或胚轴上生出不定根。植物体地下部分根的总体称为根系。按根系的形态不同分为直根系和须根系两种。直根系由主根和各级侧根组成，为一般双子叶植物和裸子植物所具有；须根系主要由不定根组成，为一般单子叶植物所具有。直根系多属于深根系，而须根系多属于浅根系。

根尖是根顶端到着生根毛的这一段根，它是根系中生命活动最旺盛的部分。根的伸长、吸收功能，根内组织的形成，主要在根尖完成。根尖可分为根冠、分生区、伸长区和根毛区。被子植物根尖分生区的最前端，为原分生组织的原始细胞，由它分化成原表皮、基本分生组织和原形成层三种初生分生组织，将来进一步分化为根的初生结构。

根的初生结构包括表皮、皮层和维管柱三部分。表皮由原表皮发育而来，细胞壁薄，水分易透过，外壁缺乏或仅有一薄层的角质膜，无气孔，多数表皮细胞的外壁向外延伸形成根毛，扩大了根的吸收面积。皮层由基本分生组织分化而来，可分为外皮层、皮层薄壁细胞和内皮层。外皮层无叶绿体；内皮层是皮层最内一层细胞，其径向壁和横向壁的一定位置上有一条木质化、栓质化的凯氏带，水分和溶质必须通过内皮层细胞的原生质体，使根能进行选择性吸收。这是大多数双子叶植物根的特征，而少数双子叶植物和单子叶植物没有次生生长，其内皮层细胞的细胞壁常在原有的凯氏带基础上再行增厚，成为五面加厚的细胞，并留有通道细胞，皮层的水分和溶质只能由通道细胞进入初生木质部，缩短了输导的距离。维管柱中的最外方是中柱鞘，由一或数层薄壁细胞组成，具有潜在的分裂能力，可产生侧根、不定根、不定芽、部分维管形成层和木栓形成层等。初生木质部和初生韧皮部相间排列，均为外始式发育方式。

大多数双子叶植物根可进行次生生长，形成次生结构。它是由次生分生组织（维管形成层和木栓形成层）活动的结果。维管形成层发生于初生木质部和初生韧皮部之间的原形成层细胞和正对初生木质部辐射角外面的中柱鞘细胞，经过弧形、波状，最后形成圆环形的维管形成层。维管形成层向内形成次生木质部，向外形成次生韧皮部，使根增粗。木栓形成层最初由中柱鞘细胞恢复分裂能力产生，木栓形成层细胞分裂产生木栓层和栓内层，三者共同构成周皮。根的次生结构自外向内依次为周皮、初生韧皮部（常被挤毁）、次生韧皮部、形成层、次生木质部、初生木质部。

侧根由中柱鞘细胞产生，为内起源。发生位置与初生木质部的束数有关。

根瘤是由根瘤细菌侵染根部细胞而形成的瘤状共生结构；菌根是某些真菌与高等植物根部所形成的共生结构。

复习思考题与习题

1. 解释下列名词

定根、不定根、直根系、须根系、不活动中心、凯氏带、通道细胞、外始式、维管射线、维管柱、初生生长、次生生长、内起源

2. 比较下列各组概念

定根与不定根、直根系与须根系、初生结构与次生结构、根瘤与菌根、双子叶植物根与单子叶植物根成熟区横切面构造

3. 分析与问答

（1）以根尖的根毛区为例，说明根的形态结构和功能如何相适应？
（2）说明根的原分生组织、初分生组织与成熟组织的相互关系。
（3）中柱鞘细胞有何特点？它有哪些特殊功能？
（4）侧根如何发生？
（5）以韭菜根成熟区横切面为例，分析其结构与主要功能的相关性。
（6）双子叶植物根如何进行次生生长？
（7）根由初生构造至次生构造发生了哪些变化？
（8）根瘤是如何形成的？

第四章 茎

种子萌发后，随着根系的发育，胚芽也不断向上生长，伸出土面，形成地上部分的茎和叶，茎端和叶腋处着生的芽活动生长，形成分枝，继而新芽又不断地出现与开放，最后形成了繁茂的地上茎叶系统。本章内容着重介绍植物在营养生长过程中，茎的形态和结构如何日趋成熟和完善以及茎的形态、结构与生理功能有何相关性。通过学习，加深对茎的形态、结构与生理功能相关性的认识，为进一步学习营养器官生长的相关性及植物的生殖生长知识打下基础。

第一节 茎的性质、生长习性及其主要生理功能

一、茎的性质

根据植物茎（stem）木化程度的高低，可将茎分为木本茎与草本茎两大类。

（一）木本茎

木本茎木化程度高，一般比较坚硬。具有木本茎的植物称为木本植物（woody plant），其寿命较长。它们又可分为乔木、灌木和半灌木三类。

（1）乔木（tree）：植株高大，主干粗大而明显，分枝部位距地面较高，如马尾松、楝树、杨树、桉树等。

（2）灌木（shrub）：植株比较矮小，主干不明显，常由基部分枝，如柑橘、月季、玫瑰、茶等。

（3）半灌木（half shrub）：较灌木矮小，高常不及1m，茎基部近地面处木质，多年生，上部茎草质，于开花后枯死，如蒿属植物。

（二）草本茎

草本茎木化程度低，茎的质地较柔软。具有草本茎的植物称为草本植物（herb）。根据生活期的长短可分为：

（1）一年生草本（annual herb）：生活周期在本年内完成，并结束其生命，如水稻、棉、花生、玉米、春小麦等。

（2）二年生草本（biennial herb）：生活周期在两个年份内完成，第一年生长，在第二年才开花、结实而后枯死。如冬小麦、萝卜、白菜等。

（3）多年生草本（perennial herb）：地下部分生活多年，每年继续发芽生长，如甘蔗、甘薯、马铃薯等；有些植物全株能生活多年，如万年青、麦冬等。

环境常可改变植物的生活周期，如棉花、蓖麻在北方为一年生植物，在华南则可为多年生植物。

二、茎的生长习性

根据茎的生长习性，可将茎分为下列几种（图4-1）：

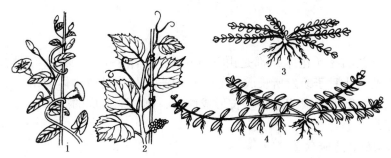

图4-1 茎的种类
1. 缠绕茎　2. 攀缘茎　3. 平卧茎　4. 匍匐茎

(1) 直立茎（erect stem）：茎垂直地面向上生长，如小麦、玉米、水稻、茶等。
(2) 平卧茎（prostrate stem）：茎平卧地上，如蒺藜、地锦等。
(3) 匍匐茎（stolon stem）：茎平卧地面，节上产生不定根，如草莓、狗牙根、甘薯等。
(4) 攀缘茎（climbing stem）：茎用各种器官攀缘于他物之上，如黄瓜、葡萄等。
(5) 缠绕茎（twining stem）：茎螺旋状缠绕于他物上，如长豇豆、菜豆、牵牛等。

三、茎的主要生理功能

(1) 茎有支持功能。茎是植物体的支架，主茎和各级分枝支持着叶、芽、花和果实，使它们合理地展布在空间。由于茎的支架作用，使叶在空间保持适当的位置，利于光合作用和蒸腾作用；使花能更好地开放以利于传粉。

(2) 茎有输导功能。茎是植物体物质上下运输的重要通道，茎能将根所吸收的水分和无机盐以及根合成的营养物质向上运输到叶、花和果实中；同时又将叶制造的有机物质向下、向上运输至根、花、果和种子各部分供利用或贮藏。

(3) 茎有贮藏功能。尤其对多年生植物而言，茎内贮藏的物质为翌年春季芽萌动提供营养和能源。一些变态茎成为特殊的贮藏器官，如马铃薯的块茎、芋和荸荠的球茎、莲的根状茎等都是营养物质集中贮藏的部位。

(4) 茎有繁殖功能。扦插、压条、嫁接等营养繁殖可通过茎来实现。扦插枝（也可插根或叶）、压条枝于合适的土壤中，长出不定根后可形成新的个体；用某种植物的枝条或芽（接穗）嫁接到另一种植物上（砧木），可改良植物的性状。有些匍匐地面的植物（如草莓），或部分生于地表之下的植物（如竹），其茎的节上能产生不定根，也可进行营养繁殖。

(5) 茎也能进行光合作用。绿色幼茎的外皮层细胞中含有叶绿体，可进行光合作用。一些植物的叶退化、变态或早落，茎成绿色扁平状，可终生进行光合作用，如竹节蓼、假叶树和文竹等植物的叶状茎以及仙人掌科植物的肉质茎，不仅具光合作用，而且还兼贮藏作用。

此外，有的植物茎的分枝变为刺，如石榴、山楂、皂荚的茎刺，具有保护作用。有的植物一部分枝变为特殊的结构如卷须（如南瓜、黄瓜、葡萄等）、吸盘（如爬山虎等）攀缘他物生长。还有些植物的茎细而柔（如牵牛等）可缠绕他物向上生长。

第二节 芽与枝条

一、芽

植物体上所有枝条和花（花序）都是由芽（bud）发育来的，因此，芽是枝条或花（花序）的原始体。就实生苗（由种子萌发所长成的植株）而言，胚芽是植物体的第一个芽，主茎是由胚芽发育来的，以后由主茎上的腋芽继续生长形成侧枝，侧枝上形成的腋芽又继续生长，反复分枝形成庞大的分枝系统。

（一）芽的结构及其适应意义

芽根据发育后所形成的器官的不同，可分为叶芽、花芽和混合芽。

叶芽（leaf bud）是植物营养生长期所形成的芽，是未发育的营养枝的原始体。叶芽无论着生在茎的先端或是侧面，其基本结构大体类似（图4-2A）。从茎顶端的叶芽来看，芽尖即为茎尖。从纵切面上观，茎尖上部节与节间的距离很近，界限不明，周围有许多突出物，分别称为叶原基（leaf primordium）和腋芽原基（axillarybud primordium），至于哪个为叶原基，哪个为腋芽原基，主要视其发展趋向，叶原基以后发育为叶片，腋芽原基发育为枝条（即侧枝）。在茎尖下部，节与节间开始分化，叶原基发育为幼叶，把茎尖包围着，这就是叶芽的一般结构。

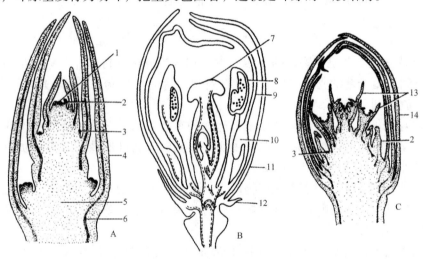

图4-2　几种芽的构造

A. 忍冬的叶芽纵切面简图　B. 小檗的花芽纵剖面简图　C. 苹果的混合芽纵剖面简图
1. 生长锥　2. 叶原基　3. 腋芽原基　4. 幼叶　5. 芽轴　6. 原形成层　7. 雌蕊
8. 雄蕊　9. 花瓣　10. 蜜腺　11. 萼片　12. 苞片　13. 花原基　14. 芽鳞

当植物从营养生长转入生殖生长时，即开始形成花芽。花芽（flower bud）是花或花序的原始体，外观常较叶芽肥大，内含花或花序各部分的原基（图4-2B）。

有些植物还具有一种既有叶原基和腋芽原基，又有花部原基的芽，称为混合芽（mixed bud），外观上也较叶芽肥大，将来发育为枝、叶和花（或花序）。如梨和苹果短枝上的顶芽即为混合芽（图4-2C）。

从芽的结构可以看到，生长锥、叶原基、腋芽原基或花部原基，均属于顶端分生组织，由它们进一步发育形成新的枝叶或花朵。它们又是植物体中最幼嫩的部位,也是最容易受到伤害的部位。面对复杂多变的气候环境,芽在组成上,体现了对分生组织的保护与对环境的适应。如芽的外面有幼叶或苞片、芽鳞等包被着,使其免遭风吹、雨淋、日晒及一些生物的侵害。当外界环境条件(如低温、干旱等)不利于植物生长时,芽则以休眠的状态来避开不良环境的危害,休眠芽的外部通常有鳞片包被,限制了氧气进入和水分散失,降低了内部的呼吸与代谢活动。从芽以雏形器官兼作保护结构来看,它又是一种以最少的原料建成能发挥最大效率的构造。

(二)芽的类型

按照芽生长的位置、性质、结构和生理状态,可将芽分为下列几种类型:

(1)定芽和不定芽:这是根据生长位置划分的。定芽(normal bud)生长在枝上一定位置,生长在枝条顶端的称顶芽,生长在枝的侧面叶腋内的称侧芽,也称腋芽。此外,还有些芽不是生于枝顶或叶腋,而是由老茎、根、叶或创伤部位产生的,这些在植物体上没有固定着生部位的芽称为不定芽(adventitious bud)。如甘薯、刺槐的根上长的芽;桑茎被砍伐后,在伤口周围产生的芽;落地生根叶缘上长出的芽。农业生产上常利用植物能产生不定芽这一性能进行营养繁殖。

(2)叶芽、花芽和混合芽:这是根据芽发育后所形成的器官的不同划分的,前面已述及。

(3)裸芽和鳞芽:这是根据芽的外面有无保护结构划分的。外面没有芽鳞片保护的芽称为裸芽(naked bud),而具有芽鳞片保护的芽称为鳞芽(scaly bud)。裸芽多见于草本植物(尤其是一年生植物),如水稻、小麦、棉花等作物的芽。生长在热带和亚热带潮湿环境下的木本植物也常形成裸芽。而生长在温带的木本植物的芽大多为鳞芽,只有少数温带树种具有裸芽,如枫杨。

(4)叠生芽、并列芽和柄下芽:这是根据芽的着生方式划分的。在一个节上长有若干个芽,彼此重叠,称之为叠生芽,如忍冬的每个叶腋有2~3个上下重叠的芽,位于叠生芽最下方的一个芽称为正芽(normal axillary bud),其他的芽为副芽(accessory bud)(图4-3A);在一个节上长有若干个芽,彼此并列,称之为并列芽,如桃的每个叶腋有三个芽并生,中央一个芽称正芽,两侧的芽称副芽(图4-3B);有的芽着生在叶柄下方,并为其基部延伸的部分所覆盖,叶柄若不脱落,即看不见芽,这种芽称之为柄下芽,如悬铃木(法国梧桐)叶柄下的芽(图4-3C)。有柄下芽的叶柄,基部往往膨大。

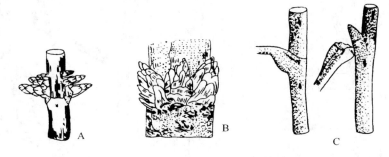

图4-3 几种着生位置不同的芽
A. 忍冬的叠生芽　B. 桃的并列芽　C. 悬铃木的柄下芽,
腋芽为膨大的叶柄基部覆盖(左),叶脱落后芽方露出(右)

(5)活动芽和休眠芽:这是根据生理活动状态划分的。通常认为能在当年生长季节中萌发形成新枝、花或花序的芽称为活动芽(active bud)。一般一年生草本植物当年所产生的多数芽都是活动芽。在生长季节里,温带的多年生木本植物上的芽,通常是顶芽和距离顶芽较近的腋芽萌发,而大部分靠近下部的腋芽往往是不活动的,暂时保持休眠状态,这种芽称为休眠芽(dormant bud)。在秋末生长季结束时,温带和寒带的植物的所有的芽都进入长达数月的季节性休眠。有些多年生植物,其休眠芽长期潜伏,不活动，这种长期保持休眠状态的芽，也称为潜伏芽。只有在植株受到创伤和虫害时，潜伏芽才打破休眠，开始萌发形成新枝。芽的休眠是植物对逆境的一种适应，亦与遗传因素有关，或因顶端优势导致植株内生长素不均匀分布的效应所致。

一个具体的芽，由于分类依据不同，可给予不同的名称。如水稻主茎顶端的芽，可称为顶芽、定芽、活动芽；其芽无鳞片叶包裹，又可称裸芽；在幼苗开始生长的营养生长期，可称叶芽；在生殖生长期，分化发育成稻穗，又可称花芽。同样，梨的鳞芽可以是顶芽或腋芽，也可以是休眠芽，又可以是混合芽。

二、枝条的形态特征及分枝方式

（一）枝条的形态特征

枝以茎为主轴，其上生有多种侧生器官，包括叶、枝、芽、花或果，此外，还有如下一些形态特征（图4-4）。

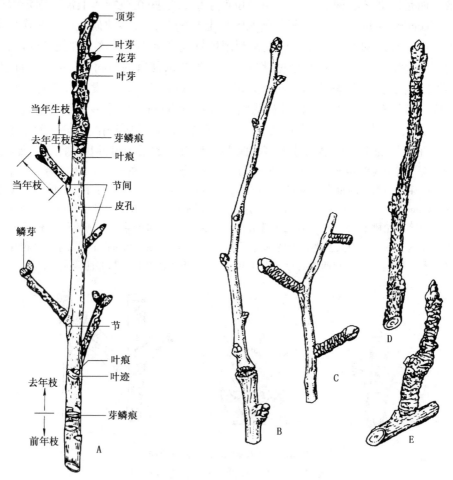

图4-4 枝条的形态
A. 核桃三年生枝（冬态）　B. 银杏的长枝　C. 银杏的短枝　D. 苹果的长枝　E. 苹果的短枝

（1）节和节间：茎上着生叶的部位称为节（node），节与节之间的部位称为节间（internode）。一般植物的节间不明显，只是在叶的着生处略有突起，另一些植物则显著，如甘蔗、玉米和竹的节形成环状结构。

节间的长短因植物和植株的不同部位、生长阶段或生长条件而异。如水稻、小麦、萝卜、油菜等在幼苗期各个节间很短，多个节密集植株基部，使其上着生的叶呈丛生状或莲座状。进入生殖生长期上部的几个节间才伸长，如禾本科植物的拔节和萝卜、油菜的抽薹。

（2）长枝和短枝：银杏、苹果、梨等的植株上有长枝（long shoot）和短枝（short shoot）之分，其中的短枝是花果枝。

（3）皮孔：皮孔（lenticel）遍布于裸子植物和双子叶植物老茎的外表，外观上为稍稍隆起的疤痕状结构，是与周皮同时形成的通气结构。

（4）叶痕、叶迹、枝痕、芽鳞痕：叶痕、叶迹、枝痕、芽鳞痕均为侧生器官脱落后留下的痕迹。其中，叶痕（leaf scar）多年生植物的叶脱落后在茎上留下的痕迹。在叶痕中有茎通往叶的维管束横断面，称为叶迹（leaf trace）。枝痕（branch scar）是花枝或小的营养枝脱落后留下的痕迹。芽鳞痕（bud scale scar）是鳞芽于生长季展开生长时，其芽鳞脱落后留下的痕迹。

根据上述枝的一些形态特征，可作枝龄与芽的活动状况的推断。如图 4-4A 所示的具分枝的枝条，假设它是主茎的一个腋芽进行伸长生长所形成的一个完整的分枝，第 1 年它的活动形成"前年枝"。进入休眠季节前，随气温的逐渐降低，它的生长速度逐渐放慢，形成的节间愈来愈短，顶部靠近生长锥的几枚幼叶也因此而靠拢，外方又发育出几片芽鳞将生长锥紧紧包住成为休眠芽。翌年春季该芽再活动，芽鳞脱落后又在茎上留下芽鳞痕，继而生长形成第二段枝，即"去年枝"。秋末冬初又形成休眠芽，第 3 年这个芽再次活动，留下第二群芽鳞痕并形成第三段枝，即"当年枝"。因此，根据这个核桃枝上两群芽鳞痕和以其分界的三段茎，可推断主茎已生长了 3 年，或者说这个主茎最下方的一段已生长了 3 年，依次向上为生长 2 年和 1 年的茎段。

对枝条与芽的特征的识别，在农业、林业、园艺的修剪技术中十分有用。

（二）分枝方式

叶芽开放后，即生长形成枝条，由叶芽开放并生长形成枝条的过程即称为分枝。分枝的方式依不同的植物类型而不同，种子植物常见的分枝方式有单轴分枝、合轴分枝、假二叉分枝（图 4-5）和分蘖（图 4-6、图 4-7）四种。

（1）单轴分枝（monopodial branching）：又称总状分枝（racemose branching），是具有明显主轴的一种分枝方式。其特点是主茎的顶芽活动始终占优势，芽生长后使植物体保持一个明显的直立的主轴，而侧枝的生长一直处于劣势，较不发达，结果使植物形态成为锥体（塔形）。这种分枝方式比较原始，常见于松、杉、柏等大多数裸子植物中。部分被子植物也具有这种分枝方式，如红麻、黄麻等也是单轴分枝，栽培时要注意保持其顶端生长的优势，以提高麻类的品质。

（2）合轴分枝（sympodial branching）：是主轴不明显的一种分枝方式。其特点是主茎的顶芽生长到一定时期，渐渐失去生长能力，继由顶芽下部的侧芽代替顶芽生长，迅速发展为新枝，并取代了主茎的位置。不久新枝的顶芽又停止生长，再由其旁边的腋芽所代替，以此类推……结果主干是由一段茎与各级侧枝组成。合轴分枝的节间较短，能多开花、结果。是丰产的分枝形式（很多果树就是这种分枝形式），有些植物（如茶树和一些果树）幼年期主要为单轴分枝，到生殖阶段才出现合轴分枝。棉花的植株上也有单轴分枝的营养枝和合轴分枝的果枝之分。

（3）二叉分枝（dichotomous branching）：顶芽发育到一定程度，即发育减慢（或停止向前生长），均匀地分裂成两个侧芽，侧芽发育到一定程度，又各再分裂形成两个侧芽，依次往上的分枝方式即为二叉分枝。常见于低等植物，在部分高等植物如苔藓植物的苔类和蕨类植物的石松、卷柏等也存在。

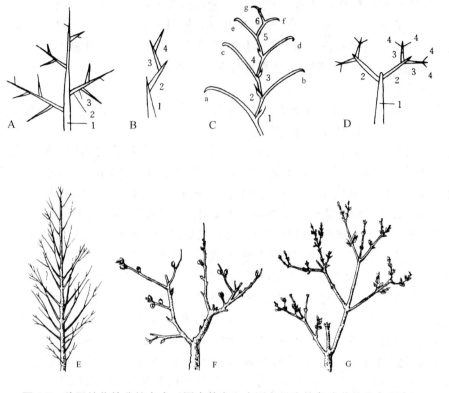

图 4-5 种子植物的分枝方式（图中数字和小写字母为枝条或芽的发育顺序）
A. 单轴分枝 B、C. 合轴分枝 D. 假二叉分枝 E. 单轴分枝 F. 合轴分枝 G. 假二叉分枝

（4）假二叉分枝（false dichotomous branching）：顶芽生长到一定程度，即停止生长，由顶芽下部的两个侧芽继续生长而超过它，依次往上的分枝形式即为假二叉分枝。常见于高等植物，较普遍。这种分枝方式实际上是一种合轴分枝方式的变化。

上面所介绍的几种分枝方式，二叉分枝是比较原始的，单轴分枝在裸子植物中占优势，合轴分枝（包括假二叉分枝）是被子植物主要的分枝方式。这说明合轴分枝是较为进化的。合轴分枝使树枝有更大的开展性，我们知道顶芽的依次死亡是极其合理的适应。因为任何顶芽都有抑制腋芽的作用，顶芽的死亡，改变了植物生长素分布的状态，促进大量腋芽的生成与发育。大量腋芽的开展，从而保证枝叶繁茂，光合面积扩大。尤其在果树和农作物丰产方面，合轴分枝是最有意义的，因为合轴分枝形成的花芽多，是丰产的分枝形式。但是在丰产用材方面，单轴分枝有它的实践意义，因为单轴分枝，可以获得粗壮而挺直的用材。

（5）分蘖（tiller）：通常指禾本科植物茎秆基部在地面下或近地面处的密集分枝方式。禾本科植物（水稻、小麦）在生长初期，茎的节间很短，节很密集，而且集中于基部，每个节上都有一片幼叶和一个腋芽，当幼苗出现四五片幼叶的时候，有些腋芽即开始活动形成新枝并在节位上产生不定根。禾本科植物的这种分枝方式称为分蘖。产生分枝的节称为分蘖节（图4-6）。分蘖产生新枝后，在新枝的基部又形成新的分蘖节，进行分蘖活动，顺序产生各级分枝和不定根。水稻和小麦分蘖力较强，在一定条件下，可以大量地继续分蘖，但玉米、高粱的分蘖力比较弱，一般没有分蘖。

禾本科植物的分蘖又可分为3种（图4-7）：① 疏蘖型：分蘖节之间的距离较远，均从地下茎

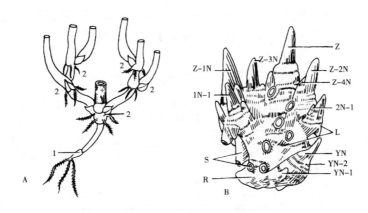

图 4-6 禾本科作物的分蘖

A. 分蘖图解：1. 具初生根的谷粒　2. 生有蘖根的分蘖节

B. 有 8 个分蘖节的幼苗，示剥去叶的分蘖节：Z. 主茎；Z-1N、Z-2 N……一级分蘖；
1N-1、1N-2……二级分蘖；2N-1、2N-2……三级分蘖　L. 叶痕　S. 不定根
R. 根状茎　YN. 胚芽鞘分蘖　YN-1、YN-2……二级胚芽鞘分蘖

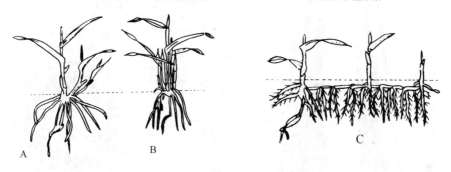

图 4-7 禾本科植物分蘖类型

A. 疏蘖型　B. 密蘖型　C. 根茎型

的茎节上形成，各分蘖在地上的部分（分枝）呈疏松的丛生状，如水稻和小麦等。② 密蘖型：分蘖节是在靠近地面或地上部分形成，分蘖节间距短，分蘖呈密集的丛生状，如狐茅属、针茅属等植物。③ 根茎型：一些多年生具有根状茎的植物，如甘蔗、芦苇等，地下茎上的侧芽开始生长时与主轴垂直，并以合轴分枝方式形成根状茎和不定根群，生长一段（有时达数十厘米）后才向地面形成分蘖，其附近的侧芽再继续水平生长一段，又形成地上分蘖。

第三节　茎尖的分区及茎的初生生长

一、茎尖的分区

植物的两个尖端，即根尖和茎尖，由于两者功能不同，所以在形态结构上也有不同之处。茎尖没有类似根冠的结构而只有三区，即分生区、伸长区和成熟区（图4-8）。分生区的基部形成了一些叶原基突起，并有幼叶或鳞片包围、覆盖，由此增加了茎尖结构的复杂性。

（一）分生区

分生区又称生长锥或生长点，也叫顶端分生组织，据来源又进一步分为原分生组织和初生分

生组织。原分生组织处于分生区的顶端,是由一团胚性细胞(来源于胚芽细胞的分裂)所组成。对其结构和分化动态一般按原套—原体学说或细胞组织分区学说来说明。

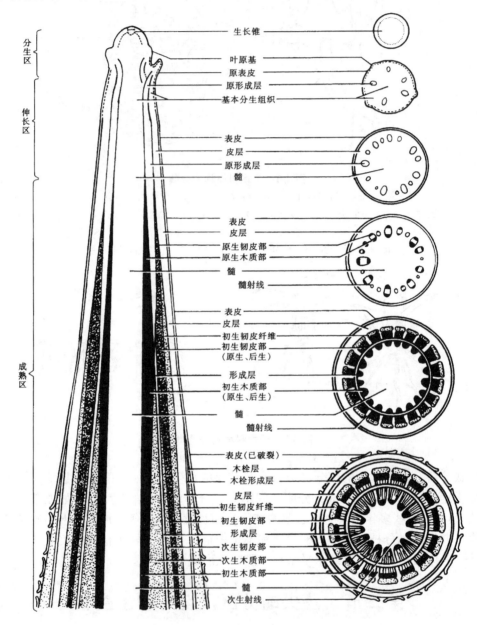

图 4-8　茎初生结构至次生结构的发育过程

1. 原套—原体学说

原套—原体学说(Tunica-corpus theory)是由史密特(Schmidt)对被子植物茎尖进行研究后,于 1924 年提出来的。这个学说认为原分生组织包括原套(tunica)和原体(corpus)两个部分,外部是原套,内部是原体。原套通常一至两层(双子叶植物常两层,单子叶植物则为一至二层)细胞,它们进行垂周分裂,扩大表面积而不增加细胞层数。原套包围着的细胞称为原体,排列不规则,可沿平周和垂周各个方向分裂,以增加细胞的层数和周长的长度(图 4-9)。

2. 细胞组织分区学说

细胞组织分区（Cell-tissue zonation）学说是福斯特（Foster, 1938）与吉福德（Gifford, 1950）、波帕姆（Popham, 1950）等先后根据对裸子植物和被子植物茎的顶端分生组织的细胞学特征和组织分化动态的观察而提出来的。茎尖顶端分生组织有明显的细胞特征（特别是染色反应的不同）的区域分化，据此可分为4～5区，分别为顶端原始细胞区（处于原套的中央部位，也称为原套原始细胞区）、中央母细胞区（处于原体的中央部位，也称为原体原始细胞区）、周缘分生组织区和肋状分生组织区，有的还有形成层状过渡区（图4-10）。周缘分生组织一部分起源于顶端原始细胞的侧面衍生细胞，一部分起源于中央母细胞。因处于外周，故称为周缘分生组织。其细胞较小，细胞质浓密，细胞分裂较频繁。在一定的位置上，其频繁的分裂引起了叶原基的突起。此区也与枝条的伸长和增粗有关。肋状分生组织区又称为髓分生组织区，位于周缘分生组织区以内，因其分裂横向进行而使衍生细胞纵列排列，故称为肋状分生组织。其细胞较周缘分生组织的更为液泡化，但也有频繁的细胞分裂。形成层状过渡区只有少数植物具有，如柱状仙人掌、胜利油菜、菊、雏菊等，它们在肋状分生组织区和周缘分生组织区之间出现浅盘状排列的形成层状过渡区，其细胞在纵切面上的形状如同形成层及其衍生细胞所形成的形成层带。此区的出现可能是大型茎端的一个特征。

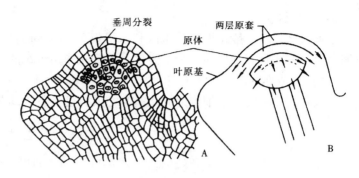

图4-9 豌豆属茎端纵剖面
A. 细胞图 B. 图解

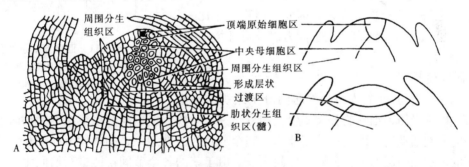

图4-10 细胞组织分区（茎端纵切面）
A. 细胞图 B. 简图

在分生区顶端后部，原分生组织（包括周缘分生组织和髓分生组织）逐渐分化为三种初生分生组织，即原表皮、基本分生组织和原形成层。

分生区上可以看到一些叶原基和腋芽原基的小突起，一般先长出的为叶原基，以后在其内侧下面产生腋芽原基。叶原基随着茎的伸长、成熟、逐渐发育为幼叶；而腋芽原基随着茎的伸长、成熟，逐渐发育为营养枝。叶原基和腋芽原基起源于周缘分生组织外侧第一层或第二、第三层细胞，是由于周缘分生组织细胞的强烈活动而引起的，这种起源方式称为外起源。而内起源通常是指侧根的形成方式。

（二）伸长区

伸长区长度一般比根的分生区长，根仅 2～10mm，茎可达 2～10cm。在本区内，节与节间已明显可见，而且开始出现了少量表皮，导管和厚角组织的分化。

（三）成熟区

成熟区主要特点是细胞的分化基本完成，已具备了幼茎的初生结构。

二、茎的初生生长

茎的初生生长可分为顶端生长（图4-11）和居间生长两种方式。

（一）顶端生长

在生长季节里，茎尖顶端分生组织的细胞不断地进行分裂（在分生区内），伸长生长（在伸长区内）和分化（在成熟区内），产生了茎尖的成熟组织。结果使节数增加，节间伸长，同时产生新的叶原基和腋芽原基。这种由于顶端分生组织的活动而引起的生长，称为顶端生长（apical growth）（图4-11）。大多数植物的顶端生长是在春、夏或秋季进行。一年生植物通常只进行一次顶端生长。多年生植物每年可进行一至多次顶端生长，这通常与植物生长地区的气候有关。一些生活在南方的植物，如茶、荔枝、龙眼等每年可发生几次顶端生长；而在四季分明的地区，多年生植物每年只进行一次顶端生长。双子叶植物经过顶端生长以后，接着即进入次生生长，产生次生结构，使茎在长高的基础上，进一步增粗。多年生的双子叶植物每年都有初生生长，也每年都有次生生长，因而，植物一年比一年长得更高大、更粗壮，生活力和竞争能力以及对环境的适应性也越来越强。

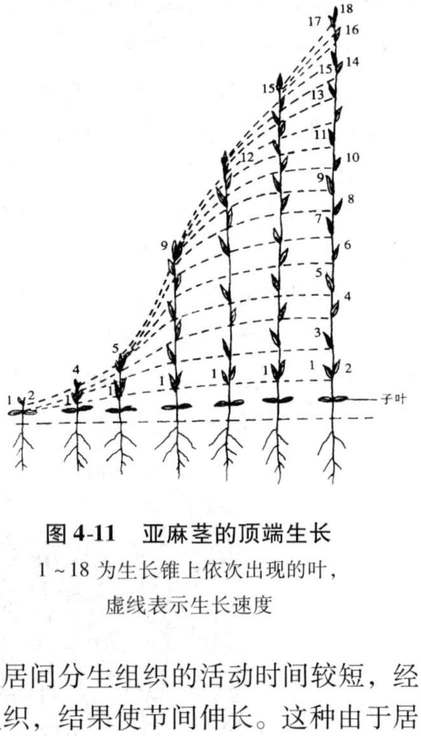

图4-11 亚麻茎的顶端生长
1～18 为生长锥上依次出现的叶，虚线表示生长速度

（二）居间生长

茎的居间生长始于每个节间基部居间分生组织的活动，与顶端生长一样都经历了细胞的分裂、生长和分化三个阶段。但居间分生组织的活动时间较短，经过一段时间的分裂活动后，即失去分裂能力，完全分化为成熟组织，结果使节间伸长。这种由于居间分生组织的活动而引起的生长，称为居间生长。由于茎的各个节间都能进行居间生长，所以有居间生长的茎生长十分迅速。如啤酒花的茎一个月内可伸长2m。又如稻、麦的拔节，雨后春笋的迅速生长，都是位于节间基部的居间分生组织细胞进行分裂活动的结果。此外，稻、麦倒伏后逐渐恢复向上生长，也与居间生长有关。

第四节 双子叶植物茎的初生结构

茎尖顶端分生组织中的初生分生组织的细胞，经过分裂、生长和分化而形成的各种结构，称为茎的初生结构（图4-12、图4-13）。双子叶植物的种类很多，但其茎的初生结构都有共同的规律，在横切面上，从外到内与双子叶植物根一样也可分为表皮、皮层和维管柱三大部分。但由于茎所处的环境和担负的功能与根不同，所以各部分也有与其功能相适应的特点。

第四节 双子叶植物茎的初生结构

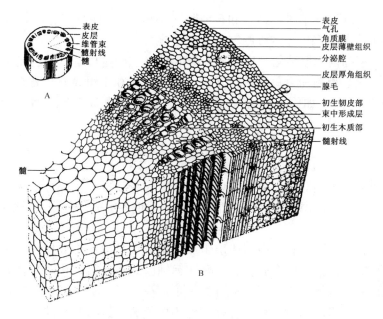

图 4-12 茎的初生结构（棉茎立体结构）
A. 简图 　B. 部分结构详图

一、表　皮

表皮由初生分生组织的原表皮分化而来。通常由一层细胞组成，主要担负保护作用。细胞排列紧密，呈长砖形。由于茎生活在地表，因而表皮的结构上就有一些适应特点：首先有了气孔，可与外界进行气体交换；其次起保护作用的不仅表皮毛，还有角质膜。角质膜是细胞外壁角化而形成的，既能起保护作用，又不影响光线的透入。表皮这种结构上的特点，不仅可以防止茎内水分过度散失和病虫的侵入，而且不会影响透光和通气，仍能使茎的外皮层中的绿色组织正常地进行光合作用。这是植物对环境的适应。

二、皮　层

处于表皮与维管柱之间。最外方有一层至数层细胞与根不一样，常由厚角组织构成，细胞排列紧密，内含叶绿体，故幼茎呈绿色。这些厚角组织细胞既能起机械作用，又能进行光合作用。

其内为薄壁组织，大都不存在叶绿体，细胞排列疏松，有胞间隙，主要起贮藏作用，胞间隙可贮藏空气。水生植物的茎，一般缺乏机械组织，但皮层薄壁组织的细胞间隙却很发达，常常形成了通气组织。有

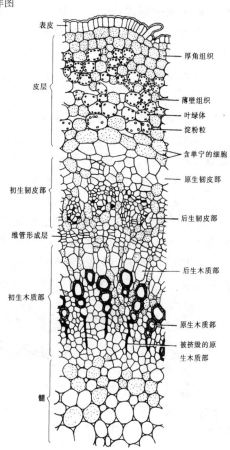

图 4-13 桃属植物茎横切面的一部分，示初生结构

些植物茎皮层中还具有纤维（菊科植物）和石细胞（桑树）。有些具有分泌腔（棉花）和乳汁管（甘薯）。有些则具有含晶体和单宁的细胞（如花生、桃）。

茎中通常没有典型的内皮层结构。只有某些草本植物（如益母草、千里光和向日葵等）和某些水生植物（如眼子菜、黑藻和金鱼藻等）才有。益母草属和千里光属植物在开花时，其内皮层才出现凯氏带。有些植物（如蚕豆）茎的最内层细胞因富含淀粉粒，特称为淀粉鞘（starch sheath）。

三、维 管 柱

维管柱是皮层以内的中轴部分，由维管束、髓和髓射线组成。大部分植物幼茎内没有中柱鞘或不明显，而且维管组织与皮层细胞之间的界限不明。现把各组成部分分别介绍于下：

（一）维管束

由初生木质部，初生韧皮部和束中形成层组成。维管束是由原形成层发育来的。在维管束的发育过程中，其初生韧皮部是从原形成层的外侧（远轴区）开始的，由外至内进行向心发育。初生木质部是从原形成层的内侧（近轴区）先开始形成原生木质部，然后进行离心发育，逐渐分化形成后生木质部。茎初生木质部的这种发育顺序称为内始式。这可与根初生木质部的外始式发育顺序相区别。当维管束的初生结构形成后，在初生韧皮部和初生木质部之间，保留一层分生组织细胞，称为束中形成层。这是进行次生生长的基础。这种初生木质部在内，初生韧皮部在外，并且具束中形成层的维管束，称为无限外韧维管束，大多数双子叶植物的维管束属这种类型。但有一些植物（如南瓜、甘薯、马铃薯）的维管束在初生木质部的内方还有内生韧皮部存在，也属初生韧皮部系统的一部分，这种类型的维管束称为无限双韧维管束。

（二）髓

位于茎中央部分的薄壁细胞称为髓。由原形成层以内的基本分生组织分化而来。所占的比例很大，细胞中常含淀粉粒，有时也可发现含晶体和含单宁的异细胞。髓的主要功能是起贮藏作用。有些植物的髓部，细胞成熟较早，死亡也较早，被那些仍在生长着的细胞扯破，而形成髓腔，成为中空的茎，如伞形科和葫芦科等植物。

（三）髓射线

位于两个维管束之间连接皮层与髓的薄壁细胞称为髓射线。由原形成层束之间的基本分生组织分化而来。当茎中的初生维管组织排列成分离的维管束时，髓射线是容易识别的，但当茎中的初生维管组织排列成近似圆筒状时，髓射线就难于辨认了。髓射线除贮藏作用外，还可作为横向运输的途径，有的髓射线细胞可转变为束间形成层。

第五节　双子叶植物茎的次生生长与次生结构及多年生木本植物茎的特点

大多数双子叶植物的茎，在初生生长的基础上，还会进一步进行次生生长，使茎不断增粗。这个过程与根一样，也是由维管形成层和木栓形成层的活动开始的。但是在发生和次生结构的某些特征方面，茎也有其特点。

一、维管形成层的发生、组成及其活动

（一）维管形成层的发生和组成

多数双子叶植物的茎为无限外韧维管束，维管束具束中形成层。当次生生长开始时，连接束中形成层的那部分髓射线细胞，恢复分生能力，成为束间形成层。后来，束中形成层和束间形成层连成一环，共同构成维管形成层。

维管形成层的细胞有两种类型：一种是横切面扁平、纵切面两端尖斜的长纺锤形细胞，称为纺锤状原始细胞（fusiform initial），其长度超过宽度数十倍至数百倍（在一些双子叶植物中，平均长度约为 0.6mm）；另一种是横切面长方形、纵切面短轴方形的小细胞，称为射线原始细胞（ray initial）（图4-14）。

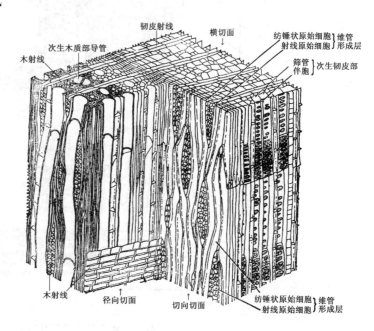

图 4-14　苹果茎立体结构，示维管形成层及其活动产物

（二）维管形成层的活动及其产物

维管形成层开始活动时，主要是纺锤状原始细胞进行平周分裂形成次生木质部和次生韧皮部，构成轴向的次生组织系统。其中，次生木质部的成分包括导管、管胞、木纤维和木薄壁细胞；次生韧皮部的成分包括筛管、伴胞、韧皮纤维和韧皮薄壁细胞。次生木质部和次生韧皮部之间保留着维管形成层及其新衍生的数层细胞所组成的形成层区。同时射线原始细胞也进行平周分裂产生维管射线，构成径向的次生组织系统。维管射线（vascular ray）是由薄壁细胞组成的。其中，处于木质部的称为木射线（xylem ray），处于韧皮部的称为韧皮射线（phloem ray）（图4-15）。

由于双子叶植物茎的初生结构的维管束排列有不同之处，因而所产生的次生结构常依植物种类的不同而分为三类（图4-16）。

（1）一些藤本植物（如南瓜、葡萄和马兜铃等）的茎，其束间形成层只分裂产生射线薄壁组织，因而没有增加新的维管束，所以维管束很难或不能连在一起。虽然束中形成层能产生次生韧皮部和次生木质部，使茎增粗一点，但毕竟是有限的。

（2）大多数草本植物（如蓖麻、向日葵等）和一些木本植物（如柳属等），维管束之间的间隔较大，当束中形成层和束间形成层连接成环后，束中形成层分裂产生的次生韧皮部和次生木质部，增添于维管束内，使维管束的体积增大；而束间形成层分裂出来的次生韧皮部和次生木质部组成新的维管束，添加于原来维管束之间，使维管束环直径扩大。虽然这类植物茎的初生结构中维管束是彼此分离的，但所产生的次生维管组织则是圆筒状的。

（3）大多数木本植物（如桃、李、梨和椴树等）和一些草本植物（如烟草、天竺葵等）的茎中，维管束排列很密，几乎成为连续的环状，束间形成层仅占很窄的一小部分，而且只分裂产生

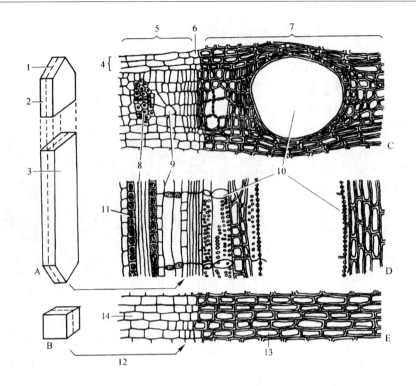

图 4-15 维管形成层及其衍生组织

A. 纺锤状原始细胞图解　B. 射线原始细胞图解　C. 刺槐茎横切面（部分）

D. 刺槐茎径切面（部分），仅示轴向系统　E. 刺槐茎径切面（部分），仅示射线

1. 平周分裂　2. 径向面　3. 切向面　4. 射线　5. 韧皮部　6. 形成层　7. 木质部　8. 纤维
9. 筛管　10. 导管　11. 含晶细胞　12. 射线原始细胞　13. 木射线　14. 韧皮射线

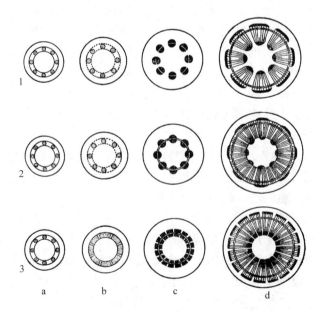

图 4-16 双子叶植物茎次生生长的三种主要类型

1. 马兜铃茎　2. 蓖麻茎　3. 椴树茎　a～d. 次生生长过程

射线薄壁细胞,这种射线很窄、细长,可谓真正的线状。这类植物维管形成层的主要部分是束中形成层,所以茎的增粗主要靠束中形成层的分裂活动。

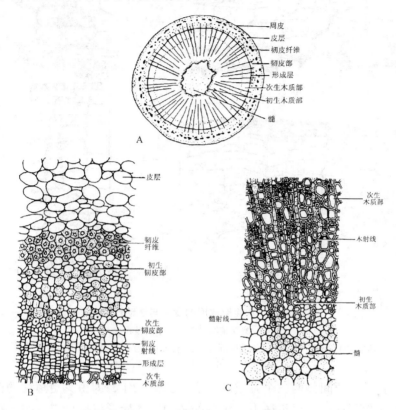

图 4-17　梨茎横切面,示次生结构
A. 茎的横切面图解　B. 外侧(部分)放大图　C. 内侧的(部分)放大图

维管形成层每次切向分裂所产生的两个子细胞中,一个仍保留分裂能力,另一个就分化为次生维管组织的衍生细胞。通常总是产生次生木质部的衍生细胞多,产生次生韧皮部的衍生细胞少,所以,木本茎的大部分是由次生木质部构成的(图4-17)。维管形成层细胞不断向内产生木质部,使茎的直径不断增大,位于次生木质部外围的维管形成层本身也需要进行垂周的径向分裂以扩大周径,才能适应内部体积的增加。纺锤形原始细胞还能进行横向分裂,产生新的射线原始细胞加入到维管形成层环中;还能进行斜向的垂周分裂,继而尖端朝不同方向生长,这种生长方式称侵入生长,同样扩大形成层的周径。随着次生木质部不断增加并向外扩展,维管形成层的位置也逐渐外移。

二、木栓形成层的发生与活动

多年生草本植物或木本植物的维管形成层每年都在活动,次生构造(主要为次生木质部)也每年增加并向外扩展。在扩展过程中,势必导致外面的一些薄壁组织,如初生韧皮部、皮层和表皮细胞被挤坏,甚至瓦解、脱落。这时就由木栓形成层产生的周皮代替了表皮的保护功能。

茎中周皮的木栓形成层最初的发生位置因植物而异(图4-18):有的发生于表皮(如梨、苹果、夹竹桃、柳等);多数发生于皮层,可在近表皮处(如李、桃、梅、马铃薯)或皮层厚角组织中(花生、大豆),也可在皮层的深层(棉);有的则在初生韧皮部中发生(如茶)。一年中,

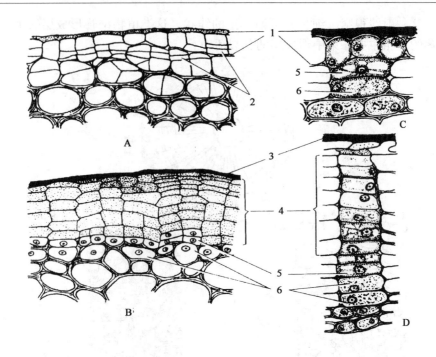

图 4-18　木栓形成层的发生与活动产物

A、B. 梨属植物　C、D. 李属植物
1. 具角质膜的表皮层　2. 开始发生周皮时的分裂　3. 挤碎的具角质膜的表皮细胞
4. 木栓层　5. 木栓形成层　6. 栓内层

木栓形成层活动所持续的时间仅两三个月或多一点，到第二年，即由其更里面的薄壁细胞恢复分生能力，产生新的木栓形成层，逐年往内。较老的茎中，木栓形成层可以发生于次生韧皮部。其外则为历年形成的周皮，较早形成的周皮呈剥落状。

木栓层细胞之间无间隙，一般呈褐色，壁较厚且高度栓化，细胞内的原生质解体，形成具有不透水、不透气、抗菌、耐磨、耐腐蚀、体轻、绝缘、隔热、富弹性等特性，可作软木塞、救生圈、隔音板及绝缘材料等。木栓层发达的植物，如原产地中海的栓皮栎 *Quercus suber* 是著名的软木原料树种，其木栓形成层可活动多年，木栓层的厚度可达 30cm。它的第一层周皮存在期可长达 15 年，这时木栓层虽厚达 15cm，但经济价值不高，只有第二次产生的周皮的木栓层才能成为工业用软木。我国产的栓皮栎树龄 20 年左右时，亦可开始采剥木栓层，以后每隔 8~9 年还可连续采剥，直至树体衰老死亡。

栓内层的层数远少于木栓层，一般仅 1~3 层，有类似皮层的功能，可含叶绿体或有贮藏的功能。

周皮上具皮孔，一般产生于原先茎表皮的气孔之下，这个地方的木栓形成层向外不产生木栓层，而是产生一些圆球状的排列疏松的薄壁细胞，称为补充细胞（或填充细胞），随着补充细胞的增多，突破了外围的细胞层，而形成突破口，这个突破口即为皮孔。皮孔的形成，使植物老茎的内部组织与外界进行气体交换得到了保证。皮孔有两种类型，一种为排列疏松、壁非栓化的补充组织与排列紧密、壁栓化的封闭层交替排列构成的特化皮孔，在冬季常有几个横列的封闭层存在，有保护作用，待进入春季时因补充细胞的增生，可突破封闭层，恢复气体交换功能，如桑、李、梅、山毛榉、刺槐等的皮孔（图4-19）。另一种仅有补充组织的简单皮孔，前期细胞壁薄，胞间隙大；后期壁厚、栓化，胞间隙小，如杨、接骨木、栎、椴树、木兰等的皮孔（图 4-20）。

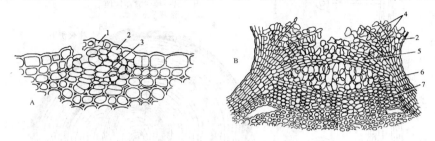

图 4-19　李属植物皮孔的结构
A. 皮孔发生的早期　B. 皮孔形成的初期
1. 气孔　2. 表皮　3. 木栓形成层　4. 封闭层　5. 补充组织　6. 木栓层　7. 栓内层

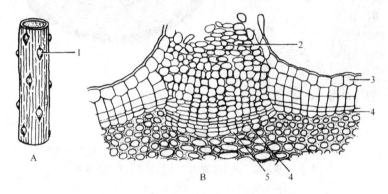

图 4-20　接骨木属植物皮孔的结构
A. 接骨木茎外形，示皮孔　B. 皮孔的解剖结构
1. 皮孔　2. 补充组织　3. 表皮　4. 木栓形成层　5. 栓内层

三、多年生木本植物茎的特点

（一）生长轮和年轮的概念

在多年生木本植物茎中，维管形成层所产生的次生构造与根有一个共同之处，即主要是次生木质部，而次生韧皮部很少。维管形成层每年都有活动，而且这种活动受气候因素的影响而常呈现周期的变化。在维管形成层活动期（即植物的生长期）所产生的次生木质部（即木材）构成一个生长轮。如果有明显的季节性（即每年春夏秋冬季节分明），一年只有一个生长轮，就称为年轮。在木本植物茎的横切面上所看到的生长轮或年轮是不同颜色的同心环（图 4-21）。

（二）年轮的形成与环境的关系

下面以温带的木本植物为例来说明年轮的形成过程。

在春季，大多数植物正处在生长季初期，随着气候逐渐变暖，雨水充沛，形成层的分裂活动渐渐增强，所产生的木材较多，导管和管胞的口径较大而壁较薄，这部分木材质地较疏松，颜色较浅，称为早材（early wood）或春材（spring wood）。

到了夏末秋初，这时已是生长季的晚期，气温和水分等气候条件逐渐不适宜树木的生长，维管形成层的活动逐渐减弱，所产生的木材较少，导管和管胞的口径较小而壁较厚，这部分木材质地较坚实而颜色较深，称为晚材（late wood）或夏材（summer wood）。到了冬天，形成层渐趋不活动，最后停止活动，树木也停止了生长。这样，在同一年内所产生的早材和晚材就构成一个年

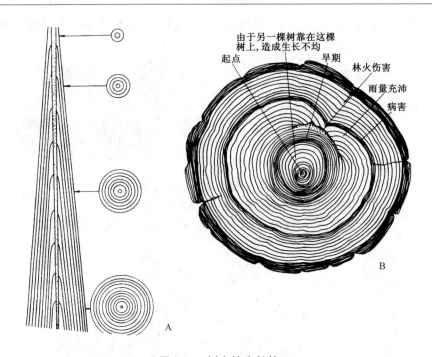

图 4-21　树木的生长轮
A. 具十年树龄的茎干纵、横剖面图解，示不同高度生长轮数目的变化
B. 树干横剖面，示生态条件对生长轮生长状况的影响

轮（annual ring）。

到第二年春季，春暖花开，万物开始生长，维管形成层的活动又开始旺盛起来，所产生的早材紧接着去年的晚材，由于两者细胞形态差别很大，很容易区分开来，其间有一条明显的分界线，这就是年轮的分界线。这样，形成层又经过一年的活动，又再产生不同细胞形态的早材和晚材，由早材和晚材再度构成一个年轮（图 4-22，图 4-23）。年复一年，年轮逐年增多。

生长在四季分明气候带的树木，一般都有年轮。热带的树木，只有生长在旱季与雨季交替的地区，才形成年轮。在这种情况下，雨季所产生的木材在结构上相当于早材，旱季初期所产生的木材相当于晚材。而生长在四季气候差不多的地区的树木，一般没有年轮。

有些植物，因季节性的生长受到反常气候条件或严重的病虫害等因素的影响，一年可产生两个或两个以上的生长轮，或生长一度受到抑制不形成生长轮。也有些植物，一年有几次

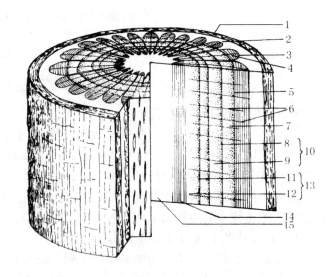

图 4-22　木本植物四年生茎立体结构
1. 周皮　2. 皮层　3. 初生韧皮部　4. 次生韧皮部　5. 形成层
6. 木射线与韧皮射线　7. 第四年早材　8. 第三年晚材
9. 第三年早材　10. 第三年年轮　11. 第一年晚材
12. 第一年早材　13. 第一年年轮　14. 初生木质部　15. 髓

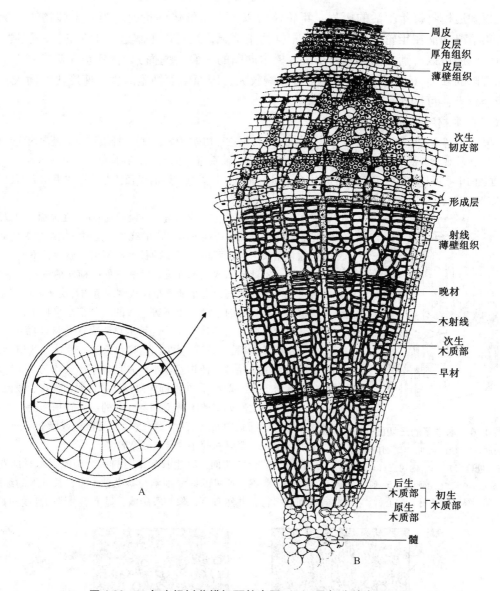

图 4-23 三年生椴树茎横切面轮廓图（A）及部分放大图（B）

季节性生长，形成层的活动出现几次生长高峰，如柑橘属果树，一年一般可产生三个以上的生长轮。如果一年产生两个或两个以上的生长轮，就称为假年轮。

生长轮或年轮是由木材构成的。在树干的横切面上，可以看见木材的边缘部分和中央部分有所不同。木材的边缘部分是近几年形成的次生木质部，颜色较浅，具有活的、能行使贮藏作用的木薄壁组织，导管能够担负输导作用，称为边材（sap wood）。靠近中央部分的木材，是较老的次生木质部、颜色较深，其导管由于侵填体的堵塞而失去输导作用，木薄壁细胞也由于单宁、树脂等有机物的累积而死亡、失去贮藏作用，这部分木材称为心材（heart wood）。少数木本植物在生长后期，心材被菌类侵入而腐蚀、形成空心树干，但仍能生活，只是机械力量减弱，易为外力所折断。

年轮的宽窄、细胞的形态特点与历年的气候变化以及其他因素的影响密切相关，通过年轮的分析，可以知道植物每年生活的历程。年轮还可以告诉古气候的情况，当时土壤物质情况、水湿情况、污染情况均能在年轮上反映出来。根据污染情况，还可以了解过去工业的发展程度。

通过年轮还可以辨别方向。一般来说，树木向阳的一面（南面），在冬季春初受寒冷空气影响较少；而背阳的一面（北面），受寒冷空气影响较大，因而南面细胞的生长速度比北面大，所形成的年轮半径较大，可据此辨别南北方向。

（三）木材三切面的基本结构

要充分理解木本植物茎的次生结构，必须从木材的三种切面（图4-24），即横切面、径向切面和切向切面进行比较观察。横切面（sross section）是与茎的纵轴垂直作的切面，径向切面（tangential section）是经过茎的中心所作的纵切面，切向切面（radial section）是垂直于茎的半径任意弦切的纵切面，也称为弦向切面。

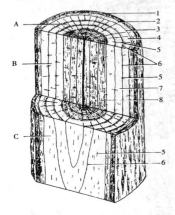

图 4-24　木本茎的三切面
A. 横切面　B. 径向切面　C. 切向切面
1. 外树皮（硬树皮）　2. 内树皮（软树皮）
3. 形成层　4. 次生木质部　5. 射线
6. 年轮线　7. 边材　8. 心材

在木材的横切面上，生长轮为同心的圆环。在显微镜下观察，所见的射线，是从中心向外方射出的线条，是射线细胞的纵切面观，细胞通常是长形的，可显示射线的长度和宽度。显微镜下所见的导管、管胞、木薄壁细胞和木纤维，都是它们的横切面观。其中的导管含量很多，它的直径大小和分布样式常因植物种类不同而有差别。有些植物，其导管的直径大小不等，大的只分布在早材中，并多沿年轮交界处呈明显的环状分布，这种木材称为环孔材（图4-25A），如榆、梧桐、泡桐、朴树、刺槐、皂荚和桑等；另外一些植物，其早材和晚材中的导管直径相差较小，并且分布比较均匀，这种木材称为散孔材（图4-25B），如垂柳、白杨、茶、梨、合欢、椴树、桉树等。横切面上所见到的木薄壁细胞，有的与导管相邻接，有的与导管相隔离，细胞中常含有贮藏物质（如淀粉粒或脂肪等）。所见到木纤维细胞，壁厚而腔小，含量通常较多。

在木材的径向切面上，生长轮纵行排列，构成了木材的花纹。在显微镜下观察，所见的射线细胞与茎纵轴垂直，长方形的细胞横向排列成多行，井然有序，像一段砖墙，显示了射线的高度和长度。

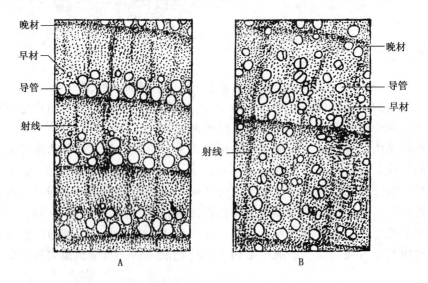

图 4-25　木本双子叶植物茎的环孔材（A）和散孔材（B）

显微镜下所见的导管、管胞、木薄壁细胞和木纤维，都是它们的纵切面观。可以看到导管壁上的纹孔、穿孔板表面观的形状和侧壁上的加厚纹理。显微镜下所看到的木纤维细胞，为长纺锤状，常成束存在，壁厚而腔小。木纤维细胞的数量、长短及胞壁的厚薄，因不同植物而异，这是决定木材机械强度的关键。木薄壁细胞为短长方形，呈纵向排列。

在木材的切向切面上，生长轮纵向排列，作宽带状，有些切面上可以形成"V"字形纹理。在显微镜下观察，所见的射线，是其横切面，射线束成纺锤状纵向排列。因此，在切向切面上可以了解射线的高度、宽度和细胞列数。在切向切面上同样可以看到导管壁上的纹孔、加厚纹理和导管分子穿孔板的切面观。还可以看到短长方形的木薄壁细胞和长纺锤状的木纤维细胞，其形态构造和细胞的排列样式与径向切面上所见到的相同。

在上述的三种切面中，以射线的形状最为突出，常作为判断三种切面的依据。

（四）优质木材的特征

木材的品质是在选育优良用材树种时必须考虑的。衡量木材品质的标准主要在于木材密度、年轮中早材和晚材之比、纤维长度（裸子植物则考虑管胞的长度）、螺旋纹理以及心材的比值和色泽等方面。

木材密度是指单位体积木材的重量，是衡量木材物理特性最重要而又最方便的因素，木材密度越大，单位质量就越大，单位容积木材所含物质也就越多。木材密度影响纸浆的产量和质量，对纸浆工业有直接的意义。

年轮中早材和晚材之比，也是衡量木材品质的标准。对于造纸工业而言，纯早材制成的纸张比纯晚材的纸张细致柔和。但是，木材的力学性质，随着晚材所占的比例增大而提高。在被子植物的用材树种中，木材纤维的长度直接影响到抗拉强度。纤维长的木材比纤维短的具有较高的抗拉强度。裸子植物木材中一般无木纤维，因而以管胞的长度作为测定指标。被子植物的木材纤维（或裸子植物的管胞）特性在遗传上是一个比较稳定的特性，因此它是选择优良品种的依据之一。

木材螺旋纹理直接影响木材加工的难易程度，过分扭曲的纹理会增加木材加工的难度，降低美观性和商品价值。

心材的比值和色泽，也影响到木材的力学性质和耐腐能力，同时关系到商品价值的高低。例如日本在柳杉的选优中，曾规定优质木材的心材必须是红色。

（五）树皮的组成与形态变化

树皮通常有狭义的和广义的两种概念。狭义的概念有两种说法，一种是指在树干或树枝外面所看到的，或者一块块从树枝上落下来的部分。这样的树皮，仅仅是木栓层以及木栓层以外的枯死部分。另一种是指历年所形成的周皮以及周皮以外的死亡组织。广义的概念是指伐木时从树干上剥下来的皮，是从树干的形成层区和木质部分离的。包含的部分很多，由内到外包含有韧皮部、皮层（或无）、周皮（历年积累）以及周皮外方被毁的一些组织。广义的树皮又可分为软树皮和硬树皮两部分。软树皮指韧皮部与木栓层之间的活组织，质地较软，含水较多；硬树皮包括新的木栓层和已死的韧皮部、皮层、周皮等，质地坚硬，常呈条状剥落，又称落皮层（图4-26）。

多年生木本双子叶植物，树皮中的韧皮部主要是次生韧皮部，其组成成分与初生韧皮部基本相同。但具有初生韧皮部所没有的韧皮射线。该射线由射线原始细胞分裂产生，与次生木质部的木射线相连，合称为维管射线，在茎的横切面上呈放射状排列。维管射线与髓射线一样，除贮藏作用外，还可作为横向运输的途径。有的植物的次生韧皮部中还含有石细胞（如麻栎、水青冈）；有的还有分泌结构，能产生次生代谢物，如三叶橡胶乳汁管所产生的乳汁，经加工后成为橡胶；漆树的漆汁道所产生的漆汁，经加工后成为各种生漆涂料。

次生韧皮部的厚度远不及次生木质部。这是由于维管形成层向外方分裂的次数比向内分裂的少，加上次生韧皮部的筛管有功能的时间仅一二年，就被新生的筛管分子所更新，而且衰老的筛

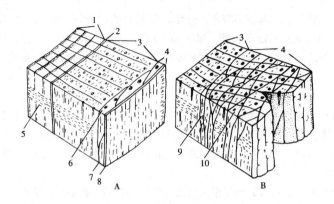

图 4-26 树皮形成的图解

A. 落皮层发育的早期　B. 落皮层发育的后期

1. 次生木质部　2. 维管形成层　3. 次生韧皮部　4. 落皮层　5. 射线　6. 初生韧皮纤维
7. 较深入内部的周皮的木栓形成层　8. 初期的周皮　9. 最内的周皮的木栓形成层　10. 次生韧皮纤维

（A 图中落皮层包括皮层和初生韧皮部，B 图中有多层次生韧皮部，落皮层中较早的一些层已剥落）

管和韧皮薄壁细胞受内部生长的压力很大，逐渐被挤毁，尤其是初生韧皮部很早就被破坏了。实际上有输导作用的筛管，一般只是最近一二年产生的筛管。由于维管形成层每年产生韧皮部的量就比木质部少，所以韧皮部所占的比例就相当小了。这从伐木时剥下的树皮就可知道，韧皮部一般仅占几个毫米。由于上述原因，木本双子叶植物茎一般只区分两个部分，一部分为树皮，即形成层以外的部分，包括韧皮部、周皮以及其外的被毁组织；另一部分为木材，即形成层以内的部分，广大的区域为次生木质部，还有少量的初生木质部、射线和中央的髓部。

由于不同植物的木栓形成层的发生、分布及树皮组成分子的积累情况不同，硬树皮常表现出不同的形态。因此，树皮的形态特征常成为鉴定树种的依据之一。若木栓形成层为层状或条状分布，而且死亡组织较长时间不脱落，树皮就形成许多深裂纵沟，如刺槐和榆；若木栓层呈片状分化，就形成鳞状树皮，如洋梨和松属；若木栓形成层呈连续的筒状分化，树皮则比较光滑，最后呈套状剥落，称环状树皮，如金银花属和葡萄属植物；悬铃木属和一些桉属植物是环状与鳞状树皮的中间类型，其木栓形成层为环状，当茎径增大时，木栓层扩张，而后破裂，树皮成大片状脱落，现出鳞片状光滑的斑痕。

综上所述，可见多年生双子叶木本植物老茎与老根在横切面上的结构基本上相似，但也有可供辨别之处：

（1）老茎的周皮以内经常可见保留的皮层，而老根的周皮以内即为韧皮部，这是由于根的木栓形成层第一次常发生于中柱鞘而不保留皮层之故。

（2）由于茎的初生木质部的发育方式为内始式，因而老茎的中央通常可见保留下来的髓。而根初生木质部的发育方式为外始式，到了发育后期，中央的髓部细胞也分化为木质部的部分，故老根通常没有髓的存在。

（3）由于茎与根初生木质部发育方式的不同，在横切面上可以看到，茎中口径小的螺纹和环纹导管在向髓的一方，而根中则相反。

以上介绍的是多年生木本植物茎的构造特点，而对于草本植物来说，因其生活周期短，形成层不能像木本植物那样年复一年活动，故次生构造很少，草本植物虽然维管束也围成一圈，但排列稀疏，射线细胞很多。虽在生活周期内，形成层也有活动，但毕竟有限，所以草本植物茎的增粗是很有限的。

(六) 裸子植物茎的特点

大多数裸子植物为高大的木本植物,其解剖结构与双子叶木本植物基本相似,有发达的次生构造,形成木材和树皮。但韧皮部和木质部的组成成分略有不同。

裸子植物的韧皮部没有筛管和伴胞,其组成以筛胞为主。筛胞是细长的生活细胞,顶端与侧壁均有筛域分布,各细胞以筛域相通,输导效率不如双子叶植物。韧皮薄壁细胞较少,韧皮纤维有(如侧柏)或无(如白松),有的植物还有石细胞(如铁杉和冷杉属植物)。

木质部除少数植物如麻黄属、买麻藤属、百岁兰属有导管外,一般没有导管,其组成以管胞为主。由于次生生长形成的木材主要由管胞组成,因而木材结构均匀细致,易与双子叶植物的木材区分。木质部中一般无木纤维。木薄壁细胞或有或无,或多或少,因种而异。很多裸子植物茎的次生木质中含有树脂道(resin canal)。在木材的横切面上常成大而圆的管腔,有的纵行于管胞行列间,也有的横行于木射线中。

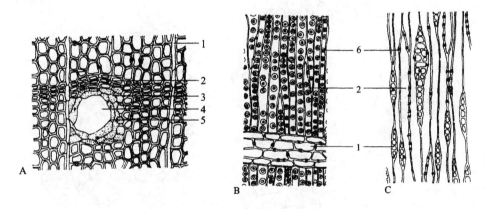

图 4-27　油松茎三切面
A. 横切面　B. 径向切面　C. 切向切面
1. 木射线　2. 管胞　3. 木薄壁细胞　4. 树脂道　5. 分泌细胞　6. 具缘纹孔

在横切面(图 4-27A)上,管胞为四边形或多边形,排列整齐。根据管胞腔的大小,仍有早材与晚材的区别,因此生长轮清晰可见。木材的横切面上还可看到长短不一呈辐射排列的木射线,通常是单列的(很少有二列,如落羽松属),因此在横切面上射线很窄。在组成上,除射线薄壁细胞外,常有射线管胞存在,如松属、云杉属、落叶松属、铁杉属、黄杉属的射线。射线管胞(ray tracheid)是厚壁长形的死细胞,壁上有具缘纹孔,在射线中成横卧排列。

在径向切面(图 4-27B)上,管胞是排列紧密的梭状细胞,两端斜尖,其上可见到正面观的具缘纹孔,其中早材的管胞纹孔大而多,而晚材的管胞纹孔小而少。管胞除起输导作用外,还兼起支持作用,因此木材的机械强度决定于管胞的大小及胞壁的厚度。管胞之间贯穿着数行横向排列的薄壁细胞,为木射线。

在切向切面(图 4-27C)上,早材和晚材的界限不如径切面上明显,具缘纹孔常数个排成一串。在管胞之间可见单列或多列木射线细胞的横断面。

第六节 单子叶植物茎的结构特点

单子叶植物与双子叶植物茎的结构有明显差异，而且构造的类型较多。现以禾本科植物为例说明其基本特征。

一、禾本科植物茎节间的结构

禾本科植物属于单子叶植物，其共同特点是：一般无形成层，因而也无次生生长和次生结构。它们的茎有明显的节和节间的区分，大多数种类的节间其中央部分萎缩解体，形成中空的秆，如水稻和小麦等，但也有的种类为实心结构，如甘蔗和玉米等。它们的维管束散生分布，没有皮层和中柱的界限，只能划分为表皮、基本组织和维管束三个部分。

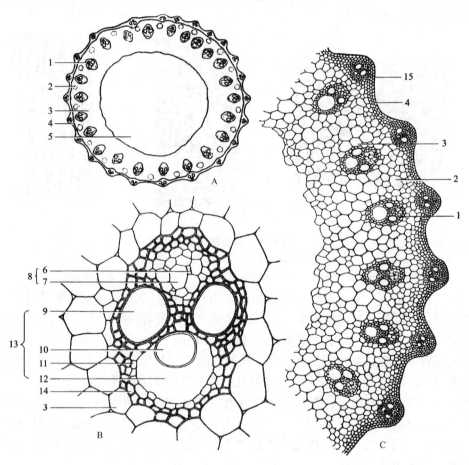

图 4-28　水稻茎横切面

A. 简图　B. 一个维管束的放大　C. 局部细胞图

1. 维管束　2. 气腔　3. 基本组织中的薄壁细胞　4. 基本组织中的厚壁细胞
5. 髓腔　6. 伴胞　7. 筛管　8. 韧皮部　9. 孔纹导管　10. 环纹导管
11. 薄壁细胞　12. 气隙　13. 木质部　14. 维管束鞘　15. 表皮

（一）表 皮

从组成来看，表皮包含有长细胞、短细胞和气孔器。长细胞的细胞壁角化。短细胞根据细胞壁硅化或栓化而分为硅细胞和栓细胞。硅细胞中硅酸盐含量的多少与茎秆强度和对病虫害的抗性有关。甘蔗等植物茎的角质膜外还有发达的蜡被覆盖。气孔器由哑铃形的保卫细胞组成，其旁侧还有菱形的副卫细胞。

（二）基本组织

表皮以内，维管束之间的所有区域皆为基本组织。位于表皮内方的基本组织中常有数层厚壁细胞，常呈波浪状排列成连续的环带（水稻、玉米）或为同化组织所隔开（小麦）。

除了厚壁细胞外，基本组织主要由大型的薄壁细胞组成。大多数植物（如水稻、小麦、竹等）茎中央薄壁组织解体，形成髓腔。水稻茎的维管束之间的基本组织中还有裂生通气道，离地面越远的节间，这种通气结构越不发达。

（三）维管束

维管束分散排列于基本组织中。在中空的茎（如小麦、水稻）中，其维管束大体排列为内、外两环。外环的维管束较小，位于茎的边缘，大部分埋藏于厚壁细胞中；内环的较大，周围为薄壁细胞所包围。在实心结构的茎（如甘蔗和玉米）中，维管束分散排列于基本组织中，由外围向内，维管束的直径逐渐增大，各束间的距离则越来越远。不论何种类型的茎，其维管束均由维管束鞘、初生木质部和初生韧皮部三部分组成（图4-28、图4-29）。

（1）维管束鞘：包围在维管束外面的厚壁细胞。通常1~2层细胞组成（如小麦、水稻），也有多层细胞组成的（如甘蔗）。

（2）初生木质部：位于维管束的近轴部分，整个横

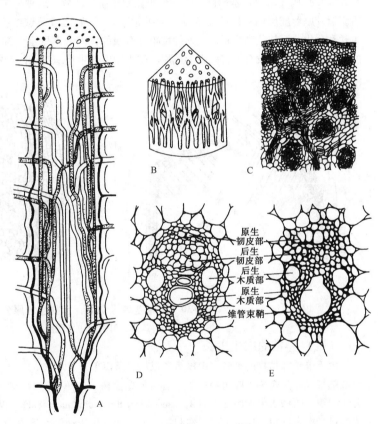

图4-29　玉米茎中维管束的分布和维管束结构
A. 玉米茎纵剖面简图，示维管束的立体分布，通向外侧的维管束进入叶内
B. 节部维管束立体分布简图　C. 幼茎节部横剖面，示原形成层的分布
D. 一个尚未发育完全的维管束横剖面　E. 已成熟的维管束横剖面

切面的轮廓呈"V"形。V形的基部为原生木质部，包括1~2个环纹或螺纹导管及少量木薄壁组织，生长过程中这些导管常遭破坏，四周的薄壁细胞互相分离，形成气隙。在V形的两臂上，各有一个后生的大型孔纹导管。在这两个导管之间有薄壁或厚壁细胞，有时也有管胞。

（3）初生韧皮部：位于初生木质部的外方，茎发育的后期原生韧皮部常被挤毁，后生韧皮部由筛管、伴胞组成。在横切面上，筛管较大，呈多边形，伴胞是处于筛管旁边的三角形或长方形的小细胞。

二、单子叶植物茎的加粗

单子叶植物的维管束中没有形成层，因此很多单子叶植物的茎干增粗很少或者并不增粗。也有些单子叶植物的茎干（如玉米、甘蔗、香蕉、棕榈、椰子等）能增粗，但与双子叶植物的加粗方式不同，一般有以下两种：

（一）初生增厚生长

禾本科植物（如玉米、甘蔗、高粱）和其他单子叶植物（如香蕉、棕榈）的增粗与幼叶基部的初生增厚分生组织有关。初生增厚分生组织（图4-30）是由顶端分生组织衍生的一种初生分生组织，细胞扁平，在叶原基（幼叶）基部排列成一个明显的斗篷状区域。这种分生组织主要进行平周分裂，产生薄壁组织以及及原形成层束（以后完全分化为维管束），然后通过薄壁组织细胞的增大和原形成层束的分裂、生长和分化，而使茎轴增粗，但这种增粗是有限的，因为薄壁组织细胞不能无限度增大，而且原形成层的分化是完全的，没有保留束中形成层。初生增厚分生组织活动的产物仍属初生性质的组织。

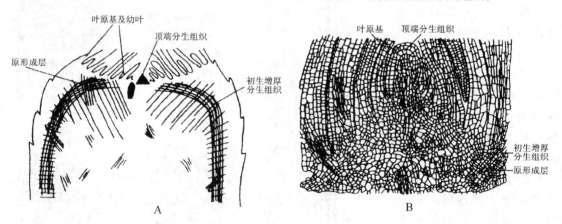

图4-30　玉米茎端纵切面，示初生增厚分生组织
A. 简图　B. 细胞图

（二）异常的次生生长

由于单子叶植物的维管束中没有形成层，所以单子叶植物的茎干并不能够无限度地增粗。不过也有少数热带或亚热带单子叶植物（如百合科的龙血树、朱蕉、丝兰、芦荟等）的茎形成了一种特有的侧生分生组织，叫做次生加厚分生组织（secondary thickening meristem），也叫做形成层。由于它的活动，茎干能够进行次生增粗。这种形成层在起源、形态构造与活动情况等方面与双子叶植物中典型的形成层是迥然不同的。

龙血树茎的形成层是从初生维管束外方的薄壁组织中发生，进行次生增粗时，形成层细胞进行切向分裂，向内产生次生维管束和次生薄壁组织，向外仅产生少量的薄壁组织。形成层向内所产生的次生维管束一般是周木维管束，木质部包围于韧皮部的外围，二者之间没有形成层。形成层向外所产生的薄壁细胞则发育成为径向排列的次生薄壁组织（图4-31）。

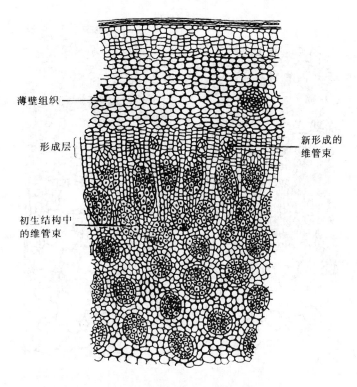

图 4-31 龙血树茎横剖面示异常的次生生长

第七节 茎的生长特性与人的生活

一、纤维植物中茎纤维的特点

通常把经济纤维（工艺用纤维）含量高的植物称为纤维植物。其纤维的应用范围很广，除日常生活所必需的纺织品需要纤维作原料外，绳索、包装、编织、纸张等也需要纤维原料。植物纤维主要存在于植物体的营养器官根、茎、叶中，其中以茎的韧皮纤维最为重要。如麻类作物中的苎麻、大麻、亚麻、黄麻、红麻等主要利用的就是茎的韧皮纤维。

麻类作物的茎都有比较发达的韧皮纤维，为纺织工业的重要原料之一。其纤维的品质以初生韧皮纤维较好，如苎麻的纤维主要是初生韧皮纤维，它们起源较早，在幼茎伸长之前，由原形成层和（或）基本分生组织所产生，在茎伸长过程中先进行协同生长（symplastic growth），稍后，在协同生长的同时，还以其两端挤入相邻细胞之间进行侵入生长（intrusive growth）。纤维两端的侵入生长可以持续较长的时间，当协同生长停止后的一段时间内，侵入生长仍可继续进行直至成熟。由于协同生长加于侵入生长，故纤维比较细长，成熟时长度可达 250～350mm，最长可达 620mm；而且木化程度低、纤维素含量高、柔韧性好，品质最优，可以用于制造夏布、麻布等。其他品质较好的麻类植物还有亚麻和大麻等。但它们的韧皮纤维长度比苎麻短，亚麻纤维为 9～120mm，大麻纤维为 10～100mm，质量均不如苎麻。红麻和黄麻的茎纤维，除了初生韧皮纤维外，还有次生韧皮纤维。后者是由形成层产生的，发生在茎的初生生长停止之后，故较短，而且胞壁的木化程度较高，质硬而韧性低，品质稍差，只能供做麻袋和绳索。

韧皮纤维细胞在横切面上呈圆形、长圆形或多角形，细胞腔很小，仅在中央留一小孔（图 4-32）。细胞壁上的纹孔通常为不发达的单纹孔，表面观都为很狭的缝隙状，有的纤维如亚麻，纹孔极端退化甚至

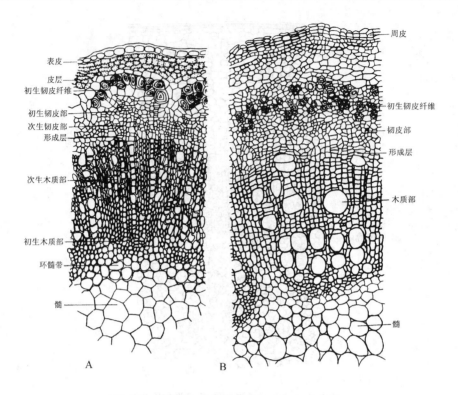

图 4-32　两种麻类茎部分横切，示韧皮纤维
A. 亚麻茎　B. 苎麻茎

消失，加强了纤维的坚固性。

初生韧皮纤维很少单个地存在，通常各个纤维细胞彼此以细长的锐端互相嵌叠，聚集成纤维细胞束，这种排列方式大大增强了"纤维"的坚固性和纤维束的强度。

经济纤维细胞的壁常较一般的厚壁细胞有更多的层次，如大麻可达 100 层或更多。壁中微纤丝的排列方式因植物而异，如大麻各层次的壁中的微纤丝倾斜方向一致，仅角度不同，而亚麻各层次中的方向是相反的，因而亚麻纤维抗撕裂力与弹性均优于大麻。

除了麻类作物的茎有发达的韧皮纤维外，许多树木的茎也具有发达的韧皮纤维，如桑树、夹竹桃、朴和构树等植物的枝条因含韧皮纤维多，富有韧性而不易折断。许多野生植物的茎具有韧皮纤维，都可进行开发和合理利用。

二、枝条生根与人工营养繁殖

利用植物体的营养器官——根、茎、叶及其变态器官的一部分和母体分离（或不分离）后，重新长成一个新个体的繁殖方式称为营养繁殖。营养繁殖之所以成为可能，是因为植物的营养器官多具有能产生不定根、不定芽的潜能，故在一定条件下能够发育成独立生活的植株。

人们在生产实践中，通常采取各种人工营养繁殖措施来达到繁殖个体、改良品种或保留优良性状的目的。因此，人工营养繁殖在生产上具有特殊的意义。特别对一些不能产生种子或产生的种子过少甚至是无效的种类而言，如香蕉、无花果、柑橘、葡萄、甘薯、芋等，人工营养繁殖往往成为其主要繁殖措施，并能加速后代生长的速度。一些特殊的、具繁殖功能的营养器官，如洋葱的鳞茎、马铃薯的块茎等。这些器官脱离母株后，即可生根发芽成为新植株。人们还利用一些植物的枝条（有时亦可用根或叶）易于萌生不定根的特性进行扦插、压条等人工营养繁殖。由营养繁殖所产生的后代，一般能保持母体优良的遗传特性，并可提早开花结实。

（一）扦 插

扦插是人工营养繁殖最常用的一种方式。通常选一段合适的枝条（也可以选一段根或一张叶片），将下端插入合适的土壤中或基质中，并给予其他必要条件，经一段时间后，插入部分便长出不定根（如为根或叶，则地上部分还会长出不定芽），进而形成新植株。扦插繁殖的方法既简单又经济，是果树与造林的育苗工作中最常用的方法。

扦插的目的通常也是为了扩大种源，例如柳属由于种子不易采集，又难于贮藏，实生苗生长慢，所以都用枝插繁殖。

各种植物扦插成活率大不相同，成活率的高低与植物种类、时间、温度、湿度以及基质的情况等条件是否合适有很大关系。而且同一种植物其成功率与取材时间、部位等又有密切关系。取自植株基部的枝条通常较取自上部的成活率高，而就一个枝条而言，又以中下部为优，原因是中下部发育较好，贮藏物较丰，过氧化物酶的活性亦高等多方面的因素。取自健壮、年龄较幼的植株的枝条，其成活率亦较高。

扦插能否成活的关键在于不定根能否及时形成。枝插不定根的形成，可由切口处的愈伤组织分化产生，如悬铃木等。但有些植物不定根的产生与愈伤组织无关，如水杉的枝插虽在切口处产生愈伤组织，但不定根却在切口以上 0.5cm 左右枝条内部的维管射线或维管形成层等处产生。柳属的不定根可在叶柄两侧或叶腋、皮孔等部位的枝条内部的形成层、维管射线等部位产生。苹果不定根原基多成群发生于射线与形成层的交叉处（图4-33）。

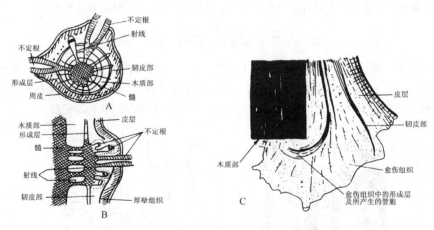

图 4-33　插条下端发生的不定根和愈伤组织
A. 苹果插条不定根的发生（横剖面）　B. 苹果插条不定根的发生（纵剖面）
C. 连翘插条的愈伤组织示意图

枝插形成不定根的难易程度也因不同的植物而异，如柳、桑、悬铃木、月季易形成不定根；油桐、油茶、苹果、李、梅、杏等产生不定根则较难。对于后一种植物，用维生素 B_1 和生长素浸湿插条，然后再进行扦插，可以促进根的发生和生长。某些矿质营养的使用，如有机或无机含氮物质、硼等对促根也有显著作用。研究还表明：易生根的植物常比难生根的植物具较多的贮藏组织，形成层以外的部分有较少的或较分散的厚壁组织。

（二）压 条

对于一些生根缓慢的植物可用压条法（图4-34）进行繁殖。此法同样是诱导枝条产生不定根，但目的是待不定根产生后再剪下插条，使不定根形成初期得以依靠母株营养而提高扦插成活率。压条有堆土压条和空中压条两种。

堆土压条常用于萌蘖枝较多的灌木种类。如贴梗海棠、蜡梅等。压条时，取靠近地面的枝条，轻轻弯下埋入土中（末端露出土面），待被埋的部分产生不定根系、枝条上部的枝叶也能正常生长时，就可切离母株，另行种植。

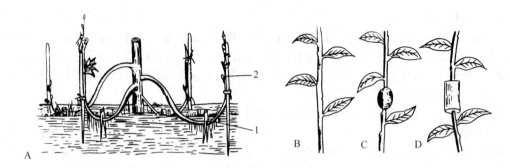

图 4-34 压条繁殖法

A. 埋入土中的部分枝条生出不定根群1，及露在空中的枝梢长出新叶2后，将这个枝条割下即可用于繁殖　B～D. 空中压条法（B. 在枝条上切一裂痕；C. 用土包住伤口；D. 用塑料管等工具固定泥土，生根、叶后将上部割下）

空中压条适用于萌蘖较少、枝条硬的花卉果树。如桂花、米兰、白兰花、荔枝等，可用此方式繁殖。具体做法是：选择生长旺盛的直枝，在适当部位环剥去一层树皮，然后用塑料薄膜在剥过树皮的地方围成圆圈，下端用线绳扎牢。之后再用拌过水的山泥，渐渐填入塑料袋内，再把上端扎牢。以后每天浇水，使之湿润。当袋内产生许多不定根时，即可连袋一起剪下，剥去塑料薄膜，移栽种植。

三、茎的创伤愈合与嫁接

嫁接（图4-35）是利用植物具有创伤愈合力所进行的人工营养繁殖法。其方法是将一株植物的枝条或芽，接在另一株存有根系并切去上部的植物上，使它们彼此逐渐愈合成为一个新植株。用来嫁接的枝条或芽称接穗，承受接穗并具有根系的部分称砧木，通过嫁接育成的新植株称嫁接苗。

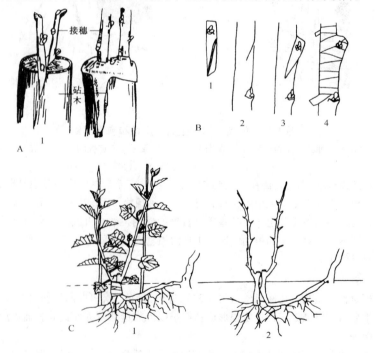

图 4-35 几种嫁接法

A. 枝接　B. 芽接　C. 靠接（序号示操作顺序）

嫁接苗既可保持接穗品种优良特性，又可用砧木的一些特性改变接穗果实的品质、植株的大小以及增强对环境的适应力和抗逆力等。尤其对用扦插、压条、分离等法不易繁殖而又不结种子的种类，可用嫁接法进行繁殖。因而广泛用于果树、林木、蔬菜繁殖中。

在果树栽培上，有些种子繁殖不能保存亲代优良品质的植物（如苹果、梨），可以用嫁接保存下来。苹果、梨、柑橘用嫁接法可提早结果、增强抗性。

在林业生产中，嫁接也是某些树种的重要繁殖方法，例如毛白杨扦插成活率较低，可用加拿大杨作砧木进行嫁接繁殖。

在蔬菜栽培上，如以南瓜或云南黑籽西瓜作砧木，黄瓜作接穗，都可使危害黄瓜的枯萎病菌难于从上述两种砧木的根系中侵入，并可减轻其他病害，从而达到抗病、高产和优质的目的。洋姜根系吸收力强，向日葵光合效率高，以前者作砧木，后者作接穗的嫁接苗，地下结洋姜块较正常洋姜株大，地上仍能形成向日葵籽粒，且饱满无秕粒。

嫁接愈合的过程和创伤愈合一样，为了使嫁接能成功愈合，要尽量扩大砧木和接穗之间形成层的接触面，而且切口要密切贴合，使愈伤组织很快填满砧木和接穗间的空隙。愈伤组织由切口附近的活细胞产生，例如形成层、木质部的射线细胞以及韧皮部的薄壁细胞等都可以产生愈伤组织。愈伤组织产生以后，它的外面分化出木栓组织，保护切口的创伤面，内部的愈伤组织则进一步产生形成层或维管组织，并与砧木和接穗间的维管组织连接在一起（图4-36）。

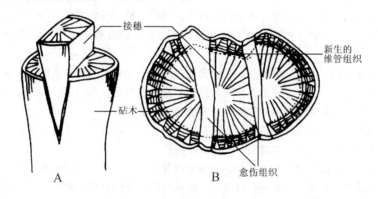

图 4-36　接穗与砧木的愈合图解
A. 整体观　B. 横剖面

在愈伤组织内产生形成层或维管组织的情况可因不同植物而异。有的嫁接苗在愈伤组织内先产生形成层，与接穗及砧木的形成层相联结后，再产生维管组织使两者贯连；有的草本嫁接苗则可在愈伤组织中直接产生吸水细胞，这是一种能长期保持原生质体的管胞，并在相应一侧分化出筛管分子，两者贯穿整个愈伤组织，与接穗、砧木的输导组织相连接，稍后才出现形成层，使接穗和砧木在组织结构上达到全面联结。

嫁接成功的关键，一方面取决于嫁接技术，另一方面取决于砧木和接穗间细胞内物质的亲和性，这种亲和性是由植物之间亲缘关系的远近所决定的。一般亲缘关系越近，亲和力越强；亲缘关系越远，亲和力越差。因此，品种间的嫁接比较容易，种间的嫁接就困难一些，属间和科间的嫁接就更难了。

四、抗倒伏植物茎的结构特征

在作物生产中，尤其是稻麦等禾谷类植物茎秆的抗倒伏性状是获得稳产高产的关键。抗倒伏原因除与遗传因素（内因）有关外，也与栽培管理措施得当（外因）有关。内外因的综合影响往往在茎秆的植物学特性上有所反映。

从遗传方面来看，如水稻矮秆品种比高秆品种矮25～35cm，节间短而密集，重心低，茎秆坚实粗壮，机械组织和茎壁增厚，维管束数目增多，气腔小，抗倒伏能力比高秆品种强。除水稻外，小麦等其他禾本科作物的抗倒伏性能同样决定茎秆的形态结构特点，如基部下节间较短，机械组织较发达，木化程度较高，茎壁较厚，维管束数目较多的品种和植株，一般不易倒伏。另有人对多个抗倒伏性不同的杂交玉米品种调查，发现第一、二节间的外围的维管束的长、宽和维管束内厚壁组织的厚度及维管束数与田间倒伏率呈显著负相关。

必须指出，上面所提及的一些禾本科作物的抗倒伏性状，必须在合理的栽培条件下才能发挥出来。栽培管理方面的研究表明：如果水稻播种量过多，使群体过分荫蔽，基部通风透光不良，就会导致茎的节间伸长、软弱，茎壁厚度减小，维管束数减少，机械组织发育程度下降，故易倒伏；又如氮肥过多，就会使叶子徒长，茎的基部和根系的物质积累减少，导致茎基部的组织分化不完全，根系发育不良，容易倒伏；再如插植或灌水太深，通气不良也会导致茎基部的机械组织分化不健全，根系不能正常发育，这也是易倒伏之因。相反，重视科学种植，合理施肥，浅水浇灌，适时排水晒田，改善光照条件，可使水稻茎秆内贮藏物质增加，使茎秆坚实粗壮，机械组织和茎壁增厚，维管束数目增多，气腔小，抗倒伏能力增强。

因此，分析茎的解剖结构特征与抗倒伏关系，对培育或选用抗倒伏品种，调整栽培措施等均有实际意义。

本章小结

茎根据木化程度的高低，可分为木本茎和草本茎；根据生长习性的不同可分为直立茎、平卧茎、匍匐茎、攀缘茎和缠绕茎。茎的主要功能是支持和输导，并具贮藏和繁殖作用，绿色的幼茎还进行光合作用。

芽是枝、花或花序的原始体。依据芽的生长位置，分为定芽和不定芽；依据芽发育后所形成的器官的不同，分为枝芽、花芽和混合芽；依据芽有无保护结构，分为裸芽和鳞芽；依据芽的着生方式分为叠生芽、并列芽和柄下芽；依据生理活动状态，分为活动芽和休眠芽。

枝以茎为主轴，其上生有多种侧生器官，包括叶、枝、芽、花或果，此外，还有节和节间、长枝和短枝、皮孔、叶痕、叶迹、枝痕、芽鳞痕等一些形态特征。

双子叶植物的分枝方式主要有单轴分枝、合轴分枝和假二叉分枝，大部分被子植物是合轴分枝。合轴分枝既是丰产的株型，也是较进化的分枝方式。而禾本科植物的分枝方式是分蘖，是在地下或近地面处所进行的一种特殊的分枝方式。

茎尖没有类似根冠的结构而只有三区，即分生区、伸长区和成熟区。分生区的基部形成了一些叶原基突起，并有幼叶或鳞片包围、覆盖，由此增加了茎尖结构的复杂性。对分生区的结构和分化动态一般按原套——原体学说或细胞组织分区概念来说明。

茎的初生生长可分为顶端生长与居间生长。由于顶端分生组织细胞的分裂、生长和分化而引起的生长，称为顶端生长；由于居间分生组织细胞的分裂、生长和分化而引起的生长，称为居间生长。

双子叶植物茎的初生结构由表皮、皮层和维管柱三大部分组成。表皮是茎的初生保护组织，其外表有明显的角质膜，具有减少蒸腾、增强保护的功能。表皮上有气孔，可与外界进行气体交换。幼茎的外皮层细胞常分化为厚角组织，内含叶绿体，既有支持功能，又能进行光合作用。维管束在多数植物茎的节间排成环状，其初生木质部的发育方式是内始式，由导管、管胞、木薄壁组织和木纤维组成。初生韧皮部由筛管、伴胞、韧皮薄壁组织和韧皮纤维组成。初生韧皮部的发育方式为外始式。由薄壁组织构成的中心部分称为髓，髓射线是维管束间的薄壁组织，也称初生射线。

双子叶植物茎的次生生长是由于维管形成层和木栓形成层的发生和活动。维管形成层分为束中形成层和束间形成层。形成层的细胞有纺锤状原始细胞和射线原始细胞两种类型，主要以平周分裂的方式形成次生维管组织，其中纺锤状原始细胞衍生的细胞大部分形成次生韧皮部和次生木质部，射线原始细胞衍生的细胞则大部分形成射线。次生木质部的导管、管胞、木薄壁组织和木纤维以及次生韧皮部的筛管、伴胞、韧皮薄壁组织和韧皮纤维共同构成了与茎轴平行的轴向维管系统；次生木质部中的木射线以及次生韧皮部中的韧皮射线构成了与茎轴垂直的径向射线系统。

维管形成层的季节性活动使木本植物的茎形成了生长轮。如果有明显的季节性，一年只有一个生长轮，就称为年轮。年轮包含早材和晚材。其连续多年的活动则形成了心材和边材。要充分理解木本植物茎的次生结构，必须从木材的三种切面（即横切面、径向切面和切向切面）进行比较观察。衡量木材品质的标准主要在于木材密度、年轮中早材和晚材之比、纤维长度（裸子植物则考虑管胞的长度）、螺旋纹理以及心材的比值和色泽等方面。

木栓形成层可由表皮、皮层、韧皮薄壁细胞等产生，其分裂、分化所形成的木栓层，代替了表皮的保护作用。

树皮通常有狭义的和广义的两种概念。狭义的概念通常是指历年所形成的周皮以及周皮以外的死亡组织。广义的概念则指维管形成层以外的部分，由内到外包含有韧皮部、皮层（或无）、周皮及其外方被毁的一些组织。

裸子植物茎的解剖结构与双子叶木本植物基本相似，有发达的次生构造，形成木材和树皮。但韧皮部和木质部的组成成分略有不同。裸子植物的韧皮部没有筛管和伴胞，其组成以筛胞为主；木质部除少数植物如麻黄属、买麻藤属、百岁兰属有导管外，一般没有导管，其组成以管胞为主。

大多数单子叶植物的茎（以禾本科植物为例）只有初生结构，可分为表皮、基本组织和维管束三大部分。近表皮的基本组织由厚壁细胞组成，其他都是薄壁细胞。有限维管束散生于基本组织中，维管束的外方由机械组织组成的维管束鞘所包围。少数单子叶植物茎可以增粗，其增粗的原因有两种：一是初生增厚分生组织分裂的结果（如玉米、甘蔗等）；二是进行异常的次生生长（如龙血树等）。

植物纤维主要存在于植物体的营养器官根、茎、叶中，其中以茎的初生韧皮纤维最为重要，品质最佳。

用植物体的营养器官——根、茎、叶及其变态器官的一部分和母体分离（或不分离）后，重新长成一个新个体的繁殖方式称为营养繁殖。扦插、压条和嫁接是常用的人工营养繁殖方式。

以水稻矮秆品种为例，抗倒伏植物茎的结构特征是：植株较矮，节间短而密集，重心低，茎秆坚实粗壮，机械组织和茎壁增厚，维管束数目增多，气腔小。

复习思考题与习题

1. 解释下列名词

内始式、髓射线、叶芽、花芽、混合芽、单轴分枝、合轴分枝、分蘖、原套、原体、淀粉鞘、纺锤状原始细胞、射线原始细胞、生长轮、年轮、假年轮、初生增厚分生组织

2. 比较下列各组概念

定芽与不定芽、髓射线与维管射线、根与茎维管形成层的发生、居间生长与顶端生长、早材与晚材、心材与边材

3. 分析与问答

（1）合轴分枝为什么容易形成结果枝？

（2）简述茎初生分生组织的来源与去向。

（3）简述双子叶植物茎的次生生长过程。

（4）相对来说"树怕剥皮（广义），而较不怕空心"，是什么道理？

（5）为何甘蔗、玉米和高粱的茎也会增粗？

（6）分析茎的结构与生活环境的关系。

（7）你如何从外部形态上鉴别根和茎？如何从结构特点上鉴别双子叶植物根和茎的初生结构及根和茎的次生结构。

（8）从双子叶植物根尖表皮和幼茎表皮的不同特点说明与各自执行的功能相关性。

第五章
叶

叶（leaf）是植物体中唯一完全暴露在空气中的营养器官，也是种子植物进行光合作用制造有机养料的重要器官。其形态复杂多样，可作为鉴别植物种类的重要依据之一。除光合作用之外，叶还有蒸腾作用、吸收作用和气体交换等多种功能。这些功能对植物个体，乃至整个生物圈都是至关重要的。为了能够完成这些生理功能，在长期的自然选择过程中，植物叶形成了与其功能相适应的复杂的形态和解剖学特征。本章内容着重介绍植物在营养生长过程中，叶的形态和结构如何日趋成熟和完善以及叶的形态、结构与生理功能有何相关性。

第一节 叶的生理功能

一、叶的普通生理功能

叶是绿色植物进行光合作用（photosynthesis）的主要器官。通过光合作用所产生的葡萄糖，是植物生长发育所必需的有机物质，也是植物进一步合成蛋白质、脂肪、纤维素及其他有机物的原料。对人和动物界而言，光合作用的产物是食物直接或间接的来源，该过程释放的氧又是生物生存的必要条件之一。在农业生产中，各种农产品无一不是光合作用的直接或间接的产物。因此叶的发育和总叶面积的大小，对植物的生长发育、作物的稳产高产都有极其重要的影响。

叶又是蒸腾作用（transpiration）的主要器官。蒸腾作用是指植物体内的水分从叶面不断向外界蒸散的过程。植物根部吸收的大量水分，主要通过叶的表面和气孔以气体状态扩散。蒸腾作用在植物生活中具有积极的意义，它是根系吸收水分和植物运转水分的重要动力，水分的运转又能促进植物体内矿质元素的运输；同时，蒸腾作用的进行，水分由液态变为气态，可以消耗很多热量，从而降低叶内温度，使植物叶子在强烈的阳光下，不致因温度过高而灼伤。但过于旺盛的蒸腾对植物不利。

叶也是气体交换的器官，光合作用所需的 CO_2 和所释放的 O_2，或呼吸作用所需的 O_2 和所释放的 CO_2，主要是通过叶片上的气孔进行交换的。

叶表还具有一定的吸收能力，例如喷施农药（如有机磷杀虫剂），可通过叶表面吸收到体内；又如向叶面上喷洒一定浓度的肥料（根外施肥），均可被叶片表面吸收。

二、叶的特殊功能

有的植物叶还可用来繁殖，在叶片边缘的叶脉处可以形成不定根和不定芽。当它们自母体叶片上脱离后，即可独立形成新的植株。叶的这种生理功能常被利用来繁殖某些植物。如在繁殖落地生根、秋海棠等植物时，便可采用叶扦插的方法进行。有些植物的叶因行使特殊功能，其形态结构发生了相应的变异，如豌豆小叶变为卷须有攀缘能力；洋葱、百合的鳞叶肥厚，成为贮藏器官；仙人掌的叶变成针刺状，起保护作用；猪笼草的叶变成适宜捕捉与消化昆虫的捕虫器（详见第六章）。

叶具有多种经济价值，如青菜、卷心菜、菠菜、芹菜、韭等，都是以食叶为主的蔬菜；烟草的叶可制卷烟、雪茄和烟丝；桑、蓖麻、柞栎的叶可饲蚕；茶叶供制茶，作饮料；颠茄、洋地黄、薄荷的叶可药用；箬竹、麻竹等植物的叶，可以裹粽或做糕点衬托；蒲葵叶可制扇、笠和蓑衣；棕榈叶鞘所形成的棕衣可制绳索、毛刷、地毡和床垫等。另外，香料植物的留兰香，造纸原料的剑麻等，也都是取材于植物体的叶器官。

第二节　叶的形态

一、叶的组成

植物的叶由叶片、叶柄和托叶三部分组成（图5-1）。对绝大多数植物来说，叶片是叶的主要部分，一般成绿色的扁平体，连接叶柄。叶片的顶端称叶尖，与叶柄相连的基部称叶基，旁边称叶缘，中间的一条大脉称主脉，向两边分枝的称侧脉，由侧脉再分枝的称细脉。叶柄是叶的细长柄状部分，上端与叶片相接，下端与茎相连，主要功能是输导和支持作用。托叶是叶柄基部两侧的附属物，形状差异很大，有大有小，若两片托叶的一侧（或两侧）相连即称为托叶鞘。有的植物没有托叶，也有的托叶很早就脱落，其留下的痕迹就称为托叶痕。不同植物的叶片、叶柄和托叶的形状，多种多样，各不相同。

具叶片、叶柄和托叶三部分的叶，称为完全叶（图5-2），如扶桑、月季、桃、梨和棉等植物的叶。若缺其中的一部分或两部分，就称为不完全叶。在不完全叶当中，无托叶的最为普遍，例如甘薯、茶、丁香等。还有一些不完全叶，既无托叶，又无叶柄，如荠菜、莴苣，这样的叶又称无柄叶。不完全叶中只有个别种类缺少叶片，如台湾相思树，除幼苗时期外，全树的叶都不具叶片，但它的叶柄扩展成扁平状，能够进行光合作用，称为叶状柄。

图5-1　叶片的组成
1. 叶柄　2. 托叶　3. 叶片　4. 叶基
5. 叶尖　6. 叶缘　7. 主脉　8. 侧脉　9. 细脉

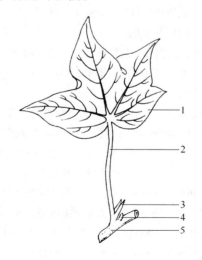

图5-2　完全叶
1. 叶片　2. 叶柄　3. 托叶　4. 腋芽　5. 枝

水稻、小麦、大麦等禾本科植物叶的组成较为特殊，主要由叶片和叶鞘两部分组成（图5-3）。叶片长条形，为平行叶脉。叶鞘（leaf sheath）为包住茎的部分，具有保护茎的居间分生组织和加强茎的机械支持力量的功能，还具输导作用。如果将叶鞘剥去，由于居间分生组织的嫩弱茎将会倒伏。在叶片与叶鞘相接处的内侧，有膜状的突出物，称为叶舌（ligulate），它可以防止水分、昆虫和病菌孢子进入叶鞘内，起着保护的作用；在叶舌两旁，有一对从叶片基部边缘伸长出来的略如耳状的突出物，称为叶耳（auricle）。叶舌和叶耳的有无，以及其大小和形状等常作为识别禾本科植物的依据之一。例如水稻叶舌呈膜质，叶耳膜质披针形，有毛，而稗草没有叶舌和叶耳。大麦的叶耳较大，小麦的叶耳较小并且其边缘和尖端生有表皮毛，燕麦不具有叶耳。叶片与叶鞘连接处的外侧称为叶颈，它具有弹性和延伸性，可以调节叶片的位置。水稻的叶颈为淡青黄色，称为叶环，栽培学上又叫叶枕。

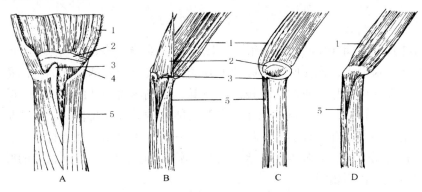

图5-3　禾本科植物叶片与叶鞘交界处的形态
A. 甘蔗叶　B. 水稻叶　C. 小麦叶　D. 稗叶
1. 叶片　2. 叶舌　3. 叶耳　4. 叶颈（叶环）　5. 叶鞘

二、叶片的形状

叶片形状包括叶片的全形、叶尖、叶基、叶缘和叶脉等部分的形态特征。

（一）叶片的全形

叶片的全形是指叶片的轮廓特点。各种植物叶片的全形变化极大，根据叶片长度与宽度的比例，最宽处所在的位置，以及表现的形象，将叶片区分为不同的形状，它是识别植物的重要依据之一，常见的有以下几种类型（图5-4和图5-5）：

(1) 阔卵形（broad ovate）：长宽约相等或长稍大于宽，最宽处近叶的基部，如苎麻。
(2) 圆形（orbicular）：轮廓近圆形，长宽近相等，如莲。
(3) 倒阔卵形（broad obovate）：是阔卵形的颠倒，如玉兰。
(4) 卵形（ovate）：形如鸡卵，长约为宽的1.5~2倍，中部以下最宽，向上渐窄，如女贞、樟树。
(5) 阔椭圆形（broad ellipse）：长为宽的2倍或较少，中部最宽，如橙。
(6) 倒卵形（obovate）：是卵形的颠倒，如紫云英、泽泻、海桐。
(7) 披针形（lanceolate）：长约为宽的3~4倍，中部以下最宽，向上渐尖，如桃、柳。
(8) 长椭圆形（long ellipse）：长为宽的3~4倍，最宽处在中部，如杧果。
(9) 倒披针形（oblanceolate）：是披针形的颠倒，如小檗、杨梅。
(10) 条形（线形）（linear）：长约为宽的5倍以上，且全长的宽度略等，两侧边缘近平行，如小麦、水稻、韭菜。

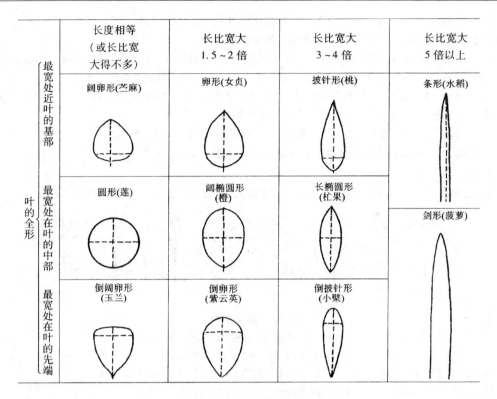

图 5-4　叶片的全形图解

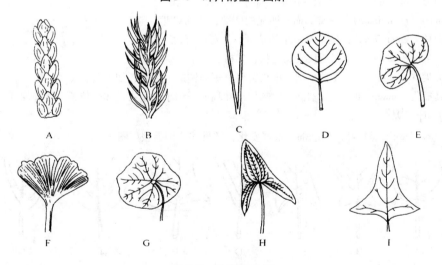

图 5-5　叶片的全形

A. 鳞形　B. 锥形　C. 针形　D. 心形　E. 肾形　F. 扇形　G. 盾形　H. 箭形　I. 戟形

（11）剑形（ensate）：长而稍宽，先端尖，常稍厚而强壮，形似剑，如鸢尾。

（12）鳞形（scalelike）：叶细小成鳞片状，如侧柏。

（13）锥形（subulate）：叶短而狭，较硬，基部略粗，先端尖，如柳杉。

（14）针形（acicular）：叶细长形似针，如马尾松。

（15）心形（cordate）：长宽比例如卵形，但基部宽圆而微凹，先端渐尖，全形似心脏，如紫荆、牵牛花。

（16）肾形（reniform）：叶宽大于长，基部有缺口凹入，形如肾，如积雪草、冬葵、天竺葵。
（17）扇形（sector）：叶片似展开的折扇，如银杏。
（18）盾形（peltate）：叶片类似圆形，但叶柄着生在叶背的中部或近中部，形状似盾，如莲。
（19）箭形（sagittate）：叶顶端渐尖，叶基两侧呈尖状而下垂，形如箭头，如慈姑。
（20）戟形（hastate）：叶片与箭形相似，但叶基两侧呈耳状，尖端向外方伸展，全形如戟，如菠菜。
（21）三角形（triangle）：叶片近似三角形，如扛板归。
（22）管状（tube）：长超宽许多倍，圆管状，中空，常多汁，如葱、洋葱。
（23）带状（zonate）：宽阔而特别长的条状叶，如甘蔗、玉米、高粱。

（二）叶 尖

叶尖（leaf apex）是指叶片的先端。根据先端收缩程度及形态变化，常见类型如图5-6。

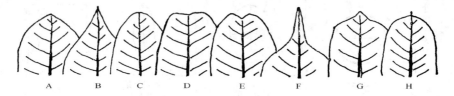

图 5-6 叶尖的形状

A. 急尖　B. 渐尖　C. 钝形　D. 微凹　E. 微缺
F. 尾尖　G. 突尖　H. 具短尖

（1）急尖（锐尖）（acute）：先端成一锐角，两边直或稍外弯，如女贞、荞麦。
（2）渐尖（acuminate）：先端逐渐狭窄而尖，两边内弯，如杏、垂柳。
（3）钝形（obtuse）：先端钝或狭圆形，如厚朴、大叶黄杨。
（4）微凹（emarginate）：先端圆而不明显的凹缺，如锦鸡儿。
（5）微缺（emarginate）：先端有一小的缺刻，如苋、苜蓿、黄杨。
（6）尾尖（caudate）：先端渐狭成长尾状，如梅、郁李。
（7）突尖（mucronate）：先端平圆，中央突出一短而钝的渐尖头，如玉兰。
（8）具短尖（mucronate）：先端圆，中脉伸出叶端成一细小的短尖，如胡枝子、紫穗槐。

（三）叶 基

叶基（leaf base）是指叶片的基部。根据变化，常见的几种类型如图5-7。

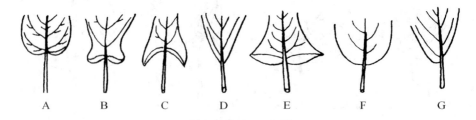

图 5-7 叶基的形状

A. 心形　B. 耳垂形　C. 箭形　D. 楔形　E. 戟形　F. 圆形　G. 偏斜形

（1）心形（cordate）：于叶柄连接处凹入成缺口，两侧各有一圆裂片，如甘薯、牵牛、紫荆。
（2）耳垂形（auriculate）：基部两侧各有一耳垂形的小裂片，如油菜、苦荬菜。
（3）箭形（sagittate）：基部两侧的小裂片向后并略向内，如慈姑。
（4）楔形（cuneate）：中部以下向基部两边渐变狭，状如楔子，如垂柳。
（5）戟形（hastate）：基部两侧的小裂片向外，如打碗花。
（6）圆形（rounded）：基部呈半圆形，如苹果。

(7) 偏斜形（oblique）：基部两侧不对称，如朴树、秋海棠。
(8) 匙形（spatulate）：叶基向下逐渐狭长，如金盏菊。
(9) 下延（decurrent）：叶片延至叶柄基部，如烟草、山莴苣。

（四）叶　缘

叶缘（leaf margin）是指叶片的边缘，常见的有如图 5-8 中的各种类型。

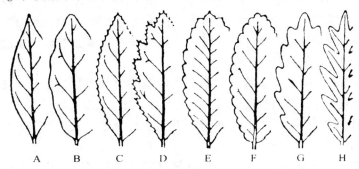

图 5-8　叶缘的形状
A. 全缘　B. 波状　C. 锯齿　D. 重锯齿　E. 齿状
F. 钝齿　G. 浅裂　H. 深裂

(1) 全缘（entire）：叶缘平齐，无任何齿状或缺刻，如女贞、夹竹桃。
(2) 锯齿状（serrate）：叶缘具有向前倾斜的尖锐锯齿，齿两边不等长，如月季、桃。
(3) 重锯齿（double serrate）：锯齿边缘又具锯齿，如榆、樱桃。
(4) 牙齿状（dentate）：叶缘具尖锐齿，齿端向外，略呈三角形，如桑、苎麻。
(5) 钝齿状（crenate）：叶缘的锯齿呈钝圆形，如大叶黄杨。
(6) 波状（undulate）：叶缘起伏似波浪，如茄、槲栎。

（五）叶　裂

叶片边缘有深浅与形状不一的凹陷，凹入部分的程度较齿状叶缘大而深的叫叶裂（leaf divided），按叶片分裂的深浅可分为如图 5-9 中的各种类型。

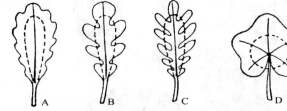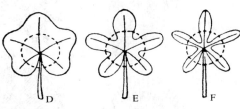

图 5-9　叶裂的类型
A. 羽状浅裂　B. 羽状深裂　C. 羽状全裂　D. 掌状浅裂　E. 掌状深裂　F. 掌状全裂

(1) 羽状分裂（pinnately divided）：叶片长形，裂片自主脉两侧排列成羽毛状，依其缺裂深浅程度又分为：
①羽状浅裂（pinnatilobate）：缺裂深度不超过叶片宽度 1/4，如一品红、土荆芥、油菜、菊。
②羽状深裂（pinnatipartite）：缺裂深度超过叶片宽度 1/4，如山楂、益母草、蒲公英。
③羽状全裂（pinnatisect）：缺裂深度几达中脉，如马铃薯、银桦。
(2) 掌状分裂（palmately divided）：叶近圆形，裂片呈掌状排列，依其缺裂的深度又分为：
①掌状浅裂（palmatilobate）：缺裂深度不超过叶片宽度 1/4，如棉花、槭树。
②掌状深裂（palmatipartite）：缺裂深度超过叶片宽度 1/4，如蓖麻、梧桐。

③掌状全裂（palmatisect）：缺裂深度几达叶片中心叶柄处，如木薯、大麻。

（六）脉　序

脉序（venation）是指叶脉在叶片上的分布方式，依据叶脉在叶片中分布及排列情况，常见的有网状脉和平行脉两大类，其他还有射出脉、叉状脉等类型，如图5-10。

（1）网状脉（reticulate veins）：叶的主脉粗大，由主脉分出许多侧脉，侧脉再分细脉，彼此连成网状。大多数双子叶植物和少数单子叶植物的脉序属此类型。又可分为两类：

①羽状网脉（pinnate veins）：或称羽状脉，中脉明显，侧脉由中脉（主脉）两侧分出，排列成羽毛状，细脉连成网状，如白兰花、黄兰、女贞。

②掌状网脉（palmate veins）：或称掌状脉，由叶基同时分出数条主脉，细脉连成网状，如蓖麻、棉花、甘薯、南瓜、葡萄、西番莲。

（2）平行脉（parallel veins）：叶脉呈平行或近于平行分布。大多数单子叶植物的脉序属此类型。常见的平行脉有四种：

①直出平行脉（vertical parallel veins）：各叶脉从叶基互相平行发出，直达叶端，如水稻、小麦等禾本科植物。

②横出平行脉（horizontal parallel vein）：侧脉自中脉两侧发出，平行走向叶缘，如香蕉、芭蕉。

③弧形脉（arcuate veins）：或称弧状平行脉，叶脉自叶基伸向叶端，呈弧状纵行，各脉距离在叶的中部较宽，向两端逐渐狭窄，如车前、玉竹。

（3）射出脉（radiate veins）：多数叶脉由叶片基部辐射而出，如蒲葵、棕榈、莲。

（4）叉状脉（dichotomous veins）：脉序的每一条叶脉都进行2~3级的分叉，为较原始的脉序，主要见于蕨类植物和少数种子植物，如银杏。

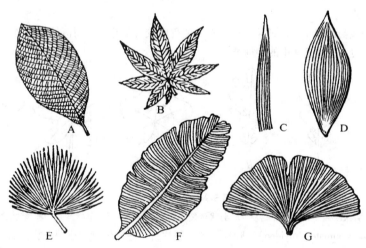

图5-10　叶脉的类型
A. 羽状网脉　B. 掌状网脉　C. 直出平行脉　D. 弧形脉
E. 射出脉　F. 横出平行脉　G. 叉状脉

三、单叶和复叶

（一）单叶和复叶的概念

一个叶柄上只着生一个叶片的称单叶（simple leaf）。一个叶柄上生有二至多数叶片的称复叶（compound leaf）。复叶的叶柄仍叫叶柄，也可称总叶柄，叶柄以上的轴叫叶轴。叶轴两侧所生的叶片叫小叶。小叶的柄叫小叶柄。

（二）复叶的类型

复叶依小叶排列情况不同可分为4种类型（图5-11）。

（1）羽状复叶（pinnate compound leaf）：小叶排列在叶轴的两侧呈羽毛状，羽状复叶又分为奇数羽状复叶和偶数羽状复叶。

①奇数羽状复叶（imparipinnate leaf）：顶端生有一顶生小叶，小叶数为单数，如月季、槐、鸡血藤、紫藤、阳桃、核桃。

②偶数羽状复叶（paripinnate leaf）：顶端生有两片顶生小叶，小叶的数目为偶数的羽状复叶，如花生、黄槐、合欢、南洋楹。

羽状复叶根据总叶轴是否分枝及分枝次数，又可分为下列几种：总叶轴不分枝，叶轴两侧生小叶片，叫一回羽状复叶，如核桃；总叶轴的两侧有羽状排列的分枝，此分枝叫羽片（pinna），分枝上再生羽状排列的小叶，这样的叶叫二回羽状复叶，如合欢、皂荚；如果羽片像总叶轴一样再次分枝，叫三回羽状复叶，如楝树；依次羽片再次分枝，叫多回羽状复叶，如蒿属、南天竹。

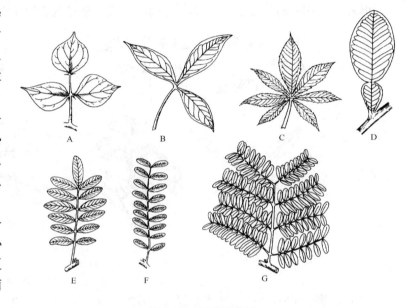

图5-11 复叶的类型
A. 羽状三出复叶　B. 掌状三出复叶　C. 掌状复叶　D. 单身复叶
E. 一回奇数羽状复叶　F. 一回偶数羽状复叶　G. 二回羽状复叶

（2）掌状复叶（palmately compound leaf）：小叶都生于总叶柄的顶端，呈掌状排列，如木通、七叶树、刺五加等，同样有二回或三回掌状复叶之分。

（3）三出复叶（ternately compound leaf）：仅有3片小叶生于总叶柄上。有两类：
①羽状三出复叶：顶生小叶生于总叶柄顶端，两片侧生小叶生于顶端以下，如大豆、葛藤等。
②掌状三出复叶：3片小叶均生于总叶柄顶端，如酢浆草、红花酢浆草等。

（4）单身复叶（unifoliate compound leaf）：两个侧生小叶退化，而其总叶柄与顶生小叶连接处有关节，如橙、橘等。

（三）单叶与复叶的区别

单叶与复叶的小叶片有时不易区分，可从下列几方面鉴别：

（1）单叶叶腋处有腋芽，复叶的小叶叶腋处则无。

（2）单叶叶柄基部有托叶（有托叶的类型），复叶的小叶柄处常无。

（3）单叶所着生的小枝顶端具芽，复叶的总叶轴顶端无芽。

（4）单叶在茎上排成各种叶序，复叶的小叶无论多寡或具有几"回"，均排列在同一平面上，而总叶柄成某种叶序在茎上分布。

（5）落叶时单叶叶片与叶柄同时脱落，而复叶常为小叶先落，叶轴后落。

四、叶序和叶镶嵌

（一）叶　序

叶序（phyllotaxy）是指叶在茎上排列的方式，常见的有以下几种（图5-12）。

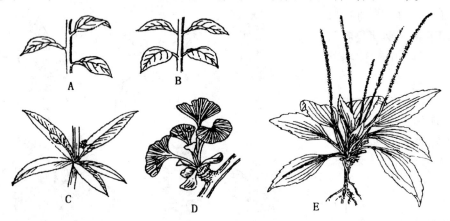

图5-12　叶　序
A. 互生　B. 对生　C. 轮生　D. 簇生　D. 基生

（1）互生（alternate）：每节上仅长一片叶，上下两叶交互生长，如白玉兰、棉花、水稻，玉米等。

（2）对生（opposite）：每节上长两片叶，对生。如石竹、女贞、小蜡、一串红、茉莉等。

（3）轮生（whorled）：3个或3个以上的叶着生在一个节上，如夹竹桃等。

（4）簇生（fascicled）：2个或2个以上的叶着生于极度缩短的短枝上，如银杏、金钱松等。

（5）基生（basilar）：叶着生于茎基部近地面处，如车前、蒲公英等。

（二）叶镶嵌

叶在茎上的排列，无论哪种叶序，相邻两节的叶，总是不相重叠而成镶嵌状态，这种同一茎上的叶，形成镶嵌式排列而互不重叠的现象，称为叶镶嵌（leaf mosaic）（图5-13）。爬山虎、常春藤的叶片，均匀地展布在墙壁或篱笆上，是垂直绿化的极好材料，就是由于叶镶嵌的结果。叶镶嵌的形成，主要是由于叶在茎节上着生的位置、方向不同，叶柄长短不一，且叶柄可以扭曲生长，形成叶片互不遮蔽。因此，从植株的顶面看去，叶镶嵌的现象格外清楚。在节间极短而有较多的叶簇生在茎上的种类中，由顶面下看叶镶嵌现象特别明显，如烟草、车前、蒲公英等。叶镶

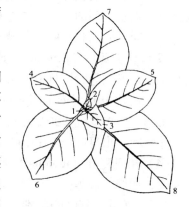

图5-13　叶镶嵌（烟草幼小植株的顶面观，图中数字显示叶的顺序）

嵌使茎上的叶片不相遮蔽，可以充分接受阳光照射，有利于光合作用的进行，此外，叶片之间交互排列，也使茎上各侧的负载量得到平衡。

第三节　叶的发生和生长

一、叶原基的发生

叶由叶原基发育形成，一般由茎尖周缘分生组织的表层和表层以内的几层细胞分裂形成最初的突起，接着向长、宽、厚三个方向分裂。但很快就在厚度上停止了分裂，使叶原基很早就具备了扁平片状的特点。以后基部继续增宽，有些植物（如禾本科）其基部可以包围整个生长锥。从突起到厚度生长停止，整体仍由分生组织组成。

二、完全叶各部分的发生

叶原基形成后，已经可以区分为上下两部分。接着，叶原基下部发育为托叶，上部发育成叶片和叶柄。一般具有托叶的种类，托叶原基最先分化、并生长迅速，其次是叶片分化，最后才是叶柄的分化。在具叶鞘的叶中，相当于叶柄发生的部分发育为叶鞘。

三、叶片的发育

叶片由叶原基上部经顶端生长、边缘生长和居间生长形成。如系无叶柄和托叶的不完全叶，则由整个叶原基形成（图5-14）。

叶片发育时，叶原基首先进行顶端生长，即叶原基顶端的细胞继续分裂，使整个叶原基伸长，变为锥形，也称叶轴。接着进行边缘生长，与叶轴伸长的同时，叶轴的两边各出现一行边缘分生组织，经细胞分裂，形成了扁平的叶片，没有边缘生长的叶轴基部，就分化为叶柄。经过此两种生长后，形成了幼叶，这时每片幼叶已经具备了基本形态，最后即进行居间生长，主要是每个细胞进一步长大，但还有部分细胞在分裂，这种生长一直延续到叶片成熟。

在叶片的发育过程中其内部也像根、茎一样，由原分生组织（叶原基早期）过渡为初生分生组织（同样初步分化为原表皮、基本分生组织和原形成层），再逐渐分化为初生结构。此时，除一些双子叶植物主脉基部维管

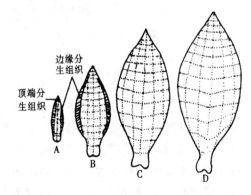

图5-14　烟草叶的发育示意图

A、B. 芽内叶的顶端生长与边缘生长
C、D. 芽外叶的居间生长，方格是添加的标记，显示近似平均的生长

组织中可能保留活动甚弱的形成层外，其他部分均为成熟组织，所以，叶的生长是有限生长。

第四节　叶的结构

叶成熟后，也就具备了与功能相适应的内部结构。

一、双子叶植物叶的结构

(一) 叶 片

一般被子植物叶片的构造比较一致，是由表皮、叶肉和叶脉三部分所组成（图5-15）。

1. 表 皮

表皮包被在整个叶片的外表，有上表皮和下表皮之分，叶片的上方（腹面）为上表皮，下方（背面）为下表皮。大多数植物的表皮为一层生活细胞，它主要由表皮细胞、气孔器、表皮附属物和排水器组成。

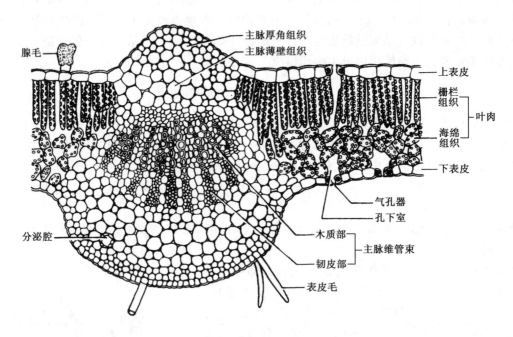

图5-15 棉叶片经主脉的部分横切面

（1）表皮细胞：表皮细胞是表皮的基本组成部分，一般为形状不规则的扁平细胞，侧壁凹凸镶嵌，彼此紧密地结合在一起，没有细胞间隙。从横切面观，表皮细胞呈扁长方形，外切向壁比较厚，并覆盖有角质膜，上表皮的角质膜一般比下表皮的发达，叶面角质膜的发育状况常随植物的特性、生长环境和发育年龄等因素而变化。通常幼嫩叶子的角质膜不及成熟叶子的角质膜发达，旱生植物的角质膜较厚，而水生植物的较薄甚至没有。角质膜有减少蒸腾、并在一定程度上防御病菌和异物侵入的作用。同时，角质膜具有较强的折光性，可以防止因阳光过强对叶片造成灼伤，在热带植物中这种保护作用更为明显。角质膜也不是完全不通透的，植物体内的水分可通过叶片表皮角质膜蒸腾散失一部分。生产上采用叶面施肥，便是应用溶液喷洒于叶面后，一部分通过气孔进入叶内，一部分透过表皮角质膜进入细胞的原理。表皮细胞是生活细胞，通常不含叶绿体。有的植物表皮细胞内含有花青素，使叶片呈现红、紫、蓝等颜色。

（2）气孔器：叶表皮中有许多气孔器分散在表皮细胞之间。气孔器在表皮有一定分布规律，一般集中在下表皮。在同一植株上，着生位置愈高的叶，其单位面积的气孔数愈多；在同一片叶子上，单位面积气孔的数目在近叶缘和叶尖的部分较多。

气孔器的功能除了作为叶片与外界环境之间气体交换的孔道外，还能调节植物体内外水分的代谢。气孔器由两个肾形保卫细胞组成,有的植物尚具副卫细胞。保卫细胞的细胞壁,在靠近气孔口的部分增厚,两个保卫细胞之间的果胶层已分解,而邻接表皮细胞一侧的壁薄。保卫细胞中具叶绿体,细胞质浓、核大,含有丰富的淀粉粒。这些特点与气孔自动调节开闭有密切关系(图5-16)。

通常认为在光照条件下,保卫细胞的叶绿体进行光合作用时,消耗 CO_2,使细胞内的 pH 值升高,淀粉磷酸化酶把淀粉水解为葡萄糖-1-磷酸,细胞的葡萄糖浓度升高,水势下降,保卫细胞向周围的表皮细胞吸入水分而膨胀。由于它们细胞壁厚薄不均匀,两边的伸延性不同,近气孔的壁较厚、扩张慢,而相对的一侧壁薄,扩张快,导致两个保卫细胞相对地弯曲,其间的气孔裂缝即张开。在相反的情况下(如夜晚),呼吸作用产生的 CO_2 使保卫细胞的 pH 值下降,淀粉磷酸化酶把葡萄糖-1-磷酸合成为淀粉,细胞浓度降低,水势升高,水分从保卫细胞排到副卫细胞,保卫细胞因失水而萎软变直,其间的气孔裂缝就关闭起来。

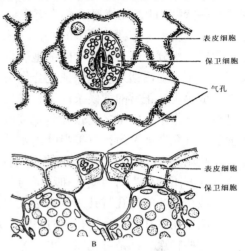

图5-16　双子叶植物叶表皮的一部分,
示表皮细胞与气孔器

A. 表皮顶面观　B. 叶横切面的一部分

近代研究证明,保卫细胞的吸水膨胀或失水萎缩,更主要原因与保卫细胞内 K^+ 的浓度变化、苹果酸代谢、ABA(脱落酸)等因素有关。保卫细胞内有 PEP(磷酸烯醇式丙酮酸)和 PEP 羧化酶。光照下,保卫细胞的叶绿体进行光合作用,产生草酰乙酸,再还原为苹果酸。苹果酸可解离为苹果酸离子和氢离子,H^+ 在 H^+-ATP 酶作用下泵出膜外,K^+ 和 H^+ 交换,进入保卫细胞。保卫细胞内大量的 K^+ 和与之相平衡的苹果酸离子的存在,使保卫细胞水势下降,水分进入,保卫细胞膨压增大,气孔开放(图5-17)。黑暗中,保卫细胞质膜去极化,H^+ 进入,K^+ 外流,保卫细胞水势上升,气孔关闭。

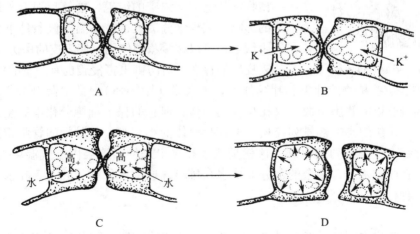

图5-17　气孔器侧面观、示气孔开关

A. 保卫细胞中 K^+ 含量相对较低,气孔关闭　B. 光照引发 K^+ 进入保卫细胞
C. K^+ 积累的结果,使得水分从周围细胞渗入保卫细胞
D. 保卫细胞中水分增加,膨压加大,气孔开放

当气孔开放，蒸腾强度高而叶片缺水时，叶肉细胞可合成脱落酸（ABA），抑制 K^+ 内向通道，活化 K^+ 外向通道，使 K^+ 外流，保卫细胞水势升高，气孔关闭。

由此可见，气孔开闭有着一个自动的反馈系统。气孔关闭时，光照引起保卫细胞光合作用，形成苹果酸、ATP，促使 H^+—K^+ 交换，K^+ 进入保卫细胞，水势下降，水分进入保卫细胞，气孔张开。这个结果一方面使更多的 CO_2 进入，光合作用加强；另一方面蒸腾作用也加强，造成叶片水分亏缺，水分亏缺又促使叶肉细胞内合成 ABA，ABA 作用于保卫细胞，使气孔关闭，蒸腾作用减弱。这个自动反馈系统既保证光合作用所需 CO_2 的供应，又保护植物免于过多地丢失水分。

一般植物在正常的气候条件下，昼夜之间，气孔的关闭具有周期性。气孔常于晨间开放有利于进行光合作用，中午之前张开到最高峰，此时，气孔蒸腾也迅速增加，保卫细胞失水渐多；中午前后，气孔渐渐关闭；下午当叶内水分渐渐增加后，气孔又再张开；到傍晚后，因光合作用停止，气孔则完全闭合。气孔开闭的周期性，随气候和水分条件，生理状态和植物种类而有差异。了解气孔开闭的昼夜周期变化和环境的关系，对于选择根外施肥的时间有实际意义。

多数植物叶的气孔与其周围的表皮细胞处在同一平面上，但旱生植物的气孔位置常稍下陷，形成下陷气孔，甚至多个气孔同时下陷，形成气孔窝；而生长于湿地的植物其气孔位置常稍升高。气孔的这些特点，都是对光照、水分等不同环境条件的适应

（3）表皮附属物：叶表皮上常有表皮毛，它是由表皮细胞向外突出分裂形成的。其种类很多，有单细胞的、多细胞的，有的是分枝状，有的呈星形或鳞片状。如苹果叶上为单细胞表皮毛；马铃薯叶上为多细胞表皮毛；棉叶上有单细胞簇生的表皮毛和乳突状腺毛，在叶背面中脉还有由多细胞组成的棒状蜜腺；茶幼叶下表皮密生单细胞的表皮毛，在表皮毛周围，分布有许多腺细胞，能分泌芳香油，加强表皮的保护作用；甘薯叶表皮上有腺鳞，它包括短柄和由较多分泌细胞构成的顶部两个部分，顶部能分泌黏液。环境条件会影响表皮毛的疏密，如高山植物叶片上多有浓密的绒毛，能够反射紫外线，削弱强光的影响，减少水分蒸发；在高温气候条件下生活的植物密生绒毛，可以减缓蒸腾作用，使表皮的保护作用得以加强。表皮毛的存在，对防御虫害侵袭也有一定的作用。

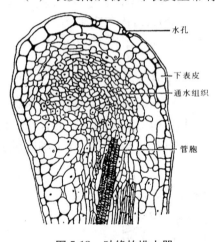

图 5-18　叶缘的排水器

（4）排水器：有些植物的叶尖和叶缘分布有排水器（图 5-18）。排水器由水孔、通水组织以及与它们相连的维管束的管胞组成。水孔与气孔相似，但它的保卫细胞分化不完全，没有自动调节开闭的作用。通水组织是一群排列疏松、不含叶绿体的小细胞，与脉梢的管胞相连。清晨漫步时，经常见到叶缘有整齐排列的水珠，这就是从水孔排出来的。清晨因空气湿度大，叶蒸腾弱，但植物根系依然在吸收水分，多余的水分即从水孔排出，这种现象称为吐水。吐水现象是根系吸收作用正常的一种标志。

2. 叶　肉

叶肉是上、下表皮之间的绿色同化组织，由基本分生组织发育而来。叶肉细胞富含叶绿体，是进行光合作用的主要场所。有的植物叶肉内还含有少量其他组织结构，如棉、柑橘属植物有溶生的分泌腔，甘薯、柑橘属植物有含晶异细胞，茶叶中有大型骨状异细胞等（图5-19）。

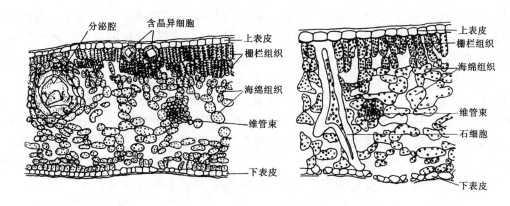

图 5-19 蜜柑（左）和茶（右）叶片横剖面示叶肉组成

由于叶两面受光的影响不同，大部分双子叶植物的叶肉细胞分化为上部的栅栏组织和下部的海绵组织，具这两种组织的叶称为两面叶或异面叶或背腹型叶，如棉花、女贞的叶。少数双子叶植物没有分化出这两种组织，如一些水生植物仅形成疏松的海绵组织；或虽有分化，栅栏组织却分布在叶的两面，如夹竹桃的叶，这类叶称为等面叶。

（1）栅栏组织：位于靠近上表皮处，通常由一至几层长柱形的细胞组成，作栅栏状排列，比较整齐，细胞长轴与表皮垂直。与海绵组织相比较来看，栅栏组织的细胞内含有较多的叶绿体，光合作用能力较强。细胞内的叶绿体分布常因光照强度而有适应性变化：强光下叶绿体移向侧壁，减少了受光面积，避免灼伤；弱光下则分散于细胞质内，以充分利用散射光。

栅栏组织的细胞层数与细胞长度因植物而异。如棉为 1 层，长达叶片厚度的 1/3～1/2，甘薯 1～2 层，茶因品种不同而可有 1～4 层的变化。此外，栅栏组织细胞的层数也与光照强度有关，例如生长在强光下和阳坡的植物栅栏组织细胞的层数较多，反之较少甚至没有。

（2）海绵组织：海绵组织位于下表皮和栅栏组织之间，含叶绿体较栅栏组织少，细胞的大小和形状不规则，排列疏松，形成短臂状突起并相互连接形成较大的细胞间隙。由于这些特点，使两面叶的背面色泽常明显浅于腹面。

在上下表皮气孔内方的叶肉细胞，常形成较大的空隙叫孔下室，它与海绵组织及栅栏组织的胞间隙相连，形成曲折、连贯的通气系统，并通过气孔与外界相通。这种发育良好的细胞间隙系统，便形成了极大的表面积，扩大了叶肉细胞与内部空气的接触面，有利于气体交换和对 CO_2 的吸收，对叶片进行光合作用有重要意义。

3. 叶 脉

叶片中由原形成层发育而来的维管束为叶脉主要部分，在主脉和大侧脉中的维管束周围还有由基本分生组织发育而来的薄壁组织和厚角或厚壁组织。

叶脉分布于叶肉之中，纵横交错成网状，主要起输导和支持作用。各级叶脉的结构并不相同。大型叶脉，象主脉和大的侧脉，是由 1 个至数个维管束、薄壁组织和机械组织组成的。维管束也和茎中一样有木质部和韧皮部，木质部位于近叶腹面（向茎面）、韧皮部位于近叶背面（背茎面）。双子叶植物在木质部与韧皮部之间还存在有形成层，不过形成层的活动很有限，只产生少量的次生结构。维管束周围有含少量叶绿体的薄壁组织，有时近表皮还有厚角组织（如棉、甘薯）或厚壁组织（棉、柑橘等）。机械组织一般在背面尤为发达。这些组织的存在使叶脉形成隆起。

叶脉越分越细，结构也越来越简单。首先是形成层不存在，机械组织逐渐减少，以至完全没有。维管束外围形成一或几层排列紧密的细胞，称为维管束鞘。维管束鞘由薄壁细胞或厚壁细胞组成，或两者兼具。维管束鞘由小侧脉一直延伸至叶脉末梢，因此叶脉的维管组织很少暴露于叶肉细胞间隙中。而叶缘或叶尖处的排水器是例外。其维管束末端的管胞可直接排水至水孔下的通水组织的细胞间隙中。主脉和大侧脉在向顶或向叶缘渐渐变细时，也发生上述的梯度变化。

细脉广泛延伸，贯穿于叶肉之中，主要作用是把根部输送来的水分以蒸腾流的方式供给叶肉细胞光合作用之需，另一方面也作为运送叶肉光合作用产物的起点。细脉有着与之相适应的特色结构：木质部和韧皮部的结构逐渐简单，细脉的末端木质部只有 1～2 个短的管胞（螺纹），韧皮部只有几个狭短的筛管分子和增大的伴胞，及有利于短途运输的传递细胞（可由韧皮薄壁细胞、木薄壁细胞、伴胞或维管束鞘薄壁细胞组成）（图5-20）。

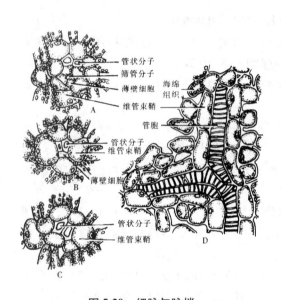

图 5-20　细脉与脉梢
A～C. 示梨属叶细脉至脉梢的结构的
梯度变化（横剖面）　D. 脉梢的纵剖面

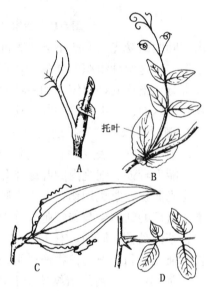

图 5-21　各种形状的托叶
A. 一种蓼科植物的托叶鞘　B. 豌豆的大托叶
C. 一种菝葜属植物 *Smilax leucophylla* 的卷须形托叶
D. 刺槐的针刺形托叶

（二）托叶与叶柄

托叶是叶柄基部的附属物，通常成对而生。很多双子叶植物的叶具有托叶，单子叶植物的叶一般没有托叶。托叶形状各异（图5-21），有线形的、针刺形的、薄膜状的等，但通常多为小叶形。托叶一般都很小，但是也有大的，例如豌豆的托叶就很大，它执行着叶片的功能。荞麦等蓼科植物的托叶绕茎而生并且彼此连接起来形成一种鞘状构造，叫做托叶鞘。一般植物的托叶通常早落，仅在叶发育早期起保护幼叶的作用。

托叶的内部结构基本如叶片，但各部分组成分子较简单，分化程度较低，叶肉细胞内含有叶绿体，亦可执行光合作用。叶柄连接叶片与茎，是两者间物质运输通道；它支持叶片并常可扭曲生长使叶片腹面朝向光源，并使整株上的叶呈合理排列。叶柄结构（图5-22）和茎的结构大致相似，是由表皮、皮层（叶柄中称为基本组织）和维管束三部分组成。一般叶柄的横切面多呈两侧对称状，有时外形如圆柱而内部仍为两侧对称。叶柄的最外层为表皮，其组成与叶片相似。叶柄的基本组织包括机械组织和薄壁组织。紧贴表皮之下为数层厚角组织，内含叶绿体，有时也有一些厚壁组织,这些机械组织既能增强支持作用,又不妨碍叶柄的延伸、扭曲和摆动。机械组织的内方为薄壁组织,占比例较大,细胞内含少量叶绿体。维管束一至多条,排成弧形分布于薄壁组织中,木质部与韧皮部排列方式与叶片中的一致,木质部在向茎的一面(叶柄上方),韧皮部在背茎的一面(叶柄下方);在双子叶植物中,木质部与韧皮部之间往往有一层形成层,但形成层只有短期的活动,所以叶柄增粗很少,只维持较细的形态。

图 5-22　三种类型的叶柄横剖面

(黑色斜线部分为木质部)

有些植物叶柄和复叶小叶柄基部有关节状膨大的结构,称为叶枕。非定向的外界因素的变化或刺激可通过叶枕引起叶的感性运动。如花生、合欢的小叶,受夜晚到来时温度或光强的改变影响,引起叶片合拢、叶柄下垂的感夜运动。含羞草的部分小叶受震动或机械刺激时,小叶便成对合拢,如刺激较强,还可依次传递到邻近小叶,以致使整株小叶合拢,所有复叶的叶柄下垂。

叶枕引起的感性运动与其细胞膨压改变有关。叶枕的维管系统在中央,表皮下的绝大部分是具细胞间隙的薄壁组织,当膨压改变引起其近轴面薄壁组织收缩、远轴面扩张时,小叶合拢;若相反,则小叶展开。

感性运动是否灵敏可以作为判断某些植物幼苗生长健壮与否的指标,如当落花生感夜性表现迟钝时,常为生长条件不适或遭病害的表现。

二、禾本科植物叶的结构

(一) 叶　片

与双子叶植物叶片比较,同样可分为表皮、叶肉和叶脉三部分,但各部分都有其特殊性(图5-23)。

1. 表　皮

表皮的结构比较复杂,除表皮细胞、气孔器和表皮毛之外,在上表皮中还分布有泡状细胞(图5-24)。

(1) 表皮细胞:表皮细胞包括一种长细胞和两种短细胞,其结构与排列基本上与茎的表皮细胞相似。长细胞是表皮的主要组成成分,细胞为长方柱形,其长轴与叶片纵轴平行,侧面的细胞壁以细小的波纹彼此相嵌,外壁角质化和硅质化,形成一些硅质和栓质乳突(papilla)。硅质含量的多少,是抗性强弱的标志。短细胞分为硅细胞(silica cell)和栓细胞(cork cell),两者有规则地纵向相隔排列,分布于叶脉的上方。水稻叶的硅细胞中充满硅质胶体物,易于辨别。许多禾本科植物表皮中的硅细胞常向外突出如齿状或成为刚毛,使表皮坚硬而粗糙,加强了抵抗病虫害侵袭的能力。农业生产上施用硅酸盐或采用稻草还田的措施和注意株间通风,以利细胞壁的硅化和抗病虫性能的提高。

(2) 泡状细胞:在两条平行叶脉之间的上表皮中,分布着数列具有薄垂周壁的大型细胞,其

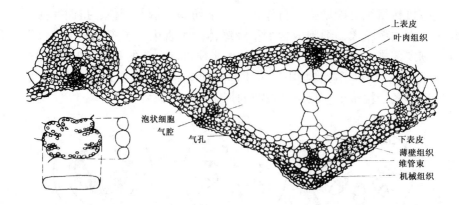

图 5-23 水稻叶片的结构（左下方为叶肉细胞的形态）

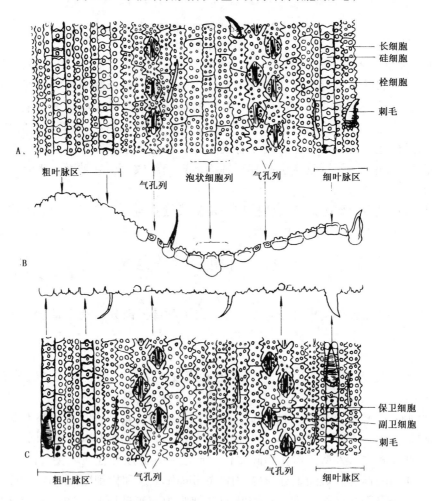

图 5-24 水稻叶表皮的结构
A. 叶上表皮顶面观 B. 叶片横切面示意图（示上下表皮） C. 下表皮顶面观

长轴与叶脉平行，称为泡状细胞（bulliform cell）或运动细胞（motor cell）。泡状细胞常 5~7 个为一组，中间的细胞最大，两旁的较小，在横剖面上形成展开的折扇状。这些细胞的液泡很大、壁薄，不含或含有少量叶绿体，很容易因含水分情况的不同而自行收缩或膨大。通常认为当气候干燥、叶片蒸腾失水过多时，泡状细胞发生萎蔫，于是叶片内卷成筒状，以减少蒸腾；内卷一般是可逆的，当天气湿润、蒸腾减少时，它们又吸水膨胀，于是叶片又平展。但是植物叶片失水内卷，也与叶片中的其他组织的差别收缩、厚壁组织的分布、组织之间的内聚力等有关。在小麦、玉米、甘蔗的栽培或水稻的晒田过程中，如果发现叶片内卷，傍晚仍能复原，说明叶的蒸腾量大于根系吸收量，这是炎热干旱条件下常有的现象。如果叶片到晚上仍不展开（晚上蒸腾很少），这是根系不能吸水的标志，说明植物受到干旱伤害。

（3）气孔器：表皮上的气孔器，由一对哑铃形的保卫细胞和其外侧的一对近似菱形的副卫细胞构成（图5-25）。气孔器在表皮上与长细胞相间排列成纵行，叫做气孔列。保卫细胞中间小、壁厚，两端膨大、壁薄。当保卫细胞吸水膨胀时，薄壁的两端膨大、互相撑开，于是气孔开放，缺水时，两端萎软，气孔闭合。具体调节开闭的机制与双子叶植物的气孔类似。禾本科植物叶片上、下表皮的气孔数目几乎相等，这个特点与叶片生长比较直立，没有腹背结构之分有关。但是，气孔在近叶尖和叶缘的部分却分布较多。气孔多的地方，有利于光合作用，也增强了蒸腾失水。水稻插秧后，往往发生叶尖枯黄，这是因为根系暂受损伤，吸水量少，而叶尖蒸腾失水多的缘故。因此，有时在水稻插秧时，常把较高大秧苗的叶尖割掉，以减少蒸腾失水。

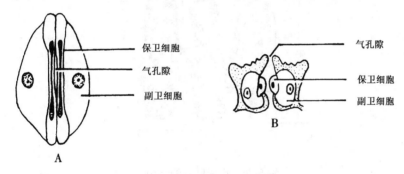

图 5-25　水稻的气孔器
A. 顶面观　B. 侧面观（气孔器中部横切）

（4）表皮毛：禾本科植物的叶表皮上常生有单细胞或二细胞的表皮毛，有些单细胞表皮毛的基部膨大而顶端尖锐，且具有木质化的厚壁，叫做刺毛。表皮毛和刺毛的存在，增强了表皮的保护功能。

此外，禾本科植物的叶尖也分布有排水器，在温暖的夜晚且湿度较大的清晨，可见到麦、稻叶尖处有吐水现象。

叶片上的气孔、排水器和泡状细胞往往是病菌侵入植物体内的途径。例如，稻瘟病菌的分生孢子，萌发后的芽管即从气孔或泡状细胞侵入，而白叶枯病的病原菌则是从排水器侵入的。

2. 叶肉细胞

禾本科植物叶的叶肉没有栅栏组织和海绵组织的分化，属于等面叶型。细胞通常排列紧密，胞间隙小。水稻和小麦等作物的一些叶肉细胞会产生特殊的变化，其细胞壁向内皱褶，形成"峰、谷、腰、环"的结构，增大了内表面积，利于更多的叶绿体沿着其内表面排列，易于接受更多的光照和 CO_2，充分进行光合作用，从而提高了光合效率。当相邻叶肉细胞的"峰、谷"相对时，可使细胞间隙加大，便于气体交换。同时，多环细胞与相同体积的圆柱形细胞比较，相对减少了细胞的个数，细胞壁减少了，对于物质的运输更为有利（图5-26）。小麦叶肉细胞的环数随叶位上升而增加，旗叶的叶肉细胞较其下位叶的叶肉细胞短而宽，环数增多，因而单位空间内细胞层数加多，细胞的光合表面积与胞间空隙增大，从而提高了旗叶的光合效率。

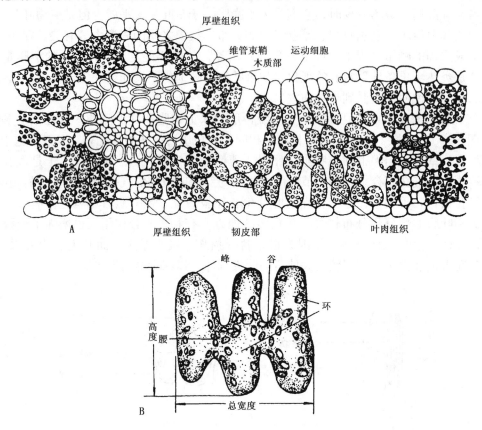

图 5-26　小麦叶片的结构

A. 叶片部分横切面　B. 具有"峰、谷、腰、环"结构的叶肉细胞

禾本科作物叶为等面叶，其背、腹两面的绿色色泽相近。但全叶叶色在不同生育期和不同栽培条件下会作相应改变，因为叶绿素是不断地合成与分解着的。当营养生长旺盛、氮肥充足时，叶绿素的合成多于分解，含量增加，因而叶色浓绿；反之，在不利于叶绿素形成的条件下，它的含量便减少，类胡萝卜素的黄橙色就显露出来，因而叶色变为黄绿。所以，水稻和其他作物的叶色在不同生育期的变化，是叶绿素含量的增减过程，它反映了植株新陈代谢的特点。实践证明，掌握作物叶色变化的规律，可作为看苗管理的依据，从而采取适当措施，获得稳产高产。

3. 叶脉

禾本科植物叶为直出平行叶脉，中脉和侧脉从叶基到叶尖作纵向平行排列，各平行叶脉间有横向细脉相连。禾本科植物叶脉的上、下方，往往分布有厚壁组织与表皮相连接。水稻叶片的中脉，结构比较复杂，它是由多个维管束与一些薄壁组织组成，中央部分形成大而分离的空腔，与茎、根的通气组织相通。叶光合作用所释放的氧气，可以由这些通气组织输送到根部，供给根部细胞进行呼吸作用。玉米中脉中有较多的不含叶绿体的薄壁组织。中脉皆向叶背形成隆脊，水稻的较大次级平行侧脉亦形成向腹面的小隆脊。横向细脉结构简单，通常只含一列导管和一列筛管。

叶脉中的维管束均为有限外韧维管束，在维管束中，韧皮部位于下方，木质部位于上方，无形成层。维管束外有 1~2 层薄壁或厚壁细胞组成的维管束鞘。维管束鞘的结构不但可以作为禾本科植物分类的依据之一，而且在不同光合途径的植物（C_3 和 C_4 植物）中，维管束鞘细胞的结构有显著的区别。

根据光合作用碳素同化的最初光合产物的不同可把禾本科植物分成两类：一类是基本类型，光合作用最初产物是 3-磷酸甘油酸（三碳化合物），这种反应途径叫做卡尔文循环，也称为 C_3 途径，循着这条途径进行光合作用的植物叫做 C_3 植物，如水稻、小麦、大麦、燕麦等大多数禾本科植物属此类型；另一类植物同化碳素，除了进行卡尔文循环外，还有以草酰乙酸（四碳化合物）为最初产物的 C_4 途径，这类植物被称为 C_4 植物，如甘蔗、玉米、高粱等少数禾本科植物就是这一类型。一般来说，C_4 植物比 C_3 植物具有较强的光合作用，其原因之一就在于维管束鞘的结构上（图 5-27）。

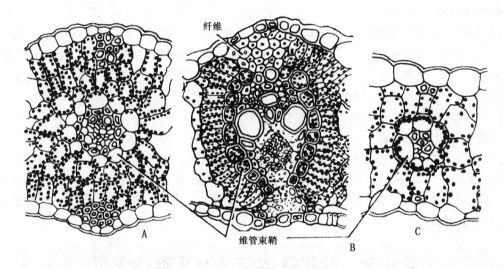

图 5-27　几种禾本科植物叶片横切面的一部分，示维管束鞘与其周围叶肉细胞的形态结构
A. 小麦（C_3 植物），具大、小两层细胞组成的维管束鞘
B. 苞茅属之一种（C_4 植物），维管束鞘与其外围的一层叶肉细胞形成"花环"结构，
C. 玉米（C_4 植物），具一层细胞组成的维管束鞘，其细胞中含较大的叶绿体

玉米、甘蔗、高粱等 C_4 植物的维管束鞘只有 1 层薄壁细胞组成，体积较大，排列整齐，内含许多较大的叶绿体。维管束鞘细胞内的叶绿体中主要是基质类囊体，没有或仅有少量基粒类囊体，而叶肉细胞中的叶绿体有明显的基粒类囊体和基质类囊体，这种现象称作叶绿体的二型现象（dimorphism of chloroplase）。维管束鞘细胞内叶绿体积累淀粉的能力超过一般叶肉细胞中的叶绿体。此外，维管束鞘细胞中含有丰富的线粒体和过氧化物酶体（和光呼吸有关）等细胞器。同时，其外侧密接一层成环状、或近于环状排列的叶肉细胞，和维管束鞘细胞包被叶脉形成同心的圈层，这种同心圈层结构叫做"花环型"（Kranz-type）结构，维管束鞘细胞与邻接的叶肉细胞之间有大量的胞间连丝相连，这些解剖结构是 C_4 植物的特征。C_4 植物进行光合作用时，磷酸烯醇式丙酮酸固定 CO_2 的反应，是在叶肉细胞的叶绿体中进行的。生成四碳化合物后，被转移到维管束鞘薄壁细胞中，再放出 CO_2，经过维管束鞘细胞中的叶绿体，通过 C_3 途径将 CO_2 合成单糖和淀粉。

小麦、大麦等 C_3 植物的维管束鞘有 2 层细胞，水稻的维管束鞘可因品种不同而为 1 层或 2 层，但在细脉中则一般只有 1 层维管束鞘。具有 2 层维管束鞘的，其外层细胞壁薄、较大，所含叶绿体较叶肉细胞中的少；内层细胞较小，细胞壁较厚，几乎不含或含少量叶绿体。过氧化物酶体在叶肉细胞和维管束鞘细胞中都有分布。叶肉细胞和维管束鞘细胞的叶绿体中都含有基粒类囊体和基质类囊体，没有叶绿体的二型现象，也没有"花环型"结构出现。这些都是 C_3 植物在叶片结构上的反映。它的 C_3 途径，主要是在叶肉细胞的叶绿体中进行的，并在这里将 CO_2 合成单糖和淀粉。

C_4 植物叶片中的"花环"结构，以及维管束鞘细胞的解剖特点，在进行光合作用时，更有利于将叶肉细胞中由四碳化合物所释放出的 CO_2 再行固定还原，提高了光合效能。实验证明 C_4 植物玉米能够从一个密闭的容器中用去所有的 CO_2，而 C_3 植物则必须在 CO_2 浓度达到 0.04 $\mu l/L$ 以上才能利用，C_4 植物可以利用极低浓度的 CO_2，甚至气孔关闭后维管束鞘细胞呼吸时产生的二氧化碳都可以利用，同时，C_4 植物的光呼吸又比 C_3 植物的低。因此，一般把 C_4 植物称为高光效植物，而把 C_3 植物称为低光效植物。

在自然界中，大部分植物是 C_3 植物。C_4 植物多分布于热带高温干旱的环境中，数量较 C_3 植物少得多，已发现的不过数百种，分属禾本科、菊科、马齿苋科、莎草科、苋科、藜科等进化地位较高的十几个科。玉米、甘蔗、高粱等 C_4 植物是禾本科中光合速率和产量较高的作物，但还有一大批作物为 C_3 植物，因此，如何将 C_3 植物改造为 C_4 类型已成为重要的研究课题之一，若能将 C_3 类作物改造成为 C_4 类作物便可大大提高作物的产量。

（二）叶鞘、叶耳与叶舌

叶鞘的结构也由表皮、基本组织和维管组织组成。但表皮中无泡状细胞，气孔较少，含叶绿体的同化组织也少，其细胞壁不形成内褶，大小维管束相间排列，分布部位近背面，朝叶鞘向叶基方向逐渐移向叶的腹面，最后入茎。水稻叶鞘中也有气腔分布。叶耳和叶舌的结构更为简化，常只有几层细胞的厚度。

第五节　叶片结构与生态环境的关系

叶是植物体较脆弱的部分，也是受环境影响较大的部分，因此，为了适应环境的变化，叶的形态结构常随生态环境的不同而发生变异。环境因素影响最明显的是有效水分和光照强度。根据植物与水分的关系，可分为旱生植物、中生植物、湿生植物和水生植物四大类；根据植物与光强的关系，又可分为阳地植物和阴地植物。下面主要介绍受生态环境影响较大的旱生植物、水生植物、阳地植物、阴地植物叶的结构特点。

一、旱生植物叶片的结构特点

能适应干燥的条件而正常生活的植物称为旱生植物（xerophytes）。这类植物为适应干旱的环境，叶的结构主要朝着降低蒸腾和贮藏水分两个方面发展。

旱生植物的角质膜很厚，表皮毛和蜡质层很发达；有的形成复表皮，气孔藏在特殊的气孔窝内，还覆盖着表皮毛，如夹竹桃。有的叶片强烈缩小成刺形，如仙人掌类植物；针形如松属植物；或鳞片形，如柏属植物，这样可以减少蒸腾面积，也就减少了水分的蒸腾量。有的植物叶表皮细胞壁木质化加厚而成为厚壁细胞，气孔下陷，如松属植物。这些特征都可以减少水分的散失。

叶面积缩小，可以减少蒸腾，却对光合作用不利，因此，旱生植物的叶片还向着提高光合效能方面发展。表现在：栅栏组织发达，呈多层排列，而且很紧密，甚至叶背面也有栅栏组织，如夹竹桃（图5-28）。有的叶肉细胞形状发生变化，细胞壁向内凹陷，形成许多突入细胞内部的皱褶，叶绿体沿皱褶边缘排列，如松属植物，这样的皱褶可以扩大叶绿体的分布面积，并增加光合作用面积，弥补了针形叶光合面积小的不足。

一般旱生植物叶片内的叶脉比较稠密，输导组织发达，可以适应在干旱的大气中得到较充足的水分，维持光合作用的进行。

旱生植物叶片中机械组织非常发达。成片分布在表皮和叶肉之间，或分布在叶肉细胞内，或包围着叶脉形成鞘状。发达的机械组织可以支持叶片，使其在缺水情况下不会萎缩变形，从而保证叶肉组织不会因为叶的失水萎蔫变形而受到伤害。例如松叶表皮内方，有一至数层木质化的厚壁细胞组成的下皮层（图5-29），下皮层除了防止水分蒸发外，还能使松叶具有坚挺的性质。

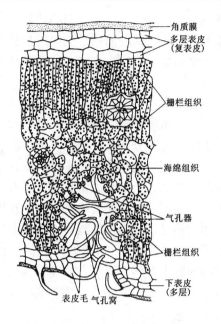

图5-28 夹竹桃叶片的结构

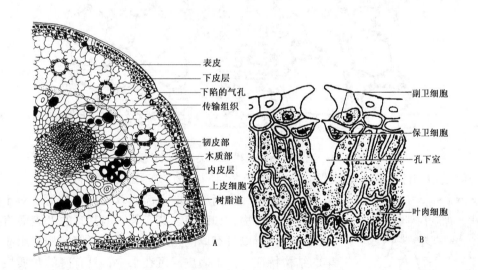

图5-29 松叶横切面
A. 部分结构图　B. 气孔器和叶肉细胞

旱生植物的另一种类型是肉质植物，例如芦荟、马齿苋、景天、龙舌兰等。它们的共同特征是叶片肥厚、肉质多汁，有发达的贮水组织，细胞液浓度高，保水力强（图5-30）。肉质叶是减少水分蒸发面积的一种形态，因为肉质叶比一般叶厚，肉质叶和相同体积的一般叶相比，具有较小的表面积。

综上所述，旱生植物叶在形态结构上有多种

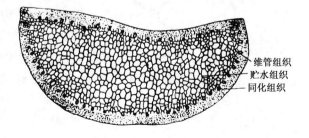

图5-30 芦荟叶横切面

适应性特征，但是，其共同的特征都是：叶表面积和体积的比值比较低，即相同体积的叶，旱生植物有较小的蒸发面积。上面所提到的旱生叶的特征，如叶形小、肉质叶、叶肉排列紧密、栅栏组织和输导组织发达、气孔器多而且下陷等，都是与减小叶的蒸发面积有关。

二、水生植物叶片的结构特点

整个植物体或其一部分浸没在水中的植物叫做水生植物（hydrophytes）。根据其生长的水层深浅不同，可再分为沉水植物、浮水植物和挺水植物三种类型。

沉水植物是整个植物体都沉没在水下，与大气完全隔绝的典型的水生植物，如眼子菜科和金鱼藻科植物等。叶片通常较薄，多呈条带状、线状或细裂呈狭条状，有助于增加叶的吸收表面。表皮上通常无角质层、蜡质层，能直接吸收水分、矿质营养和水中的气体。表皮上也没有气孔器，气体交换是通过表皮细胞的细胞壁进行的。表皮细胞中具叶绿体，能够进行光合作用（图5-31）。由于水中光照弱，叶肉组织不发达，没有栅栏组织和海绵组织分化，叶肉细胞中的叶绿体大而多，细胞间隙很发达，有较大的气腔和气室，形成发达的通气系统，既有利于通气，又增加了叶片浮力。叶片中的叶脉很少，木质部不发达甚至退化，韧皮部发育正常。机械组织和保护组织都很退化。

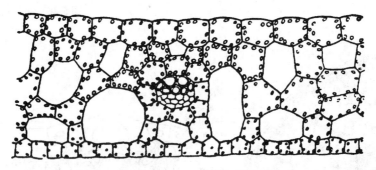

图 5-31 沉水植物叶的构造（眼子菜属叶横切）

浮水植物是植物体浮悬水上或仅叶片漂浮在水面的植物，如雨久花科的凤眼莲属、睡莲科的芡属和睡莲属、天南星科的大漂属及菱科植物等。对于叶漂浮在水面的水生植物，如睡莲、芡实等，因其叶的上表面直接承受阳光的照射，所以具有厚的角质层和排列紧密的栅栏组织等适应干旱的结构特征，而下表皮浸沉在水中，具有薄的角质层，无气孔并具有发达的通气组织等适应水生生活的结构特征（图5-32）。这种叶片的上下两面朝着相反特征的方向发展，确实表现了植物的叶在形态结构方面的高度适应性。对于植物体漂浮在水面的水生植物，如菱和凤眼莲（水葫芦）等，其叶柄中部膨大，形成气囊，以利植物体浮生水面。

挺水植物是茎叶大部分挺伸在水面以上的植物，如莲、芦苇、香蒲等。对于挺水植物而言，除通气组织发达或海绵组织所占比例较大外，与一般中生植物叶结构相差不多。

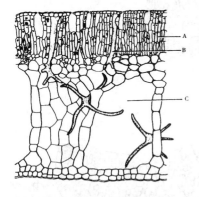

图 5-32 浮水植物叶的构造
（白睡莲叶横切）
A. 栅栏组织　B. 硬化细胞　C. 气腔

三、阳地植物和阴地植物叶的结构特点

阳地植物（sun plant）需要在阳光直接照射下才能生长良好，不能忍受荫蔽。大多数农作物，包括水稻在内均为阳地植物。阳地植物的叶受光、受热较强，因而它们的叶常倾向于旱生植物叶的结构特征，一般叶片较厚、较小，表皮角质膜较厚，栅栏组织和机械组织均很发达，叶肉细胞间隙较小。但阳地植物不等于旱生植物。在旱生植物中确实有不少是阳地植物，但阳地植物中也有不少为湿生植物，甚至是水生植物。阳地植物的大气环境与旱生植物类似，但土壤环境大不相同。

阴地植物（shade plant）适于生长在较弱的光照条件下，在强光照条件下，光合作用反而降低，如林下植物。阴地植物因长期处于荫蔽条件下，其结构常倾向于水生植物的特点。叶片一般大而薄，表皮角质膜薄，栅栏组织发育不好，胞间隙发达，海绵组织占据叶肉的大部分空间，叶绿体较大，表皮细胞中也常含有叶绿体，可利用散射光进行光合作用。若光照过强，呼吸作用大大超过光合作用，消耗大于积累，阴性植物就会出现饥饿现象而生长不好；而且强光下，水分蒸腾过多，容易发生萎蔫。

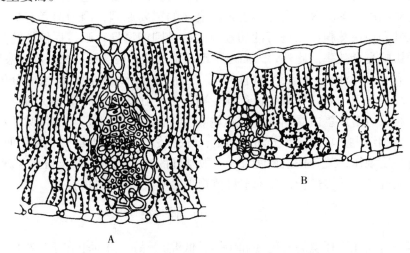

图 5-33 在向阳和荫蔽条件下的栎树叶片解剖结构
A. 阳叶 　B. 阴叶

叶是最容易发生变异的器官，在同一植株上或在作物群体中，各叶所处的光照、水分等条件不同，其叶片的解剖结构常有差异。在同一植株上，越近顶部的叶或向阳一侧的叶，越倾向于旱生叶的结构，而下部的叶或生于阴面的叶则倾向于阴生叶的结构（图5-33）。水稻的旗叶，一般有较高的光合强度，其内在原因之一就是具备了阳叶的结构特点。所以，栽培水稻时要防止叶片早衰，使能更有效地进行光合作用，使幼穗源源得到光合产物的供应，达到籽粒饱满，保证旗叶和上部二叶、三叶的继续生长是十分重要的。

在作物群体中，顶部和向阳的叶，具有旱性结构的倾向；而荫蔽的叶，其解剖特点大体上趋向阴叶。了解阳叶和阴叶的比例和分布规律，对作物群体合理利用光能，增加单位面积产量具有重要意义。

第六节　叶的衰老与脱落

叶有一定的生活期，当生活期结束时，叶便枯死脱落。生活期的长短各植物不同，多年生木本植物中如无花果、桃、李、油桐等，叶在春夏季生长，到秋冬季就全部脱落，只能生活一个生长季节，这种树称落叶树（deciduous tree）。而荔枝、龙眼、杧果的叶可生活一年或几年，松树的叶可生活 3～5 年，在新叶发生后，老叶才次第脱落，因而整个植株看来似四季常青，这种树称常绿树（evergreen tree）。实际上，常绿树也并非不落叶，只是落叶不同时发生。

叶在结束生活期而脱落之前，还要经历衰老的变化。现就叶的衰老与脱落两个连续过程分述之。

一、叶的衰老

叶衰老的原因十分复杂，据研究可能由于如下原因：一是老叶中的矿质及养料转移到休眠芽、幼叶、根及果实等竞争力更强的部位。二是叶内生长物质的改变，包括生长促进物质细胞分裂素的减少及生长抑制物质脱落酸含量的增多也是叶衰老的重要原因，因为前者有抑制叶内蛋白质分解、促使气孔张开和加快蒸腾作用进行的功效，而后者则能诱导休眠，促使气孔关闭，抑制蒸腾作用进行，从而影响光合效率。此外，人们还发现氮肥的缺乏也会明显加速叶的衰老。

从叶的内部和外部特征看，叶衰老时有如下变化：随着叶绿体内叶绿素的分解破坏，使叶黄素及胡萝卜素的颜色显现出来，导致叶色逐渐变黄；由于筛管中胼胝质物质的增多以致使筛孔堵塞，叶内同化产物及可溶性蛋白质向叶外的运输量会逐渐减少，于是叶的代谢活动降低；此时叶柄维管束的导管也相继失去功能，水分渐趋不足，气孔关闭提早，叶的光合作用便开始减弱。

叶的衰老有一定规律，就一株植物而言，一般基部的叶先衰老，渐及顶部；就一片叶子而言，双子叶植物多是由叶基向叶尖进行，而禾本科植物则由叶尖向叶基进行。

二、叶的脱落

落叶的起因一方面在于环境的变化（如干旱、低温），另一方面也在于植物体内部代谢发生了变化，导致脱落酸的积累增多。由于脱落酸的作用，使叶柄基部近枝条处的几层细胞发生细胞学和生物化学上的变化，细胞出现了增生现象，产生了几层较小而扁平的细胞，并占据一定的区域，这个区域称为离区（abscission zone）。在叶脱落之前，离区内的一些细胞，其胞间层的果胶酸钙转化为可溶性的果胶和果胶酸，从而导致胞间层黏液化和溶解，有些植物还伴有细胞壁甚至整个细胞解体，这样便形成了离层（abscission layer），即发生分离的部位。这样，叶就摇摇欲坠了，在叶的重力悬垂下，以及风吹、雨打等机械力量作用下，叶就从离层处断离而脱落。与此同时，紧接离层下面的几层细胞，其细胞壁发生栓质化，逐渐覆盖整个断痕，形成了保护层（protective layer）（图5-34）。它能保护叶脱落后所暴露的表面不被昆虫、真菌、细菌所伤害。叶脱落后，在茎上留下的痕迹，叫叶痕，叶痕内通常有几个凸起的小斑点，这是由茎入叶的维管束断离后所形成的断面，叫叶迹。叶痕的形状、叶迹的数目及排列方式因树木种类的不同而异，根据这些性状可以鉴定冬季落叶的树木。

落叶是植物为适应干旱、低温而产生的一种自然现象，也是自卫性保护所采取的必要措施，是植物长期进化过程中形成的。因落叶树种的叶全部脱落后，光合作用基本停止，水分的蒸腾大大减少，有利于植株进入休眠状态以顺利度过严寒的冬天。另外，落叶还具有排泄作用，过多金属的存在对植物体有一定毒害性，落叶之前，许多金属元素就主动转移到叶中，并随落叶脱离开植物体。实验发现，落叶中铝、锌、铁、铅等金属的含量均高于生活叶。

离层不仅发生于叶柄基部，在花柄、果柄的基部也会发生，造成落花、落果，给生产上造成不利的后果。如棉花落铃、大豆落荚、果树落花等现象都与植物的落叶是相似的，也是在脱落部位形成了离层，使之从母体上脱落下来。所以，研究离层形成的生理解剖、化学变化过程及其与外界条件的关系，对于解决器官脱落问题具有一定的实际意义。当前在生产上常喷洒一定浓度的生长素或生长调节剂如2，4-D或赤霉素等就是为抑制离层的形成，防止落花落果所采取的一些有效措施。

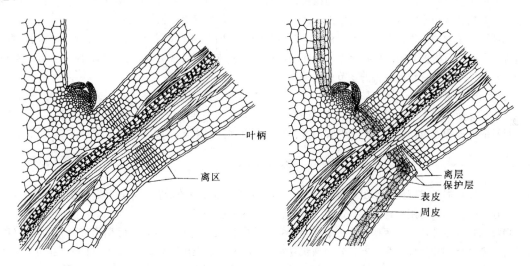

图 5-34　叶柄基部离区和离层、保护层的形成

第七节　叶的生长特性与农业实践

一、叶的生长特性与种植方式

作物干重的90%～95%是通过光合作用形成的，但据估计，目前作物的光能利用率只有1%～3%，改进的余地是相当大的。从植物学角度考虑，可采取以下几种措施：

（1）选育耐低温作物品种并尽可能早播种，使叶面积较早扩展，以达到在最长的太阳辐射周期内有尽可能多的田间土地面积为叶所覆盖的效果。

（2）应注意合理密植，使作物群体在叶面积增至最大值时达到适宜的叶面积指数（即单位土地面积上作物绿色叶片总面积与该土地面积之比，一般认为6～7较适宜）。要合理而全面地设计作物的田间结构，并选择培育适于密植的株形与叶的长相的品种。如矮生、叶片较直立、株型为伞状的大豆品种，由于其各层叶片都能较好地受光，就具有较大的生产潜力。

（3）间作、套种的栽培法是另一种在空间、时间上充分利用日光的好方法：根据不同作物的株型高矮、根系深浅和对光、水、肥的要求等搭配种植，如玉米与黑豆，甘薯与芝麻，等等，便是农业常用的较佳组合。此外，缩短作物生长期，提高复种指数，实行一年多熟等方法也能提高叶的光能利用率。

二、不同叶位的叶与作物产量

同一植株上的叶，在形态、结构上自下而上常呈一定的梯度变化，光合强度也随之不同。水稻、小麦的顶生穗位叶（分别称为旗叶和剑叶）、玉米的中位叶（着生于生长雌穗的节位上），对籽粒干物质的积累有特殊作用，特称功能叶。

资料表明，抽穗后，小麦旗叶供给籽粒干重总量的1/6的光合产物，而上部第二、三叶分别为1/8和1/14，旗叶供给量约为第二、三叶之和。而且随籽粒的形成与成熟，功能叶的作用日益明显与重要。

芒为禾本科植物的稃片（变态叶）中脉的延伸物，据测定，大麦芒在麦粒形成期的光合产物占整个植株的1/6，亦是一种重要的光合结构。

因此，农业生产中应注意保护与促进功能叶的生长，选育有芒品种。

三、叶的再生长与草皮、牧草和饲用作物生产

一般选作牧草、青饲料和绿化草皮的植物，一般属于禾本科、豆科中的草本植物，这些植物具有耐受啃食、刈割、践踏或修剪等方面的较强抗逆性，同时也具备易于再生长的特性。

禾本科类植物的再生长通常来源于被刈、被食叶的叶鞘内伸出的幼叶，或由去除的叶叶腋内发育出的新分蘖和叶。有的种类则由根状茎上的芽向地面萌生出新枝，豆类常由基部节上的休眠芽发育为新枝，刈割可刺激多年生的苜蓿近地表的茎节芽活动。

再生长时的营养一是来源于贮藏器官或组织，如根状茎、匍匐茎、球茎、叶基或残基和根中的贮藏物，另一是保留的茎和叶继续进行光合作用的产物。因此对这类作物的管理除考虑质量与数量外，还要保留足够的叶面积或植株贮藏组织和器官的发育时间，以利其再生长。

本章小结

叶的主要功能是进行光合作用和蒸腾作用，同时也是气体交换的器官，并具一定有吸收能力；有的植物叶还可供食用或药用；有的还具繁殖、攀缘、贮藏或保护等功能。

典型的单叶由叶片、叶柄和托叶三个部分组成。禾本科植物的叶由叶片和叶鞘组成，有的还有叶舌和叶耳。复叶依小叶片数与着生方式分为羽状复叶、掌状复叶、三出叶和单身复叶。叶序有互生、对生、轮生和簇生等类型。叶形通常指叶片（含复叶的小叶片）的整体形状、叶缘特点、叶裂程度、叶尖与叶基形状以及叶脉分布样式。叶形常因植物种类而异，是鉴别植物的重要依据。

叶由叶原基发育而来，经过顶端生长、边缘生长和居间生长三种生长方式而形成成熟的叶。

叶片的结构由表皮、叶肉和叶脉三部分组成。叶表皮外方常被角质膜覆盖，由表皮细胞、气孔器、表皮附属物和排水器组成。叶肉是叶片进行光合作用的主要场所，大多数双子叶植物的叶为背腹型叶，叶肉分化成栅栏组织和海绵组织。禾本科植物的叶多为等面叶，叶肉中没有栅栏组织和海绵组织的分化，叶肉细胞多向内形成皱褶，扩大了叶肉细胞的表面积。维管束鞘的结构和光合作用的最初产物有关，因而有 C_3 和 C_4 植物之分。C_4 植物的光合效率比 C_3 高，又称为高光效植物。叶脉维管束与茎中的维管组织相联系，在双子叶植物叶的主脉中有活动能力微弱的形成层。

叶的形态结构，常随生态环境的不同而发生变化，并形成各种生态类型。根据植物和水分的关系，将植物分为旱生、中生、湿生和水生植物；又根据叶受光照条件的不同，把植物分为阳地植物和阴地植物。

叶有一定的生活期，经过衰老后脱落。落叶的原因在于环境的变化及植物体内部代谢的变化，导致叶柄基部形成离层，叶柄从离层处与枝条断离。落叶后，在离层下面形成保护层。落叶是植物对不良环境的一种适应，还对植物体过多的金属离子具有排泄作用。

在农业生产上，只有提高光合作用强度，采取合理密植、间作套种以及选择优良品种，才能获得高产稳产。

复习思考题与习题

1. 解释下列名词

羽状复叶、掌状复叶、单身复叶、叶颈、叶脉、泡状细胞、离区、离层、保护层

2. 比较下列各组概念

羽状三出复叶与掌状三出复叶、栅栏组织与海绵组织、一般双子叶植物叶片与禾谷类植物叶片的结构、旱生植物叶片与水生植物叶片的形态结构特征

3. 分析与问答

（1）叶的主要生理功能有哪些？
（2）简述叶的发生和生长过程。
（3）在背腹型叶的横切面上，你有哪些识别上下表皮（即背腹面）的方法？
（4）气孔是如何调节开关的？
（5）小麦和水稻的叶肉细胞具有"峰、谷、腰、环"的结构，有何优越性？
（6）以两面叶为例，分析叶的结构与其生活环境的统一性。
（7）叶是如何脱落的？
（8）显微镜下观察双子叶植物叶的横切面时，为什么通常能同时看到维管组织的横切面和纵切面？

第六章
营养器官之间的联系及其变态

被子植物是植物界中最复杂、多样性最丰富，在植物的进化史中最晚出现的类型，根、茎、叶三大营养器官之间的高度分工，是长期对陆生环境的适应并经自然选择逐渐形成的。虽然它们的形态结构和生理功能互不相同，但在植物生长发育进程中，其结构上和生理功能上并不是孤立的，而是相互联系、相互协作和相互影响的，体现了植物生活的整体性和生长的相关性。本章内容着重介绍被子植物在营养生长过程中，营养器官间是如何通过结构和功能上的相互联系而协同生长的；营养器官如何发生变态以及变态器官的形态结构特征和功能。

第一节 营养器官之间的联系

一、营养器官功能的协同性

根、茎、叶三大营养器官所承担的主要生理功能各不相同。根生活在地下，主要承担吸收土壤水分和无机营养的功能。叶生活在地上，叶肉细胞含有叶绿体，叶表皮具有丰富的气孔，主要承担光合作用和蒸腾作用。茎位于根与叶之间，其主要功能是将根吸收的水分和无机营养输送到叶等器官，同时将叶制造的光合产物运输到根等器官。由此可见，植物的三大营养器官之间不但结构上相互贯通，而且生理功能上也是相互联系的。

（一）植物体内水分的吸收、输导和蒸腾

陆生植物生活所需要的水分，主要是从根尖的根毛区吸收。根系吸水可分为主动吸水（由根的生理活动引起）与被动吸水两部分。在正常情况下，被动吸水一般占总吸水量的 95% 左右，是由叶和幼枝等部位的蒸腾作用所致。由于水分不断从这些部位的表面蒸腾散失，引起这些器官的细胞含水量减少，水势降低，把导管中的水柱拖曳上升，结果引起根部细胞水分不足，水势降低，根部细胞就从周围环境吸收水分，如此形成贯穿整个植株的连续的水流——蒸腾流。以被子植物为例，水分在整个植物体内运输的途径为：土壤水→根毛→根皮层→根中柱鞘→根导管→茎导管→叶柄导管→叶脉导管→叶肉细胞→叶肉细胞间隙→孔下室→气孔→大气，从而构成了"土壤—植物—大气"的水分连续体系（图 6-1）。

根对矿物质的吸收是主动的选择吸收，但叶与茎参与的蒸腾作用对其输导有促进作用，其运输途径亦主要由根的木质部经茎、叶的木质部而至各所需部位。

由于维管束在植物体内纵横贯穿，水分在上升过程中又从木质部的导管或管胞渗透到各部分的活细胞，并通过活细胞进行侧向运输。在茎中，可沿着维管射线方向运输，这反映了植物体各部分的整体性。同时，在水分的传导过程中，也相应促进了矿质盐类和其他溶质的输送，及时地供应了植物生长的需要。

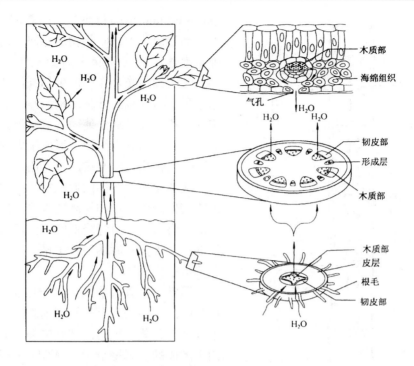

图 6-1　"土壤—植物—大气"的水分连续体系

（二）植物体内有机物质的制造、运输、利用和贮藏

叶片是进行光合作用的主要器官，通过光合作用形成的有机物质是植物体全部生命活动的物质和能量基础。根、茎、叶的生长以及花、果、种子的发育都依赖于叶片的光合产物。

有机物质的转运是一个十分复杂的过程。从运输的方向看，它首先遵循从"源"（source）到"库"（sink）的原则，所谓"源"就是产生同化物的器官或部位，如进行光合作用的叶子、吸收和转化无机盐的根；"库"是指利用或贮藏同化物的器官或部位，如茎的生长点、正在发育的果实、种子、块根和块茎等。"源"中输出的养料不是平均分配到"库"中，而是相对集中地输送到一个分配中心，即输入中心，而这个输入中心通常是植物生长最旺盛的器官或组织。同化产物的输入中心主要受生育期和叶位的影响。植物一生中的输入中心（或生长中心）是不断变化的。通常生长前期以营养器官为输入中心（根、茎、叶器官），进入生殖生长后，其输入中心便转移到生殖器官（图6-2）。植物在营养生长期，输入中心受叶位的影响，主要是就近供应，即成年叶片的光合产物主要运入邻近的生长中心。

有机物质在植物体内的运输，是通过韧皮部的筛管进行的。筛管上下贯穿于植物体内，形成了连续的运输途径。筛管中运输的糖类主要是以蔗糖的形式出现的。叶片光合作用制造的己糖通常要转化为蔗糖才能送到其他器官。

有关韧皮部运输的机理，目前多用压力流动学说

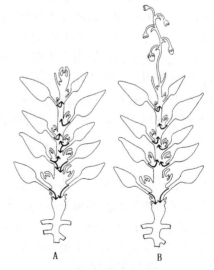

图 6-2　不同发育阶段植物体内同化物的转运方向

A. 营养生长期　B. 果期

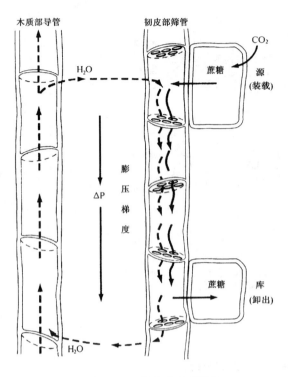

图 6-3　压力流动学说图解

(pressure-flow hypothesis)（图 6-3）加以解释。压力流动学说认为，同化物从源向库的运输是沿着由细胞渗透作用建立起来的膨压梯度进行的。在源端，叶肉细胞光合作用产生的蔗糖通过一种主动转运过程不断装载到叶脉末梢的筛管，它引起筛管细胞的水势下降，从而使随着蒸腾流到达叶片的水分通过渗透作用进入筛管，形成很大的压力势；另一方面，同化物在库端被卸出，用于生活细胞的呼吸作用或转化为不溶性的贮藏物质，因此库端的筛管维持较低的压力势和较高的水势，这样，筛管中的汁液就会沿着压力势降低的方向运动，从叶片到达根部，而水分从库端筛管中排除，进入木质部并在蒸腾流中再循环。

通常认为有机物的运输与呼吸作用密切有关。糖从叶肉细胞进入上端筛管细胞，以及从下端筛管细胞释放到茎、根的活细胞中去，都要通过呼吸作用中形成的三磷酸腺苷（ATP）提供能量。同时，韧皮部运输有机物的速率除因植物种类而有差异外，也与呼吸强度的大小有关。若用一些代谢抑制剂（如 CO）处理某些植物的叶柄，则同化物从叶片的输出就受到抑制。此外，植物体局部组织中的有机物运输，还可通过活细胞的胞间连丝进行。

有些植物具有贮藏大量有机物的能力，将叶片制造、运来的有机物积蓄于块茎、块根等贮藏器官以及结实器官的果实、种子中。这些贮藏器官在发育初期生理活性很强，促使有机物以可溶性的、比较简单的状态迅速地向内运输，最后转变为不溶性的高分子状态，如淀粉、脂肪、蛋白质等，堆积贮藏起来，因而促使有机物源源不断地向贮藏器官转移。

以上说明在植物体内有机营养物质的制造、运输、利用和贮藏过程中，植物所进行的光合作用、输导作用、呼吸作用以及生长发育等各种生理功能都是相互依存的。同时，植物的这些生理活动又与植物器官的形态结构统一协调。在这个过程中，不但营养器官之间存在着相互联系，而且营养器官与生殖器官也有一定的联系。

二、营养器官间结构的联系

配合功能的协同，各器官在结构上既各具特点而又以种种方式相互联系。根、茎、叶的皮系统形成了植物体表面的保护结构；各种各样的薄壁组织、厚角组织和厚壁组织形成了植物体内的基本组织系统；维管组织在植物体内相互连接，形成了贯穿于植物体内的维管组织系统。其中营养器官间维管组织的联系最为复杂。

（一）根与茎的联系

从皮系统看，根、茎的初生结构外表为表皮连续覆盖。有次生生长的植物体，在根、茎交接处向两端逐渐形成周皮，并与尚未进行次生生长的部分的表皮连接。

从基本组织系统看，如图 6-4，在初生生长阶段由根至茎逐渐进行如下变化：皮层由占比例大到占比例小，髓由占比例小（根的发育后期通常无髓）到占比例大（茎的髓部终生保留）。

从维管组织系统看，根和茎的初生维管组织的排列以及初生木质部的发育方式明显不同。根的初生木质部和初生韧皮部为相间排列和外始式木质部，茎为外韧维管束的环状排列和内始式木质部。因此，在根和茎的交界处，维管组织必须从一种形式逐步转变为另一种形式，发生转变的部位称为过渡区（transition zone），一般是在下胚轴的一定部位。过渡区通常较短，多在 1～3mm 左右，很少有达到几厘米的。

在过渡区，根部的初生维管组织按某种方式发生分叉、转位及汇合三个步骤，最终转变成茎部的初生维管组织。通过转变，根与茎的初生结构的差异得以统一，维管组织系统的相应部位得以连接。根据维管组织的变化，一般可将过渡区分成四种类型（图6-5）。

类型 A：由四原型幼根转变为具有四个外韧维管束的幼茎。在过渡区，根中的四束木质部均分成二叉，并转向180°，每一分叉与相邻木质部的一分叉汇合成束，

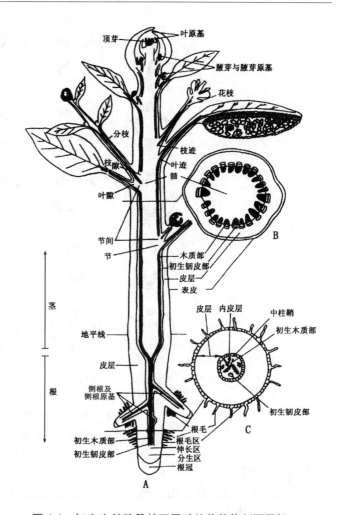

图 6-4　初生生长阶段的双子叶植物整体剖面图解

同时移位到韧皮部内方，四个韧皮部的位置始终不变，因而使原来呈相间排列的木质部与韧皮部就转变成内外排列，也就是由根中维管组织的排列转变成茎中维管组织的排列。例如棉花的过渡区。

类型 B：由二原型幼根转变为具有四个外韧维管束的幼茎。在过渡区，根中的两束木质部和两束韧皮部均一分为二，四个木质部分叉转向后分别移位到四个韧皮部的内方，形成四束外韧维管束。例如南瓜、菜豆的过渡区。

类型 C：由二原型幼根转变为具有两个外韧维管束的幼茎。在过渡区，根中的两束韧皮部均一分为二形成四部分韧皮部，每束韧皮部的一部分与另一束韧皮部的一部分合并，重新形成两束韧皮部。根中两束木质部不分裂，只转向180°，分别排列在韧皮部的内方，形成两束外韧维管束。例如，苜蓿、山黧豆 Lathyrus quinquenervius 的过渡区。

类型 D：由四原型幼根转变为具有两个外韧维管束的幼茎。在过渡区，根中的四束木质部中只有两束相对的木质部分成两叉，并转向180°。另外两束相对的木质部不分叉，只转向180°。然后，未分叉的木质部与相邻两个木质部的一分叉汇合，重新形成两束木质部。与此同时，与未分叉的木质部相邻的两束韧皮部合并，重新形成两束韧皮部，并移位到木质部的外方，形成两束外

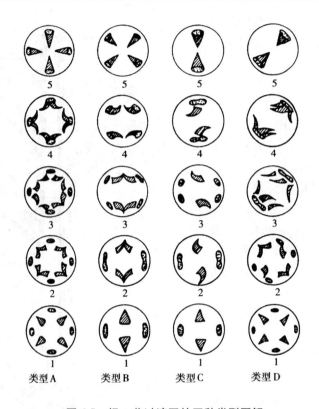

图 6-5 根—茎过渡区的四种类型图解
1. 根维管柱的横切面　2～4. 过渡区横切面
5. 茎维管柱横切面

韧维管束。例如知母的过渡区。

当次生生长进行时，由于根、茎中次生维管组织系统的各组分及相对位置均基本相同，因而能直接连接（图6-6）。

（二）茎与分枝及叶的联系

双子叶植物的茎及其分枝的初、次生结构均基本相似，皮系统与皮层、髓均可直接连贯，而维管系统则通过枝迹与分枝的维管组织相连。枝迹（branch trace）是由茎的维管柱分出，经过皮层通往分枝的这段维管束。在枝迹上方为薄壁细胞所充填的区域，称为枝隙（branch gap）。在双子叶植物中，枝迹一般为两个，但也有些植物有一个或多个枝迹。

双子叶植物叶着生于嫩枝的节上，枝和叶的表皮直接连接，枝的皮层亦可与叶柄的基本组织直接连接；维管组织的连接则通过叶迹。叶迹（leaf trace）是指从茎的维管柱斜出穿过皮层到叶柄基部（无柄叶则进入叶片基部）为止的这段维管束。叶脱落后，在叶痕内看到的小突起就是叶迹断离后的痕迹。叶隙（leaf gap）是位于叶迹上方的薄壁组织，此处因叶迹的分出而缺少维管组织的其他部分（图6-7）。

由于叶迹和枝迹的产生，使茎中的维管组织在节部附近的变化情况极为复杂，尤其在节间短、叶密集，甚至多叶轮生等情况的茎上，叶迹的数目更多，情况会更复杂。

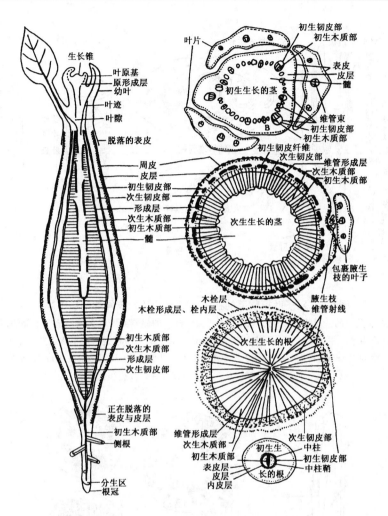

图 6-6　具次生生长的双子叶植物纵、横剖面图解
左图为植株整体纵剖面，中部增粗部分经缩短、夸大的处理

次生生长进行时，叶隙、枝隙为次生维管组织所"封闭"，伴随叶落，叶迹也被隔断，而枝迹中的形成层和茎其他部分的一起活动，使次生维管组织保持连续。

禾本科作物茎、叶间的连接也较为复杂，其叶鞘抱茎且基部与茎合成一体，茎中的多数叶迹通过茎节进入叶鞘和叶片，并形成平行叶脉。在茎节处，与叶中脉相连的大的叶迹常向茎中心作不同程度（因植物而异）的弯曲，小的叶迹则留在茎外围。这些叶迹维管束可以单独成束向茎下部伸展，经一个或几个节间再与茎中原有维管束合并，并在节部出现重新分支与汇合，因而茎成为散生中柱（图 6-8）。其他情况则与双子叶植物同。

三、营养器官生长的相关性

植物体各器官不但在生理功能上分工而又合作，在结构上各不相同而又具整体性，而且在生长过程中还存在着相互促进或相互抑制的密切关系，这种关系称为生长相关性。生长相关性主要是由于各器官之间有机营养物质的供应和分布，生长激素的调节，以及水分和矿质营养的影响所引起的。

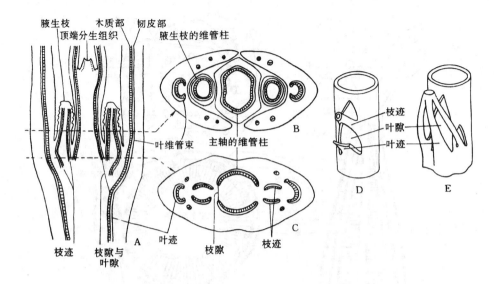

图 6-7 双子叶植物茎的初生结构与叶及分枝间的连接图解

A. 一段茎、其上的一对叶及腋芽形成的分枝（腋生枝）的纵剖面 B. A 图中茎节上部的横剖面，中央六边形为茎（主轴） C. A 图中的茎节横剖面，其中的两个枝迹将向下逐渐并入主轴的维管系统；其中的三个叶迹将向上分叉为 B 图叶片中的网状叶脉 D、E. 茎维管柱的立体图解，示单叶迹与单叶隙，及三叶迹与三叶隙，枝迹和枝隙

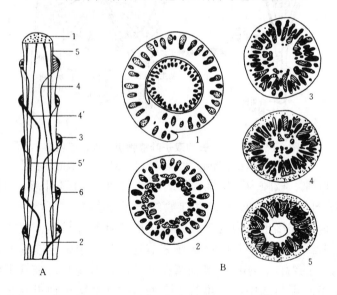

图 6-8 禾本科植物茎与叶的连接图解

A. 叶与茎维管组织联系的立体图解（1. 横剖面 2. 纵剖面 3. 叶鞘 4、4′. 与左右叶的中脉相连的叶迹 5、5′. 左右叶侧脉相连的叶迹维管束 6. 向下行的中、侧脉叶迹维管束合并）
B. 小麦茎不同水平处的横剖面（1. 节以上部分，示叶鞘增厚，两侧鞘缘合并 2. 节的上部，叶鞘与节愈合，外围的维管束为叶迹，茎中的维管束发生斜向的分枝与汇合 3、4. 节的中部，叶迹与茎维管束汇合并重新排列 5. 节下部，髓腔出现。观察各横剖面应与 A 图联系，推测它们各取自 A 图的哪一位置）

（一）枝叶系统与根系的相关性（地上部与地下部的生长相关性）

种子萌发时，通常胚根先开始伸长入土，在根生长达到一定程度时，胚轴（禾本科植物还有胚芽鞘）才伸长，将胚芽送出土面，然后胚芽活动形成茎叶系统。这说明地下部分根系的发展为地上部分茎叶系统的发展奠定了基础。胚轴与胚芽（或还有胚芽鞘）顶土向上生长需要根提供固着与支持力，也需要在种子吸涨获得水分后仍有源源不断的水与无机物的供应；胚芽有赖于胚轴伸长将其送至合适其生长发育的大气环境后再行活动。

当种子萌发后，种子中的贮藏物质耗尽以后，根系进一步生长所需物质必然依靠地上部分供给。因此，由于地上部分的发展，根系才能获得有机物质的来源，继续发展。在植物的整个生长期中，根系的健全发展，保证了地上部分的繁荣，同时地上部分的繁荣，又促进根系的进一步发展，它们之间充分反映着相互依存、相互制约的辩证关系。当这种关系协调时，便出现"根深叶茂""本固枝荣"的兴旺现象；若关系失调，植株将不能正常发育。植物地上部与地下部的生长协调的前提是二者在生长上保持一定比例关系，即根条比率。如水稻、小麦分蘖期，地上部分主要是长叶与蘖芽（叶芽），地下部分相应地形成新蘖根（分蘖节上长出的不定根）并向四周扩展；拔节抽穗时，地上部分茎秆迅速伸长，根系也向纵深发展，使根条比率维持在正常范围。

光照强度、氮肥、磷肥含量等因素，与植物体内糖类的合成和转移有关，从而影响根条比率。如果水稻、小麦栽种过密，株间通风透光不良，或施氮肥过多，常导致枝叶徒长而根系发育被抑制，降低了根条比率，最终影响产量。若适当增施磷肥，可促进糖类向根转移和根尖分生区的细胞分裂，使根条比率提高。

土壤的可用水分的含量对根条比率有很大的影响。在土壤水分较少时，根部吸收的水分不能完全满足地上部分的需要，因此，地上部分的细胞伸长生长受到一定的抑制，生长比较缓慢，然而此时土壤通气性却有增加，对根系的呼吸和生长却带来有利作用。所以润湿育秧，落干晒田等，都是利用减少土壤水分，增加通气，促进根系生长，提高根条比率而获得丰产的有效措施。反之，在淹水情况下，根系的呼吸和生长受到抑制，根条比率也就下降。

根条比率除受环境条件影响外，还受植物遗传性的控制，如一些牧草有耐刈割（去叶对根损伤少、再生新叶力强）的特点。因而生产中还应根据需要，选择具备有关特点的良种，并采取有效的农业措施，为农业的丰产高产打好基础。

（二）主干与侧枝的生长相关性

当植物主干的顶芽活跃生长的时候，往往下面的腋芽休眠不活动，若顶芽摘掉或受损害后，腋芽就迅速生长为枝。这种顶芽对腋芽生长的抑制作用，通常称为顶端优势（apical dominance）。顶端优势的存在，决定了植株的树冠或株型，即地上部分的形态。主根与侧根的生长相关性，也很类似。

顶端优势的强弱，随植物的种类不同而异。马尾松、杉木、圆柏等许多具单轴分枝的乔木，顶端优势很强，侧枝短而斜生，多形成塔形的树冠，具有明显而直立的主干；而苹果、桃、桑及其他灌木等具合轴分枝的植物，其顶端优势较弱，不形成明显而直立的主干，侧枝发达。在禾本科植物中，玉米的顶端优势很强，一般无分枝（蘖）；而稻、麦等拔节前顶端优势弱，在适宜的条件下可发生多次分蘖。在农业生产上，常利用顶端优势的原理，根据各种作物的生长特性，分别控制或促进主轴与侧枝的生长，以求达到高产目的。例如栽培黄麻和红麻，不需要植株分枝，就可以利用顶端优势，适当密植，抑制侧芽发育，从而提高纤维的产量和质量。而果树和棉花正好相反，需要合理修剪，适时打顶，抑制顶端优势，以促进分枝多而健壮，多开花多结果，提高果实的产量和质量。

主干与侧枝之间所显示的生长相关性，一般认为是受植物体内生长素浓度的影响，顶芽生长所需要的浓度较高，而侧芽生长所需要的浓度较低。当顶芽活跃生长时，产生大量生长素，这个浓度只适合顶芽本身生长的需要，但大量的生长素向下传导时，由于浓度高于侧芽生长所需，对侧芽的生长活动就会起到抑制作用。因此，顶端优势的实质就是生长素对侧芽的抑制作用。

此外，营养生长与生殖生长之间也密切相关。当一年生植物进入生殖生长时，其营养生长常会停止或减弱，幼叶和茎不仅在果熟期减缓合成和停止输入光合产物，而且通过物质的重新分配，输出一部分已积累的营养物质，导致植株的衰老以至最终死亡。而多年生植物仅将部分营养物质用于生殖生长，始终保持枝条健壮，即使死亡，也有新枝取代；有些植物是将部分营养物质转贮到地下的贮藏根、根状茎等处，仅地上部死亡，到第二年生长季仍能再度萌发。

第二节　营养器官的变态及其调控

一、变态的概念

前面所介绍的被子植物营养器官——根、茎、叶的形态、结构和生理功能，都属于正常的情况，为绝大多数被子植物所具有。但有些植物的营养器官无论在形态、结构或生理功能上，都发生了显著的变异，这种变异叫做变态，该器官即称为变态器官（abnormal organ）。营养器官的变态，明显而稳定，已成为该物种的遗传特性。这种现象是植物对环境的长期适应及长期人工选择的结果，是健康的、正常的，而非偶然的、病理性的。虽然变态是植物的遗传特性，但在植物个体发育过程中，变态的发生往往要受到环境、激素、营养等因素的影响。营养器官变态的类型很多，根据来源分为根的变态、茎的变态和叶的变态。

二、根 的 变 态

主根、侧根和不定根都有变态发生，变态的类型可归纳为贮藏根、气生根和寄生根三种，它们在外形上往往不易识别，常要从形态发生上来加以判断。

（一）贮藏根

这类变态根生长在地下，肥厚多汁，形状多样。根内富含薄壁细胞，主要适应于贮藏大量营养物质，贮藏物质用于植株的开花结实或作为营养繁殖、萌生新植株的营养源。根据来源不同，可分为肉质直根和块根两类，前者如萝卜、胡萝卜和甜菜等，后者如甘薯、木薯、豆薯、葛、何首乌和大丽花等。

1. 肉质直根

萝卜、胡萝卜、甜菜等的变态器官（图 6-9）主要食用部分是它们的肥大根部，这种根实际由两部分发育而成：上部由下胚轴形成，下部由主根基部发育而成，并生有数列侧根，这些侧根与主根的其余未膨大的部分均具正常结构。肥大的胚轴端部在营养生长期间着生节间很短的茎与莲座叶，第二年则依靠贮藏根内的营养开始长出节间长的枝，然后开花结实。这些肉质根在外形上极为相似，但增粗方式各不相同，结构上差异较大。

萝卜肉质根的增粗主要是由于形成层活动产生大量次生木质部的结果。其外方的皮部主要为周皮及不很发达的次生韧皮部，在根的横切面上所占比例小；其内方大部分为次生木质部（图 6-

第二节　营养器官的变态及其调控

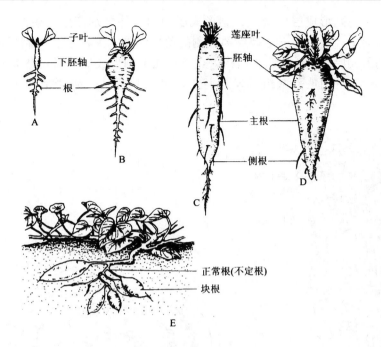

图 6-9　几种肉质直根的形态
A、B. 萝卜肉质根的发育与外形　C. 胡萝卜肉质根　D. 甜菜的肉质根
E. 甘薯的块根与正常根

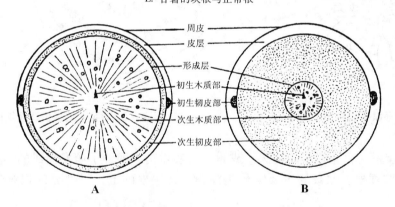

图 6-10　萝卜与胡萝卜的贮藏根的结构
A. 萝卜肉质根横切面简图　B. 胡萝卜肉质根横切面简图

10A）。次生木质部中导管相对较少，没有纤维，木薄壁组织很发达，贮藏着大量的营养物质，是食用的主要部分。有些部位的木薄壁细胞可以恢复分裂能力，转变成副形成层（accessory cambium），也称为额外形成层（supernumerary cambium）。由副形成层活动向内产生三生木质部（tertiary xylem），向外产生三生韧皮部（tertiary phloem），共同构成三生结构（图 6-11）。

胡萝卜肉质根的增粗主要是由于形成层活动产生大量次生韧皮部的结果。其结构大体与萝卜相似，所不同的是其中大部分是次生韧皮部，木质部所占比例较小（图 6-10B）。次生韧皮部中的韧皮薄壁组织很发达，是食用的主要部分。在薄壁组织中，贮藏有丰富的营养物质和维生素，营养价值很高。

甜菜根增粗的主要原因是副形成层的多次形成并由此产生了发达的三生结构的结果。三生结构最初由中柱鞘发生的副形成层所产生,副形成层向内、外分别产生三生木质部及三生韧皮部,两者均以薄壁细胞为主;以后在三生韧皮部外侧的薄壁细胞中又产生新的副形成层,如此反复进行,不断由新的副形成层产生新的三生结构,在横切面上副形成层通常可达 8~12 圈(图 6-12)。分生组织圈数的多少,特别是薄壁组织发达与否,可作判断某一甜菜是否属于高产优良品种的参考。

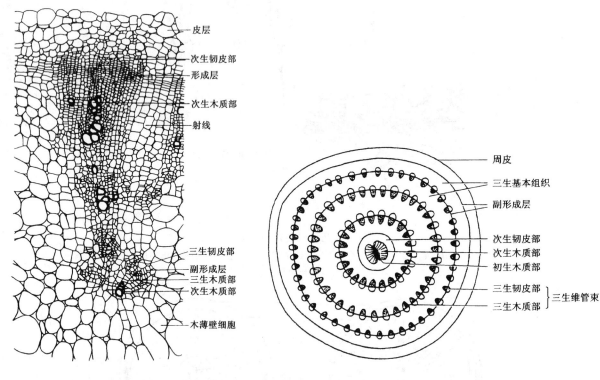

图 6-11　萝卜肉质根横切面部分细胞图　　　　图 6-12　甜菜贮藏根横切面结构简图

2. 块　根

块根是由不定根(营养繁殖的植株)或侧根(实生苗,即种子萌发而成的幼苗)经过增粗生长而形成的肉质贮藏根。贮藏的主要物质是淀粉。在块根的上、下部分的根则仍为正常生长的结构。

木薯块根是由不定根经过次生增粗生长而成的肉质贮藏根。其形成过程与一般双子叶植物根的次生生长相似,并以次生木质部占大部分,贮藏组织主要是次生木质部中的木薄壁组织。块根各部分都有乳汁管,以次生韧皮部中为最多。乳汁中含木薯糖苷,水解后释放氰酸,对人畜有一定的毒害作用。食用木薯块根前宜作好处理。

甘薯的块根一般是在营养繁殖(扦插)时,由蔓茎上长出的不定根发育而成的。根中初生木质部有四原型、五原型或多原型,随品种和不同部位而有差异。一般约在插植后 20~30 天左右,有些不定根开始膨大,形成块根。块根在增粗过程中,除了维管形成层不断活动产生大量次生构造外,副形成层也参与活动。副形成层是由次生木质部的木薄壁细胞(一般在导管周围)恢复分裂能力而产生的(图 6-13),副形成层一经产生后,即开始活动,向外产生富含薄壁组织的三生韧皮部和乳汁管;向内产生三生木质部。因此,一方面由维管形成层不断产生次生木质部,为副形成层的发生创造了条件;另一方面,通过副形成层的产生和活动,产生了大量的贮藏组织,从而使块根迅速地增粗膨大。甘薯块根中的贮藏组织主要为次生木质部的木薄壁组织以及由副形成层所产生的三生结构。

甘薯块根（薯块）的大小一方面与三生形成层的范围以及分裂能力有关，另一方面与土壤水分、肥料及通气状况有关。因此，要使甘薯获得高产稳产，除了精耕细作外，还要选育优良品种，即选育三生形成层活动能力强的品种。可根据原生木质部的原数判断三生形成层的产生范围及活动能力，一般来说，原数越多，三生形成层产生的范围越大，活动能力就愈强，薯块也就会长得越大。另外，薯块的形状与各个位置的三生形成层的活动能力有关，其能力有大有小，所以薯块没有固定的形状。

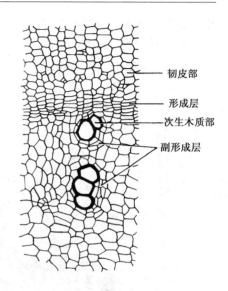

图 6-13　副形成层的发生
（甘薯块根部分横切面）

（二）气生根

凡露出地面，生长在空气中的根均称为气生根（aerial root）。据生理功能的不同而分为支持根、攀缘根和呼吸根（图 6-14）。

（1）支持根：又称为支柱根。有些植物，可以从近地面茎的节部长出许多不定根来，向下扎入土中，形成能够辅助支持的根系，这类变态根就称为支持根（prop root）。最常见的有玉米、高粱、甘蔗、榕树的支持根，既可起支持作用，又能从土壤中吸收水分和无机盐。

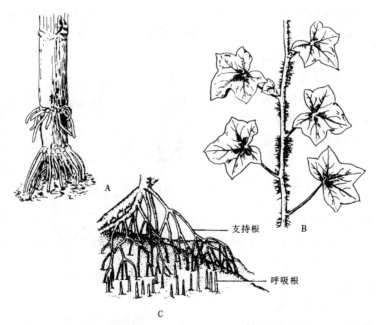

图 6-14　几种植物的气生根
A. 玉米的支持根　B. 常春藤 *Hedera sinensis* 的攀缘根　C. 红树的支持根和呼吸根

（2）攀缘根：有些藤本植物在茎的一侧生有很多不定根，以不定根固着在其他植物树干或墙壁上，借此往上攀缘，这类不定根叫做攀缘根（climbing root）。如凌霄、常春藤、络石、薜荔等。

（3）呼吸根：有些生长在沼泽或海滩地带的植物，由于生在泥土中的根呼吸困难，因此有的根垂直向上生长，暴露于空气中。这种根的内部有发达的通气组织，有利于通气，这类变态根即称为呼吸根（respiratory root）。广东和福建沿海一带的红树就有这种呼吸根。

（三）寄生根

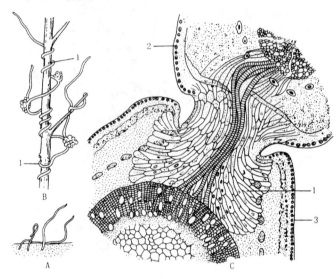

图 6-15　菟丝子的寄生根
A. 菟丝子幼苗　B. 菟丝子寄生在柳枝上
C. 菟丝子根伸入寄主茎内的横切面
1. 寄生根　2. 菟丝子根横切面　3. 寄主茎横切面

寄生根（parasitic root）又称为吸器。寄生根是一些寄生植物（如无根藤和菟丝子）所特有的变态根，是由茎上的不定根变态而形成的。因为这些寄生植物的叶片退化，不能进行光合作用，只能借助于寄生根插入寄主植物的维管束中，吸取生活所需的水分和有机营养物质。

菟丝子常寄生于豆类作物上，是危害很大的田间杂草。茎纤细柔长，在缠绕寄主植物的茎、叶后，其缠绕茎上生出许多不定根——寄生根（吸器）。不定根的先端首先形成了一些菌丝状细胞，它们可穿过寄主的表皮、皮层而至维管束，随后在其中分化出维管组织与寄主的维管组织之间建立起联系，借此从寄主组织内摄取营养物质（图6-15）。被寄生的豆类轻则植株矮小，发育不良，重则不能结实甚至早期死亡，寄生愈早危害愈重。

列当有直立的茎，无真根，只具变态的须状吸器，其发育大致过程如图6-16。其吸器细胞发育成熟后原生质体消失，形成了典型的管状分子，以纹孔与寄主细胞相连，从寄主体内不断吸收水分和必需的养料。

三、茎的变态

变态茎的类型很多，若按所处位置分，可分为地下茎的变态与地上茎的变态两大类。

（一）地下茎的变态

有些植物的部分茎生长于土壤中，变为肉质的贮藏器官或营养繁殖器官，称为地下茎（subterraneous stem）。地下茎的形态结构常发生明显的变化，但仍保持茎枝的基本特征。常见的有根状茎、块茎、鳞茎和球茎四种。

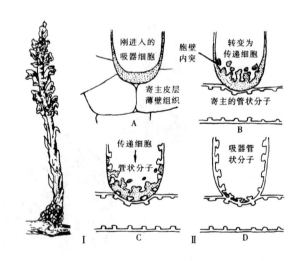

图 6-16　列当的寄生根（吸器）
Ⅰ. 植株外形　Ⅱ. 吸器细胞发育为管状分子的过程图解
A. 吸器细胞伸入寄主皮层内　B. 吸器进入寄主中柱与其管状分子接触，吸器细胞先端发育胞壁内突，成为传递细胞　C. 吸器细胞逐渐转化为管状分子　D. 分化成熟的吸器管状分子

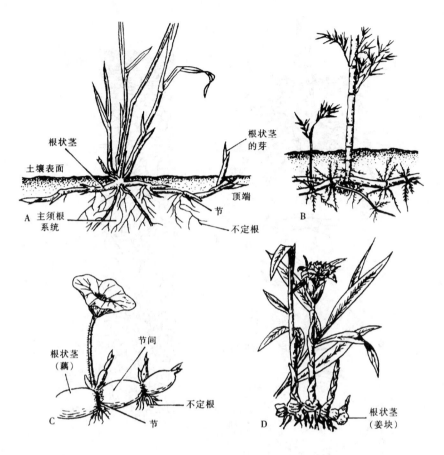

图 6-17 几种植物的根状茎
A. 禾本科杂草　B. 竹　C. 莲　D. 姜

（1）根状茎：根状茎（rhizome）蔓生在土壤中，外形与根很相似，故称为根状茎，简称根茎。但它具有明显的节与节间，节上有不定根、退化的鳞片叶及腋芽。许多禾本科植物，如竹、白茅、狗牙根、芦苇都有根状茎（图6-17）。根状茎贮藏有丰富的营养物质，可生活一至多年，繁殖能力很强，腋芽可发育为地上枝。竹鞭就是竹的根状茎，笋就是由竹鞭的叶腋内伸出地面的腋芽，可以发育成竹的地上枝。竹、芦苇和一些杂草由于有根状茎，可以蔓生成丛。特别是禾本科的田间杂草，很不容易铲除。农田犁耕时杂草的根状茎如被割断，每一小段都能独立发育成一个新的植株。

此外，姜与菊芋的根状茎肥短而为肉质；莲的根状茎即为莲藕，其中有发达的通气道与叶相通（图6-17）。这几种根状茎既是贮藏器官又是营养繁殖器官。

（2）块茎：末端肥大成块状，适应贮藏养料和越冬的地下茎称为块茎（tuber）。马铃薯的薯块是最常见的一种块茎，贮藏着大量淀粉。从外形来看块茎顶端有顶芽，周围分布着许多凹陷的芽眼，芽眼在块茎上呈螺旋状排列，每个芽眼内有几个芽，在芽眼下方可以看到叶痕，也称为芽眉，是鳞片叶脱落后留下的痕迹。芽眼所在处实际上相当于茎的节部，在螺旋线上相邻两个芽眼之间即为节间。可见，块茎实际上就是节间缩短的变态茎。

马铃薯块茎是由地下匍匐枝顶端，经增粗生长膨大而形成的。在内部构造上可以看到有周皮、皮层、外韧皮部、木质部、内韧皮部及位于中央的髓（图6-18）。周皮约由6～10多层细胞构成，

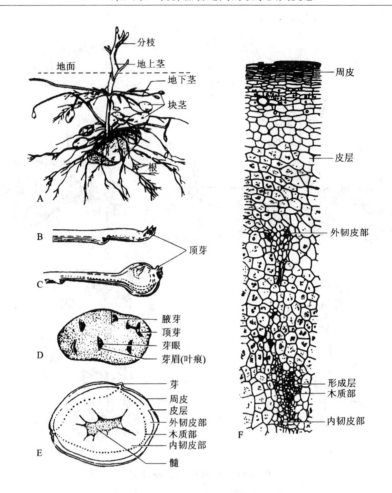

图 6-18 马铃薯的块茎
A. 植株外形, 示地下部分的块茎　B～D. 地下茎顶端积累养料逐渐膨大形成块茎
E. 块茎横切面简图　F. 块茎横切面部分详图

其细胞层数及皮孔数因品种与环境不同而异；皮层由贮藏组织组成，内含淀粉粒、蛋白质和晶体；维管组织成筒状排列，为双韧，外韧皮部与木质部均有发达的贮藏组织，少量的输导组织分散其中，形成层不明显；内韧皮部与髓的外层共同组成环髓区，亦含大量贮藏组织；中央为具放射状髓射线的髓，因细胞含水较多而呈透明状。块茎中贮藏物质以淀粉为主，含量以环髓区最多，皮层次之，最少的是髓的最中心。块茎基部组织中的含量又比顶端多 2%～3%。

（3）鳞茎：鳞茎（bulb）是单子叶植物常见的一种营养繁殖器官，是一种节间极短，其上着生肉质或膜质变态叶的地下变态茎。洋葱、大蒜均具鳞茎，但洋葱膨大部分为鳞叶，大蒜膨大部分为由腋芽发育形成的子鳞茎，也称蒜瓣。洋葱的鳞茎呈圆盘状，称鳞茎盘，其四周有肉质鳞叶重重包裹，鳞叶中贮藏着大量的营养物质。肉质鳞片叶之外，还有几片膜质的鳞片叶保护，这两种鳞片叶都是叶的变态。叶腋有腋芽，鳞茎盘下端产生不定根（图 6-19A）。

（4）球茎：球茎（corm）是圆球形或扁圆球形的地下变态茎，顶芽粗壮，节和节间明显，节上生有起保护作用的干膜状鳞片叶和腋芽（图 6-19B）。球茎贮藏有大量营养物质，为特殊的营养繁殖器官。一些球茎是地下匍匐枝顶端发育而成，如荸荠、慈姑等；一些由植物主茎的基部发育形成，如芋、球茎甘蓝、唐菖蒲等。

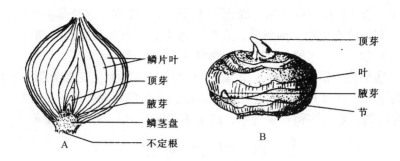

图 6-19　洋葱的鳞茎（A）和荸荠的球茎（B）

（二）地上茎的变态

植物的地上茎也会发生变态，其类型较多，比较复杂，通常有下列几种（图 6-20）：

（1）匍匐茎：有些植物的地上茎细长，匍匐在地面上，节上长有不定根，扎入土中吸收水分和矿质营养，顶端也会生根出芽，芽进一步发育为地上枝叶，因此可再形成独立的植物体，这种变态茎称为匍匐茎（stolon）。如草莓、蛇莓的茎即属这类型。

（2）肉质茎：肉质茎（fleshy stem）肥大多汁，常为绿色，不仅可以贮藏水分和养料，还可以进行光合作用。莴苣有粗壮的肉质茎，主要食用部分为发达的髓部及周围的内韧皮部，"皮"与"筋"分别为表皮和维管束。仙人掌类植物的肉质茎有球状、块状、多棱柱等形状，富含水分和营养物质，并具叶绿体，可行光合作用，茎上有变为刺状的变态叶。变态茎有较强的营养繁殖能力。

（3）叶状茎：观赏植物中的文竹、竹节蓼、昙花、假叶树以及沿海防护林植物木麻黄，它们

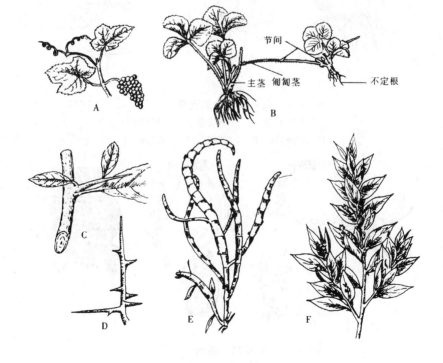

图 6-20　地上茎的变态
A. 葡萄的茎卷须　B. 草莓的匍匐茎　C. 山楂的茎刺
D. 皂荚具分枝的茎刺　E. 竹节蓼的叶状茎　F. 假叶树的叶状茎

的叶子退化或早落,茎变为扁平或针状,绿色,代叶行光合作用,这种茎称为叶状茎(cladode)。

(4)茎卷须:有些藤本植物,如南瓜、黄瓜、葡萄的枝条变为卷曲的细丝,用于缠绕其他物体,使植物体往上攀缘生长,这种卷须即为茎卷须(stem tendril)。

(5)茎刺:有些植物如柑橘、山楂、石榴、皂荚的部分地上茎变态为刺,常位于叶腋,由腋芽发育而来,称为茎刺(stem thorn)。茎刺基部下方经常可以看到叶痕,是叶脱落后留下的痕迹。蔷薇、月季茎上也有刺,数目多而且无规则,这是茎表皮的突出物,称为皮刺。

四、叶的变态

植物的叶也会发生变态,通常有下列几种类型(图6-21、图6-22)。

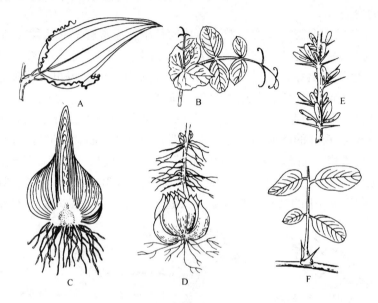

图6-21 叶的变态

A. 菝葜托叶卷须 B. 豌豆叶卷须 C. 风信子鳞叶
D. 百合鳞叶 E. 小檗叶刺 F. 刺槐托叶刺

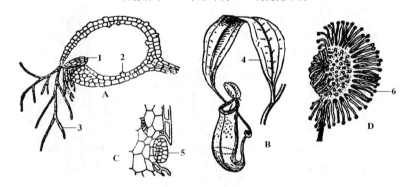

图6-22 捕虫叶

A. 狸藻捕虫囊纵切面 B. 猪笼草捕虫瓶外观
C. 猪笼草捕虫瓶壁的部分放大 D. 茅膏菜捕虫囊外观
1. 活瓣 2. 腺 3. 硬毛 4. 叶 5. 分泌层 6. 触毛

(1) 苞片：苞片（bract）也称为苞叶，是生在花下面的一种特殊的变态叶，具有保护花和果实的作用，可为绿色或其他颜色。有时把苞片称为副萼，如棉花外面的副萼即为三片苞片。苞片数多而聚生在花序外围的称为总苞（involucre），如向日葵花序外面的总苞。

(2) 叶卷须：由叶的一部分变成卷须状，称为叶卷须（leaf tendril），适于攀缘生长。如菝葜属植物叶柄两侧常有卷须，是由托叶变态而成。豌豆复叶顶端的 2~3 对小叶可变为卷须，其他叶仍保持正常形态。有时一对小叶之一变为卷须，另一片仍为营养小叶，这足以证明这类卷须是小叶的变态。

(3) 鳞叶：叶变态成鳞片状，称为鳞叶（scale leaf）。鳞叶有肉质的，如洋葱、风信子、百合的鳞茎盘周围着生的许多肉质鳞片就是鳞叶，贮藏着丰富的养料，可以食用。鳞叶也有膜质的，如洋葱肉质鳞叶的外面还有膜质鳞叶；荸荠、芋头球茎的节上也有膜状鳞叶。鳞叶还有革质的，如木本植物芽周围的芽鳞，即为革质鳞叶，常具有茸毛或黏液，也称芽鳞，有保护幼芽的作用。

(4) 叶刺：有些植物的叶或叶的某一部分变为刺状，称为叶刺（leaf thorn）。如小檗枝上的刺为叶变态而来；仙人掌属的一些植物在肉质茎上生有硬刺，这些刺也是叶的变态，是对减少水分蒸腾的适应。刺槐、酸枣叶柄基部有一对尖硬的刺，为托叶的变态。虽然叶刺来源不同，但对植物都有保护作用。叶刺的发生位置较固定，其内部有维管束与茎相通。

蔷薇、月季等植物茎上也有许多刺，它是与表皮毛相似的表皮突出物，叫做皮刺。其分布不规则，内部没有维管束与茎相联结，所以容易用手掰下，这些特点可将其与茎刺、叶刺相区别。

(5) 叶状柄：我国南方的台湾相思树在幼苗时为羽状复叶，以后长出的叶，其叶柄变扁，小叶片逐渐退化，只剩下叶片状的叶柄代替叶的功能，称为叶状柄（phyllode）。叶状柄和叶状茎一样，是干旱环境的适应性状。

(6) 捕虫叶：有少数植物的叶发生变态，能捕食小虫，这类变态的叶即称为捕虫叶，也称为叶捕虫器（leaf insectivorous apparatus）。猪笼草的叶柄很长，基部变为假叶状，中部细长如卷须，可缠绕他物，上部变为瓶状的捕虫器，叶片生于瓶口，成一小盖盖在瓶口上。瓶内底部生有多数腺体，能分泌消化液，将落入的昆虫消化吸收，利用于生长发育。其他植物如狸藻的叶呈囊状，茅膏菜的叶呈盘状，在它们的叶上具有分泌黏液和消化液的腺毛，能捕捉昆虫并将昆虫消化吸收。

五、同源器官和同功器官

根据器官的来源或生理功能是否相同，将变态器官分为两类，即同功器官和同源器官。同功器官是指外形相似、功能相同，但来源不同的变态器官。如茎刺与叶刺；茎卷须与叶卷须；块茎与块根等都属于同功器官。反之，外形和功能都不同，但来源相同的营养器官即称为同源器官。例如正常的叶子扁平、绿色、营光合作用；洋葱的鳞叶肥厚白色，营贮藏作用；豌豆顶部的叶卷须，有攀缘作用。虽然这些器官的外形和功能不大一样，但都是叶或叶的变态，所以称为同源器官。

同功器官和同源器官是植物在长期的演化发展过程中，为适应相同的或不同的环境而逐步形成的。它是植物对外界适应性的表现，这种表现可以世代延续，成为独特的遗传特征。一般可根据下列数方面辨别变态器官的起源。

(1) 根据其着生位置：如皂荚的茎刺与刺槐的托叶刺，因皂荚的刺位于叶腋原腋芽位置，可知是由腋芽发育而来，是茎的变态；而刺槐的刺，总是生于叶的基部两侧、托叶的位置，因而是托叶的变态。又如萝卜、胡萝卜的变态部位占据了原主根与胚轴的位置，可推测它们就是与之同源，等等。

（2）根据变态器官上的侧生器官类型或外部特征：如姜、荸荠、萝卜同为地下生长的器官，但前二者为地下茎的变态，后者为根的变态。姜、荸荠的地下茎上有多个明显的节，节上有腋芽，因而可判断其为茎的变态；而萝卜的肉质直根上无节，也无腋芽，但由主根变态的部分生有成列的侧根，由此可知其为根的变态。又如皂荚的刺像茎一样分枝，可判断其为茎的变态，等等。

（3）根据内部结构：一些变态器官开始常有正常的初生生长与结构，如甘薯块根，则可根据其横剖面的中央具有外始式的并为辐射排列的多束初生木质部，而判断其与根同源。

（4）根据器官发生与形成过程：追溯变态器官的发育早期是最准确的方法。如马铃薯最初由近地面的芽发展为向土中生长的地中茎，地中茎的顶端数个节与节间膨大而形成变态块茎；甘薯营养繁殖时先长出不定根群，栽植后约30天，一部分不定根近地表的一部分才开始作异常生长而成块根，而块根上部与下部的根（与块根同为一条根）仍保持正常的形态与结构。

六、变态的调控

许多具变态器官的植物都具有重大的经济价值，如甘薯、马铃薯等是重要的杂粮作物，洋葱、莴苣等是常见蔬菜。因而研究植物个体发育过程中变态的发生机制，掌握变态的发育调控，对于全面了解植物生长发育的机制，改造植物并创造植物新器官和新种质具有重要的理论指导意义。

变态的发生受到多方面的影响。首先，变态器官的发生部位是特异的，与变态发生相关的基因也只在特定的器官、组织中显著表达；其次，变态的发生是受发育时期控制的，即只有植株生长到一定大小或发育到一定阶段后，与变态发生相关的基因方显著表达；第三，这些基因的表达还要受到激素及一些环境条件的调控。如马铃薯，其块茎的发育包括块茎形态发生及营养物质储存两个方面，二者常同步进行，哪方面是变态发生的关键至今仍未明了。但研究发现，在匍匐茎向块茎转变的时期，淀粉合成速率急速上升，淀粉的含量也迅速增加，故现在普遍认为淀粉合成是块茎发生所必需的，因而ADP-葡萄糖焦磷酸化酶（AGP）——催化淀粉合成的限速步骤（ADP-葡萄糖苷的合成）的关键酶成为了研究热点。此酶由两个大亚基lAGP和两个小亚基sAGP复合而成，分别由lAGP基因和sAGP基因编码。sAGP的转录子在根、茎、叶、匍匐茎和块茎中均可发现，但在块茎中含量最高，在匍匐茎中次之；lAGP的转录子则主要富集在匍匐茎和块茎中，这说明lAGP基因和sAGP基因的转录表达是有器官特异性的。同时发现，在块茎发生的早期，AGP基因的转录子水平较低；随着块茎的膨大，AGP基因的转录子水平渐高；最终，可达到一个稳定的水平，不再变化。这说明AGP基因在块茎中的表达是受发育时期调控的。

另据研究发现，通过基因转移技术将表达AGP的基因转移到马铃薯植株中，可以增加块茎中的淀粉含量，而降低水分含量。该转基因品种的价值体现在食品工业中。反之，通过反义抑制AGP的基因表达，马铃薯块茎中的淀粉水平只有野生型的3%～5%，其糖类主要以蔗糖的形式存在。该转基因品种可以作为制糖工业的原料。还可以通过基因工程手段降低马铃薯块茎中直链淀粉的合成，而使其中的淀粉变为单一的支链形式，可用于工业原料。

在研究环境条件对变态发生的调控作用时发现，在黑暗条件下，马铃薯的匍匐茎横向生长，进而膨大成块茎；在光照条件下，匍匐茎向上生长成正常枝条而失去发育成块茎的能力；而短日照、较低的温度则都有利于马铃薯块茎的发生。

总之，变态的发生不但依赖其遗传基础，同时也依赖环境的调控，激素水平、温度、光照等条件的差异均可影响变态器官的发育，导致变态器官不发生、推迟发生或发育不完全。

本章小结

根系吸水可分为主动吸水与被动吸水两部分。水分在整个植物体内运输的途径为：土壤水→根毛→

根皮层→根中柱鞘→根导管→茎导管→叶柄导管→叶脉导管→叶肉细胞→叶肉细胞间隙→孔下室→气孔→大气，从而构成了"土壤—植物—大气"的水分连续体系。根对矿物质的吸收是主动的选择吸收，叶与茎参与的蒸腾作用对其输导有促进作用。

有机物在植物体内的运输是通过韧皮部进行的，有机物的分配遵循从"源"到"库"的原则。叶片光合作用制造的己糖通常要转化为蔗糖才能送到其他器官。有关韧皮部运输的机理，目前多用压力流动学说加以解释。

有些植物具有贮藏大量有机物的能力，将叶片制造、运来的有机物积蓄于块茎、块根等贮藏器官以及结实器官的果实、种子中。

配合功能的协同，各器官在结构上既各具特点而又以种种方式相互联系。根、茎、叶的皮系统形成了植物体表面的保护结构；各种各样的薄壁组织、厚角组织和厚壁组织形成了植物体内的基本组织系统；维管组织在植物体内相互连接，形成了贯穿于植物体内的维管组织系统。其中营养器官间维管组织的联系最为复杂。

根与茎维管组织发生转变的区域称为过渡区，多发生在下胚轴。在过渡区，根部的初生维管组织构造可按某种方式分叉、倒转、汇合并最终转变成茎部的初生维管组织构造。根据维管束的变化，一般可将过渡区分成四种类型。叶中的维管束和茎中的维管束连接在一起，从茎中分枝起穿过皮层到叶柄基部止，这一段维管束称为叶迹。在叶迹上方，留下空隙，由薄壁组织填充，这个区域称为叶隙。

植物体各器官不但在生理功能上分工而又合作，在结构上各不相同而又具整体性，而且在生长过程中还存在着相互促进或相互抑制的密切关系，这种关系称为生长相关性。生长相关性主要是由于各器官之间有机营养物质的供应和分布，生长激素的调节，以及水分和矿质营养的影响所引起的。

"根深叶茂""本固枝荣"的道理反映了植物地下部和地上部生长的相关性。植物地下部与地上部生长协调的前提是二者在生长上保持一定比例关系，即根条比率。

当植物主干的顶芽活跃生长的时候，往往下面的腋芽休眠不活动，若顶芽摘掉或受损害后，腋芽就迅速生长为枝。这种顶芽对腋芽生长的抑制作用，通常称为顶端优势。顶端优势的存在，决定了植株的树冠或株型，即地上部分的形态。主根与侧根的生长相关性，也很类似。

有些植物的营养器官，在长期的进化过程中，其形态结构和生理功能发生了显著的变异，这种变异叫做变态。营养器官的变态，明显而稳定，已成为该物种的遗传特性。这种现象是植物对环境的长期适应及长期人工选择的结果。

根的变态主要包括贮藏根、气生根和寄生根等。

茎的变态包括地下茎的变态和地上茎的变态，而地下茎又分为根状茎、块茎、鳞茎、球茎等；地上茎分为匍匐茎、肉质茎、叶状茎、茎卷须、茎刺等。

叶的变态主要包括苞片、叶卷须、鳞叶、叶刺、叶状柄和捕虫叶等。

来源不同，但功能相同、形态相似的变态器官称为同功器官；来源相同，但功能不同、形态各异的变态器官称为同源器官。同功器官和同源器官是植物在长期的演化发展过程中，为适应相同的或不同的环境而逐步形成的。它是植物对外界适应性的表现，这种表现可以世代延续，成为独特的遗传特征。一般可根据下列数方面辨别变态器官的起源：变态器官着生位置、变态器官上的侧生器官类型或外部特征、内部结构、器官发生与形成过程。

变态的发生不但依赖其遗传基础，同时也依赖环境的调控，激素水平、温度、光照等条件的差异均可影响变态器官的发育，导致变态器官不发生、推迟发生或发育不完全。

复习思考题与习题

1. 解释下列名词

根条比率、顶端优势、叶迹、叶隙、副形成层、同功器官、同源器官、三生生长

2. 比较下列各组概念

维管形成层与副形成层、萝卜与胡萝卜的肉质直根、甘薯与马铃薯的变态器官

3. 分析与问答

（1）被子植物根、茎、叶之间的维管组织如何联系？

（2）试述陆生植物根的吸水原理。

（3）简述"根深叶茂，本固枝荣"的科学道理。

（4）什么叫顶端优势？产生顶端优势的原因是什么？举两个例子说明顶端优势在农业生产上的意义。

（5）简述植物体内有机营养物质的制造、运输、利用和贮藏。

（6）说明甘薯的块根在生长过程中迅速膨大的原因。

（7）举例说明植物同功器官和同源器官的含义。

（8）如何辨别变态器官的起源？

第七章 花

被子植物经过营养生长阶段后，植物体在光照、温度等环境因子和内部发育信号的共同作用下，开始分化花芽。经过开花、传粉、受精，结出果实和种子。花、果实和种子是被子植物的三大生殖器官，它们的形成过程则属于生殖生长。

在农业生产上，果实和种子是很多农作物收获的对象，直接或间接地影响农作物的产量和质量。要使农作物获得优质高产，不仅要把好营养生长关，也要把好生殖生长关。从营养生长转到生殖生长，是植物生育期的重大转换，也是植物生产上的关键时刻。因此，在学习了有关营养器官的形态、结构和发育过程的有关知识的基础上，进一步来研究被子植物生殖器官的形态、结构及其发育过程，掌握植物生殖器官的形态建成和有性生殖过程的规律，对于进一步协调植物的两种生长的关系，提高作物产量，在遗传育种和农业生产中都有十分重要的意义。本章内容着重介绍与花有关的生殖过程，通过学习，要明确被子植物在生殖生长阶段，花如何发育成熟以及花的形态、结构与生理功能有何相关性。

第一节　花在个体发育与系统发育中的意义

花（flower）是被子植物用于繁衍后代，延续种族的生殖器官。在被子植物的生活史中，花的形成标志着植物已从营养生长阶段转入了生殖生长阶段。被子植物的有性生殖过程全部在花中完成，期间经历了花芽分化、开花、传粉、受精、结果和产生种子的各个阶段。由此可见，花在被子植物的个体发育中占有极其重要的地位。

花是被子植物所特有的生殖器官。在植物的系统发育中，被子植物通过花来完成有性生殖的整个过程，成为植物界独一无二的进化特征，同时也成为植物繁殖方式中的最进化的类型。

繁殖是植物的生命现象之一，任何植物，在其生命周期中都具有繁殖后代的能力。植物在一代代繁衍后代的过程中，产生了新的变异，增强了适应环境的能力，丰富了后代的遗传性和变异性，保证了物种的延续、扩大和进化。植物的繁殖方式同样也是进化的产物，归纳起来有营养繁殖、无性繁殖和有性繁殖三种形式。

营养繁殖是植物通过自身营养体的一部分从母体分离形成新个体的方式，它是植物系统演化中出现的初级繁殖方式。营养繁殖在低等植物中普遍存在，而且成为它们主要的繁殖方式。如单细胞的细菌、裸藻行细胞裂殖，酵母菌行出芽；丝状体的蓝藻和绿藻则以藻体断裂的方式进行；一个地衣可断裂为数个裂片，每个裂片均可发育为一个个体。高等植物中也有营养繁殖方式的存在，如地钱以孢芽进行营养繁殖，蕨类、裸子植物和被子植物都可用营养器官的一部分来繁殖后代，一些被子植物的变态营养器官也具有营养繁殖功能。在农业生产上，人们利用某些植物营养器官能形成不定根、不定芽，进行繁殖的特性，人为地采用扦插、压条和嫁接等方法大量繁殖和培育优良的作物品种。

无性繁殖则通过一种称为孢子的特化细胞来繁殖后代,孢子离开母体后可直接萌发成新个体,这种繁殖方式也称为孢子繁殖,它是植物进化过程中出现的比营养繁殖更为进化的繁殖方式。孢子繁殖是藻类、菌类、苔藓类和蕨类植物的主要繁殖方式,它们也因此称为孢子植物。

有性繁殖(有性生殖)是通过一种称为配子的特殊的生殖细胞来繁殖后代,配子有性别分化,如有同型配子、异型配子、精子和卵,其中分化程度最高的为精子和卵。有性生殖从同配到异配再到卵式生殖进化。两个配子融合,形成合子,由合子发育成新个体。有性生殖是最进化的繁殖方式,通过有性生殖产生的后代具备了双亲的遗传性,因此增强了后代的生活力和更广泛的适应性。

被子植物的有性生殖,是在花器官中集中体现的,从精子和卵细胞的形成,到受精后形成合子,并由合子生长发育为幼小植物体的整个过程,都在花中进行。花是植物有性生殖进化过程中出现的比较完善的生殖器官,它使性细胞和所形成的胚胎均处于多重保护的结构中;形成有利传粉的雌雄蕊结构及特有的双受精作用的出现等诸多进化特性,更有利于保证种族的生存和发展,使植物的有性繁殖达到较为完善的阶段,这在植物的系统演化中具有深远的意义。

第二节　花的组成及形态

一、花的概念与组成

花是被子植物的重要特征之一,虽然被子植物的花千姿百态,类型繁多,但一朵典型的花从外到内可分为花萼、花冠、雄蕊群和雌蕊群四个部分,它们共同着生于花梗顶端稍大的花托上。凡4部分都有的花称为完全花(complete flower),如油菜(图7-1)、棉、萝卜、桃、李等植物的花。任缺1~3部分的花称为不完全花(incomplete flower),如南瓜的雄花和雌花、杨树的雌花和

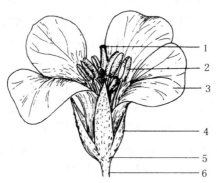 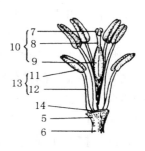

图7-1　油菜花的组成
1. 雌蕊　2. 雄蕊　3. 花冠　4. 花萼　5. 花托　6. 花梗　7. 柱头　8. 花柱
9. 子房　10. 雌蕊　11. 花药　12. 花丝　13. 雄蕊　14. 蜜腺

雄花。一朵花还可以根据雌蕊与雄蕊的状况划分为两性花、单性花、中性花、杂性花、孕性花和不孕性花等多种类型。一朵花中,雄蕊和雌蕊都存在而且正常发育的称为两性花(bisexual flower),如油菜、小麦。一朵花中,只有雄蕊或雌蕊存在而且正常发育的称为单性花(unisexual flower)。单性花中只有雄蕊的,叫雄花;只有雌蕊的叫雌花;雌花和雄花同生于一植株上的,叫雌雄同株,如玉米;雌蕊和雄蕊不生于同一植株上的,叫雌雄异株,如大麻、杨树。一朵花中,雌蕊

和雄蕊均不完备或缺少的称为中性花（无性花）（neutral flower），如向日葵头状花序边缘的花。一种植物既有单性花也有两性花的称为杂性花（polygamous flower）。能够结种子的花，即雌蕊发育正常的花称为孕性花（fertile flower）。不结种子的花，即雌蕊发育不正常的花称为不孕性花（sterile flower）。

从形态发生和解剖结构的特点来看，花实际上是节间极短而不分枝的、适应于生殖的变态枝。花梗是枝条的一部分；花托是花梗顶端略为膨大的部分，它的节间极短；花萼常为绿色，每一萼片很像叶片；花冠虽有各种色泽，但花瓣扁平，形态结构也与叶片相似；雄蕊的形态变化较大，但在有些植物（如睡莲）的花中仍可找到雄蕊和花瓣之间的过渡形态；雌蕊也是由一至多个变态的叶状单位（心皮）联合而成的结构。由此可见，花萼、花冠、雄蕊和雌蕊都是着生于花托上的变态叶。在花中将形成有性生殖过程中的大、小孢子和雌、雄配子，受精后并将进一步发育为种子和果实。因此，花也是果实和种子形成的先导，花、果实和种子三者成为一体，但出现的先后和发展的性质以及结构互有不同。

在人类的生活中，花具有重要的经济价值。由于许多植物的花色彩艳丽、芳香宜人，故常被人们用来美化环境；有些植物的花还可用来提取芳香油，制成名贵的香精。利用香花如茉莉花、桂花、白兰花等熏制香茶，由来已久，已成为花茶制作过程中不可缺少的重要原料。花朵用于医药方面的种类也不少，常见的如红花、丁香花、金银花、菊花等，都有较高的药用价值。少数植物的花朵可供作染料，如凤仙花。有些植物的花朵或花序具有较高的营养成分，如金针菜、花椰菜等可直接供人类食用。一些具有浓郁香味的花，如桂花、玫瑰花等，可用来制作糕点。

二、花的形态类型

花的形态类型是被子植物分类学中不可或缺的基础知识，这部分内容会重点应用在第十章的被子植物分科中，现分述如下：

（一）花梗与花托的形态特征及类型

1. 花 梗

花梗（pedicel）是着生花的小枝，也称花柄。它可以将花朵展布于一定的空间位置，同时又是水分和各种营养物质由茎向花输送的通道。当果实形成时，花梗成为果柄。花梗的长短或有无，常随植物种类而异。

2. 花 托

花托（receptacle）是花梗顶端着生花萼、花冠、雄蕊和雌蕊的部分。花托的形状随植物种类而异，在多数植物中，花托稍微膨大，如油菜；有伸长成圆柱形的，如白兰花和含笑等；有凸起成圆锥形的，如草莓等；有中央部分凹陷成杯状的，如桃和梅等；也有的成壶状的，如蔷薇等；还有的膨大呈倒圆锥形的，如莲，果期发育为内含果实的莲蓬；有些植物的花托还可形成能分泌蜜汁的花盘，如柑橘和葡萄等；花生的花托在雌蕊（子房）基部形成短柄状，在花完成受精后能迅速伸长，形成雌蕊柄，将子房推入土中，发育为果实。

（二）花萼、花冠与花被的形态特征及类型

1. 花 萼

花萼（calyx）位于花的最外面，由若干萼片组成。各萼片之间完全分离的称离萼，如油菜、茶等；彼此联合的称合萼，如棉。合萼下端的联合部分为萼筒，上端的分离部分为萼裂片。有些植物萼筒下端向一侧伸长，成为一管状突起，叫做距，如紫花地丁的花有距。花萼通常只有一轮，但也有两轮的，例如棉、朱槿等锦葵科植物。两轮花萼中，外面的一轮叫副萼（epicalyx），棉花的副萼为3片大型的叶状苞片（图7-2）。花萼通常在花开之后脱落，但也有些植物直到果实成熟，花萼仍然存在，称为宿存萼，如茄、柿等。

花萼多为绿色叶状薄片，萼片的结构与叶相似，但栅栏组织和海绵组织的分化不明显。花萼主要有保护花蕾和进行光合作用的作用。有些植物如一串红的花萼颜色鲜艳，类似花冠，有吸引昆虫传粉的作用，而蒲公英等许多菊科植物的萼片变成冠毛，则有助于果实的传播。

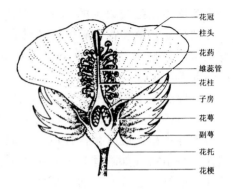

图7-2　棉花花的纵切面，示花的组成

2. 花　冠

花冠（corolla）位于花萼的内侧，由若干花瓣组成，排列成一轮或几轮。由于花瓣的细胞质中含有有色体或液泡中含有花青素或两者均有，而使其颜色绚丽多彩。有时花瓣的表皮细胞形成乳突，使花瓣显露出丝绒般光泽。有些植物的花瓣中还有分泌结构，可释放出香味或蜜汁。故花冠的主要作用是招引昆虫进行传粉，以及保护内部的幼小的雌蕊和雄蕊。

花瓣也有分离或联合之分，花瓣之间完全分离的称为离瓣花，如桃、李等；花瓣从基部向上或多或少连合的称为合瓣花，合瓣花的每一裂片叫花冠裂片，如牵牛、番茄、南瓜的花。

由于花瓣的分离或连合、花瓣的形状、大小、花冠筒的长短不同，形成各种类型的花冠（图7-3）。

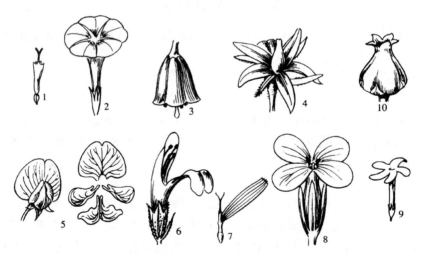

图7-3　花冠的类型
1. 筒状（向日葵）　2. 漏斗状（甘薯）　3. 钟状（沙参）　4. 轮状（番茄）
5. 蝶形（豌豆）　6. 唇形（薄荷）　7. 舌状（向日葵）　8. 十字形（油菜）
9. 高脚碟状（丁香）　10. 坛状（乌饭树）

（1）辐射对称的花冠：

① 筒状（或管状）花冠（tubular corolla）：花冠大部分合成一管状或圆筒状，花冠裂片向上伸展，如茼蒿或向日葵的盘花。

② 漏斗状花冠（funnel-form corolla）：花冠全部合生成漏斗形，如甘薯、空心菜、牵牛的花。

③ 钟状花冠（campanulate corolla）：花冠筒宽而稍短，上面扩大成钟形，如南瓜、桔梗的花。
④ 轮（辐）状花冠（rotate corolla）：花冠筒极短，裂片由基部向四周扩展，状似车轮，如茄、番茄等茄科植物的花。
⑤ 十字形花冠（cruciferous corolla）：花瓣4片，离生，排列成十字形，如油菜、萝卜等十字花科植物。
⑥ 高脚碟状花冠（hypocrateriform corolla）：花冠筒下部为狭长圆筒形，上部突然水平扩展或成蝶形，如丁香的花。
⑦ 坛状花冠（urceolate corolla）：花冠筒膨大成卵形或球形，上部收缩成一短颈，然后短小的冠裂片向四周辐射状伸展，如乌饭树属的花。
（2）两侧对称的花冠：
① 唇形花冠（labiate corolla）：花冠基部合生成筒状，上部裂片分成二唇形，如唇形科植物的花。
② 舌状花冠（ligulate corolla）：花冠基部成一短筒，上面向一边张开成扁平舌状，如向日葵或茼蒿花序的边花。
③ 蝶形花冠（papilionaceous corolla）：花瓣5片，离生，成下降覆瓦状排列，最上并处于最外方的一片花瓣最大，称旗瓣；侧面两片较小的称翼瓣；最下并处于最内方的两片合生并弯曲成龙骨状，称为龙骨瓣。如豆科蝶形花亚科植物的花。
④ 假蝶形花冠：花瓣5片，离生，成上升覆瓦状排列，最上并处于最内方的旗瓣最小；侧面两片翼瓣较小；最下并处于最外方的两片龙骨瓣最大。如豆科云实亚科植物的花。

花瓣和萼片在花芽中的排列方式常因植物种类的不同而有所不同，常见的有下列三种类型（图7-4）：
（1）镊合状排列（valvate）：是指花瓣或萼片各片仅以边缘彼此接触，但不覆盖，如茄、番茄等。
（2）旋转状排列（contorted）：是指花瓣或萼片每一片的一边既覆盖着相邻一片的边缘，而另一边又被另一相邻片的边缘所覆盖，如棉花、牵牛等。
（3）覆瓦状排列（imbricate）：与旋转状排列相似，只是各片中有一片或两片完全在外，另一片完全在内，如油菜等。

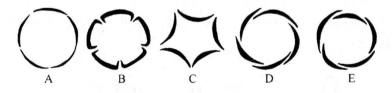

图7-4　花瓣和萼片在花芽中的排列方式
A. 镊合状　B. 内向镊合状　C. 外向镊合状　D. 旋转状　E. 覆瓦状

3. 花　被

花被（perianth）是花萼与花冠的总称。根据一朵花中花被的特征可把花区分为以下一些类型：
（1）依花被的状况划分：
① 双被花（dichlamydeous flower）：花萼与花冠二者齐备的花称为双被花，大多数被子植物的

花都是双被花，如油菜、大豆、番茄等。

② 单被花（monochlamydeous flower）：有些植物的花只有一层花被，即只有花萼或花冠，称为单被花。单被花中有的全呈花萼状，如藜、甜菜等藜科植物；也有全呈花冠状，如荞麦等蓼科植物、百合等百合科植物以及白兰花等木兰科植物。

③ 无被花（naked flower）：有的植物的花被完全不存在，如杨、柳等杨柳科植物，称之为无被花，又叫裸花。

④ 重瓣花（double flower）：一些植物有数层（轮）的花瓣，称之为重瓣花，如月季花、重瓣朱槿等。

（2）依花被的排列状况划分：

① 辐射对称花（actinomorphic flower）：一朵花的花被片的大小、形状相似，通过它的中心，可以作两个或两个以上的对称面，如桃、李、油菜，又叫整齐花。

② 左右（两侧）对称花（bisymmetry flower）：一朵花的花被片的大小、形状不同，通过它的中心，只能按一定的方向；作一个对称面，如唇形花、蝶形花，又叫不整齐花。

（三）雄蕊和雌蕊的形态特征及类型

雄蕊和雌蕊是花中与植物的生殖直接相关的部分，被子植物的雄配子（精子）和雌配子（卵）就分别产生于雄蕊和雌蕊中。

1. 雄 蕊

雄蕊（stamen）位于花被的内方或上方，在花托上呈螺旋或轮状排列。每个雄蕊由花药和花丝两部分组成。花药为花丝顶端的囊状物，是雄蕊的主要部分，在结构上，由4个或2个花粉囊组成，囊内形成花粉粒。花丝细长，支持花药，使之伸展于一定的空间，以利散发花粉。

（1）雄蕊的类型：一朵花中所有的雄蕊总称雄蕊群，其雄蕊的数目和形态类型变化很大，常随植物不同而异。有些植物的雄蕊很多而无定数，如莲、桃、苹果、棉等；有些植物的雄蕊数目少且常有定数，如婆婆纳、垂柳的雄蕊2枚，小麦、香附子3枚，菠菜、菱4枚，甜菜、亚麻5枚，水稻、葱6枚，石竹10枚。大多数植物雄蕊的花丝和花药彼此完全分离，称为离生雄蕊（distinct stamen），如桃、小麦等。大部分植物的雄蕊着生于花托上，但也有些植物的雄蕊生于花冠上，称为冠生雄蕊（epipetalous stamen），如茄、紫草、丁香等。有些植物花中的雄蕊没有花药或稍具花药而不含正常花粉粒，或仅有雄蕊残迹，称为退化雄蕊，如葫芦的雌花。还有些雄蕊类型可作为某些科的识别特征之一，常见的主要有（图7-5）：

① 聚药雄蕊（syngenesious stamen）：一朵花中的花药聚生在一起，花丝分离。这是向日葵等菊科植物的识别特征之一。

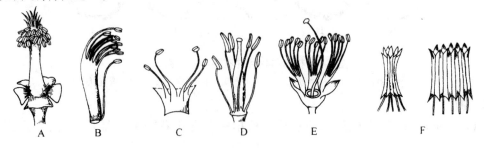

图7-5 雄蕊的类型

A. 单体雄蕊　B. 二体雄蕊　C. 二强雄蕊　D. 四强雄蕊　E. 多体雄蕊　F. 聚药雄蕊

② 单体雄蕊（monodelphous stamen）：一朵花中的花丝连合成一体，而花药分离。这是棉花等锦葵科植物的识别特征之一。

③ 二体雄蕊（diadelphous stamen）：一朵花中的雄蕊10枚，其中9枚花丝连合，1枚单生，成2束。这是大豆、豌豆等豆科蝶形花亚科植物的识别特征之一。

④ 多体雄蕊（polydelphous stamen）：一朵花中的雄蕊的花丝连合成多束，这是蓖麻等大戟科植物的识别特征之一。

⑤ 四强雄蕊（tetradynamous stamen）：花内含6枚雄蕊，四长二短，这是油菜、萝卜等十字花科植物的识别特征之一。

⑥ 二强雄蕊（didynamous stamen）：花内含4枚雄蕊，二长二短，这是益母草、夏至草等唇形科植物，以及泡桐、地黄等玄参科植物的识别特征之一。

（2）花药的着生和开裂类型：花药在花丝上的着生情况，以及花药成熟后开裂散出花粉的方式，都有多种类型，在鉴别植物时有一定的参考意义。

花药在花丝上着生的方式，常见的有（图7-6）：

图7-6　花药在花丝上着生的方式

① 丁字药（versatile anther）：花药的背部中央着生在花丝顶端。
② 个字药（divergent anther）：花药片基部张开，花丝着生在汇合处，形如个字。
③ 广歧药（divaricate anther）：花药片近完全分离，叉开成一直线，花丝着生在汇合处。
④ 全着药（adnate anther）：指花药全部着生在花丝上。
⑤ 基着药（basifixed anther）：指花药的基部着生在花丝顶端。
⑥ 背着药（dorsifixed anther）：指花药的背部着生在花丝上。

花药成熟后开裂散出花粉的方式，常见的有（图7-7）：

① 纵裂（longitudinal dehiscence）：花药沿长轴方向纵裂，是一种最常见的开裂方式，如百合、桃、梨等。

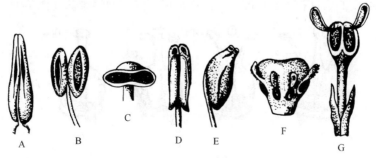

图7-7　花药开裂方式

A、B. 纵裂（油菜、牵牛、小麦）　C. 横裂（木槿）
D、E. 孔裂（杜鹃、茄）　F、G. 瓣裂（樟、小檗）

② 横裂（transverse dehiscence）：花药沿横轴方向裂开，如木槿等。

③ 瓣裂（valvuler dehiscence）：花药的每个药室有活板状的盖，成熟时，花粉由活板盖掀开的孔散出，如小檗、樟树。

④ 孔裂（porous dehiscence）：药室顶端成熟时开一小孔，花粉由小孔中散出，如茄、杜鹃等。

2. 雌 蕊

雌蕊（pistil）位于花的中央，是花的另一个重要组成部分。雌蕊可由1个或多个心皮组成，它包括柱头（stigma）、花柱（style）和子房（ovary）三部分。柱头位于雌蕊的顶端，是承受花粉粒的地方。花柱位于柱头和子房之间，是花粉萌发后，花粉管进入子房的通道。子房是雌蕊基部膨大的部分，内生胚珠。多数植物的1朵花中只有1个雌蕊，但也有些植物的1朵花中含有多个雌蕊，由它们组成了雌蕊群（gynoecium）。

（1）心皮的概念和雌蕊的类型：雌蕊是由心皮卷合发育而成的，心皮（carpel）是具有生殖作用的变态叶，是构成雌蕊的基本单位。由一个心皮的边缘向内卷合或数个心皮边缘互相连合而形成一个雌蕊（图7-8）。心皮中央相当于叶片中脉的部位为背缝线（dorsal suture），心皮边缘相结合的部位为腹缝线（ventral suture）。在背缝线和腹缝线处各有维管束通过，分别称为背束（1束）和腹束（2束）。胚珠通常着生于腹缝线上，腹束分枝进入胚珠中，构成胚珠内的维管系统，给胚珠输送所需的营养物质。

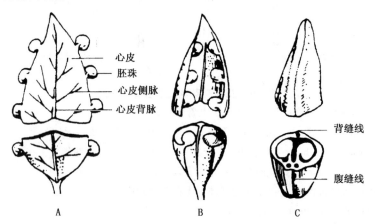

图7-8 心皮进化为雌蕊的示意图

A. 一个打开的心皮　B. 心皮边缘内卷　C. 心皮边缘愈合

一朵花中，依心皮的数目和离合情况的不同而形成不同类型的雌蕊（图7-9）。

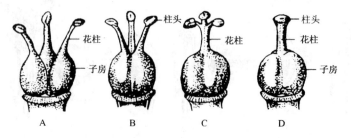

图7-9 离生单雌蕊和复雌蕊

A. 离生单雌蕊　B、C、D. 不同程度联合的复雌蕊

①单雌蕊（simple pistil）：由一个心皮构成的雌蕊，称为单雌蕊，如桃、蚕豆等。

②复雌蕊（compound pistil）：由2个或2个以上的心皮连合而成的雌蕊，称为复雌蕊，也称为合心皮雌蕊，如稻、棉、百合等。复雌蕊的各部分的结合情形常依植物种类不同而有区别，通常可分为三种情况：一是子房合生。花柱及柱头分离；二是子房、花柱合生，柱头分离；三是子房、花柱和柱头全部合生。

③离生雌蕊（apocarpous pistil）：有些植物，一朵花中虽然也具有二至多个心皮，但各个心皮均单独分离，各自形成一个雌蕊，它们被称为离生单雌蕊或离心皮雌蕊，如毛茛、莲、草莓、蔷薇等。

在植物演化过程中，离生单雌蕊以及无明显柱头、花柱、子房分化的雌蕊为原始性状，由它们向复雌蕊以及三部分分化明显的雌蕊演化。

（2）子房位置的类型：子房着生于花托上，它与花的其他部分（花萼、花冠、雄蕊群）的相对位置，常因植物种类而不同，通常分为上位子房、半下位子房和下位子房3类（图7-10）：

① 上位子房（superior ovary）：又叫子房上位，子房仅以底部和花托相连，花的其余部分均不与子房相连。上位子房还有两种类型的花。

上位子房下位花（superior-hypogynous flower）：子房仅以底部和花托相连，萼片、花瓣、雄蕊着生的位置低于子房，如油菜、萝卜、棉花、大豆等。

周位花（superior-perigynous flower）：子房仅以底部和杯状花托的底部相连，花被与雄蕊着生于杯状花托的边缘，即子房的周围，如桃、李、梅等。

② 半下位子房（half-inferior ovary）：又叫子房半下位或中位，子房的下半部陷生于花托中，并与花托愈合，子房上半部仍露在外，花的其余部分着生在子房周围花托的边缘，这种花也称为周位花，如甜菜、马齿苋等。

③ 下位子房（inferior ovary）：又叫子房下位，整个子房埋于下陷的花托中，并与花托愈合，花的其余部分着生在子房以上花托的边缘，这种花也称为上位花，如黄瓜、向日葵、苹果等。

从上述三种类型来看，子房下位的植物较少，一般见于葫芦科、蜡梅科、仙人掌科、番杏科、檀香科、菊科、蔷薇科的梨亚科、兰科等少数科中。从植物进化的角度来看，下位子房比上位子房进化，下位子房被包被起来，增强了对受精后胚胎的保护，对植物的繁衍具有积极意义。

子房上位（下位花）　　子房上位（周位花）　　半下位子房（周位花）　　下位子房（上位花）

图7-10　子房的位置

（3）胎座的类型：雌蕊的子房中着生胚珠的部位称为胎座（placenta）。由于心皮的数目和联结情况以及胚珠着生的部位等不同，形成不同种类的胎座（图7-11）。

① 边缘胎座（marginal placenta）：单心皮，子房1室，胚珠着生于腹缝线上，如豆科植物的胎座。

② 侧膜胎座（parietal placenta）：2个或2个以上的心皮所构成的1室子房或假数室子房，胚珠生于心皮的边缘，如油菜、萝卜等十字花科植物（假2室）以及西瓜、黄瓜等葫芦科植物的

胎座。

③ 中轴胎座（axile placenta）：多心皮构成的多室子房，心皮边缘于中央形成中轴，胚珠生于中轴上，如棉花、柑橘、番茄、百合等植物的胎座。

④ 特立中央胎座（free central placenta）：多心皮构成的 1 室子房，或不完全数室子房，子房腔的基部向上有 1 个中轴，但不达子房顶，胚珠生于此轴上，如石竹科、报春花科植物的胎座。

⑤ 基生胎座（basal placenta）：胚珠生于子房室的基部，如菊科植物的胎座。

⑥ 顶生胎座（pandulous placenta）：也称为悬垂胎座。胚珠生于子房室的顶部，如榆属、桑属植物的胎座。

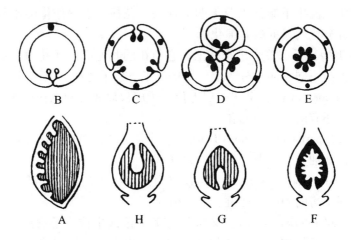

图 7-11 胎座的类型

A、B. 边缘胎座　C. 侧膜胎座　D. 中轴胎座
E、F. 特立中央胎座　G. 基生胎座　H. 顶生胎座

（4）胚珠的类型：胚珠在发育过程中，由于珠柄和其他各部分的生长速度不均等，形成不同类型的胚珠。主要类型有直生胚珠、横生胚珠、弯生胚珠和倒生胚珠（图 7-12）。

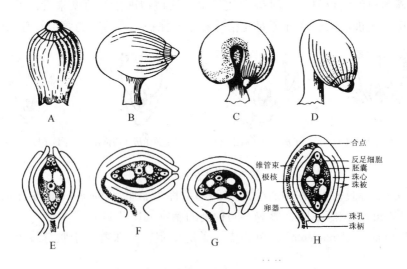

图 7-12 胚珠的类型和结构

A~D. 胚珠外形　E~H. 胚珠纵切
A、E. 直生胚珠　B、F. 横生胚珠　C、G. 弯生胚珠　D、H. 倒生胚珠

①直生胚珠（atropous ovule）：胚珠正直地着生在珠柄上，因而珠柄、珠心和珠孔的位置列于同一直线上，珠孔在珠柄相对的一端，这类胚珠称为直生胚珠，如酸模、荞麦、大黄、苎麻、胡桃等。

②弯生胚珠（campylotropous ovule）：胚珠下部保持直立，上部略弯，珠孔朝下，向着基部，珠孔、珠心纵轴和合点不在一直线上，这类胚珠称为弯生胚珠，如油菜、豌豆、蚕豆、菜豆、柑橘等。

③倒生胚珠（anatropous ovule）：胚珠的珠柄细长，在珠柄处整个胚珠作180°扭转，呈倒悬状，珠心并不弯曲，珠孔向下靠近珠柄，合点在上。靠近珠柄的外珠被常与珠柄相贴合，形成一条向外突出的隆起，称为珠脊（raphe）。这种类型的胚珠广泛存在于被子植物中，如菊、向日葵、瓜类、棉、百合以及水稻、小麦等禾本科植物的胚珠。

④横生胚珠（amphitropous ovule）：胚珠的一侧增长较快，胚珠横卧，珠孔、珠心纵轴和合点所连成的直线与珠柄成直角，这类胚珠称为横生胚珠，如花生、梅、锦葵、毛茛属植物。

三、禾本科植物小穗和小花的构造

水稻、小麦、大麦、玉米、高粱和甘蔗等禾本科植物花序的结构较为特殊，其基本组成单位是小穗（spikelet），小穗是由1至多朵小花与1对颖片组成。颖片（glume）位于小穗的基部，它相当于花序分枝基部的小总苞（变态叶），下面的1片称第一颖（外颖），上面的一片称第二颖（内颖）。小花（floret）在形态和结构上与一般花不同，它们通常由1枚外稃（lemma）、1枚内稃（palea）、2枚浆片（lodicule）、3枚或6枚雄蕊和1枚雌蕊组成。外稃是花基部的苞片变态而成；内稃是苞片和花之间的变态叶，也称小苞片。浆片是花被片的变态，也称为鳞被，在开花时，浆片吸水膨胀，撑开内、外稃，露出花药和柱头，以利传粉。

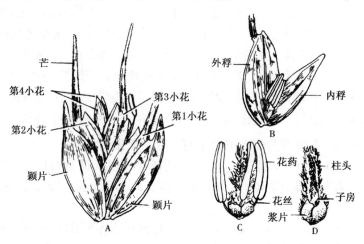

图 7-13　小麦小穗的组成
A. 小穗　B. 小花　C. 雄蕊　D. 雌蕊和浆片

不同的禾本科植物可由许多小穗组合成不同的花序类型。如小麦的麦穗是一个复穗状花序，在花序主轴两侧着生有许多小穗，每一小穗的基部有明显的2枚颖片，在颖片内包含有几朵小花，一般基部的2~3朵花发育正常，能育，可以结实。每朵能育花的外面有外稃和内稃各1片。外稃的中脉明显，并常延长成芒（awn）；内稃则无显著的中脉和芒。在内稃的内侧基部有2枚浆片。

花的中央有 3 枚雄蕊和 1 枚雌蕊，雌蕊具 2 个羽毛状柱头，子房一室（图 7-13）。水稻为圆锥花序，由穗轴、枝梗及许多小穗组成。水稻的小穗（图 7-14）有柄，基部的 2 枚颖片极退化，仅留有 2 个小突起。每个小穗有 3 朵小花，但只有上部的 1 朵小花能结实，下部的 2 朵小花退化，各只剩下 1 枚外稃。水稻的结实小花有外稃、内稃各 1 枚，浆片 2 枚，雄蕊 6 枚，雌蕊 1 枚。

四、花程式与花图式

综上所述，可以看出被子植物花的形态特征纷繁多样，为了更好地区分不同的被子植物，对它们科学地进行分类，探索它们相互间的亲缘关系。在研究时，常采用一种公式或图解来科学地进行描述和记载，前者称花程式，后者称花图式。

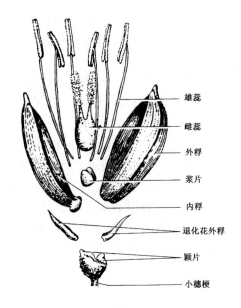

图 7-14　水稻小穗的组成

（一）花程式

用一些字母、符号和数字，按一定顺序列成公式来表示花的形态结构特征，这种公式就称为花程式（flower formula）。通过花程式可表明花各部分的组成、数目、排列、位置，以及它们彼此间的关系。

通常用 C 或 Ca 代表花萼（calyx），Co 代表花冠（corolla）（也可用德文 Kelch 中的首个字母 K 代表花萼，此时，则用 C 代表花冠），A 为雄蕊群（androecium），G 为雌蕊群（gynoecium），P 为花被（perianthium）（花萼和花冠无明显区别）。上述各部分的数目用阿拉伯数字表示，写于字母的右下角，其中以"∞"表示数目多而不定数（10 以上）；"0"表示缺少或退化；在数字外加上"（ ）"括号，表示该花部彼此连合。某部分分为数轮或数组时，则在各轮或各组的数字之间用"+"号相连。关于子房的位置，用 $\underline{G}$ 表示子房上位，$\overline{G}$ 为子房下位，$\overline{\underline{G}}$ 为子房半下位。G 的右下角数字依次表示组成雌蕊的心皮数、子房室数和每室的胚珠数，三组数字之间用"："号相连。辐射对称花（整齐花，花的平面可做两个以上对称面）用"*"表示；两侧对称花（不整齐花，花的平面只能做一对称面）用"↑"表示。♀表示单性雌花，♂表示单性雄花；⚥表示两性花，写于花程式的前面，其中两性花的符号有时略而不写。现举例说明如下：

油菜的花程式：$* K_{2+2} C_{2+2} A_{2+4} \underline{G}_{(2:1:\infty)}$　此花程式表示辐射对称花；萼片 4 枚，离生，排成 2 轮；花瓣 4 枚，离生，排成 2 轮；4 强雄蕊；雌蕊的子房上位，由 2 心皮合生而成，1 室，内含多数胚珠。

棉的花程式：$* K_{(5)} C_5 A_{(\infty)} \underline{G}_{(3-5:\,3-5:\,\infty)}$　此花程式表示辐射对称花；萼片 5 枚，合生；花瓣 5 枚，离生；单体雄蕊；雌蕊的子房上位，由 3~5 心皮合生而成，3~5 室，每室含多数胚珠。

大豆的花程式：$\uparrow K_5 C_{1+2+(2)} A_{(9)+1} \underline{G}_{1:1:\infty}$　此花程式表示两侧对称花；萼片 5 枚，离生；花瓣 5 枚，其中 1 枚旗瓣、2 枚翼瓣、2 枚龙骨瓣（稍连合）；二体雄蕊；雌蕊的子房上位，1 心皮，1 室，含多数胚珠。

（二）花图式

把花的各部分用其横切面的简图来表示其数目、离合和排列等特征，这种简图就称为花图式（flower diagram）（图 7-15）。用黑色圆圈表示花着生的花轴，画于图式的上方，用背部有尖脊的空心或实心的弧形图表示苞片，画于花轴的对方和两侧。如为顶生花，则可不绘花轴和苞片。用背部具脊，内部带有线条的弧形图表示花萼。用背部无脊，实心的弧形图表示花瓣。雄蕊和雌蕊就用花药或子房的横切面形状表示，并注意各部分的位置分离或连合。

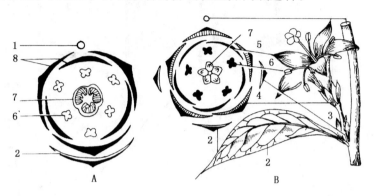

图 7-15　花图式
A. 单子叶植物　B. 双子叶植物
1. 花轴　2. 苞片　3. 小苞片　4. 萼片　5. 花瓣　6. 雄蕊　7. 雌蕊　8. 花被

五、花　序

单独一朵花着生在枝端或叶腋的称为单生花，如玉兰、牡丹、芍药等。多数植物有许多花依一定规律排列于花序轴上的方式称为花序。花序轴亦称花轴，是花序的主轴，可以形成分枝或不分枝。花序中没有典型的营养叶，有时仅在每朵花的基部形成一小的苞片。有些植物的花序其苞片密集组成总苞，位于花序的最下方。根据花序轴分枝的方式和开花的顺序，将花序分为无限花序（indefinite inflorescence）和有限花序（definite inflorescence）两大类（图7-16）。

1. 无限花序

其特点是花序轴能较长时间保持顶端生长能力，在开花期间依然能继续向上伸长，并不断产生苞片和花芽。其开花的顺序是花轴下部的花先开，渐及上部。如果花序轴很短，各花密集排成平面或球面时，开花的顺序是由边缘向中心依次开放。无限花序的生长分化属单轴分枝式的性质，常又称为总状类花序（recemose inflorescence）或向心花序（centripetal inflorescence）。无限花序又可分为以下几种类型。

（1）简单花序（simple inflorescence）：也称为单总状类花序，即花序轴不分枝的总状类花序。

① 总状花序（receme）：花有梗，排列在一不分枝且较长的花轴上，花轴能继续增长，如萝卜、油菜等。

② 穗状花序（spike）：和总状花序相似，只是花无梗。如车前、大麦等。

③ 肉穗花序（spadix）：穗状花序轴如膨大肉质，即称肉穗花序，基部常为若干苞片组成的总苞所包围，如玉米的雌花序。

④ 柔荑花序（catkin）：花排列方式类似穗状花序，但具下列不同之处，花序轴柔软，花序下垂；花单性；成熟后整个花序（或连果）一齐脱落。代表植物有桑、柳等。

⑤ 伞房花序（corymb）：花有梗，排列在花轴的近顶部，下边的花梗较长，向上渐短，花位于一近似平面上，如麻叶绣球、梨、山楂等。

⑥ 伞形花序（umbel）：花梗近等长或不等长，均生于花轴的顶端，状如张开的伞，如五加、

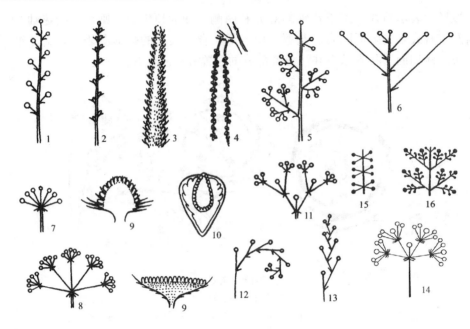

图 7-16　花序的类型
1. 总状花序　2. 穗状花序　3. 肉穗花序　4. 柔荑花序　5. 圆锥花序
6. 伞房花序　7. 伞形花序　8. 复伞形花序　9. 头状花序　10. 隐头花序
11. 二歧聚伞花序　12. 螺旋状单歧聚伞花序　13. 蝎尾状单歧聚伞花序
14. 多歧聚伞花序　15. 轮伞花序　16. 混合花序

刺五加等。

⑦ 头状花序（capitulum）：花无梗，集生于一平坦或隆起的总花托（花序托）上，而成一头状体，如菊科植物（胜红蓟、鬼针草、茼蒿、一点红等）。

⑧ 隐头花序（hypanthodium）：花集生于肉质中空的总花托（花序托）的内壁上，并被总花托所包围，如无花果、榕树、薜荔等。

(2) 复合花序（compound inflorescence）：也称为复总状类花序，即花序轴具分枝的总状类花序。

① 圆锥花序（panicle）：花序轴上生有多个总状花序，形似圆锥，也称为复总状花序，如水稻的花序以及玉米的雄花序。

② 复穗状花序（compound spike）：花序轴上生有多个穗状花序，如小麦等。

③ 复伞形花序（compound umbel）：几个伞形花序生于花序轴的顶端，如胡萝卜、水芹、旱芹等。

④ 复伞房花序（compound corymb）：几个伞房花序排列在花序总轴的近顶部，如石楠等。

2. 有限花序

有限花序也称聚伞类花序（cymose inflorescence）或离心花序（centrifugal inflorescence）。有两方面特点，其一是开花的顺序由上到下，或由最中心渐及周围；其二是不保持顶端生长点，顶端花芽分化后就停止生长，后由下产生花芽，到一定时间又停止生长，又由下产生花芽，可分以下几种类型。

(1) 多歧聚伞花序（pleiochasium）：从主轴上分出两个以上分枝的聚伞花序，如泽漆等。

(2) 二歧聚伞花序（dichasium）：每次具有两个分枝的聚伞花序，如卷耳、繁缕、蚤缀等。

(3) 单歧聚伞花序（monochasium）：主轴开花后，侧枝又在顶端开花，逐次继续下去，各次的分枝又有变化。

① 螺旋状聚伞花序（helicoid cyme）：花朵出现于同侧，并卷曲如螺旋的聚伞花序，如萱草等。

② 蝎尾状聚伞花序（scorpioid cyme）：花朵连续地左右交互出现，状如蝎尾的聚伞花序，如黄花菜、唐菖蒲等。

(4) 轮伞花序（verticillaster）聚伞花序着生在对生叶腋，花序轴及花梗极短呈轮状排列，如唇形科植物。

另外，有些植物在同一花序上既有有限花序又有无限花序的花序就叫混合花序（mixed inflorescence），这类花序的主花序轴形成无限花序，侧生花序轴形成有限花序，如丁香。被子植物的花序形态一般虽作上述分类，但类型比较复杂，有的外形为某种无限花序，而开花次序却具有有限花序的特点。例如葱的花序呈伞形，苹果的花序呈伞房状，水稻花序为圆锥状，但它们又兼具有限花序的顶花先开的特点。

关于花序的演化知识，人们知之尚少，较为广泛地被接受的观点是，单生花多见于古老和原始的植物（如木兰科、毛茛科），是原始性状。在进化过程中，花的体积变小，导向产生多花组成的花序。花序较单花更有利于传粉，产生更多的后代，是进化性状。从系统发育看，被子植物中较原始的科（如毛茛科）或同科中的较原始的属多为有限花序；较为进化的科、属多为无限花序，例如双子叶植物最高级的菊科中，普遍的花序类型为总状花序、伞房花序或头状花序，毛茛科中较进化的翠雀属、乌头属形成穗状花序或总状花序，单子叶植物中的花序类型也多为总状花序或穗状花序。这些都说明有限花序是原始的类型，无限花序是从有限花序演化而来。但也有人提出无限花序和有限花序可能是由单花平行演化而形成的两大支系。

第三节　花芽分化

被子植物从营养生长进入生殖生长的重要转折标志是产生花芽，由花芽发育为花和花序。植物在营养生长过程中，要启动花芽分化的编程，需要植物体内部因素与外界因素的相互协调。在适宜的环境条件下（如一定的光周期、温度、营养条件等），植物的感受器官——叶（感受光周期）和茎生长锥（感受低温），感受了调节发育的刺激，使茎的顶端组织发生一系列细胞学的变化，茎的生长锥在形态上也发生了变化，不再产生叶原基和腋芽原基，而分化出花的各部分原基或花序各部分原基，最后发育形成花或花序，这一过程即为花芽分化。花芽的发育和形成，直接关系到许多粮食、油料、水果和蔬菜等作物的产量，因此一直引起人们极大的关注。

一、花芽分化时的顶端分生组织的变化

当花芽开始分化时，有的植物通常是芽的生长锥伸长，基部加宽，呈圆锥形，如桃、梅、棉、油茶、水稻、小麦、玉米等；但也有的植物的生长锥却不伸长，而是变宽呈扁平头状，如胡萝卜等伞形科植物。在花芽分化的过程中，通常在生长锥周围的第二或第三层细胞进行分裂，形成突起，即萼片原基，以后依次由外向内再分化形成花瓣原基、雄蕊原基和雌蕊原基，如桃、油茶等。也有许多植物在花萼形成后，接着就分化出雄蕊和雌蕊，最后在花萼与雄蕊之间形成花冠，如油菜、龙眼等。当花各部分的原基形成

之后，芽的顶端分生组织则完全消失。

花芽分化时，茎尖各区的分生组织也会发生相应的变化，如中央母细胞区下部及髓分生组织区上部之间的这部分细胞（原体的有关部分），最早出现活跃的有丝分裂，接着中央母细胞区的细胞分裂频率增高，与周围分生组织区的界线模糊，形成了细胞较小、染色较浓的一个分生组织套区。套区的形成是生殖生长开始的标志。与此同时，髓分生组织中央的细胞分裂速率却明显下降，细胞体积相应增大，出现大的液泡，逐渐分化成髓部的薄壁细胞，髓分生组织趋于消失。花芽分化时，茎尖原套的层数常发生变化，原体的相对体积也会改变，或原套和原体的分界变得模糊不清，不易识别，如水稻进入幼穗分化期，原套由2层减少为1层或为不清晰的2层。

从细胞生理学上看，在向生殖生长的转化过程中，顶端生长锥细胞中的高尔基体、线粒体的数量增加，琥珀酸氢化酶活性加强，表明呼吸强度增大。同时，可溶性糖也有增多，特别是氨基酸和蛋白质含量增加，核糖体数量增多，核酸的合成速率加快，从而提高了细胞分裂的频率。

二、花芽分化的时期

植物在成花之前的时期称为幼年期（幼态期）。幼年期的长短因植物种类的不同而异。牵牛、油菜等几乎没有幼年期，种子发芽后2～3天就可以接受外界条件的诱导，形成花芽。一年生植物如辣椒、茄子在播种后一个月便已接受环境条件的诱导而开始花芽分化，油菜和番茄还要早些。一些二年生植物，它们在第一年主要是营养生长，第二年继续完成生殖生长。一些多年生木本植物的幼年期较长，如桃为2～3年，苹果、梨一般要3～4年或更长，梅5年，竹需数十年之久才开始花芽分化。大多数多年生木本植物和草本植物进入成熟期后，能年年重复成花，但竹类一生中只能开一次花，花后植株往往死亡。

植物进入成花期后，外界条件对成花的影响是至关重要的，花芽分化的时间与特定季节、环境条件和植物生长状况有关。充足的水分，适宜的光照和温度以及其他一些条件是促进花芽分化、提高成花率、成果率的关键。在栽培植物过程中所采取的一些措施如施肥、修剪、灌溉、生长素及赤霉素的应用等，均可达到促进或控制花芽分化的目的。在同一地区，相同植物或同一品种，每年花芽分化的时期大致接近。这样才会出现在相同纬度地区，同种植物具有相近的开花期，如在南方，3月开桃花，4月开樱花，7月开荷花，基本上是相对稳定的。

花芽分化的时间一般落叶树种（如桃、梅、梨、苹果等）是在开花前一年的夏季即开始进行的。分化的持续时间也因树种而异。一般在分化出各种花部原基或进一步发育后，花芽即转入休眠，到次年春季，未成熟的花部继续发育直至开花。春夏开花的常绿树木（如柑橘、油橄榄等）大多在冬季或早春进行花芽分化。而秋冬开花的种类（如油茶、茶等）则在当年夏季进行花芽分化，无休眠期。

此外，同株植物中的每朵花的分化时间，也还因枝条的类型和花芽的位置不同而有先后。

三、花芽分化的过程

花芽分化过程中各种原基的分化，一般是按萼片原基、花瓣原基、雄蕊原基、雌蕊原基的顺序进行。但也因植物种类以及花部形态的不同而有各种变化。现分别以双子叶植物中的油茶和禾谷类植物中的小麦为例说明如下：

（一）油茶的花芽分化

油茶是双子叶油料作物，根据其花芽分化时的形态变化，可以分为以下几个时期（图7-17）。

(1) 前分化期：此期生长点稍尖，从外形上尚分辨不出花芽或叶芽，随后生长点细胞分裂较快，逐渐由尖到圆。

(2) 萼片形成期：圆形生长点下侧细胞分裂较快，形成一些小的突起，叫花萼原基，接着每一萼片原基向内弯曲伸长，形成萼片。

（3）花瓣形成期：在萼片形成的后期，生长点顶端由圆变平，出现了花瓣原基，花瓣原基以不同速度向相对方向延伸增大，形成花瓣。

（4）雌雄蕊形成期：在花瓣全部形成的同时，生长点四周扩展并稍凹陷，在凹形的生长点上形成许多小突起，中央较大的3个突起为雌蕊原基。周围的小突起为雄蕊原基，雌雄蕊原基是同时出现的，多层的雄蕊原基围绕着中央的雌蕊原基。

（5）子房、花药形成期：在雌雄蕊形成后期，雌蕊下部膨大形成子房，中间有小孔形成子房室，室内开始形成胚珠，这时雄蕊原基开始分化出花药。

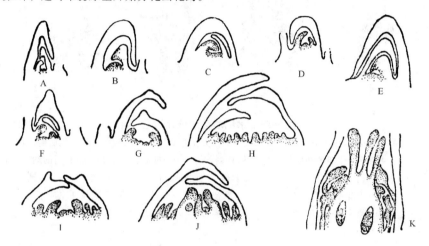

图 7-17　油茶花芽分化的各个时期
A、B. 前分化期　C、D. 萼片形成期　E、F. 花瓣形成期
G、H、I. 雌雄蕊形成期　J、K. 子房、花药形成期

（二）稻、麦的幼穗分化

稻、麦等禾本科植物花序的形成，一般统称为幼穗分化。现以水稻和小麦为例，说明其分化过程。

1. 水稻的幼穗分化

水稻的植株，在完成一定的营养生长后，茎尖便转入幼穗分化阶段（图7-18）。首先是生长锥增大而伸长，继而生长锥的第一层原套细胞分裂形成环状突起，即为第一苞叶原基，接着依次发生第二苞叶原基、第三苞叶原基等一系列苞叶原基。这些苞叶原基是幼穗分化时，早期退化的变态叶，以后逐渐消失。在它们的腋部各分化出一次枝梗原基。随之，在一次枝梗上再分化出二次枝梗原基。此时，幼穗外被白毛，肉眼易于辨认。进而在各个一次枝梗和二次枝梗上进行小穗原基的分化。小穗原基进一步分化出小穗各部的顺序为：在基部先出现2个颖片原基和2片退化花的外稃原基，再依次产生发育花的外稃、内稃、浆片（2枚）、雄蕊（6枚）和雌蕊等原基。当雄蕊分化出花药和花丝，雌蕊分化出柱头、花柱和子房时，幼穗和小穗的雏形已清楚可辨。随着幼穗和小穗继续增长，小花各部发育成熟，最后雌、雄生殖细胞也分化形成。由于水稻一次枝梗和二次枝梗为总状分枝式，枝梗的先端着生有柄小穗，故发育成熟的整个花序成为圆锥状花序。

2. 小麦的幼穗分化

小麦开始幼穗分化时，叶片还处在丛生状态，幼穗分化经历了以下几个时期（图7-19）。

（1）生长锥伸长期：茎尖生长锥明显伸长，此时不再形成新的叶原基。

（2）单棱期：在茎尖生长锥两侧形成一系列环脊状突起，即苞叶原基，它包围着茎枝的轴。

（3）二棱期：在苞叶原基的叶腋处分化出小穗原基，这样在茎尖的两侧就出现了由两种原基突起所形成的双棱，上方的一个棱为小穗原基，继续增大，下方的一个棱为苞叶原基，以后逐渐消失。

（4）颖片分化期：幼穗中部小穗首先开始分化，出现颖片原基，向上、向下依次排列的小穗陆续

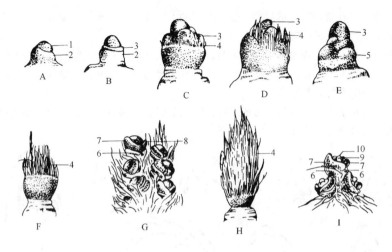

图 7-18 水稻幼穗的分化过程

A. 第一苞叶原基分化 B. 一次枝梗原基分化初期 C. 一次枝梗原基分化后期
D. 二次枝梗原基分化期的幼穗外形 E. 从 D 剥下的一个枝梗 F. 小穗原基分化时的幼穗外形
G. 从 F 剥下的一个枝梗 H. 雌、雄蕊形成时的幼穗外形 I. 从 H 剥下的一个枝梗
1. 生长锥 2. 第一苞原基 3. 一次枝梗原基 4. 苞毛 5. 二次枝梗原基
6. 颖片原基 7. 外稃原基 8. 内稃原基 9. 雄蕊原基 10. 雌蕊原基

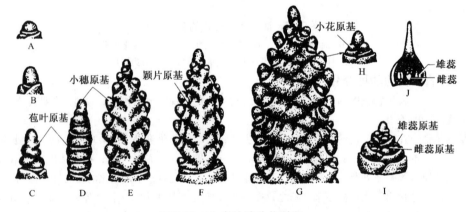

图 7-19 小麦幼穗分化过程

A. 生长锥未伸长期 B. 生长锥伸长期 C. 苞叶原基分化期（单棱期）
D. 小穗分化期开始 E. 小穗分化期末期 F. 颖片分化期 G. 小花分化期
H. 一个小穗（正面观） I. 雄蕊分化期 J. 雌蕊形成期。

分化。

(5) 小花分化期：当小穗分化出颖片原基后，在小穗轴的两侧自下而上进行小花的分化，分化出第一朵小花原基，第二朵小花原基等。此时，苞叶原基停止发育，小穗的发育迅速超过苞叶原基。每一朵小花依次发育出外稃、内稃、浆片，以后还将出现雄蕊和雌蕊。

(6) 雌雄蕊分化期：当小花中发育出两枚浆片原基后，小花中部分化出 3 个圆形突起，为雄蕊原基。稍后在小花的中心部位发生出雌蕊原基，并渐展伸为环状。以后环状结构闭合，其内又产生出胚珠原基。上部则分化出花柱以及二叉羽毛状柱头。位于小穗上部的小花，其雌、雄蕊常退化，成为不孕花。

花芽分化是植物体由营养生长进入生殖生长的转折点，花和花序分化的好坏，直接关系到作物的产量。各种被子植物在花芽分化前，需要一定的光条件（光周期、光质、光强）、温度、水分和肥料等良好的营养条件。因此，在农业生产上，可在花芽开始分化之前或花序形成（幼穗分化）的某个阶段，采取相应的栽培措施，促进生殖生长，为花芽分化和穗大粒多创造有利条件。例如小麦的拔节孕穗期是生长发育最旺盛、需肥需水最多的时期，此时追施水肥，可促进小花的分化，增加结实粒数，为丰产打下基础。对温室栽培的瓜果类蔬菜和多种花卉，可以人为地喷洒某种类激素物质，以提早或延迟花芽分化，调节开花和结果的时间，这对蔬菜的周年供应，弥补淡季不足，丰富品种的供应，能起到积极的作用；对许多花卉，也可调节市场供应的时间，或可使原来在不同季节开花的名贵花卉，于节日同时开放，让环境得到了美化。此外，如用乙烯利（4-氯乙基磷酸）处理幼小的花芽，可改变瓜类蔬菜如黄瓜、瓠子等的性别分化的途径，使雄花的分化减少，而雌花的分化增多，可以显著地提高瓜类蔬菜的产量。

第四节　雄蕊的发育和结构

一、花丝和花药的发育

雄蕊由花丝和花药两部分组成。花芽中的雄蕊原基形成以后，经过生长分化，在其顶端形成花药，基部形成花丝。花丝的结构简单，外为一层表皮细胞，内为薄壁组织，中央有一个维管束，自花托经花丝通入花药的药隔。

花药是雄蕊的主要部分，通常由4个（少数植物为两个）花粉囊组成，分为左右两半，中间由药隔相连。来自花丝的维管束进入药隔之中。花粉囊是产生花粉的场所。花粉成熟后，花粉囊开裂，花粉由花粉囊内散出而传粉。

发育初期的花药是由一群分生组织细胞组成，最外层为原表皮，以后发育成花药的表皮。里面主要为基本分生组织，将来参与药隔和花粉囊的形成。在幼期花药的近中央处逐渐分化出原形成层，这是药隔维管束的前身。

在花药（具四个花粉囊的类型）发育过程中（图7-20），由于花药四个角隅的细胞分裂较快，使花药的横切面形成具有四棱的外形。以后在四个棱角处，原表皮内侧的第一层细胞分化出一列或几纵列的孢原细胞，其细胞体积和细胞核均较大，细胞质也较浓。随之，孢原细胞通过一次平周分裂，形成内外两层细胞，外层为周缘细胞，内层为造孢细胞。周缘细胞经过平周分裂和垂周分裂，自外至内逐渐形成药室内壁、中层和绒毡层，它们与最外面的表皮一起，共同组成了花药壁。在周缘细胞分裂、分化形成花粉囊壁的同时，造孢细胞也进行分裂或直接发育为花粉母细胞，以后，每个花粉母细胞经过减数分裂，形成4个子细胞，每个子细胞发育成1个花粉粒。

药室内壁为紧贴表皮的一层细胞。幼期药室内壁常贮藏大量淀粉和其他营养营养物质。在花药接近成熟时，此层细胞径向扩展，细胞内的贮藏物质消失。细胞壁除了与表皮细胞接触的一面外，都有条纹状或螺旋状的次生加厚，加厚的壁物质主要为纤维素，成熟时略为木质化。由于条纹状加厚，所以药室内壁在发育后期又称为纤维层。在同侧两个花粉囊交接处的花药壁细胞保持薄壁状态，无条纹状加厚，花药成熟时，药室内壁失水，由于其细胞壁的加厚特点所形成的拉力，致使花药在抗拉力弱的薄壁细胞处裂开，花粉囊随之相通，花粉沿裂缝散出（图7-21）。花药孔裂的植物以及一些水生植物、闭花受精植物，它们的药室内壁不发生条纹状加厚，花药成熟时亦不开裂。

中层位于药室内壁的内方，通常由1至数层较小的细胞组成。初期贮有淀粉等营养物质，当

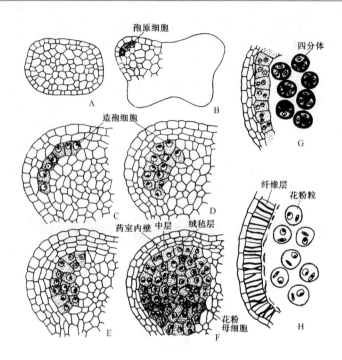

图 7-20　花药的发育过程

A. 未分化的幼小花药横切面　B. 幼期花药中，孢原细胞分化　C. 花药一角横切面，示周缘细胞和造孢细胞分化　D、E. 周缘细胞平周分裂形成多层花粉囊壁细胞，造孢细胞增殖　F. 花药内壁、中层、绒毡层分化，花粉母细胞形成　G. 花粉四分体形成　H. 中层、绒毡层解体，花粉成熟

花粉囊内造孢细胞发育为花粉母细胞而进入减数分裂期时，中层细胞内的营养物质逐渐被消耗而减少，同时由于受到花粉囊内部的细胞增殖和长大所产生的挤压，中层细胞变得扁平，较早地解体而被吸收。所以，成熟的花药中一般已不存在中层。但百合等一些植物的成熟花药中，可保留部分中层细胞，并发生纤维层那样的条纹状加厚。

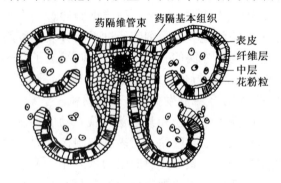

图 7-21　成熟花药横切面的结构

绒毡层是花药壁的最里面的一层细胞，它与造孢细胞毗连。其细胞较大，初期具单核。以后核的分裂不伴随着新壁的形成，常成为具双核或多核的细胞。绒毡层细胞的细胞质浓厚，细胞器丰富，胞质含有较多的蛋白质和酶，并有油脂、胡萝卜素和孢粉素等物质，可为花粉粒的发育提供营养物质和结构物质。它们合成和分泌的胼胝质酶，能适时地分解花粉母细胞和四分体的胼胝质壁，使幼期单核花粉粒得以分离。绒毡层又能合成一种识别蛋白，通过转运至花粉粒的外壁上，在花粉粒与雌蕊的相互识别中，对决定亲和与否，起着重要的作用。绒毡层还能分泌孢粉素，作为花粉外壁的主要成分。随着花粉粒的形成发育，绒毡层细胞逐渐退化解体。由于绒毡层对花粉的发育具有多种重要作用，所以如果绒毡层的发育和活动不正常，常会导致花粉败育，甚至出现雄性不育现象。

当花粉粒发育成熟时，花药也已成熟，此时的花药壁通常只剩下表皮和纤维层，中层和绒毡层已先后解体消失或仅存痕迹。花粉囊内则充满成熟的花粉粒（图 7-21）。

二、花粉粒的发育过程

花粉粒发育的全过程包括单核花粉粒的产生和雄配子体的形成。

（一）单核花粉粒的产生

1. 花粉母细胞的形成

在花粉囊壁发育的同时，花粉囊内的造孢细胞也进行分裂，形成许多花粉母细胞，又称小孢子母细胞。极少数植物（如锦葵科和葫芦科的某些植物）的造孢细胞可不经分裂直接发育成花粉母细胞。花粉母细胞的体积较大，排列紧密，初期具有一般的纤维素壁，细胞核大，细胞质浓，没有明显的液泡。花粉母细胞彼此之间，以及与绒毡层细胞之间，都有胞间连丝相贯通。特别是相邻的花粉母细胞之间，常形成直径为 1~2μm 的胞质管，将同一花粉囊内的花粉母细胞连接成合胞体。并发现有染色质、内质网片段等细胞器、营养物质，通过胞质管进行交流。这种现象与花粉囊中花粉母细胞的减数分裂同步化及营养物质、生长物质的迅速运输及分配有关。以后，在减数分裂过程中，花粉母细胞在质膜与细胞壁之间逐渐积累胼胝质（β-1，3 葡聚糖），形成胼胝质壁，并逐渐加厚，致使胞间连丝和胞质管被阻断。

2. 花粉母细胞的减数分裂

减数分裂是被子植物生活周期中的一个重要阶段，它与被子植物的有性生殖密切相关。减数分裂发生在被子植物花粉母细胞开始形成花粉粒和胚囊母细胞开始形成胚囊的时候。减数分裂包括两次连续的分裂过程，在第一次分裂中，来自亲代的同源染色体成双配对，并进行遗传物质的交换，在新分裂的两个子细胞核内，染色体数比母细胞减少一半；第二次分裂过程为正常的有丝分裂，最后形成 4 个单倍体的子细胞。

减数分裂的过程比较复杂（图 7-22、图 7-23），现把各个时期细胞形态结构上的变化特点分述于下：

减数分裂的第一次分裂（以 I 表示）可分为四个时期：

（1）前期 I：时间较长，变化也较复杂，可进一步分为 6 个小时期。

① 前细线期：染色体极细，光学显微镜下难以分辨。但染色体已开始凝缩，出现螺旋丝。

② 细线期：染色体逐渐变成细丝状，细胞核和核仁继续增大。在水稻等一些植物中，核仁渐渐移近核膜，染色体经过一度缠绕（凝线期），然后常在核仁附近靠近核膜处，一端成束，另一端散出呈"花朵"状。

③ 偶线期：又称合线期。二个同源染色体（一条来自父本、一条来自母本，两者

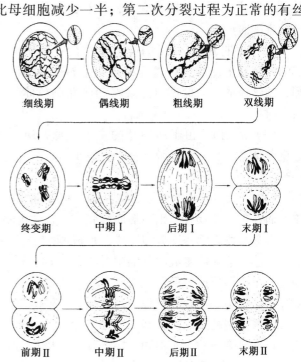

图 7-22 植物细胞减数分裂过程示意图

在形状、大小都很相似的染色体）逐渐两两成对靠拢，这种现象称为联会。如原来细胞里有 20 条分散的染色体，这时配成 10 对。

④ 粗线期：细线状的染色体缩短变粗。同时，成对染色体中，每条染色体各纵裂为二，形成两条染色单体，但着丝点不分裂，所以二条染色单体在着丝点处仍连在一起，这样，每对同源染色体就有四条染色单体。成对同源染色体上的一条染色单体，往往与另一条同源染色体上的一条染色单体彼此扭合，并在相同位置上发生横断和染色单体片段的互换现象，这种染色单体片段的互换，使每一条染色体都带有另一条染色体的片断。染色单体在片段互换的地方相连在一起，形成交叉现象。

⑤ 双线期：配对的同源染色体互相分离，但因交叉的关系，染色单体的一处或几处仍然相连，呈现"V"、"X"、"8"或"O"等形状，甚至还能看清同源染色体的 4 条染色单体。

⑥ 终变期：染色体继续缩短变粗，常分散排列在核膜的内侧。以后，核仁、核膜相继消失，纺锤丝开始出现。此期为观察，计算染色体数目最适宜的时期。

(2) 中期Ⅰ：各成对的染色体排列在细胞中部的赤道板上，着丝粒以等距分列于赤道板的两侧，纺锤体形成。此期也是观察和研究染色体的适宜时期。

(3) 后期Ⅰ：由于纺锤丝的牵引，每一对同

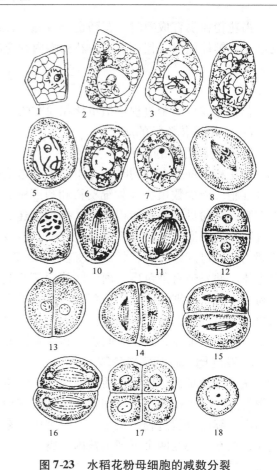

图 7-23 水稻花粉母细胞的减数分裂
1. 细线期 2. 凝线期 3. 染色体聚集呈"花朵状"
4. 偶线期 5. 粗线期 6. 双线期 7. 终变期
8、9. 中期Ⅰ 10. 后期Ⅰ 11. 末期Ⅰ 12. 二分体（减数分裂间期） 13. 前期Ⅱ 14. 中期Ⅱ 15. 后期Ⅱ
16. 末期Ⅱ 17. 四分体 18. 幼龄单核花粉粒

源染色体各自分开，向两极移动，这时每一个极区的染色体数目只有原来母细胞染色体数目的一半。

(4) 末期Ⅰ：到达两极的染色体又聚集起来，有些物种在此期会有核膜形成和染色体螺旋解体。而在另一些物种，则不形成核膜，染色体也不解螺旋。但以上两种情况，核仁都不重现。

有的植物在第一次分裂完成，形成两个子核后，在赤道面处形成细胞板，将母细胞分隔成两个子细胞。然而新生成的子细胞并不是立即分开，而是相连在一起，形成二分体；有些植物的新细胞板不立即形成，便继续进行第二次分裂。由以上第一次分裂过程可知，染色体数目的减半，实际上是在第一次分裂过程中完成的。

减数分裂的第二次分裂（以Ⅱ表示），一般与第一次分裂的末期紧接，或有一个极短的分裂间期。这次分裂与前一次不同，在分裂前，核不再进行 DNA 的复制和染色体的加倍，而整个分裂过程与一般有丝分裂相同，分成前、中、后、末四个时期，前期较短，而不像第一次分裂那样复杂。

(1) 前期Ⅱ：如果染色体在末期Ⅰ时已经螺旋解体的，此期则有染色质重新螺旋缩短形成染

色体，核膜再度消失。若未发生螺旋解体，核膜没有消失，则本期很短促。本期的晚期，纺锤丝重新出现。

（2）中期Ⅱ：每个子细胞的染色体以着丝粒排列在赤道板上，每条染色体中的两条染色单体彼此反方向地连接在赤道板的两边。纺锤体再次形成。

（3）后期Ⅱ：子细胞中每条染色体的二条染色单体，随着着丝点的分裂而彼此分开，由纺锤丝牵向两极。

（4）末期Ⅱ：到达两极的染色单体解螺旋，核仁出现。以后，在赤道板上产生细胞板，发生胞质分裂，各形成2个子细胞。有的植物在末期Ⅰ结束时不形成子细胞，而在此时同时产生4个子细胞。

这样，减数分裂经过两次连续的分裂后，形成了4个子细胞，这4个子细胞在还没有分离前，称为四分体。此时，每个子细胞的染色体数目只有母细胞的一半，而且各含亲本同源染色体中的一条。由于发生过染色体片断的交叉，所以子细胞中所含的遗传物质常各不相同。以后四分体的细胞各自分离，形成四个单核的花粉粒。

花粉母细胞经过减数分裂后形成4个染色体数目减半的单核幼期花粉粒又称为小孢子，它们仍被包围于共同的胼胝质壁之中，而且在各个小孢子之间也有胼胝质分隔。胼胝质是低渗性的，能允许营养物质通过，但对细胞间大分子的交换可能有阻止作用，因而保持了减数分裂后基因重组与分离后的小孢子之间的独立性，对于植物的遗传与进化都有重要意义。

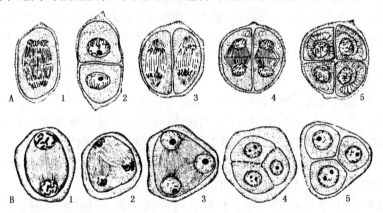

图 7-24　花粉母细胞减数分裂的胞质分裂类型
A. 小麦的连续型胞质分裂（1. 减数分裂后期　2. 产生分隔壁，形成二分体　3. 后期Ⅱ　4. 末期Ⅱ　5. 四分体形成）
B. 蚕豆的同时型胞质分裂（1. 减数分裂后期Ⅰ　2. 后期Ⅱ　3. 末期Ⅱ　4. 产生分隔壁　5. 四分体形成）

花粉母细胞减数分裂时的胞质分裂有两种方式。一种为连续型（图7-24A），在减数分裂的先后两次核分裂时，均伴随胞质的分裂，即第一次分裂形成2个细胞（二分体），第二次分裂形成了4个细胞（四分体）。这种四分体中的4个子细胞排列在同一平面上，成为等双面体。连续型多存在于单子叶植物中，如水稻、小麦、玉米、百合等植物的四分体，但双子叶植物也有连续型的，如夹竹桃。另一种为同时型（图7-24B），第一次核分裂时不伴随胞质分裂，仅形成一个2核细胞，不出现二分体阶段；当第二次分裂形成4核之后，才同时发生胞质分裂而形成四分体。这种四分体中的4个子细胞不分布在一个平面，而是成为四面体排列。同时型多见于双子叶植物，如棉花、蚕豆、白菜、花生、桃、梨等的四分体，但也有少数单子叶植物属于此型的，如薯蓣科、百合科、棕榈科的一些属、种。

从花粉母细胞减数分裂的过程中，可以看到减数分裂有两个重要的作用：一方面，它所形成的单核花粉粒（小孢子）和单核胚囊（大孢子），都只含有一套染色体［单倍体（n）］，以后单核花粉粒和单核胚囊进行有丝分裂，所产生的精子和卵也都是单倍体。精、卵结合形成合子，恢复了二倍体（2n）。这样，每一种植物的染色体数目保持相对的稳定，也就是遗传上具有相对稳定性。另一方面，减数分裂中同源染色体间进行的交叉，即遗传物质的交换，产生了遗传物质的重新组合，丰富了植物遗传性的变异性。这对增强适应环境的能力，繁衍种族极为重要。同时，研究植物的减数分裂，对于探讨植物遗传和变异的内在规律，进行有性杂交育种，都有着十分重要的意义。

植物在减数分裂期间，对环境条件的变化特别敏感，若遇到干旱、低温、光照不足或缺少营养，或氮肥过多等，都会影响花粉粒和胚囊的正常发育，从而影响结实，降低产量。因此，在此期间应采取相应的措施，以保证减数分裂的顺利进行。如水稻在此期间，对水分和温度的变化反应最敏感，应进行浅灌。如遇低于15℃或高于40℃的土温时，应采取短时间的深水灌溉，以利保温或降温。

各种农作物的花粉母细胞减数分裂期，常可从一定的形态指标来识别。一般认为，水稻减数分裂盛期是在顶叶（花序下的叶，又称剑叶或旗叶）叶环与下一叶叶环相重叠时，即叶环距为零；棉花减数数分裂时，其花蕾长度达 3～4mm，花瓣即将露出萼片时；花生的减数分裂约在开花前 7～10 天，其花蕾长度达 4～5mm，花药白色时。当然，各种作物因品种或地区不同，减数分裂盛期常有差异，故宜应用多种方法综合分析，提高测报的准确性，及时采取相应的农业措施，确保减数分裂的质量，为高产优质打好基础。

（二）雄配子体的形成

减数分裂后，绒毡层分泌胼胝质酶，将花粉四分体的胼胝质壁溶解，幼期单核花粉从四分体中释放出来。此时，单核花粉粒的细胞壁薄，细胞质浓厚，核位于细胞中央（单核居中期）（图7-25A）。它们不断地从周围的绒毡层分泌物或其降解物质吸取营养物质和水分，增大体积，细胞质中的小液泡逐渐合并成中央大液泡，细胞核渐移向花粉粒的一侧，此期常称为单核靠边期（图7-25B）。接着，细胞核准备进行 DNA 复制和有丝分裂。

由于单核花粉粒的核移向壁的一侧，核就在近壁处分裂，其纺锤体通常和花粉粒的壁垂直。所以，分裂的结果，2 个子核中的一个贴近花粉粒的壁，即为生殖核，另一个向着大液泡的为营养核。在发生胞质分裂前，细胞质也产生极化现象，如液泡、线粒体、质体和圆球体等细胞器，多趋向营养核一边。以后发生不均等的胞质分裂，在两核之间出现弧形细胞板，且弯向生殖核一侧。最后形成两个大小悬殊的细胞，其中靠近花粉壁一侧的呈透镜状的小细胞，含少量细胞质和细胞器，为生殖细胞；另一个则为营养细胞，包括原来的大液泡以及大部分细胞质和细胞器，并富含淀粉、脂肪和生理活性物质（图 7-25C 至图 7-25E）。生殖细胞与营养细胞之间的壁不含纤维素，主要由胼胝质组成。

生殖细胞形成后不久，细胞便进入间期。细胞核内的 DNA 含量通过复制增加了一倍，为进一步分裂形成 2 个精子奠定了基础；同时整个细胞从最初与之紧贴的花粉粒壁部逐渐脱离开来，成为圆球形，游离在营养细胞的细胞质中，出现细胞中有细胞的独特现象（图 7-25F 至图 7-25H）。生殖细胞由于其外围的胼胝质壁解体而成为裸细胞，以后，细胞渐渐伸长变为纺锤形。

营养细胞在形成时，由于所处位置或分化结果的不同，其细胞特征与生殖细胞有很大区别。

营养细胞在形成后继续生长，进入旺盛的代谢活动期，细胞核逐渐增大，细胞器数量增多，体积增大。

四分体形成后不久，花粉粒壁即开始发育，最初，在单核花粉粒的胼胝质壁和质膜之间首先发生纤维素的初生外壁。随之，初生外壁中形成许多纵轴垂直于花粉周面的棒状结构，这些棒状结构可能由脂类和蛋白质所组成。花粉游离时，棒状结构上陆续沉积孢粉素，其顶端和基部各自向四周扩延，并常依不同植物而按一定形式连接成各种形态的雕纹，此时，初生外壁已发育成花粉外壁。外壁并非均匀产生，未形成外壁的孔隙发育为萌发孔或萌发沟。花粉粒外壁的内侧还有一层内壁，它的发育常先在萌发孔区开始，然后遍及其他区域。花粉壁物质的来源，在四分体时期，由幼期单核花粉自身的细胞质提供；当幼期单核花粉从四分体中散出后，则由花粉自身和绒毡层细胞共同供应。

花粉粒成熟散出进行传粉时，如只含有营养细胞和生殖细胞的，称为二细胞型花粉。在已研究过的被子植物中，约有70%的种类属于这种类型，如棉、桃、李、梨、苹果、柑橘、茶、葱等。另外一些植物的成熟花粉，在散出进行传粉之前其生殖细胞再进行一次有丝分裂（图7-25I、图7-25J），形成2个精细胞（精子），它们是以含有1个营养细胞和2个精细胞进行传粉的，被称为三细胞型花粉（图7-25K），如水稻、小麦、油菜、向日葵等。二细胞型花粉传粉后，则要在萌发的花粉管内由生殖细胞分裂而形成精子。二细胞型花粉及三细胞型花粉通常称为成熟花粉粒，又称为雄配子体，精子则称为雄配子。

现将花粉结构与花粉粒的发育形成过程归纳如下：

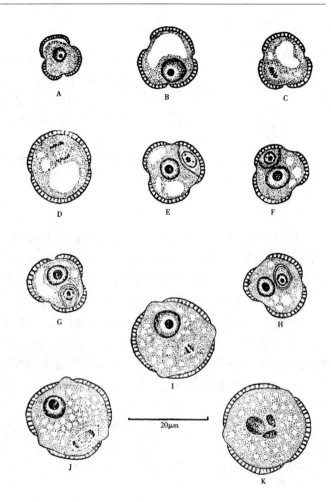

图7-25 白菜雄配子体的发育过程

A. 早期小孢子　B. 后期小孢子，具有一个大液泡
C、D. 小孢子核分裂的中期和后期
E. 分裂完成，形成营养细胞和生殖细胞（透镜形）
F、G. 生殖细胞逐渐与细胞壁分离
H. 生殖细胞游离在营养细胞的细胞质中
I、J. 生殖细胞分裂中期和后期
K. 成熟花粉粒，具一营养核和两个精子

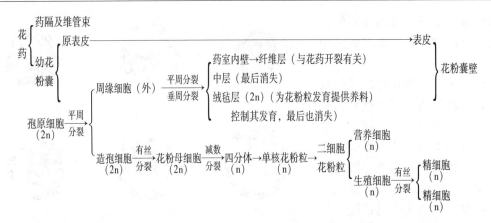

20世纪80年代以来，随着电子显微镜技术和电子计算机技术的应用，人们发现某些被子植物的成熟三细胞型花粉的营养核与精子之间联系极为密切，以及两个精子之间在形态结构和遗传上存在差异的现象，提出了"雄性生殖单位"和"精子异型性"的概念。认为在被子植物的有性生殖过程中，一对精子和营养核构成一个功能复合体，它们的所有雄性核和细胞质的遗传物质——DNA包容在一起成为一个完整的传递单位。在二细胞型花粉的植物中，雄性生殖单位的概念还扩展用于成熟花粉粒或花粉管中营养核与生殖细胞形成的联合体（图7-26）。Russell等（1981）首先对白花丹 *Plumbago zeylanica* L. 的雄性生殖单位作了描述。在这种植物的花粉中，两个精细胞由带有胞间连丝的横壁联结在一起，其中的一个精细胞以其狭长的细胞突起环绕营养核，并伸入营养核的凹陷中。以后在油菜、甘蓝等三细胞型的花粉中也发现了一对姐妹精细胞间及一精细胞与营养细胞间的紧密联系。几种二细胞型花粉植物如烟草、矮牵牛在花粉管中雄性生殖单位的结构也表现类似的联系。雄性生殖单位的功能可能是作为传送精细胞的装置，使精细胞有序地到达雌性的靶细胞（卵细胞）。它的更深刻的生物学意义有待深入研究。

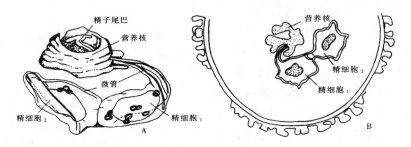

图7-26 雄性生殖单位图

A. 油菜的雄性生殖单位　B. 油菜花粉粒的一部分，示内部的雄性生殖单位

关于精细胞的异型性，已证明白花丹、菠菜、甘蓝、油菜、玉米等的一对精细胞在大小、形状和细胞器含量上都有明显差异，一般是较大的一个精细胞具较长的外突而与营养核紧密联结。白花丹的大的精细胞中只有极少数质体，且含大量线粒体，将来和中央细胞融合；相反，小的精细胞却质体丰富而线粒体少，将来和卵细胞融合。甘蓝、油菜的精细胞缺乏质体，但线粒体的含量则仍是大精细胞中的比小精细胞中的多。

目前有关雄性生殖单位和精子异型性的研究主要还是偏于细胞形态学方面的资料累积，对于它们的功能和生物学意义还有待进一步深入探讨，但这种新概念的提出与确认，无疑在植物受精机制的认识方面将起着重要推动作用，并将为植物育种和改良带来深刻的影响。

三、花粉粒的形态与结构

（一）花粉粒的形态

花粉粒的形态包括形状、大小、外壁纹饰特征、萌发孔与萌发沟的数目与分布等，因不同植物种类而异，并且非常稳定，具有种属的特异性。

在花粉粒的形状方面，水稻、小麦、玉米、棉花、桃、柑橘、南瓜、紫云英等为圆球形，油菜、蚕豆、桑、梨、苹果等为椭圆形，茶等为三角形，此外，还有四方形及其他形状（图7-27）。

在花粉粒的大小方面，差别甚为悬殊，大型的如南瓜花粉粒直径为 $150\sim200\mu m$，紫茉莉可达 $250\mu m$；微型的如勿忘草，仅 $2\sim5\mu m$。大多数植物花粉粒的直径为 $15\sim60\mu m$，如大白菜约 $20\mu m$，水稻为 $42\sim43\mu m$，小麦为 $45\sim60\mu m$，桃为 $50\sim57\mu m$。有些植物的花粉粒较大，如玉米为 $77\sim89\mu m$，棉花为 $125\sim138\mu m$。

在花粉粒外壁表面的纹饰特征方面，常见的有刺状、颗粒状、瘤状、网状等，有些植物则是表面光滑，不同植物种类的雕纹类型常不相同。

花粉粒外壁常有不增厚的部位，形成孔或沟的形状，称为萌发孔或萌发沟。以后花粉在柱头上萌发时，花粉管就由孔、沟处向外突出生长。萌发孔的数目变化较大，可以从1个到多个。如水稻、小麦等禾本科植物的花粉粒只有1个萌发孔，锦葵科的棉花有 $8\sim16$ 个萌发孔，其他锦葵科植物的萌发孔有多至50个以上的。萌发沟的数目变化较少，如油菜等十字花科植物花粉粒有三条沟，梨属、苹果属及烟草等的花粉粒的三条沟中有孔，此外有些植物的花粉粒只有1条沟或多条沟的。

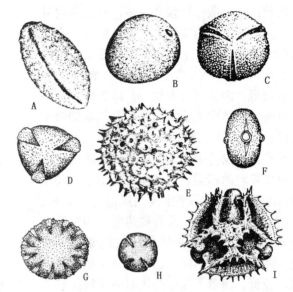

图7-27 不同植物的花粉粒形态
A. 美国鹅掌楸　B. 牛尾草　C. 美洲山毛榉　D. 苹果
E. 棉花　F. 苕子　G. 芝麻　H. 柑橘　I. 药用蒲公英

（二）花粉粒的结构

成熟的花粉粒具有二层细胞壁，即外壁和内壁，内侧含 $2\sim3$ 个细胞，即1个营养细胞和1个生殖细胞或2个精细胞（图7-28）。

花粉粒的外壁较厚，硬而缺乏弹性。外壁的雕纹变化很大，常构成美丽的图案。外壁的主要成分为孢粉素，其化学性质极为稳定，具抗高温、抗酸碱、抗酶解特性，能使花粉外壁及其上的雕纹得以长期保存，这对于花粉的鉴别具有重要意义。此外，外壁上还有纤维素、类胡萝卜素、类黄酮素、脂类及蛋白质等物质。

花粉粒的内壁较薄软，但在萌发孔处稍厚，在花粉管萌发前有暂时封闭萌发孔的作用。内壁的主要成分为纤维素、半纤维素、果胶质及蛋白质。内、外壁蛋白质的来源、性质和功能均有差别。外壁蛋白质由绒毡层细胞合成、转运而来，也就是由植物母体起源的，具有基因型的特异性，在和柱头的相互识别过程中，起着重要的作用。内壁蛋白质则由花粉粒本身的细胞质合成，存在于内壁多糖的基质中，而以萌发孔区的内壁蛋白质特别丰富。此外，外壁和内壁上所含的酶类也有不同，内壁主要含有与花粉管萌发及穿入柱头组织有关的酶类。壁蛋白质或酶类容易在湿润以后被释放到周围环境中去，从而发生催化反应。此外，某些风媒花能引起花粉过敏症及季节性哮喘，花粉壁蛋白质是这些花粉过敏症的过敏原。

花粉粒中生殖细胞和营养细胞的结构也有很大差异。生殖细胞的核结构紧密，核膜孔较少，含组蛋白丰富，染色较深；营养细胞的核结构松散，核膜孔较多，核质常向外扩散，含酸性蛋白质较多，染色较浅。在二者的细胞质方面，生殖细胞的细胞质主要由纺锤体衍生，RNA 含量较低，核糖体的密度也较低，内质网较不显著，线粒体小而嵴发育差，质体中无淀粉粒；营养细胞则含丰富的细胞器及贮藏物质，RNA 含量较高，如在花粉粒发育的后期，质体或细胞质中有大量淀粉粒的积累，圆球体逐渐增多，甚至成为细胞质中的一个主要组成部分。此外，生殖细胞只有质膜，没有细胞壁，为沉浸在营养细胞中的裸原生质体。在代谢活动方面，两者也有所不同。通常生殖细胞的代谢

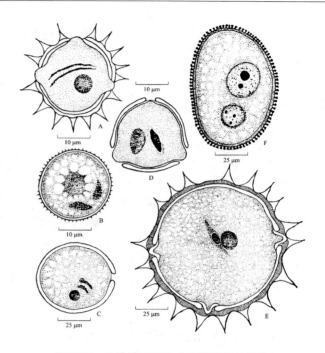

图 7-28　几种被子植物成熟花粉粒的结构
A. 向日葵　B. 慈姑　C. 小麦　D. 烟草　E. 棉花　F. 百合

活动较低，而营养细胞的代谢活动较旺盛，这对以后花粉粒的萌发和花粉管的生长有利。

在三细胞型花粉粒中，精细胞已形成。它们的形状，在不同植物中，常有变化，有椭圆形、球形、纺锤形、弧形、螺旋形、蠕虫形等。即使是同一种植物的不同花粉粒，或在不同时期，其形态也有所不同，如小麦的精细胞，初期近球形，后呈长椭圆形；水稻的精细胞在花粉粒中为透镜形，受精前则呈球形。精细胞的结构比较简单，外围为质膜，细胞质呈薄层，含线粒体、高尔基体、核糖体、内质网、微管和质体等多种细胞器，与生殖细胞相同，通常不含质体。

各种植物花粉粒的形状、大小、外壁的雕纹各不相同，具有种属的特异性，已成为孢粉学（palynology）的重要组成部分。因此，根据花粉形态可以鉴定植物的种类，判断地质年代，勘探矿藏（如煤田、石油等），研究植物不同类群的演化及历史地理分布，鉴定蜂蜜的来源和品质，甚至应用于医药学及侦破工作上。

四、花粉粒的生活力

在农业生产和育种工作中，常常需要采集和贮藏花粉，以便进行人工辅助授粉或杂交育种，以提高结实率或获得优良的杂交组合。因此，研究花粉粒的生活力及其贮藏条件有实际意义。花粉粒生命力的长短一方面取决于遗传基因，另一方面也受环境条件的影响，但一般均能反映如下规律：一是亲缘相近的植物，花粉粒的寿命长短也接近；二是二细胞型花粉粒的生活力较三细胞型的强。

在自然条件下，大多数植物的花粉从花药中散出后只能存活几小时、几天或几个星期。一般木本植物的花粉生活力比草本的要长，如在干燥、凉爽的条件下，苹果的花粉能存活 10～70 天，柑橘花粉可存活 40～50 天，樱桃 30～100 天，海枣的花粉可维持生活力数月至一年。而在草本植物中，如棉属的花粉在采下 24h，有 65% 能保存生活力，超过 24h，存活的很少；茄的花粉，在夏天只能存活 1 天，在冬季则能存活 3 天；禾本科植物的花粉生活力，一般都较短，如玉米为 1～2 天；在田间条件下，水稻花粉粒仅 3min 就有 50% 失去生活力，5min 几乎全部丧失生活力；小麦花粉粒经 5h 后，传粉结实率便

降至6.5%。

影响花粉粒生活力的主要环境因素是温度、相对湿度和空气。可通过人为的办法控制这些因素，以最大限度降低花粉的代谢水平，使花粉进入休眠状态，则可延长花粉粒寿命。一般在低温（0℃左右）、干燥（相对湿度为25%~50%）和无氧条件下保存最为有利。但禾本科植物的花粉粒与一般植物不同，它要求较高的湿度条件，如水稻花粉粒在12℃和85%的相对湿度下，可存活24h；玉米和甘蔗在4~5℃和95%的相对湿度下可存活8~10天。

近年来利用低温、真空和冷冻干燥技术保存花粉，可大大地延长花粉的寿命。如小麦的一些品种，经保存一年后授粉，结实率达49%~64%；苹果的花粉经保存两年后，仍如新鲜花粉一样。

五、花粉败育和雄性不育现象

花药成熟后，一般都能散放正常发育的花粉粒。由于种种内部和外界因素的影响，有时散出的花粉没有经过正常的发育，不能发挥正常生殖的作用，这种现象，称为花粉的败育。花粉败育的原因较多。有的是由于花粉母细胞不能正常进行减数分裂，如花粉母细胞互相粘连在一起，成为细胞质块；或出现多极纺锤体，或多个核仁相连；或产生的4个小孢子大小不等，因而不能形成正常发育的花粉。有的是由于减数分裂后，花粉停留在单核或双核阶段，不能产生精细胞。有的因营养状况不良，花粉不能健全发育。此外，绒毡层细胞的作用如果失常，也能造成花粉败育，如在花粉形成过程中，绒毡层细胞不仅没有解体，反而继续分裂，增大体积，导致花粉无从获得营养而败育。以上各种反常现象的产生，又往往与环境条件相联系，如温度过低，或严重干旱等。

另外，个别植物由于内部生理或遗传原因，在正常的自然条件下，花中的雄蕊发育不正常，不能形成正常的花粉粒或正常的精细胞，但雌蕊却发育正常，这种植物，称为雄性不育植物。雄性不育有以下3种类型：一是花药退化，花药全部干瘪，仅花丝部分残存；二是花药内不产生花粉；三是产生的花粉败育。在农作物中如水稻、高粱、玉米、油菜、棉花、南瓜、葱等往往都能产生雄性不育的植株。这种雄性不育特征一旦形成，对环境影响并不敏感，而是可以遗传的。凡雄性不育性可遗传的品系则称为"雄性不育系"。雄性不育对农业生产有着重要意义。因为在进行杂种优势的育种工作中，人们可以利用雄性不育这一特性，免去了人工去雄操作过程，从而节约大量人力和时间。

分子生物学的研究发现，任何一个花药和花粉发育必需的基因失活后，都有可能导致雄性不育。利用基因工程技术，已培育出玉米、油菜和烟草的雄性不育材料。生产上可利用雄性不育材料，配制杂交种，对农作物的增产起到重要作用。

六、花药、花粉培养和花粉植物

在农业、林业和园艺上，通常利用种子或根、茎、叶来繁殖后代。随着近代生物科学的进展，应用细胞的全能性，人们已能将发育至适当时期的花药或花粉（一般是单核中晚期花粉），在无菌条件下，离体培养于适当的人工培养基上，诱导花粉粒偏离一般正常发育途径而转向孢子体发育，使之长出愈伤组织（callus）或胚状体（embryoid），然后由它们分化成植株。这种植株因来自花粉粒，故称花粉植物（pollen plant）。但它是来自花粉母细胞经过减数分裂后形成的花粉粒，其染色体是单倍体的，较花粉母细胞减少了一半，又称单倍体植物（haploid plant），或称半数体植物。不过这种植物比较矮小，不能正常开花结实，但若在培养过程中，细胞中的染色体发生加倍（自然加倍或人工加倍），产生纯合二倍体植物（pure diploid plant），便能正常开花、结实。

上述方法在育种工作中可以克服杂种分离，缩短育种年限，提高育种效率，还可利用单倍体培养物进行遗传学及诱变育种的研究；因此在实践上和理论上都有重要意义。

第五节 雌蕊的发育和结构

一、雌蕊的组成

成熟的雌蕊包括柱头、花柱和子房三部分。

（一）柱　头

柱头处于雌蕊的顶端，是接受花粉和花粉萌发的部位，一般膨大或扩展成各种形状。柱头的表皮细胞常形成乳突状或毛状，有利于花粉附着其上。有些植物的柱头表皮细胞能分泌糖类、脂类、酚类、酸类、激素和酶等物质，使柱头表面湿润，有利于粘着更多的花粉粒，并促使花粉粒萌发，这种柱头称湿柱头，如烟草、苹果、梨、胡萝卜、百合等。另有一些植物的柱头不产生分泌物，称干柱头，如油菜、棉、石竹等。这种柱头由于其表面存在亲水性的蛋白质膜，能通过其下层的角质层的中断处吸水，辅助粘着花粉和使花粉获得萌发必需的水分。禾本科植物的柱头呈羽毛状，也属干柱头。

柱头的表皮及其乳突的角质膜外侧，还覆盖着一层亲水的蛋白质薄膜，此膜不仅可以黏着花粉，并且使花粉获得萌发时所需的水分，更重要的是在柱头和花粉相互识别中具有"感应器"的特性。

（二）花　柱

花柱介于柱头和子房之间，是花粉管进入子房的通道。不同种类的植物，其花柱的长短和粗细有所不同。根据内部结构的不同，花柱分为开放型和闭合型两种类型。开放型花柱的中央，形成一条纵向中空的花柱道，花柱道的内表面有一层具有分泌功能的内表皮细胞，可分泌黏液。在花柱中，花粉管从花柱道表面的黏液中向子房生长。闭合型花柱是实心的，其花柱的中央分化出引导组织，引导组织的细胞含丰富的细胞器，代谢活动旺盛，花粉管萌发时，沿引导组织的胞间隙生长。有些植物的花柱不发达，柱头直接与子房相连。

（三）子　房

子房是雌蕊基部膨大的部分，由子房壁（ovary wall）、子房室（locule）、胚珠和胎座组成（图7-29）。子房壁内、外两面都有一层表皮（相当于叶片的上、下表皮），表皮上常有气孔或表皮毛。两层表皮之间为薄壁组织（相当于叶肉）和维管束。这些维管束能分别向子房和胚珠输送水分和养料。子房内的空腔称子房室。子房室的数目因植物的种类不同而异，例如，桃和豆类由一个心皮构成一个子房室；小麦为两个心皮构成一个子房室，因两心皮仅以各自的边缘相连，相连处不向中央卷入；而百合由3个心皮构成（图7-29），各心皮的边缘接触处向内卷直到中央彼此结合，故心皮的一部分成为子房壁，而卷入部分则成为子房内的隔膜，将子房分隔成3室。胚珠着生于子房室内，通常沿心皮的腹缝线着生，其着生的位置称为胎座。胎座的方式因植物种类不同而异。

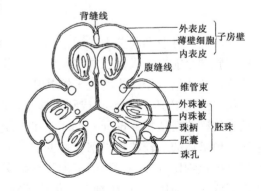

图7-29　百合子房横切面，示子房室及胚珠

二、胚珠的组成和发育

胚珠是种子的前身。一个成熟的胚珠，由胚囊、珠心、珠被、珠孔、珠柄和合点等几部分组成（图7-30）。

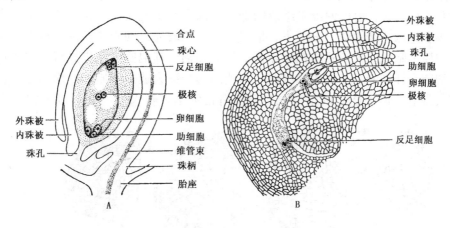

图 7-30 成熟胚珠的结构
A. 胚珠结构模式图　B. 胜利油菜的成熟胚珠，示胚囊的结构

在雌蕊发育早期，首先由子房内胎座表皮下方的部分细胞进行分裂，产生突起，形成胚珠原基。胚珠原基的前端成为珠心（nucellus），基部为珠柄（funiculus）。以后，由于珠心基部的细胞分裂较快，产生一圈突起，并逐渐向前扩展将珠心包围，仅在珠心的前端留下一小孔。包围珠心的组织即为珠被（integument），前端的小孔称为珠孔（micropyle）（图7-31）。番茄、向日葵、胡桃等仅具单层珠被，而大多数双子叶植物和单子叶植物，如白菜、棉花、甜菜、南瓜、梅、苹果、水稻、小麦等具有双层珠被。内层为内珠被，外层为外珠被。无珠被是极罕见的。胚囊位于珠心的中央。在珠心基部，珠被、珠心和珠柄连合的部位称为合点（chalaza）。由胎座经珠柄而入的维管束通过合点进入胚珠，将养料输送至内部。

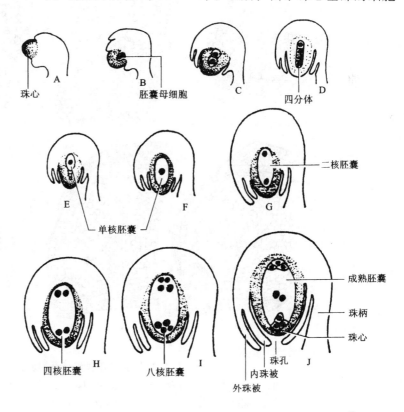

图 7-31 胚珠和胚囊发育过程模式图（A～J为发育顺序）

三、胚囊的发育和结构

胚囊（embryosac）的发育包括单核胚囊（大孢子）和成熟胚囊（雌配子体）的形成。

（一）单核胚囊（大孢子）的形成

在珠被刚开始形成时，由薄壁细胞组成的珠心内部发生了变化。最初，珠心是一团相似的薄壁细胞，以后，在近珠孔端的珠心表皮下，形成一个体积较大，细胞质较浓，核大而明显的孢原细胞。此后，孢原细胞的发育形式随植物不同而异。如棉，其孢原细胞先进行一次平周分裂，形成内、外二个细胞，外侧的一个称周缘细胞，内侧的一个称为造孢细胞。周缘细胞再行各个方向的分裂产生多数细胞，增加珠心的细胞层数；而造孢细胞则长大形成胚囊母细胞（大孢子母细

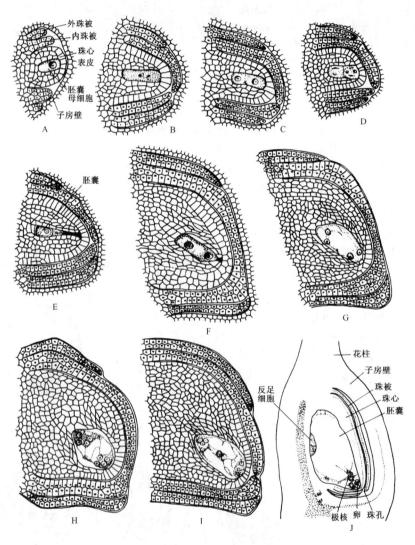

图 7-32 水稻胚珠和胚囊的发育

A. 内、外珠被的发育，胚囊母细胞形成　B、C. 胚囊母细胞减数分裂的第一次分裂
D. 减数分裂的第二次分裂　E. 四分体的近珠孔端 3 个细胞退化　F～H. 2 核、4 核、8核胚囊的形成　I. 8 核胚囊的两端各有一核移向中央　J. 子房纵切，示胚珠内成熟胚囊

胞)。而水稻、小麦、向日葵和百合等,其孢原细胞不再分裂,直接长大形成胚囊母细胞。胚囊母细胞接着进行减数分裂,形成四分体,每个子细胞只含单倍的染色体数。胚囊母细胞所形成的四分体,通常是纵行排列,一般近珠孔端的3个退化消失,仅位于合点端的1个发育为单核胚囊(大孢子)。

(二) 成熟胚囊(雌配子体)的形成

单核胚囊形成后,连续进行3次有丝分裂,而且3次都为核分裂,不形成新壁。第一次分裂形成的2个子核,分别移向胚囊的两端,而后,各自又分裂2次,于是在胚囊的两端各形成4个核,然后,每一端的4个核中各有一核移向胚囊的中央,这2个核称为极核(polar nucleus)。极核与周围的细胞质共同组成胚囊的大型中央细胞(central cell)。有些植物在开花或受精前,2个极核互相融合形成1个双倍体的次生核(secondary nucleus)。近珠孔端的3个核各自形成细胞,其中较大的1个称卵细胞(egg cell),较小的2个称为助细胞(synergid),它们合称为卵器。位于合点端的3个核也形成3个细胞,称反足细胞(antipodal cell)。至此,单核胚囊已发育成为具有7个细胞或8个核的成熟胚囊(图7-32)。这就是被子植物的雌配子体(female gametophyte),其中的卵细胞就是有性生殖中的雌配子(female gamete)。

上面介绍的这种胚囊的发育形式,最初见于蓼科植物中,所以称为蓼型,约有81%的被子植物的胚囊属于此类型。除蓼型胚囊外,还有其他多种发育类型的胚囊。

成熟的卵细胞是一个有高度极性的细胞,细胞近洋梨形,狭长端对向珠孔。它有壁,通常近珠孔端的壁最厚,接近合点端的壁逐渐变薄。甚至(如棉花、玉米)仅以质膜与中央细胞毗接。卵细胞与助细胞之间的细胞壁上有胞间连丝相通。卵细胞中有不同程度的液泡化,棉花的卵细胞有一大液泡,细胞核位于合点端或偏一侧。卵细胞在发育早期会有较多的细胞器,成熟时,线粒体、内质网、高尔基体、核糖体等细胞器减少,其合成和代谢活动也较低。

2个助细胞与卵细胞紧靠一起,呈三角鼎立状排列于珠孔端。助细胞也是高度极性化的细胞,它的细胞壁也是从珠孔端至合点端逐渐变薄的(图7-33)。助细胞最突出的特征是,在珠孔端的壁向内伸延形成不规则的片状或指状突起,这种突起称丝状器,它的形状因植物不同而异。丝状器是由半纤维素、果胶质和少量纤维素组成,这种结构大大地增加了质膜的表面积,有利于助细胞对营养物质的吸收和运转。助细胞的细胞质和细胞核常偏于珠孔端,液泡则多位于合点端,这种分布上的极性与卵细胞中的恰好相反。助细胞含有丰富的细胞器,如内质网、线粒体和质

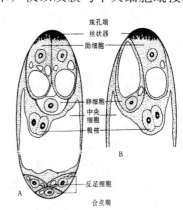

图 7-33 成熟胚囊模式图
A. 胚囊正面观 B. 胚囊侧面观
(粗黑线表示细胞壁和质膜)

体等,它们在丝状器附近的分布更多。助细胞是一种代谢高度活跃的细胞,可能有如下几方面的作用:①从珠心吸收和转运营养物质到胚囊中。②合成和分泌趋化性物质,引导花粉管定向进入胚囊。③是花粉管进入和释放内容物的场所,并有助于精子移向卵细胞和中央细胞。

在成熟胚囊中,中央细胞是最大的一个细胞,并高度液泡化。它的2个极核互相靠近或融合为一个二倍体的次生核,并被许多细胞质索悬挂在细胞的中央或靠近卵器。中央细胞的壁厚薄不均匀,与卵器接触处较薄或只有质膜,而与反足细胞相接处则有薄壁。中部与珠心相接处,其壁实为原来单核胚囊细胞壁的延展部分。中央细胞与卵细胞、助细胞和反足细胞之间均有胞间连丝

相连，含有丰富的细胞器和大量的营养物质，因此，中央细胞的代谢活动较强。受精后形成初生胚乳核，并分裂形成胚乳，为胚的发育提供营养，所以，可把中央细胞看做是胚乳的母细胞。

反足细胞是胚囊中变化最大的细胞，不仅细胞的数目差异很大，而且在细胞的结构上也因植物不同而有各种变化。多数植物具有3个反足细胞，但有些植物的反足细胞有次生增殖的能力，形成多数细胞，如水稻、小麦、玉米的反足细胞约有30个，胡椒中约有100个，箬竹的可达300个之多。每个细胞有1个、2个或多个细胞核，与珠心相邻的细胞壁上，常有乳头状内突，具有传递细胞的特征。因此，反足细胞可能具有吸收营养物质并短途运输到胚囊的功能。反足细胞的寿命较短，在多数植物中，反足细胞常常在受精前或受精后不久即退化消失或仅留痕迹，但也有存在时间较长的，如禾本科植物。

现将胚囊的发育过程归纳如下：

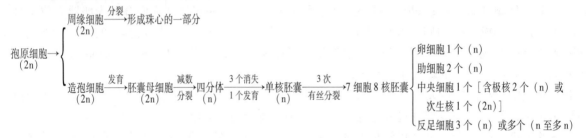

第六节　开花与传粉

一、开　花

当花中雄蕊的花粉粒和雌蕊子房中的胚囊（或二者之一）成熟之后，花萼和花冠即行开放，露出雄蕊和雌蕊，这种现象称为开花（flowering, anthesis）。开花是被子植物生活史上的一个重要阶段，除少数闭花受精植物外，是大多数植物性成熟的标志。

各种植物的开花年龄、开花季节、花期的长短以及一朵花开放的具体时间和开放持续时间，都随植物的种类不同而异，但都有一定的规律性。如一、二年生植物，生长几个月后就开花，一生只开一次花，开花结实后整株植物就枯萎死亡。多年生植物，在达到开花年龄后，能每年按时开花。也有少数多年生植物，一生只开一次花，如竹、剑麻等。就开花季节来说，多数植物在早春至春夏之间开花，少数在其他季节，还有许多花卉植物几乎一年四季都能开花。在冬季和早春开花的植物，常有先花后叶的，如蜡梅、迎春、梅、木棉、玉兰等。也有花叶同放的，如梨、李、桃等。但绝大多数植物是先叶后花。

在一株植物中，从第一朵花开放到最后一朵花开毕所经历的时间，称为开花期（blooming stage）。各种植物的开花期长短，决定于植物的特性，也与所处的环境条件密切相关。如早稻的开花期为5~7天，晚稻为9~10天，小麦为3~6天，柑橘、梨、苹果为6~12天，油菜为20~40天，棉花、花生和番茄等的开花期可持续1至数月。

至于每朵花开放的时间长短，也因植物的种类不同而异。如小麦只有5~30min；水稻为1~2h；棉约3天；番茄4天；某些热带兰科植物的花，单花的开放时间可长达数月。

大多数植物，开花都有一定的昼夜周期性。在正常条件下，水稻在早上7~8时开花，11时左右最盛，午后减少；玉米在上午7~11时；小麦在上午9~11时和下午3~5时；油菜在上午9~11时。但因各种作物在开花期对温度和湿度的反应敏感，所以每天开花的时间常因当天气候条件的变化而提前或推迟。

各种植物的开花习性是植物在长期演化过程中形成的遗传特性，但在一定程度上也常因受到纬度、海拔高度、坡向、气温、光照、湿度等环境条件的影响而发生变化。通常纬度愈低的地区，植物开花期愈早于纬度愈高的地区。一些春季开花的植物，当遇上3~4月间气温回升较快时，花期普遍提早，若遇到早春霜冻严重，晚霜结束又较迟的年份，花期则普遍推迟。晴朗干燥、气温较高的天气可以促进提早开花；反之，阴雨低温的天气则会产生延迟开花的作用。

研究掌握植物的开花习性及开花的条件，不仅有利于在栽培上采取相应的措施，以提高产品的数量和质量，也有助于进行人工杂交，创造新品种。对于观赏花卉的应用，开花习性有极重要的价值，除按自然花期提供开花植物，还可以进一步研究催延花期，以达到提早和推迟、延长花期的目的。

二、传　粉

成熟的花粉粒借助外力传到雌蕊柱头上的过程，称为传粉（pollination）。传粉是受精的前提，是被子植物有性生殖过程中的重要环节。植物传粉有两种不同方式，一种是自花传粉（self-pollination），另一种是异花传粉（cross-pollination）。

（一）自花传粉和异花传粉及其生物学意义

1. 自花传粉

自花传粉是指成熟的花粉粒传到同一朵花的柱头上的过程。但在实际应用中，农作物的同株异花间的传粉和果树栽培上同品种异株间的传粉，也称为自花传粉。如大麦、小麦、棉、豆类、番茄等都是自花传粉植物。而豌豆、大麦和花生植株的下部花，它们和开花受精不同，花朵尚未开放，花蕾中的成熟花粉粒就直接在花粉囊中萌发形成花粉管，把精子送入胚囊受精，这种传粉方式是典型的自花传粉，称闭花受精。闭花受精是一种长期适应的现象，当环境条件不适于开花传粉时，它可避免花粉因雨水淋湿而损坏或被昆虫所吞食，仍能完成繁衍种族的有性生殖。

2. 异花传粉

异花传粉是指一朵花的花粉传到另一朵花的柱头上的过程。它可发生在同一株植物的各花之间，也可以发生在同一品种或同种内的不同品种植株之间，如玉米、瓜类、油菜、向日葵、梨和苹果等都是异花传粉植物。异花传粉是植物界最普遍的传粉方式。

在异花传粉的过程中，花粉一定要借助外力为媒介，将花粉传到另一朵花的柱头上。最普通的媒介是昆虫和风。依靠风为传粉媒介的植物称风媒植物，如水稻、玉米、黑麦、板栗、核桃、杨等。它们的花称为风媒花（anemophilous flower）。一般来说，风媒花的花被很小或退化，无颜色也无香味；有的具有柔软下垂的柔荑花序或雄蕊的花丝细长，易为风吹摆动散布花粉；有的柱头呈羽毛状，以利于扩大接受花粉的表面积和增加授粉的机会。同时，风媒植物所产生的花粉粒较多，小而轻，外壁光滑干燥，适于随风传播。据估计，一株玉米约可产生1 500万~3 000万粒花粉，可乘风传至200~250m的距离。所以，在玉米的杂交试验和制种时，必须有数百米的隔离区，以防混杂。

依靠昆虫为传粉媒介的植物称虫媒植物，如油菜、向日葵、瓜类、薄荷、刺槐、泡桐、鼠尾草等。它们的花称为虫媒花（entomophilous flower）。一般来说，虫媒花的花冠大而明显，具有鲜艳的颜色、香气或特殊的气味，或具蜜腺，能分泌蜜汁。虫媒花的花粉粒也较大，外壁粗糙有花纹，具黏性，易于粘着在昆虫体上。花粉粒含有丰富的蛋白质、糖等，可作为昆虫的食物。这些性状均能招引某些昆虫前来访花、觅食，从而起了传粉的作用。虫媒花的大小，结构与蜜腺的位置也常常与传粉昆虫的大小、体形、口器的结构等特征相适应（图7-34）。因此，有些虫媒花变得千姿百态，十分奇特。

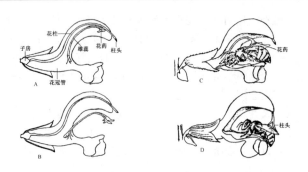

图 7-34　鼠尾草花的纵切面，示蜜蜂传粉情况
A. 花的纵切面，示雄蕊的位置　B. 示蜜蜂进入时花药因蜂体进入而下移　C. 示蜂体入花采蜜时花药与蜂背接触　D. 花柱伸长、柱头下垂与入花的虫背接触，将背上所带花粉传到柱头上

植物传粉的方式，除风媒、虫媒外，一些水生植物借水传送花粉，称为水媒传粉，如金鱼藻和茨藻等。

从生物学意义上讲，异花传粉比自花传粉优越，是一种进化的方式。因为异花传粉的精、卵细胞各产生于不同的环境条件下，遗传性差异也较大，相互融合后，其后代具有较强的生活力和适应性，往往植株强壮，结实率较高，抗逆性也较强。所以，在长期的进化过程中，异花传粉逐渐被选择并得到发展，成为大多数植物的传粉方式。而自花传粉的精、卵细胞产生于相同的环境条件下，其遗传性差异较小，其后代的生活力和适应性都较差，若长期连续自花授粉，往往导致植株变矮，结实率较低，抗逆性也较弱；栽培植物则表现出产量降低、品质变差、抗不良环境能力衰减，甚至失去栽培价值。

自花传粉有引起其后代衰退的不利一面，但也有提纯作物品种的有利一面。例如，在玉米的育种工作中，重要的环节是培育自交系。根据育种目标，从优良的品种中选择具有某些优良性状的单株，进行人工自花传粉（即自交），经过连续 4~5 代严格的自交和选择后，生活力虽有衰退，但在苗色、叶型、穗型、穗粒、生育期等方面达到整齐一致时，就能成为一个稳定的自交系。利用两个这种纯化的优良自交系配制的杂种（即单交种）具有显著的增产效益。

异花传粉与自花传粉相比，它是一种进化的传粉方式，但往往受自然条件的限制，如在花期遇到低温、久雨不晴、大风或暴风雨等，无论对风媒或虫媒传粉都会造成不利的影响；或者雌雄蕊的成熟期不一致，造成花期不遇，减少传粉的机会，从而影响结实。而自花传粉是一种原始的传粉方式，对后代不利，但在自然界中仍能保留下来，那是由于植物在不具备异花传粉的条件下长期适应的结果，使其仍能繁衍后代，使其种族得以延续。所以，自花传粉在某些情况下仍然具有一定的优越性。实际上，在自然条件下，异花传粉植物在条件不具备时，也有自花传粉的现象。同样，自花传粉的植物，在一定条件下，也可进行异花传粉，如棉以自花传粉为主，自交率达 60%~70%，但也还有 30%~40% 的花朵进行异花传粉。小麦是自花传粉植物，但仍有 1%~3% 的花朵是进行异花传粉的。同样，传粉方式也可因环境条件的改变而有所变化。

（二）植物对异花传粉的适应

由于长期的自然选择和演化的结果，植物的花形成了许多适应于异花传粉的特性。

（1）**单性花**（unisexual flower）：具有单性花的植物，必然是异花传粉。如雌雄同株的玉米、瓜类、蓖麻、板栗、胡桃等和雌雄异株的菠菜、杨梅、桑、杨、柳等。

（2）**雌雄蕊异熟**（dichogamy）：是指一株植株或一朵花上的雌蕊和雄蕊成熟时间不一致。如玉米的雄花序比雌花序先成熟。有些植物的花为两性花，但雌雄蕊的成熟也有先后，从而避免了自花受精的可能性。如向日葵、苹果、梨等，它们的雄蕊比雌蕊先熟；而油菜、甜菜则为雌蕊比雄蕊先熟。

（3）雌雄蕊异长（heterogony）：两性花中雌蕊和雄蕊的长度不同。如荞麦和报春花都有两种类型的植株，一种植株其雌蕊的花柱长，雄蕊的花丝短；另一种植株为雌蕊的花柱短，雄蕊的花丝长。传粉时，常是长花丝的花粉传到长花柱的柱头上或短花丝的花粉传到短花柱的柱头上才能受精；异长的雌、雄蕊之间的传粉则不能完成受精作用，这样可以减少或避免自花传粉的机会。

（4）自花不孕（self sterility）：自花不孕是花粉粒落到同一朵花或同一植株花的柱头上不能受精结实的现象，其原因可能有两种：一种是花粉粒落到自花的柱头上，柱头液对自花的花粉粒有抑制作用，花粉不能萌发，如向日葵、荞麦等。另一种情况是，花粉粒虽能萌发，但花粉管生长缓慢，远不如异花传来的花粉萌发快，故不能到达子房受精，从而保证了异花受精，如玉米、番茄等。所以，在进行玉米自交系的培育时，必须在人工授粉后套袋隔离。此外，某些兰科植物的花粉粒对自花的柱头有毒害，引起柱头萎缩，以致花粉管不能生长。

第七节 受　精

雌配子和雄配子，即卵细胞和精子相互融合的过程，称为受精。由于被子植物的卵细胞位于子房内胚珠的胚囊中，精子必须依靠由花粉粒在柱头上萌发形成的花粉管传送，经过花柱进入胚囊，才能使两性细胞相遇而结合，完成受精全过程。

一、花粉的萌发

传粉后，落在柱头上的花粉粒首先与柱头互相识别，亲和的花粉粒得到柱头液的滋养，吸收水分，呼吸作用迅速增强，蛋白质的合成显著增加，细胞内部的物质增多，从而，花粉粒内部的压力增大，使其内壁从萌发孔处向外突出形成花粉管（pollen tube），这个过程称为花粉的萌发（图7-35）。

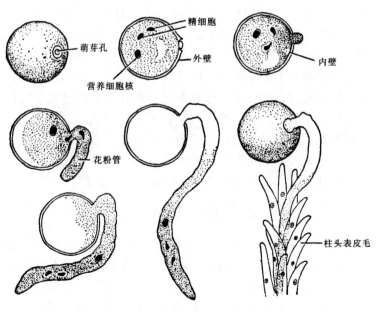

图 7-35　水稻花粉粒的萌发和花粉管的形成

促使花粉粒的萌发，并长成花粉管的因素是多方面的，包括柱头的分泌物和花粉本身贮存的酶和代谢物。柱头分泌的黏性物质，可以促使花粉萌发，并防止花粉由于干燥而死亡。黏性物质的主要成分有水、糖类、胡萝卜素、各种酶和维生素等。由于分泌物的组成成分随植物种类而异，因而对落在柱头上的各种植物花粉产生的影响也就不同。

不同植物，柱头的分泌物在成分和浓度上常各不相同，特别是酚类物质的变化，对花粉萌发可以起到促进或抑制的"选择"作用。此外，实验证明，硼和钙离子对花粉管生长有作用，硼可以减少花粉破裂，提高花粉的萌发率，并促使花粉管生长。钙有诱导花粉管产生一定的趋向性。有的植物，传粉时柱头上的毛状体释放出各种芳香化合物，能起到诱导花粉萌发的作用。花粉粒中贮存的酶和各种代谢物质是花粉粒萌发的内在因素，如贮存在花粉壁的多种水解酶，在与水接触后，由壁内滤出，对花粉萌发和花粉管穿入柱头起着重要作用。又如花粉粒和花粉管中的角质酶，可使柱头表面乳头状突起的角质溶解，为花粉管的生长开辟通道。花粉内的代谢物质，可为花粉管的最初生长提供物质基础。

落到柱头上的花粉虽然很多，但不是全都能萌发的；任何一种植物开花时可以接受本种植物的花粉，同时也可能接受不是同种植物的花粉。不管是同种的（种内）或是不同种的（种间），只有交配的两亲本在遗传性上较为接近，差异既不过大，也不过小，才有可能实现亲和性的交配。具体地说，大多数植物广泛地表现为同一种内的异花受精是可亲和的，而在遗传上差异特大的情况下就不能亲和。不亲和的花粉在柱头上或是不能萌发，或是萌发后花粉管生长很慢，不能穿入柱头；或是花粉管在花柱内的生长受到抑制，不能达到子房。所以从花粉落到柱头上后，柱头对花粉就进行识别，对亲和的花粉予以认可，不亲和的就予以拒绝。通过识别过程，选择出生物学上最适合的配偶，这是植物在长期进化过程中形成的一种维持物种稳定和繁荣的适应特性。

识别作用的主要物质基础是花粉粒和柱头组织间所产生的蛋白质。花粉壁中有外壁蛋白质和内壁蛋白质两类，其中外壁蛋白质是识别物质。柱头乳突细胞的角质膜外，覆盖着一层蛋白质薄膜，它是识别作用中的感受器。当花粉粒与柱头接触后，几秒钟之内，外壁蛋白质便释放出来，与柱头蛋白质薄膜相互作用。如果二者是亲和的，随后由内壁释放出来的角质酶前体便被柱头的蛋白质薄膜活化，而将蛋白质薄膜下的角质膜溶解，花粉管得以穿入柱头的乳突细胞；如果二者是不亲和的，柱头乳突细胞则发生排斥反应，随即产生胼胝质，阻碍花粉管进入。

花粉在柱头上有立即萌发的，如玉米、橡胶草等；或者需要经过几分钟以至更长一些时间后才萌发的，如棉花、小麦、甜菜等。空气湿度过高，或气温过低，不能达到萌发所需要的湿度或温度时，萌发就会受到影响。育种时，如在下雨或下雾后紧接着进行授粉，通常是不结实的。花粉受湿后随即干燥，也是致命因素。花粉的生命能在柱头上维持多久，对育种工作是一件必须掌握的事，除决定于气候条件外，与各种植物的遗传性也有很大关系。

二、花粉管的生长

花粉萌发产生的花粉管，穿过柱头沿着花柱向子房伸延。在空心的花柱中，常沿着花柱道表面的分泌物生长。在实心的花柱中，常在引导组织的胞间隙或细胞壁与细胞膜之间向前生长。花粉管在生长过程中，除消耗自身贮藏的物质外，还从花柱中吸取大量的营养物质，用于花粉管的生长和新壁的形成。随着花粉管的向前生长，花粉中的内容物几乎全部集中于花粉管的亚顶端。如为三细胞花粉粒，则包括1个营养核和2个精细胞、细胞质和各种细胞器。如为二细胞花粉粒，生殖细胞在花粉管中再分裂一次，形成2个精细胞（图7-36）。

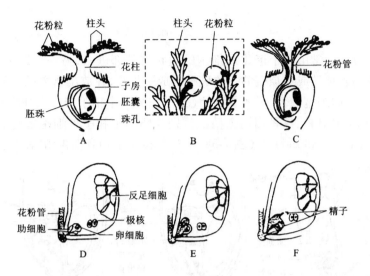

图 7-36 小麦的传粉和受精
A. 花粉粒在柱头上萌发　B. A 图中部分柱头的放大　C. 传粉后数小时雌蕊的纵切面
D. 花粉管到达珠孔处　E. 花粉管的尖端已进入胚囊　F. 花粉管尖端破裂, 其中二个精子已释放出来

花粉管到达子房以后，或者直接伸向珠孔，进入胚囊（直生胚珠），或者经过弯曲，折入胚珠的珠孔口（倒生、横生胚珠），再由珠孔进入胚囊，统称为珠孔受精（porogamy）（图 7-37A）。也有花粉管经胚珠基部的合点而达胚囊的，称为合点受精（chalazogamy）（图 7-37B）。前者是一般植物所有，后者是少见的现象，榆、胡桃的受精即属这一类型。此外，也有穿过珠被，由侧道折入胚囊的，称中部受精（mesogamy）（图 7-37C），则更属少见，如南瓜。无论花粉管在生长中取道哪一条途径，最后总能准确地伸向胚珠和胚囊。这一现象的产生原因，一般认为与助细胞有关。研究资料表明，棉花的花粉管在雌蕊中生长时，由花粉管分泌出的赤霉素传入胚囊后，引起一个助细胞退化、解体，从中释放出大量 Ca^{2+}；Ca^{2+} 呈一定的浓度梯度从助细胞的丝状器部位释出；花粉管朝向高浓度 Ca^{2+} 的方向生长，最后穿进珠孔，由助细胞的丝状器部位进入胚囊，故钙被认为是一种天然向化物质。如果破坏助细胞的结构，则花粉管就不能进入胚囊。也有人认为花粉管的向化性生长，可能是包括硼在内的几种物质综合作用的结果。

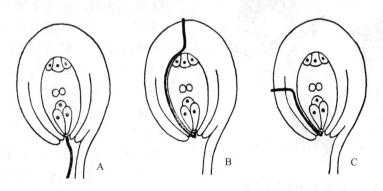

图 7-37 花粉管进入胚珠的途径
A. 珠孔受精　B. 合点受精　C. 中部受精

三、双受精过程

花粉管到达胚囊后,通常由一个退化助细胞的丝状器基部进入,另一个助细胞可短期暂存或也相继退化。随后,花粉管顶端或亚顶端的一侧破裂形成一小孔,释放出营养核、两个精细胞和其他内含物。其中一个精子与卵细胞融合,形成受精卵(合子);另一个精子与中央细胞的两个极核(或1个次生核)融合,形成初生胚乳核,这种由两个精子分别与卵细胞和中央细胞融合的现象,称为双受精(或双受精作用)(double fertilization)(图7-38)。这是被子植物有性生殖特有的现象。

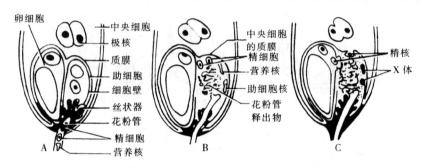

图7-38 双受精作用中精细胞转移至卵细胞和中央细胞的图解
A. 花粉管进入胚囊 B. 花粉管释放出内容物 C. 两个精细胞分别转移至卵和中央细胞附近
注:X体——退化的营养细胞核和助细胞核

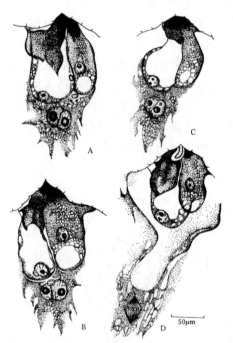

图7-39 棉花双受精作用的几个时期,图示胚囊的珠孔端
A. 受精后1个精子在卵细胞内,另1个精子将进入中央细胞
B. 两个精子分别与卵核和极核接触
C. 受精的卵细胞和极核中精核的染色质分散,注意出现的雄性核仁
D. 卵核与精核在融合中,初生胚乳核在分裂中期

在双受精的过程中,两个精细胞分别在卵细胞和中央细胞的无壁区发生接触,接触处的质膜随即融合,两个精核分别进入卵细胞和中央细胞。精核进入卵细胞后,再发生精核与卵核接触处的核膜融合,最后核质相融,两核的核仁也融会贯通成一个大核仁。至此,卵已受精,成为合子(zygote),它将来发育成胚。另一个精细胞进入中央细胞后,其精核与极核(或次生核)的融合过程与精核和卵核融合过程基本相似,但融合的速度较精卵融合快。精核和极核(或次生核)融合形成具有三倍染色体的初生胚乳核,将来发育成胚乳(图7-39)。

在双受精过程中,通常精子与卵细胞的融合开始较早,但速度较慢,历时较长,故完成较迟;而精子与极核或次生核的融合开始较晚,但速度较快,历时较短,故精子与极核的融合反而较早完成。双受精完成之后,合子进入休眠期,而初生胚乳核通常只有短暂的休眠或没有休眠期,就开始进行第一次分裂。

四、受精与双受精作用的生物学意义

（一）受精的选择性

在自然情况下，开花时，各种不同的花粉都有可能被传送到柱头上，但经过与柱头相互识别后，生理性质上不亲和的被排斥，不能萌发，只有亲和的花粉粒才能萌发形成花粉管。在一般情况下，也只有一条生活力最强的花粉管才能进入胚囊，将精子送入胚囊进行受精。有时，也可能有几条花粉管同时进入一个胚囊中，这样，胚囊中就有两对以上的精子，这称为多精子现象。但卵细胞总是选择遗传上最适合的精子受精，多余的精子被胚及胚乳同化。有时，还可能有两个或两个以上的精子入卵，称为多精入卵现象。但一般也还是只有一个精子与卵融合，其余的精子被卵同化吸收。可见，植物在传粉、受精的整个过程中，各个阶段都有选择作用，这种现象称为受精的选择性。这是生物体在长期的自然选择的条件下，所形成的一种适应性。受精的选择性可避免自花受精或近亲繁殖的害处，获得异体受精的益处，使后代的生活力提高，适应性增强，甚至可能获得优良的新品种。当然，在出现多精现象或多精入卵现象时，多余的精子也有可能与胚囊中的助细胞或反足细胞受精，发育成胚，形成多胚现象，或是两个或两个以上的精子都与卵融合，产生多倍体的胚，但这毕竟是少数。

（二）双受精作用的生物学意义

双受精作用是被子植物所特有的现象，在生物学上具有重要意义。一方面，精子与卵细胞的结合，就是两个单倍体的雌、雄性细胞融合，形成一个二倍体的合子，恢复了各种植物体原有的染色体倍数，保持了物种的相对稳定性。其次，精、卵融合将父母本具有差异的遗传物质重新组合，形成具有双重遗传性的合子，所以，合子发育的新一代植株，往往会发生变异，出现新的遗传性状，如果对一些优良的变异性状，经过选择和培育使其稳定，就有可能培育成新的品种。另一方面，由另一精子与极核融合形成的三倍体初生胚乳核及其发育成的胚乳，同样结合了父母本的遗传特性，生理上更活跃，并作为营养物质被胚吸收，使子代的生活力更强，适应性更广。所以，双受精作用是植物界有性生殖的最进化、最高级的形式，是被子植物在植物界繁荣昌盛的重要原因之一，也是植物遗传和育种学的重要理论依据。

五、多倍体的概念

凡是细胞中具有3组或3组以上染色体组的生物体，称为多倍体（polyploid）。由于染色体组的来源不同，多倍体可分为同源的和异源的两种类型。同源多倍体（autopolyploid）的染色体组来自同一物种，可由二倍体植物细胞的染色体直接加倍而成。如在有丝分裂时，其分裂后期的子染色体分离受阻，也不进行胞质分裂，于是成为四倍体细胞；或因减数分裂不正常，联会后的染色体分离受阻，于是产生二倍体的卵细胞和精子，它们与正常的配子受精后形成三倍体的后代。例如，无籽西瓜是由四倍体和二倍体杂交所得的同源三倍体。还可用物理因素或化学药剂处理，人工诱发导致染色体加倍，形成同源多倍体。

异源多倍体（allopolyploid）的染色体组来自不同的物种。如用六倍体的普通小麦和二倍体的黑麦进行人工属间杂交，其后代再经人工染色体加倍，便获得八倍体的小黑麦，即为异源多倍体。还有甘蓝型油菜也属此类型。

多倍体植物的体型常巨大，气孔、花的各个部分、花粉粒、果实和种子等也都比较大，茎秆较粗壮，叶肉较厚，抗逆性强，所以，多倍体育种是获得新品种的途径之一。但多倍体植物常较迟熟，结实率低，有的甚至不育。

六、传粉、受精作用的调控

（一）外界环境条件对传粉、受精的影响

在自然条件下，植物的生长情况与外界环境条件密切相关，尤其在开花、传粉和受精的过程中，外界条件的影响更为敏感，只要在其中的某一个环节遇到不良的条件，都对传粉和受精不利，致使子房不能发育，导致空粒、秕粒增多或落花落果，从而降低产量。

在外界条件中，以温度的影响最大。例如，水稻传粉受精的最适温度为26～30℃，如果日平均气温不到20℃，最低温度在15℃以下时，就会妨碍它的传粉和受精。因为低温会加剧卵细胞和中央细胞的退化，会使花粉粒的萌发和花粉管的生长减慢，或使受精作用不能进行。所以，在我国的双季稻产区，无论早稻还是晚稻，如果在此期间受低温影响，都会产生大量的空秕粒。同样，高温干旱对传粉、受精也是不利的，在38℃高温时，水稻的花药开裂少，花粉粒也不能在柱头萌发，同样会形成空秕粒。

同时，湿度和水分对传粉、受精也有很大影响。水稻传粉、受精的最适相对湿度为70%～80%。所以，在水稻抽穗扬花期，稻田要保持一定的水层，以提高田间小气候的相对湿度。但长期的阴雨或大雨，对作物的传粉、受精同样也是不利的，因为花粉粒被淋湿而吸水破裂，柱头液被稀释不适合花粉粒的萌发，或因雨妨碍昆虫的传粉等，从而造成作物的结实率下降。

此外，光照强度、土壤肥料等也都对传粉、受精有直接或间接影响。所以，农业生产的一个重要问题是要根据当地的气候条件，选用生育期合适的良种，适当调节栽种季节、加强田间管理等措施以保证各种作物在传粉、受精期间避免或减少不良环境条件的影响。

（二）人工辅助授粉

根据植物的传粉规律，人为地加以利用和控制，不仅可以提高作物的产量和品质，还可培育作物的新品种。

异花传粉的植物，在花期往往会遇到不良的外界条件或雌雄蕊异熟的情况，从而降低受精的机会，造成作物减产。在农业生产中，常采用人工授粉的方法，以弥补传粉的不足。同时，人工辅助授粉后，柱头上的花粉粒增加，所含的激素总量也增加，可促进花粉粒的萌发和花粉管的生长，从而提高受精率。增加产量。例如玉米是单性花，在一般栽培条件下，由于雄蕊先熟或其他原因引起传粉不足，造成果穗秃顶而降低产量。若进行人工辅助授粉，则可提高结实率，一般能增产8%～10%。又如：向日葵在自然条件下，空秕粒较多，如能进行人工辅助授粉，则可提高结实率和含油量。鸭梨是自花不孕植物，核桃为雌雄异熟植物，故生产上必须与其他品种混栽，即配置授粉树。

（三）离体受精

离体受精亦称试管受精，是在培养条件下完成植物的传粉和受精作用，是人工对植物受精作用的调控。离体受精的主要方法，是在无菌条件下取出未传粉的胚珠或子房，撒上花粉，置于培养基上生长，在试管中完成花粉萌发、花粉伸入胚珠以至受精作用的全过程；亦可通过把花粉悬浮液注射到子房内，完成子房内授粉。

最早取得成功的离体受精实验，是Kanta等在20世纪60年代以罂粟的离体胚珠为材料，经过人工授粉，最后获得能正常发芽的生活种子。从离体受精的技术建立以来，至今已在烟草、甘蓝、矮牵牛、石竹、玉米、小麦、黑麦等几十种植物和杂交组合中，取得了不同程度的成功。在育种工作中，应用离体受精对于克服某些自交或杂交不亲和现象，特别对克服不亲和现象发生在柱头、花柱或子房区域的情况，有很好效果。

本章小结

花是被子植物用于繁衍后代，延续种族的生殖器官。在被子植物的生活史中，花的形成标志着植物

已从营养生长阶段转入了生殖生长阶段。被子植物的有性生殖过程全部在花中完成，期间经历了花芽分化、开花、传粉、受精、结果和产生种子的各个阶段。

一朵典型的花包括花萼、花冠、雄蕊群和雌蕊群，由外至内依次着生于花柄顶端的花托上。从形态发生和解剖结构的特点来看，花实际上是节间极短而不分枝的、适应于生殖的变态枝。花中的萼片、花瓣、雄蕊和心皮均为变态叶。

由于花瓣的分离或连合、花瓣的形状、大小、花冠筒的长短不同，形成各种类型的花冠，其中辐射对称的花冠有：筒状（或管状）、漏斗状、钟状、轮（辐）状、十字形、高脚碟状和坛状等。两侧对称的花冠有唇形、舌状、蝶形、假蝶形等。

雄蕊群位于花冠内方，是一朵花中全部雄蕊的总称。雄蕊由花药和花丝两部分组成。雄蕊的数目和形态类型变化很大，常随植物不同而异。有些雄蕊类型可作为某些科的识别特征之一，常见的有：聚药雄蕊、单体雄蕊、二体雄蕊、多体雄蕊、四强雄蕊和二强雄蕊。

雌蕊一般可分为柱头、花柱和子房。柱头是承受花粉的地方；花柱为连接柱头与子房的部分；子房位于雌蕊基部，通常膨大，内着生有胚珠。

心皮是适应生殖的变态叶，是构成雌蕊的基本单位。心皮边缘相结合处为腹缝线，心皮中央相当于叶片中脉的部位为背缝线。

由于组成雌蕊心皮的数目和结合情况不同而形成不同类型的雌蕊。由一个心皮构成的雌蕊称为单雌蕊；由2个或2个以上心皮联合而成的雌蕊称为复雌蕊；有些植物，一朵花中虽然有多个心皮，但各个心皮彼此分离，各自形成一个雌蕊，它们被称为离（生）雌蕊。

子房着生于花托上，它与花的其他部分（花萼、花冠、雄蕊群）的相对位置，常因植物种类而不同，通常分为上位子房、半下位子房和下位子房3类。由于心皮的数目和联结情况以及胚珠着生的部位等不同，形成不同种类的胎座，主要有：边缘胎座、侧膜胎座、中轴胎座、特立中央胎座、基生胎座和顶生胎座。胚珠在发育过程中，由于珠柄和其他各部分的生长速度不均等，形成不同类型的胚珠，主要有：直生胚珠、横生胚珠、弯生胚珠和倒生胚珠。

禾本科植物花序的结构较为特殊，其基本组成单位是小穗，小穗是由1至多朵小花与1对颖片组成。小花在形态和结构上与一般花不同，它们通常由1枚外稃、1枚内稃、2枚浆片、3枚或6枚雄蕊和1枚雌蕊组成。

单独一朵花着生在枝端或叶腋的称为单生花。多数植物有许多花依一定规律排列于花序轴上的方式称为花序。根据花序轴分枝的方式和开花的顺序，将花序分为无限花序和有限花序两大类，前者包括总状花序、穗状花序、肉穗状花序、柔荑花序、伞房花序、伞形花序、头状花序、隐头花序和圆锥花序等；后者包括多歧聚伞花序、二歧聚伞花序和单歧聚伞花序等。

茎的生长锥在形态上也发生了变化，不再产生叶原基和腋芽原基，而分化出花或花序的各部分原基，最后发育形成花或花序，这一过程即为花芽分化。低温和光周期是影响植物开花的主要环境因子。

花药是雄蕊的主要部分，通常由四个花粉囊组成，花粉囊是产生花粉的地方。中部为药隔，来自花丝的维管束进入药隔之中。花粉成熟时，花药开裂，花粉粒由花粉囊内散出而传粉。

在花药发育过程中，首先形成孢原细胞，孢原细胞平周分裂形成周缘细胞和造孢细胞，周缘细胞进行平周分裂和垂周分裂，产生数层细胞，自外向内依次为药室内壁、中层和绒毡层，它们与表皮一起构成了花粉囊的壁。绒毡层细胞具有高度的代谢活性，可为花粉粒的发育提供营养物质和结构物质。成熟花药的花粉囊壁仅由表皮、纤维层和残留的部分中层构成。

在花粉囊壁发育的同时，花粉囊内的造孢细胞也进行分裂或直接发育为花粉母细胞，每个花粉母细胞经减数分裂形成4个花粉粒。花粉粒的发育包括小孢子的发生和雄配子体的形成。

有些植物当花药成熟时，其花粉发育到含营养细胞和生殖细胞时，即散发出花粉进行传粉，这种花粉称为二细胞型花粉。另外一些植物的花粉，在花药开裂前，其生殖细胞还要进行一次有丝分裂形成两个精细胞（精子），它们是以含有1个营养细胞和2个精细胞进行传粉的，被称为三细胞型花粉。二细胞型花粉传粉后，则要在萌发的花粉管内由生殖细胞分裂而形成精子。二细胞型花粉及三细胞型花粉通常又被称为雄配子体，精子则称为雄配子。花粉具有外壁、内壁和萌发孔。

雌蕊包括柱头、花柱和子房3部分。子房由子房壁、子房室、胚珠和胎座组成，胚珠着生的部位称为胎座。胚珠由珠柄、珠心、珠被、珠孔、合点和胚囊组成。胚囊位于珠心中央。胚囊的发育包括大孢子发生和雌配子体的形成。

胚囊母细胞减数分裂所形成的四分体，通常是纵行排列，一般近珠孔端的3个退化消失，仅位于合点端的1个发育为单核胚囊（大孢子）。单核胚囊经过3次有丝分裂，发育为7细胞8核的成熟胚囊，它是被子植物的雌配子体，其中所含的卵细胞则为雌配子。

花中雄蕊的花粉粒和雌蕊子房中的胚囊（或二者之一）成熟之后，花萼和花冠即行开放，露出雄蕊和雌蕊，这种现象称为开花。开花是大多数被子植物性成熟的标志。

成熟的花粉粒借助外力传到雌蕊柱头上的过程，称为传粉。传粉是受精的前提，是有性生殖过程的重要环节。传粉包括自花传粉和异花传粉两种方式。

雌配子和雄配子，即卵细胞和精子相互融合的过程，称为受精。由两个精子分别与卵细胞和中央细胞融合的现象，称为双受精。双受精是被子植物有性生殖中的特有现象，双受精的结果形成合子和初生胚乳核，它们将来分别发育成胚和胚乳。

两个或两个以上的精子入卵，称为多精入卵现象。但一般只有一个精子与卵融合，其余的精子被卵同化吸收。植物在传粉、受精的整个过程中，各个阶段都有选择作用，这种现象称为受精的选择性。这是生物体在长期的自然选择的条件下，所形成的一种适应性。受精的选择性可避免自花受精或近亲繁殖的害处，获得异体受精的益处，使后代的生活力提高，适应性增强，甚至可能获得优良的新品种。凡是细胞中具有3组或3组以上染色体组的生物体，称为多倍体。由于染色体组的来源不同，多倍体可分为同源的和异源的两种类型。

离体受精亦称试管受精，是在培养条件下完成植物的传粉和受精作用，是人工对植物受精作用的调控。

复习思考题与习题

1. 解释下列名词

单体雄蕊、二体雄蕊、聚药雄蕊、二强雄蕊、四强雄蕊、离生单雌蕊、复雌蕊、边缘胎座、侧膜胎座、花程式和花图式、花芽分化、雄性不育、被子植物的雌配子体、被子植物的雄配子体、合点、心皮、卵器、丝状器、双受精作用、多精入卵现象

2. 比较下列各组概念

纤维层与绒毡层、花粉粒中的生殖细胞与营养细胞、风媒花与虫媒花、同源多倍体与异源多倍体、减数分裂过程中的粗线期与合线期、被子植物的有丝分裂与减数分裂

3. 分析与问答

（1）掌握花芽分化的规律对农业生产有何意义？举例加以说明。

（2）表解被子植物雄配子体的发育过程（从造孢细胞开始）。

（3）减数分裂有何特点和意义？

（4）分析绒毡层在花粉形成和发育过程中的作用。

（5）何谓花粉败育？花粉败育对农业生产影响如何？

（6）表解被子植物雌配子体的发育过程（从造孢细胞开始）。

（7）为何异花传粉比自花传粉优越？

（8）叙述被子植物双受精的过程和意义。

第八章
种子和果实

种子是种子植物特有的繁殖器官，它是种子植物在生殖生长后期，由胚珠发育而成。种子在适宜的条件下，萌发形成幼苗，幼苗经过营养生长，发育为成年植株，到一定阶段，成年植株又进入生殖生长，胚珠又发育形成新一代的种子。在胚珠发育形成种子的过程中，子房新陈代谢活跃，于是整个子房迅速生长而发育为果实。种子的出现是种子植物渡过不良环境的有效结构形式，并能使种族得到更好的繁衍。而果实的形成则对种子的保护和传播有重要的进化意义。

种子和果实与人民生活密切相关，是人类赖以生存的物质基础。如稻、麦等是提供淀粉的植物；豆类种子富含蛋白质，有植物蛋白的美誉；花生、油菜等种子含油量高，是食用油的主要来源；油桐、乌桕等种子是工业用油脂植物；可可和咖啡的种子是世界著名的饮料；苹果、瓜类等果实是优良的水果或蔬菜；车前、枸杞等种子或果实具有药用价值。总之，种子和果实是植物资源开发利用的重要器官。

本章内容着重介绍植物在生殖生长过程中，种子和果实的发育、结构及其类型以及幼苗的类型和萌发特点等方面的知识。通过学习，明确被子植物在生殖生长阶段，种子和果实如何发育成熟以及它们的形态、结构与生理功能有何相关性。同时也要懂得种子是如何发育为一株幼苗，并产生各种器官的。

第一节 种 子

一、种子的发育

被子植物双受精后，胚珠中的受精卵（合子）发育形成胚，受精的极核（中央细胞）发育形成胚乳，珠被发育形成种皮。胚、胚乳（或无）和种皮共同构成种子。现将这三部分的发育过程分述如下：

（一）胚的发育

胚（embryo）由合子发育而来。卵细胞受精形成的合子，通常需要经过一段时间的休眠期。合子休眠期的长短因植物种类而异，如水稻为 4~6h，棉花为 2~3 天，苹果为 5~6 天，茶树则长达 150~180 天。在休眠期，合子内部发生着一系列变化。主要表现在合子的极性加强，细胞质、细胞核和多种细胞器聚集在合点端，液泡缩小分布在珠孔端，同时其内的细胞器数量增加并进一步发育完善。这些变化，说明合子在分裂前已逐渐发育为一个高度极性化和代谢活跃的细胞，并为合子第一次分裂的不对称性奠定了基础。

从合子第一次分裂形成的两个细胞原胚开始，直至器官分化之前的胚胎发育阶段，称为原胚时期。在此阶段，双子叶植物与单子叶植物之间有相似的发育形态，但胚的分化过程和成熟胚的结构则有较大差别。下面分别叙述双子叶植物和单子叶植物胚的发育过程。

1. 双子叶植物胚的发育

现以十字花科植物荠菜为例说明双子叶植物胚的发育过程（图8-1）。

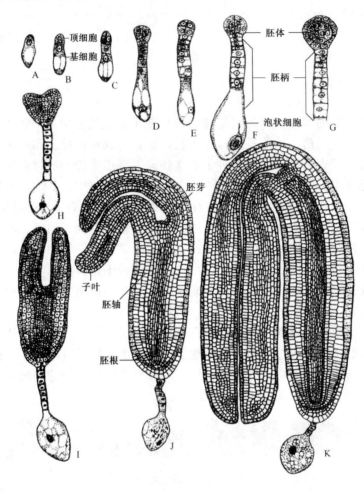

图 8-1　荠菜胚的发育

A. 合子　B. 二细胞原胚　C. 基细胞横裂为二细胞胚柄，顶细胞纵裂为二分体胚体
D. 四分体胚体形成　E. 八分体胚体形成　F、G. 球形胚体形成
H. 心形胚体形成　I. 鱼雷形胚体形成　J、K. 马蹄形胚体形成，出现胚的各部分结构

荠菜的合子经过休眠后，第一次分裂为不均等横裂，形成两个大小极不相等的细胞，近胚囊中央的一个较小，称顶细胞（apical cell），近珠孔端的一个较大，叫基细胞（basal cell）。基细胞经过多次横分裂，形成单列多细胞的胚柄（suspensor），近胚体的一个胚柄细胞，称胚根原细胞，以后，由它产生根表皮、根皮层和根冠。顶细胞经三次分裂后，形成八分体。八分体的八个细胞再进行平周分裂，形成内外两层，外层细胞衍生为原表皮，内层细胞产生原形成层和基本分生组织，使胚体呈球形，此时称为球形胚时期。以上各个时期均属于原胚阶段。以后球形胚进一步发育，在顶端两侧分化出子叶原基，胚变成心形，此时为心形胚时期。随着胚轴和子叶的延伸，在子叶之间分化出茎的生长锥，在胚轴下端分化出根的生长点，此时，胚呈鱼雷形，即为鱼雷形胚时期。由于子叶继续伸长并顺着胚囊弯曲，使胚体呈马蹄形，此时称为马蹄形胚时期。最后，各部分继续发育至成熟，成熟胚具备了胚芽、胚根、胚轴和两片子叶。胚柄在胚的发育过程中，逐

渐退化消失。

2. 单子叶植物胚的发育

单子叶植物的胚与双子叶植物胚的发育，在原胚以前的细胞分裂并没有根本的区别。但在原胚分化为成熟胚时，只形成一片子叶，这是显著的差异。而禾本科植物胚的发育比其他单子叶植物又有显著的不同。现以水稻等为例，说明它们胚的发育情况（图 8-2）。

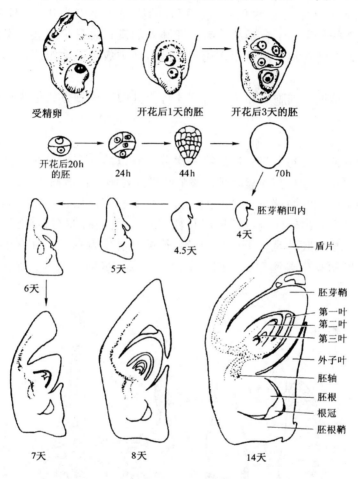

图 8-2 水稻胚的发育

水稻合子经过 4~6 h 的休眠后，便进行细胞分裂。其第一次分裂一般为横向分裂，也有斜向分裂的，形成了 2 个细胞。靠近珠孔端的细胞为基细胞，而远离珠孔端的细胞为顶细胞。接着，顶细胞进行一次纵向分裂，基细胞进行一次横向分裂，形成 4 细胞原胚。以后原胚继续分裂，体积增大而呈梨形，称为梨形胚。之后，随着细胞分裂和细胞生长的继续，在胚的一侧（腹面）出现一个凹沟，使胚的两侧表现出不对称状态。在形态上胚可以区分为三个区，即顶端区、器官形成区和胚柄细胞区。以后，顶端区将形成盾片上半部和胚芽鞘的一部分；器官形成区将形成胚芽鞘的另一部分和胚芽、胚轴、胚根、胚根鞘和外胚叶等；胚柄细胞区则主要形成盾片的小半部和胚柄。至此，水稻胚中各器官在形态上的分化已全部完成，其间所经历的时间约 14 天。一般情况下，水稻 10 天左右的胚已具备了发芽能力。

小麦胚的发育过程与水稻相似，但整个发育时间较水稻长。冬小麦胚的发育成熟所需时间为传粉后约经 16 天，而春小麦胚的发育成熟约需 22 天的时间。玉米胚的发育较慢，约在传粉后 45 天才接近成熟。

（二）胚乳的发育

被子植物的胚乳是极核受精后发育形成的，为三倍体（3n）。而裸子植物的胚乳是由雌配子体直接发育形成的，仅具母本特性，为单倍体（n）。极核受精后形成的初生胚乳核（primary endosperm nucleus），通常不经休眠（如水稻）或经短暂的休眠（小麦为 0.5~1h）后即行第一次分裂。因此，初生胚乳核的分裂早于合子的分裂，即胚乳的发育总是早于胚的发育，为幼胚的生长提供所需的营养物质，对胚的发育起重要作用。胚乳后期则成为贮藏组织，为种子萌发形成幼苗提供养料。

胚乳的发育方式有核型、细胞型和沼生目型 3 种。其中以核型方式最为普遍，而沼生目型则比较少见。

1. 核型胚乳

核型胚乳的主要特征是：初生胚乳核的第一次分裂和以后的多次分裂，都不伴随细胞壁的形成，各个胚乳核呈游离状态分布在胚囊周缘，整个胚囊内充满着含蛋白质、脂肪和糖类的乳状液。椰子及禾谷类作物种子的乳熟期就是这个时期。待发育到一定阶段，通常在胚囊最外围的胚乳核之间先出现细胞壁，此后，由外向内逐渐形成胚乳细胞。游离核的数目常随植物种类而异，多的可达数百以至数千个。核型胚乳是种子植物中最普遍的胚乳发育形式。在裸子植物、单子叶植物和具有离瓣花的双子叶植物中普遍存在。如马尾松、小麦、水稻、玉米、棉花、油菜、苹果等都属此类型（图 8-3）。

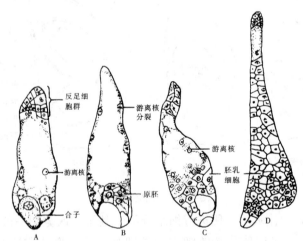

图 8-3　玉米胚囊中核型胚乳的发育过程
A. 合子和少数胚囊游离核（传粉后 26~34h）　B. 游离核分裂（传粉后 3d）
C. 珠孔端胚乳细胞开始形成（传粉后 3.5d）　D. 胚乳细胞继续形成（传粉后 4d）

2. 细胞型胚乳

细胞型胚乳的主要特征是：初生胚乳核第一次分裂以及在后续的每一次核分裂后立即伴随有相应的胞质分裂。所以胚乳自始至终都是细胞的形式，无游离核时期。具有合瓣花的大多数双子叶植物，如番茄、烟草、芝麻等，其胚乳发育都属于这种类型，以矮茄 *Solanum demissum* 为例（图 8-4）。

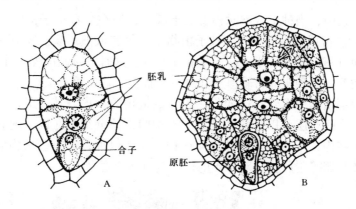

图 8-4 细胞型胚乳的发育（矮茄胚囊纵切）
A. 二细胞发育阶段的胚乳　B. 多细胞发育阶段的胚乳

3. 沼生目型胚乳

沼生目型胚乳的发育方式是介于核型与细胞型之间的中间类型，其主要特征是：初生胚乳核第一次分裂后，将胚囊分隔成两室，即珠孔端室和合点端室。珠孔端室比较大，这一部分的核进行多次核分裂而成为游离核状态，一段时间以后，游离核之间产生细胞壁而形成胚乳细胞。合点端室的核分裂次数较少，并一直为游离核状态（图8-5）。这种类型的胚乳，多见于单子叶沼生目种类，如刺果泽泻、慈姑等，但少数双子叶植物，如虎耳草属、檀香属等植物也属于这种类型。

许多植物如豆类、瓜类、油菜、柑橘等，其胚乳在发育过程中，会逐渐被发育中的胚所吸收，养分被贮藏于子叶，因而形成无胚乳种子；另一类植物如水稻、小麦、大麦、玉米、荞麦、蓖麻、油桐、杉木等则有发达的胚乳组织，形成有胚乳种子。

多数植物的种子，在胚和胚乳的发育过程中，胚囊外的珠心组织被胚和胚乳吸收殆尽，但也有少数植物，其一部分珠心组织随种子的发育而增大，形成类似胚乳的贮藏组织，称为外胚乳（perisperm）。外胚乳不同于胚乳，它是非受精的产物，为二倍体组织。可在有胚乳种子中出现，如胡椒、姜等，也可发生在无胚乳种子中，如苋属、石竹属、甜菜属植物等。

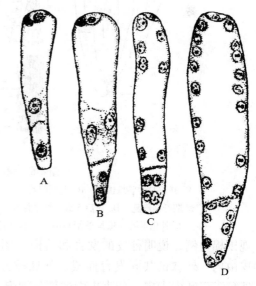

图 8-5 沼生目型胚乳的发育
A. 胚乳细胞经第一次分裂，形成2个细胞，上端一个已产生2个游离核　B～D. 示上端与下端的2个细胞的核均进行核分裂，产生多个游离核

（三）种皮的发育

种皮由胚珠的珠被发育而来，包围在胚和胚乳之外，担负保护机能。如果胚珠仅有一层珠被，则形成一层种皮，如番茄、向日葵、胡桃等，如果胚珠具有内、外两层珠被，则通常相应形成内种皮和外种皮，如油菜、蓖麻等。也有一些植物虽有两层珠被，但在发育过程中，其中一层珠被被吸收而消失，只有另一层珠被发育成种皮。如大豆、蚕豆的种皮由外珠被发育而来，而小麦、水稻的种皮则由内珠被发育而来。

在大多数被子植物中，当种子成熟时种皮成干膜质，但在少数被子植物（如石榴）和裸子植物（如银杏）中，种皮可以成为肉质的。被子植物中，果实成熟后果皮不开裂的类型，其种子的种皮往往较薄，如向日葵、胡桃、小麦、玉米和水稻等，这时，对胚的保护作用主要由果皮承担；而对于果皮开裂的类型，其种皮通常较厚，如蚕豆、棉花、蓖麻等。

种皮成熟时，内部结构也发生相应变化。大多数植物的种皮，其外层常分化为厚壁组织，内层分化为薄壁组织，中间各层可以分化为纤维、石细胞或薄壁细胞。以后随着细胞的失水，整个种皮成为干燥的包被结构，干燥坚硬的种皮使保护作用得以加强。有些植物的种子，它们的种皮上出现毛、刺、腺体、翅等附属物，对种子的传播具有适应意义。

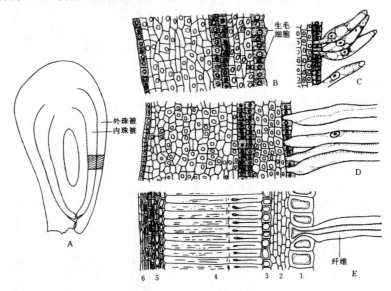

图 8-6　棉种皮的发育和结构

A. 开花时的胚珠纵切　B. 左图斜线区放大，示外珠被表皮上的生毛细胞　C. 花后 2 天，幼期纤维细胞　D. 花后 5 天，纤维伸长　E. 成熟种皮的结构（1～3. 外种皮：1. 外表皮，2. 外色素层，3. 厚壁细胞层　4～6. 内种皮：4. 栅状层，5. 内色素层，6. 乳白层）

现以棉为例，说明种皮的发育和结构（图 8-6）。棉的种皮由内、外珠被共同发育而成。外珠被分化为外表皮、外色素层和内表皮。外表皮中的部分细胞向外突出，经过伸长和增厚，细胞壁沉积纤维素而形成单细胞的表皮毛——棉纤维。棉纤维从发生至成熟约需 70～80 天，在此过程中，水分和温度对纤维的伸长影响显著，土壤缺水，或温度低于 10～20℃，纤维伸长就会受到影响；温度较高，细胞壁的加厚较快。外表皮层下面，为含褐色素的薄壁细胞所组成的外色素层，可为表皮毛的发育提供营养。内表皮发育为厚壁细胞层。内珠被也分 3 个层次，其外表皮发育特殊，细胞伸长，壁部增厚，特称为栅状层。再内方为内色素层和乳白色层。乳白色层可能来源于内珠被的内表皮。

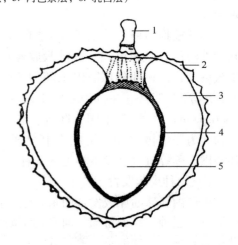

图 8-7　荔枝的果实和种子

1. 果柄　2. 果皮　3. 假种皮　4. 种皮　5. 子叶

有些植物的种子外面还包有一层肉质的被套，将种子部分或全部包围，但它与一般种皮的来源不同，特称假种皮（aril）。假种皮通常由珠柄或胎座发育而成，如荔枝、龙眼果实中的肉质可食部分，就是珠柄发育而来的假种皮（图8-7）；南方红豆杉的红色肉质杯状的假种皮，则由珠托（由大孢子叶特化而成的结构）发育而来。

（四）无融合生殖和多胚现象

1. 无融合生殖

被子植物的胚，一般是从受精卵发育而来的。但有些植物的胚囊中也可以出现不经过雌、雄性细胞的融合（受精）而产生有胚的种子，这种现象称为无融合生殖（apomixis）。无融合生殖是介于有性生殖和无性生殖之间的一种特殊的生殖方式。它虽发生于有性器官中，却无两性细胞的融合；虽然不需精卵融合而仍形成胚，以种子形式而并非通过营养器官进行繁殖。无融合生殖现象已在被子植物36个科的400多个种中发现，形式多样，综合归纳可分为单倍体无融合生殖和二倍体无融合生殖两大类。

（1）单倍体无融合生殖：其胚囊是由胚囊母细胞经过正常的减数分裂而形成的，这种胚囊中的成员都只含单倍的染色体组。若由卵细胞不经受精而发育成胚，称为孤雌生殖，在玉米、小麦、烟草等植物中有此现象。若由助细胞或反足细胞直接发育成胚，则称为无配子生殖，在水稻、玉米、棉等植物中有此现象。这两种方式所产生的胚，均是单倍体，由它发育形成的植株也是单倍体，无法进行减数分裂，因此，常常不育。若采用实验手段使其染色体加倍，形成纯合二倍体，则可应用于育种工作中。

（2）二倍体无融合生殖：其胚囊是由未经减数分裂的孢原细胞、胚囊母细胞或珠心细胞直接发育而成的，这种胚囊中的成员都是二倍体的，同样可以出现孤雌生殖（如芸薹属、蒲公英）或无配子生殖（如葱）。这两种方式所产生的胚为二倍体，由胚发育形成的植株也是二倍体，有正常的生殖能力，可以产生后代。

无融合生殖方式阻碍了基因的重组和分离，在植物育种工作中有着重要的利用价值。对于单倍体无融合生殖，通过人工或自然加倍染色体，就可以在短期内得到遗传上稳定的纯合二倍体，可以缩短育种年限。对于二倍体无融合生殖，可利用它固定杂种优势，提高育种效率。此外，无融合生殖在克服远缘杂交不亲和，提纯复壮品种等方面也都有广泛的应用前景。

2. 多胚现象

植物的种子通常只有一个胚，但有些植物的种子具有两个或两个以上的胚，这种现象称为多胚现象（polyembryony）。产生多胚现象的原因极为复杂，主要有以下几种情形：

（1）裂生多胚现象：即一个受精卵分裂成2个或多个独立的胚，在裸子植物中多见，被子植物的百合、椰子等也有此现象。

（2）多胚囊现象：在一个胚珠中形成两个或两个以上胚囊而出现多胚，如桃、梅等。

（3）无配子生殖：除了由受精卵发育成胚，还可由胚囊中的助细胞、反足细胞发育成胚，使胚囊中的胚数目增多。

（4）不定胚：在某些植物中，胚囊外的珠心或珠被细胞分裂并侵入胚囊，与受精卵所产生的胚同时发育，形成完整的胚，这种胚称为不定胚（珠心胚或珠被胚），这些不定胚可与合子胚同时并存。不定胚在柑橘类中普遍存在，通常1粒柑橘种子中可产生4~5个甚至更多的胚，其中只有1个为合子胚，其余均为来源于珠心的不定胚。通常珠心胚无休眠期，出苗快，比合子胚优先利用种子的营养物质，因而珠心胚形成的幼苗健壮，并能基本保持母体品种的优良特性，因此，优良品种的珠心苗在生产上很有实用意义。

(五) 胚状体和人工种子

1. 胚状体

在正常情况下，被子植物的胚胎是由合子胚发育而来，但在自然界中，少数植物胚珠的一些珠心和珠被细胞有时可分化为胚状结构，并可发育形成幼苗。极少数植物如叶状沼兰 *Malaxis paludosa*，在叶的顶端也可自然产生许多胚状组织。此外，胚状结构也常在组织培养过程中，在培养物的表面形成。这种在自然界或组织培养中由非合子细胞分化形成的胚状结构，称为胚状体（图8-8）。胚状体有极性分化，形成根端和茎端，同时体内还分化出与母体不相连的维管系统，因此，其脱离母体后能单独培养生长。

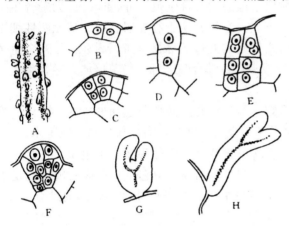

图 8-8　离体培养条件下石龙芮胚状体发生的过程
A. 下胚轴表面出现胚状体
B~F. 表皮细胞启动形成胚状体的过程
G、H. 分化出胚根和具子叶苗端的胚状体

早在20世纪初，德国植物学家哈伯兰特（Haberlandt），就作出大胆预言：植物体的所有细胞，都有转变成完整植株的本领，这种独特的本领叫做细胞全能性。经过将近半个世纪的探索，1958年美国科学家斯图午德（F. C. Steward）用胡萝卜的根诱导出了胚状体，这是人类第一次将植物细胞全能性的设想变成了现实，至今已在近200种植物中培养出胚状体。离体的培养物有的是根、茎、叶及其愈伤组织，幼苗下胚轴，子叶；有的是花药中的小孢子，药隔愈伤组织，子房中的胚、胚乳和珠心愈伤组织；也有以单细胞或原生质体进行培养。中国已在烟草、水稻、小麦、玉米、棉、茄子、甘蔗、梨、苹果、枣等许多重要经济植物、粮食作物和果树上，成功地应用组织培养方法，诱导出了胚状体。

胚状体的研究在理论和实践上都很有价值。从受精卵以外的细胞中产生胚状体并成长为完整植株的事实，有力地证明了植物细胞具有全能性。在实践中应用胚状体再生植株的形式，具有产生植株多、速度快、成苗率高等优点。如澳大利亚用桉树幼芽进行离体培养胚状体，每年可扩大繁殖出40万株优良性状的树苗。同时，在胚状体产生过程中，可将外源基因转入胚状体，最终产生转基因植株，因此，胚状体在植物基因工程应用方面有极为重要的价值。

2. 人工种子

将通过组织培养而诱导产生的胚状体，用含有养分和具有保护作用的物质（人工种皮）加以包裹，从而获得可以代替种子的人工种子。其概念自1978年提出以来，已在芹菜、番茄、黄连、玉米和杂交水稻等植物上获得了成功。其与天然种子相比有明显的优点：胚状体增殖快，提高育种效率；遗传稳定性强，有利于保持物种的优良特性；利用基因工程，培养植物新品种。人工种子作为一种崭新的生物技术，将对作物品种的增产和改良产生深远的影响。

二、种子的结构和类型

种子植物其种类不同，种子的大小、形状、颜色等差异很大。生长在非洲塞舌耳群岛的海椰子其种子直径有数十厘米，重量近20 kg，是植物界最大的种子。而许多兰科植物的种子则细小如尘，每克有200万粒之多。种子有圆的、扁的、三角形的、多棱形的等各种形状。种子的颜色更是丰富多彩，以黑色和褐色为多见。最为奇特的是红豆，其种子上部2/3为红色，而下部1/3为黑色，可作为装饰品。种子的表面光滑或具各种纹饰，有的种子为了便于传播，其表面还具有刺、翅、芒、毛等附属物。但它们的基本结构都是相同的。1粒种子一般由胚、胚乳和种皮三部分组成，也有的种子仅包含胚和种皮两部分。

（一）种子的基本结构

1. 胚

胚（embryo）是构成种子最重要的部分，是新一代植物的雏形。种子的萌发实际上就是胚生长和形成幼苗的过程。胚的各部分由胚性细胞所组成，这些细胞体积小，细胞质浓厚，细胞核相对较大，具有很强的分裂能力。胚的形态多样，但其结构基本相似，均包括胚芽（plumule）、胚根（radicle）、子叶（cotyledon）和胚轴（hypocotyl）四个部分。胚芽在胚轴一端，相对较大，外具幼叶，形态多样，将来发育为地上的茎、枝、叶系统。胚根在胚芽另一端，多呈圆锥状，当种子萌发时，其首先突破种皮形成地下的主根。子叶在种子中变化最大，被子植物根据种子中子叶数目的不同分成两大类：双子叶植物和单子叶植物，前者为两片子叶，后者为一片子叶。裸子植物的子叶数目变化较大，其中松属植物的子叶可达4~18片。在有胚乳种子中，子叶通常不发达，而在无胚乳种子中，子叶则肥厚，具有胚乳的功能。有些植物种子萌发形成幼苗时，子叶还会露出土面，先行光合作用。胚轴是连接胚芽、胚根和子叶的轴，也是根、茎维管束转换的地方，一般又分成上胚轴和下胚轴两部分。

2. 胚 乳

胚乳（endosperm）位于种皮和胚之间，是种子内贮藏营养物质的场所，其贮藏物质主要是淀粉、脂类和蛋白质。我们所食用的粮食和油料主要就是这一部分。种子萌发时，胚乳中的营养物质被胚分解、吸收和利用。有些植物的胚乳在种子发育过程中，其营养物质已完全转移到肥大的子叶中，这类种子在成熟后就无胚乳存在。

3. 种 皮

种皮（testa）是种子外面的保护结构，种皮的厚薄、色泽和层数，因植物种类的不同而有差异。成熟的种子在种皮上可见种脐（hilum）、种孔（micropyle）和种脊（raphe）等结构。种脐是种柄脱落后留下的痕迹。种孔是原来胚珠的珠孔演变来的。种脊位于种脐一侧，是倒生胚珠的珠被与珠柄愈合的部分，其内分布有维管束。有些植物的种皮和果皮会相愈合而不能分离，如水稻、小麦、玉米等。现把被子植物种子的基本结构归纳如下：

种子的基本结构 ⎰ 种皮——一般是坚韧的，为种子的保护层。禾本科植物的种皮与果皮不易分开。
　　　　　　　胚 ⎰ 胚芽——一般为生长点与幼叶所构成（有些植物无幼叶）。禾本科植物的胚芽外面有胚芽鞘包围。
　　　　　　　　　胚轴——是连接胚芽、胚根和子叶的轴（包括上胚轴和下胚轴）
　　　　　　　　　胚根——由生长点与根冠所组成。禾本科植物的胚根外包有胚根鞘。
　　　　　　　　　子叶——双子叶植物的胚有子叶两片，单子叶植物的胚只有一片子叶。
　　　　　　　胚乳——是贮藏营养物质的组织。禾本科植物的胚乳分为糊粉层和淀粉贮藏组织（有些植物的胚乳在种子发育过程中为胚所吸收，形成无胚乳种子）。

（二）种子的基本类型

根据种子成熟时是否具有胚乳，种子可分为有胚乳种子（albuminous seed）和无胚乳种子（exalbuminous seed）两大类型。有胚乳种子是由种皮、胚和胚乳三部分组成，胚乳发达，占种子大部分，胚相对较小，所有裸子植物、大多数单子叶植物和许多双子叶植物都是这种类型。无胚乳种子只有种皮和胚两部分，子叶肥厚，代替了胚乳的功能，许多双子叶植物和少数单子叶植物是这种类型。

1. 裸子植物有胚乳种子

裸子植物的种子都有胚乳,如松属的种子(图8-9),外面具有珠鳞组织演变的种翅,便于种子借风力传播,这是悬崖峭壁上可见自然分布的松树原因所在。种皮有两层,外种皮坚硬,由最外一层栓化的厚壁细胞和里面4~5层木化的石细胞共同组成;内种皮膜质,由3~6层薄壁细胞组成。胚乳白色发达,包在胚的外面,胚为白色棒状体,具胚根、胚轴、胚芽和子叶四部分。胚根连着一细长的丝状胚柄(suspensor)残留物,胚轴上轮生多枚子叶,形成多子叶类型。

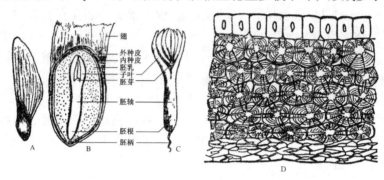

图8-9 松属的种子

A. 外形 B. 纵切的一部分 C. 取出的胚 D. 种皮横切面

2. 双子叶植物有胚乳种子

许多双子叶植物,如蓖麻、柿、核桃、油桐、三叶橡胶、烟草、辣椒、番茄等植物的种子均属此类型。

以蓖麻种子为例(图8-10)。蓖麻种子扁椭圆形,其种皮两层,外种皮坚硬且光滑,具花纹,种子的一端有由外种皮衍生而成的类似海绵状的结构,有吸水功能,叫种阜(caruncle)。种孔被种阜覆盖,种脐紧靠种阜而很不明显。在种子一面的中央,有一长条状隆起,即为种脊,其长度与种子近相等。内种皮白色,膜质状。剥去种皮,就可见到肥厚的白色胚乳,胚乳内含有丰富的油脂。胚包藏于胚乳之中,沿着种子窄面中央纵向剖开,可见两片大而薄的子叶,贴附在胚乳上,其上有显著的脉纹。两片子叶的基部与胚轴相连,胚轴上方是胚芽,下方是胚根。

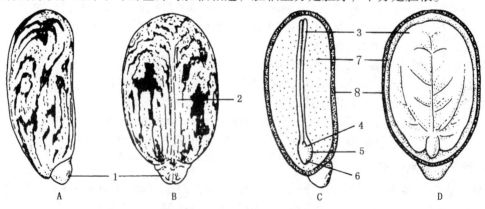

图8-10 蓖麻种子的结构

A. 种子外形的侧面观 B. 种子外形腹面观 C. 与子叶面垂直的正中纵切 D. 与子叶面平行的正中纵切

1. 种阜 2. 种脊 3. 子叶 4. 胚芽 5. 胚轴 6. 胚根 7. 胚乳 8. 种皮

3. 单子叶植物有胚乳种子

大多数单子叶植物，如常见的竹类、稻、麦、玉米及其他禾本科植物的种子均属此类型。

以小麦种子为例（图8-11）。小麦种子的种皮外，还有果皮与之相愈合，二者不能分离，故小麦籽粒实际上是具单粒种子的果实，这种果实在果实分类上称为颖果（caryopsis）。小麦种皮以内，绝大部分是胚乳。小麦胚乳可分为两部分，紧贴种皮的是富含蛋白质的糊粉层，其余大部分是含淀粉的胚乳细胞。

小麦的胚位于籽实基部的一侧，只占麦粒的一小部分，其胚芽外具有胚芽鞘（coleoptile），胚根外具有胚根鞘（coleorhiza）。在胚轴的一侧生有一片子叶，形如盾状，称为盾片（scutellum）（内子叶）。盾片与胚乳交界处有一层排列整齐的上皮细胞，在种子萌发时，它们分泌的酶类能促进胚乳细胞营养物质的分解，然后吸收并转移给胚利用。胚轴在与盾片相对的一侧，有一小突起，是一个退化的子叶，称为外胚叶（epiblast）（外子叶）。水稻、玉米、高粱和毛竹等种子的结构基本与小麦相似（图8-12）。

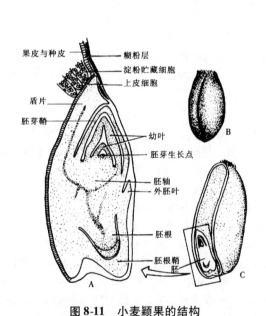

图8-11　小麦颖果的结构
A. 胚的纵切面　B. 颖果外形　C. 颖果纵切面

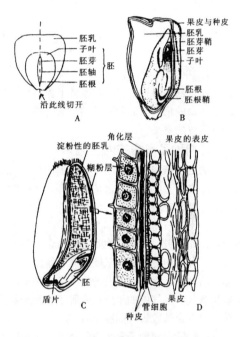

图8-12　禾本科籽实（果实）的结构
A、B. 玉米籽实（A. 外形　B. 纵切面）
C、D. 小麦籽实（C. 纵切　D. 左图部分放大）

4. 双子叶植物无胚乳种子

许多双子叶植物，如豆类、瓜类、油菜、棉、桃、柑橘、荔枝、刺槐、梨、板栗、油茶等植物的种子均属此类型。

以大豆种子为例（图8-13）。大豆种子只有种皮和胚两部分，无胚乳结构，胚乳在发育过程中营养物质已转移给子叶。其种皮光滑，仅一层，上有一椭圆形深色斑痕的种脐，种脐一端有一小圆形的种孔，种脐另一端有一明显棱脊，即为种脊。大豆种子的胚具有两片富藏蛋白质的肥厚子叶，胚轴上方为胚芽，夹在两片子叶之间，先端具明显的幼叶，其下包藏着生长点，胚轴下方为圆锥状的胚根，其先端靠近种孔，种子萌发时，胚根首先由种孔伸出形成主根。

5. 单子叶植物无胚乳种子

此类种子较少见，如水生植物眼子菜、慈姑、泽泻等的种子属此类型。慈姑的种子很小，仅有种皮和胚两部分，种皮薄、胚弯曲，长筒形子叶 1 片（图 8-14）。

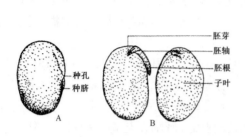

图 8-13　大豆无胚乳种子
A. 外形　B. 剖面

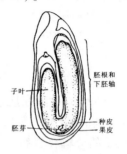

图 8-14　无胚乳种子结构
（慈姑果实纵切）

三、种子的寿命和种子的休眠

（一）种子的寿命

种子的寿命是指种子在一定条件下保持生活力的最长期限。通常以达到 60% 以上发芽率的贮藏时间作为种子寿命的依据。贮藏种子的目的是为了延长种子的寿命，而种子寿命的延长，对优良种质的保存有着十分重要的意义。

1. 影响种子寿命的内在因素

主要决定于植物本身的遗传性。莲的种子寿命可保持 150 年以上。埋在辽宁泥炭层的古莲子，据推算已有千年之久，出土后经过精心培育，仍能萌发形成幼苗。与此相反，有些植物如橡胶树、柳树其种子的生活力极为短暂，仅有几个星期的寿命。可可的种子生命力最短，摘下后只能存活 35h。

第一，不同植物种子内部所含物质的性质不同，其寿命长短亦有差异。一般富含脂肪、蛋白质的种子寿命长，如松科、豆科植物等。而富含淀粉的种子寿命短，如禾谷类、板栗等。

第二，种皮构造致密、坚硬或具有蜡质，其透水性与通气性不良的种子寿命长，如相思树等。有些长期休眠的种子因含抑制萌发的物质多，种子的寿命亦长，如漆树等。而种皮薄呈膜质的种子，因种皮不能阻止氧气和空气中的水分进入种子，种子易受湿度与氧气的影响，使呼吸作用加强，消耗营养物质多，种子的寿命就较短，如柳树等。

第三，贮藏期间种子含水率的高低，直接影响种子的呼吸强度和性质，也影响种子表面微生物的活动，因而影响种子寿命。种子含水率低对不良环境条件的抵抗力强，也不会产生自热、发霉、腐烂等情况，因而有利于保持种子生命力。含水率高时，细胞中会出现自由水，使呼吸强度增强，呼吸性质由缺氧变为有氧呼吸，放出大量水分和热量又被种子吸收，更加强了呼吸作用，并给微生物的活动创造了条件。但并非贮藏的种子含水率越低越好，以达到安全含水率为佳。种子安全含水率是指种子贮藏期间维持其生命活动所需最低限度的水分百分率。安全含水率在 3%～14% 为低含水率类型，如豆科植物。安全含水率在 20% 以上的种子为高含水率类型，如油茶。

第四，种子的成熟度和损伤状况也会影响其寿命。未充分成熟的种子，含水率较高，呼吸作用强，贮藏物质呈易溶状态，容易感染病菌而发霉腐烂，致使种子丧失生命力。种子受机械损伤和冻伤后，由于种皮不完整，空气能自由地进入种子中，促进了呼吸作用，同时微生物也会在种子破伤处侵入，致使种子失活。

2. 影响种子寿命的环境条件

温度、空气相对湿度、通气条件和生物是影响种子寿命的外在环境因素。

温度是影响种子寿命的主要环境条件之一。种子贮藏在低温环境中，能延长种子寿命。贮藏低含水率种子的温度，在 -20~0℃左右效果很好。高含水率种子的贮藏温度，多数在0℃左右为宜，最高不宜超过3℃。在室温条件中虽然也能贮藏种子，但由于温度高，会加速种子失去生命力的速度。温度如果经常发生剧烈变化，也会使种子降低或失去发芽力。

种子具有很强的吸湿性能，种子的吸湿性能因树种而异，一般种皮薄，透性强，吸湿性能大。反之，吸湿性能小。种子随着空气相对湿度的变化，而改变其含水量，因而也经常改变其代谢作用的强度，这种变化对种子的寿命是不利的，通常种子贮藏库的空气相对湿度应控制在25%~50%范围内。

种子贮藏库通气与否对种子寿命的影响与种子含水率和温度有关。温度高时必须通气。含水率低的种子，生命活动十分微弱，在低温无通气的条件下，也能较长期保存其寿命。高含水率的种子，在贮藏期间还进行着较强的呼吸作用，如通气不良，呼吸作用放出的二氧化碳及水气不易排出，积累在种子周围，促使种子与氧气隔离，使强烈的需氧呼吸由于氧气不足，而产生大量的中间有毒产物乙醇，而乙醇的积累会毒害种子，使之丧失生命力。因此，种子库应有通气设施，湿藏的种子更必须有通气设备。

在贮藏期间，微生物、昆虫及鼠类等都直接危害种子，使种子的生命力下降，微生物在种子上危害程度与环境条件有关。高温、多湿及通气不良是微生物发展的有利条件。种子含水率愈高，微生物发展愈盛，促使种子丧失生命力。

此外，种子的寿命也和种子留在母株时的生态条件及采收以后长期贮藏的环境条件有关，这些因素都直接或间接地影响到种子的生理状况。因此同一作物甚至同一品种的种子由于产地不同，收获及贮藏方法不同，寿命相差很大。

总之，种子的贮藏条件对种子寿命的长短有十分显著的影响。实验证明，低湿、低温、黑暗以及降低空气中的含氧量是一般种子贮存的理想条件。例如小麦种子在常温条件下只能贮存2~8年，而在 -1℃，相对湿度30%，种子含水量4%~7%，可贮存13年，而在 -10℃，相对湿度和种子含水量不变，则可贮存35年。20世纪50年代以来，许多国家利用低温、干燥、空调技术贮存优良种子，使良种保存工作由种植为主转为贮存为主，大大节省了人力、物力并保证了良种质量。中国也在北京和西北地区等地分别建立现代化种子贮存库，采用新技术保存了我国许多优良的植物品种和珍稀濒危物种。

（二）种子的休眠

种子休眠（dormancy）是植物长期对外界环境条件所形成的一种适应。由于多数植物种子成熟时，往往紧跟的是严冬或旱季，不利于种子萌发生长，而以休眠的形式来保存种胚。不同的植物，其种子休眠期的有无和休眠期的长短是不一样的。有些植物的种子成熟后，在适宜的环境条件下，能立即萌发，只有在缺乏它发芽所必需的水分、温度、氧气或光等条件下，才处于休眠状态，称为强迫休眠，如小麦、豌豆、杉木、马尾松等。而有些植物的种子成熟后，即使在适宜的环境条件下，也不能立即萌发，必须经过一段相对静止的阶段或经过特殊的预处理才能萌发，这一特性称为生理休眠，也叫长期休眠。用人为的方法打破种子的休眠，使之萌发的预处理称为催芽。最常用的是低温层积催芽即沙藏法。

根据观察和分析发现，种子生理休眠主要有以下几种原因造成：

（1）后熟作用：一些植物在开花结实后，种子的外部虽然已表现出形态成熟的特征，但种胚并未发育完全，在脱离母体后还要经过一段时期的发育才能成熟，这种现象叫做种子的后熟作用，如银杏等。用低温层积处理，可获得良好的催熟效果。

（2）种皮的机械障碍：一些植物当种子脱离母体时，虽然胚已发育成熟，但由于种皮（包括果皮）坚硬致密或有油脂、角质、蜡质等原因，使种子不易透水通气，而限制了种子萌发，如乌桕等。用物理或化学方法破坏其种皮的障碍，种子就能萌发。

（3）种子含有抑制物质：一些植物则由于在果皮、果肉、种皮、胚或胚乳中，含有内源性的抑制物质，如有机酸、植物碱和某些植物激素等，抑制了胚的代谢作用，使种胚虽处于适宜萌发的条件，也不能萌发而呈休眠状态。番茄、苹果或瓜类种子等不可能在果实内发芽生长，只有在脱离果实后才能萌发，就是这个原因。可用低温层积来消除这些抑制性物质，使种子正常萌发。

（4）综合因素的影响：另一些植物则是因上述两种或三种因素综合造成的，如山楂等。

四、种子的萌发与幼苗的形成

（一）种子萌发的条件和过程

具有萌发力的成熟种子，在适宜的条件下，胚从相对静止状态转入生理活跃状态，开始生长并形成幼苗，这一过程即为种子萌发（seed germination）。生产上往往以幼苗出土为标志。

1. 种子萌发的外界条件

种子萌发的主要外界条件是充足的水分、适宜的温度和足够的氧气，少数植物种子萌发还受光照有无的调节。

（1）水：休眠的种子含水量一般只占干重的10%左右，种子必须吸收充足的水分才能启动一系列酶的活动而开始萌发。不同种子萌发时吸水量不同。含蛋白质较多的种子如大豆、花生等吸水较多，而以含淀粉为主的禾谷类种子如小麦、水稻等吸水较少。一般种子吸水有一个临界值，在此以下不能萌发。例如大豆萌发时要求最低吸水量为风干重的120%，而小麦则为60%，水稻为35%～40%。土壤的含水量和物理性质对种子的萌发也有很大影响，适宜种子萌发的土壤含水量约为20%～35%。

（2）温度：种子的萌发还需要适宜的温度。各类种子的萌发一般都有最低、最适和最高3个基点温度。在最适温度下，种子萌发速度最快，发芽率最高；超出最低温度或最高温度时，种子发芽率很低，甚至不能萌发。温带植物种子萌发，要求的温度范围比热带的低。如温带起源植物小麦萌发的3个基点温度分别为：0～5℃，25～31℃，31～37℃；而热带起源的植物水稻的3个基点温度则分别为：10～13℃，25～35℃，38～40℃。还有许多植物种子在昼夜变动的温度下比在恒温条件下更易于萌发。种子萌发所要求的温度还常因其他环境条件（如水分）不同而有差异，幼根和幼芽生长的最适温度也不相同。

（3）氧：除了水分和温度外，足够的氧气是种子萌发的另一必要条件。种子吸水后呼吸作用增强、需氧量加大。一般作物种子要求其周围空气中的含氧量在10%以上才能正常萌发，空气含氧量在5%以下时大多数种子不能萌发。土壤水分过多或板结使土壤空隙减少，通气不良，均会降低土壤空气的氧含量而影响种子萌发。

（4）光：有少数植物如烟草和莴苣的种子在无光条件下不能萌发，这类种子叫需光种子。还有如洋葱、番茄的种子只有在黑暗条件下才能顺利萌发，这类种子称为嫌光种子。

上述水分、温度和氧气等条件对于种子的萌发和出苗都很重要，三者缺一不可，它们互相联系，互相影响，起着综合性作用，农林业生产上采取的栽培措施都是要满足种子萌发的条件。如在播种前进行整地、松土，播种时选择适当播期和播种深度，播后镇压等一系列技术措施，其目的就是合理调整各种萌发条件之间的关系，为种子顺利萌发创造良好的环境条件。

2. 种子萌发的过程

种子萌发从吸胀开始，所进行的一系列有序的生理变化和形态发生过程，大致可分为5个阶段。

（1）吸胀：吸胀是物理过程。种子在充足的水分环境中，其内的亲水性物质开始吸引水分子，使种子体积迅速增大。吸胀初始吸水较快，以后逐渐减慢。吸胀的结果使种皮变软或破裂，种皮对气体等的通透性增加，萌发开始。

（2）水合与酶的活化：这个阶段吸胀基本结束。种子细胞的胞壁和原生质发生水合，原生质从凝胶状态转变为溶胶状态，各种酶开始活化，呼吸和代谢作用急剧增强。如大麦种子吸胀后，胚首先释放赤霉素并转移至糊粉层，在此诱导水解酶的合成，赤霉素还同时使胚乳中的水解酶活化，将胚乳中贮存的淀粉、蛋白质水解成可溶性的麦芽糖、葡萄糖、氨基酸等，并陆续转运到胚轴供胚生长利用，由此而启动了一系列复杂的幼苗形态发生过程。

（3）细胞分裂和增大：这时吸水量又迅速增加，胚开始分裂生长，种子内贮存的营养物质开始大量消耗。

（4）胚根突破种皮：胚生长后体积增大，大多数种子胚根首先通过种孔突破种皮形成主根。

（5）幼苗形成：接着胚芽萌发形成地上的茎叶系统，至此，一株能独立生活的具有根、茎、叶营养器官的幼苗完全形成。

一切种子的萌发和幼苗形成的过程，都是由异养方式转向自养方式的过程。种子开始时以异化作用为主，胚乳或子叶的贮藏物质通过呼吸作用进行物质和能量的转化，以供胚生长利用，而与此同时胚进行着同化作用，胚各部分细胞通过分裂、生长和分化，逐渐形成具有根、茎、叶营养器官的自养体系。

（二）幼苗的形成和类型

1. 幼苗的形成

发育正常的种子，在适宜的条件下开始萌发，通常是胚根首先突破种皮向下生长形成主根，伸入土壤，然后胚芽突出种皮向上生长，伸出土面而形成茎和叶，逐渐形成幼苗。具有直根系的植物种类如大豆、棉花、蚕豆等，主根以后即成为根系的主轴，在上面将生长出各级侧根，形成幼苗的根系。但具有须根系的植物种类如水稻、小麦等禾本科植物，它们的胚根突破胚根鞘伸长不久，就在胚轴基部两侧生出数条不定根，参与根系的形成。

禾本科植物的胚芽之外，还具有胚芽鞘，它具有保护幼嫩叶在出土过程免受伤害的作用。胚芽鞘一经露出土面就停止生长，真叶相继伸出胚芽鞘。

水稻籽实萌发时，胚芽首先膨大伸展，然后胚芽鞘突破谷壳而伸出。胚根比胚芽生长稍迟，随后胚根也突破胚根鞘和谷壳而形成主根；在主根伸长后，胚轴上又生长出数条与主根同样粗细的不定根，在栽培学上把它们统称为种子根。同时胚芽鞘与胚芽伸出土面后，胚芽鞘纵向裂开，真叶露出胚芽鞘，形成幼苗（图8-15）。第一片叶很小，叶鞘发达（图8-16）。

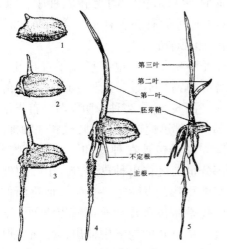

图 8-15　水稻籽实的萌发过程

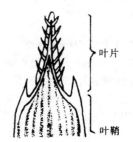

图 8-16　水稻第一叶（不完全叶）的形态

小麦籽实萌发时，首先是胚根鞘生长，以后胚根突破胚根鞘形成一条主根。然后在胚轴处陆续长出 1～3 对不定根。同时胚芽鞘露出，随后从胚芽鞘中陆续长出真叶，形成幼苗（图8-17）。

2. 幼苗的类型

幼苗（seedling）的类型与胚轴的生长情况有关。胚轴一般可再分为两个部分：由子叶着生部

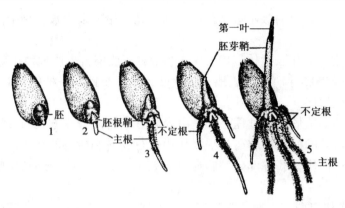

图 8-17 小麦籽实的萌发过程（1→5）

位至侧根起生处的这一段为下胚轴（hypocotyl）；子叶与第一片真叶之间的一段为上胚轴（epicotyl）。禾本科植物中，由于有胚芽鞘的存在，则将盾片节（子叶节）至胚芽鞘的这一段称为中胚轴（mesocotyl）。玉米幼苗有比较发达的中胚轴；小麦的中胚轴不如玉米的明显；水稻谷粒在深播 3～5cm 时，或在黑暗条件下萌发，其中胚轴伸长才较为显著。胚轴的生长情况随植物种类而不同，因而形成两种不同的幼苗类型：子叶出土幼苗和子叶留土幼苗。

（1）子叶出土幼苗：种子萌发时，下胚轴迅速生长，从而把子叶和胚芽推出土面，这种方式形成的幼苗，称为子叶出土幼苗（epigaeous seedling）。

大多数裸子植物如马尾松等的有胚乳种子；双子叶植物如大豆（图 8-18）、菜豆、油菜、棉花、向日葵和瓜类等的无胚乳种子，以及蓖麻（图 8-19）等的有胚乳种子，它们萌发时均形成子叶出土的幼苗。

单子叶植物中，也有形成子叶出土幼苗的，如洋葱等植物，不过洋葱种子萌发和幼苗形态较为特殊（图 8-20）。当种子萌发时，首先细长子叶的下部和中部迅速伸长，使胚根和胚轴推出种皮，子叶除先端仍包被在种皮和胚乳内吸收养料外，其余部分也随之伸出种皮外方。子叶的外露部分先呈弯曲弓形，以后进一步生长而逐渐伸直，并将子叶先端带离种皮而全部露出土面。不久，第一片真叶从子叶的裂缝中伸出，并在主根周围长出不定根，最终形成了子叶出土类型的幼苗。

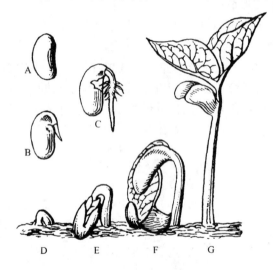

图 8-18 大豆种子的萌发
A. 大豆种子　B. 种皮破裂，胚根伸出
C. 胚根向下生长，并长出根毛
D. 种子在土中萌发，胚轴突出土面
E. 胚轴伸长，牵引子叶脱开种皮而出
F. 子叶出土，胚芽长大
G. 胚轴继续伸长，二片真叶张开，幼苗长成

子叶出土的植物，在真叶未长出前，子叶见光，产生叶绿体，成为幼苗初期的同化器官。有些植物的子叶可以保持 1 年之久，另一些甚至可以保留 3～4 年；大多数植物则在真叶长出后，子叶逐渐萎缩而脱落。

（2）子叶留土的幼苗：种子萌发时，下胚轴不发育或不伸长，只是上胚轴或中胚轴和胚芽迅

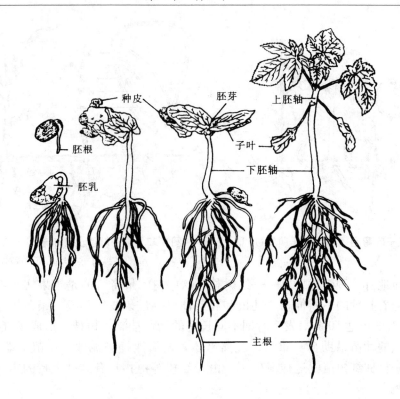

图 8-19 子叶出土幼苗（蓖麻种子萌发过程）

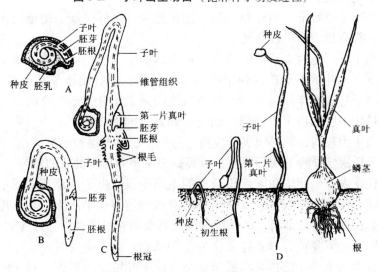

图 8-20 洋葱种子萌发和幼苗形态
A. 种子纵切面 B. 萌发种子的纵切面 C. 早期幼苗的纵切面
D. 子叶出土幼苗的形成过程

速向上生长，形成幼苗的主茎，而子叶始终留在土壤中，这种方式形成的幼苗，称为子叶留土幼苗（hypogeous seedling）。一部分双子叶植物如蚕豆、豌豆（图 8-21）、柑橘、荔枝的无胚乳种子，核桃、三叶橡胶等有胚乳种子，以及单子叶植物的水稻、小麦、玉米（图 8-22）、毛竹等的有胚乳种子都属此类型。子叶留土的植物，子叶的作用为吸收或贮藏营养物质。

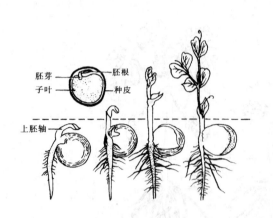
图 8-21 双子叶留土（豌豆种子萌发过程）

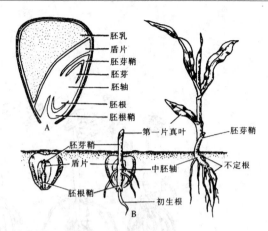
图 8-22 单子叶留土（玉米籽实萌发过程）
A. 籽实纵切面 B. 幼苗形成过程

在南方海岸滩地有一种森林群落——红树林，这些树木最奇特的是当果实成熟以后，里面的种子就已萌发，随着胚轴的不断伸长，胚根和胚芽便已突破果皮，形成一条条棒槌状的幼苗，一般长 20~40cm，有的可达 50cm。发育时期不同长短的幼苗挂满了树枝，形成了红树林独特景观。当海风吹来，成熟的幼苗借助自身重量，脱离母体直落海滩插进泥沙，幼苗下端迅速长出侧根，上端抽出枝叶，一株株红树苗就这样诞生了。由于红树等植物具有这种奇特的本领，人们就把它们称作"胎生植物"。

3. 幼苗形态学特征在生产上的应用

掌握植物幼苗的形态学特征，对作物栽培、遗传育种、森林更新、植被调查，以及杂草识别和化学防除等方面，都有很大的实践意义。

了解子叶出土和子叶留土两类幼苗的特点，在农林业生产上，可作为正确掌握种子播种深度的参考。一般情况下，子叶留土幼苗的种子播种可以稍深；子叶出土幼苗的种子播种宜浅一些，以利下胚轴伸长，将子叶和胚芽顶出土面。但是虽然同属于子叶出土类型的幼苗，其种子的播种深浅还需根据具体植物下胚轴顶土力的强弱而定。如菜豆的下胚轴顶土力较强，适当播深一些也无妨碍；而棉花的顶土力较弱，就必须实行浅播。另外，还要考虑种子的大小、土壤湿度等条件，综合上述诸因素，最后决定播种的实际深度，以提高出苗率和培育健壮的幼苗。

化学除草是现代化农业生产中防除农田杂草的主要手段。由于杂草苗期的耐药性差，此时正确识别各种杂草幼苗，针对不同杂草，选择相应的除草剂进行化学防除，是发挥除草剂高效的最佳时期。幼苗的形态在遗传特征和科、属系统方面常具有相对稳定性，通常主要以幼苗萌发方式，子叶、初生叶及上胚轴、下胚轴等形态特征作为鉴别依据。幼苗萌发时，子叶出土类型多见于双子叶植物杂草，只有少数单子叶植物杂草属于此类；而子叶留土类型则在双子叶植物杂草中为少数，反而单子叶植物杂草多属此类。

在森林更新调查和育苗工作中，掌握各种植物的幼苗形态来正确识别苗期的植物，是非常必要的。植物幼苗期因无花果，故识别起来较为困难，如马尾松和湿地松的幼苗就非常相似，利用前者茎为红色，后者茎为绿色方可加以区别。幼苗主要是根据子叶和初生叶的形态特征识别。初期出现的真叶叫初生叶，以后长出的真叶叫次生叶，在形态上，初生叶与次生叶往往有很大的差别。例如侧柏的初生叶是刺形，次生叶是鳞形；桉树的初生叶常为对生，次生叶常为互生；核桃、枫杨的初生叶是掌状不分裂的单叶，而次生叶是羽状复叶。不同的植物其子叶有圆形、椭圆形、心形、扇形等各种不同的形态。

此外，幼苗真叶的色泽、叶缘形状、植物体的气味、分泌物等都可作为鉴定幼苗时的重要参考依据。

第二节 果 实

一、果实的形成和发育

果实（fruit）是成熟的子房或与其相连并伴随其成熟的结构，有的果实是由一整个花序发育形成。果实是被子植物特有的繁殖器官，其对种子的保护和传播有十分重要的进化意义。

卵细胞受精后，花的各部分随之发生显著变化，通常花冠、花萼（或宿存）、雄蕊以及雌蕊的柱头和花柱等多枯萎凋谢，而子房则新陈代谢活跃，生长迅速，发育形成果实。通常果实包括由胚珠发育形成的种子和包在种子外面由子房壁发育形成的果皮（pericarp）两部分组成。由于果皮变化繁多，因而形成了各种不同的果实类型。

在一般情况下，被子植物的果实单纯由子房发育而成，这种果实称为真果（true fruit），如桃、李、梅、杏、小麦、水稻、棉花、柑橘等的果实均属于此类。有些植物的果实，除子房外，还有花的其他部分，如花托、花萼、甚至整个花序都参与子房共同形成果实，这类果实称为假果（spurious fruit 或 false fruit），如苹果、西瓜、菠萝等的果实。

真果的外面为果皮，内含种子，果皮由子房壁发育而成，可分为外、中、内三层。通常外果皮（exocarp）较薄，常有气孔、角质膜、蜡被和表皮毛等。中果皮（mesocarp）在不同植物的结构上差异很大，通常较厚，占果皮的大部分。如桃、李、梅、杏的中果皮肉质，全部由薄壁细胞组成，成为果实中的肉质可食部分（图 8-23）；蚕豆、豌豆的中果皮成熟时为革质，由薄壁细胞和厚壁细胞组成。中果皮内多有维管束分布，有的维管束非常发达，形成复杂的网状结构，如丝瓜、柚。内果皮（endocarp）变化也很大，有些植物的内果皮细胞木化加厚，非常坚硬，如桃、李、核桃、椰子、油橄榄等；柑橘内果皮的表皮毛变成肉质化的汁囊，是食用的主要部分。有些果实成熟时内果皮分离成单个的浆汁细胞，如葡萄、番茄等。

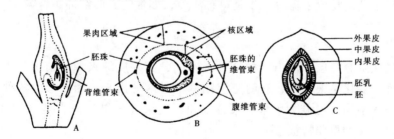

图 8-23 梅和桃果实（真果）的发育和结构
A. 梅的子房纵切面 B. 梅的果实横切面 C. 桃的果实纵切面

假果的结构比较复杂，例如，苹果、梨的果实食用部分主要是由花筒（托杯）发育而成，由子房发育而来的中央核心部分所占比例很少（图 8-24）；瓜类的果实也属假果，其花托与外果皮结合为坚硬的果壁，中果皮和内果皮肉质；桑和菠萝的果实均由整个花序发育而成。

果实在发育过程中，除了形态上的变化外，通常在颜色、质地及化学成分上也都有相应的变

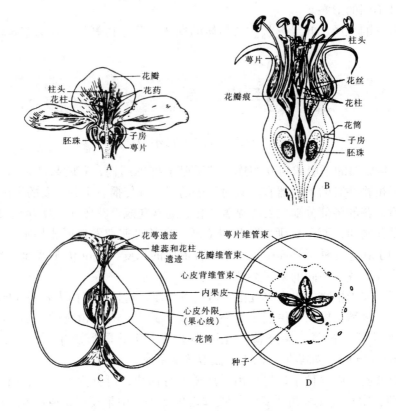

图 8-24 苹果的果实（假果）的发育和结构
A. 花的纵切面　B. 发育中的果实纵切面　C. 果实纵切面　D. 果实横切面

化。幼果的果皮细胞中因含有叶绿体，所以呈现青绿色，果实成熟时，果皮中叶绿素分解，胡萝卜素和花青素等形成和积累，使果实由绿转为红、橙、黄等各种颜色。幼嫩果实中的细胞排列紧密，质地较硬；而发育成熟的果实中细胞则排列较疏松，质地较松软，如西红柿、桃、杏等。幼嫩的未成熟的果实中由于含有较多有机酸和单宁，所以口感酸涩；而在成熟过程中，由于单宁逐渐消失，有机酸也逐渐转化成了糖分，于是口感甜美，如葡萄、西红柿、杏等。

二、果实的类型

果皮的构造虽然可分三层，但由于植物种类不同，其果皮的来源、结构、质地、开裂与否以及各层发育的程度，变化是很大的，有时三层结构不易区分出来。因此形成各种各样的果实。果实根据来源和形态的不同，可分为单果、聚合果和聚花果（复果）三大类（图8-25）。果实的形态是被子植物分科分属的重要特征之一。

（一）单果

单果（simple fruit）是由一朵花中的单雌蕊（单心皮雌蕊）或复雌蕊（合心皮雌蕊）子房所形成的果实。根据果熟时果皮的性质不同，可分为干果和肉果两大类。

1. 干果

果实成熟时果皮干燥称为干果（dry fruit），根据果皮开裂与否，又可分为裂果和闭果。

（1）裂果（dehiscent fruit）：果实成熟后果皮开裂，依雌蕊心皮数目和果皮开裂方式不同，分为4种：

① 蓇葖果（follicle）：由单雌蕊的子房发育而成，成熟时沿背缝线或腹缝线一边开裂。果实中单纯为蓇葖果的极少见，通常是聚合果中的每一小果为蓇葖果，在木兰科、毛茛科、夹竹桃科中常见，如玉兰、牡丹、芍药、夹竹桃等。

② 荚果（legume）：由单雌蕊的子房发育而成，成熟后果皮沿背缝线和腹缝线两边开裂，是豆科植物果实的典型特征，如大豆、蚕豆等。但有少数豆科植物的荚果是不开裂的，如花生、槐树、黄檀等。

③ 角果：由两个合生心皮的复雌蕊子房发育而成，果实中央有一片由侧膜胎座向内延伸形成的假隔膜，将子房室分成假二室，成熟时果皮自下而上呈"个"字形两边开裂，果皮和种子脱落后，果柄上仅留存假隔膜。角果是十字花科植物果实的典型特征。根据果实长短不同，又有长角果（silique）和短角果（silicle）的区别，前者果长大于宽，如萝卜、白菜；后者果长宽近相等，如荠菜。

④ 蒴果（capsule）：复雌蕊的上位子房或下位子房发育而来，果实成熟时有多种开裂方式，常见的有室背开裂，即沿心皮的背缝线裂开，如棉、百合、鸢尾；室间开裂，即沿心皮相接处的隔膜裂开，如烟草、马兜铃、黑点叶金丝桃；室轴开裂，即果皮外侧沿心皮的背缝线或腹缝线相接处裂开，但中央的部分隔膜仍与轴柱相连而残存，如牵牛、曼陀罗、杜鹃花；盖裂，即果实中上部环状横裂成盖状脱落，如马齿苋、车前；孔

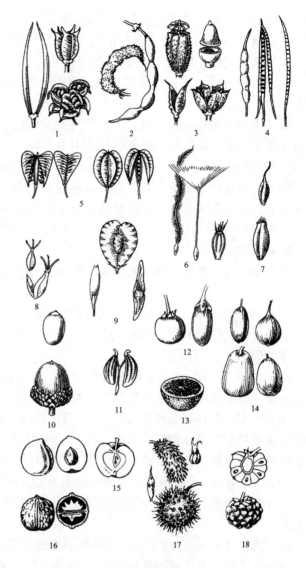

图 8-25 果实的类型

1. 蓇葖果　2. 荚果　3. 蒴果　4. 长角果　5. 短角果
6. 瘦果　7. 颖果　8. 胞果　9. 翅果　10. 坚果　11. 双悬果
12. 浆果　13. 柑果　14. 瓠果　15. 梨果　16. 核果
17. 聚花果　18. 聚合果

裂，即果实成熟时，每一心皮顶端裂一小孔，以散发种子，如罂粟、虞美人、金鱼草的果实。

(2) 闭果（indehiscent fruit）：果实成熟后，果皮不开裂，又分下列几种：

① 颖果（caryopsis）：由 2～3 合生心皮的复雌蕊子房发育而成，一室一种子，但种皮与果皮相愈合不易分离，因此常将其果实误认作种子，如水稻、小麦、玉米、毛竹等。水稻的稻壳不是种皮，它是由稃片发育而来。颖果是禾本科植物果实的典型特征。

② 瘦果（achene）：由单雌蕊或 2～3 个合生心皮的复雌蕊子房发育而成，一室一种子，果皮与种皮易分离。瘦果是蓼科和菊科植物果实的主要特征，如荞麦、向日葵等。

③ 胞果（utricle）：由合生心皮上位子房发育形成，果皮膨胀，多少呈膀胱状，疏松地包着一

粒种子，是藜科和苋科果实的主要特征，如藜、空心莲子草等。

④ 翅果（samara）：果皮具翅的闭果。其翅可沿一侧（械树）、两侧（枫杨）或周围延伸成翅状（青钱柳、臭椿、榆树），以适应风力传播。

⑤ 坚果（nut）：果皮坚硬的闭果。有些植物的坚果包藏于总苞内，如板栗、锥栗等壳斗科植物的果实。

⑥ 分果（schizocarp）：由复雌蕊子房发育而成，成熟后各心皮分离，形成分离的小果，但小果的果皮不开裂，如锦葵、蜀葵等。其中由下位子房两个合生心皮形成两个子房室，成熟后分离为两个瘦果的分果称为双悬果（cremocarp），是伞形科植物的果实特征，如胡萝卜、芹菜。由上位子房两个合生心皮形成两个子房室，成熟后分离为两个翅果的分果称为双翅果，是械树科植物的果实特征，如三角枫。由上位子房两个合生心皮形成四个子房室，成熟后分离为四个小坚果的分果称为四个小坚果（nutlet），是唇形科和紫草科植物的果实特征，如薄荷、附地菜等。

2. 肉　果

果实成熟时，果皮或其他组成果实的部分，肉质多汁，称为肉果（fleshy fruit），主要有5种类型。

（1）核果（drupe）：由单雌蕊或复雌蕊子房发育而成，其外果皮薄，中果皮肉质，是食用部分，内果皮形成坚硬的壳，常称为果核（pit），内含一种子，常称为种仁，如桃、枣、杨梅、核桃、椰子等。

（2）浆果（berry）：由复雌蕊发育而成，外果皮薄，中果皮、内果皮均为肉质，或有时内果皮的细胞分离成汁液状，是肉质果中最常见的形式，如葡萄、番茄、柿等。

（3）柑果（hesperidium）：由上位子房中轴胎座的复雌蕊发育而成，外果皮革质，具油囊；中果皮较疏松并有发达维管束；内果皮膜质，向内形成若干室，内壁表皮毛发育成汁囊，是主要的食用部分。柑果是芸香科柑橘属、枳属等植物的果实特征，如柑橘、柚、枳等。

（4）梨果（pome）：由下位子房中轴胎座的复雌蕊发育而成，花托强烈增大且肉质化并与果皮愈合，外、中果皮多肉质化而无明显界线，内果皮常革质，为一假果，如梨、苹果、海棠、山楂、枇杷等。

（5）瓠果（pepo）：由下位子房侧膜胎座的复雌蕊发育而成，花托与果皮愈合，无明显的外、中、内果皮之分，果皮或胎座肉质化，亦为假果，如南瓜、西瓜等。瓠果是葫芦科植物果实的典型特征。

（二）聚合果

聚合果（aggregate fruit）由一朵花中的若干离心皮雌蕊聚生在花托上发育而成的果实，每一离生雌蕊形成一单果（小果）。根据聚合果中的小果种类，聚合果可有以下几种不同类型：

聚合蓇葖果：每一个小果为蓇葖果，如八角、玉兰、芍药等。

聚合瘦果：每一个小果为瘦果，如草莓（食用部分主要是膨大的花托）、毛茛、威灵仙等。蔷薇科蔷薇属植物的聚合瘦果是由膨大的花托杯包围多数瘦果形成特殊的蔷薇果（hip），如月季、金樱子等。

聚合核果：每一个小果为核果，是蔷薇科悬钩子属植物果实的典型特征，如悬钩子、茅莓等。

聚合坚果：每一个小果为坚果，如莲，其果实（俗称莲子）嵌生于花托（莲房）穴内。

（三）聚花果

聚花果（multiple fruit）由一整个花序发育形成的果实整体，又叫复果，也被认为是一种假果。其花序中的每朵花均形成独立的小果，聚集在花序轴上，外形极似一果实。有的由头状花序演变而来，如木麻黄、悬铃木、构树、喜树、枫树等。有的由穗状花序演变而来，如桑葚。有的花序轴肉质化，如菠萝。桑科榕属植物的聚花果是由中空内陷的花序托（隐头花序）形成，花着生在花序托内部，常被称为隐头果（syconium），如无花果、薜荔、榕树等。

三、单性结实和无籽果实

一般情况下，子房若不经过受精是不会发育形成果实的。但有些植物，特别是栽培植物，不经过受精，子房也能长大发育形成果实，这种现象称为单性结实（parthenocarpy）。单性结实所形成的果实，不含种子，称为无籽果实。如葡萄、柑橘、香蕉、菠萝、南瓜、黄瓜等植物都有单性结实现象。

单性结实有两种情况：一种是子房不需要传粉或其他任何刺激，便可膨大形成无籽果实，叫天然单性结实（或营养单性结实），如香蕉、葡萄和柑橘等某些品种均可形成无籽果实，是园艺上的优良品种。另一种情况是子房虽不需受精，但必须经过一定的刺激才能形成无籽果实，这种现象称为刺激单性结实（或诱导单性结实）。例如，用爬山虎的花粉刺激葡萄的柱头，用苹果的花粉刺激梨的柱头，用马铃薯的花粉刺激番茄的柱头，都能得到无籽果实。农业上利用一定浓度的2,4-D、吲哚乙酸（IAA）或萘乙酸等生长素处理某些植物的雌花，也能得到无籽果实。此外，低温和高光强度等同样可诱导单性结实。当然，也有一些无籽果实并非由单性结实产生的，而是由于受精后胚珠发育受到阻碍但子房继续发育而形成的。

单性结实在传粉条件受到限制时仍能结实，并可以缩短成熟期，增加果实的含糖量，提高果实的品质等，因此在生产上有重要意义。

第三节　果实和种子的传播

生物体任何一个部分，在其离开母体后仍能保持活力，并在适宜条件下形成新的个体时就成为传播体。就植物而言，由于其细胞和器官具有全能性，因此从理论上讲，植物的任何部分都有可能成为传播体。植物的传播分为有性传播和无性传播两大类。有性传播除了可以繁殖和扩散外，其最为重要的是可以使植物体产生变异。对被子植物来说，果实和种子是最常见也是最重要的传播器官。果实和种子发育成熟后散布各处，扩大后代植株生长的范围，对种族的繁衍和植物的分布是极为重要的。成熟的果实和种子传播到广大的地区，在适宜的条件下，种子萌发形成幼苗，幼苗吸收水分养分，得到光照就可正常地生长发育。在长期的自然选择过程中，成熟的果实和种子往往具有适应各种传播方式的多种特征和特性，或借助外力的作用，或利用自身的力量，各有其特殊的适应。人类在植物果实和种子传播中，扮演了十分重要的角色。

一、借重力传播的果实和种子

在所有传播机制中重力传播常被忽视，其实很多植物的果实和种子首先是在重力作用下脱落到空中或地面或水面后，再通过其他方式进行二次传播。当然纯粹的重力传播在植物中并不多见，常见的情况是，重力传播与其他传播机制如动物传播、风力传播、水流传播等结合在一起。如果种子和果实上没有钩、刺、翅、毛等协助传播的特殊结构，在自然状态下其传播的距离很近，通常距母株不超过2m远。

二、借水力传播的果实和种子

对陆生植物来说，水的作用较小，往往是利用重力和风力传布到水面，再借水力传播。如农田沟渠边的很多杂草的果实，成熟后散落水中，常随水漂流至潮湿土壤上，萌发生长，这是杂草传播的一种方式。有的是其种子遇水会产生黏液而借助人或动物传播。但水生植物和沼泽植物的果实和种子，多形成适应水力传播的结构。如莲的聚合果，其花托形成"莲蓬"，由疏松的海绵状通气组织所组成，适于水面漂浮传播。生长在热带海边的椰子，其果实的外果皮与内果皮坚实，可抵抗海水的侵蚀，中果皮为疏松的纤维状，能借海水漂浮传至远方，在海岛沙滩上萌发，长成植株，因此椰子树常成片分布于热带海边。

三、借风力传播的果实和种子

绝大多数植物都生活在大气中，必然与大气形成密切的关系，其果实和种子常依赖风力来传播。为了便于借助风力传播，果实和种子表现出许多适应特征（图8-26）。其一，种子通常小、轻而量多，其重量一般在0.003~0.01mg，如兰科种子细小如尘，可随风飞扬到远处。其二，常有各种形状扁平的翅，为果实和种子提供滑翔能力，如臭椿、榆树等果实具翅，马尾松等种子具翅，能随风飘扬传到远方。其三，果实或种子上常形成羽毛或棉毛状构造，从而有利于在空中飞翔，如蒲公英、莴苣等菊科植物的果实，具有由萼片形成的冠毛；柳、棉等种子具毛，均可随风飘荡传播。其四，有些具小种子的植物，其膨胀疏松的果皮形成气囊状，亦便于气流传播，如藜科和苋科的胞果。有趣的是，有些植物的传播体不是靠在空中滑翔或飞翔，而是在地表滚动，在滚动过程中使繁殖体得以扩散，如风滚草。

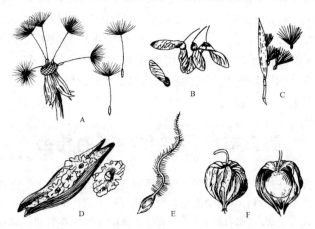

图8-26 借风力传播的果实和种子
A. 蒲公英的果实，顶端具冠毛　B. 槭的果实，具翅
C. 马利筋的种子，顶端有种毛　D. 紫薇的种子，四周具翅
E. 铁线莲的果实，花柱残留呈羽状　F. 酸浆的果实，外包花萼所成的气囊

四、借果实自身力量传播的果实和种子

植物依靠自身力量，而不需要依赖外界媒介来完成传播，这是一种机械传播也称为主动传播。其中有通过无性繁殖不断向外扩散，无性系分株在与母株断裂以前，可以从母株那里得到水分和营养物质，因此成活率很高。而借助果实的自身力量来传播种子，充分体现了果实对种子传播的进化意义。有些植物的果实，其果皮富含纤维素，当潮湿的果皮失去水分或干燥果皮吸收水分时，会在果实上产生不均匀的应力，当应力达到一定阈值时，果皮则在背腹缝线上爆裂，从而将种子弹射出去，如大豆、绿豆等豆科植物的荚果，成熟后会自动开裂，弹出种子。所以大豆等植物果实成熟后必须及时收获，以免遭受损失。另外，有些植物的果实，在果皮上产生弹性组织，这些组织在果实生长过程中，会向某个方向不断积聚张力，当果实成熟张力达到一定阈值时，果皮骤然卷曲而将果实内的种子弹射扩散，如凤仙花、酢浆草、老鹳草。更为奇特的是，喷瓜的果实在生长过程中，会在果实内产生大量的蛋白质和糖类，这些

物质吸收大量水分后,在果实内形成很大的膨压,当果实成熟脱落时,膨压即在果柄处释放,果实内包含种子的物质自果柄处喷射而出,可将种子喷到离母株数米远处(图8-27)。

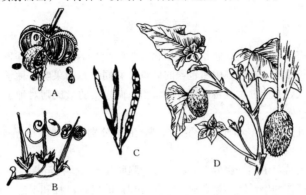

图 8-27 借果实本身的机械力量散播种子
A. 凤仙花果实自裂,散出种子　B. 老鹳草果皮翻卷,散发种子
C. 菜豆果皮扭转,散出种子　D. 喷瓜果熟后,果实脱离果柄时,由断口处喷出浆液和种子

五、借动物和人类传播的果实和种子

动物生活时具有很大的能动性,因此植物常常以动物作媒介来完成传播。植物为适应动物传播而进化出了一系列的适应特征,主要表现在果实与种子的颜色、大小、形状、展现方式、化学成分和成熟时间等方面。如有的果实肉质,果肉甘美,成熟时色泽鲜艳,会引诱动物食用,以此把种子散布各处。有的植物具有黏性很强的种子,鸟类在取食时会黏在其喙上而传播。有的植物其果实有钩(苍耳)、刺(鬼针草)或腺毛(白雪花),可粘附在动物体上借以传播。有些植物的果实或种子具有坚硬的果皮或种皮,被动物吞食不易受消化液的侵蚀,以后随粪便排出体外而传播等等(图8-28)。

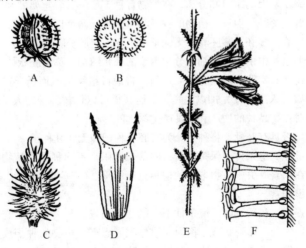

图 8-28 借人类和动物传播的果实和种子
A. 蓖麻的果实　B. 葎草属的果实　C. 苍耳的果实　D. 鬼针草的果实
E. 鼠尾草属的一种,萼片上遍生腺毛,能黏附人和动物体上　F. E图的一部分腺毛放大

在所有传播方式中,人类对植物果实和种子传播的影响是最广泛的,人类传播对现代生物的分布格局产生深刻的影响。一方面,是人类的无意传播即通过人体或移动交通工具的附着而传播。稻田恶性杂草——稗,往往随稻收获,随稻播种,这是这种杂草很难防除的原因之一。有的则通过混入饲料、矿物、

海洋垃圾等途径传播。另一方面，是人类的主动传播即人类有意的引种驯化，如花生、玉米、棉花、咖啡、西瓜等等不胜枚举。

本章小结

种子是种子植物特有的繁殖器官，它是种子植物在生殖生长后期，由胚珠发育而成。在胚珠发育成种子的过程中，子房生长迅速，连同其中所包含的胚珠，共同发育为果实。种子的出现是种子植物渡过不良环境的有效结构形式，并能使种族得到更好的繁衍。而果实的形成则对种子的保护和传播有重要的进化意义。

种子通常由胚、胚乳（或无）和种皮三部分组成，它们分别由合子（受精卵）、初生胚乳核（受精极核）和珠被发育而来。

胚的发育始于合子，从合子第一次分裂形成的二细胞原胚开始，直至器官分化之前的胚胎发育阶段，称为原胚时期。双子叶植物和单子叶植物在原胚时期有相似的发育过程和形态，但在以后的胚分化过程和成熟胚的结构则有较大差异。

被子植物的胚乳是极核受精后发育形成的，为三倍体（3n）。而裸子植物的胚乳是由雌配子体直接发育形成的，仅具母本特性，为单倍体（n）。胚乳的发育早于胚的发育，为幼胚的生长提供所需的营养物质，对胚的发育起重要作用。胚乳后期则成为贮藏组织，为种子萌发形成幼苗提供养料。胚乳的发育方式有核型、细胞型和沼生目型3种。其中以核型方式最为普遍，而沼生目型则比较少见。

有些植物胚囊外的一部分珠心组织随种子的发育而增大，形成类似胚乳的贮藏组织，称为外胚乳。外胚乳不同于胚乳，它是非受精的产物，为二倍体组织。

种皮是由珠被发育而来的保护结构。有些植物的种子外面还包有一层肉质的被套，将种子部分或全部包围，但它与一般种皮的来源不同，特称假种皮。假种皮通常由珠柄或胎座发育而成。

被子植物种子中的胚通常是有性生殖的产物。但有些植物的胚囊中也可以出现不经过雌、雄性细胞融合而产生有胚的种子，这种现象称为无融合生殖。它包括单倍体无融合生殖和二倍体无融合生殖两大类。无融合生殖方式阻碍了基因的重组和分离，在植物育种工作中有着重要的利用价值。

植物的种子通常只有一个胚，但有些植物的种子具有两个或两个以上的胚，这种现象称为多胚现象。多胚现象的主要原因有：裂生多胚、多胚囊、无配子生殖和不定胚。

在自然界或组织培养过程中由非合子细胞分化形成的胚状结构，称为胚状体。

胚状体的研究在理论上和实践上均具有重要价值。将通过组织培养而诱导产生的胚状体，用含有养分和具有保护作用的物质（人工种皮）加以包裹，从而获得可以代替种子的人工种子。人工种子作为一种崭新的生物技术，将对作物品种的增产和改良产生深远的影响。

根据种子在成熟时是否具有胚乳，将种子分为有胚乳种子和无胚乳种子。

种子的寿命是指种子在一定条件下保持生活力的最长期限。不同种类的植物种子，其寿命的长短不同。影响种子寿命的内在因素取决于植物本身的遗传性。温度、空气相对湿度、通气条件和生物危害是影响种子寿命的外在环境因素。

有些植物的种子成熟后，在适宜的环境条件下，能立即萌发，只有在缺乏它发芽所必需的水分、温度、氧气或光等条件下，才处于休眠状态，称为强迫休眠。而有些植物的种子成熟后，即使在适宜的环境条件下，也不能立即萌发，必须经过一段相对静止的阶段或经过特殊的预处理才能萌发，这一特性称为生理休眠。用人为的方法打破种子的休眠，使之萌发的预处理称为催芽。

种子的胚从相对静止状态转入生理活跃状态，开始生长，并形成幼苗，这一过程称为种子萌发。种子萌发的前提是种子已成熟，并具有生活力。种子萌发的主要外界条件是充足的水分、适宜的温度和足够的氧气，少数植物种子萌发还受光照有无的调节。

发育正常的种子，在适宜的条件下开始萌发。通常是胚根首先突破种皮向下生长形成主根，伸入土壤，然后胚芽突出种皮向上生长，伸出土面而形成茎和叶，逐渐形成幼苗。根据种子萌发时子叶的位置，将幼苗分为子叶出土幼苗和子叶留土幼苗两大类。

单纯由子房发育而成的果实称为真果。有些植物的果实，除子房外，还有花的其他部分，如花托、花萼、甚至整个花序都参与子房共同形成果实，这类果实称为假果。根据果实是由单花或花序形成，以及雌蕊的类型，果实的质地，成熟果皮是否开裂和开裂方式，花的非心皮组织部分是否参与形成等，将果实分为多种类型。

有些植物不经过受精，子房也能长大发育形成果实，这种现象称为单性结实。单性结实的果实不产生种子，为无籽果实。

在长期的进化过程中，果实形成了多种形态特征以适应靠不同媒介传播种子的需要。果实和种子的散布，有利于扩大后代植株生长分布的范围，使种族繁衍昌盛。

复习思考题与习题

1. 解释下列名词

胚、盾片、外胚乳、假种皮、胚状体、单性结实、胎生植物、后熟作用、无融合生殖

2. 比较下列各组概念

真果和假果、聚合果和聚花果、裂果和分果、合子胚和不定胚、胚乳和外胚乳、种皮和假种皮、核型胚乳和细胞型胚乳

3. 分析与问答

（1）双受精后的一朵花有哪些变化？
（2）以荠菜为例，叙述双子叶植物胚的发育过程。
（3）以小麦为例，叙述禾谷类植物胚的发育过程。
（4）何谓无融合生殖？无融合生殖有哪些情况？
（5）何谓多胚现象？多胚现象可由哪些原因引起？
（6）被子植物的种子有哪些类型？分别举一例子。
（7）举例说明在被子植物种子发育过程中有哪些同功不同源的表现？
（8）幼苗可分为哪两种类型？各是如何形成的？分别举一例子。

第九章
植物界的基本类群与演化

根据两界系统，现在已知的植物种类约有50余万种，新种仍不断被发现。它们的形态结构、寿命长短、生活方式和生活环境各不相同，共同组成了形形色色的植物界。

要对数目如此众多，彼此又千差万别的植物进行研究，首先得分门别类，才能更好地认识、利用和改造它们。植物分类的任务不仅要识别物种、鉴定名称，而且要在进化的基础上对它们进行正确归类，阐明植物类群之间的亲缘关系和系统演化，建立分类系统，进而研究物种起源、分布中心演化过程和演化趋势。只有确定植物界总的进化系统和各类群的关系，掌握植物系统发育的规律，才可以利用植物亲缘关系的知识，进行植物的引种、驯化和培育以及寻找新的植物资源。本章主要从植物物种多样性及植物系统发育的规律出发介绍植物界基本类群的分类及其演化关系。

第一节 植物分类的基础知识

为了更好地对植物进行分门别类，首先要具备植物分类的基础知识。

一、植物分类的方法

（一）人为分类法

人们按照自己的目的和方便或限于自己的认识，选择植物的一个或几个（如形态、习性、生态或经济上）特征或特性作为分类的标准，不考虑植物种类彼此间的亲缘关系和在系统发育中的地位，而对植物进行分类的方法，称为人为分类法。例如将植物分为水生、陆生；木本植物、草本植物；栽培植物、野生植物等。栽培植物分成粮食作物、油料作物、纤维作物等，果树分为仁果类、核果类、坚果类、浆果类、柑果类等。我国明朝李时珍（1518~1593）所著《本草纲目》，依照植物外形和用途，将所收集记载的植物分为木、果、草、谷、菜5部30类。清代吴其濬在其《植物名实图考》中，也将植物分为谷、蔬、山草、隰草、石草、水草、蔓草、芳草、毒草、群芳、果、木12类。古希腊亚里士多德的学生德奥弗拉斯特（Theophrastus，公元前370~公元前285）将植物分为乔木、灌木和草本三大类。瑞典植物分类学家林奈（Linnaeus，1707~1778），把有花植物雄蕊的数目作为分类的标准，分为1雄蕊纲、2雄蕊纲……这种分类方法和所建立的分类系统都是人为的，不能反映植物间的亲缘关系和进化的次序，常把亲缘关系很远的植物归为一类，而亲缘关系很近的则又分开。虽然人为分类法有诸多弊端，但对于人类的生产和生活等实际应用带来很多方便，如今还常被采用。

（二）自然分类法

根据植物进化过程中彼此亲缘关系的远近程度作为分类的依据，对植物进行科学分类的方法，称为自然分类法。1859年达尔文的《物种起源》一书出版，提出进化学说，按照生物进化的观点，植物间形态、结构、习性等的相似是由于来自共同的祖先而具有相似的遗传性所致，即类型的统一说明来源的一致。因此根据植物形态、结构、习性的相似程度就可判断它们之间亲缘关系的远近。如水稻与小麦相似的性状多，亲缘关系就近，而水稻与油菜的相同点少，则它们的亲缘关系必然远。

根据亲缘关系建立的分类系统称为自然分类系统或系统发育分类系统。百余年来建立的分类系统有数十个，尤其是很多分类学家根据各自的系统发育理论提出了许多不同的被子植物分类系统，其中最有代表性的有：德国的恩格勒系统，英国的哈钦松系统，前苏联的塔赫他间系统和美国的克朗奎斯特系统等（关于上述 4 大分类系统见本书第十章第三节的介绍）。这些系统虽距建立起一个客观而完备的自然进化系统还有相当的距离，且各系统间还有不少相悖的理论和观点，但它们比起人为的分类系统，显然是一个质的飞跃。

植物分类学的发展也是随着一些相关学科的发展而发展的。传统的植物分类研究方法是以植物的形态特征为主要依据，即根据花、果实、茎、叶等器官的形态特征进行分类。随着解剖学、生态学、细胞学、生物化学、遗传学以及分子生物学乃至计算机科学等学科的出现和发展，植物分类也吸收了这些学科的研究方法，形成许多新的研究方向。例如，研究植物内部的解剖构造的特征以及用扫描电镜对植物的叶、花粉、果实和种子的表面进行观察，给分类学提供了比以往更为清晰准确的依据；用细胞学方法对染色体的数目、大小、形态以及行为动态进行比较研究来帮助查明物种的差异和亲缘关系而产生了染色体分类学；用生物化学的方法分析植物体内次生代谢物（如生物碱）、蛋白质（如同工酶分析、血清学技术）、核酸（如 DNA 分子杂交方法）及其他内含物的特征，从而达到用植物的化学性状来帮助解决植物分类学上的问题，产生了化学分类学；用生态学的方法，把要研究的不同生活环境中的植物引种到环境条件相似的实验园里进行栽培对照试验，同时进行杂交试验，以确定其遗传型变异和表现型变异及生殖隔离情况，产生了实验分类学；根据花粉、孢子的形态特征，对植物进行分类，产生了孢粉分类学；将数学、统计学原理和电子计算机技术应用于植物分类而产生了数量分类学；此外，还可以利用分子生物学资料进行植物分类研究，因为 DNA 序列直接反映物种的基因型，记录了物种进化过程中发生的很多信息，因此，DNA 序列研究为植物分类研究提供了更加可靠的证据。上述各种新的研究方法推动了分类学的发展，对于深入研究物种形成和系统演化，界定有争议的分类群等方面的研究有重要的指导作用。随着科学技术发展和研究的不断深入，相信在不远的将来，能够建立一个充分反映植物之间亲缘关系和进化规律的自然分类系统。

二、植物分类的各级单位

为了建立自然分类系统，更好地认识植物，植物分类学家制定了植物分类的各级单位。常用的植物分类等级单位主要有：界、门、纲、目、科、属和种。其中种是分类的基本单位，由亲缘关系相近的种集合为属，由相近的属组合为科，如此类推。在每个等级单位内，如果种类繁多，还可划分更细的单位，如亚门、亚纲、亚目、亚科、族、亚族、亚属、组，在种的下面又可分出亚种、变种、变型等。每一种植物通过系统分类，既可以显示出其在植物界的地位，也可表示出它与其他植物种的关系。现将部分单位的含义介绍如下：

目（order）：在现代被子植物的分类系统中，通常以目为单位来表达类群间的亲缘关系，所以，在被子植物分类中，目除了表示一个分类等级外，还常作为进化过程的一个环节，以表达每个类群的演化地位和各个类群间的演化关系。一个目里包含若干科。

科（family）：每个科在形态上都有自己的独特性，即同一科的植物具有共同的基本特征，掌握了科的特征，才能判断一个植物的分类地位。

属（genus）：在分类系统中，属是一个自然存在的单位。属内各个种有最直接的亲缘关系。同一属的植物在结构上有全面的相似性。

种（species）：是分类学上一个基本单位，也是各级单位的起点。同种植物的个体，起源于共同的祖先，具有一定的形态和生理特征以及一定的自然分布区，且能进行自然交配，产生正常的后代（少数例外）。种间通常存在生殖上的隔离或杂交不育。种是客观存在的分类单位，它既有相对稳定的形态特征，又是处于进化发展中。一个种通过遗传、变异和自然选择，可能发展成另一个新种。现在地球上众多的物种就是由共同祖先逐渐演化而来的。

亚种（subspecies，subsp.）：种以下的分类单位。是种内个体在地理和生殖上充分隔离后所形成的群体。有一定的形态特征和地理分布，故也称为"地理亚种"。一般多用于动物，在植物分类上比较少用。

变种（varietas，var.）：种以下的分类单位。是指具有相同分布区的同种植物，由于微生境不同导致植物间具有可稳定遗传的形态差异。一般多用于植物。

变型（form，f.）：是指分布没有规律，仅有微小的形态学差异的相同物种的不同个体。如毛的有无，花的颜色等。

品种（cultivar，cv.）：不是植物分类学中的一个分类单位，不存在于野生植物中。品种是人类在生产实践中，经过选择、培育而得，具有一定的经济价值和比较一致的遗传性。种内各品种间的杂交，叫近亲杂交。种间、属间或更高级的单位之间的杂交，叫远缘杂交。育种工作者，常常遵循近亲易于杂交的法则，培育出新的品种。

品系（strain）：起源于共同祖先的一群个体。① 在遗传学上，一般指自交或近亲繁殖若干代后所获得的某些遗传性状相当一致的后代；② 在作物育种学上，指遗传性比较稳定一致而起源于共同祖先的一群个体。品系经比较鉴定，优良者繁育推广后，即可成为品种。

现以稻为例，依照克朗奎斯特分类系统，说明它在植物分类上的各级单位（表9-1）。

表 9-1 植物分类的各级单位

中文	英文	拉丁文	植物举例
界	Kingdom	Regnum	植物界 VEGETABILE
门	Division	Divisio	木兰植物门 MAGNOLIOPHYTA （被子植物门 ANGIOSPERMAE）
纲	Class	Classis	百合纲 LILIOPSIDA （单子叶植物纲 MONOCOTYLEDONEAE）
目	Order	Ordo	莎草目 CYPERALES
科	Family	Familia	禾本科 GRAMINEAE
属	Genus	Genus	稻属 *Oryza*
种	Species	Species	水稻 *Oryza sativa* L.

三、植物的命名方法

植物界的植物种类繁多，同一种植物，由于语言不同，文字不同，多有不同的叫法；例如马铃薯，英美称为 potato，法国称为 pomme de terre，德国称为 kartoffl，在我国除叫马铃薯外，还叫土豆、山药蛋、洋山芋、洋芋等，这种现象称同物异名。另外，还存在着同名异物的现象，例如被称为白头翁的植物多达16种，且分属于4科16属。因此，为了避免混乱和便于国际交流，必须遵循一定的法则，对每种植物给予国际上统一的名称，即学名。植物学名采用瑞典植物学家林奈（Linnaeus）所创立的双名法作为植物命名方法，并规定用拉丁文写出。

双名法规定，每一植物的学名由属名和种加词组成，属名在前，是名词，其第一个字母要大写；种加词在后，常用形容词。完整的学名，在种加词后还要写上命名人姓氏，或姓氏的缩写。如水稻的学名为 *Oryza sativa* L.，*Oryza* 为水稻属的属名，*sativa* 为种加词，意为栽培的意思，L. 为林奈的第一字母或缩写。

除了双名法以外，当出现种以下的等级时就需要采用三名法。三名法命名时除了属名和种加词外，分别写上亚种（subspecies）、变种（varietae）或变型（form）的缩写 subsp.、var. 或 f.，然后再加上亚种、变种或变型加词，最后仍要有命名人的姓氏或其缩写。如糯稻是稻的一个变种，其学名是：*Oryza sativa* L. var. *glutinosa* Matsum.。

植物被命名后经后人研究认为需要改变其分类位置或等级时，就必须进行重新组合，更正后需将原命名人用括号保留在学名中，如射干 *Belamcanda chinensis*（L.）DC.，是林奈1753年最先发表的，归于鸢尾属 *Ixia*，定名为 *Ixia chinensis* L.，1807年 De Candolle 研究后认为应该从鸢尾属分出，成立射干属 *Belamcanda*，所以更名为 *Belamcanda chinensis*（L.）DC.，同时将原命名人林奈用括号保留在学名中。

有些植物学名在命名人之后有 ex 再有另外一个命名人，如一品红（圣诞树、状元红）*Euphorbia pulcherrima* Willd. ex Klotzsch，意为该种曾由 Klotzsch 研究过，但是没有正式发表，后来由 Willd. 正式发表。

四、植物检索表的编制与应用

植物检索表是植物分类学中鉴定植物时必不可少的工具。检索表的编制是根据法国人拉马克（Lamarck，1744~1829）的二歧分类原则，将不同特征的植物，用对比方法，汇同辨异，逐一排列编制而成。即把不同植物根据相对应特征编排成两个分支，然后再在一分支下又用上述办法再编排成两个分支，依次下去，直至所需要的分类单位（如科、属、种等）出现。

根据相对应的两项特点间隔距离的远近，检索表可分为下面两种样式：

（一）定距（等距）检索表

这种样式的检索表，每一种性状的描写在书页左边一定距离处，与之相对应的性状的描写亦写在同样距离处。如此继续追寻，描写行越来越短，直至追寻至科、属或种名为止。这种检索表的优点是每对相对性状的特征都被排列在相同距离，一目了然，便于查找。不足之处是当种类繁多时，左边空白太大，浪费篇幅。

现用茄科常见的7种经济植物枸杞 *Lycium chinense* Mill.、夜香树（夜来香）*Cestrum nocturnum* L.、烟草 *Nicotiana tabacum* L.、辣椒 *Capsicum annuum* L.、番茄 *Lycopersicon esculentum* Mill.、茄 *Solanum melongena* L.、马铃薯（洋芋、土豆）*S. tuberosum* L. 为例编制成一个分种检索表，以说明其编制方法及格式（表9-2）。

表 9-2　茄科常见的 7 种经济植物分种检索表（定距式）

1. 灌木或小乔木
　　2. 多棘刺蔓性灌木；花单生于叶腋或 2 至数朵簇生 ··· 枸杞
　　2. 无刺灌木或小乔木；花排成聚伞花序，极稀近单生于叶腋 ································· 夜香树
1. 一年生或多年生草本，稀为半灌木
　　3. 具地下块茎 ··· 马铃薯
　　3. 无地下块茎
　　　　4. 果为蒴果，二瓣裂 ··· 烟草
　　　　4. 果为浆果
　　　　　　5. 花药分离，纵裂 ·· 辣椒
　　　　　　5. 花药围绕花柱而靠合
　　　　　　　　6. 花药纵裂，羽状复叶 ··· 番茄
　　　　　　　　6. 花药顶孔开裂；单叶，偶有羽状复叶 ··· 茄

（二）平行检索表

平行检索表是把每一对相对特征的描述并列在相邻的两行里，便于比较。在每一行后面或为一植物名称，或为一数字。如为数字，则另起一行重写，与另一对相对性状平行排列，如此直至终止。这种检索表的优点是排列整齐、节省篇幅，缺点是不如定距检索表那么一目了然。还以上述 7 种植物说明（表 9-3）。

表 9-3　茄科常见的 7 种经济植物分种检索表（平行式）

1. 灌木或小乔木··· 2
1. 一年生或多年生草本，稀为半灌木··· 3
2. 多棘刺蔓性灌木；花单生于叶腋或 2 至数朵簇生 ··· 枸杞
2. 无刺灌木或小乔木；花排成聚伞花序，极稀近单生于叶腋 ··· 夜香树
3. 具地下块茎 ·· 马铃薯
3. 无地下块茎··· 4
4. 果为蒴果，二瓣裂 ··· 烟草
4. 果为浆果··· 5
5. 花药分离，纵裂 ··· 辣椒
5. 花药围绕花柱而靠合··· 6
6. 花药纵裂，羽状复叶 ··· 番茄
6. 花药顶孔开裂；单叶，偶有羽状复叶 ··· 茄

在植物分类的过程中，最常用的检索表有 3 种，即分科、分属和分种检索表。第一种检索表，由目检索至科为止。第二种检索表，则由科检索至属。第三种检索表则由属检索至种。要正确检索一种植物，除了需要这 3 种检索表外，还需要掌握检索对象的详细形态特征，并能正确理解检索表中使用的各项专用术语的含义，如稍有差错、含混，就难以找到正确的答案。因此，在检索过程中，需要十分细心，并要有足够的耐心。同时，也需要经常、反复练习，以求真正掌握植物检索表的应用，以达到真正学好植物分类学的目的。

第二节　植物界的基本类群

按照两界系统，并根据植物的形态结构、生活习性和亲缘关系，可将植物界分为 15 个门，分别为：蓝藻门、绿藻门、裸藻门、金藻门、甲藻门、褐藻门、红藻门、细菌门、黏菌门、真菌门、地衣门、苔藓植物门、蕨类植物门、裸子植物门、被子植物门。

除以上分门外，不同分类系统有将植物界分成 12 门、13 门、15 门、16 门、17 门等不同情况。另外根据植物进化中表现的性状从不同角度把植物界分成若干类群。例如，根据植物体形态构造表现的原始与进化把植物界划分为低等植物（lower plant）和高等植物（higher plant）；根据植物体成丝状体、叶状体或具茎叶分化而分为原植体植物（thallophytes）和茎叶植物（cormophytes）；根据植物是否具有维管系统分为维管植物（vascular plants）和无维管植物（non vascular plants）；根据植物是否形成胚分为有胚植物（embryophytes）和无胚植物（non-embryophytes）；根据用种子繁殖还是用孢子繁殖分为种子植物（spermatophytes；seed plants）和孢子植物（spore plants）；根据是否形成花而分为显花植物（phanerogamae）和隐花植物（cryptogamae）等。上述各类群与植物界各门的对应关系见表 9-4，其中低等植物和高等植物的比较特征见表 9-5。

表 9-4 植物界的类群及其分类

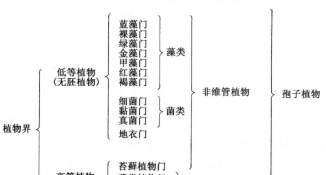

表 9-5 低等植物和高等植物的比较

	低等植物	高等植物
生活环境	多为水生	多为陆生
植物体	没有根、茎、叶的分化	有根、茎、叶的分化，体内有适应陆生环境的维管系统（苔藓植物除外）
生殖器官	多数是单细胞的，极少数为多细胞	由多细胞构成
生活史	① 有性生殖的合子不形成胚而直接萌发为新的植物体 ② 有些植物生活史有世代交替	① 合子在母体内发育为胚，再由胚萌发为新的植物体 ② 具有明显的世代交替
分 类	分为藻类植物、菌类植物和地衣植物	分为苔藓植物、蕨类植物、裸子植物和被子植物

一、藻 类 植 物

藻类植物（algae）是最古老的植物类群之一，约有 25 000 余种，分布极为广泛，热带、温带、寒带都有分布。大多数生于海水或淡水中，少数生活在潮湿的土壤、树皮或石头上。凡是潮湿的地区，都可见到藻类植物，如土壤、树皮、墙壁、岩石等。在不同的环境条件下，常生长不同的藻类。

藻类植物一般具有光合作用色素，生活方式自养，属自养植物（autotrophic）。藻类植物含有与高等植物相同的叶绿素 a、叶绿素 b、胡萝卜素和叶黄素 4 种色素，这是高等植物起源于藻类的证据之一。许多藻类植物除以上 4 种色素外，还含有其他色素，由于叶绿素和其他色素的比例不同，而呈现出不同的颜色。

藻类植物除极个别种类外，都不具有多细胞的生殖器官，但植物体的类型多样，有单细胞、群体和多细胞个体。多细胞的种类中，又有丝状、片状和较复杂的构造等，但都没有根、茎、叶等器官的分化。

藻类植物的繁殖方法有营养繁殖、无性繁殖和有性生殖。有性生殖中又有同配、异配和卵式生殖等。

藻类植物并不是一个自然的类群，根据它们所含的色素、细胞结构、繁殖方式、贮藏物质及细胞壁的成分等方面的差异，可将藻类分为蓝藻门、裸藻门（眼虫藻门）、绿藻门、金藻门、甲藻门、红藻门、褐藻门共 7 门。

（一）蓝藻门 CYANOPHYTA

蓝藻为地球上最原始、最古老的绿色自养植物。现在的蓝藻和它们的祖先相比，并没有多大区别。

1. 一般特征

（1）形态结构：植物体为单细胞、群体或丝状体，细胞内的原生质体不分化为细胞质和细胞核，而分化为周质（periplasm）和中央质（centroplasm）两部分。中央质位于中央，有裸露的环状 DNA 分子，没有组蛋白与之结合，无核膜和核仁，但具有核的功能，故称原核（prokaryon）或拟核（nucleoid）。蓝藻与细菌的细胞中都没有真正的细胞核，两者均属原核生物（procaryote）。周质位于中央质的周围，有光合片层（photosynthetic lamella），含叶绿素 a、胡萝卜素、藻蓝素等色素，但无载色体。植物体多为蓝绿色。细胞壁的主要成分为肽葡聚糖（peptidoglycan），绝大多数蓝藻的细胞壁外具有一层胶质鞘（gelatinous sheath），主要成分是果胶酸和黏多糖。有的群体为公共胶质鞘所包被。贮藏物质为蓝藻淀粉。蓝藻细胞的亚显微结构如图 9-1。

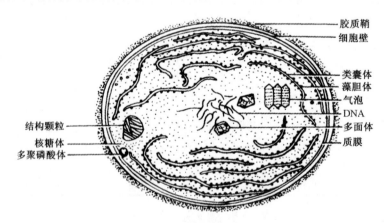

图 9-1　蓝藻细胞的亚显微结构

（2）繁殖：蓝藻无有性生殖，繁殖方式主要是营养繁殖和无性繁殖（图 9-2）。营养繁殖主要靠细胞分裂、群体破裂、丝状体断裂增加个体数目。单细胞类型是细胞分裂后，子细胞立即分离，形成单细胞个体。群体类型是细胞反复分裂后，子细胞不分离，而形成多细胞的大群体，群体破裂后，形成多个小群体。丝状体类型可作断离繁殖，断离的丝状体段称为藻殖段（hormogonium），由藻殖段发育成一个丝状体。除营养繁殖外，少数种类还可以产生孢子，进行无性繁殖。常见的是在一些丝状体类型中产生厚壁孢子（akinete）。厚壁孢子体积较大，细胞壁增厚，能长期休眠以度过不良的环境。在环境适宜时，孢子萌发，分裂形成新的丝状体。

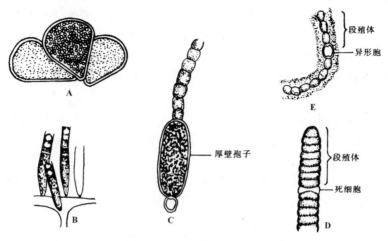

图 9-2　蓝藻的繁殖方式
A. 皮果藻属 *Dermocarpa* 产生内生孢子　B. 管胞藻属 *Chamaesiphon* 产生内生孢子
C. 筒胞藻属 *Cylindrospermum* 产生厚壁孢子　D. 颤藻属 *Oscillatoria* 死细胞或
隔离盘形成段殖体　E. 念珠藻属 *Nostoc* 由异形胞将藻丝隔离成藻殖段

（3）分布：分布很广，多生活于水中或湿地上，树皮、墙壁和岩石表面也有生长。

2. 代表植物

常见的蓝藻有单细胞、群体、丝状体。如色球藻属 *Chroococcus* 植物藻体为单细胞或群体，常生于温室的花盆上或潮湿的岩石和树干上；微囊藻属 *Microcgstis* 植物为浮游性群体，夏季大量形成"水华"，危害水生动物；丝状体有颤藻属、念珠藻属、鱼腥藻属和螺旋藻属植物等（图9-3）。

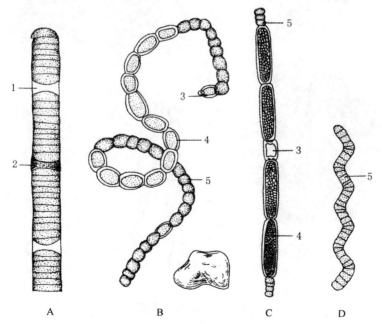

图 9-3　蓝藻的代表植物
A. 颤藻属　B. 念珠藻属　C. 鱼腥藻属　D. 螺旋藻属
1. 死细胞　2. 隔离盘　3. 异形胞　4. 厚垣孢子　5. 营养细胞

(1) 颤藻属 *Oscillatoria*：生活于有机质丰富的湿地或浅水中。植物体是由一列细胞组成的丝状体，不分枝，丛生或形成团块；细胞短圆柱状，长比宽短；胶质鞘无或不明显。因丝体能前后伸缩或左右摆动而得名。藻体上有时有空去的死细胞，作双凹形，把丝体分成几段，每一段叫一个藻殖段，也称为段殖体。藻丝上有时还有胶化膨大的隔离盘，亦作双凹形，是活细胞。两个隔离盘之间的这一段也叫藻殖段，藻殖段易从丝体上断开并长成新的丝状体，所以藻殖段是一个营养繁殖单位。

(2) 念珠藻属 *Nostoc*：生活于淡水中、潮湿土壤上或岩石上。植物体是由一列细胞组成的不分枝丝状体。丝状体常常无规则地集合在1个公共的胶质鞘中，形成球形体、片状体或不规则的团块。营养细胞圆球形或椭圆形，排成一行如念珠状。丝状体隔一定距离有一个形状有些差异的细胞，称为异型胞。异型胞壁较厚，两个异型胞之间的这一段丝状体，可断开进行繁殖，也称之为藻殖段。本属有多种我国著名的食用蓝藻，如普通念珠藻（地木耳） *N. commue* Vauch. 和发状念珠藻（发菜） *N. flagelliforme* Born. et Flah. 等。

(3) 鱼腥藻属 *Anabaena*：植物体的形态与念珠藻属很相似。满江红鱼腥藻为一种著名的固氮蓝藻，它生长在水生蕨类满江红（又名红萍或绿萍） *Azolla imbricata* (Roxb.) Nakai 的叶片里，与满江红形成共生体。其丝状体通常由两种细胞构成，体积较大，细胞壁较厚的是异形胞，体积较小，细胞壁较薄的是营养细胞。异形胞中含有固氮酶，能进行固氮作用。故水稻田养殖红萍能提高土壤肥力。光合作用主要在营养细胞中进行，制造蓝藻淀粉，维持自身生活之需。当环境不良

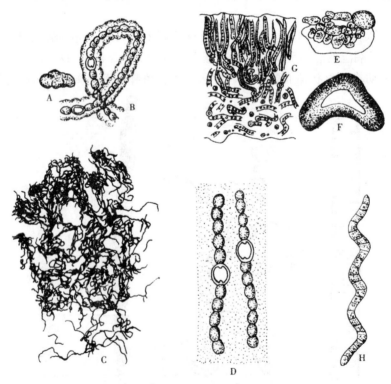

图 9-4 几种食用蓝藻

A、B. 普通念珠藻（A. 外形　B. 部分胶被中的1条藻丝）

C、D. 发状念珠藻（C. 外形　D. 部分胶被中的藻丝）

E~G. 海雹菜（E. 外形　F. 横切面　G. 横切面的一部分放大）　H. 钝顶螺旋藻

时，植物体可产生厚垣孢子（1 种厚壁孢子），以度过不良的环境，在环境适宜时，厚垣孢子萌发，分裂形成新的丝状体。

（4）螺旋藻属 *Spirulina*：多分布在碱性水体中。植物体通常为多细胞构成的丝状体，呈疏松或紧密而有规则的螺旋状弯曲。现被人们广泛重视和研究的钝顶螺旋藻 *S. platensis*，其蛋白质含量高达 50% ~ 70%，含有 18 种氨基酸组分（包括人体和动物不能合成的 8 种氨基酸），营养成分丰富而均衡，且其细胞壁几乎不含纤维素，因而极易被人体吸收，具有良好的保健作用而被制成各种食品。

3. 经济价值

有些蓝藻可供食用，如普通念珠藻（地木耳）、发状念珠藻（发菜）、钝顶螺旋藻和海雹菜 *Brachytrichia quoyi* (C. Ag.) Bom. et Flah. 等（图9-4）。有些有固氮能力，具异形胞的蓝藻均能固氮，农业上称为固氮蓝藻。

（二）**裸藻门 EUGLENOPHYTA**

裸藻门又称眼虫藻门。是一类兼有动、植物特征的藻类。绝大多数是无细胞壁，具有 1 ~ 3 条鞭毛、能自由游动的单细胞植物。主要分布在富含有机质的静止或缓慢的淡水流水中。

本门有绿色和无色两种类型。绿色种类的细胞中有叶绿体，含有叶绿素 a、叶绿素 b 及 β-胡萝卜素和叶黄素。贮藏的物质为副淀粉（paramylum）及脂肪。在叶绿体中有一个蛋白核（pyrenoid）。裸藻门中的无色种类为动物式营养，能吞食固体食物，或为腐生。本门主要是以细胞纵裂进行营养繁殖，没有有性生殖。

常见的有裸藻属（眼虫藻属）*Euglena*，其细胞为梭形，前端有胞口（cytostome），有一条鞭毛（flagellum）从胞口伸出。胞口下有沟，沟下端有胞咽（cytopharynx），胞咽下有一个袋状的储蓄泡（reservoir）。在储蓄泡附近有一个或多个伸缩泡（contractile vacuole）。体中的废物可经胞咽及胞口排出体外。储蓄泡旁还有趋光性的眼点（eyespot，stigma）。植物体仅有一层富于弹性的表膜（pellicle），没有纤维素的壁，因而个体可以伸缩变形。细胞内有很多叶绿体（图9-5）。

裸藻门是较低等的一个类群，裸藻门、绿藻门、金藻门及甲藻门中的一些种类，在营养时期具有鞭毛，因而有人把它们合称为鞭毛藻类，鞭毛藻的构造和习性兼有动物和植物的特征，故有人把鞭毛藻类作为动、植物的共同祖先。

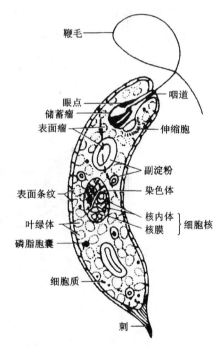

图 9-5 裸藻属植物细胞结构

（三）**绿藻门 CHLOROPHYTA**

绿藻是具有与高等植物细胞相似特征的藻类。关于绿藻的分纲，意见不一，本教材沿用两个纲：绿藻纲 CHLOROPHYCEAE 和轮藻纲 CHAROPHYCEAE。绿藻纲常见的有衣藻属 *Chlamydomonas*、水绵属 *Spirogyra*、团藻属 *Volvox*、小球藻属 *Chlorella*、松藻属 *Codium*、石莼属 *Ulva* 等；轮藻纲常见的有轮藻属 *Chara* 等。

1. 一般特征

（1）形态结构：藻体形态多样，以单细胞、群体和丝状体最常见，也有的为叶状体。少数单细胞和群体类型的营养细胞的前端有鞭毛，能运动。绿藻的细胞与高等植物相似，为真核细胞，有细胞核和叶绿体，光合色素有叶绿素 a、叶绿素 b、叶黄素和胡萝卜素等，故植物体呈绿色。贮藏物质主要为淀粉，有的也有油类和蛋白质。

（2）繁殖：繁殖方式多种多样，以无性繁殖和有性繁殖较为普遍。无性生殖形成游动孢子或静孢子，由孢子直接发育成新个体。有性生殖的生殖细胞叫配子（单倍体），两个配子结合形成合子（双倍体），合子萌发成新个体。根据两个配子形状、大小和结构，分为同配生殖、异配生殖和卵式生殖。同配生殖是指形状相似、大小相同的两个配子配合。异配生殖是指形状相似、大小不同的两个配子配合。卵配生殖即精子和卵的配合。有些种类的生活史中有孢子体世代（无性世代）和配子体世代（有性时代）交替出现的世代交替现象。

（3）分布：绿藻分布很广，以淡水为多，流水和静水均可见到；陆地上的阴湿处和海水中也有分布，有的与真菌共生形成地衣。

2. 代表植物

（1）衣藻属 *Chlamydomonas*：本属植物生活在富含有机质的淡水沟和池塘中，早春和晚秋较多，常大量繁殖，形成大片群落，使水变成绿色。

植物体为单细胞，卵形，细胞内有一个核，一个杯状叶绿体，叶绿体中有淀粉核，细胞前端有 2 条等长的鞭毛，鞭毛基部有 2 个伸缩泡，旁边有 1 个感光作用的红色眼点（图 9-6）。

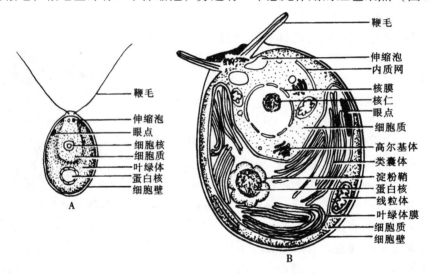

图 9-6　衣藻属植物细胞形态和结构
A. 光学显微镜下的结构　B. 电子显微镜下的结构

衣藻既有无性生殖又有有性生殖。无性生殖常在夜间进行，生殖时藻体通常静止，鞭毛收缩或脱落，变成游动孢子囊，细胞核先分裂，形成 4 个子核，有些种分裂 3~4 次，形成 8~16 个子核，随后细胞质纵裂，形成 2、4、8 或 16 个子原生质体，每个子原生质体分泌一层细胞壁并生出两条鞭毛，随着母细胞（游动孢子囊）壁胶化，破裂，游动孢子逸出发育成新的个体。

有性生殖在多代的无性生殖后进行。多数种的有性生殖为同配生殖，有性生殖时，细胞失去鞭毛，原生质分裂产生 8、16、32 或 64 个具 2 条鞭毛的配子。配子比游动孢子小，形态与游动孢子基本相同。配子从母细胞中释放出来后不久便两两结合形成合子。合子刚形成时具 4 条鞭毛，能游动，以后变圆，形成厚壁合子，壁上有时有刺突。合子休眠后在适宜环境下萌发，经减数分裂，每个合子产生4个单倍体的游动孢子。以后合子壁胶化破裂，游动孢子游散出来，各形成1个新的衣藻个体。衣藻的生活史类型为合子减数分裂，仅有核相交替（图9-7）。

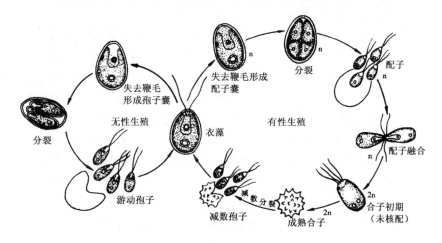

图9-7 衣藻生殖和生活史

（2）团藻属 *Volvox*：藻体为多细胞群体，排列成球状（图9-8），球体内充满胶质和水，表面有数百个或多至上万个衣藻型细胞排列其上。球体中少数细胞能进行繁殖。无性繁殖时，群体中无鞭毛的大型细胞即生殖细胞进行多次分裂，形成子群体，陷入母群体腔内，母体破裂后子群体放出。有性生殖为卵式生殖，群体中只有少数生殖细胞产生卵和精子，在母体内受精形成厚壁合子，合子脱离母体后休眠，条件适宜时减数分裂后形成具双鞭毛的游动孢子，发育成植物体群体。团藻经常在夏季发生于淡水池塘或临时性的积水中，2～3周后即消失。

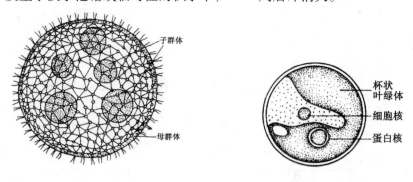

图9-8 团藻属　　　　　　　　　　**图9-9 小球藻属**

（3）小球藻属 *Chlorella*：小球藻属是单细胞浮游藻类，圆球形，无鞭毛，体内含有片状或杯状的叶绿体，有1个细胞核（图9-9）。一般最常见的小球藻有普通小球藻 *C. vulgaris* 和蛋白核小球藻 *C. pyrenoidosa*，其区别是普通小球藻没有蛋白核。小球藻只有无性繁殖。繁殖时，母细胞的原生质体分裂为2～16个不动孢子，母体破裂后，每个不动孢子发育成一个新植物体。

小球藻在我国分布甚广，生活于含有机质的小河、沟渠、池塘等水中，在潮湿的土壤上也有分布。

小球藻在光合作用过程中，能产生大量的营养物质。分析干物质证明，蛋白质含量最多，可达50%；脂肪含量约10%～30%；糖类含量约15%；还含有大量的维生素A、维生素B、维生素C等。同时由于它的繁殖力很强，特别是蛋白核小球藻，一昼夜可以分裂多次，生长很快，产量高,加工后,可作人类食物、家畜饲料及工业原料。

(4) 水绵属 *Spirogyra*：本属是常见的淡水绿藻,繁盛时大片漂浮于水面或生于浅水的水底。植物体为单列细胞组成的不分枝的丝状体,细胞为圆筒状,因细胞壁外有较多果胶质,故藻体表面滑腻,用手触摸即可辨别。每个细胞内含 1 至数条螺旋带状的载色体,载色体上有 1 列淀粉核。

水绵的有性生殖为接合生殖 (conjugation),多在春秋两季进行。生殖时两条丝状体平行靠近,细胞两两在彼此相对的一侧各发生一个突起,两突起渐渐伸长而接触,接触处的壁溶解后形成接合管 (conjugation tube)。与此同时,细胞内的原生质体收缩形成配子。参与接合生殖的两条丝状体有雌雄之分,雄丝状体细胞中的雄配子做变形运动,通过接合管移至相对的雌性丝状体细胞中,并与细胞中的雌配子融合,这样,雄性丝状体只剩下 1 条空壁,而雌性丝状体的每个细胞中都有一个合子。成熟的合子随着死亡的母体沉于水底,待环境适宜时萌发。萌发时核进行减数分裂,形成 4 个单倍体核,其中一个核萌发形成萌发管,由它长成新的植物体,另外 3 个核消失。两条丝状体和它们之间形成的多个横列的接合管,外形很像梯子,因此称为梯形结合 (scalariform conjugation)。如果接合管发生在同一丝状体的相邻细胞间,则叫做侧面接合 (lateral conjugation)(图 9-10)。

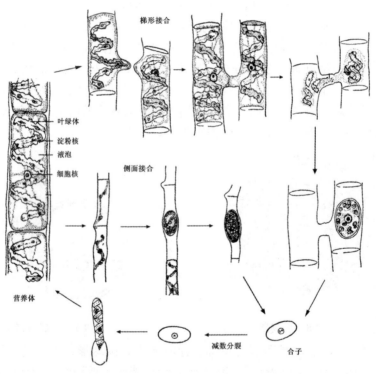

图 9-10　水绵属植物细胞结构与生活史

(5) 松藻属 *Codium*：本属植物全为海产,是固着生活于海边岩石上的大型绿藻。外观叉状分枝,多呈鹿角状,基部为垫状固着器。藻体为多核的丝状体,是由无数相连通的管状分枝互相交织而成的。这些丝状体由于在藻体上的部位不同,形状和功能也有所不同,分化成髓部和皮层部。髓部在中央,丝状体细而无色,排列疏松,无一定次序;皮层部在髓部周围,是由一些紧靠的、膨大的棒状短枝作水平方向放射状排列而成。这种膨大的棒状短枝叫胞囊 (utricle),囊体内有极多小盘状的载色体,多分布在胞囊远轴端,无蛋白核。细胞核极多而小。髓部丝状体的壁上,常发生内向生长的环状加厚层，有时可使管腔阻塞，使支持力增强，这种加厚层在髓部丝状体上各处都有，而胞囊基部较多。

松藻属植物体是二倍体，进行有性生殖时，在胞囊的侧面产生棒状配子囊，配子囊与胞囊之间有横壁隔开。雌雄同株或异株，即雄配子囊（male gametangium）和雌配子囊（female gametangium）可产生于在同一藻体或不同藻体上。配子囊内的细胞核有一些分解了，有一些增大了；每个增大的核经过减数分裂，形成4个子核，每个子核连同周围的原生质一起，发育形成具2条鞭毛的配子。雌配子大，含多个载色体；雄配子小于雌配子数倍，只含有1～2个载色体。雌、雄配子结合成合子，合子立即萌发，长出丝体，大量分枝后才有髓部和皮层部的分化（图9-11）。

（6）石莼属 *Ulva*：石莼为食用海藻，俗称海白菜。藻体是大型的多细胞片状体（图9-12），仅由2层细胞构成。藻体基部具一小盘状固着器，固着于岩石上。固着器是多年生的，每年春季长出新的植物体。

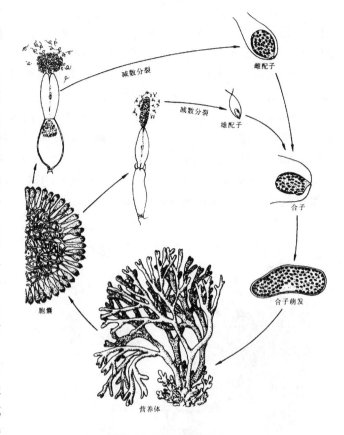

图9-11 松藻的生活史

石莼属的生活史具孢子体（sporophyte）和配子体（gametophyte）两种植物体，减数分裂发生在孢子形成之前，属于孢子减数分裂类型。除基部和固着器外，孢子体的每个细胞均可形成1个

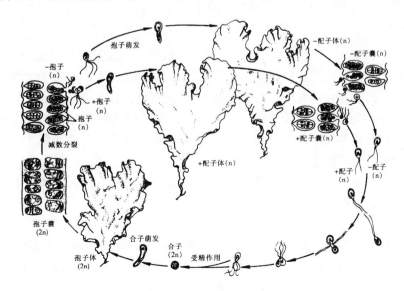

图9-12 石莼的生活史

孢子囊，经减数分裂，每个孢子囊均可产生多个具4条鞭毛的单倍体的衣藻状游动孢子，每个游动孢子均可形成1个单倍体的配子体。配子体成熟后，除基部与固着器外，每个细胞均可形成1个配子囊，经有丝分裂，每个配子囊均可产生多个具2条鞭毛的多为同型的衣藻状游动配子。（+）、（-）配子融合成合子，合子失去鞭毛萌发形成2倍体的孢子体。在石莼属的生活史中，从减数分裂后产生游动孢子开始，经配子体到配子结合之前，细胞中的染色体是单倍的，称配子体世代（gametophyte generation）或有性世代（sexual eneration）。从合子起，经孢子体到孢子母细胞减数分裂之前止，细胞中的染色体是二倍的，称孢子体世代（sporphyte generation）或无性世代（asexual eneration）。二倍体的孢子体世代和单倍体的配子体世代有规律地交替出现的现象，称为世代交替（alternation of generation）。由于石莼属的孢子体和配子体在形态构造上基本相同，故称为同型世代交替（isomorphic alternation of generation）。

（7）轮藻属（*Chara*）：轮藻是一种构造比较复杂的多细胞绿藻，植物体有简单的分化。有一直立的主枝，主枝顶端有1个半球形的顶细胞，它不断分裂延长植物体。枝上有"节"和"节间"之分，"节"上有一轮分枝，分枝的"节"上又轮生短枝，称为"叶"。以单列细胞分枝的假根固着于水底泥土中（图9-13）。

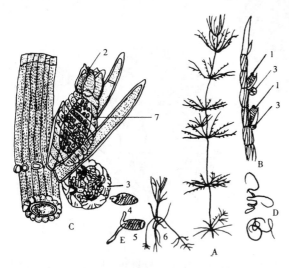

图9-13　轮藻属植物的形态构造
A. 植物体　B. 植物体着生性器官的一部分　C. 性器官的放大
D. 精子　E. 合子萌发　1. 卵囊　2. 冠细胞　3. 精子囊
4. 合子开始萌发　5. 生出假根　6. 幼植物体　7. 管细胞

轮藻的有性生殖为卵式生殖，生殖时，雌性生殖器官生在"叶"的上方，称为卵囊（oogonium），长卵形，内有一个卵细胞；雄性生殖器官生在"叶"的下方，称为精子囊（spermatangium），里面产生许多带双鞭毛可游动的精子。成熟后，精子游至卵囊，从卵囊顶端进入，与卵受精成为合子。合子沉入水底，休眠后先行减数分裂，3核退化，1核发育成为原丝体（protonema），原丝体上可长出数个新的植物体。轮藻的生殖器官（卵囊和精子囊）已属于多细胞的类型，但没有各种组织的分化，因此，可以看做是低等植物到高等植物之间的一种过渡类型。

轮藻的藻体结构和生殖结构比较复杂、进化，与高等植物比较相近，曾有人认为轮藻与高等植物的起源有关。但是轮藻没有孢子行无性繁殖，缺乏重要的世代交替现象，所以高等植物究竟从那类绿藻发展而来，还有待论证。

轮藻常生于淡水，多见于水沟、池塘、稻田和湖泊等处，在缓流或静水的水底大片生长，少数种类可生活在微盐性水中。

3. 经济价值

很多绿藻可食用或作饲料、饵料，如海产的石莼、浒苔 *Enteromorpha*、礁膜 *Monostroma* 和松藻等属的植物都是较常见的食用绿藻，人工培养的小球藻和栅藻 *Scenedesmus* 可作为高蛋白质的食物。有些绿藻对水质监测、水体净化有应用价值。

但绿藻的过度繁殖也会带来不利的一面，如鱼塘或稻田中的丝状绿藻大量繁殖时则成为藻害，因为绿藻吸收水中的无机盐或稻田中其他养分,影响水稻的生长,或影响浮游生物的大量繁殖,造成鱼类天然食品的缺乏。

(四) 金藻门 CHRYSOPHYTA

植物体为单细胞、群体或丝状体。营养细胞上有鞭毛或无。光合色素有叶绿素 a、叶绿素 c、β-胡萝卜素类和叶黄素等。由于 β-胡萝卜素类和叶黄素类占优势,故藻体呈黄绿色、黄色和金黄色。贮藏物质为金藻淀粉和油。无性生殖形成游动孢子或不动孢子,有性生殖多为同配,少数异配或卵式生殖。

金藻门包括黄藻纲 XANTHOPHYCEAE、金藻纲 CHRYSOPHYCEAE 和硅藻纲 BACILLARIO-PHYCEAE,约有 300 属 6 000 余种。大多属淡水产,部分气生,分布于潮湿墙壁、树干等处,有些分布于林下土壤表面。常见的种类有黄藻纲的无隔藻属 *Vaucheria* 和硅藻纲的硅藻类植物。现择硅藻类植物介绍如下:

硅藻 (Diatoms) 是一类单细胞植物,可以连成各种群体。细胞形似小盒,细胞壁是由两个套合的瓣 (Valve) 组成 (图9-14),位于外面的称上壳 (epitheca),里面的称下壳 (hypotheca)。瓣

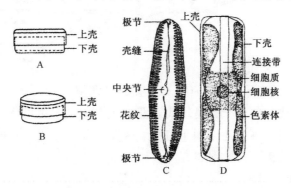

图 9-14 硅藻细胞结构示意图

A、B. 硅藻细胞上壳、下壳示意图   C. 羽纹硅藻属细胞壳面观   D. 羽纹硅藻属细胞带面观

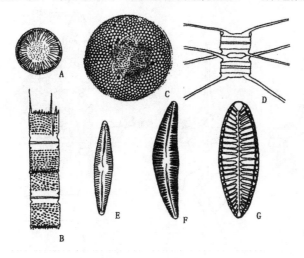

图 9-15 硅藻的多样性

A～D. 中心硅藻(A. 小环藻属   B. 直链藻属   C. 圆筛藻属   D. 角刺藻属)
E～G. 羽纹硅藻(E. 舟形藻属   F. 桥弯藻属   G. 双菱藻属)

的顶面和底面称作瓣面（Valve），侧面即是两个瓣套合的位置，很像一条环形的带，称作带面或环带面（gridle band）。上壳和下壳都是由果胶质和硅质组成的，没有纤维素。根据瓣面上花纹的不同，硅藻可分为中心硅藻和羽纹硅藻两种类型（图9-15）。

硅藻的繁殖最主要的是进行细胞的有丝分裂和形成复大孢子（auxospore）。有丝分裂时，原生质体膨胀，使上下两壳略为分离。原生质体沿着与瓣面平行的方向分裂，两个子原生质体各居于母细胞的上壳和下壳内立即分泌出另一半细胞壁，作为子细胞的下壳，老的半片作为上壳。其结果是一个子细胞的体积与母细胞等大，其余的越来越小。当缩小到一定程度时，以产生复大孢子的方式恢复其大小（图9-16）。形成复大孢子的方式有多种，一般都是和有性生殖相联系。

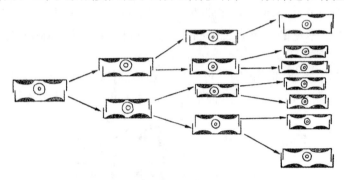

图 9-16 硅藻细胞分裂图解

古代硅藻大量沉积形成的硅藻土，是现代工业的重要原料，也可作为工业催化剂载体、过滤剂、吸附剂、磨光及保温材料等，还可用于造纸、橡胶、化妆品等工业的填充剂。地质古生物学工作者利用硅藻化石研究地史、古地理和古气候。

（五）甲藻门 PYRROPHYTA

甲藻门植物多为单细胞，少数为群体或具分枝的丝状体。单细胞植物呈球形、三角形等，前后端常有突出的角（图9-17）。除少数裸型种外，细胞外都有较厚的壁，特称为壳。壳由多边形的

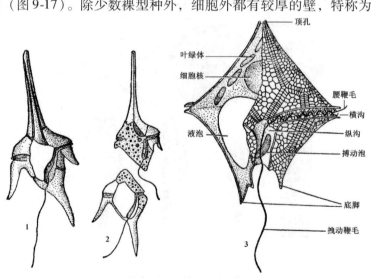

图 9-17 甲藻门的细胞形态

1. 甲藻属一种植物的外形 2. 角甲藻属的细胞分裂 3. 多甲藻属一种细胞结构的示意图

板片排列而成，分为上壳和下壳。腹面有两条鞭毛，一条环绕于横沟中，作波状摆动；一条穿过纵沟伸出体外，作拽状运动；两条鞭毛一起运动时，藻体呈螺旋状向前滚动。光合色素有叶绿素a、叶绿素c、胡萝卜素和几种叶黄素，故藻体呈黄绿色、金褐色或深褐色。贮藏物质为淀粉和脂肪。繁殖方式主要是细胞分裂及孢子繁殖。有的可产生芽孢，有性生殖仅见于少数种类。

甲藻广泛分布于淡水、海水和半咸水中，为主要浮游藻类之一，是海洋动物的主要饵料。但有时由于突然死亡而造成毒害（常被称为"赤潮"），引起鱼、虾死亡，对水产养殖不利。甲藻死亡后沉积海底，成为古生代油层中的主要化石，在石油勘探中，常把甲藻化石作为依据。常见的有多甲藻属 *Peridinium* 和角甲藻属 *Ceratium* 等。

（六）红藻门 RHODOPHYTA

1. 一般特征

（1）形态结构：多数藻体为多细胞，稀为单细胞。藻体一般较小，高约10cm左右，少数可达1m以上。植物体多为丝状、片状、树状等。细胞壁两层，原生质具有高度黏滞性，细胞核1个，少数种幼时单核，老时多核。载色体一至多数，其形状、位置因种而异。红藻大多在水底生长，水的深度可达200m，它们能利用短光波的光线，因而能在较暗的环境下生长。细胞内含有叶绿素a、叶绿素b、β-胡萝卜素、叶黄素、藻红素和藻蓝素，一般是藻红素的含量占优势，故藻体多呈红色或紫红色。

（2）繁殖：繁殖方式有营养繁殖、无性生殖和有性生殖。红藻的生殖细胞，无论是孢子还是配子，都不会游动。有性生殖为卵式生殖。多数为雌雄异株，少数为雌雄同株。雌性生殖器官称为果胞（carpogonium），果胞上有受精丝（trichogyne），果胞中只含1个卵。雄性生殖器官称为精子囊，其中产生不动精子。果胞受精后，立即进行减数分裂，产生果孢子（carpospore），发育成配子体植物。有些红藻的果胞受精后，不经过减数分裂，发育成果孢子体（carposporophyte），又称囊果（cystocarp）。果孢子体是二倍的，不能独立生活，寄生在配子体上。果孢子体产生果孢子时，有的经过减数分裂，形成单倍体的果孢子，萌发成配子体；有的不经过减数分裂，形成二倍体的果孢子，发育成二倍体的四分孢子体（tetrasporophyte）。再经过减数分裂，产生四分孢子（tetrad），发育成配子体。

红藻的生活史有两种：一种是生活史中虽有两种单相植物体出现，但无世代交替；另一种是生活史中有明显的世代交替。

（3）属种数目及分布：红藻门约550余属3 700余种。其中约有200种生于淡水中，其余的均为海产。常见的种类有紫菜属 *Porphyra*、石花菜属 *Gelidium*、江蓠属 *Gracilaria*、海萝属 *Gloiopeltis* 等。

2. 代表植物

紫菜属 *Prophyra*：藻体为叶状体，形态变化大，有卵形、竹叶形、不规则圆形等，边缘多少皱褶。一般高20~30cm，宽10~18cm。以基部固着器固着于海滩岩上。藻体薄，呈紫红色、紫色等，单层细胞或两层细胞，外有胶层。细胞具单核。我国习见的紫菜属植物有8种，如甘紫菜 *P. tenera* Kjellm. 等。

紫菜属的生活史，可以甘紫菜为例（图9-18）。甘紫菜为配子体发达的异形世代交替。配子体（大紫菜）是雌雄同株植物，水温在15℃左右时，产生性器官，进行有性生殖。藻体的任何一个营养细胞都可转变为精子囊，其原生质体分裂形成64个精子。果胞是由一个普通营养细胞稍加变态形成的，一端稍隆起，伸出藻体胶质的表面，为受精丝。果胞内有一个卵。精子被释放出来以后，随水漂流到受精丝上，进而进入果胞与卵结合，形成二倍体的合子。合子经过有丝分裂，形成 8 个单倍体的果孢子。果孢子成熟以后，落到文蛤、牡蛎及其他软体动物的壳上，并萌发进入壳内，长成单列分枝的丝状体，即孢子体，又称壳斑藻 Conchocelis。壳斑藻经过减数分裂产生壳孢子（conchospore），由壳孢子萌发为夏季小紫菜（配子体），其直径约 3mm 左右。当水温 15℃ 左右时，壳孢子也可直接发育成大型紫菜。无性生殖常通过产生单孢子并直接发育为新一代紫菜。

3. 经济价值

红藻中有不少经济价值大的植物，有的可以食用、药用，有的可以用于纺织工业。如甘紫菜就是我国人民青睐的食品。可供食用的红藻还有石花菜 *Gelidium amansii* Lamx.、江蓠 *Gracilaria confervoides* Greville 等。鹧鸪菜 *Caloglossa leperieurii* (Mont.) J. Ag.、海人草 *Digenea simplex* A. Br. 常用作小儿驱虫药。从石花菜属、江蓠属、麒麟菜属 *Eucheuma* 的植物体中提取的琼胶（agar），可供作组织培养基。从海萝属的植物体中可以提取海萝胶，用来制成广东的香云纱。

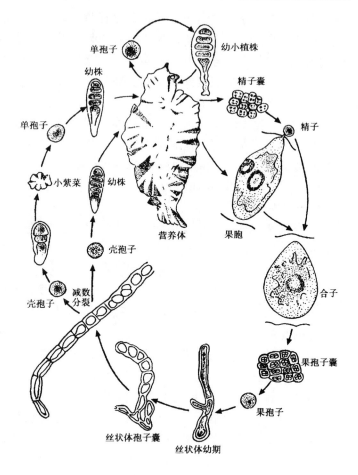

图 9-18 甘紫菜生活史

（七）褐藻门 PHAEOPHYTA

1. 一般特征

（1）形态结构：褐藻是多细胞的植物体，有大形带状或分枝的丝状体。有的植物体很大，如巨藻属 *Macrocystis* 可长达 400m。高级的类型有明显的组织分化；如海带已有表皮、皮层和髓的分化。细胞壁分两层，内层由纤维素组成，外层由褐藻胶组成。色素体中含叶绿素 a、叶绿素 c、β-胡萝卜素和数种叶黄素。由于叶黄素（主要是其中的一种墨角藻黄素）的含量超过别的色素的含量，故藻体呈黄褐色或深褐色。贮藏物质主要是褐藻淀粉和甘露醇。

（2）繁殖：繁殖方式有营养繁殖、无性生殖和有性生殖。有些种类以断裂方式进行营养繁殖；有些种类进行无性生殖，产生游动孢子和不动孢子；有些种类以同配、异配或卵式进行有性生殖。游动孢子和配子都具有侧生的两根不等长的鞭毛，一般向前的一根较长，向后的较短。

大多数褐藻的生活史中都有世代交替现象。孢子体世代（或无性世代）含有二倍染色体（以 2n 表示）；配子体世代（或有性世代）含有单倍染色体（以 n 表示），二者相互交替出现，完成整个生活史。本门植物的世代交替有两种，一种是同型世代交替，其孢子体与配子体的形状、大小相似，如水云属 *Ectocarpus* 植物；另一种是异型世代交替，其孢子体和配子体的形状、大小差异很大，多数是孢子体大，配子体小，如海带。

（3）属种数目及分布：褐藻门大约有 250 余属，1 500 余种。根据它们的世代交替的有无和类型，通常分为 3 个纲，即等世代纲 ISOGENERATAE、不等世代纲 HETEROGENERATAE 和无孢子纲 CYCLOSPORAE。除少数种类生长于淡水中外，绝大多数生活于海水中，在温带海洋中尤为繁茂。

2. 代表植物

我国最常见且具有很高经济价值的有海带属 *Laminaria*、裙带属 *Undaria*、鹿角菜属 *Pelvetia* 等。下面以海带属的海带为例介绍。

海带 *L. japonica* Aresch. 为多年生的海藻植物，平时所见的藻体即为孢子体，较大，褐色，长 2～3m，由固着器、柄和带片三部分组成。固着器呈分枝的根状，将藻体固定于岩石等基物上；柄粗短呈叶柄状；带片扁平，无中脉。柄和带片组织均分化为表皮、皮层和髓三部分。在柄和带片的连接处有分生组织，通过它的活动，植物体的长度得以增长。

海带的生活史有明显的世代交替（图 9-19）。孢子体成熟时，在带片的两面产生游动孢子囊。游动孢子囊呈棒状、丛生，内部为单室。游动孢子囊中的孢子母细胞经减数分裂和多次有丝分裂，产生单倍体的同型游动孢子，游动孢子侧生两条不等长的鞭毛。孢子释放后分别形成雌、雄配子

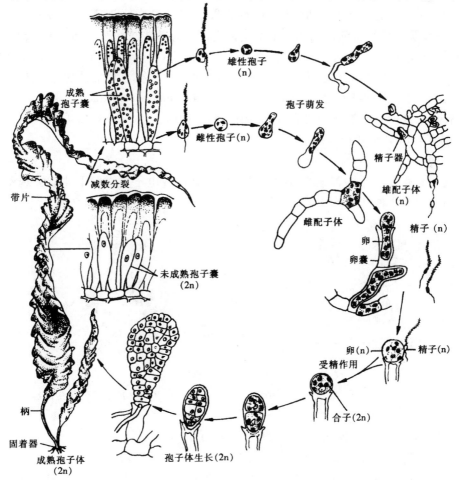

图 9-19　海带生活史

体。雄配子体是由十几至几十个细胞组成的分枝的丝状体，丝状体上产生精子器，精子器由一个细胞形成，其中形成一枚侧生双鞭毛的精子，精子的结构与游动孢子相似。雌配子体由少数较大的细胞组成，分枝很少，后期转化成一个卵囊，卵囊为单细胞，内有一枚卵，卵成熟时自卵囊中排出，附于卵囊的顶端。卵在母体外受精，形成二倍体的合子。合子不脱离母体，而是在母体上萌发为幼孢子体，最后长成有带片、柄和固着器的成熟孢子体。海带的孢子体很大，且有组织分化，配子体很小，小到肉眼不能看到，仅有十几个细胞，为典型的异型世代交替。

3. 经济价值

一些褐藻可食用和药用，如海带、鹿角菜 *P. siliquosa* Tseng et C. F. Chang、裙带菜 *U. pinnatifida*（Harv.）Suringar 等均可食用，其中大多数兼有药用价值。从某些褐藻中还能提取大量的褐藻胶、甘露醇、碘、氯化钾、褐藻淀粉等有用物质。褐藻碘可治疗和预防甲状腺肿。

二、菌类植物

菌类植物（bacteria and fungi）不是一个具有自然亲缘关系的类群。它是一群没有根、茎、叶分化，一般没有光合色素，并依赖现存的有机物质而生活的低等植物。绝大部分菌类植物的营养方式为异养（heterotrophy）。异养的方式有寄生和腐生等。凡是从活的动植物体中吸取养分的都叫寄生（parasitism）；凡是从死的动植物体或无生命的有机物中吸取养分的就称为腐生（saprophytism）。有的菌类寄生性很强，只能寄生不能腐生，称为专性寄生（specific parasitism）；有的菌类腐生性很强，只能腐生不能寄生，称为专性腐生（specific saprophytism）。在专性寄生和专性腐生之间还有一些过渡类型，有的以寄生为主，兼行腐生，称之为兼性腐生（facultative saprophytism）；有的以腐生为主寄生为辅，称为兼性寄生（facultative parasitism）。

菌类约有 9 万余种，通常分为细菌门、黏菌门和真菌门。

（一）细菌门 BACTERIOPHYTA

1. 一般特征

（1）形态：细菌是微小的单细胞植物，在高倍显微镜或电子显微镜下才能够观察清楚。从形态上可以把细菌分为 3 种基本类型（图 9-20）。

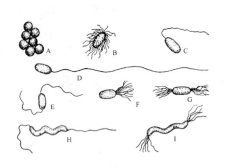

图 9-20 常见的三型细菌
A. 球菌　B～G. 杆菌　H、I. 螺旋菌

图 9-21 放线菌的气生菌丝

① 球菌（coccus）：细胞为球形或半球形，直径 0.15～2μm。

② 杆菌（bacillus）：细胞呈杆棒状，长 1.5～10μm，宽 0.5～1.5μm。

③ 螺旋菌（spirillum）：细胞长而弯曲，略弯曲的称为弧菌，其形态又常因发育阶段和生活环境的不同而改变。不少杆菌和螺旋菌在其生活中的某一个时期生长出鞭毛，从而能够游动。

另外，放线菌类（Actinomycetes）也是细菌中的一类，细胞为杆状，不游动，在某种生活情况下变成分枝丝状体（图9-21）。此类细菌虽有分枝，但无分隔。从细胞的结构看，它是细菌；从分枝丝状体来看，则像真菌，故有人认为它是细菌和真菌的中间形态。

（2）细胞构造：细菌虽小，但它的细胞构造却相当复杂，和一般植物细胞类似，同样有细胞壁、细胞膜、细胞质等部分（图9-22）。细胞壁通常无纤维素，主要成分为黏质复合物，含氨基酸、糖、类脂等。多数细菌外壁有一层胶质膜，成群存在时常形成胶质鞘。细菌原生质中有极小的液泡、糖、蛋白质、脂肪、颗粒及其他内含物。细菌没有真正的核，核质分散在细胞质中，称为原核，核质内有脱氧核糖核酸，形成细菌所特有的1个环状染色体，具有传递遗传性状的功能。

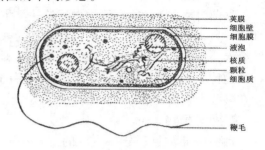

图9-22　细菌细胞的结构

（3）分布及营养方式：细菌广泛分布于空气、土壤、水、人体、动植物体内外。细菌的营养方式有异养，包括寄生（寄生菌），腐生（腐生菌）；自养，包括化能合成自养（化能合成菌：能够借助氧化无机物释放的能量，把无机物合成为有机物，这一过程称为化能合成作用，如硝化细菌、硫细菌等），光能合成自养（光能合成菌：细胞内含细菌叶绿素和红色素，能够借光能制造食物，自养生活）。

（4）繁殖方式：细菌的主要繁殖方法是简单的分裂繁殖，称为裂殖。一个细菌分裂为两个大小相等或不等的新细菌。有的丝状细菌，一个细菌断裂为几段，每一段再长成一个新丝状细菌。细菌繁殖速度极快，条件适宜时平均每20～30min就分裂一次。有些细菌在环境不适宜时形成芽孢。芽孢生于细胞内，又称为内生孢子。它的原生质体凝缩成近圆形或椭圆形，外为一层厚壁所包被，藏于细胞的中部或一端。芽孢抵抗力强，能耐-253℃低温和100℃水中30h，待环境适宜时重新发育成1个细菌。

2. 细菌在自然界的作用和经济用途

细菌在自然界物质循环中起了重要作用。细菌能使动植物遗体腐烂，变为无机物，使这些无机物重新再被绿色植物所利用，保证了自然界中的物质循环。

有益于农业的细菌很多。如与豆科植物根系共生的根瘤菌属 *Rhigobium* 以及土壤中的固氮菌属 *Agotobacteria* 和梭状芽孢杆菌属 *Clostridium*，都能将空气中游离氮，固定为有机氮，直接或间接供给植物利用，对于植物的生长发育，有着重要的作用。

细菌在工业上有广泛的应用价值，如食品工业利用乳酸杆菌发酵制造酸奶等。工业上生产的乙醇、丙酮和醋酸等产品，都是利用细菌作用制成的。在医药卫生方面，如预防和治疗疾病的疫苗，是由细菌中制取的。抗生素药物如链霉素、四环素、土霉素等，都是从放线菌类中提取出来的。

还可以利用专门在油田地区生长的细菌进行石油勘探。此外，细菌在石油原油的分解、冶金、制革、造纸等工业领域也有广泛应用。

我们日常食用的酱油、醋、泡菜和酸菜也是依靠细菌的作用。有些细菌还可制成细菌杀虫剂，用来防治农作物、果树和森林的虫害。

少数细菌能导致人畜的疾病，如引起人类和动物病害的伤寒菌、霍乱菌、肺炎菌和结核菌等。由于细菌的活动而发生植物病害的如白菜和马铃薯的软腐病、水稻的白叶枯病、棉的角斑病、花生的青枯病等。

（二）黏菌门 MYXOMYCOPHYTA

1. 一般特征

黏菌门是介于动物和植物之间的一类生物，约有500余种。在其生活史中，一段时间是动物性的，另一段时间是植物性的。营养体为裸露的原生质团，多核共质，为真核细胞，无细胞壁和叶绿素，具有原生动物的变形虫运动和取食方式，但在进行繁殖时能产生具纤维素壁的孢子，是植物的特征。黏菌多数生长在阴暗和潮湿的地方。多数腐生，少数寄生，能引起植物病害，如寄生在某些十字花科植物根部的黏菌，使寄主根部膨大，甚至导致死亡。

2. 代表植物

黏菌门最常见、分布最广的是发网菌属 *Stemonitis*，其营养体是1团裸露多核的原生质团，称为变形体。变形体通常呈不规则网状，直径可大至数厘米，在阴湿处的朽木或败叶上缓缓爬行，吞食固体食物。生殖时，变形体对外界的反应发生了改变，爬到干燥光亮的地方，形成很多竖立的突起，每个突起发育成一个具柄的孢子囊，孢子囊通常为紫灰色长筒形。囊外有壁称为包被（peridium）。孢子囊柄深入囊内部分，称囊轴（columella）。囊内有孢丝（capillitium），孢丝交织成孢网，其功能在于促进孢子的释放。然后原生质团中的许多核进行1次减数分裂，原生质团割裂成许多块单核的小原生质体，每

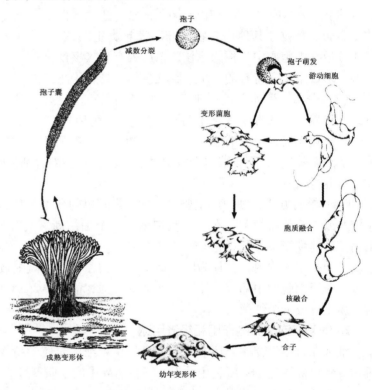

图 9-23 发网菌属的生活史

块小原生质体分泌出纤维素的细胞壁，变成1个孢子，藏在孢丝的网眼中。包被干燥后破裂，成熟的孢子借助孢网的弹力而散发出去（图9-23）。

孢子在水分充足、环境合适的条件下，即可萌发为1~4个具2条不等长鞭毛的游动细胞。游动细胞可以收缩鞭毛而成1个变形体状细胞，称变形菌胞。由游动细胞或变形菌胞两两配合，形成合子。合子不经过休眠，其中双倍核进行多次有丝分裂，个体加大，成一多核的变形体。

（三）真菌门 EUMYCOPHYTA

1. 一般特征

（1）形态：真菌的植物体仅少数原始种类是单细胞的，如酵母菌。大多数发展为分枝或不分枝的丝状体，每一条丝叫菌丝（hyphae），组成一个植物体的所有菌丝叫菌丝体（mycelium）。菌丝体或疏松如蛛网，或紧密如高等植物的组织，甚至有的坚硬如木。在生殖时，菌丝体形成各种各样的形状，如伞形、球形、盘形等，称为子实体。

大多数真菌具有细胞壁，细胞壁多含几丁质（chitin），亦有含纤维素的。细胞内都有细胞核，高等真菌为单核或双核，低等真菌为多核。

真菌不具叶绿素，所以都是异养植物，营寄生或腐生生活。有些真菌的菌丝和高等植物的根共生形成菌根；还有些真菌和藻类共生而形成地衣。贮藏的营养物质是肝糖、脂肪和蛋白质，而不是淀粉。

（2）繁殖：真菌的繁殖方式有营养繁殖、无性生殖和有性生殖三种，其中，无性生殖极为发达，产生各种类型的孢子。

（3）分布：真菌的分布极广，水中、陆地、空气中无处不有。还有很多种类寄生于动、植物或人体中，也有一些与藻类植物或维管植物共生。

2. 分类及代表植物

真菌种类很多，已知的约有 7 万种以上。通常分为 4 个纲，即藻状菌纲、子囊菌纲、担子菌纲和半知菌纲。根据四个纲的主要特征检索区别见表 9-6。

表 9-6　真菌植物分纲检索表

1. 无真正的菌丝体，如有菌丝体，一般菌丝不具横隔壁 ··· 藻状菌纲
1. 有真正的菌丝体，菌丝具横隔壁
　2. 具有性生殖阶段
　　3. 有性生殖时产生子囊和子囊孢子 ·· 子囊菌纲
　　3. 有性生殖时产生担子和担孢子 ·· 担子菌纲
　2. 未发现有性生殖阶段，甚至只知其菌丝体而未发现任何孢子 ································· 半知菌纲

（1）藻状菌纲 PHYCOMYCETES：本纲的菌丝体的生殖方式与某些藻类很相似。植物体多为分枝的丝状体，菌丝通常不具横隔，多核，无性繁殖产生游动孢子和不动孢子。有性生殖有同配、异配、卵配和接合生殖。现以常见的植物匍枝根霉为例介绍（图 9-24）。

匍枝根霉 *Rhizopus stolonifer* (Ehrenb. ex Fr.) Vuill，又名黑根霉，为根霉属植物。最易生长在馒头、面包及其他粮食制品上，又称为面包霉。菌丝体多分枝，无横隔，含有许多细胞核。菌丝体有匍匐菌丝，称为匍匐枝，匍匐枝与营养基质接触处产生假根吸取养料。

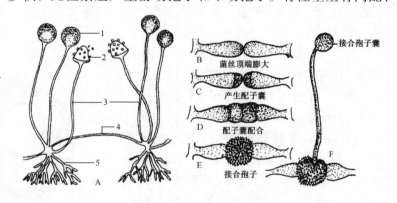

图 9-24　匍枝根霉的形态和繁殖
A. 无性生殖　B~E. 有性生殖（配子囊配合）各时期　F. 接合孢子萌发
1. 孢子囊　2. 孢囊孢子　3. 孢子囊梗　4. 匍匐菌丝　5. 假根

匍枝根霉主要进行无性生殖，由假根处向上产生数支直立的菌丝称为孢子囊柄，先端分隔形成孢子囊，孢子囊中产生的许多孢子叫孢囊孢子（内生孢子）。孢子成熟后呈黑色，散出，在适宜的基质上萌发成新植物。

匍枝根霉的有性生殖较少见，为异宗结合，由两个不同宗的菌丝产生形态相同的配子囊，两配子囊顶端接触，接触处囊壁溶解，原生质混合，细胞核成对融合，两配子囊结合成一个具多个合子核的新细胞，这个新细胞叫接合孢子。由于这两个配子囊不仅形态相同，交配中又无细胞核从一方移入另一方的现象，而是共同接合于双方融合的新细胞内，因而无法区分雌雄。只能以

"+""－"称呼这两个异宗的菌系。接合孢子萌发后直接或间接形成孢子囊,其中的孢囊孢子分属"+""－"两种菌系,由孢子再萌发成新个体。

匍枝根霉在温度较高而潮湿的地方生长特别迅速,对农产品及食物的贮藏危害很大,常引起发霉腐烂,造成损失。匍枝根霉能在淀粉及糖液中引起发酵,可利用它来酿酒制酱。

(2) 子囊菌纲 ASCOMYCETES:本纲最主要的特征是产生子囊(ascus),内生子囊孢子(ascospore)。除少数低等子囊菌(如酵母菌)为单细胞体外,大多数植物为多细胞结构,菌丝有隔。

无性繁殖时,单细胞种类出芽繁殖,多细胞种类产生分生孢子。有性生殖时,菌丝体上长出雌性生殖器官,称为产囊体,也称卵囊;在产囊体附近其他菌丝顶端形成精囊。产囊体顶部生出受精丝并缠附于精囊上,精囊中的许多精核经受精丝移到产囊体中并与产囊体中的卵核一一配对,雌雄核同时进行有丝分裂,把细胞分割形成成丛的含雌雄双核的子囊母细胞。子囊母细胞中雌雄

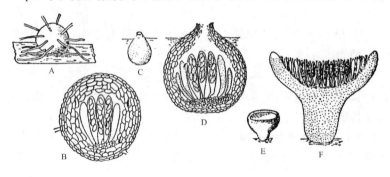

图 9-25　子囊果的三种类型
A. 闭囊壳　B. 闭囊壳纵切放大　C. 子囊壳　D. 子囊壳纵切放大
E. 子囊盘　F. 子囊盘纵切放大

双核融合成双倍体,继而进行减数分裂,并又进行一次有丝分裂,这样,一个双倍体核变为 8 个单倍体核。同时,子囊母细胞也膨大,8 个核各自吸收一部分原生质在其周围,并形成胞壁,原来的子囊母细胞变成子囊,其中的孢子就是子囊孢子。子囊孢子是有性孢子,内生,数目是固定的,大多数为 8 个,少数为 4 个或 2 个。

本纲的子实体也称子囊果(ascocarp),其周围是由菌丝缠绕交织而成的包被,即子囊果的壁。子囊果内排列的子囊层,称为子实层(hymenium),子囊之间的丝称为侧丝(paraphysis)。子囊果主要有 3 种类型:盘状、杯状或碗状的称为子囊盘(apothecium);成瓶状,顶端有开口的称为子囊壳(perithecium);球形无开口的称为闭囊壳(cleistothecium)(图 9-25)。子囊果的形状是子囊菌纲分类的重要依据。

现把本纲常见的属、种介绍如下:

① 酵母菌属 *Saccharomyces*:本属是子囊菌纲中比较原始的种类,单细胞,有明显的细胞壁和细胞核。最重要的特征是无性生殖通常为出芽繁殖。出芽繁殖是在母细胞的一端生出乳头状的突起,很像种子发芽的样子,当芽细胞的体积长大到和母细胞的相近

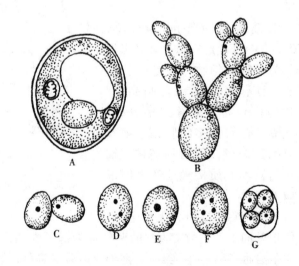

图 9-26　酿酒酵母的生殖
A. 营养细胞　B. 出芽生殖　C~G. 有性过程 [C. 将要进行质配的 2 个细胞　D. 质配后内含双核(n+n)　E. 核配　F. 减数分裂产生 4 个子核　G. 子囊内形成 4 个子囊孢子]

时，芽细胞基部收缩，最后自母细胞脱落，如果酵母菌生长旺盛，芽细胞尚未自母细胞脱落前又在芽细胞上生长出新的芽细胞，如此继续出芽，形成酵母细胞链或称假菌丝。

有性生殖时，两个单倍体营养细胞接合成合子，合子不转变为子囊，以芽殖法产生二倍体的营养细胞（此细胞较大，生活力较旺盛）。然后由二倍体的细胞转变成子囊，子囊近球形，单细胞，减数分裂后产生 4 个子囊孢子，或再进行一次有丝分裂后形成 8 个子囊孢子。子囊破裂后孢子散出，单倍体的子囊孢子又以芽殖法产生许多单倍体的营养细胞（个体小些），再由单倍体细胞结合成合子（图 9-26）。因此，单倍体阶段与二倍体阶段所占的地位相等。

酵母菌和人类生活关系密切，工业上用于酿酒，还可用于生产甘油、甘露醇、有机酸等；生活中用于发馒头和面包；医药上用于生产生化制剂，如氨基酸、维生素 B、腺苷酸等。

② 青霉属 *Penicillium*：植物行腐生生活，生长在腐烂的水果、蔬菜、肉类和各种潮湿的有机物上。菌丝体由分枝的有隔菌丝组成，分为基生菌丝和气生菌丝两部分（图 9-27），基生菌丝固着在基物上，吸取营养物质；气生菌丝暴露在空气中，一定时候进行繁殖。

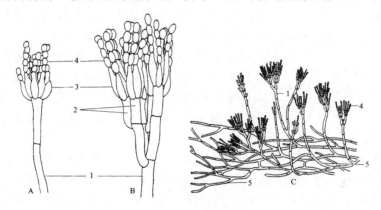

图 9-27 青霉属

A、B. 分生孢子梗 C. 从营养菌丝上长出分生孢子梗

1. 分生孢子梗 2. 梗基 3. 小梗 4. 分生孢子 5. 营养菌丝

青霉属主要以分生孢子进行无性生殖。生殖时，菌丝体形成分生孢子梗，顶端分枝数次，呈扫帚状。最后一级的分枝呈瓶状，叫小梗，其上长出一串青绿色的分生孢子（外生孢子）。成熟后，随风飞散，落在基物上，萌发成新的菌丝体。

青霉属大多数种的有性生殖尚未发现，仅少数种有发现，形成闭囊壳，子囊分散在闭囊壳中，无子实层。

青霉菌可使许多农副产品腐烂，也有少数种类可使人和动物致病。它能分泌一种抗生素叫青霉素即盘尼西林（Penicillin）。青霉素对于葡萄球菌、肺炎球菌、淋球菌、破伤风杆菌等有高度的杀菌力。医学上通常培养黄青霉 *P. chrysogenum* Thom 和点青霉 *P. notatum* Westl. 提取青霉素。

与青霉属相近的是曲霉属 *Aspergillus*，其分生孢子梗顶端膨大成球，不分枝，可区别于前者。其中的黄曲霉 *A. flavus* 的产毒菌株产生黄曲霉素，毒性很大，能使动物致死和引起癌症。

③ 白粉菌属 *Erysiphe*：本属为专性寄生菌，危害多种作物，引起植物的白粉病，影响植物生长发育，甚至导致死亡。如麦类白粉病、苹果白粉病、葡萄白粉病、瓜类白粉病等（图 9-28）。

菌丝体由许多短的单核细胞构成，在植物体茎、叶、花序、果实表面连成白色蛛网状。菌丝体不插入寄主内部组织，仅以单细胞的吸器插入寄主表皮细胞内吸取养料。无性生殖时由匍匐菌

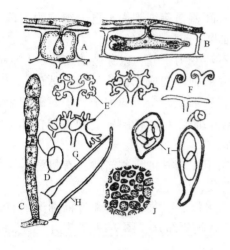

图 9-28 白粉菌
A. 球形的吸器，此种类型在白粉菌目中较为普遍 B. 示谷白粉菌 *E. graminis* 的指状吸器 C、D. 分生孢子梗及分生孢子 E. 附属丝顶端多次分叉 F. 附属丝顶端呈钩形 G. 球针壳属的附属丝 H. 白粉菌属的附属丝 I. 子囊 J. 闭囊壳的壁，表面观

丝产生直立的分生孢子梗，顶端产生分生孢子。分生孢子密生在寄主表面，肉眼看像白粉，故名白粉病。孢子落于叶上，很快即萌发，数日内又生分生孢子，整个夏季以分生孢子反复侵染，扩大寄生范围。

有性生殖时产生产囊体和精子囊，融合后产囊体形成闭囊壳。闭囊壳初为白色，然后为橙黄色，最后成熟时变为黑色。内含 1 至数个子囊，子囊多时则排列成整齐的子实层。子囊内产生子囊孢子，由子囊孢子萌发形成新的菌丝体。

④ 麦角菌属 *Claviceps* 的麦角菌 *C. purpurea*（Fr.）Tul：麦角菌主要寄生于黑麦、大麦、小麦、燕麦等植物的子房内，形成黑色坚硬的菌核，状似角，称为麦角（图 9-29A）。据分析，麦角含有十多种生物碱，分为麦角胺、麦角毒碱，麦角新碱 3 大类。其药用价值很高，主要是能引起肌肉的痉挛收缩，故麦角制剂可作收敛子宫和子宫出血或内部器官出血的止血剂。麦角是麦类和禾本科牧草的重要病害，不但使麦类减产，而且所含生物碱具有毒性，人和牲畜误食会发生中毒和流产，甚至死亡。

⑤ 虫草属 *Cordyceps* 的冬虫夏草 *C. sinensis*（Berk.）Sacc.：冬虫夏草寄生在鳞翅目幼虫体内。该菌的子囊孢子于夏秋侵入鳞翅目幼虫体内，并发育成菌丝体。染病幼虫钻入土中越冬，菌在虫体内继续发展和蔓延，破坏虫体内部组织，仅残留外皮，最后虫体内的菌丝体变得坚硬成为菌核。以菌核度过漫长的冬天，翌年入夏，从菌核上长出棒形子座（图 9-29B），露于土外。由于子座伸

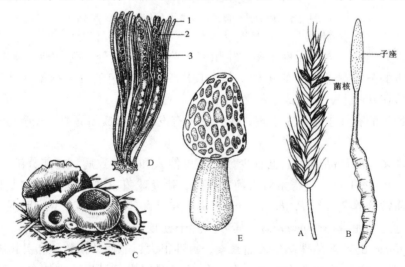

图 9-29 常见的子囊菌
A. 麦角菌属 B. 冬虫夏草 C. 盘菌属子囊果外形
D. 盘菌属子实层局部放大（1. 侧丝 2. 子囊 3. 子囊孢子） E. 羊肚菌属

出土面，状似一颗褐色小草，故该菌有冬虫夏草之名。子座顶端膨大，在表层下埋有一层子囊壳，其内形成2个线形子囊孢子，具多数横隔，子囊孢子从子囊壳孔口放射出来后又继续侵染健虫。

冬虫夏草大多数生长在海拔3 000m以上的高山草甸上，分布在四川、云南、甘肃和西藏等省（自治区）。该菌为名贵中药，有补肾和止血化痰之效。

本纲常见的还有盘菌属 Peziza 植物，腐生于空旷处的肥土地上或林中。子囊果盘状或碗状，子囊圆柱形，子囊之间有侧丝，子囊孢子椭圆形，8个排成1行（图9-29C、图9-29D）。子囊孢子萌发形成新的菌体。

此外，羊肚菌属 Morchella 的羊肚菌 M. esculenta（L.）Pers.，常见生于林地和林缘，也是腐生菌，是鲜美名贵的食用菌（图9-29E）。

（3）担子菌纲 BASIDIOMYCETES：担子菌是最高等的真菌，全为陆生，专性腐生或寄生，有多种是食用和药用菌，毒菌也不少，与人类关系密切。

菌丝体有两种，一种是初生菌丝体（primary mycelium），菌丝细胞单核，也称单核菌丝体；另一种为次生菌丝体（secondary mycelium），菌丝细胞双核，也称双核菌丝体。初生菌丝体生活时间短暂，次生菌丝体生活时间较长，是担子菌的主要营养体。担子菌的子实体、菌核、菌索等都是由次生菌丝体发生和构成的。因此，担子菌的次生菌丝体在生活史中很重要，这是其他各纲真菌所不具有的特征。

担子菌的无性生殖，除锈菌外，一般不发达，有许多种类甚至没有无性生殖。某些高等担子菌的菌丝可以形成节孢子和厚垣孢子，黑粉菌形成芽孢子和分生孢子，锈菌形成锈孢子和夏孢子。

有性生殖形成担子和担孢子，这是担子菌的最大特点。担孢子是外生的，这一点与子囊菌的内生子囊孢子正相反。除锈菌目有特殊的性器官外，大多没有性器官，只由两个不同性质的单核菌丝直接结合，产生双核菌丝，发育到一定程度后，双核菌丝分枝，顶端分化成一个特殊的产孢细胞叫担子。担子初为双核，不久核配（两个核融合），紧接着进行减数分裂，形成四个单倍体核，然后，在担子上生出四个担孢子。

担子菌的子实体又称为担子果（basidiocarp），担子果是高等担子菌产生担子和担孢子的1种高度组织化结构。形状多种多样，最熟悉最常见的如蘑菇、香菇、银耳、木耳、灵芝等都是担子果。担子果的大小差异很大。其质地有胶质、革质、肉质、海绵质、软骨质、木栓质及木质等。

现以本纲常见的属、种介绍如下：

① 蘑菇属（伞菌属）Agaricus：植物种类丰富，其中许多种类是形成森林树种的菌根部分。有些种类可供食用，有些种类有剧毒。植物营腐生生活，通过菌丝伸入基质（如富有腐烂植物体的泥土上，以及垃圾、粪便、枯树朽木、草地等）吸收养分。菌丝具横隔壁，细胞有双核，许多菌丝交织在一起形成子实体。幼小时球形，埋藏于基质内，以后幼子实体逐渐长大伸出基质外。

成熟的子实体外形呈伞状，由菌盖（pileus）和菌柄（stipe）构成。菌盖腹面由中心向周边辐射排列的片状物为菌褶（gills）。菌柄上有菌环（annulus），是子实体的内菌幕破裂后形成的膜质结构。子实体在菌盖边缘和菌柄相连有一遮盖菌褶的薄膜，称内菌幕（partial veil）。子实体增大发展时，内菌幕破裂，在菌柄上残留的部分就形成了菌环。有些种类在菌柄基部有菌托（volva），是由外菌幕破裂形成的，这些伞菌的幼担子果外面整个包围一层膜，称外菌幕（universal veil），子实体增大发展时，外菌幕被拉破，残留在菌柄基部的部分形成菌托（图9-30）。

菌褶由子实层、子实层基（subhymenium）和菌髓（trama）三部分组成（图9-31）。子实层生长在菌褶的两侧，是由排列紧密的担子和侧丝所组成。担子系棒状的单细胞，内含双核，以后双

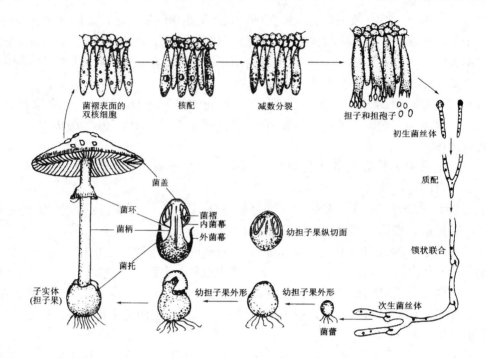

图 9-30 蘑菇属植物的生活史

核接合成为 1 个（2n）的核，随即进行减数分裂形成 4 个（1n）的核。以后担子顶端生出 4 个小柄，每 1 个核进入 1 个小柄中形成 1 个担孢子，每个担子共着生 4 个担孢子，其中 2 个是"＋"性的，2 个是"－"性的。侧丝是由不育的双核细胞形成的。子实层基是子实层下的一些较小的细胞。菌髓由一些疏松排列的长形菌丝构成，位于菌褶中央。

蘑菇属植物主要靠担孢子传播，具有菌褶和菌柄更有利于放射孢子。担孢子散出后遇适宜环境发育为单核的初生菌丝体。异性的初生菌丝相遇接合，发育为双核的次生菌丝体，以上过程系在土壤或其他物体内进行。以后次生菌丝生长发育而成子实体

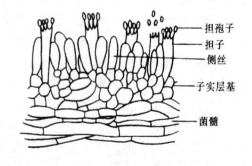

图 9-31 蘑菇属菌褶切面观

② 木耳属 *Auricularia*：子实体盘状、杯状、耳状或边缘反曲的扁平形。子实层单侧生，平滑或皱折，不生子实层的一面有不育性的毛。子实体胶质或仅子实层胶质。担子圆筒状，横向三隔，分成四个细胞，每个细胞的顶端产生一个小梗，梗端着生一个肾状的无色担孢子。

本属包括十余种，其中食用的木耳 *A. auricula*（L. ex Hook.）Underw. 分布广泛，其担子果薄有弹性，胶质，中间凹，呈杯状或耳状，渐变为叶状，晒干脱水强烈收缩，子实层变为褐黑色，不育层为暗青褐色。本菌除食用外，也用于中药，有益气强身、活血和止血效能。用于治风湿性腰腿疼、抽筋、麻木、便血、经脉不通等症，并有清痰功效。

本纲常见的食用菌还有平菇 *Pleurotus ostreatus*、口蘑 *Tricholma gambosum*、香菇 *Lentinus edodes*（Berk.）Sing. 等，它们都是美味可口、营养丰富的食品。具食用和药用价值的还有：银耳 *Tremella fusiformis* Berk.、猴头 *Hericium erinaceus*（Bull.）Pers.、长裙竹荪 *Dictyophora indusiata*、短裙竹

荪 *D. duplicata* (Bosc) Fischer 等。药用的有茯苓 *Poria cocos*、猪苓 *Polyporus umbellatus*、灵芝 *Ganoderma lucidum* (Leyss. ex Fr.) Karst.、马勃 *Lycoperdon pertatum* Schaeff. 等。毒菌有毒伞 *Amanita phalloides* 和白毒伞 *A. verna* 及豹斑毒伞 *A. pantherina* (DC. ex Fr.) Secr. 等是极毒的伞菌，误食可致死，但可作杀虫剂。常见的农作物病原菌有：小麦秆锈病菌 *Puccinia graminis* Pers.、玉米黑粉病菌 *Ustilago maydis* (DC.) Corda。图 9-32 是几种常见的担子菌。

(4) 半知菌纲 DEUTEROMYCETES：本纲的种类，现一般只知其无性生殖，不知其有性生殖。若发现其有性生殖阶段，则进行重新分类。半知菌的菌丝均是有隔的高等真菌，从已有的研究发现，大多数是子囊菌纲的无性阶段，少数是担子菌纲的无性阶段。本纲植物多数为植物病原菌，如稻瘟病菌 *Piricularia oryzae* Cav.，可引起水稻的稻瘟病；水稻纹枯病菌 *Rhizoctonia soleni*，除引起水稻纹枯病外，还可危害大麦、小麦、豆类、棉花、马铃薯等作物；棉花炭疽病菌 *Colletotrichum gossypii* 可引起棉花炭疽病，是棉花苗期和铃期最重要的病害。

3. 真菌在自然界的作用和经济用途

在自然界中，真菌在物质循环中所起的作用仅次于细菌。真菌可以分解木质素、纤维素和其他大分子有机物，特别在适宜真菌发育的酸性的森林枯枝落叶层的地方，真菌的活动程度远高于细菌，因此对自然界物质的循环起着重大的作用。

图 9-32 担子菌的多样性

A. 香菇　B. 美味牛肝菌　C. 银耳　D. 木耳　E. 猴头　F. 红鬼笔
G. 五棱散尾鬼笔　H. 网纹马勃　I. 头状秃马勃　J. 尖顶地星

在农业上，真菌对堆肥成熟、固氮、提高土壤肥力等都有重大作用。有的真菌能与许多高等植物的根共生形成菌根，例如板栗、柑橘、龙眼、荔枝、松树等，形成的菌丝体具有强大的吸收水分和养分的能力，帮助高等植物吸收土壤营养和水分，并分泌生长素和酶，促进植物的生长和发育。

真菌在酿造发酵工业上和医药卫生方面都有很重要的意义。酵母菌等可制面包或酿酒，青霉菌等可提取抗生素。猪苓、灵芝、猴头、茯苓、虫草、马勃等是著名的药用真菌，具抗癌作用的真菌就有 100 多种。此外，真菌还在化工、造纸、制革等工业中有广泛应用。

许多大型真菌营养丰富、味道鲜美，并具有高蛋白、低脂肪和低热量的特点，是当代人类的理想食品。中国食用菌资源丰富，约有 800 种，著名种类如香菇、平菇、口蘑、蘑菇、木耳、银耳、猴头、竹荪等。

另一方面真菌也常给人类造成灾害，如某些真菌能使森林、农作物、果树、蔬菜发生病害，常造成它们的死亡和减产。有些真菌可使木材、木桥、河船和枕木腐烂，有些真菌寄生于树木上引起树干中心腐烂，有些真菌感染针叶树，引起树冠稀疏枯顶，常造成树木的风倒。有些真菌引起人类及动物的疾病。

三、地衣植物

地衣植物（lichenes）是植物界中一类特殊的植物，是由藻类和真菌共生的复合有机体。地衣中的真菌部分叫真菌共生物，藻类部分叫藻共生物。两者关系十分密切，使地衣在形态、结构和生理上成一有机整体，在分类上也自成一体系。构成地衣的藻类通常为蓝藻和单细胞的绿藻，真菌多数为子囊菌，少数为担子菌和半知菌。在共生体中，藻类进行光合作用，制造有机物质供给真菌作养料；真菌吸收外界水分、无机盐和二氧化碳供给藻类，并在环境干燥时保护藻的细胞不致干死。它们相互间形成特殊的生存关系。本门植物约有500余属，25 000多种。

1. 一般特征

（1）形态：根据地衣的生长状态，大略可分为三种类型（图9-33）。

① 壳状地衣：植物体扁平成壳状，紧附树皮、岩石或其他物体上，底面和基质紧密相连，难以分离，例如文字衣属 *Graphis*、茶渍衣属 *Lecanora*。壳状地衣约占全部地衣的80%。

② 叶状地衣：植物体成薄片状的扁平体，形似叶片，仅由下表面成束的菌丝附着在基质上，易于剥落。如生于草地上的地卷属 *Peltigera* 和生长在岩石或树皮上的梅花衣属 *Parmelia* 等。

③ 枝状地衣：植物体直立或下垂如丝。直立的种类常呈丛生状，如石蕊属 *Claclonia*。下垂的种类常悬垂在树枝上，也称悬垂地衣，如松萝属 *Usnea*。

（2）结构：地衣构造上可分为上皮层、藻孢层、髓层和下皮层。根据藻细胞在真菌组织中的分布情况，地衣可分为两种类型（图9-34）。

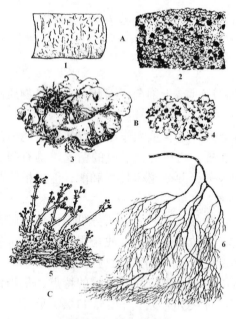

图9-33　地衣的形态
A. 壳状地衣（1. 文字衣属　2. 茶渍衣属）
B. 叶状地衣（3. 地卷属　4. 梅花衣属）
C. 枝状地衣（5. 石蕊属　6. 松萝属）

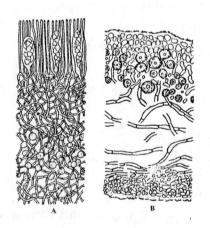

图9-34　地衣的结构
A. 同层地衣　B. 异层地衣

① 同层地衣：没有藻胞层与髓层的分化，藻细胞均匀地散布在髓中。壳状地衣多为同层地衣。

② 异层地衣：藻胞层和髓层明显，藻细胞集中于皮层附近，形成一层绿色的藻层。叶状地衣、枝状地衣一般为异层地衣。

(3) 生活习性：地衣是多年生植物，生长极慢，数年内才长几厘米。多数地衣喜光，要求新鲜空气，不耐大气污染，因此大城市及工业区很少有地衣生长。地衣能忍耐长期干旱，干旱时休眠，雨后恢复生长，因此，可以在峭壁、岩石、沙漠或树皮上生长。地衣耐寒性很强，在高山、冻土带、南北极，其他植物难以生存的情况下，地衣能生长繁殖并形成大片的地衣群落。

(4) 繁殖：营养繁殖是地衣最普通的繁殖方式。主要是地衣植物体自行断裂，或者地衣植物体表面形成粉芽（soredium）和珊瑚芽（isidiar）。粉芽是由几根菌丝缠绕着藻细胞所形成的团块，珊瑚芽是地衣植物体上皮层局部突起形成的结构，也是菌丝包裹着藻细胞而成。它们从母体上脱落后随风传播到各处，遇适宜的环境条件即行萌发，形成新个体。地衣的有性生殖是以其共生的真菌独立进行的。若共生真菌为子囊菌则产生子囊孢子，若为担子菌则产生担孢子。子囊孢子或担孢子从地衣体中释放出来后，在一定条件下萌发，在适宜的基物上，并遇到一定的藻细胞，才可能与藻细胞形成地衣。

2. 分 类
地衣一般分为三纲。

(1) 子囊衣纲 ASCOLICHENES：真菌为子囊菌，本纲地衣数目占全部地衣总数的99%，如松萝属 *Usnea*、文字衣属 *Graphis*、梅花衣属 *Parmelia*、地卷属 *Peltigera*、石蕊属 *Claclonia* 等。

(2) 担子衣纲 BASIDIOLICHENES：真菌为担子菌，种类很少，主要分布于热带，如扇衣属 *Cora* 等。

(3) 藻状菌衣纲 PHYCOLICHENES：真菌为藻状菌，本纲已知的只有1属1种 *Cystocoleus racodium*，产于中欧。

3. 地衣在自然界中的作用及经济价值

(1) 在自然界中的作用：在地衣的共生体中，藻类负责光合作用制造有机物质，并释放出氧气。地衣的抗旱性很强，只需微量的养料就能生存，所以，能在其他植物不能生长的环境下生存，是植物界拓荒的先锋植物之一。地衣生长在峭壁或裸石上，利用它特有的地衣酸腐蚀和溶解岩石，使岩石表面逐渐龟裂和破碎，当地衣死亡后的遗体经过腐化并和被它分解的岩石颗粒混合一起，逐渐形成土壤，其他植物就可以随之生长，因此地衣在土壤形成过程中起着重大的作用。

(2) 经济价值：有些地衣，其菌丝壁内含有色素，如染料衣 *Roccella tinctoria*、红粉衣 *Ochrolechia tartarea* 可提取酸、碱指示剂或地衣红靛，可染红色毛织品，又可用作化学指示剂与医学上的杀菌剂。松萝 *Usnea longissima*、石蕊 *Cladonia rangiferina*、肺衣 *Sticta pulmonaria*、大地卷 *Pettigera canina* 是药用植物。有些种类可作饲料，如冰岛地衣 *Cetraria islandica* 是北极草原寒冷地带驯鹿长年饲料。石耳 *Gyrophorae esculenta* 产于江西庐山，可供食用。此外，地衣对空气污染非常敏感，在含极少量的二氧化硫及氟化氢等的空气中，它们也将逐渐死亡。因此，在工业城市中及厂矿附近很少有地衣生长，在逐渐远离这些地区后，地衣也逐渐增多。可以从地衣的存在与否，数量的多少，来检测空气污染的程度。

四、苔藓植物

苔藓植物（bryophyta）是一类结构比较简单的多细胞绿色植物，是高等植物中最原始的陆生类群。虽然具有初步适应陆生环境的能力和特点，但是还很不完善，必须生活在比较潮湿的地方，因此人们说苔藓植物是陆地的征服者，但不是统治者。

1. 一般特征

（1）形态结构：植物体矮小，最大的也只有数十厘米，没有维管束组织和真根，只有假根，假根是单细胞或单列细胞组成的丝状分支结构，有吸收水分、无机盐和固着植物体的功能。在苔藓植物中，较低级的种类为扁平的叶状体，较高级的种类已有类似茎、叶的分化。苔藓植物虽然构造简单，但对陆生生活具有重要的生物学意义。从"茎"开始已有皮部（为薄壁细胞）和中轴（多为厚壁小细胞）之分；"叶"则具有中肋结构，类似种子植物的叶脉。尽管苔藓植物缺乏维管束构造，但是它们的有性生殖器官是多细胞的；形成精子器和颈卵器；受精卵在母体内发育成多细胞的胚，由胚发育成孢子体，这些特性对适应陆生生活都具有重要的生物学意义，所以苔藓植物被划于高等植物。但苔藓植物没有形成真正的根、茎、叶，受精作用离不开水，致使在陆生生活的发展中受到一定的限制，不能飞跃发展，因而成为进化中的一个旁枝。

（2）生活习性：苔藓多生活在阴湿的土壤、林中树皮和朽木上；少数生于水中或岩石上。它们虽然脱离水生环境进入陆地生活，但大多数仍需生长在潮湿地区。因此它们是植物从水生到陆生过渡的代表类型。

（3）生活史：苔藓植物的生活史有明显的世代交替，在生活史中配子体占优势而孢子体不发达，平常所见到的苔藓植物是它的配子体，具有叶绿体，能进行光合作用，而孢子体不甚明显，不能独立生活，寄生在配子体上，由配子体供给营养。由此可见，苔藓植物的生活史为配子体占优势的异型世代交替，这是区别于其他高等植物的一个重要特征。

苔藓植物的雌性生殖器官为颈卵器，雄性生殖器官为精子器。颈卵器外形如瓶，细长部叫颈部，膨大部分叫腹部，腹部的壁由多层细胞组成，腹内有两个细胞，上方的叫腹沟细胞，下方的叫卵细胞。精子器外形多为棒状或球状，外壁有一层细胞构成，内有多数精子，精子长而卷曲，具两条等长的鞭毛。受精时精子借助水游到颈卵器与卵结合，形成合子，合子发育成胚，胚在颈卵器中发育成孢子体。孢子体通常分为孢蒴、蒴柄和基足三部分。孢蒴内的孢子母细胞经减数分裂形成孢子，孢子成熟后散出，在环境适宜时萌发成原丝体。原丝体生长一段时间后，在原丝体上形成配子体。苔藓的生活史经历了原丝体的阶段，这是区别于其他高等植物的另一个重要特征。

在苔藓植物的生活史中，原丝体阶段发达与否，是区分苔纲和藓纲的主要特征之一。

2. 分类及代表植物

苔藓植物约有 23 000 余种，遍布世界各地，我国约有 2 800 多种。通常根据植物体形态结构的不同分为苔纲和藓纲。有的学者则分为苔纲、角苔纲和藓纲。

（1）苔纲 HEPATICAE：植物多生于阴湿的土壤表面、岩石和树干上。有的种类可以飘浮于水面，或完全沉生于水中。营养体（配子体）的形状很不一致，有的种类是叶状体，个别种类则有茎、叶的分化，多有背腹之分，常为两侧对称。有单细胞的假根，叶不具中肋。孢子体简单，原丝体不发达，每一原丝体通常只形成一个植株。本纲通常分为 3 目，即地钱目 MARCHANTIALES、叶苔目 JUNGERMANNIALES 和角苔目 ANTHOCEROTALES。地钱目中的地钱属 *Marchantia* 是我国分布广泛的苔类之一，代表植物是地钱 *M. Polymorpha* L.（图 9-35）。

地钱是地钱属中习见的植物，喜生于阴湿地，故常见于林内、井边、沟边、墙角等处。配子体为绿色扁平分叉的叶状体，平铺于地面。上表面有菱形网络，每个网格的中央有一白色小点。下表面有许多单细胞假根和由单层细胞构成的紫褐色鳞片。将成熟的叶状体横切，置于显微镜下观察，可看到叶状体由多层细胞组成，其背面有一层表皮，表皮上分布有气孔，气孔下的小室叫

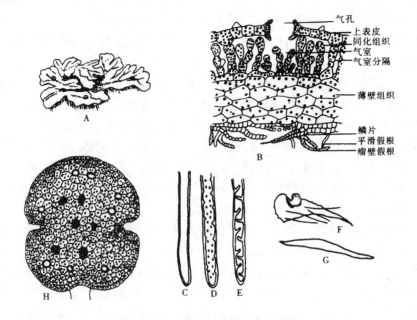

图 9-35 地钱配子体的形态和结构
A. 配子体的外形　B. 配子体横切面　C. 简单假根
D、E. 瘤壁假根　F、G. 鳞片　H. 一个胞芽放大

气室，气室内有排列疏松、富含叶绿素的细胞，这是地钱的同化组织。气室之间有单层细胞构成的气室隔壁，形成上表面的网纹，每个气室有一气孔与外界相通，气孔就是上表面看到的网格中央的白色小点，是由多细胞围成的烟囱状构造，不能闭合；气室下为薄壁细胞构成的贮藏组织；最下层为下表皮，其上长出假根和鳞片。

地钱是雌雄异株植物（图 9-36），当有性生殖的时候，在雌配子体的中肋处生出雌生殖托，雄配子体的中肋处生出雄生殖托。雌生殖托也称雌器托或颈卵器托，伞形，下垂 8~10 条指状芒线，在两芒线之间生有一列倒悬的颈卵器，颈卵器状似长颈烧瓶，由 1 细长的颈部（neck）和膨大的腹部（venter）组成。颈部外壁为 1 层细胞组成，中央有 1 条沟称颈沟（neck canal），颈沟内有 1 列颈沟细胞（neck canal cells）。腹部的外壁由 1 至多层细胞构成，内有 1 卵细胞（egg cell），卵细胞与颈沟细胞最下一个细胞之间有 1 个腹沟细胞（ventral canal cell）。雄生殖托又称雄器托或精子器托，圆盘状，有长

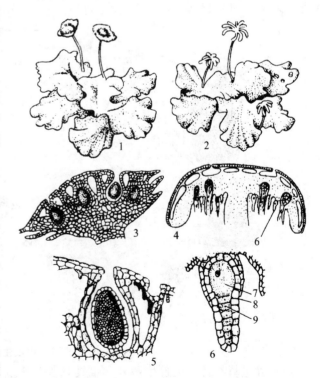

图 9-36 地钱植物体外形及生殖托结构
1. 雄配子体　2. 雌配子体　3. 雄生殖托纵切面
4. 雌生殖托纵切面　5. 精子器　6. 颈卵器　7. 卵细胞
8. 腹沟细胞　9. 颈沟细胞

柄，内生有许多精子器腔，每一腔内生一个精子器。精子器卵圆形，下有1个短柄与雄生殖托组织相连，精子器外有1层不育细胞组成的精子器壁，其内的精原细胞各自发育成长形弯曲、并具两条顶生鞭毛的精子。

颈卵器成熟后，颈沟细胞和腹沟细胞均解体，精子器成熟后，精子逸出，在有水的条件下，游入颈卵器内。受精卵在颈卵器中发育形成胚，而后发育成孢子体。地钱的孢子体很小，由孢蒴（capsule）、蒴柄（seta）和基足（foot）组成，孢蒴（即孢子囊）内的造孢组织发育成孢子母细胞，经减数分裂产生许多单倍体的孢子。蒴柄很短，连接孢蒴与基足，基足伸入到配子体的雌托盘中吸取营养。孢蒴内的不育细胞分化为弹丝，孢蒴成熟后，顶端不规则纵裂，同型异性的孢子借助弹丝的弹动散布出来。在适宜的环境条件下，萌发形成仅有6~7个细胞的原丝体（protonema），每个原丝体形成1个叶状的配子体。

综上所述，可以归结地钱的生活史如下：孢子发育为原丝体，原丝体发育成雌、雄配子体，在雌、雄配子体上分别形成精子器和颈卵器，在精子器内产生精子，颈卵器内产生卵，以上这个过程称有性世代（sexual generation）或配子体世代，细胞核的染色体数目为单倍体（haploid），通常以n来表示。精子和卵结合成为受精卵，即合子，合子在颈卵器内发育成胚，由胚进一步发育成为孢子体，这个过程称无性世代（asexual generation）或孢子体世代，细胞的染色体数目为二倍体（diploid），通常以2n来表示。孢子母细胞经减数分裂为四分孢子，使2n又变成n。地钱的配子体是绿色的叶状体，能独立生活，在生活史中占主要地位。孢子体退化，不能独立生活，寄生在配子体上（图9-37）。

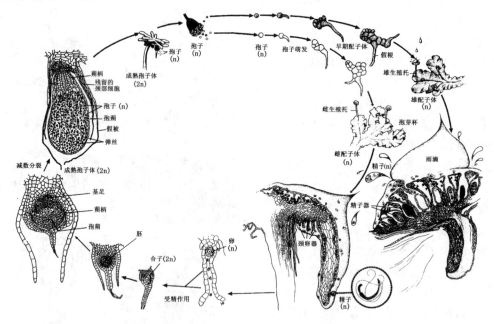

图9-37 地钱生活史

地钱除进行有性及无性生殖外，也具有营养繁殖。营养繁殖主要是形成胞芽（gemmae），胞芽绿色，扁圆形，中部厚，边缘薄，两侧各有一个缺口（缺口处为生长点），基部为一个透明细胞形成的细柄。胞芽产生在叶状体背面（上面）的胞芽杯（gemmacup）中，每个胞芽杯中生有数个胞芽，胞芽散落土上，从两侧缺口处向外方生长，产生两个对立方向的叉形分枝，最后形成两个新的叶状体。

（2）藓纲 MUSCI：藓的种类繁多，个体也多，分布遍及全球。配子体为有茎叶分化的茎叶体，常为辐射对称，假根由单列细胞组成，叶常具中肋。孢子体的结构较苔类复杂，孢蒴有蒴轴，多具蒴齿。原丝体阶段发达。常见种类有葫芦藓属 *Funaria*、泥炭藓属 *Sphagnum*、金发藓属 *Polytrichum* 等。现以葫芦藓 *F. hygrometrica* Hedw. 为例，介绍该属的特征（图 9-38）。

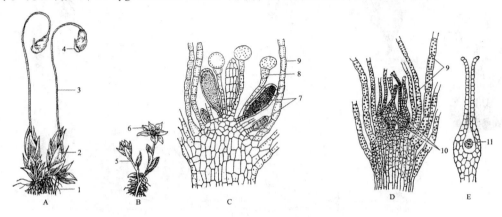

图 9-38 葫芦藓

A. 具孢子体的植株　B. 具颈卵器和精子器的植株　C. 雄枝枝端纵切面
D. 雌枝枝端纵切面　E. 成熟的卵，颈沟细胞、腹沟细胞已消失
1. 假根　2. 叶　3. 孢子体　4. 蒴帽　5. 雌枝　6. 雄枝
7. 精子器　8. 隔丝　9. 叶　10. 颈卵器　11. 卵

葫芦藓为土生喜氮的小型藓类。常于房屋墙角、沟边、林下等地成片生长，犹如地毯。植物体（配子体）绿色，高约数厘米，直立，有类似茎叶的分化。假根由单列细胞构成，具分枝。叶卵形或舌状，丛生于茎的上部。叶有一条明显的中肋，除中肋外，整个叶片由一层细胞组成。茎由表皮、皮层和中轴三部分组成，表皮由一层薄壁细胞构成，内含叶绿体，皮层由薄壁细胞组成，基本无胞间隙，中轴由纵向伸长的、细胞腔较小的薄壁细胞组成，但并不形成真正的输导组织。

葫芦藓雌雄同株，雌、雄生殖器官分别生于不同的枝上。产生精子器的枝，顶端叶形较大，而且外张，其中生有几十个精子器和隔丝。精子器棒状，内生精子。隔丝的作用是保存水分，保护精子器。产生颈卵器的枝，顶端叶较窄，叶片包被较紧，形如顶芽，其中有数个颈卵器。

生殖器官成熟时，精子器顶端裂开，精子逸出，借助水游入颈卵器中与卵结合。卵受精后形成合子，合子不经休眠，在颈卵器中发育成胚，胚逐渐分化，发育成孢子体。孢子体由孢蒴、蒴柄和基足三部分组成。孢蒴位于孢子体上部，葫芦状，其内有造孢组织，是产生孢子的部分；基足伸入到配子体组织吸取养料；蒴柄连接孢蒴和基足，孢子体发育时，蒴柄迅速生出，将颈卵器撕裂，被撕裂的颈卵器罩在孢蒴外面而形成蒴帽。孢子体不能独立生活，虽在成熟前也有一部分组织含有叶绿体，可以制造一部分养料，但主要还是靠配子体供给，是一种寄生或半寄生的营养方式。孢蒴中的造孢组织发育成的孢子母细胞，经减数分裂产生多数孢子。孢子成熟后散出体外，在适宜的环境下萌发成为原丝体。原丝体细胞含叶绿体，能独立生活。以后，再从原丝体上产生多个芽体，每个芽体进一步发育成第二代的茎叶体即配子体。

综上所述，可见葫芦藓的生活史和地钱相似，也是孢子体寄生在配子体上，不能独立生活。但与地钱不同的是孢子体在构造上，比地钱更为复杂（图 9-39）。

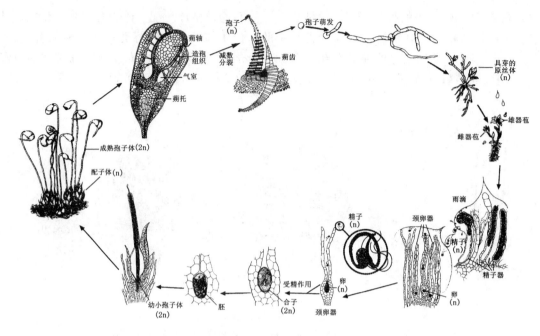

图 9-39 葫芦藓的生活史

3. 苔藓植物的在自然界中的作用及其经济价值

（1）苔藓植物的在自然界中的作用。

① 苔藓植物继蓝藻、地衣之后出现于荒漠、冻原和裸露的岩石上，在生长过程中，能分泌一些酸性物质，溶解岩面；能积蓄空气中的物质、水分，加上本身残体的堆积，年深月久，逐渐形成土壤，为其他高等植物创造了生存条件，所以，它是植物界的拓荒者之一。

② 由于苔藓植物多具丛生的习性，植株之间空隙很多，可起到毛细管的吸水作用。因此苔藓植物一般都有很强的吸水能力，吸水量高时可达植物体干重的 15～20 倍，而其蒸发量却只有净水面的 1/5。因此，苔藓植物对林地、山野的水土保持起着重要的作用。

③ 苔藓植物与湖泊和森林的变迁有密切关系。多数水生或湿生的藓类，常在湖泊、沼泽形成广大群落，在适宜的条件下，上部逐年产生新枝，下部老的植物体逐渐死亡、腐朽，经过长时间的积累，腐朽部分愈堆愈厚，可使湖泊、沼泽干枯，逐渐陆地化，为陆生的草本植物、灌木和乔木创造了生活条件，从而使湖泊、沼泽演替为森林。

如果空气中湿度过大，一些藓类能吸收空气中的湿气，使水长期积蓄于藓丛之中，也能促进地面沼泽化，形成高位沼泽，造成林木大批死亡，对森林危害甚大。因此，它对湖泊、沼泽的陆地化和陆地的沼泽化，起着重要的演替作用。

④ 苔藓植物对自然条件较为敏感，在不同的生态条件下，常出现不同种类的苔藓植物，因此，一些苔藓植物可作为森林的指示植物。如泥炭藓属植物多生于我国北方的落叶松和冷杉林中，金发藓属植物多生于红松和云杉林中。在我国南方一些叶附生苔类植物多生于热带雨林内。

（2）苔藓植物的经济价值。苔藓植物对空气中的二氧化硫和氟化氢等有毒气体很敏感，可作为大气污染的监测植物。有些苔藓植物可以药用，如大金发藓 *P. commune* L. ex Hedw. 可入药，有乌发、活血、止血等功效；暖地大叶藓 *Rhodobryum giganteum*（Schwaegr.）Par. 对治疗心血管病有较好疗效；泥炭藓 *Sphagnum Cymbifolium* 可作代用药棉。由于苔藓植物有很强的吸水能力和保湿功能，因而可用作园艺上包装运输新鲜苗木的理想材料，还可用作花卉栽培的保湿通气基质或用于铺苗床。此外，藓类形成的泥炭可作燃料和肥料。

五、蕨类植物

蕨类植物（pteridophyta）又称羊齿植物，是进化水平最高的孢子植物，也是最原始的维管植物。其生活史为孢子体发达的异形世代交替。蕨类植物的孢子体和配子体均能独立生活，这是其他几门高等植物都没有的特征。

（一）一般特征

1. 孢子体

蕨类植物的孢子体即日常习见的蕨类植物体，大多为多年生草本，一般都有根、茎、叶的分化。根为不定根，茎为根状茎，低等的种类也具地上气生茎。叶可分为单叶和复叶，并有小型叶与大型叶、孢子叶与营养叶、同型叶与异型叶之分。低等的类群均为小型叶，进化的类群多为大型叶。小型叶没有叶隙和叶柄，只有一条不分枝的叶脉；大型叶有叶隙和叶柄，叶脉多分枝，常为一至多回羽状分裂的叶或为一至多回羽状复叶。孢子叶是指能产生孢子囊和孢子的叶，又称能育叶；仅能进行光合作用不能产生孢子囊和孢子的叶称为营养叶，又称不育叶。同一植株上的叶如果没有明显分化，都兼有营养和生殖的功能，这样的叶称之为同型叶；反之如果同一植株上的营养叶和孢子叶具有明显的形态差异，则称之为异型叶。

2. 维管系统

蕨类植物是高等植物中最早分化出维管系统的植物类群。维管系主要由木质部和韧皮部组成。木质部多由管胞和木薄壁细胞组成，仅有少数种类具导管，不过蕨类植物的导管和管胞的大小没有显著区别。韧皮部主要由筛胞和韧皮薄壁细胞组成。没有维管形成层，所以无次生结构。维管系统的各种组成成分在茎中聚集在一起，并按不同的方式排列，从而形成各种不同类型的中柱（stele），包括原生中柱（protostele）、管状中柱（siphonostele）、网状中柱（dictyostele）、具节中柱（cladosiphonic stele）等（图9-40）。

（1）原生中柱：是最简单、最原始的类型，仅由木质部和韧皮部组成，无髓和叶隙。可分为3种类型，如果木质部位于中央，其周围围绕着呈圆筒形的韧皮部（从横切面看），称为单中柱（monostele）。如果木质部四周产生辐射排列的脊状突起，称为星状中柱（actinostele）。如果韧皮部生长侵入木质部，使其在局部成为不连续的结构，称为编织中柱（plectostele）。此外，还有的蕨类植物具有两个以上的原生中柱，称为多体中柱（polystele）。

（2）管状中柱：结构特点是中央有髓，维管系统围在髓外形成圆筒状。可分3种类型，若韧皮部位于木质部外围，称为外韧管状中柱（ectophloic siphonostele）。若韧皮部在木质部内外两边都出现，称为双韧管状中柱（amphiphloic siphonostele）。若韧皮部和木质部交互排列成多环，称为多环管状中柱（polycyclic siphonostele）。

（3）网状中柱：由管状中柱演化而成，由于茎的节间较短，双韧管状中柱的许多叶隙互相重叠，从横切面上看，在髓的外方有一圈大小不同的彼此分开的维管束。

（4）具节中柱：是木贼纲所具有的中柱类型，由管状中柱演化而成，因木贼纲节间中空，节处是实心，所以称其中柱为具节中柱。维管束在茎中排列成一圈，中央为髓部，成熟时髓部组织破裂形成髓腔。维管束为外韧维管束，木质部为内始式，后来木质部破裂，并在每个维管束的内侧形成小室腔，称为维管束腔。

上述各类型的中柱，只在蕨类植物茎中出现，它们进一步发展可演化为种子植物的真中柱（eustele）和星散中柱（atactostele）。

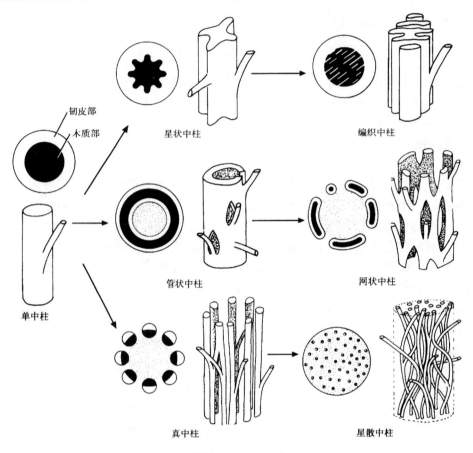

图 9-40 中柱类型

3. 孢子囊和孢子

不同蕨类植物的孢子囊有不同的着生方式，在小型叶类型的蕨类植物中，孢子囊多单生于孢子叶的叶腋，且由许多孢子叶密集于枝顶形成球状或穗状，称孢子叶球（strobilus）或孢子叶穗（sporophyll spike）；大型叶类的真蕨植物，不形成孢子叶穗，孢子囊也不单生叶腋处，而是多个孢子囊聚集成不同形状的孢子囊群或孢子囊堆（sorus），生于孢子叶的背面或背面边缘，多数种类的囊群有膜质的囊群盖（indusium）保护。

孢子囊中的孢子母细胞经减数分裂产生单倍体的孢子。多数种类的孢子形态和大小一致，称为孢子同型（isospory）或同型孢子；少数种类的孢子囊有大小两种类型，分别产生大孢子和小孢子，称为孢子异型（heterospory）或异型孢子。大孢子（macrospore）萌发成雌配子体（female gametophyte），小孢子（microspore）萌发成雄配子体（male gametophyte）。

4. 配子体

配子体形体微小，一般只有几毫米，呈心形，是一种具有背腹分化的叶状体，又称原叶体（prothallus, prothallism）。原叶体结构简单，无根、茎、叶的分化，具单细胞假根，多含有叶绿素，能独立生活，但生活期短。

配子体雌雄同株或异株。雌雄同株的配子体是由同型孢子发育而来，配子体上同时具有精子器和颈卵器。雌雄异株的配子体是由异型孢子发育而来，精子器和颈卵器分别产生于雄配子体和雌配子体上。

5. 生活史

具明显的世代交替。无性生殖产生孢子囊和孢子；有性生殖产生精子器和颈卵器，精子产生于精子器中，多具鞭毛，受精作用不能离开水环境，受精卵在配子体的颈卵器中发育成胚，幼胚暂生活在配子体中，直至配子体死亡，胚进一步发育成孢子体。孢子体上产生孢子囊，孢子囊中生有大量的孢子，孢子萌发后发育成配子体。从受精卵开始到孢子母细胞进行减数分裂之前为止，这一过程称为孢子体世代或无性世代，其细胞为二倍体（2n）；从孢子开始到精子和卵结合前，这一阶段称为配子体世代或有性世代，其细胞为单倍体（n）。在生活史中，孢子体不仅结构复杂，而且占明显优势；配子体结构简单，虽能独立生活，但其生存时间很短。

（二）分类及代表植物

现在世界上生长的蕨类植物约有12 000余种，全球均有分布，以亚热带、热带分布较多，其中绝大部分为草本植物。我国约有2 600多种，尤以云南、四川、贵州、广东、广西、福建、台湾等省（自治区）的数量最多，种类最为丰富，在世界上占有很重要的地位。蕨类植物的生长环境是多样的，有水生的，也有旱生的，但大多数生长在林下、山野的阴坡、溪旁、沼泽等较为阴湿的环境。在气候温暖潮湿的地区，生长尤为繁茂。

蕨类植物的分类系统各家持有不同的意见，传统的分法将蕨类植物列为1个门，下分5个纲，即石松纲 LYCOPODINAE、水韭纲 ISOETINAE、松叶蕨纲（裸蕨纲）PSILOTINAE、木贼纲（楔叶纲）EQUISETINAE 和真蕨纲（蕨纲）FILICINAE。前4个纲为小型叶蕨类，是较原始的类型，现存种类较少。蕨纲为大型叶蕨类，是蕨类植物中较进化的类型，也是种类最多的一纲。

1. 石松纲 LYCOPODINAE

孢子体多为二叉分枝，具原生中柱，小型叶螺旋排列，有时对生或轮生，仅一条叶脉，孢子囊有厚壁，单生于孢子叶腋上或近叶腋处，孢子叶通常集生于枝端形成孢子叶穗，孢子同型或异型。本纲植物在石炭纪最繁盛，有高大乔木及草本，后绝大多数灭绝，现存1 200余种，我国有70余种。

（1）石松属 *Lycopodium*：孢子体为多年生草本，根状茎直立或横走；地上茎通常圆形，细长，多分枝；叶小，鳞片状或披针形，呈螺旋状排列，无叶舌。孢子囊穗圆柱形，由许多排列紧密的孢子叶组成，每一孢子叶的叶腋处生有一个肾形的孢子囊，其内产生同型孢子（isospore），孢子萌发形成原叶体（配子体）。原叶体生于地下或地表，其上产生精子器和颈卵器，受精后，合子在颈卵器内发育成胚，长大为孢子体（图9-41）。

本属常见种类有石松 *L. clavatum* L.，孢子囊穗2~6个着生于孢子枝顶端；广泛分布于我国东北、内蒙古、河南及长江以南各省区，生于疏林下或灌木丛中。全草药用，有舒筋活血、祛风散寒、利尿、通经的功效；亦可提取蓝色染料；孢子含油40%左右，为铸造工业的优良分型剂及照明工业的闪光剂。垂穗石松 *L. cernuum* L.，孢子囊穗单生于孢子枝顶端，常下垂；我国南方常见分布；全草药用，有祛风去湿、舒筋活血、镇咳利尿的功效。

（2）卷柏属 *Selaginella*：孢子体为多年生草本，根状茎长而横走，匍匐或斜升；主茎匍匐或直立；叶小，鳞片状，多排成四列，少数为螺旋排列，具叶舌。孢子囊穗生于孢子枝顶端，由大孢子叶和小孢子叶组成。大孢子囊产生4个大孢子，小孢子囊产生大量小孢子，大、小孢子形态上有很大差别，称为异形孢子（heterospore），大、小孢子囊有些生于同一孢子囊穗上，有些生于不同株上。小孢子萌发产生雄配子体，形成精子器，产生精子。大孢子萌发产生雌配子体，形成颈卵器，产生卵。受精作用在有水的条件下完成（图9-42）。

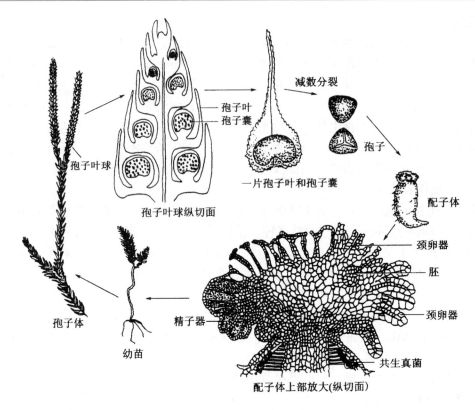

图 9-41 石松属植物生活史

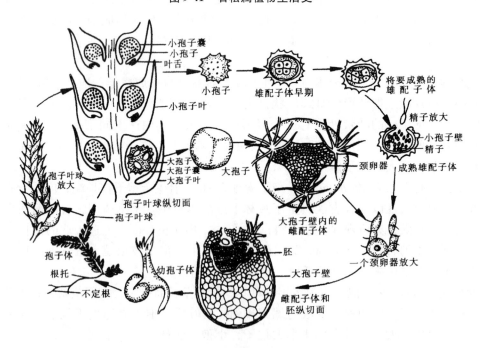

图 9-42 卷柏属植物的生活史

卷柏（还魂草）*S. tamariscina* (Beauv.) Spring，主茎直立，粗壮，顶端丛生小枝，各枝扇形分叉，辐射斜展，全株呈莲座状；叶二型；广布全国各地；全草药用，烘干或烧成炭，研末，与茶油调和，外敷可止血；炖酒内服，治跌打损伤，闭经血瘀。

2. 水韭纲 ISOETINAE

现仅存水韭属 *Isoetes*，约有 70 余种。我国有 3 种。孢子体为草本，茎粗短，似块茎状，具原生中柱。叶细长，丛生，似韭菜（图 9-43），叶舌生于孢子囊的上方；有大小孢子囊及大小孢子之分；精子多鞭毛。常见的有中华水韭 *I. sinensis* Palmer，分布于长江流域下游，生活在沼泽、水沟和淤泥地。

3. 松叶蕨纲 PSILOTINAE

松叶蕨纲也称裸蕨纲，是原始的陆生植物类群。孢子体分匍匐的根状茎和直立的气生枝；无真根，仅在根状茎上生毛状假根，这与其他维管植物不同。气生枝二叉分枝；叶小型，无叶脉或有单一叶脉。孢子囊生于枝端，壁厚，孢子同型。配子体雌雄同株，精子具多数鞭毛。

本纲植物大多已经绝迹，现存仅 2 属 3 种。我国仅有松叶蕨属 *Psilotum* 的松叶蕨 *P. nudum* (L.) Grised. 一种，分布我国南方，生于腐殖土、树皮上或岩石缝中。气生枝多次二叉分枝（图 9-44），其上部为绿色，能进行光合作用，叶鳞片状。孢子囊分 3 室，由 3 个孢子囊聚合而成，生于孢子叶的叶腋。配子体生于地下，雌雄同株。

图 9-43 水韭属的孢子体外形

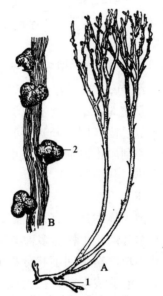

图 9-44 松叶蕨属的孢子体

A. 孢子体外形　B. 孢子囊着生的情况

1. 假根　2. 孢子囊

4. 木贼纲 EQUISETINAE

木贼纲也称楔叶纲，孢子体有根、茎、叶的分化。茎轮生分枝，具明显的节与节间；叶小型，鳞片状轮生；孢子叶盾形，生有多个孢子囊，孢子叶在枝顶聚生成孢子囊穗，孢子同型或异型，具弹丝；精子具多鞭毛。

本纲植物在石炭纪时曾盛极一时，有乔木及草本，生于沼泽、多水地区，后大多绝灭，现仅存木贼科 EQUISETACEAE 的木贼属 *Equisetum*，约 30 余种。孢子体为多年生草本，具根状茎和气生茎，有节和节间之分，在节上生有一轮鳞片状叶，基部联合成鞘状，边缘具锯齿。有些种的气生茎有营养枝和生殖枝的区别。营养枝在夏季生出，节上轮生许多分枝，色绿，能进行光合作用。生殖枝在春季生出，不分枝，棕褐色，在枝端能产生孢子叶球，如问荆 *E. arvense* L.。有些种类不

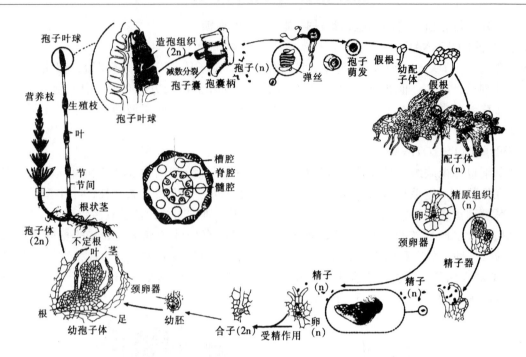

图 9-45 木贼属植物的生活史

分营养枝和生殖枝，绿色，节上轮生很多分枝，在分枝顶端产生孢子囊穗，如节节草 *E. ramosissimum* Desf.。繁殖时孢子囊产生孢子，孢子萌发产生雌、雄原叶体，受精后合子在颈卵器内发育成胚，胚长成孢子体（图9-45）。问荆和节节草广泛分布于我国各地，生于路边、沟边或湿地。问荆全草入药，为利尿止血剂，清热止咳；对牲畜有毒，不宜作饲料。节节草的地上茎药用，能明目退翳、清风热、利小便。

5. 真蕨纲 FILICINAE

真蕨纲也称蕨纲。孢子体发达，有根、茎、叶的分化。根为不定根。茎多为根状茎，中柱有原生中柱、管状中柱和多环网状中柱等多种类型，除原生中柱外，均有叶隙。木质部有各式管胞，仅少数种类具导管。叶为单叶至多回羽状分裂或复叶；无论单叶或复叶，均为大型叶，并分化为叶柄和叶片两部分；幼叶卷曲成拳状，长大展开。孢子囊生于叶缘或叶背，常汇集成各种形状的孢子囊群；孢子同型，少数异型。配子体小，绝大多数种类为背腹性叶状体，心脏形，绿色，有假根。精子器和颈卵器均生于腹面，精子螺旋状，具多数鞭毛。

本纲是现今最繁茂的蕨类植物，现存的约有 10 000 多种。我国有 40 余科，约 2 500 多种，广布全国。分为厚囊蕨亚纲、原始薄囊蕨亚纲和薄囊蕨亚纲3个亚纲。

（1）厚囊蕨亚纲 EUSPORANGIATAE：孢子囊为厚囊型，由一群细胞发育而成；孢子囊较大，壁为多层细胞，内含多数同型孢子。本亚纲包括瓶尔小草目和观音座莲目两个目。代表植物有：瓶尔小草 *Ophioglossum vulgatum* L.，全草药用，能清热解毒，治毒蛇咬伤，疔疮肿毒等；阴地蕨 *Botrychium ternatum* (Thunb.) Sw.，全草药用，能清热解毒，平肝散结，外敷治疮毒等；福建莲座蕨 *Angiopteris fokiensis* Hieron.，多年生高大草本；根状茎供药用，有祛风解毒、止血的功效。

（2）原始薄囊蕨亚纲 PROTOLEPTOSPORANGIATADAE：是介于厚囊蕨亚纲和薄囊蕨亚纲之间的中间类型。孢子囊壁由单层细胞构成，仅在一侧有数个具加厚壁的细胞形成的盾形环带。孢子囊由1个细胞发育而来，但囊柄可由多细胞发生。代表植物有：紫萁 *Osmunda japonica* Thunb.，根状茎粗短，斜升。叶簇生于茎的顶端，幼叶拳卷，成熟叶平展。一至二回羽状复叶，孢子叶和营养叶分开，孢子叶的羽片缩成狭条形，红棕色，无叶绿素，不能进行光合作用。孢子囊较大，生于羽片边缘。嫩叶可食，根状茎在少数地区充当贯众代用品，用于止血及驱虫。

（3）薄囊蕨亚纲 LEPTOSPORANGIOPSIDA：孢子囊由1个细胞发育而来，通常聚集成孢子囊群，着生在孢子叶的背面、边缘或特化的孢子叶边缘，囊群盖有或无，孢子少，有定数，除水生蕨类形成孢子果，具异型孢子外，大多数种类具同型孢子。孢子囊壁由1层细胞构成，具有各式环带。本亚纲包括水龙骨目 POLYPODIALES 或真蕨目 FILICALES、苹目 MARSILEALES 和槐叶苹目 SALVINIALES 三目，其中的水龙骨目是蕨类植物门中最大的1目。现以水龙骨目的蕨属 *Pteridium* 和槐叶苹目的满江红属 *Azolla* 为例。

① 蕨属：属水龙骨目、蕨科 PTERIDIACEAE。约有16种，分布于世界各地。我国有6种，主要分布于长江以南各省区。

蕨（变种）*P. aquilinum* (L.) Kuhn. var. *latiusculum* (Desv.) Underw.，为蕨属的常见代表，广布于世界热带至温带，我国各地区都有分布。该植物的特征代表了大多数蕨类植物的特征，其生活史历程可分4个方面。

a. 孢子体的形态结构（图9-46）：孢子体为中型多年生草本植物，根状茎黑色，二叉分枝，

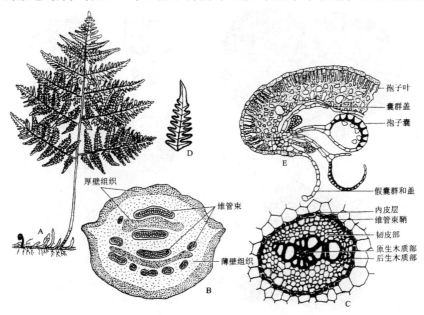

图9-46　蕨的孢子体

A. 孢子体外形　B. 根状茎横切　C. 一个维管束放大
D. 一个小羽片，囊群线形、边缘生，具假囊群盖　E. 一个小羽片横切面一部分

横卧地下，茎上有不定根和叶。茎的内部结构很复杂，从横切面上看，由表皮、机械组织、薄壁组织和维管束组成，维管束具木质部和韧皮部。叶于每年春季从根状茎上生出，幼叶拳曲，长成后叶为2～4回羽状复叶。叶分为叶柄和叶片两部分，叶片的结构与双子叶植物的很相似，有叶肉和维管束。叶为同型叶，无孢子叶和营养叶之分，同一叶既是营养叶，又可产生孢子囊。

b. 无性生殖：孢子囊生于羽状复叶的小羽片背面边缘，集生成连续的线形孢子囊群。小羽片

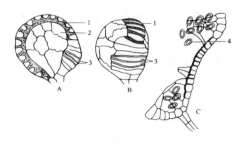

图 9-47　蕨孢子囊的结构及其开裂
A、B. 孢子囊不同观测面　C. 孢子囊的开裂
1. 环带　2. 壁细胞　3. 唇细胞　4. 孢子

边缘背卷将孢子囊群遮盖，这种结构称为假囊群盖，在囊群的内侧还有一层细胞构成的囊群盖。孢子囊由叶的表皮细胞发育而成，具有三列细胞的长柄，囊壁薄，仅有一层细胞。在孢子囊壁的外缘有一条纵向的环带，环带细胞的内壁和两径向壁大多木质化增厚（少数不增厚），其中有二个不增厚的细胞，称为唇细胞。孢子成熟时，在干燥的条件下，环带细胞失水反卷，使孢子囊从唇细胞处横向裂开，将孢子弹出（图9-47）。孢子散落在适宜的环境中，到第二年开始萌发，发育成为配子体。

c. 配子体的结构（图9-48）：配子体宽约1cm，绿色自养，为背腹扁平的叶状体，也称原叶体。原叶体中央的细胞层数较多，边缘仅一层细胞，细胞中有叶绿素，原叶体接触地面的一面生有许多假根。雌雄同体，颈卵器和精子器均生于腹面。颈卵器较少，生于配子体前端凹入处后方，腹部埋入配子体中，颈部外露，并弯曲向配子体的后方和边缘。颈卵器中有腹沟细胞和卵细胞各一个，其颈部较短，仅5～7个细胞，其中一个为颈沟细胞，当卵成熟时，颈沟细胞和腹沟细胞均分解为胶质。精子器球形，突出配子体表面，内产数十个螺旋形多鞭毛精子。

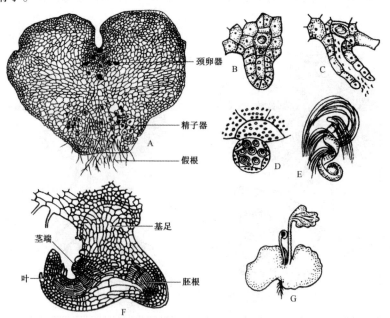

图 9-48　蕨的配子体和有性生殖
A. 配子体腹面观　B、C. 颈卵器放大　D. 精子器放大　E. 精子　F. 胚
G. 从配子体腹面向上长出的幼孢子体

d. 有性生殖：雌雄生殖器官成熟后，精子逸出，在有水的条件下，精子游入颈卵器与卵融合成合子。合子不经休眠而分裂发育成胚。成熟的胚由基足、胚根、茎端和叶组成。胚继续发育成幼小孢子体，并长成大的新一代的孢子体。在胚发育成孢子体的过程中，胚根所长成的根（主根）不久即枯萎死亡，再由茎部生出不定根。茎、叶则从配子体的凹入处伸出并直立生长。显而易见，蕨的生活史为孢子体占优势的异型世代交替，孢子减数分裂（图9-49）。

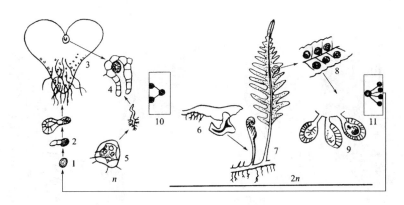

图 9-49　蕨的生活史
1. 孢子　2. 孢子萌发　3. 原叶体　4. 颈卵器　5. 精子器　6. 幼孢子体
7. 孢子体　8. 孢子囊群　9. 孢子囊　10. 受精　11. 减数分裂

蕨具有较高的经济价值，其根状茎富含淀粉，可提取淀粉，供食用，亦可酿酒；嫩叶称蕨菜，可食；纤维可制绳缆，耐水湿；全草药用，驱风湿、利尿解热，治脱肛，又可作驱虫剂。

②满江红属：属槐叶苹目、满江红科 AZOLLACEAE。约有 6 种，广布世界各地。我国只有满江红 *Azolla imbricata*（Roxb.）Nakai 一种，广布于长江流域以南各省区，北方一些省区也有引种栽培。

满江红又称红苹或绿苹，生于水田、池塘和湖泊中，为小型漂浮植物。根状茎纤细，羽状分枝，须根下垂水中。叶小，无柄，深裂为上下两瓣；上瓣漂浮于水面上，绿色，秋后变为紫红色，营光合作用；下瓣斜生水中，透明、膜质、无色素，营吸收作用。内部有蓝藻门的鱼腥藻 *Anabaena azollae* 与之共生。因鱼腥藻有固氮能力，所以满江红是优良的绿肥，在我国一些地区已经得到利用。全草可作鱼及家畜的饲料；也供药用，有发汗、利尿、祛风湿之效。

真蕨类植物很多，其他常见的种类还有海金沙 *Lygodium japonicum* Sw.，芒萁 *Dicranopteris dichotoma*（Thunb.）Bernh.，贯众 *Cyrtomium fortunei* J. Sm.，银粉背蕨 *Aleuritopteris argentea*（Gmel.）Fee.、井栏边草 *Pteris multifida* Poir.、扇叶铁线蕨 *Adiantum flabellulatum* L.、瓦韦 *Lepisorus thunbergianus*（Kaulf.）Ching、水龙骨 *Polyppdium nipponicum* Mett.、桫椤 *Alsophila spinulosa*（Hook.）Tryon.、肾蕨 *Nephrolepis cordifolia*（L.）Prest、乌蕨 *Stenoloma chusanum*（L.）Ching.、巢蕨 *Neottopteris nidus*（L.）J. Sm.、里白 *Hicriopteris glauca*（Thunb.）Ching、狗脊蕨 *Woodwardia japonica*（L. f.）Sm.、槐叶苹 *Salvinia natans*（L.）All.、苹（四叶苹、田字草）*Marsilea quadrifolia* L. 等。其中一些种类见图 9-50。

（三）蕨类植物的在自然界中的作用及其经济价值

1. 蕨类植物的在自然界中的作用

（1）提供能源：蕨类植物是一群既古老而又复杂的植物，3 亿年以前，地球上木本蕨类植物极为繁盛，曾形成大面积的森林，由于地壳变动而被埋于地下，形成了现今的煤炭，为人类提供了大量能源。

（2）水土保持：许多蕨类植物是森林地被层、灌草丛和草丛的主要组成成分，对水土保持起了重要的作用。

（3）绿化：许多蕨类植物形姿优美，有较高的观赏价值，常作为园林绿化观赏植物。目前广泛栽培的有肾蕨、卷柏、巢蕨、桫椤、槲蕨 *Drynaria fortunei*（Kze.）J. sm.、扇叶铁线蕨等。另

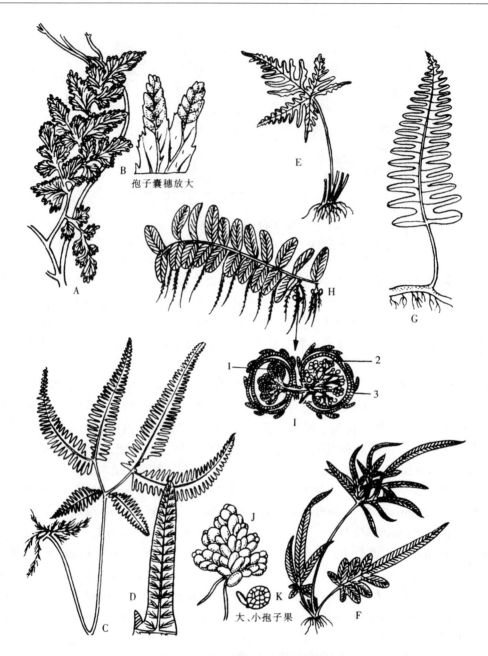

图 9-50　常见真蕨纲的代表种类
A、B. 海金沙　C、D. 芒萁　E. 银粉背蕨　F. 井栏边草
G. 水龙骨　H、I. 槐叶苹　J. 满江红　K. 满江红的大、小孢子果
1. 大孢子果中的大孢子囊　2. 小孢子果中的小孢子囊　3. 囊群盖

外，像银粉背蕨、千层塔 *Lycopodium serratum* Thunb.、江南卷柏 *Selaginella moellendorfii* Hieron.、翠云草 *Selaginella uncinata* (Desv.) Spring、阴地蕨 *Botrychium ternatum* (Thunb.) Sw.、水龙骨、乌蕨、松叶蕨等等，都是千姿百态，为良好的观赏植物。而且它们在合成和积累有机物的同时，释放出大量氧气，改善了环境质量。

（4）作为指示植物：许多蕨类植物可以作为营造和发展各种林地的指示植物。如长江以南地区要发展适宜酸性土壤的茶树和油茶等亚热带经济林木时，就可以根据天然植被中，生长芒萁、紫萁、里白、狗脊蕨、石松、半边旗 Pteris semipinnata L. 等蕨类的地方，作为选择的营造林地。要寻找喜钙植物林地，可选择肾蕨、卷柏、贯众、凤尾蕨 Pteris nervosa Thunb.、肿足蕨 Hypodematium crenatum (Forsk.) Kuhn、蜈蚣草 Pteris vittata L. 等喜钙蕨类生长的地方。有许多蕨类可作为气候的指示植物。如生长有桫椤、莲座蕨、巢蕨、崖姜 Pseudodrynaria coronans (wall.) Ching、地耳蕨 Quercifilix zeylanica (Houtt.) Cop. 等蕨类的地区，是热带或亚热带潮湿气候的标志。巢蕨、车前蕨 Antrophyum formosanum Hieron. 的生长地表明为高湿度气候环境。此外，问荆的植物体内可积累金，每吨含金可高达140g，对探矿有很大的参考价值。

2. 蕨类植物的经济价值

（1）医药：蕨类植物是重要的中草药资源。可供药用的蕨类，至少有100多种。例如，石松有舒筋活血、祛风散寒、利尿通经之效；卷柏外敷，治刀伤出血；江南卷柏治湿热黄疸、水肿、吐血等症；海金沙可治尿道感染、尿道结石及烫火伤；金毛狗 Cibotium barometz (L.) J. Sm. 的根茎可补肝肾、强腰膝，鳞片能止刀伤出血；骨碎补 Davallia mariesii Moore 能坚骨补肾、活血止痛；贯众的根状茎可驱虫解毒，治流感，也用作除虫农药；半边旗可清热解毒、化湿消肿，治疮疖蛇伤；蕨可用于驱风湿、利尿解热和治脱肛；银粉背蕨有止血作用；槲蕨能补骨镇痛、治风湿麻木；肾蕨可治感冒咳嗽、肠炎腹泻及产后浮肿；乌蕨可治疮毒及毒蛇咬伤；扇叶铁线蕨可清热解毒、舒筋活络、利尿、化痰，治跌打损伤，外敷治烫火伤；蜈蚣草能祛风、杀虫、治痔疮；槐叶苹可治湿疹、虚痨发热，外敷治丹毒疔疮和烫伤；苹能清热解毒、利水消肿，外用治疮痈和毒蛇咬伤。

（2）食用：蕨类植物供食用的历史相当悠久。蕨的根状茎富含淀粉（称为蕨粉），其营养价值不亚于藕粉，可食用和酿酒；蕨的幼叶有特殊的清香味，可炒食或干制成蔬菜，但在食前须先用米泔水或清水浸泡数日，除去其有毒成分。美国就有很多上等餐馆，向国外购买嫩蕨叶（通常称为绿提琴头）作为高级食品以飨客。紫萁、菜蕨 Callipteris esculenta (Retz.) J. Sm.、荚果蕨 Matteuccia struthiopteris (L.) Todaro、毛轴蕨 Asplenium crinicaule Hauce 等的幼叶也常被当做蔬菜食用。狗脊蕨的根状茎富含淀粉，可食用及酿酒。

（3）工业原料：许多蕨类植物是重要的工业原料。如石松的孢子可作为冶金工业上的优良脱模剂，将孢子撒在机器铸件模具的壁上，可以防止铸液粘附在模子的壁上，使铸件的表面光滑，减少砂眼；还常用于火箭、信号弹、照明弹制造工业中，作为引起突然起火的燃料。木贼类含有大量的硅质，是极好的磨光剂，可代替砂皮摩擦木器和金属器械。

（4）农业资源：有些蕨类植物是农业生产中优质饲料和肥料。例如，满江红、槐叶苹、苹等可作肥料和饲料。其中，满江红干重含氮量达4.65%，比苜蓿还要高，也是猪、鸭等家畜、家禽的良好饲料。蕨、里白和芒萁的叶子富含单宁，不易腐烂和发生病虫害，且容易通气，是苗床覆盖或垫厩的极好材料。

六、裸子植物

裸子植物（gymnospermae）是一群介于蕨类植物和被子植物之间的高等植物。它们既是最进化的颈卵器植物，又是较原始的种子植物。因其种子外面没有果皮包被，是裸露的，故称为裸子植物。

(一) 一般特征

1. 形态特征

（1）孢子体发达。裸子植物均为多年生的木本植物，没有草本。根系发达，主根强大。大多数为单轴分枝的高大乔木，分枝常有长、短枝之分，叶在长枝上螺旋状排列，在短枝上簇生。网状中柱，并生型维管束，具有形成层和次生生长。多数种类的木质部只有管胞（少数种类出现导管），韧皮部只有筛胞而无筛管和伴胞。叶多为针形、条形、或鳞形，极少数为扁平阔叶。

（2）胚珠裸露。裸子植物的孢子叶大多聚生成球果状（strobiliform），称孢子叶球（strobilus），孢子叶球单生或多个聚生成各种球序，单性同株或异株。小孢子叶（雄蕊）聚生成小孢子叶球（雄球花）（male cone），每枚小孢子叶背面生有小孢子囊（花粉囊），小孢子囊中生有大量小孢子。大孢子叶（心皮）丛生或聚生成大孢子叶球（雌球花）（female cone），大孢子叶的近轴面（腹面）或边缘生有胚珠，胚珠裸露，不为大孢子叶所包被。

（3）配子体进一步退化，不能独立生活。裸子植物的小孢子（单核花粉粒）在小孢子囊（花粉囊）里发育成雄配子体（成熟花粉粒）。在多数种类中，成熟的雄配子体仅由四个细胞组成（其中有二个精子）。大孢子囊（珠心）里产生的大孢子（单核胚囊）在珠心里发育成雌配子体（成熟胚囊）。雌配子体由胚乳和2～7个颈卵器组成，颈卵器结构简单，埋藏于胚乳中，仅有2～4个颈壁细胞露在外面。颈卵器内无颈沟细胞，仅有1个卵细胞和1个腹沟细胞，比蕨类的颈卵器退化。雌、雄配子体都不能独立生活，完全寄生在孢子体上。

（4）形成花粉管，受精作用不再受到水的限制。裸子植物具有花粉管，能将两个精子直接送入颈卵器内。其中一个具功能的精子与卵融合成合子，另一个被消化。受精作用不再受水的限制，使裸子植物更适于陆地生活，能更好地在陆生环境中繁衍后代。

（5）由胚珠发育成种子，用种子进行繁殖。胚珠成熟后形成种子，种子由胚、胚乳和种皮组成。胚（2n）来自受精卵，是新的一代孢子体；胚乳（n）来自雌配子体；种皮（2n）来自珠被，是老一代孢子体。裸子植物的种子包含有三个不同的世代。

裸子植物用种子繁殖代替了孢子繁殖，为植物的繁殖和分布创造了更为有利的条件。种子的产生是植物界进化过程中的重大飞跃。由于胚得到了胚乳提供的营养，受到了种皮的保护，使后代免受外界损伤，不仅大大延长了寿命，而且增加了传播的机会。种子的产生和成功繁衍，促使植物界有更大的发展，达到更高级的进化水平。

（6）具多胚现象。大多数裸子植物具有多胚现象（polyembryony）。多胚现象可分两种情况：一为简单多胚现象（simple polyembryony），即由一个雌配子体上的几个颈卵器的卵细胞同时受精，形成多个胚；另一种是裂生多胚现象（cleavage polyembryony），即一个受精卵在发育过程中，由胚原组织分裂为几个胚的现象。在发育过程中，两种多胚现象可以同时存在，但通常只有一个能正常发育，成为种子中的有效胚。

在裸子植物中，描述生殖器官时，常有两套名词时常并用或混用。这种情况的产生有其历史原因：在19世纪中叶以前，人们不知道种子植物的一些结构和蕨类植物的结构有系统发育上的联系，所以出现了两套名词。1851年，德国植物学家荷夫马斯特（Hofmeister）将种子植物和蕨类植物的生活史完全贯通起来，人们才知道种子植物的球花相当于孢子植物的孢子叶球，前者由后者发展而来。现将两套名词列表对照见表9-7。

表 9-7 蕨类植物和种子植物生殖器官名词对照表

蕨类植物	种子植物
孢子叶球	球花，花
小孢子叶	雄蕊
小孢子囊	花粉囊
小孢子母细胞	花粉母细胞
小孢子	单核期花粉粒
雄配子体	花粉粒和花粉管
大孢子叶	珠鳞、珠领、珠托、套被、心皮
大孢子囊	珠心
大孢子母细胞	胚囊母细胞
大孢子	单核期胚囊
雌配子体	颈卵器以及胚乳，成熟期胚囊

2. 生活习性

裸子植物均为多年生的木本植物，陆生性很强，多为高大的乔木，也有灌木和木质藤本。裸子植物以喜阳的植物居多，许多植物具有适应旱生环境的形态结构特征，如松属 *Pinus* 植物，它们的根系发达，在土壤中扎根很深；输导组织和机械组织发达；叶多为针形或鳞形，气孔内陷，角质膜很厚，故有较强的耐旱能力，能在干旱瘠薄的地方生存。裸子植物中也有喜阴植物，如买麻藤属 *Gnetum* 植物，它们多生于林下，常攀缘于树上。

3. 生活史

现以研究最详尽的松科 PINACEAE 的松属 *Pinus* 植物为代表，介绍裸子植物的生活史。

松属植物的孢子体为单轴分枝的常绿乔木，根系强大，茎的主干直立，主干上有许多分枝，有长枝和短枝之分。长枝上生有螺旋状排列的鳞片叶，鳞片叶的腋部生有极短的短枝，在短枝顶部有一束针形叶，通常 2、3 或 5 针一束，基部常有膜质的叶鞘。

孢子叶球单性同株。小孢子叶球（雄球花）生于当年新枝基部的鳞片叶腋内，多数密集。每一小孢子叶球有 1 个纵轴，轴上螺旋排列着小孢子叶。小孢子叶的背面（远轴面）有一对小孢子囊（花粉囊），小孢子囊中有多个小孢子母细胞，经减数分裂各形成 4 个小孢子（单核花粉粒）。小孢子有二层壁，外壁向两侧突出形成气囊，花粉粒成熟后借助气囊能在空中飘浮，借风力传播。在小孢子囊内，小孢子经过 3 次不等分裂，形成具 4 个细胞的花粉粒（雄配子体）。第一次分裂产生 1 个大的胚性细胞和 1 个小的

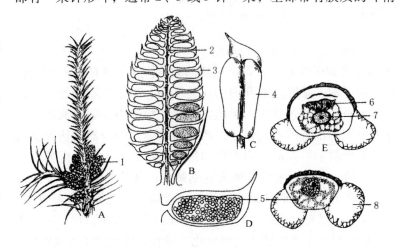

图 9-51 松属小孢子叶球构造
A. 簇生于当年生新枝基部的小孢子叶球 B. 小孢子叶球纵切面图解
C. 小孢子叶外形 D. 小孢子叶的切面 E. 雄配子体
1. 小孢子叶球 2. 轴 3. 小孢子叶 4. 小孢子囊 5. 小孢子
6. 生殖细胞 7. 管细胞 8. 翅（气囊）

第一原叶细胞（prothallial）；胚性细胞再进行一次不等分裂，产生 1 个大的精子器原始细胞（antheridial）和 1 个小的第二原叶细胞；精子器原始细胞又进行一次不等分裂，产生 1 个大的管细胞（tube cell）和 1 个较小的生殖细胞（generative cell）。2 个原叶细胞不久退化仅留痕迹。此时小孢子囊破裂，散出大量具气囊的花粉粒，随风飘扬（图 9-51）。

大孢子叶球（雌球花）一个或几个生于当年新枝顶端，在大孢子叶球的纵轴上螺旋排列着大孢子叶，大孢子叶在松柏类称作珠鳞，每个珠鳞基部腹面（近轴面）着生两个倒生胚珠，背面基部生有 1 片苞鳞（bract scale），松属的珠鳞和苞鳞彼此分离。每个胚珠由 1 层珠被和珠心组成，珠心即大孢子囊，其中有 1 枚大孢子母细胞，经过减数分裂，形成 4 个大孢子，其中有 3 个退化，只有远离珠孔端的那个继续发育，其核分裂形成许多游离核，然后再产生细胞壁，形成胚乳，即雌配子体（n）。大孢子通常在春天形成，但要到第二年春天，才在发育中的雌配子体的近珠孔端分化出 2~7 个颈卵器，成熟后的颈卵器含有大形卵细胞 1 个。所以，成熟的雌配子体包含 2~7 个颈卵器和大量胚乳。由此可见，裸子植物的胚乳是由大孢子发育而来，为单倍体（n），它与被子植物由受精极核发育形成的胚乳（3n）有本质的区别（图 9-52）。

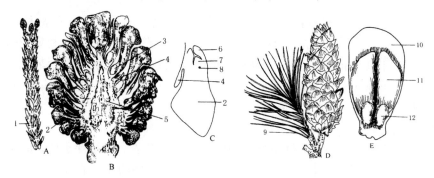

图 9-52　松属果枝及大孢子叶球构造

A. 顶端着生大孢子叶球的新枝　B. 大孢子叶球的纵切面
C. 胚珠及珠鳞纵切面　D. 球果　E. 种及种子
1. 鳞片叶　2. 珠鳞　3. 胚珠　4. 苞鳞　5. 轴　6. 珠被　7. 珠心　8. 大孢子母细胞
9. 针叶　10. 种鳞（珠鳞木化而来）　11. 种子的翅　12. 种子

传粉发生在暮春，花粉粒随风飘落到大孢子叶球上，再由珠鳞的裂缝降至胚珠的珠孔端，粘到由珠孔溢出的传粉滴中，并随着液体的干涸，被吸入珠孔内的花粉室中。半年以后开始生出花粉管，并缓慢地经珠心组织而向颈卵器生长。在此过程中，生殖细胞在花粉管内分裂形成 1 个柄细胞和 1 个体细胞，体细胞再分裂为 2 个大小不等的不动精子。当花粉管伸至颈卵器到达卵细胞处时，其先端破裂，管细胞、柄细胞及 2 个精子一起流入卵细胞的细胞质中，其中 1 个大的具功能的精子与卵核融合形成受精卵，另 1 个精子以及管细胞和柄细胞则解体。从传粉到受精约需 13 个月的时间，即在大孢叶球出现的第三个春天。每个颈卵器中的卵均可受精，出现简单多胚现象，但一般只有 1 个能正常发育，其他则于中途相继停止生长。1 个受精卵在发育过程中，可产生 4 个以上的幼胚，出现裂生多胚现象，但一般也只有 1 个幼胚能正常分化、发育，成为种子的成熟胚。

种子由胚、胚乳和种皮构成。成熟的胚包括胚根、胚轴、胚芽和子叶（通常 7~10 枚）。包围胚的雌配子体（胚乳）继续生长，最后珠心仅遗留一薄层。珠被发育成种皮，种皮分为 3 层：外层肉质（不发达，最后枯萎），中层石质，内层纸质。

松属植物受精后，大孢子叶球继续发育，珠鳞木质化而成为种鳞，种鳞顶端扩大露出的部分

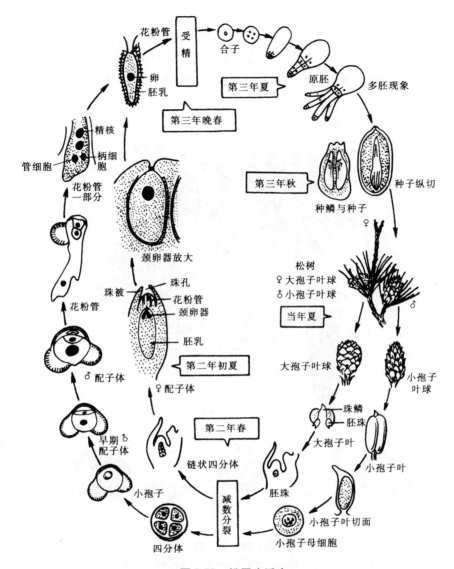

图 9-53 松属生活史

为鳞盾，鳞盾中部有隆起或凹陷的部分为鳞脐，珠鳞的部分表皮分离出来形成种子的翅，以利于风力传播。种子成熟后，种鳞张开，散出种子。在适宜的条件下，种子萌发，发育成新的孢子体（图 9-53）。

（二）裸子植物的分纲概述

裸子植物出现于古生代，中生代最繁盛，到现在大多数已绝灭，现存裸子植物共有 12 科 71 属 800 余种，广布世界各地。我国有 11 科 41 属 250 余种。

裸子植物通常分为 5 个纲：苏铁纲 CYCADOPSIDA、银杏纲 GINKGOPSIDA、松柏纲 CONIFEROPSIDA、红豆杉纲 TAXOPSIDA 和买麻藤纲 GNETOPSIDA。

1. 苏铁纲 CYCADOPSIDA

（1）一般特征：常绿木本，茎干粗壮，常不分枝。叶有 2 种，鳞叶小且密被褐色毛，营养叶为大型羽状复叶，簇生于茎顶。精子具多数鞭毛。孢子叶单性，异株，大小孢子叶球均生于茎的顶端。

（2）分类：本纲现存仅苏铁科 CYCACEAE，约有 11 属 200 余种，分布于热带和亚热带地区。我国仅有苏铁属 *Cycas*，约 11 种。常见的有苏铁 *C. revoluta* Thunb.、台湾苏铁 *C. taiwaniana* Carruthers. 和华南苏铁 *C. rumphii* Miq. 等。现以苏铁为例作介绍（图9-54）：

图 9-54　苏　铁

A. 植株外形　B. 小孢子叶　C. 小孢子囊　D. 雄配子体　E. 大孢子叶　F. 胚珠纵切面　G. 胚珠上端放大
1. 原叶细胞　2. 生殖细胞　3. 花粉管细胞　4. 珠被　5. 珠心　6. 胚乳
7. 颈卵器　8. 贮粉室　9. 贮粉室的花粉粒

苏铁为常绿乔木，树干粗壮，直立，多为圆柱形，通常不分枝。大型羽状复叶集生于茎顶部，幼叶蜷缩，老叶死后脱落，叶基则残留于树干上，使树干表面呈甲胄状。茎具发达的髓部和皮层，网状中柱，木质部内始式发育，形成层活动有限，由皮层发生形成层引起加粗生长。大、小孢子叶异株，均生于茎的顶端。小孢子叶扁平、肉质，紧密地螺旋排列成长椭圆形的小孢子叶球。每枚小孢子叶下面生有许多由数个小孢子囊组成的小孢子囊群。小孢子囊为厚囊性发育，囊壁由多层细胞构成，借表皮细胞壁不均匀增厚而纵裂，散发小孢子。由小孢子萌发形成的后期雄配子体，并不是花粉管，而是吸器，雄配子体产生的 2 个精子，具多数鞭毛，能够游动。大孢子叶多数，生于茎顶，一般不形成大孢子叶球，而呈散生状态。大孢子叶密被黄褐色绒毛，上部羽状裂，中部以下呈柄状，其两侧生有 2~6 枚胚珠。胚珠较大，直生，珠被一层，珠心顶端有喙及花粉室，与珠孔相通，珠心内的胚囊（雌配子体）发育有数个颈卵器。种子橘红色，外种皮肉质，中种皮木质，内种皮膜质，胚有 2 枚子叶，胚乳丰富，源于雌配子体。

苏铁在我国栽培极为广泛，为优美的观赏树种；茎内髓部富含淀粉，可供食用；种子含油和丰富的淀粉，有微毒，供食用和药用，有治痢疾、止咳及止血之功效。

2. 银杏纲 GINKGOPSIDA

（1）一般特征：落叶乔木，具营养性长枝和生殖性短枝之分。单叶扇形，先端 2 裂或波状缺刻，二叉脉序，叶在长枝上螺旋状散生，在短枝上簇生。孢子叶单性，雌雄异株，均生于短枝顶端，精子多鞭毛。具鞭毛的游动精子是受精时需水的痕迹，这是苏铁纲和银杏纲所具有的原始性状。

（2）分类：本纲现仅残存 1 目，1 科，1 属，仅银杏 Ginkgo biloba L. 1 种，为我国特产。

银杏（图 9-55），又名白果、公孙树。树干高大，分枝多，有长枝和短枝之分。长枝生长甚快，每年可增长 0.5m；短枝生长极慢，2~3cm 的短枝需数年时间方能长成。两种枝的解剖也很不同：长枝髓小，皮层薄，木质部很厚；短枝髓大，皮层厚，木质部很窄。

小孢子叶球柔荑花序状，小孢子叶多数，螺旋状着生。每枚小孢子叶有 1 短柄，柄端生 1 对下垂的长形小孢子囊。大孢子叶球通常有一长柄，柄端有 2 个环形大孢子叶，称为珠领（collar），也称珠座，大孢子叶上各生 1 枚直生胚珠，通常只有一枚发育成种子。胚珠具珠被 1 层，珠心中央凹陷为花粉室。

种子核果状，卵球形、柱状椭圆形或倒卵球形，长 2~3.5cm，径约 2cm。具 3 层种皮，外种皮肉质，成熟时黄色或橙色，表面有白粉，具臭味；中种皮骨质，白色，有纵脊；内种皮纸质，红褐色。胚有 2 枚子叶，胚乳肉质。

银杏是著名的活化石植物，为我国特产，现广泛栽培于世界各地。除用于园林绿化外，其木材优良，可供建筑、家具等用材；种仁（白果）供食用（多食易中毒）及药用，入药有润肺、止咳、平喘等功效。叶供药用，用于治疗心脑血管疾病，亦可制杀虫剂。银杏是银杏纲唯一残留的种类，在植物演化和分类上具重大的理论价值。

3. 松柏纲（球果纲）CONIFEROPSIDA

（1）一般特征：乔木，稀灌木，茎多分枝，常有长枝和短枝之分，茎的髓部小，次生木质部发达，主要由管胞组成，无导管。具树脂道。叶单生或成束，针形、鳞形、钻形、线形或刺形，叶的表皮通常具较厚的角质层及下

图 9-55 银 杏
A. 雌球花枝 B. 雌球花上端珠托和胚珠
C. 种子和长短枝 D. 去外种皮种子
E. 种子纵切面 F. 雄球花枝 G. 雄蕊

陷的气孔。孢子叶单性，常排列成球果状，雌雄同株或异株。精子无鞭毛。

（2）分类：松柏纲植物是现代裸子植物中数目最多，分布最广的类群。现代松柏纲植物有44属约400余种，隶属于4科，即松科 PINACEAE、杉科 TAXODIACEAE、柏科 CUPRESSACEAE 和南洋杉科 ARAUCARIACEAE。我国是松柏纲植物最丰富的国家，也是该纲最古老植物的起源地，并特别富有特有属种和第三纪孑遗植物。

① 松科 PINACEAE：乔木，稀灌木，大多数常绿，常有树脂。叶针形或线形，叶在长枝上螺旋生，在短枝上簇生。孢子叶球单性同株。小孢子叶球生于当年新枝的基部，由多数螺旋排列的小孢子叶组成，每枚小孢子叶具两个小孢子囊，花粉多数有气囊。大孢子叶球着生于当年新枝顶端。每个大孢子叶球由多数螺旋排列的大孢子叶组成。每枚大孢子叶的腹面（上面）的基部有1对倒生胚珠，因此大孢子叶也称为珠鳞，背面（下面）基部生有一枚苞鳞，珠鳞与苞鳞分离。松属受精后，胚珠发育成种子，珠鳞发育为种鳞，珠鳞的部分表皮分离出来形成种子的翅，整个大孢子叶球形成球果，球果直立或下垂。

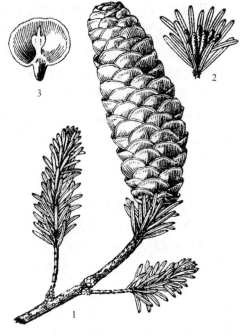

图9-56 油 杉
1. 球果枝 2. 雄球花枝
3. 种鳞背面及苞鳞

松科有10属230余种，主要分布在北半球。我国有10属110多种，全国分布，绝大多数为森林树种和用材树种，并拥有许多特有属和孑遗植物。松科是裸子植物中最大的科，占全部裸子植物种类的1/3左右。重要属有松属 *Pinus*、油杉属 *Keteleeria*、冷杉属 *Abies*、云杉属 *Picea*、落叶松属 *Larix*、银杉属 *Cathaya*、金钱松属 *Pseudolarix*、雪松属 *Cedrus* 等。其中特有属如金钱松属 *Pseudolarix*、银杉属 *Cathaya*，都是单种属，为孑遗植物。松科中常见的植物有雪松 *C. deodara*（Roxb.）loud，高大的常绿乔木，针叶在长枝上螺旋状着生，在短枝上簇生；小孢子叶球长卵圆形或椭圆状卵圆形，近黄色；大孢子叶球小，卵圆形，幼时紫红色，后变为淡绿色，微被白粉；球果熟时红褐色，直立，近卵圆形至椭圆状卵圆形；产于阿富汗至印度，我国各地的一些大城市已广泛栽培作园林绿化树。马尾松 *Pinus massoniana* Lamb.，常绿乔木，一年生枝淡黄褐色，无白粉，无毛；针叶2针一束，横切面半圆形，树脂道4~7条，边生；叶鞘宿存；球果卵圆形或圆锥状卵圆形，成熟后栗褐色；主要分布于我国中部、长江流域以南各省区，为荒山造林很重要的树种。油杉 *Keteleeria fortunei*（Murr.）Carr.，常绿乔木，一年生枝有毛或无毛，干后橘红色或浅粉红色；叶在侧枝上排成两列，线形，扁平，上面无气孔线，下面有两条稍被白粉的气孔带；球果直立，粗大，圆柱形（图9-56）；主要分布于广东、广西、福建、浙江等地的沿海山地。种子含油率约52.5%，属于不干性油，可制肥皂，作润滑油。其他常见的树种还有金钱松 *Pseudolarix kaempferi* Gord.、日本五针松 *Pinus parviflora* Sieb et Zucc.、黑松 *Pinus thunbergii* Parl. 等。松科植物大多是优良木材和建筑材料，并在园林绿化造林中居重要地位。

② 杉科 TAXODIACEAE：常绿或落叶乔木。叶螺旋状散生，少为交互对生或近对生；叶多披针形、钻形、条形或鳞形，同株有叶2型或1型。孢子叶球单性，雌雄同株，小孢子叶和珠鳞螺旋生（偶对生）。小孢子囊多于2个，花粉无气囊。珠鳞的腹面基部着生2~9枚直生或倒生胚珠。珠鳞与苞鳞半合生（仅顶端分离）。球果当年成熟，种鳞扁平或盾形，木质或革质。种子周围或两侧有狭翅。

杉科植物有10属16种，主要分布于北半球。我国有5属7种，引种栽培的还有4属7种，分布于长江流域及秦岭以南各省区。重要的属有杉木属 *Cunninghamia*、柳杉属 *Cryptomeria*、水杉属 *Metasequoia*、水松属 *Clyptostrobus* 等。杉科中常见的植物有杉属的杉木 *Cunninghamia Lanceolata*（Lamb.）Hook.，常绿乔木；叶条状披针形，叶在主枝上螺旋状着生，在侧枝上叶基扭转成二列状，叶缘有细齿，下面中脉两侧各有10条白色气孔线；苞鳞大，种鳞小，先端3裂，种鳞具3粒种子，种子两侧具狭翅。杉木为我国秦岭以南面积最大的人造林树种。水杉 *Metasequoia glyptostroboides* Hu et Cheng，落叶乔木，高达35m，小枝对生或近对生，斜垂，排成二列，呈羽状；叶线形，淡绿色，交互对生，基部扭转成羽状，冬季与小枝同落；球果下垂，略呈球形，熟时深褐色，有长梗；种鳞木质，能育种鳞有种子5~9粒，种子倒卵形，扁平，周围有狭翅（图9-57）。水杉为我国特产，是稀有珍贵的活化石，也是优良的园林风景树种。其他常见树种还有水松 *Glyptostrobus pensilis*（Staunt.）Koch、落羽杉 *Taxodium distichum*（L.）Rich.、日本柳杉 *Cryptomeria japonica*（L. f.）D. Don、池杉 *Taxodium ascendens* Brongn. 等。

图 9-57 水 杉
1. 球果枝　2. 成熟球果　3. 雄球花枝
4. 雄球花　5. 种子

图 9-58 侧 柏
1. 枝条　2. 具球果的枝条　3. 小枝
4. 小孢子叶球　5. 小孢子叶两面观
6. 大孢子叶球　7. 大孢子叶内面观　8. 球果　9. 种子

③ 柏科 CUPRESSACEAE：常绿乔木或灌木。叶鳞形或刺形，或同一植物体上兼有两型叶；叶交互对生或 3~4 叶轮生，少有螺旋状生。孢子叶球单性，雌雄同株或异株；小孢子叶球有 3~8 对交互对生的小孢子叶，每枚小孢子叶有 2~6 个小孢子囊，花粉无气囊；大孢子叶球有 3~16 枚交互对生或 3~4 片轮生的珠鳞，珠鳞腹面基部有 1 至多枚直生胚珠；珠鳞与苞鳞完全合生。球果圆球形或卵圆形，种鳞盾形，木质或肉质，熟时张开或合生呈浆果状；种子两侧具窄翅或无翅。

柏科有 22 属约 150 种，分布于南、北两半球。我国产 8 属 30 多种，分布几遍全国。另引种 1 属 15 种。重要属有侧柏属 *Platycladus*、柏木属 *Cupressus*、刺柏属 *Fokienia*、圆柏属 *Sabina* 等。常见植物有侧柏 *Platycladus orientalis*（L.）Franco，常绿乔木，小枝扁平，排成一平面，直展；叶鳞形，交互对生；孢子叶球单性同株，球果近卵圆形，当年成熟，种鳞 4 对，扁平，幼时蓝绿色，近肉质，背部近顶端具反曲的钩状尖头，成熟后木质，张开，红褐色；仅中部 2 对种鳞各

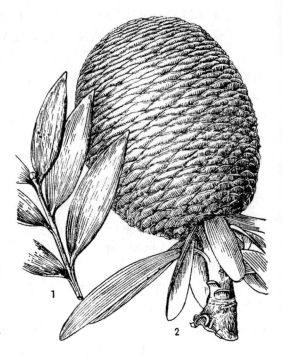

图 9-59　贝壳杉
1. 枝叶　2. 球果

具种子 1~2 枚，种子无翅或有棱脊。侧柏除新疆、青海外，分布几乎遍布全国（图 9-58）。圆柏 *Sabina chinensis*（L.）Ant.，常绿乔木，树冠尖圆锥形；叶有刺叶和鳞叶两种，刺叶生幼树上，老树全为鳞叶，中年树有两种叶，轮生；雌雄异株，小孢子叶球椭圆形；球果近圆球形，成熟时呈浆果状，暗褐色，有白粉，不开裂，内有 2~3 粒种子。其他常见树种还有柏木 *Cupressus funebris* Endl.、福建柏 *Fokienia hodginsii*（Dunn.）Henry et Thomas、龙柏 *Sabina chinensis* cv. *kaizuca* Hort. 等。

④ 南洋杉科 ARAUCARIACEAE：常绿乔木，具树脂，大枝轮生，侧生小枝常成二列状。叶螺旋状着生或近交叉对生，基部下延。孢子叶球单性，雌雄异株或同株；小孢子叶球单生或簇生于叶腋或枝顶，圆柱形，雄蕊多数；大孢子叶球单生于枝顶，椭圆形或近球形，由多数螺旋状着生的苞鳞组成，珠鳞通常不发育。球果大，2~3 年成熟，成熟时苞鳞脱落；发育的苞鳞具 1 个种子，种子与苞鳞离生或合生，扁平，无翅或两侧有翅，或顶端具翅。

南洋杉科有 2 属约 40 种，分布于南半球的热带及亚热带地区。我国南方引种栽培 2 属 4 种，分别为南洋杉属 *Araucaria* 的大叶南洋杉 *A. bidwillii* Hook.、南洋杉 *A. cunninghamii* Sweet、异叶南洋杉 *A. heterophylla*（Salisb.）Franco 和贝壳杉属 *Agathis* 的贝壳杉 *A. dammara*（Lamb.）Richi.（图 9-59），上述植物均为园林绿化树种。在我国南方均生长良好，能正常开花结实。其中贝壳杉的树干含有丰富的树脂，为著名的达麦拉树脂，在工业上及医药上用途极为广泛。

4. 红豆杉纲（紫杉纲）TAXOPSIDA

（1）一般特征：常绿乔木或灌木。叶为条形、条状披针形、鳞形、钻形或退化为叶状枝。孢子叶球单性，雌雄异株，稀同株。胚珠生于盘状或漏斗状的珠托上，或由囊状或杯状的套被包围，珠托或套被均由大孢子叶特化而成。不形成球果。种子具肉质的假种皮或外种皮。

(2) 分类：本纲有植物 14 属约 162 种，隶属于三科，即罗汉松科 PODOCARPACEAE、三尖杉科 CEPHALOTAXACEAE 和红豆杉科 TAXACEAE。我国产 3 科 7 属 33 种。

① 三尖杉科（粗榧科）CEPHALOTAXACEAE：常绿乔木或灌木；髓心中部具树脂道；有近对生或轮生的枝条和鳞芽。叶交叉对生或近对生，在侧枝上基部扭转排成二列状。小孢子叶球 6～11 个组成头状花序状；每枚小孢子叶有 2～4（多为 3）个有些悬垂的小孢子囊，花粉无气囊；大孢子叶变态为囊状珠托，生于小枝基部（稀近枝顶）苞片的腋部，成对组成大孢子叶球，由 3～4 对交互对生的大孢子叶球组成大孢子叶球序。种子第二年成熟，核果状，全部包于由珠托发育而成的肉质假种皮中，外种皮质硬，内种皮薄膜质；子叶 2 枚，有胚乳。本科仅有三尖杉属（粗榧属） *Cephalotaxus* 一个属，约 9 种，主要分布亚洲东部至南亚次大陆。我国有 7 种，并引种 1 种，分布于秦岭南坡及长江以南各省区，东至台湾省。常见的有三尖杉 *Cephalotaxus fortunei* Hook. f. 和粗榧 *Cephalotaxus sinensis*（Rehd. et Wils.）Li，均为我国特产植物，其中的粗榧是第三纪孑遗植物。三尖杉植物全株含三尖杉生物碱，供制抗癌药物（图 9-60）。

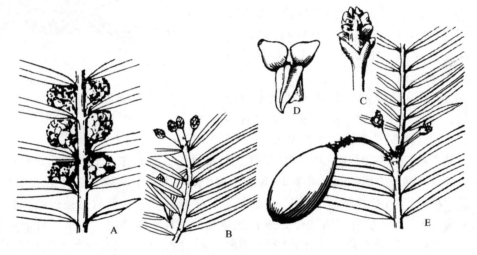

图 9-60 三尖杉
A. 具小孢子叶球序的枝条　B. 具大孢子叶球序的枝条　C. 大孢子叶球序
D. 大孢子叶成对组成大孢子叶球　E. 具种子的枝条

② 罗汉松科 PODOCARPACEAE：常绿乔木或灌木，枝轮生或不规则排列，无树脂道。叶多为螺旋状散生，常为条形、披针形、稀为鳞形或钻形。孢子叶球单性，雌雄异株，稀同株。小孢子叶球穗状，单生或簇生于叶腋，或生于枝顶。小孢子叶多数，螺旋状着生，每枚小孢子叶具 2 个小孢子囊，花粉通常有气囊。大孢子叶球单生于叶腋或苞腋，或生于枝顶，具多数至少数螺旋状着生的苞片，部分或全部或仅顶端之苞腋着生 1 枚倒生胚珠，胚珠由一囊状或杯状的套被所包围，稀无套被。种子核果状或坚果状，成熟时，珠被分化成薄而骨质的外层和厚而肉质的内层 2 层种皮，套被变为革质的假种皮，有时苞片与轴愈合发育成肉质种托。

罗汉松科共 8 属约 130 多种，分布于热带、亚热带及南温带地区，在南半球分布最多。我国有 2 属 14 种，分布于长江以南各省区。常见种类有罗汉松 *Podocarpus macrophylla*（Thunb.）D. Don，叶条状披针形，中脉隆起，种子卵圆形，成熟时呈紫色，颇似一秃顶的头，而其下的肉质种托，膨大呈紫红色，仿佛罗汉的袈裟，故名罗汉松（图 9-61）。常见的树种还有短叶罗汉松 *P. macrophylla* var. *maki* Endl.、竹柏 *P. nagi*（Thunb.）Zoll. et Moritz. 等。

5. 买麻藤纲 GNETOPSIDA

(1) 一般特征：常为灌木或木质藤本，茎次生木质部具导管，无树脂道。叶对生或轮生，鳞片状或阔叶。孢子叶球单性，雌雄同株或异株，外有类似花被的盖被（pseudoperianth），亦称假花被。胚珠1枚，珠被1~2层，具珠孔管，精子无鞭毛，颈卵器极其退化或无。种子包于由盖被发育而成的假种皮中，形似果实。胚具2子叶，种皮1~2层，胚乳丰富。本纲是一类非常特化的裸子植物，茎的次生木质部内有导管，孢子叶球有盖被，胚珠包裹在盖被内，许多种类有多核的胚囊而无颈卵器，这些都是裸子植物中最进化类群的性状。

(2) 分类：本纲共有3属约80种，隶属于3科，即麻黄科 EPHEDRACEAE、买麻藤科 GNETACEAE 和百岁兰科 WELWITSCHIACEAE。我国有2科2属19种，分布几遍全国。

① 麻黄科 EPHEDRACEAE：灌木或亚灌木或草本状，多分枝。小枝对生或轮生，具节，节间有多条细纵条纹。叶退化成鳞片状，对生或轮生，2~3

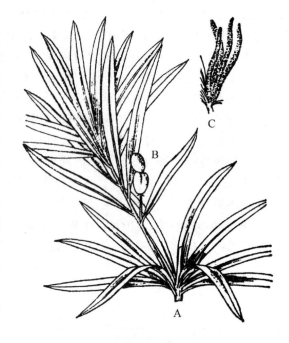

图 9-61 罗汉松
A. 种子枝　B. 种子与种托
C. 小孢子叶球枝

片合成鞘状，先端具三角尖裂齿。孢子叶球单性，雌雄异株，稀同株。小孢子叶球常单生，基部具2片膜质盖被及一细长的柄，柄端着生2~8个小孢子囊。大孢子叶球有数对交互对生或三片轮生的苞片，仅顶端1~3片苞片腋部生有1~3枚胚珠，每枚胚珠由一囊状盖被包围，胚珠具1~2层膜质珠被，珠被上部（2层者仅内珠被）延长成珠孔管。种子成熟时，盖被发育成革质或稀为肉质的假种皮，大孢子叶球的苞片，有的变为肉质，呈红色、橘红色或橙黄色包在假种皮之外，呈浆果状，俗称"麻黄果"；有的苞片则变为干膜质甚至木质化。

麻黄科隶属于麻黄目 EPHEDRALES，仅麻黄属 *Ephedra* 1个属，约40种，都是典型的旱生植物，分布于全世界的沙漠、半荒漠、干草原地区。我国约有12种，4变种，主要分布于西北各省区及云南、四川、内蒙古等地。麻黄属多数种类含有生物碱，为重要药用植物；生于荒漠及土壤瘠薄处，有固沙保土作用。常见种类有草麻黄 *E. sinica* Stapf.，著名中药材，含麻黄碱，枝叶有镇咳、发汗、止喘、利尿等功效，根可止汗。中麻黄 *E. intermedia* Schrenk.，麻黄碱含量少，可供药用；肉质苞片可食（图9-62）。

② 买麻藤科 GNETACEAE：常绿木质藤本，少为灌木或乔木，茎节呈膨大关节状。单叶对生，椭圆形或卵形，革质或半革质，具羽状侧脉及网状细脉，极似双子叶植物。孢子叶球单性，雌雄异株，稀同株；大、小孢子叶球各排成细长穗状花序，花序轴上具多轮总苞，总苞浅杯状，由多数苞鳞合生而成。小孢子叶球具管状盖被，每枚小孢子叶有1~2个或4个小孢子囊，小孢子圆形。大孢子叶球各具2层盖被，外盖被极厚，是由2个盖被片合生而成，内盖被是外珠被，珠被的顶端延长成珠孔管，雌配子体不形成颈卵器，这是裸子植物（颈卵器植物中发展到最高水平的一群）中的例外情况，可称之为"没有颈卵器的颈卵器植物"。胚的发育无游离核阶段，具有发达的胚足，长的胚轴和2枚子叶。在配子体中，虽可有数个卵核同时受精，但最后只有1个胚发

育成熟。种子核果状，包于红色或橘红色肉质假种皮中，胚乳丰富。

图 9-62　中麻黄
A. 植株　B. 部分雌株　C. 小孢子叶球
D. 大孢子叶球　E. 种子

图 9-63　小叶买麻藤
1. 具小孢子叶球序的分枝　2. 小孢子叶球序
3. 大孢子叶球序　4. 种子　5. 小孢子叶

买麻藤科隶属于买麻藤目 GNETALES，仅买麻藤属 *Gnetum* 1 个属，共 30 余种，分布于亚洲、非洲及南美洲等的热带及亚热带地区。我国有 1 属 7 种，分布于福建、广西、贵州、云南、江西及湖南等省区。买麻藤属植物茎皮富含纤维，为织麻袋、渔网、绳索等原料；种子可炒食或榨油，供食用或作机器润滑油。常见的有买麻藤 *G. montanum* Markgr.，大藤本，长 10～30m，较粗壮；叶通常呈矩圆形，革质或半革质，长 10～20cm，宽 4～10cm。小孢子叶球序 1～2 回三出分枝，排列疏松。成熟种子，常有明显种子柄。小叶买麻藤 *G. parvifolium*（Ward.）C. Y. Cheng，缠绕藤本，长达 4～12m，常较细弱；叶椭圆形，革质，长 4～10cm，宽 2.5～3cm。小孢子叶球序不分枝或一回分枝，成熟种子无种柄或近无种柄（图 9-63）。

（三）裸子植物在自然界中的作用和经济价值

1. 裸子植物在自然界中的作用

历史上，裸子植物一度在地球上占优势地位。后来，由于气候的变化和冰川的发生，很多种类埋于地下，形成煤炭，为人类提供了大量能源。虽然现在裸子植物存留的种类不多，但它们在自然界中扮演了重要角色，发挥了极其重要的作用。它们广泛分布于世界各地，特别是在北半球亚热带高山地区及温带至寒带地区分布较广，大的森林 80% 以上都是裸子植物。我国东北、西南、西北等地大面积的森林大都是松柏类针叶林。大片森林具有调节气候的能力，而且它们在合成和积累有机物的同时，释放出大量氧气，改善了环境质量。针叶树大多为旱生植物，它们成为荒山造林的先锋植物和水土保持的重要树种。

2. 裸子植物的经济价值

裸子植物是林业生产上的主要用材树种，我国用在建筑、枕木、造船、家具上的大量木材，大部分是松柏类，如东北的红松、南方的杉木。

裸子植物又是重要的工业原料植物，可以提供松节油、松香、单宁、树脂、栲胶等，在人民生活中都有重要的用途。

大多数裸子植物为常绿树，树冠美丽，在美化庭院、绿化环境上有很大价值。世界五大庭园植物雪松、南洋杉、金钱松、日本金松和巨杉都是裸子植物。我国的黄山松、水杉、水松、侧柏、龙柏等作为园林观赏树种，也为人类带来了美的享受。

有些裸子植物的种子，如银杏、华山松、红松、香榧等的种子可供食用。也有些裸子植物是重要的药用植物：红豆杉属植物全株含三尖杉生物碱，供制抗癌药物；草麻黄含麻黄碱，为著名中药材，具镇咳、止喘等功效。

3. 裸子植物的保护

我国由于特殊的自然环境——第四纪冰河分散，使裸子植物在我国的残余种类特别丰富，很多稀有种类生活到现在，如我国特产的银杏、金钱松、水松、水杉、银杉、白豆杉等，都是地史上遗留的古老植物，因而叫做"活化石"，上述6种植物也是我国特有的单种属植物。裸子植物中的珍稀濒危植物很多，它们在研究地史和植物界演化上具有极其重要意义，但由于天然更新能力弱而造成资源日益枯竭，目前这些濒危植物种的数量已很少。因此，必须采取有效措施，杜绝乱砍滥伐，保护好现存树种，同时开展繁殖技术的研究，在适宜地区大力育苗造林，以求缓解珍稀濒危植物的生存危机。

七、被 子 植 物

（一）被子植物的一般特征

被子植物（angiospermae）是适应陆生生活发展到最高级、最完善的一群现代植物，也是地球上最繁茂和分布最广的一个类群。自中生代出现以来，迅速发展繁盛，现已知约有25万余种，占植物界种数的半数以上。我国有2 700多属约3万种。被子植物的一般特征可归纳为以下几方面：

1. 具有真正的花

被子植物最重要的特点是产生了构造完善的花。典型被子植物的花由花萼、花冠、雄蕊和雌蕊四个部分组成。花的这些部分在数量、形态上有极其多样的变化，适应于虫媒、鸟媒、风媒或水媒传粉的条件。花中最主要的部分是雄蕊和雌蕊。胚珠包藏在雌蕊的子房之内，受精作用之后，胚珠发育成种子，子房发育成果实。果实对于保护种子成熟、帮助种子散布起着重要作用。

2. 孢子体高度发达，物种多样化

被子植物的孢子体，在形态、结构、生活型等方面，比其他各类植物更加完善，且多样化。乔木、灌木和草本俱全，多年生、一年生和短命植物均有。有世界上最高大的乔木，杏仁桉 *Eucalyptus amygdalina* Labill.，高达156m，也有非常小的草本如无根萍 *Wolffia arrhiza*（L.）Wimm.，每平方米水面可容纳300万个个体。有重达25kg仅含一颗种子的果实大王椰子 *Roystonea regia*（Kunth）O. F. Cook，也有5万颗种子仅重0.1g的附生兰。有寿命长达几千年的龙血树 *Dracaena draco* L.，也有几周内开花结子完成生命周期的短命植物（如一些生长在干旱荒漠地区的十字花科植物）。有水生植物，也有在各种陆地环境中生长的植物。有自养植物，也有腐生和寄生植物。被子植物能有如此多样的物种，有极其广泛的适应性，这和它结构的复杂化、完善化是分不开的。

被子植物的体内组织分化精细，生理效率高。在其解剖构造上，木质部有了导管和木纤维的分化，韧皮部具有筛管和伴胞、韧皮纤维的分化，使植物体的输导和支持功能大大加强。特别是生殖器官的结构和生殖过程的特点，大大提高了它们适应、抵御各种环境的内在条件和能力。无论平原、丘陵、高山、大陆、荒漠、河海，或温带、赤道、极地，都有不同的被子植物种类生长繁衍。

3. 配子体更加简化

被子植物的雌、雄配子体不能脱离孢子体而独立生活，终生寄生在孢子体上，结构比裸子植物更加简化。雄配子体（成熟花粉粒及后来产生的花粉管）仅由3个细胞组成。雌配子体（成熟胚囊）简化成7个细胞8个核（多数种类为此种类型）。这种简化在生物学上具有进化的意义。

4. 具有双受精现象

在有性生殖过程中，出现了双受精现象，这是植物界最进化的受精方式。在受精过程中，一个精子与卵细胞结合形成受精卵，另一精子与两个极核结合，产生了三倍体的胚乳，这样的胚乳作为后代的营养，不仅有利于后代的发育，而且使后代的适应能力更强。

由于被子植物具备了以上特征，使之具备了在生存竞争中优越于其他各类植物的内部条件，使之比蕨类植物和裸子植物更能适应陆地生活，也使之成为当今植物界最进化、最完善的类群，从而在地球上占着绝对优势。在植物进化史上，被子植物产生后，大地才变得郁郁葱葱，绚丽多彩，生机盎然。被子植物的出现和发展，不仅大大改变了植物界的面貌，而且促进了动物，特别是以被子植物为食的昆虫和相关哺乳类动物的发展，使整个生物界发生了巨大的变化。

（二）被子植物的生活史

被子植物个体的生命活动，一般从上代个体的种子起，经过种子萌发形成幼苗，并经生长、开花和结果，产生新一代的种子。从上一代的种子到新一代的种子，这一整个生活历程，就叫被子植物的生活史（lifehistory，life cycle）。这一过程正好与农业生产上许多大田作物每年从播种开始到最后又收获种子的周期活动相吻合。然而，严格说来，被子植物生活史的确切概念应是从受精卵开始，经过生长、发育，直到下一代受精卵形成止。稻、小麦、大麦、棉、番茄、油菜等一年生和二年生植物，经开花结实，在种子成熟后，整个植株死亡，它们的生活史与植物从发生到衰老死亡的个体发育是一致的。茶、桃、苹果、柑橘等多年生植物要经过多次开花、结实之后，才衰老死亡。即多年生植物一生中，可重复完成多次从营养生长到繁殖的周期性活动。

被子植物的生活史包括两个基本阶段（图9-64），即孢子体阶段和配子体阶段。孢子体阶段是指具有二倍数染色体（2n）的植物体阶段，也称为二倍体阶段；配子体阶段是指具有单倍数染色体（n）的植物体阶段，也称为单倍体阶段。

1. 孢子体阶段

从双受精过程形成受精卵和受精极核开始，到大孢子母细胞和小孢子母细胞的减数分裂前为止，被子植物生活史的这一阶段，称为孢子体阶段。

被子植物通过双受精作用，形成了受精卵（合子）和受精极核。经过发育，受精卵发育成胚，受精极核发育成胚乳，珠被发育成种皮，种皮包被胚和胚乳，形成种子。在此同时，子房壁发育为果皮，包被种子，形成果实。种子经过一段短暂的休眠期，在获得合适的环境条件时，胚便利用胚乳中的养料萌发成为幼苗，并逐渐长成具根、茎、叶的植物体。植物体经过一个时期的生长发育后，出现花芽，形成花朵。花的雄蕊花药经过发育，在花粉囊中形成了小孢子母细胞（花粉母细胞）；花的子房胚珠经过发育，在珠心中形成了大孢子母细胞（胚囊母细胞）。以上便是被子植物生活史中孢子体阶段的基本过程。在这一阶段中，出现的植物体是孢子体。孢子体所有细胞

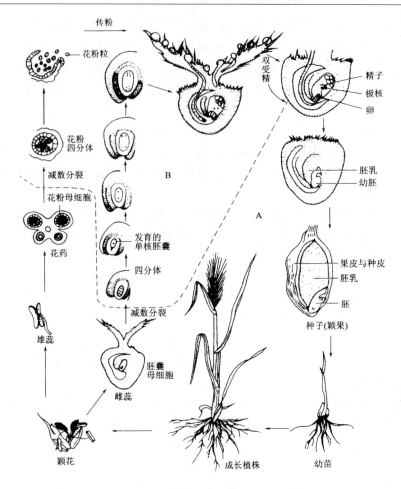

图 9-64 小麦生活史
A. 二倍体阶段（2n）　B. 单倍体阶段（n）

（包括大、小孢子母细胞）的染色体均为二倍数（2n）。

2. 配子体阶段

从大、小孢子母细胞减数分裂开始，到卵细胞受精前为止，被子植物生活史的这一阶段，称为配子体阶段。

经过减数分裂，小孢子母细胞形成了小孢子（单核花粉粒），大孢子母细胞形成了大孢子（单核胚囊）。小孢子在花粉囊中继续发育，形成 2 核或 3 核的初期雄配子体（成熟花粉粒），然后，花药开裂，初期雄配子体由风或昆虫等传到雌蕊柱头上，萌发成后期雄配子体（花粉管），其中形成了 2 个精子。大孢子在珠心中继续发育，经过 3 次核分裂，形成了雌配子体（成熟胚囊，即 8 核胚囊），雌配子体中出现了 1 个卵细胞和 2 个极核。

后期雄配子体（花粉管）通过花柱到达子房的胚珠，最后进入雌配子体中，释放出 2 个精子，1 个精子和卵细胞结合成为受精卵，另 1 个精子和 2 个极核结合成为受精极核，完成了双受精作用。以上便是被子植物生活史中配子体阶段的基本过程。在这一阶段中出现的植物体，是雄配子体和雌配子体。两种配子体所有细胞（包括精细胞和卵细胞）的染色体均为单倍数（n）。

3. 被子植物生活史的特点

在被子植物的生活史中，出现了二倍体的孢子体阶段（世代）和单倍体的配子体阶段（世

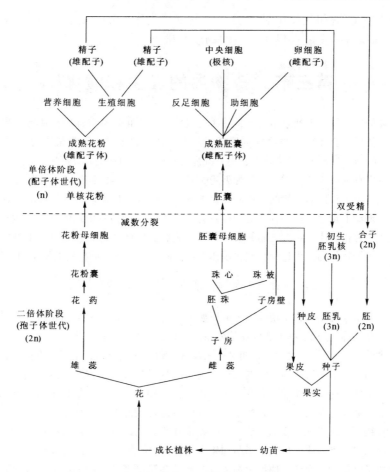

图 9-65　被子植物生活史图解

代）有规律交替出现的世代交替现象（图 9-65）。在世代交替中，减数分裂和双受精作用是两个关键性的环节，也是两种世代交替转折点。在整个生活史中，孢子体世代所经历的时间比配子体世代长，而且孢子体高度发达。配子体世代非常短促，而且配子体结构相当简化，不能独立生活，需要寄生于孢子体上。

（三）被子植物的经济利用

在现代植物中，被子植物是与人类关系最密切的一个类群，是我们衣、食、住、行和社会主义建设不可缺少的植物资源。包括粮食作物、油料作物、纤维作物、糖料作物、果树、蔬菜、饮料作物、花卉、中草药、牧草、木材等都取自被子植物。家畜、家禽、鱼类等的养殖，也需要被子植物作为饲料来源。

我国是世界上被子植物最丰富的国家之一，能直接或间接为人类利用的就有数千种。在栽培植物中，水稻、小米在我国已有数千年的栽培历史，品种资源丰富。此外，还有许多原产、特产于我国的种类，如桃、梅、柑橘、枇杷、荔枝、白菜、茶、桑、大豆、油桐、苎麻、牡丹、月季、玫瑰、菊花、山茶、杜鹃花、兰花、水仙等。我国拥有数千种中草药，药材资源尤为丰富，杜仲、人参、当归等均为名贵药用植物。这些蕴藏巨大潜力的植物财富为我国经济的发展提供了雄厚的物质基础。

此外，许多轻工、建材等原料都取自被子植物；发展畜牧业的牧草、饲料也是由被子植物提供；绿化环境，保护、改造和改良生态环境，以及维持生态平衡，也都离不开被子植物。丰富的被子植物资源为我国经济的发展提供了雄厚的物质基础。

第三节 植物界的发生和演化

植物通过个体的生长发育不断繁衍后代，并通过遗传、变异和自然选择的规律演化出不同的植物种类。一个种、一个类群以至于整个植物界的形成、发展、进化的全过程即为植物的系统发育（phylogeny）。无论是种或是其他各级分类单位的大、小类群都有它们各自的系统发育问题。

在植物界系统发育的漫长过程中，有些种类趋于繁盛；有些种类已经绝迹；新的种类产生并发展起来。这种演化是从几十亿年以前开始的，人们逐步了解这一过程，是通过古代地质的变迁所保留下来的古植物化石资料和地球上现存的植物种类的个体发育以及不同类型植物的形态结构、生理、生化、地理分布等方面加以系统分析、比较它们之间的相互关系，然后加以概括，从它们身上推测植物界过去发展所经历的道路，找出植物界的发生过程和演化规律。下面简要介绍各类群植物的发生和演化历程。

一、细菌和蓝藻的发生和演化

细菌和蓝藻都属于原核生物，是植物界中最原始的类群。根据目前发现的化石资料可以认定，在距今35亿年以前，地球表面已有了细菌和蓝藻的分布。那么，它们是怎样产生的呢？

地球的历史大约有46亿年。太阳系最初是一团富含氢和氦的气态云，由于重力影响，气态云逐渐凝聚，变成一个盘旋的气团。随后成为分散的云块。气团的凝聚及碰撞摩擦产生巨大热量，在整个太阳系中形成若干熔融的个体，这些个体就逐渐变成了太阳、行星和卫星，地球是其中的一员。地球的冷却形成了坚硬的地壳。当氧和氢在高温下熔合成水蒸气并随着地球表面的冷却而凝结时，就形成了海洋。太阳光中极强的紫外线不断烘烤地球表面。热、放电和紫外线为复杂分子的形成提供能量。十几亿年的变迁，在原始海洋里积累了蛋白质、核酸、脂肪和碳水化合物，便形成了"有机汤"。"有机汤"中的化合物的偶然组合形成了原始的生命体。原始生命体具有裂殖和简单新陈代谢的能力，进而演化出了原核生物细胞。首先产生的是异养细菌，然后才相继出现了化能自养细菌和光合自养细菌。

细菌在光合作用过程中是以 H_2S 或其他有机物作为还原底物，不能分解水分子和放出氧气，较蓝藻简单，因此，蓝藻应于其后出现。最原始的蓝藻是一些简单的单细胞个体，直到距今17亿年前后，才出现了多细胞群体和丝状体。蓝藻大约在距今35亿年前出现，并在前寒武纪就已得到迅速发展，在距今约19亿年前，地球表面主要是蓝藻的世界，一直到大约7亿年前，蓝藻才出现明显的衰落。在蓝藻时代，因蓝藻光合过程中放出氧气，不仅使水中的溶解氧增加，也使大气中的氧气不断积累，而且逐渐在高空中形成臭氧层。氧气为好氧的真核生物的产生创造了条件，臭氧层可以阻挡一部分紫外线的强烈辐射，从而为真核生物的起源和高等生物的演化发展创造了条件。

二、真核藻类的发生和演化

有关真核生物的起源至今仍是一个悬而未决的问题，因此最早的真核藻类如何发生目前亦无定论。下面从3个方面概述真核藻类的发生和演化过程：

1. 藻类细胞的演化

从植物发展史看，单细胞的真核藻类大约出现在14亿~15亿年前。至于真核细胞如何发生，则有多个学说，其中主要有独立学说、渐进学说和内共生学说。独立学说认为原核细胞和真核细胞是各自独立的，分别由有机分子进化而来，两者之间并无亲缘关系。渐进学说认为真核细胞是由原核细胞通过自然选择和突变逐渐进化而来的。影响较大的是内共生学说（endosymbiosis theory），该学说解释了真核细胞中细胞器的起源问题，认为是由一种较大的厌氧异养的原核生物吞噬了好氧细菌和蓝藻，未将其消化并逐渐发展成了固定的共生体,细菌演化成了线粒体,蓝藻演化成了叶绿体,但该学说无法解释细胞核的来源。近年来发现甲藻、裸藻细胞的核质无蛋白质,细胞分裂时核膜不消失,称此种细胞核为中核(mesocaryon)。因此,有人认为细胞核的进化应是由原核经中核进化为真核的。

2. 藻类植物体的演化

从现有资料看,真核藻类植物是从单细胞个体发展到群体,再向多细胞个体方向发展的;由简单到复杂,由自由游动到不游动,以营固着生活的规律进行。在单细胞的藻类中,如衣藻是没有分化的,它兼有营养和生殖两种功能,在营养时期具有鞭毛,能够自由游动,是真核藻类中最简单、最原始的类型。到了群体阶段,各个细胞在形态、结构和功能上基本保持原状;在进一步发展过程中,才逐渐表现出细胞间形态、结构和功能的分化,并逐渐发展为多细胞植物。在多细胞的真核藻类中,早期主要为没有组织分化的丝状体;再进一步发展便出现组织结构的分化,如海带的带片和柄部的细胞分化为表皮层、皮层和髓部。

3. 繁殖和生活史的演化

藻类延续后代是沿着营养繁殖、无性生殖到有性生殖的路线演化的。当生活史中仅有营养繁殖或有营养繁殖和无性生殖(内生孢子和外生孢子)时,生活史中也就没有减数分裂的发生和核相的变化,植物体也没有单倍体(n)和双倍体(2n)之分。大多数真核藻类都是具有有性生殖的。其有性生殖是沿着同配、异配和卵式生殖的方向演化。同配生殖是比较原始的,卵式生殖是有性生殖在植物界中最进化的一种类型。有性生殖的出现,在生活史中必然发生减数分裂,形成单倍体核相和双倍体核相交替的现象。由于减数分裂发生的时间不同,基本上可分为图9-66的3种类型。

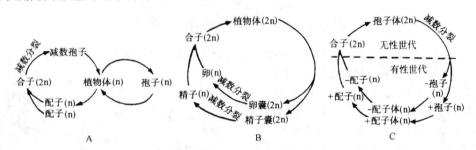

图 9-66 藻类植物生活史图解
A. 只有一种单倍体植物的生活史 B. 只有一种二倍体植物的生活史
C. 有两种或三种植物体,即单倍体植物和二倍体植物进行世代交替的生活史

第一种是减数分裂在合子萌发时发生,在这种藻类的生活史中,只有一种植物体,即单倍体。合子是生活史中唯一的二倍体阶段,如衣藻、水绵和轮藻(图9-66A)。第二种是减数分裂在配子囊形成配子时发生,这种生活史也只有一种植物体,但不是单倍体而是双倍体,配子是生活史中唯一的单倍体阶段,如松藻和硅藻(图9-66B)。最后一种是生活史中出现了世代交替,即有两种或三种植物体,单倍体和双倍植物体交替现象。生活史中形成配子时不进行减数分裂。合子萌发时也不发生减数分裂,而萌发形成一个双倍体植物,双倍体植物进行无性生殖,在孢子囊内形成孢子时进行减数分裂,孢子萌发形成单倍体植物,单倍体植物进行有性生殖。从合子开始到减数分裂发生,这段时期为无性世代,由孢子开始一直到配子形成,称这一时期为有性世代。有性世代和无性世代的交替,称为世代交替(图9-66C)。在藻类生活史中,如果孢子体和配子体植物在形态构造上相同,称为同型世代交替(如石莼)。同型世代交替在进化史上是低级的,由它向异型世代交替进化。异型世代交替是由两种在外部形态和内部构造上不同的植物体进行交替。在异型世代交替的生活史中,有一类是孢子体占优势,如海带,另一类是配子体占优势,如紫菜。一般认为孢子体占优势的种类较进化,是进化发展中的主要方向。在高等植物中,除苔藓植物外,蕨类植物、裸子植物和被子植物,都是孢子体占优势。

三、黏菌和真菌的发生和演化

黏菌所含种类不多，是现代植物界中一个不引人注意的类群，对其发生和演化关系研究得不多，迄今仍不明确。

关于真菌的起源问题，有很多不同的看法，归纳起来有两种观点。

（1）多元论：认为真菌是由失去色素的藻类演化而来，真菌的各纲来源于不同的藻类。这是根据真菌性器官的形态及交配的方式来推测的。如认为藻菌纲来源于绿藻门的管藻目，子囊菌纲来源于红藻门的真红藻纲。虽然也提出一些论据，但却难以令人信服。

（2）单元论：这是多数学者的观点，他们认为整个真菌门起源于原始鞭毛生物（flagellates）。因为藻菌纲植物的原始类型，都有游动孢子，可以认为藻菌纲是直接由原始鞭毛生物进化而来的。一般认为子囊菌纲起源于藻菌纲，担子菌起源于子囊菌。

原始鞭毛生物→鞭毛菌→接合菌→子囊菌→担子菌

鞭毛菌具游动孢子，水生。接合菌与鞭毛菌有相似的菌丝，只是在进化途中，游动孢子失去了鞭毛，形成了不动的孢子，并产生了接合生殖的特征。说明它们由水生向陆生演化的历程。

子囊菌不产生游动孢子和游动配子，子囊来源于两个细胞的结合，并形成子囊孢子，更适于陆地生活，它们可能是由接合菌中的某一支演化而来的。

担子菌陆生，次生菌丝为双核。与子囊菌的产囊丝（也是双核）来源相同，在有性生殖过程中，担子菌与子囊菌有很多相似之处。因此推断，担子菌应是由子囊菌演化而来的。

四、苔藓植物的发生和演化

关于苔藓植物的起源问题，目前尚无一致的意见。有人认为起源于绿藻，其理由为：含有的色素相同；贮藏的淀粉相同；精子均具有两条等长的顶生鞭毛；孢子萌发时先形成的原丝体与丝藻也很相似；轮藻的卵囊和精子囊的构造可与苔藓植物的颈卵器和精子器相比拟。也有人认为是由裸蕨类植物退化演变而来，裸蕨类中的角蕨属 *Hornea* 和鹿角蕨属 *Rhynia* 没有真正的叶与根，只在横生的茎上生有假根，这与苔藓植物体有相似之处；在苔藓植物中没有输导组织，而在裸蕨类中，也可以看到输导组织消失的情况；此外，根据地质年代的记载，苔藓植物最早的化石发现于距今 3.45 亿~2.8 亿年，裸蕨（图 9-67）的化石发现于距今 4.3 亿~3.9 亿年，苔藓植物比裸蕨类晚出现数千万年，从年代上也可以说明其进化顺序。这两种观点至今证据不足，有待今后进一步研究。在苔藓植物中，苔类和藓类相比，哪一个原始，哪一个进化，不同学者的看法也不一致。

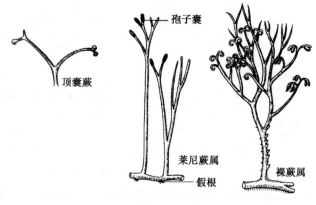

图 9-67 裸蕨类代表植物

苔藓的配子体占优势，孢子体依附在配子体上，而配子体的构造简单，没有真正的根和输导组织，有性生殖必须借助于水，这都表明它是由水生向陆生过渡的类群，在陆地上难于进一步适应和发展，因而不能像其他孢子体发达的陆生高等植物那样，能很好地适应陆生生活。另外，苔藓植物的孢子体不能独立生活，须寄生于配子体上，因此有学者认为苔藓植物在植物界的系统演化中，只能是一个盲枝。

五、蕨类植物的发生和演化

关于蕨类植物的起源问题，一般认为起源于距今约 4 亿年前的古裸蕨植物。而多数学者又认为裸蕨起源于绿藻,其理由是裸蕨与绿藻均含有的相同的叶绿素;相同的淀粉贮藏类物质;游动细胞均有等长的鞭毛等。但尚缺乏足够的论据,有待进一步研究。

裸蕨类的共同特征是小型草本,地下具横走且二叉分枝的根状茎,无真根,地上为主轴,二叉状分枝,无叶;孢子囊单生枝顶,孢子同型。裸蕨植物虽然只在地球上生存了3 000万年,但它们的出现则开辟了植物由水生发展到陆生的新时代,陆地从此披上了绿装,使植物界的演化进入了与以前完全不同的新阶段。

一般认为蕨类植物是由裸蕨植物分三条进化路线发展进化的。一支是石松类植物。这是蕨类植物中最古老的一个类群,其历史可追溯到距今约3.7亿年前的早泥盆纪。原始石松类的代表是刺石松 *Baraguanathia longifolia* Lang et Cookson 和星木属 *Asteroxylon*(图9-68),它们与裸蕨有相似之处,但茎上已分化出密生螺旋状排列的细长鳞片状突出物,能进行光合作用,与叶的机能相同。与星木同时或稍后出现的原始石松类植物还有镰蕨 *Drepanophycus* 和原始鳞木 *Protolepidodendron*(图9-68),这两种植物均为草本

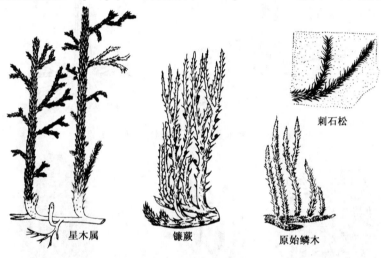

图9-68 化石石松类

类型,它们的孢子囊均着生于孢子叶的腹面,茎中出现了星状或辐射状中柱,这些特征显示它们比星木的进化程度略高。后来,石松类植物向两个不同的方向发展,一是向草本方向发展,经过漫长的演化,发展成现存的石松和卷柏;另一方向是向木本类发展,到中石炭纪发展到鼎盛时期,出现了高达30~50m,主茎粗约2m的高大乔木,如鳞木属 *Lepidodendron* 和封印木属 *Sigillaria*(图9-69)。但由于它们茎干高大而维管组织细小,枝叶繁茂而根系不深等,所以到二叠纪向三叠纪过渡时,随着地球气候日趋干旱,最终绝灭,成了该地层的主要造煤植物。

再一支是木贼类植物。木贼类出现于泥盆纪,差不多是与石松类平行发展的。原始木贼类的代表是海尼蕨属 *Hyenia* 和古芦木属 *Calamophyton*(图9-70A和图9-70B)。它们被看成是裸蕨植物和典型的木贼类之间的过渡类型,其茎干为二叉分枝,不像现存的木贼类,而是接近于裸蕨的特征;但茎枝上有节的分化,叶在茎枝上近似轮状排列,尤其是孢子囊排列成疏松的孢子囊穗,孢子囊倒生并悬垂于反卷的小枝顶端,这和现代木贼的孢子囊倒生于孢子囊柄上的情况非常相似。到石炭纪和二叠纪,木贼类发展到了鼎盛阶段,种属很多,既有草本,也有高大的乔木,如芦木属 *Calamites*(图9-70C)就是其中之一,高达20~30m,有形成层,根状茎上生不定根,节和节间明显,节间中空,枝在节部轮生,叶线形或披针形,仅具1条脉,且轮生于节部。孢子叶球具柄状的孢子叶和苞片。这些特征都与现代的木贼属植物非常相似。但到二叠纪末也因地球气候日趋干旱而最终绝灭,成了该地层的成煤植物之一。现存的木贼类植物全为草本,它们是经过长期自然选择而生存下来的"幸存者"。

另一支是真蕨类植物。真蕨类最早出现于中泥盆纪,原始代表是1936年发现于我国云南省泥盆纪地层中的小原始蕨 *Protopteridium minutum* Halle 及发现于中泥盆纪的古蕨属(古羊齿) *Archaeopteris*。小原

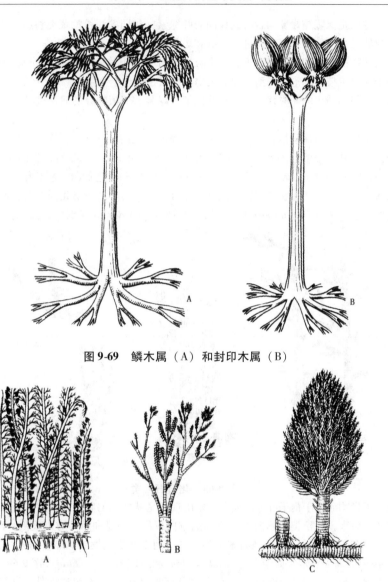

图 9-69 鳞木属（A）和封印木属（B）

图 9-70 海尼蕨（A）、古芦木（B）、芦木（C）

始蕨为二叉合轴式分枝的小植物，末级枝条扁化成二叉分枝的叶片状，孢子囊保留着裸蕨类顶生于枝端的特性（图9-71）；古蕨属具有大型二回羽状的真蕨形叶子，孢子囊以短柄着生在羽片或小羽片轴上（图9-72）。这些古代的真蕨被认为是从裸蕨进化到真蕨植物的过渡类型。真蕨植物在长期的地质年代中，并不像其他蕨类那样曾形成繁盛的植被，它们在石炭纪时大多绝灭了，后来在中生代的三叠纪和侏罗纪时，又发展出了一系列的新类群，其中的大多数生存至今。

图 9-71 小原始蕨

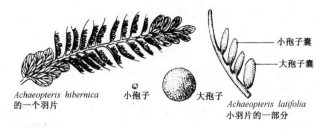

图 9-72　古蕨属

与石松和木贼类相比，真蕨植物体的分化程度更高，类型也更加复杂多样，因而更能适应陆生环境。真蕨植物体的外部产生出毛和鳞片，起保护作用；茎由直立的辐射对称向横走而具背腹性类型发展，减少了与干冷空气的接触；叶片由扁化到蹼化，最终发展成宽阔的羽状复叶，更有利于光合作用；孢子囊也大都具有保护功能的囊群盖等等。虽然真蕨植物的发展超越了其他蕨类，但大多仍生长在热带和亚热带多雨湿润地区。

自蕨类植物出现至今，已经历了约 4 亿多年的演化历史，在它们最繁盛的时期出现了许多高大的木本蕨类，但到了二叠纪晚期蕨类植物相继绝灭，裸子植物取而代之。

六、裸子植物的发生和演化

裸子植物既是种子植物，又是颈卵器植物，是介于蕨类植物与被子植物之间的一群高等植物。裸子植物在系统发育过程中，植物体的次生生长由弱到强；茎干由不分枝到分枝；孢子叶由散生到集生，成为各式孢子叶球；大孢子叶逐渐特化；雄配子体由吸器发展为花粉管，雄配子由游动的、多鞭毛精子，

图 9-73　裸子植物植株形态
A. 无脉蕨　B. 古蕨

发展到无鞭毛的精子，颈卵器由退化、简化、发展到没有颈卵器等。这一系列的发展变化，特别是生殖器官的演化，使裸子植物更适应陆生生活条件，并达到较高的系统发育水平。

裸子植物的历史可远溯到3.5亿年之前，也就是地质史上称为中、晚泥盆纪的时候。从化石记载表明，那时裸子植物正处于形成和开始发展的阶段，原始的裸子植物尽管在某些方面比蕨类植物进步，但尚未具备裸子植物全部的基本特征。中泥盆纪的无脉蕨 *Aneurophyton*（图9-73A）是原始裸子植物的一个代表，它是一种高大的乔木，茎顶端有一个由许多分枝组成的树冠，其末级"细枝"的形状就像分叉的叶片，但其中无叶脉；孢子囊小而呈卵形，生于末级"细枝"之上；茎干内部具次生木质组织，这种组织由带具缘纹孔的管胞组成；它没有发达的主根，只有许多细弱的侧根。古蕨属 *Archaeopteris* 是晚泥盆纪特有的一群较为进化的原始裸子植物的代表，它是高达18m以上的塔形乔木（图9-73B），茎的最大直径为1.5 m，有形成层及次生组织，木质部成分是带具缘纹孔的管胞，茎干的顶端有一个由枝叶组成的树冠；叶是扁平而宽大的羽状复叶；根系较无脉蕨发达；孢子囊单个或成束地着生在不具叶片的小羽片上，孢子囊内曾发现大、小两种孢子。尽管古蕨仍是以孢子进行繁殖的，但它的外部形态、内部结构和生殖器官的特征更接近裸子植物，因而推测它可能是由原始蕨向裸子植物演化的一个早期阶段或过渡类型，所以人们称古蕨为原裸子植物（Progymnospermae）或半裸子植物。到了晚泥盆纪、早石炭纪时，由原裸子植物演化出更高级的类型——种子蕨 Pteridospermae 和苛得狄 Cordaitinae 等。

种子蕨是一种最原始的种子植物（图9-74），最早出现于早石炭纪的地层中，在晚石炭纪和二叠纪得到了极大发展，是当时陆生植被中的优势类群。种子蕨植物体不很高大，主茎很少分枝，叶为多回羽状复叶；种子小型，并有一杯状包被，其上生有腺体，种子中央为一颇大的雌配子体组织和颈卵器，珠心（大孢子囊）的顶端有一突出的喙，喙外又有一垣围之，两者之间为花粉室，其中有时可看见花粉粒，珠心之外有一厚的珠被。从上述特征可以看出，种子蕨是介于真蕨类植物和种子植物之间的一个过渡类型，但种子蕨并不是从真蕨起源的，而是从起源于裸蕨的原裸子植物演化而来。

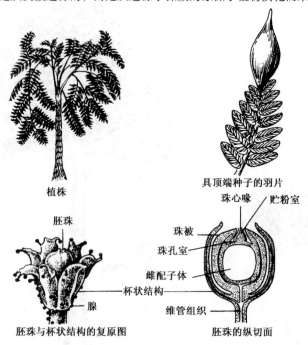

图9-74 种子蕨

在石炭纪、二叠纪的地球植被中，除了外貌像蕨的种子蕨之外，还有一类高大乔木状的种子植物——苛得狄（图9-75），其植物体为高大乔木，茎粗一般不超过1m，茎干的内部构造和种子蕨颇相似，

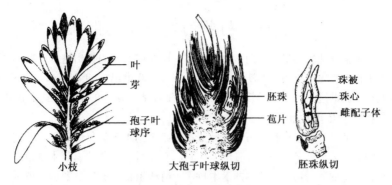

图 9-75 苛得荻属

但木材较发达而致密，木质部或薄或厚，通常无年轮，髓由许多薄壁细胞横裂成片组成，似被子植物胡桃的髓；具较发达的根系和高大的树冠，叶皆是全缘的单叶，形态大、小颇不一致，其上有许多粗细相等、分叉的、几乎是平行的叶脉；大、小孢子叶球分别组成松散的孢子叶球序，并在大、小孢子叶球的基部有多数不育的苞片；胚珠顶生，珠心和珠被完全分离。从上述特征可以看出，苛得荻植物在胚珠结构、叶的形态与结构等方面与种子蕨相似，而茎的构造和孢子叶的形态等又类似现有的裸子植物。

种子蕨和苛得荻之间并不存在系统发育上的祖裔关系，它们都是原裸子植物的后裔。根据现有的裸子植物化石资料，现存的裸子植物都是由原裸子植物沿两个方向演化而来，一支是由无脉蕨经过侧枝的简化，形成种子蕨，再进一步发展成为拟苏铁类 *Cycadeoides*（图 9-76）和苏铁类 *Cycads*，其中拟苏铁类在白垩纪后期绝灭。另一支则由古蕨经过复杂的分枝和次生组织的发育，在石炭纪形成苛得荻，再进一步发展成为银杏类、松柏类和红豆杉类。裸子植物最繁盛的时期是在中生代的早期，当时以松柏类植物占优势，现存的裸子植物大多属此类。

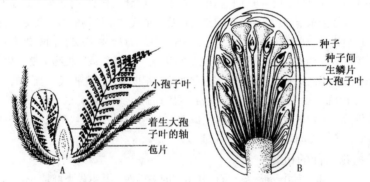

图 9-76 拟苏铁（本内苏铁）的孢子叶球

A. 本内苏铁孢子叶纵切面　B. 本内苏铁大孢子叶球纵切面

至于买麻藤纲植物的起源和系统地位，至今尚存有争议，根据它们形体的结构和明显的分节，被认为与木贼类植物有一定的亲缘关系；但从它们孢子叶球的结构来看，其祖先曾具有两性的孢子叶球，而具有两性孢子叶球的植物，只有起源于种子蕨的拟苏铁类，它们的孢子叶球二叉分枝和具有珠孔管等特点，说明买麻藤纲植物很可能是强烈退化和特化了的拟苏铁植物的后裔，但买麻藤植物茎内维管组织具导管、精子无鞭毛、颈卵器趋于消失，以及类似花被结构（盖被）的形成和虫媒的传粉方式等，又是堪与被子植物相比拟的高级性状。

在漫长的历史发展过程中，由于地史、气候经过多次重大变化，裸子植物的种系也随之多次演替更新，老的种系相继绝灭，新的种系陆续演化出来，并沿着不同的进化路线不断地更新。

七、被子植物的发生和演化

被子植物是当今覆盖陆地表面最主要的植物，它的多样性促使人们提出这样一些问题：被子植物起源于何时？何地？由什么祖先演化而来？演化的途径是什么？20世纪60年代以来，由于采用了新的研究方法，使这些问题有了新的进展。本书择其重要的、为多数学者所承认的观点简要介绍如下。

（一）被子植物发生的时间

最早出现在各大洲的一批被子植物化石资料显示，在距今约1.2亿年前的早白垩纪，被子植物即已发生，并有了很大的分化，出现了相当于今日的木兰科、壳斗科、桑科榕属等木本植物，也出现了藤本的葡萄科、卫矛科，水生的泽泻科以及草本的禾本科、车前科植物。多数学者认为被子植物最初的分化发生在早白垩纪，大概在侏罗纪时期就为这个类群的发展准备了条件。

到了距今9 000万~8 000万年前的晚白垩纪，被子植物在地球上的大部分地区占了统治地位。化石资料显示，在白垩纪的最末期，被子植物在整个植物区系组成中占50%~80%。白垩纪中期被子植物的"爆发式"出现，如此惊人的演化速率和在地球上的散布速度，是令人难以置信的。Axelrod指出，如果考虑地质历程中已发现的主要植物化石的演化速度，要达到被子植物的那种多样性，大约需要7 000万~6 000万年的时间，据此推测，被子植物的祖先至少应当在二叠纪。综观植物发展史，出现如此大的间断也是罕见的。许多学者曾对此做过各种解释，但始终未揭开这个谜。

目前，对被子植物起源的时间还存在许多不同的看法，但是几乎可以肯定地说是在白垩纪以前的某个时期。

（二）被子植物的发生地

对于被子植物发生地的问题，主要有两种观点：即高纬度起源说和低纬度起源说。目前多数学者支持后者，依据之一是化石出现得早，大量被子植物化石在中、低纬度出现的时间早于高纬度。依据之二是现存的和化石的木兰类在亚洲东南部和太平洋西南部占优势。现代被子植物的多数较原始的科如木兰科、八角科、连香树科、昆栏树科、水青树科等都集中分布于低纬度的热带。塔赫他间等提出西南太平洋和东南亚地区原始毛茛类型（广义的木兰目）分布占优势，认为这个地区是被子植物早期分化和可能的发源地。我国植物学家吴征镒教授提出"整个被子植物区系早在第三纪以前，即在古代'统一的'大陆上的热带地区发生"，并认为我国南部、西南部和中南半岛最富于特有的古老科、属，这一地区即是近代东亚亚热带、温带乃至北美、欧洲等北温带植物区系的开端和发源地。大陆漂移说和板块学说也支持低纬度学说。但这个问题并没有定论，还有许多问题需要进一步探讨。

（三）被子植物可能的祖先

被子植物分布极广，属、种十分庞杂，有极其丰富的多样性。其祖先类群是1个、2个还是多个？存在着各种不同的假说，有多元论、二元论和单元论，现分别介绍如下：

1. 多元论（多源说）

多元论（polyphyletic theory）著名代表有威兰（G. R. Wieland）、米塞（Meeuse）和胡先骕等人。该观点认为，被子植物来自许多不相亲近的祖先类群，彼此是平行发展的。威兰在1929年提出被子植物多元起源的观点，认为不同的被子植物类群的起源分别与本内苏铁、苛得荻类、银杏类、松杉类以及苏铁类有关。米塞认为被子植物至少是从四个不同的祖先演化而来的。胡先骕1950年在《中国科学》上发表文章认为，双子叶植物是从多元的半被子植物起源的；单子叶植物不可能出自毛茛科，需上溯至半被子植物，而其中的肉穗花类直接出自种子蕨的髓木类，与其他单子叶植物不同源。

2. 二元论（二元说）

拉姆（Lam）和恩格勒均为二元论（diphyletic theory）的著名代表。该观点认为，被子植物来自两个不同的祖先类群，二者不存在直接的关系，而是平行发展的。拉姆在他的分类系统中，把被子植物分为轴生孢子类（stachyospore）和叶生孢子类（phyllospore）。前者的心皮是假心皮，并非来源于叶性器官，大孢子囊直接起源于轴性器官，包括单花被类（大戟科）、部分合瓣类（蓝雪科、报春花科）以及少部分单子叶植物（露兜树科），这一类起源于盖子植物的买麻藤目。后者的心皮是叶起源，具有真正的孢子叶，孢子囊着生于孢子叶上，这一类包括多心皮类及其后裔、离瓣花类及大部分单子叶植物，起源于苏铁类。恩格勒认为柔荑花序的无花被类（木麻黄目和荨麻目等）和有花被的多心皮类缺乏直接的关系，二者有不同的祖先，且是平行发展的。

3. 单元论（单元说）

现代多数植物学家持单元论（monophyletic theory）的观点，如哈钦松、塔赫他间和克朗奎斯特等。该观点认为，所有的被子植物都来源于一个共同的祖先，其理论依据是：被子植物具有许多独特和高度特化的特征，如筛管和伴胞的存在、雌雄蕊在花轴上排列的位置固定不变及结构的一致性、花粉管通过助细胞进入胚囊、双受精现象和三倍体胚乳等，很难想像这些性状能在不同的原始植物类群中独立地同时发生。从统计学上也证实，所有这些特征共同发生的几率不可能多于一次，因此认为被子植物只能来源于一个共同的祖先。近几年兴起的分子系统学研究的结果也肯定了被子植物确属一个单元发生群。

被子植物如确系单元起源，其祖先又是哪一类植物呢？推测很多，却无定论，但认为多心皮类中的木兰目为现代被子植物的原始类型的观点基本上是一致的，目前比较流行的是本内苏铁和种子蕨两种假说，尤以主张种子蕨假说的居多。

莱米斯尔（Lemesle）（1946）主张起源于本内苏铁，他认为本内苏铁的两性孢子叶球和木兰属的花相类似，种子无胚乳，仅具两枚肉质的子叶；次生木质部的构造亦相似。

塔赫他间则主张起源于种子蕨，他认为本内苏铁的孢子叶球和木兰属花的相似是表面的，因为木兰属的小孢子叶分离、螺旋排列，而本内苏铁的小孢子叶为轮生，且在近基部合生，小孢子囊合生成聚合囊；再者，本内苏铁的大孢子叶退化为一个小轴，顶生一个直生胚珠，并在这种轴状大孢子叶之间还有种子间鳞，因此，要想像这种简化的大孢子叶转化为被子植物的心皮是很困难的；另外，本内苏铁类以珠孔管接受小孢子，而被子植物则是通过柱头进行授粉。所有这些都表明被子植物起源于本内苏铁的可能性较小，因此，塔赫他间认为被子植物同本内苏铁目有一个共同的祖先，有可能从一群最原始的种子蕨起源。而这个祖先有可能是从一群最原始的种子蕨通过幼态成熟（neoteny）的途径演化来的。幼态成熟是一个进化学的术语，指在系统发育过程中，植物处于早期发育阶段就进入成熟期，成年阶段在生活周期中消失，其结果就是后代的成年结构相似于祖先的幼年。塔赫他间等人认为，种子蕨的具孢子叶的幼年短枝生长受到强烈抑制和极度缩短变成孢子叶球，再进而变成原始被子植物的花，这种花再经过不断地幼态成熟突变，使幼苗阶段的花轴（花托）和叶器官（花被、雄蕊、雌蕊）更紧密地靠拢，最后演变成为进化的被子植物的花。按照幼态成熟学说，被子植物的雌配子体由种子蕨的雌配子体的游离核阶段突变而成；心皮是原始裸子植物大孢子叶的幼态成熟，单子叶植物的子叶是双子叶植物的子叶幼态成熟等等。

谷安根（1992）则提出种子蕨的幼态成熟应是其种子内幼胚时期发生的，因此被子植物的演化形态学，只能在被子植物内部来研究，企图与任何化石植物相比较，恐怕都是十分困难的。至于是由哪种子蕨通过幼态成熟演化出原始被子植物的问题，同样没有一致的意见。

（四）单子叶植物的起源

上面所介绍的有关被子植物起源的各种假说和科学推论，一般都指双子叶植物而言的。目前，包括哈钦松、塔赫他间、克朗奎斯特、田村道夫等人在内的绝大多数学者认为，双子叶植物比单子叶植物原始，而推测单子叶植物是从已绝灭的最原始的草本双子叶植物演化而来的，是单元起源的一个自然分支。但是，具体是从哪一类祖先进化来的，现存单子叶植物中哪一群是原始的则有多种假说和推论。其中主要有两种起源说：一种称为水生莼菜类起源说，认为单子叶植物起源于具单沟花粉的水生无导管的睡莲目的一些类群，通过莼菜科CABOMBACEAE中可能已绝灭的原始种类进化到泽泻目，再演化出单子叶植物的其他分支。另一种称为陆生毛茛类起源说，认为单子叶植物起源于陆生的多心皮、离生、原始的草本群毛茛类，因依据不同，又得出不同的演化路线，依离生心皮为依据者认为单子叶植物的花蔺科

BUTOMACEAE、泽泻科 ALISMATACEAE、眼子菜科 POTAMOGETONACEAE 等为原始类群，依解剖结构、化学成分为依据者认为百合目应是单子叶植物的原始类群。

上述观点主要是根据现代植物的比较形态解剖等综合研究推测出来的，还缺乏可靠的化石证据，仍需多学科的长期探索。

(五) 植物界的演化规律和演化路线

1. 演化规律

纵观植物界各类群的发生和演化，可将整个植物界的演化规律概括如下：

(1) 从简单到复杂。在形态结构上，植物体由单细胞个体到群体、丝状体、片状体，再到茎叶体，最后发展成具根、茎、叶的多细胞个体；从无组织分化到有组织分化。在繁殖方式上，由无性的营养繁殖、孢子繁殖到有性的配子生殖；有性配子生殖中先是同配、进而发展到异配，最后进化为卵式生殖。具有卵式生殖的低等植物，其受精卵不发育为胚，直接萌发为植物体；高等植物的受精卵则先发育为胚，再萌发为植物体，这样可以更好地保证后代的繁殖。在生活史中，由无核相交替到有核相交替再到具世代交替，世代交替又由配子体占优势的异型世代交替向孢子体占优势的异型世代交替发展。

(2) 从水生到陆生。最原始类型的藻类全部生命过程都在水中进行，没有根、茎、叶的分化；到了苔藓植物已能生长在潮湿的环境，但依然没有真正根、茎、叶的分化，没有维管组织，受精作用离不开水，致使陆生生活的发展受到一定的影响，不能飞跃发展，因而成为进化中的一个旁枝。蕨类植物能生长在干燥环境，有了真正根、茎、叶的分化，有了简单的维管组织，但精子与卵结合还需借助于水，因而蕨类植物的发展和分布仍受到一定的限制；种子植物的根、茎、叶更加发达，维管组织更加完善，不仅能生长在干燥环境，而且产生了花粉管，在受精作用这个十分重要的环节上就不再受外界水的限制。孢子体的逐渐发达和配子体的逐渐退化，也是对陆生环境的适应，原始的植物生活在水中，游动配子在水域条件下，能顺利结合，产生性细胞的配子体相应得到优势发展。在陆生环境下，配子体逐渐缩小，能在短暂而有利的时间内发育成熟，并完成受精作用；而由合子发育成的孢子体，获得了双亲的遗传性，具有较强的生活力，能更好地适应多变的陆地环境。因此，进化的陆生植物有着更为发达而完善的孢子体和愈加简化的配子体。

需要明确的是：高等植物中也有许多水生植物，因为有些高等植物在演化过程中，又由陆地重返水中生活，因此不能认为所有水生植物都是低等的类型。同样，高等植物中也有许多结构简单的植物，因为这些高等植物的演化是沿器官简化的道路进行的，是一种次生性的结构简化现象，因此也不能认为所有结构简单的植物都是低等的类型。如颈卵器的结构，从苔藓植物到蕨类植物，再到裸子植物就越来越简单，演化到被子植物则已完全消失；又如高等植物中的浮萍、睡莲和金鱼藻等，它们都是水生植物，植物体内的吸收组织、机械组织和输导组织都极度简化，然而它们却都是比较高级的种子植物，因为它们是由陆地又返回到水中生活的。因此，绝不能把植物界的发展机械地理解成简单的、直线上升的演化过程。

虽然以上升演化使植物体逐渐复杂和完善是进化的总趋势，但某些种类在特殊的环境中却朝着特殊的方向发展和变化，故而才形成了今天形形色色、种类繁多的植物界。

2. 演化路线

植物界的发生和发展经历了漫长的历史，随着地球历史的发展，由原始生物不断演化，其间大约经历了 30 多亿年，有的种类由兴盛到衰亡，新的种类又在进化中产生，形成地球上现存的已知的约 50 多万种植物。植物界的漫长演化史，可以从地质史上划分的不同"代"、"纪"地层中保存的植物化石资料得到证实。从植物界进化的地质年代表中，可看出各主要植物群在各地质年代中发展的大致情况，从中也可看出植物界的演化路线（表9-8）。

表 9-8　植物界进化年表

地质代	纪	距今年数（百万年）	植物演化的情况（化石的记录）	优势植物
新生代（Cenozoic）	第四纪（Quaternary）	现代	被子植物繁盛并占绝对优势，草本植物进一步发展	被子植物
		早期 2.5		
	第三纪（Tertiary）	后期 25	经过几次冰川期之后，森林衰退；草本植物发生，植物界的面貌与现代相似	
		早期 65	被子植物进一步发展并占优势，世界各地出现大面积森林	
中生代（Mesozoic）	白垩纪（Cretaceous）	上 90	被子植物得到发展	裸子植物
		下 136	裸子植物衰退，被子植物兴起	
	侏罗纪（Jurassic）	190	裸子植物中松柏类占优势，原始裸子植物消失；被子植物出现	
	三叠纪（Triassic）	225	木本蕨继续衰退。裸子植物进一步发展繁盛	
古生代（Paleozoic）	二叠纪（Permian）	上 260	裸子植物中苏铁类、银杏类、针叶类生长繁盛	蕨类植物
		下 280	木本蕨开始衰退	
	石炭纪（Carboniferous）	345	木本蕨繁盛；同时出现了矮小的真蕨类植物；种子进一步发展	
	泥盆纪（Devonian）	上 360	裸蕨类逐渐消失	
		中 370	裸蕨类植物繁茂，种子蕨出现；苔藓植物出现	
		下 390	植物由水生向陆生演化，陆地上出现了裸蕨类；可能出现了原始维管植物；藻类植物仍占优势	
	志留纪（Silurian）	435		藻类植物
	奥陶纪（Ordoviclan）	500	藻类植物繁盛，并占优势；其他类型植物群继续发展	
	寒武纪（Cambrian）	570	初期出现了真核细胞藻类，后期出现了与现代藻类相似的类群	
原古代（Proterozoic）		570~1500		
太古代（Archezoic）		1500~4600	早期为化学演变时期，然后原始生命发生，后期出现蓝藻和细菌	原核生物

地球大约形成于 46 亿年前，在地球上首先从简单的无生命的物质演化出原始生命体。这些原始生命体与周围环境不断地相互影响，到了 35 亿年前，演化出了原核生物——细菌、蓝藻。这一过程经历了 11 亿年。又经历了约 20 亿年，到大约 18 亿~14 亿年前，由原核生物演化出了真核生物——原始鞭毛生物，由原始鞭毛生物演化发展出各种真核藻类植物，真核藻类从开始出现到鼎盛时期，大约经历了 10 亿年。到 4 亿年前，由高等的绿藻类演化出了原始的蕨类植物。蕨类植物从发生、发展到衰退，经历了 1.2 亿年，到 2.8 亿年前，由蕨类植物演化出了裸子植物，裸子植物在植物界称霸 1 亿年左右，又逐渐让位给

了被子植物。当今世界，被子植物几乎在陆地上的各个角落的植被中都堪称霸主。这就是植物界演化中的一条主线。真菌是与真核藻类同期出现的一个侧枝，苔藓则是与蕨类植物同期出现的一个侧枝。植物界演化主干顶端的被子植物能繁盛多久，将来又会被谁取代，有待进一步的探究。

本章小结

植物分类的任务不仅要识别物种、鉴定名称，而且要在进化的基础上对它们进行正确归类，阐明植物类群之间的亲缘关系和系统演化，建立分类系统，进而研究物种起源、分布中心演化过程和演化趋势。植物分类在开发和利用植物资源等方面起着重要作用。植物分类方法包括人为分类和自然分类。常用的植物分类单位主要有界、门、纲、目、科、属、种。种是分类的基本单位。

植物命名的方法为双名法，而检索表则是识别鉴定植物的工具，分为定距检索表和平行检索表。

按照两界系统，并根据植物的形态结构、生活习性和亲缘关系，可将植物界分为15个门，包括藻类7门，菌类3门，地衣、苔藓、蕨类、裸子植物和被子植物各1门。

低等植物包括藻类植物、菌类植物和地衣植物。多为水生或湿生，植物体结构简单，是没有根、茎、叶分化的原植体植物，雌性生殖结构多为单细胞；合子萌发不形成胚而直接发育成新的植物体；有些植物具世代交替。

高等植物包括苔藓植物、蕨类植物、裸子植物和被子植物，多为陆生，植物体一般有根、茎、叶和维管组织的分化（苔藓植物除外）；雌性生殖结构由多细胞构成；合子形成胚，然后再发育为植物体；生活史中具明显的世代交替。

藻类植物一般具有光合作用色素，生活方式自养，大多数生于海水或淡水中，少数生活在潮湿的土壤、树皮或石头上。蓝藻门属原核生物，多种蓝藻具有异形胞，细胞内含有固氮酶，能进行固氮作用，在农业上有重要意义。除蓝藻门外，藻类的其他各门都是真核藻类。其中裸藻门是一类兼有动、植物特征的藻类，绝大多数是无细胞壁，具有1~3条鞭毛、能自由游动的单细胞植物。绿藻门是具有与高等植物细胞相似特征的藻类；其光合色素、细胞壁的成分、贮藏物质、鞭毛类型等都与高等植物相同；绿藻的繁殖方式多样，有性生殖有同配、异配和卵配，水绵则为接合生殖；绿藻的生活史类型有合子减数分裂和孢子减数分裂，石莼为孢子减数分裂，具同型世代交替；轮藻的植物体有类似根、茎、叶的分化，生殖结构也比较复杂，其生活史为合子减数分裂，具核相交替而无世代交替。金藻门中的硅藻是一类单细胞植物，可以连成各种群体；细胞形似小盒，细胞壁是由两个套合的瓣组成，其繁殖最主要的是进行细胞的有丝分裂和形成复大孢子。甲藻门植物多为单细胞，除少数裸型种外，细胞外都有较厚的壁，特称为壳；繁殖方式主要是细胞分裂及孢子繁殖，有的可产生芽孢，有性生殖仅见于少数种类。

红藻的生殖细胞，无论是孢子还是配子，都不会游动；有性生殖为卵式生殖；其代表植物紫菜的生活史为配子体发达的异型世代交替。褐藻门中有大形带状藻类；其世代交替有两种，一种是同型世代交替，如水云属植物；另一种是异型世代交替，其孢子体和配子体的形状、大小差异很大，多数是孢子体大，配子体小，如海带。多种藻类植物具有食用和药用价值，许多可作为工业原料。

菌类植物一般没有光合色素，绝大部分菌类植物的营养方式为异养。细菌门属原核生物，繁殖方式为细胞直接分裂，从形态上可把细菌分为球菌、杆菌和螺旋菌三种基本类型。放线菌是介于细菌与真菌之间的中间类型，可提取多种抗生素。黏菌门是介于动物和植物之间的生物。

真菌种类很多，通常分为4个纲，即藻状菌纲、子囊菌纲、担子菌纲和半知菌纲。藻状菌纲的植物体多为分枝的丝状体，菌丝通常不具横隔，多核；无性繁殖产生游动孢子和不动孢子；有性生殖有同配、异配、卵配和接合生殖。子囊菌纲除极少数为单细胞外，均为有隔菌丝组成的菌丝体；最主要的特征是产生子囊，内生子囊孢子。担子菌纲均为有隔菌丝组成的菌丝体；最主要的特征是产生担子，外生担孢子。子囊菌和担子菌属高等真菌，大多数种类形成子实体。半知菌纲的营养体均为有隔菌丝形成菌丝体，一般只知其无性生殖，不知其有性生殖；从已有的研究发现，大多数是子囊菌纲的无性阶段，少数是担子菌纲的无性阶段。菌类是自然界的分解者，在物质循环中起着很大的作用；许多真菌可供食用和药用；

有些真菌为动物、植物和人体的寄生菌。

地衣是是由藻类和真菌共生的复合有机体。根据地衣的生长状态，可分为壳状地衣、叶状地衣和枝状地衣三种类型。地衣构造上可分为上皮层、藻胞层、髓层和下皮层。根据藻细胞在真菌组织中的分布情况，地衣可分为同层地衣和异层地衣两种类型。地衣的适应能力很强，是自然界中的先锋植物。有些地衣具有重要的经济价值。

苔藓植物门是高等植物中最原始的陆生类群，无维管组织。外形为茎叶体或叶状体，具假根。有性生殖器官形成颈卵器和精子器，其生活史为配子体占优势的异型世代交替。孢子体不能独立生活，寄生于配子体上。苔藓植物根据其植物体形态结构的不同分为苔纲和藓纲，有的学者则分为苔纲、角苔纲和藓纲。苔藓植物也是植物界的拓荒者之一，并在水土保持、监测大气污染等方面起着重要作用。一些苔藓植物可作为森林的指示植物，多种植物具有药用价值。

蕨类植物是进化水平最高的孢子植物，也是最原始的维管植物。其生活史为孢子体发达的异形世代交替。蕨类植物的孢子体和配子体均能独立生活，这是其他几门高等植物都没有的特征。有性生殖器官为颈卵器和精子器。蕨类植物分为木贼纲（楔叶纲）、松叶蕨纲（裸蕨纲）、石松纲、水韭纲、蕨纲（真蕨纲）等5个纲。前4个纲为小型叶蕨类，蕨纲为大型叶蕨类。蕨类中不少种类可药用、食用、工业用、农业用和观赏用。

裸子植物是一群最进化的颈卵器植物，又是较原始的种子植物。因其种子外面没有果皮包被，是裸露的，故称为裸子植物。裸子植物具有花粉管，能将精子直接送入颈卵器内。受精作用不再受水的限制，使之更适于陆地生活，能更好地在陆生环境中繁衍后代。种子的形成有助于植物的散布、胚的保护和幼孢子体的成长。其生活史为孢子体发达的异型世代交替。孢子体多为高大的木本，有明显的次生木质部，大多数无导管。配子体退化，寄生在孢子体上，雌配子体尚有颈卵器，只有一个精子在颈卵器内受精，有简单多胚现象和裂生多胚现象两种情况。其种子由3个世代的产物组成：胚是新一代的孢子体，胚乳是雌配子体，种皮是老一代的孢子体。裸子植物分为苏铁纲、银杏纲、松柏纲、红豆杉纲和买麻藤纲5个纲。大多数裸子植物具有重要的经济价值。

被子植物是适应陆生生活发展到最高级、最完善的一群现代植物，也是地球上最繁茂和分布最广的一个类群。其最显著的特征是：具有真正的花；孢子体高度发达，物种多样化；配子体更加简化；具雌蕊，胚珠包被在子房内，形成果实；具双受精现象。

从系统演化的角度看，目前地球上生存的50余万种植物都是由早期简单原始的生物经过几十亿年的发展演化而逐步产生的，这是一个漫长的历史过程。地球大约形成于46亿年前，在地球上首先从简单的无生命的物质演化出原始生命体。这些原始生命体与周围环境不断地相互影响，到了35亿年前，演化出了原核生物——细菌、蓝藻。这一过程经历了11亿年。又经历了约20亿年，到大约18亿~14亿年前，由原核生物演化出了真核生物——原始鞭毛生物，由原始鞭毛生物演化发展出各种真核藻类植物，真核藻类从开始出现到鼎盛时期，大约经历了10亿年。到4亿年前，由高等的绿藻类演化出了原始的蕨类植物。蕨类植物从发生、发展到衰退，经历了1.2亿年，到2.8亿年前，由蕨类植物演化出了裸子植物，裸子植物在植物界称霸1亿年左右，又逐渐让位给了被子植物。当今世界，被子植物几乎在陆地上的各个角落的植被中都堪称霸主。这就是植物界演化中的一条主线。真菌是与真核藻类同期出现的一个侧枝，苔藓则是与蕨类植物同期出现的一个侧枝。植物界的进化趋势是朝着有维管组织分化、孢子体占优势的方向发展。

关于被子植物的发生时间，发生地，可能的祖先及系统演化等问题均有多种学说，目前尚无定论，仍需多学科进行长期探讨。

复习思考题与习题

1. 解释下列名词

学名、双名法、种、品种、世代交替、颈卵器、精子器、原植体、茎叶体、原丝体、原叶体、孢子

叶、雄球花或小孢子叶球、雌球花或大孢子叶球、球果、孢蒴、接合生殖、子实体、地衣、裂生多胚现象、简单多胚现象

2. 比较下列各组概念

个体发育与系统发育、低等植物与高等植物、同层地衣与异层地衣、同型世代交替与异型世代交替、裸子植物与被子植物的多胚现象

3. 分析与问答

（1）简述藻类植物的生活史类型。

（2）苔藓植物有哪些适应陆地生活的特征？

（3）与苔藓植物比较来看，为什么说蕨类植物更能适应陆地生活？

（4）裸子植物有哪些比蕨类植物更适应陆生生活的特征？

（5）与裸子植物相比较，被子植物有哪些更能适应陆地生活的特征？

（6）自选10种植物，用两种不同的检索表形式将它们加以区别。

（7）用图表方式写出地钱、蕨、松属、小麦的生活史。

（8）简述植物界的进化趋势。

第十章
被子植物主要分科

被子植物门（或木兰植物门）可分为双子叶植物纲（或木兰纲）和单子叶植物纲（或百合纲），它们的主要区别见表10-1：

表10-1 被子植物两个纲的比较

性 状	双子叶植物纲（木兰纲）	单子叶植物纲（百合纲）
根 系	主根发达，多为直根系	主根不发达，多为须根系
茎维管束	环状排列，有形成层和次生结构	星散排列，无形成层和次生结构
叶脉序	多为网状叶脉	多为平行脉或弧形叶脉
花基数	5或4基数，少3基数	常3基数，少4~5基数
子叶数	胚具两片子叶	胚具一片子叶
花 粉	常具3个萌发孔	常具单个萌发孔

以上两纲的区别特征只是相对的，实际上有交错的现象。一些双子叶植物科中有1片子叶，如睡莲科、毛茛科、伞形科等；一些双子叶植物具有须根系，如毛茛科、车前科、茜草科、菊科等；有些双子叶植物具有星散维管束，如毛茛科、睡莲科等；有些单子叶植物具有网状叶脉，如百合科、天南星科等；至于花的基数也不是绝对的，如双子叶植物的樟科、木兰科、毛茛科中就具有3基数的花，而单子叶植物的眼子菜科、百合科中也具有4基数的花等等。因此，对两纲的区别特征，应该综合对待。

本章纲以下的分类以克朗奎斯特系统为主，并进行了必要的调整和取舍，因为篇幅所限，下面仅选择48个在我国国民经济中比较重要的科以及分类学上的重点科予以介绍。

第一节 双子叶植物纲

双子叶植物纲 DICOTYLEDONEAE 又称木兰纲 MAGNOLIOPSIDA，根据克朗奎斯特系统，分为6个亚纲，64目，318科，165 000余种。现选择其中39个科介绍如下：

一、木 兰 科

木兰科 MAGNOLIACEAE 属木兰亚纲 MAGNOLIIDAE，木兰目 MAGNOLIALES。

$* P_{6-15} A_\infty \underline{G}_\infty$

形态特征：木本。树皮、叶和花具油细胞，有香气。单叶互生，常为全缘；托叶大，包被幼芽，早落，在节上留有环状托叶痕。花大，单生，两性，稀单性，辐射对称；花托伸长或突出，常成柱状花托；常为单被花，花被呈花瓣状，3基数；雄蕊多数，离生，螺旋排列在柱状花托的下半部，每个雄蕊的花丝短，花药长，花药2室，纵裂；雌蕊心皮常为多数，离生，螺旋状排列在柱状花托的上半部，每心皮（单雌蕊）含胚珠1~2或多数。聚合蓇葖果，稀不开裂，或为带翅的聚合坚果；种子的胚小，胚乳丰富。染色体：X = 19。

识别要点：木本；单叶互生，有环状托叶痕；花单生，两性；常为单被花，花被3基数，辐射对称；雌蕊、雄蕊均为多数，离生，螺旋排列于柱状花托上；子房上位；常为聚合蓇葖果。

属种数目及分布：木兰科约13属200余种，主要分布于亚洲的热带和亚热带地区，少数分布于北美洲南部和中美洲。我国有11属130余种，主要分布于西南部和南部，北方也有栽培。本科植物花大、美丽、芬芳，很多种类被栽培引种，成为著名的观赏植物。少数种类具有药用价值。

常见植物：

（1）木兰属 *Magnolia*：花顶生，花被多轮，每心皮有胚珠1~2枚，聚合蓇葖果，背缝线开裂。玉兰 *M. denudata* Desr.，落叶小乔木，先花后叶，叶倒卵形，花大，白色或带紫色，有芳香，花被3轮，9片，大小约相等。各地普遍栽培，为我国著名观赏植物（图10-1）。厚朴 *M. officinalis* Rehd. et Wils.，落叶乔木，叶大，顶端圆，花被片多数。为我国特产，主要分布于长江流域及华南。树皮、花、果药用，温中理气、燥湿散满、治腹胀等，为我国著名药用植物。辛夷（木笔、紫玉兰）*M. liliflora* Desr.，叶倒卵形，花被可区分为萼片和花瓣，萼片3，1轮，绿色；花瓣6，2轮，紫红色或紫色。各地栽培，供观赏，花蕾入药。

（2）含笑属 *Michelia*：花腋生，开放时不全部张开，花丝明显，雌蕊轴在结实时伸长成柄，称雌蕊柄，每心皮有胚珠2个。含笑 *M. figo*（Lour.）Spreng.，常绿灌木，嫩枝、芽及叶柄均被棕色毛（图10-2）。产华南，花芳香，供观赏。白兰花 *M. alba* DC.，叶披针形，花白，花瓣狭长，有芳香；原产印度尼西亚，我国江南各地栽培，供观赏，花和叶可提取芳香油，亦供药用。

图 10-1 玉 兰
1. 枝叶 2. 花枝 3. 雄蕊和心皮排列
4. 花图式 5. 木兰属果实

图 10-2 含 笑
1. 花枝 2. 雄蕊
3. 聚合蓇葖果（其下方有雌蕊柄）

（3）鹅掌楸属 *Liriodendron*：叶分裂，先端截形，具长柄；单花顶生，萼片3，花瓣6，翅果不开裂。本属自白垩纪至第三纪，广布于北半球，现仅残留2种，1种产于我国，1种产于北美洲。鹅掌楸（马褂木）*L. chinense*（Hemsl.）Sarg.，小枝灰色或灰褐色，叶3裂片，中间裂片顶端截形，内花被片黄色，具翅小坚果组成聚合果。产我国江南各省，北方有栽培。因其叶形奇特，常栽植供观赏，树皮入药。北美鹅掌楸 *L. tulipifera* L.，小枝褐色或紫褐色，叶片每边有1~2个（稀3~4个）短而渐尖的裂片。花被片灰绿色。产北美洲大西洋沿岸。我国栽培供观赏。据研究，鹅掌楸和北美鹅掌楸，原本是一种植物，后来由于地理的隔离，逐渐演变成两个不同的种。因此，鹅掌楸属对于研究北美植物区系与东亚植物区系之间的关系，探讨地质变迁，有着重要的理论价值。

木兰科的演化地位：在被子植物的分类系统中，真花说的观点认为，木兰目是现存被子植物中最原始的一个目，而木兰科则是木兰目中最原始的一个科。其原始性主要表现在：木本，单叶，羽状脉，虫媒花，花单生，单被花，具柱状花托，雌雄蕊均为多数、离生和螺旋排列，花药长花丝短，单沟花粉，聚合蓇葖果，种子胚小，胚乳丰富等。被子植物各项原始性状，差不多都能在木兰科中找到。木兰科的这种演化的原始地位和原始性状，是我们了解木兰科植物时，应该着重掌握的内容。

二、樟　　科

樟科 LAURACEAE 属木兰亚纲，樟目 LAURALES。

  * $P_{6-9} A_{9-12} \underline{G}_{(2-3:1)}$

形态特征：常绿或落叶，乔木或灌木，仅有无根藤属 *Cassytha* L. 为缠绕性寄生草本，常具芳香油或黏液的分泌腺，有香气。叶多为互生，少对生或轮生，革质，稀膜质或纸质，表面具光泽，羽状脉或3出脉。圆锥花序、总状花序、近伞形花序或丛生成束；花小，多两性，辐射对称；单被花，花被花萼状，常3基数；雄蕊3~12，常9，3~4轮，每轮3枚，常有第4轮退化雄蕊，花药瓣裂；子房常上位，1室，1胚珠。浆果或核果。种子无胚乳，子叶厚肉质。染色体：X = 7，12。

识别要点：木本，具芳香；单叶，常互生，3出脉或羽状脉；花小，单被，常3基数；花药瓣裂；浆果或核果。

属种数目及分布：樟科约45属2 000余种，分布于热带及亚热带地区，分布中心在东南亚及巴西。我国约22属400余种，主要分布于长江以南各地，少数落叶种类分布较北。

常见植物：

（1）樟属 *Cinnamomum*：常绿乔木或灌木，树皮、小枝和叶有香气。叶革质，离基三出脉，或三出脉，也有羽状脉。花小，黄色或白色，多为两性，由1（3）至多花的聚伞花序组成腋生或顶生的圆锥花序；花被筒短，杯状或钟状，花被裂片6，花后通常脱落；能育雄蕊通常9枚，排成3轮，第一、二轮花丝无腺体，药室内向，第三轮花丝近基部有一对具柄或无柄的腺体，药室外向，第四轮常为退化雄蕊，心形或箭头形；花柱与子房等长。果肉质，有果托，果托杯状、钟状或倒圆锥状。樟 *C. camphora* （L.）Pres.，叶为离基三出脉，下面脉腋有明显的腺窝；叶卵形或卵状椭圆形；果近球形，熟时紫黑色。木材、枝、叶和根都可提取樟脑和樟油，供医药及香料工业用。肉桂 *C. Cassia* Pres.，叶为离基三出脉，长圆状至椭圆状披针形；果椭圆形，果托浅杯状。枝、叶、果和花梗可提取桂油，为重要的香料原料，用作化妆品原料和巧克力、香烟的配料。入药因部位不同，药材名称各异，树皮称为肉桂，枝条横切后称桂枝，果实称桂子。肉桂有温中补肾，散寒止痛功能；桂枝有发汗通经脉功能，治外感风寒，肩臂关节酸痛。

（2）鳄梨属 *Persea*：常绿乔木或灌木。叶坚纸质至硬革质，羽状脉。聚伞状圆锥花序腋生或近顶生，有苞片及小苞片。花两性；花被裂片6片，近相等或外轮3片略小，被毛，花后增厚，早落或宿存；能育雄蕊9枚，排成3轮，第一、二轮雄蕊花丝无腺体，药室内向，第三轮雄蕊花丝基部有一对腺体，药室外向或上方2室侧向下方2室外向，退化雄蕊3枚，位于最内轮，箭头状心形，具柄，子房卵球形，花柱纤细，柱头盘状。果为肉质核果，球形或梨形，果梗多少增粗而呈肉质或为圆柱形。本属植物主要分布于南美洲和北美洲，少数分布于东南亚。我国栽培的仅有一种。鳄梨（油梨、樟梨）*P. americana* Mill.，果实是一种营养价值很高的水果，含多种维生素及丰富的脂肪和蛋白质，纳、钾、镁、钙等含量较高，除生食外也可做罐头；果仁可榨油，供食用、医药和化妆工业用（图10-3）。

樟科的经济价值：樟科多数植物是亚热带常绿阔叶林的主要树种，同时也是我国南方珍贵的经济树种，在林业、轻工业、医药上都占有重要地位。如樟属、楠属 *Phoebe* 等的一些种类是优良用材树种；樟树、黄樟的樟脑和樟油是轻工业和医药的重要原料；樟属、木姜子属 *Litsea*、山胡椒属 *Lindera*、厚壳桂属 *Cryptocarya* 等的一些种类的果实含有丰富的油脂和芳香油，在工业上有很大用途；肉桂、乌药 *L. aggregata*（Sims）Kosterm. 等是著名的药材；鳄梨是营养价值很丰富的水果；月桂 *Laurus nobilis* L. 叶是很好的调味香料等。

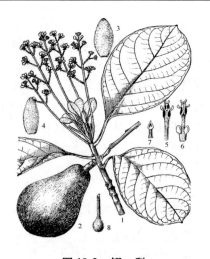

图 10-3 鳄 梨
1. 花枝 2. 核果 3、4. 花被片 5. 第一、二轮雄蕊 6. 第三轮雄蕊 7. 退化雄蕊 8. 雌蕊

三、睡 莲 科

睡莲科 NYMPHAEACEAE 属木兰亚纲，睡莲目 NYMPHAEALES。

$* K_{4-6} C_{3-\infty} A_\infty \underline{G}, \overline{\underline{G}}, \overline{G}_{(2-\infty)}$

按照克朗奎斯特等人的意见，睡莲目可分为莲科 NELUMBONACEAE 和睡莲科 NYMPHAEACEAE 等5科。哈钦松的观点则把上述2科合并为睡莲科，置于毛茛目中，分为莲属和睡莲属。把它们分为2个科或2个属的依据主要是心皮分离或合生、果实类型、染色体数目等性状。无论如何分类，植物分类学家都承认这2个科或2个属是一个以水生草本植物联系起来的自然类群。目前，国内的多数植物学教材仍沿用哈钦松的观点，为教学上的方便，本教材仍按哈钦松的分科范围处理，分为2个属。同时保留克朗奎斯特的意见，仍把睡莲科置于睡莲目中。

形态特征：多年生，稀一年生，水生或沼泽草本，常有肥壮的根状茎。叶有长柄，浮于或伸出水面，常为盾形或心形。花两性，美丽，单生于一延长的花梗顶端，漂浮或挺出水面；萼片4~6，绿色，或为花瓣状；花瓣3片至多数，分离，有时演变为雄蕊；雄蕊常多数；心皮2至多数，合生成多室的子房或分离而内藏于膨大的花托中，子房上位、半下位或下位，胚珠1至多枚。坚果或浆果，不裂或不规则开裂。种子有或无假种皮；胚乳粉质或缺。染色体：X = 8，10，12，14，17，29。

识别要点：水生草本，常有肥壮的根状茎；叶有长柄，常为盾形或心形；花两性，美丽，单生于花梗顶端；雄蕊常多数；心皮合生成多室的子房或分离而内藏于膨大的花托中；坚果或浆果。

属种数目及分布：睡莲科约8属100种，广布于热带和温带地区。我国有5属约15种，分布于南北各省区。

常见植物：

（1）莲属 *Nelumbo*：多年生水生草本，有乳状液汁，根状茎粗壮，横生，有节，节上生须根。叶大，近圆形，盾状着生于粗壮的叶柄上，常伸出水面，叶脉放射状。花大，美丽，单生于长花梗顶端，挺出水面，常高于叶。萼片4~5片；花瓣大，多数，白色、粉红色、红色或黄色，内轮渐变为雄蕊；雄蕊多数；心皮多数，分离，嵌生于倒圆锥形海绵质花托内，不与花托愈合，花托于果熟时膨大，胚珠1~2个，倒悬。小坚果长圆形或球形，果皮革质，平滑，种子无胚乳，子叶肥厚。染色体：X = 8。本属共2种，一种产亚洲和大洋洲，另一种产美洲。我国有1种，南北各省均产，各地也多栽培。莲 *N. nucifera* Gaertn.，也称荷花、莲花，地下根状茎（藕）供食用，每一粒小坚果俗称莲子为果品（图10-4）。

（2）睡莲属 *Nymphaea*：多年生水生草本，根状茎肥厚，横生或直立。叶浮于水面，圆形或卵形，有时稍呈盾状，基部心形或箭形，全缘、波状或有齿缺，叶柄细长。花大，美丽，单生于细长的花梗顶端，浮于水面或挺出水面；萼片4片，几着生于花托基部；花瓣多数，白色、蓝色、粉红色、红色或黄色，排成多轮，有时内轮渐变成雄蕊；雄蕊多数；心皮多数，藏于肉质的花托内，并愈合成1个多室、半下位的子房，胚珠多数。浆果海绵质，在水下成熟；种子多数，细小，埋藏于果内，为肉质、囊状的假种皮所包围。染色体：X = 12~29。本属植物广布于温带至热带地区。我国南北各省均产。睡莲 *N. tetragona* Georgi，根状茎含淀粉，供食用或酿酒；又可入药；治小儿慢惊风；全株供观赏，又可作绿肥。

图10-4 莲
1. 根状茎 2. 叶 3. 花 4. 莲蓬

睡莲科其他重要种类还有：芡 *Euryale ferox* Salisb.，种子称芡实，含淀粉，供食用和酿酒，也可供药用。萍蓬草 *Nuphar pumilum* (Hoffm.) DC.，根状茎可供食用，亦可供药用，有补虚止血、治神经衰弱、刀伤等；花供观赏。王莲 *Victoria regia* Lindl.，叶圆形，直径可达2m，四周卷起，花大，由白色转为粉红色乃至深紫色。原产南美洲亚马孙河，我国有栽培，为世界著名观赏植物。

四、毛 茛 科

毛茛科 RANUNCULACEAE 属木兰亚纲，毛茛目 RANALES。

$*, \uparrow K_{3-\infty} C_{3-\infty} A_\infty \underline{G}_{\infty-1}$

形态特征：草本，稀灌木或木质藤本；叶基生或互生，稀对生，单叶或复叶，通常掌状分裂。花多两性，少单性；多辐射对称，少两侧对称；单生或排成聚伞花序或总状花序；花部分离，萼片3至多数，花瓣3至多数；雄蕊和雌蕊均常为多数，离生，螺旋状排列于突起的花托上；子房上位，每心皮含1至多数胚珠；聚合瘦果或聚合蓇葖果，稀浆果；种子胚小，胚乳丰富。花粉2~3沟，多孔。染色体：X = 6~10, 13。

识别要点：多为草本；花两性，整齐，5基数；花萼和花瓣均离生；雄蕊和雌蕊多数、离生、螺旋状排列于膨大突起的花托上；子房上位；聚合瘦果或聚合蓇葖果。

属种数目及分布：毛茛科约50属2000余种，广布世界各地，多见于北温带与寒带。我国有43属700余种。毛茛科植物含有各种生物碱，故有许多有毒植物、药用植物和农药植物。

常见植物：

（1）毛茛属 *Ranunculus*：直立草本，叶互生。花黄色；萼片、花瓣各5，分离；花瓣基部有蜜腺；雄蕊与心皮均为多数，离生，螺旋状排列于突起的花托上。聚合瘦果。本属植物广布于全世界。我国南北均产。毛茛 *R. japonicus* Thunb.，多年生草本，基生叶3深裂，植株被柔毛；花黄色；聚合果近球形（图10-5）；广布于我国各地，生于沟边和田边；全草有毒，可作杀虫剂。石龙

芮 *R. sceleratus* L.，一年生草本，植物体近无毛，单叶，3 深裂，每裂片再 3~5 浅裂；花黄色；瘦果倒卵形，聚合果成长圆形；生沟边湿地；有毒，全草入药，能散瘀化结，嫩叶捣汁可治恶疮痈肿，也治毒蛇咬伤。

(2) 芍药属 *Paeonia*：多年生草本或亚灌木；羽状或二回三出复叶。花大而美丽，单生枝顶或有时成束，红、黄、白、紫各色；萼片 5，花瓣 5~10；雄蕊多数，离心发育；心皮 2~5，革质，离生。蓇葖果。本属植物分布于欧亚大陆温带地区。我国主要分布于西南和西北地区，其他地区也有引种栽培。牡丹 *P. suffruticosa* Andr.，灌木；原产我国；著名观赏花卉；根皮入药即中药的丹皮。芍药 *P. lactiflora* Pall.，草本；观赏花卉（图 10-6）；根入药叫赤芍、白芍。本属在传统分类上一直列入毛茛科，但本属植物有不少与一般毛茛科植物不同之处，如心皮厚，革质；有花盘；柱头宽阔；雄蕊离心式发育；胎座突出形成外珠被；染色体大，X = 5；体内含有芍药甙等特有化学成分等。因此，早就有学者主张应单独成立一科，这一见解已被现代多数学者所接受。克朗奎斯特系统已将本属从毛茛科中分出，定为芍药科 PAEONIACEAE，并置于五桠果目中。

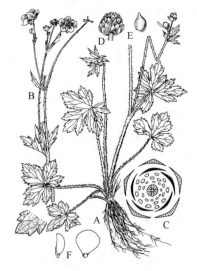 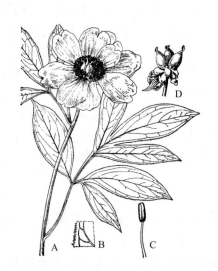

图 10-5 毛茛
A. 植株全形　B. 花枝　C. 花图式
D. 聚合果　E. 瘦果　F. 花瓣基部的蜜腺穴

图 10-6 芍药
A. 花枝　B. 叶片一段放大，示叶缘
C. 雄蕊　D. 聚合蓇葖果

(3) 乌头属 *Aconitum*：草本；根为直根，或由 2 至数个块根组成；茎直立或缠绕；单叶互生，掌状分裂。本属植物分布于北半球，主要在亚洲温带和亚热带地区。我国除海南岛外，各省区都有分布。乌头 *A. carmichaeli* Debx.，多年生草本，具肥厚块根。叶掌状 3~5 裂。总状花序，密生白色柔毛；花萼蓝紫色，最上面的一片成盔状，称盔萼；花瓣 2，退化成蜜腺叶，另 3 片消失；雄蕊多数；心皮 3，离生。聚合蓇葖果，腹缝线开裂。本种为著名药用植物，块根即中药乌头，入药能祛风镇痛，子块根经炮制为中药"附子"，有散寒除湿之效，均含多种乌头碱，有大毒。

本科的重要属尚有侧金盏花属 *Adonis*、铁线莲属 *Clematis*、黄连属 *Coptis*、唐松草属 *Thalictrum*、金莲花属 *Trollius*、白头翁属 *Pulsatilla* 等。其中，除侧金盏花属为本科最原始的一属，具有重大理论价值外，其他各属均含有不少著名药用植物，具有重大经济价值。

毛茛科性状的两重性：在毛茛科的各项形态特征中，既有原始性状，又有进步性状，具有明显的两重性。其原始性状表现为辐射对称花；雌蕊、雄蕊多数，分离，螺旋状排列于突起的花托上；菁葖果等，与木兰科有明显的亲缘关系。但是，绝大多数毛茛科植物为草本，有些种类出现了复叶、对生叶、花序、两侧对称花、单被花、心皮数目减少至 3 或 1，这些显然是进化的性状。

五、桑　　科

桑科 MORACEAE 属于金缕梅亚纲 HAMAMELIDAE，荨麻目 URTICALES。

♂ $P_4 A_4$　♀ $P_4 \underline{G}_{(2:1:1)}$

形态特征：落叶或常绿，乔木或灌木，有时为藤本或草本，常具乳汁。多为单叶互生，托叶早落。花单性，雌雄同株或异株，常集成柔荑、头状、聚伞、圆锥或隐头花序；雌花和雄花均单被，花被片 4，花萼状；雄蕊与花被片同数而对生；雌蕊 2 心皮合生，上位子房，花柱 2，1 室，1 胚珠，胎座基生或顶生。多为复果（聚花果）。种子具胚乳或缺，胚弯曲。染色体：X = 12，13，14，15，16。

识别要点：植物体常具乳汁；多为单叶互生；花单性；单被，花被花萼状；雄蕊与花被片同数而对生；上位子房，2 心皮 1 室；多为复果（聚花果）。

属种数目及分布：桑科约 60 余属 1 400 余种，主要分布于热带和亚热带地区。我国有 16 属 160 余种，主产长江流域以南各省区。

常见植物：

（1）桑属 *Morus*：落叶乔木或灌木。柔荑花序；子房被肥厚肉质花被包裹。复果。桑 *M. alba* L.，落叶乔木，叶卵形或阔卵形，有时 3 裂。雄花具花被片 4，雄蕊 4，具陀螺形的退化雌蕊。雌花具花被片 4，结果时增大而肉质；子房小，无柄，1 室，花柱二裂。果肉质，由多数瘦果包藏于肉质的花被片内组成聚花果，称为桑葚（图 10-7）。种子近球形，种皮膜质，胚乳丰富。原产我国中部及北部，各地均有栽培。桑叶饲蚕；桑葚、根内皮（桑白皮）、桑叶、桑枝均可作药用，茎皮纤维可造纸，称桑皮纸。

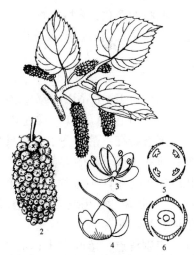

图 10-7　桑
1. 果枝　2. 果实　3. 雄花　4. 雌花
5. 雄花花图式　6. 雌花花图式

（2）榕属 *Ficus*：乔木或灌木，有乳汁，托叶合生，包围顶芽，早落而留下一环状痕迹。隐头花序，花小，雌雄同株，少有异株，生于球形、卵形或梨形等形状的肉质、中空的花序托的内壁上，通常雌雄同序，即雄花、虫瘿花和雌花混生或雄花生于花序托口部附近，异序则雄花及虫瘿花生于 1 个花序托内，雌花生于另 1 个花序托内；雄花具被片 2～6 片，雄蕊 1～2 枚；雌花分为结实花（具长花柱）与不能结实的虫瘿花（具短花柱）两种。膜翅目的昆虫（如无花果瘿蜂）将产卵器插入虫瘿花的花柱产卵于子房。瘿蜂在花序中爬动，寻找短花柱花的过程中，进行了传粉。聚花果近球形或倒卵形。无花果 *F. camca* L.，落叶灌木，叶掌状，原产地中海沿岸。我国各地栽培。花序托可食，味美，可制酒或作果干，根、叶药用有消肿解毒的功能。薜荔 *F. pumila* L.，常绿藤本。叶二型。在不生花序托的枝上者小而薄，心状卵形，基部斜，长约 2.5cm 或更短；在生花序托枝上者大，卵状椭圆形，长 4～10cm。果大，腋生，呈梨或倒卵形。广布于华南、华东与西南。隐头果可制凉粉。印度橡胶树 *F. elastica* Roxb.，常绿乔木，芽被托叶所包呈红色，叶大型，厚革质，全缘光滑。原产印度。我国有栽培，乳汁含硬橡胶。榕 *F. microcarpa* L.，常绿乔木，有气生根。广布于我国南部、西南部。树皮纤维制网和人造棉，提取栲胶，并入药，常被栽作行道树。

此外，本科常见的植物还有构树 B. papyrifera (L.) Vent.，枝粗而开展，叶被粗绒毛；雌雄异株；聚花果（楮实子）头状，成熟后每个核果果肉红色。栽培供绿化；果及根皮入药，有补肾、利尿、强筋骨的功能；叶和乳汁可擦治癣疮。木菠萝（菠萝蜜）Artocarpus heterophyllus Lam.，常绿乔木。叶革质，倒卵形，全缘。花单性，雌雄同株，雌花序为椭圆形之假穗状花序，生树干或大枝上，花被管状，包被子房。聚花果肉质，熟时长25～60cm，重量可达20kg，外表有六角形瘤状突起，是一种热带果树。葎草 Humulus scandens (Lour.) Merr.，一年生草本；叶掌状5～7裂，表面疏生刚毛；雄花序圆锥状，雌花序腋生，近球形。全草药用，清热解毒、凉血；还可制农药，治蚜虫。种子可榨油，供制肥皂、油墨、润滑油及其他工业之用。柘树 Cudrania tricuspidata (Carr.) Bureau ex Lavall.，落叶灌木或小乔木，具硬棘刺，叶卵形，不裂或有时分裂，聚花果近球形，肉质，红色，直径约2.5cm。广布于我国中部及东部。叶可饲蚕；果可食和酿酒；茎皮纤维可制人造棉、绳索及造纸；根皮入药，有清热凉血、通络之效。

桑科的演化：桑科植物是向风媒道路上演化的一支。本科植物花小，单性，单被，排成柔荑花序，这是长期沿着风媒道路发展的结果。因此，应该从风媒花的角度来理解桑科植物花的特征。

六、胡 桃 科

胡桃科 JUGLANDACEAE 属于金缕梅亚纲，胡桃目 JUGLANDALES。

♂ * $P_{3-6} A_{3-\infty}$　　♀ * $P_{3-5} \overline{G}_{(2:1:1)}$

形态特征：落叶乔木，常具树脂。羽状复叶，互生，无托叶。花单性，雌雄同株，单被或无被；雄花排成下垂的柔荑花序，花被与苞片合生，不规则3～6裂，雄蕊3至多数；雌花单生、穗状或柔荑花序，小苞片1～2个，花被3～5裂，与子房连生，2心皮复雌蕊，子房下位，通常1室，1胚珠。核果或为具翅坚果（翅由苞片发育而成）；种子无胚乳，子叶常皱褶，含油脂。染色体：X=16。

识别要点：落叶乔木；羽状复叶，互生；单被花；花单性同株；雄花序柔荑状；子房下位，1室，1胚珠；核果或具翅坚果。

属种数目及分布：胡桃科约8属60余种，分布于北温带和亚热带地区。我国有7属27种，南北均有分布。

常见植物：

（1）胡桃属（核桃属）Juglans：果大形，核果状，外果皮主要由苞片及花被发育而成，肉质，干后成纤维质，内果皮硬骨质，有雕纹。胡桃（核桃）J. regia L.，羽状复叶，小叶5～9，全缘或呈波状，无毛，果核具2纵脊（图10-8）。我国各地有栽培，为著名干果和重要的木本油料植物；种子为强壮剂，能治疗慢性气管炎、哮喘等症；果核可制活性炭；木材坚实，可制枪托等。野核桃 J. cathayensis Dode.，小枝、叶柄及果实密生腺毛，小叶9～17；果核顶端尖，具6～8纵脊，果皮极厚，种仁小；产江南至黄河流域，作核桃之砧木。

图10-8 胡 桃

1. 雄花枝　2. 雌花枝　3. 果枝　4. 雄花
5. 雌花　6. 果核　7. 果横切面　8. 花图式

(2) 枫杨属 Pterocarya：总状果序下垂，坚果两侧具 2 片由小苞片发育而成的翅。枫杨 P. stenoptera C. DC.，枝具片状髓，小叶 10~28，叶轴具狭翅，小叶边缘具锯齿，两果翅斜展近直角，长于果体；南北各省均产，栽培作行道树，也可作胡桃的砧木，果可榨油，制肥皂或润滑油，叶可杀虫。

胡桃科常见植物还有山核桃 Carya cathayensis Sarg.、薄壳山核桃 C. illinoensis (Wangenh.) K. Koch、化香树 Platycarya strobilacea Sieb. et Zucc.、黄杞 Engelhardtia roxburghiana Wall. 等。其中山胡桃和薄壳山核桃均为重要干果类果树和木本油料植物，化香树和黄杞则为用材和绿化树种。

七、壳 斗 科

壳斗科 FAGACEAE 属于金缕梅亚纲，壳斗目 FAGALES。

♂ $* K_{(4-8)} C_0 A_{4-20}$　♀ $* K_{(4-8)} C_0 \overline{G}_{(3-6:3-6)}$

形态特征：常绿或落叶乔木，稀灌木。单叶互生，革质，羽状脉，托叶早落。花单性，雌雄同株。雌、雄花均为单被花，花被花萼状，4~8 裂。雄花排成柔荑花序，雄蕊与花被裂片同数或较多，花丝细长，花药纵裂。雌花单生或 2~3 朵簇生于 1 个总苞内，总苞由多数苞片组成；雌花的花被与子房合生；雌蕊由 3~6 个心皮合生，子房下位，3~6 室，每室胚珠 2 个，但整个子房通常仅有 1 个胚珠发育成种子。总苞在果时木质化，呈杯状或囊状，称为壳斗（cupule）。坚果单生或 2~3 个生于壳斗内。壳斗半包或全包坚果，外有鳞片或翅，成熟时不裂、瓣裂或不规则撕裂。种子无胚乳，子叶肥厚。染色体：X = 12。

识别要点：木本；单叶互生；单被花；单性花，雌雄同株；雄花成柔荑花序，雌花 2~3 朵生于总苞中；子房下位；坚果，外具壳斗。

属种数目及分布：壳斗科约 8 属 900 余种，主要分布于热带及北半球的亚热带，少数见于北半球的温带。我国有 6 属约 300 余种，南北均有分布。

常见植物：

(1) 栗属 Castanea：落叶乔木，小枝无顶芽，靠侧芽延长。雄花为直立柔荑花序；雌花单独或 2~5 朵生于总苞内；子房 6 室。总苞完全封闭，外面密生针状长刺，内有 1~3 个坚果。板栗 C. mollissima Bl.，叶背有密毛，每总苞内含 2~3 个坚果，果实供食用，为著名的木本粮食植物（图 10-9）。茅栗 C. seguinii Dode，叶背有黄褐色或淡黄色腺鳞，每总苞通常内含 3 个坚果，果实可供食用。

图 10-9　板　栗
1. 果枝　2. 雄花枝　3. 雄花　4. 雌花
5. 坚果　6. 花图式

(2) 栲属 Castanopsis：常绿乔木；叶全缘或有锯齿；雄花为直立柔荑花序；雌花单生，稀 3 朵簇生，子房 3 室。总苞封闭，有针刺。红锥（刺栲）C. hystrix A. DC.，叶椭圆状披针形至卵状长圆形，木材红褐色，材质坚重，耐水湿，不易蛀蚀，可作工业用材及家具。苦槠 C. sclerophylla (Lindl.) Schottky，叶椭圆形，中部以上有锯齿，背面光亮。总苞近球形，总苞片三角形，顶端针刺形，排成 4~6 个同心环。壳斗全包坚果或成熟时包住坚果 3/5~4/5。种子富含淀粉，可制"苦槠豆腐"供食用，木材坚硬致密，可作体育器具用材。坚果可食的还有甜槠 C. eyrei (Champ. ex Benth.) Tutch. 和栲树 C. fargesii Franch. 等。

本科常见的植物还有石栎 Lithocarpus glaber (Thunb.) Nakai，叶厚革质，狭椭圆形至倒披针状椭圆形，光滑。产江南山地。木材红褐色，材质坚重，可作建筑、枕木、农具等用材。青冈（铁稠）Cyclobalanopsis gtauca (Thunb.) Oerst.，常绿乔木。叶中部以上有锯齿，背面灰白色，有短柔毛，侧脉 8～10 对。壳斗浅杯状，鳞片同心圆状排列。除云南外，广布于长江流域及以南各省区。木材灰黄褐色，材质坚韧，可作造船、农具、体育器具等用材。栓皮栎 Quercus variabilis Bl.，落叶乔木，树皮灰色，木栓层极发达。叶背密生白色星状毛。雌花单生或 2～3 朵簇生。壳斗半包坚果。主要分布在我国的东部和北部地区。材质坚重，可作建筑、枕木、家具等用材；木栓层可作软木塞；种子含丰富的淀粉，可酿酒或作饲料；壳斗和树皮含单宁。柞栎 Quercus dentata Thunb.，叶大，广倒卵形，叶缘具大的波状钝齿。壳斗半包坚果，苞片狭披针形，反卷，红棕色。我国南北各地多有分布。幼叶可养柞蚕，木材坚实，可为建筑用材。

壳斗科植物的经济价值和生态意义：壳斗科植物具有多方面的经济价值。首先是具有很高的食用价值，这方面除了栗属植物的坚果富含淀粉、糖分，香甜可口，早已被我国人民栽培利用外，栎属、石栎属、栲属等植物的坚果，同样可供食用。因此，壳斗科植物素有"木本粮食"之称。其次，本科植物大多为乔木，植株高大，树干很直，木质部坚韧，是建筑和制造车船的优良用材。此外，本科植物的树皮、壳斗中富含单宁，可用于提制栲胶；有些种类的叶可以养柞蚕；有的种的木栓层发达，可作软木；不少种类的果实、壳斗还具有药用价值等。本科植物种类多，用途广，分布面积大，在我国国民经济中占有重要地位。

壳斗科植物大都生长在山地，是亚热带常绿阔叶林和温带落叶阔叶林的重要树种。常绿阔叶林和落叶阔叶林，都是我国森林植被的重要组成部分，对保持生态平衡起着至关重要的作用。因此，壳斗科植物也具有重大的生态意义。

八、藜 科

藜科 CHENOPODIACEAE 属于石竹亚纲 CARYOPHYLLIDAE，石竹目 CARYOPHYLLALES。

$*P_{5-2-0}A_{5-2-0}\underline{G}_{(2-3-5:1:1)}$ ♂ $*P_{5-2-0}A_{5-2-0}$ ♀ $*P_{5-2-0}\underline{G}_{(2-3-5:1:1)}$

形态特征：草本，稀灌木。植物体常具泡状毛，毛破裂后成泡状粉粒。单叶互生，常肉质，无托叶。花单生，或组成穗状花序、圆锥花序。花小，单被，常为绿色。两性花，稀单性或杂性。花被片 5～2，花后常增大宿存，或无花被；雄蕊与花被片常同数而对生；雌蕊由 2 心皮合生，稀 3～5 心皮；子房上位，1 室，1 胚珠，基生胎座。胞果，常包藏于宿存的花被片内。种子常扁平，胚弯生，具外胚乳。X=6，9。

识别要点：草本，具泡状粉粒；单叶互生，常肉质，无托叶；花小，单被；雄蕊与花被片常同数而对生；子房1室，基生胎座；胞果，包于宿存的花被内；胚弯曲。

属种数目及分布：藜科约 100 属 1 500 种，主要分布于温带、寒带的滨海、荒漠和富含盐分的地区，多为盐碱土植物或旱生植物。我国约 40 余属 188 种，全国分布，尤以西北荒漠地区为多。

常见植物：

（1）藜属 Chenopodium：一年生或多年生草本，稀为亚灌木。体表具泡状毛或腺毛。叶互生，扁平，全缘或具不整齐锯齿或浅裂。花两性或杂性（即兼有雌花），不具苞片和小苞片，花簇生于叶腋或顶生，呈穗状、圆锥状或二歧聚伞花序。萼片 5，稀 3～4；雄蕊 5 或较少；子房球形，花柱短，柱头 2～5。胞果扁球形，种子横生，稀直立。藜 C. album L.，一年生草本，叶菱状卵形，背面有泡状毛。花排列成穗状或圆锥花序。种子双凸镜状，有光泽。我国各地均有分布，生于路旁、荒地和田间。幼苗可作蔬菜，茎、叶可喂家畜，全草入药，具有止泻止痒的功效。土荆芥 *C. ambrosioides* L.，一年生或多年生草本。叶披针形，叶缘有不整齐的牙齿，广布于我国东部至西南部，全草提取土荆芥油作健胃驱虫药。

（2）甜菜属 *Beta*：草本。根通常肥厚，多浆汁。茎具条棱。叶宽大，基生叶丛生，茎生叶互生，具长柄。花单生或数个簇生于叶腋，或组成顶生的穗状花序或圆锥花序。花两性；花被花萼状，5 裂，基部与子房合生，果时变硬，裂片直伸或向内弯曲，背面具纵条脊；雄蕊 5；子房半下位，柱头 2~3。胞果的下部与花被的基部合生。种子横生，圆形或肾形。甜菜 *B. vulgaris* L.，二年生草本。根肥厚，纺锤形，多汁，含糖 10%~18%，盛产欧洲，现各国多栽培，根为制糖原料，叶可作蔬菜或饲料（图 10-10）。变种莙达菜（牛皮菜）*B. vulgaris* L. var. *cicla* L.，根不肥大，叶基生，卵形或长圆状卵形，叶柄宽大而扁。叶作蔬菜或饲料。

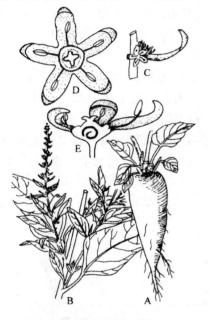

图 10-10　甜 菜
A. 根　B. 花枝　C. 花簇
D. 花的正面观　E. 花纵剖

图 10-11　菠 菜
A. 雄花枝　B. 开放雄花　C. 将开雄花
D. 雌花包藏于萼状苞片内　E. 雌蕊

（3）菠菜属 *Spinacia*：草本。茎直立无毛。叶互生，三角状卵形或戟形，全缘或有齿，有叶柄。花单性，雌雄异株。雄花通常构成顶生穗状花序或圆锥花序；花被片 4~5；雄蕊 4~5。雌花无花被，数朵簇生于叶腋，具小苞片 2（~4），小苞片果时增大，变硬，合生，包被果实；子房球形，柱头 4~5。胞果圆形，种子直立。菠菜 *S. oleracea* L.，根圆锥形。茎直立，中空。叶在苗期为基生，抽茎后为互生。叶供食用（图 10-11）。原产伊朗，我国各地普遍栽培，为常见的蔬菜。叶含丰富的维生素、磷、铁等营养成分。

藜科常见植物尚有猪毛菜 *Salsola collina* Pall.，一年生草本。叶丝状圆柱形，肉质，先端有硬针刺。生于含盐碱的沙土上。我国各地多有分布。幼苗可作饲料，全草入药，有降低血压作用。地肤 *Kochia scoparia*（L.）Schrad.，一年生草本。叶线形或披针形，种子含油 15%，供食用和工业用；果实为中药"地肤子"，能利尿，清湿热；嫩茎叶可食；老熟茎枝可作扫帚。

九、苋 科

苋科 AMARANTHACEAE 属于石竹亚纲, 石竹目。

$* P_{3-5} A_{3-5} \underline{G}_{(2-3:1)}$ ♂ $* P_{3-5} A_{3-5}$ ♀ $* P_{3-5} \underline{G}_{(2-3:1)}$

形态特征: 多为草本。单叶对生或互生, 常全缘, 无托叶。花序穗状、头状或圆锥状; 花小, 两性或单性; 单被, 花被片 3~5, 花萼状, 常干膜质; 雄蕊常与花被片同数而对生; 子房上位, 2~3 心皮合生, 1 室, 胚珠常 1 枚。常为胞果, 稀浆果或坚果, 果皮薄, 盖裂、不规则开裂或不裂。胚环状, 胚乳粉质。染色体: X = 7, 17, 18, 24。花粉 3 核, 6 至多孔。

识别要点: 多为草本; 单叶, 无托叶; 花小, 单被, 花萼状, 常干膜质; 雄蕊与花被片同数对生; 子房 1 室, 1 胚珠; 常为胞果, 多盖裂。

属种数目及分布: 苋科约 60 多属 800 多种, 广布于热带和温带。我国约有 13 属 40 多种, 南北均有分布。本科多为药用和观赏植物, 有些是做干花的好材料, 部分种类为农田杂草。

常见植物:

(1) 苋属 *Amaranthus*: 一年生草本; 叶互生有柄, 全缘; 花单性, 雌雄同株或异株, 或杂性; 花被 2~5 片, 常绿色, 多宿存; 雄蕊与花被片同数, 花丝离生, 无退化雄蕊; 子房具 1 直生胚珠; 胞果盖裂或不开裂。苋 *A. triolor* L., 又叫雁来红, 叶卵状椭圆形至披针形, 绿或红色, 穗状花序, 花被片与雄蕊各 3 枚, 胞果盖裂; 原产印度, 各地栽培作蔬菜, 也可观赏, 全草入药, 种子和叶富含赖氨酸, 有特殊营养价值 (图 10-12)。刺苋 *A. spinosus* L., 叶腋有针刺 1~2 枚, 苞片和小苞片变成尖刺状, 根供药用, 清热解毒, 治毒蛇咬伤和淋巴肿大。尾穗苋 *A. caudatus* L., 穗状花序特长, 下垂或稍下弯; 花被片与雄蕊各 5 枚。茎叶可作蔬菜和猪饲料; 种子供食用, 亦可入药, 能滋补强身。

(2) 牛膝属 *Achyranthes*: 一年生、二年生或多年生草本; 茎四棱形, 节常膨大; 叶对生, 全缘, 常密生柔毛; 花两性, 聚成穗状花序; 花被 4~5 片; 雄蕊 4~5 枚, 花丝下部合生, 有退化雄蕊; 子房 1 室 1 胚珠; 胞果包藏于宿存花被内。牛膝 *A. bidentata* Bl., 多年生草本, 幼枝有柔毛, 老枝无毛; 花被片与雄蕊各 5 枚, 胞果椭圆形; 根供药用, 有补肝肾、强筋骨的功效。土牛膝 *A. aspera* L., 一年生或二年生草本, 茎被柔毛; 花被片与雄蕊各 5 枚; 胞果卵形; 根供药用, 强筋骨, 治跌打损伤; 全草清热解表, 治感冒发热、暑热头痛等症。

苋科常见的植物还有青葙 *Celosia argentea* L., 叶披针形至椭圆状披针形, 宽 1~3 cm, 花序塔状或圆柱状, 红色或白色; 广布各地, 野生或栽培, 供观赏及药用, 种子清肝明目, 嫩叶可作蔬菜或猪饲料。鸡冠花 *Celosia cristata* L., 叶卵形或卵状披针形, 宽 2~6 cm, 顶生花序肉质扁平鸡冠状, 颜色多样; 原产印度, 各地栽培, 供观赏, 花与种子药用, 有止血、止泻功效。栽培供观赏的还有锦绣苋 *Alternanthera bettzickiana* (Regel) Nichols.、千日红 *Gomphrena globosa* L. 和血苋 *Iresine berbstii* Hook. f. ex Lindl. 等。

图 10-12 苋
1. 植株 2. 雄蕊 3. 雌蕊 4. 果实

十、石 竹 科

石竹科 CARYOPHYLLACEAE 属于石竹亚纲,石竹目。

* $K_{4-5} C_{4-5} A_{8-10} \underline{G}_{(2-5:1:\infty)}$

形态特征:草本,茎节部膨大。单叶,全缘,对生,基部常横向相连。花两性,辐射对称,组成聚伞花序或单生;萼片 4~5,分离或结合成管状,具膜质边缘,宿存;花瓣 4~5,常有爪;雄蕊 2 轮 8~10 枚,或 1 轮 3~5 枚;雌蕊 2~5 心皮合生,子房上位,1 室,特立中央胎座,少数基底胎座,稀不完全 2~5 室而下半部为中轴胎座,花柱 2~5,胚珠多数至 1。蒴果,顶端齿裂或瓣裂,稀浆果。胚弯曲,具胚乳。X = 6,9~15,17,19。

识别要点:草本,茎节部膨大;单叶,全缘,对生,基部常横向相连;花两性,辐射对称;雄蕊常为花瓣的 2 倍;子房上位;特立中央胎座;蒴果。

属种数目及分布:石竹科约 70 余属 2 000 余种,广布全世界,尤以温带和寒带为多,我国有 32 属约 400 余种,全国各地均有分布。本科植物多为田间杂草,部分为观赏和药用植物。

常见植物:

(1) 石竹属 *Dianthus*:叶狭,单叶对生。花美丽,单生或成聚伞花序。萼片结合成筒,具 5 齿;花瓣 5 枚,檐部和爪部分明,二者相交成直角,檐部边缘全缘或具齿或细裂;雄蕊 10,2 轮;花柱 2,特立中央胎座。蒴果。种子多数。石竹 *D. chinensis* L.,多年生草本,或栽培为一年生。茎簇生,直立,上部分枝。叶线状披针形。花单生,或数朵成聚伞状。萼下有 4 苞片,叶状开展;花瓣外缘齿状浅裂,花白色或红色(图 10-13)。常栽培供观赏;全草可供药用,能清热、利尿、活血、通经。香石竹(康乃馨)*D. caryophyllus* L.,叶狭披针形,灰绿色。花单生或 2~3 朵簇生,有香气,苞片 4,长及萼的 1/4,花色有白、粉红、紫红等。原产欧洲南部地区,各地有引种栽培,供切花用。美国石竹(须苞石竹、美女石竹、什样锦)*D. barbatus* L.,聚伞花序,花多朵密集,深红色,有白斑。栽培,供观赏。瞿麦 *D. superbus* L. 萼下苞片 4~6 个,花瓣粉红色,顶端细裂成细线条。广布于全国各地,全草药用,有通经、利尿、散瘀消痈、凉血、消炎的功效;也可作兽医用药及农药。

图 10-13 石 竹
1. 花枝 2. 花瓣 3. 带有萼下苞及萼的果实 4. 种子 5. 花图式

(2) 繁缕属 *Stellaria*:草本。聚伞花序。萼片 5(4),分离,宿存;花瓣与萼片同数,白色,先端 2 深裂,下部不具爪,有时无花瓣;雄蕊 10;花柱 3,子房 1 室。蒴果瓣裂。繁缕 *S. media* (L.) Cyr.,草本。叶卵形。花小,白色;花瓣 5,每片 2 深裂;雄蕊 10。广布全国,为常见田间杂草。全草供药用,清热解毒,活血去瘀,治痈疽、痔疮肿痛、牙痛、痢疾等症;鲜苗能促进乳汁分泌,又可作饲料。

石竹科常见植物还有簇生卷耳 *Cerastium caespitosum* Gilib.,草本,全体有短柔毛,花白色,花瓣顶端 2 裂。我国南北地区均有分布,为路边杂草。全草药用,有清热解毒的功效。王不留行(王不留、麦蓝菜)*Vaccaria segetalis* (Neck.) Garcke,全株无毛,花粉红色。种子供药用,称"留行子",能活血通经,消肿止痛,催生下乳。除华南外,广布全国。蚤缀 *Arenaria serpyllifolia* L.,草本,茎簇生,花白色。广布全国。全草药用,清热明目,治急性结膜炎、结石病、咽喉痛。

剪夏罗 Lychnis coronata Thunb.，多年生草本，叶对生，无柄；聚伞花序，花橙红色，蒴果。常栽培供观赏。全草可供药用，有解热、镇痛、消炎的功效。

十一、蓼 科

蓼科 POLYGONACEAE 属于石竹亚纲，蓼目 POLYGONALES。

$* \ P_{3\sim6} \ A_{3\sim9} \underline{G}_{(3\sim2:1:1)}$

形态特征：多为草本，茎的节部常膨大。单叶互生，全缘，具膜质托叶鞘。花序穗状或圆锥状。花通常两性，少数单性，辐射对称。单被花，花被3～6，花瓣状，分离或合生，宿存；雄蕊3～9，通常为8；雌蕊由3（稀2～4）心皮合生，子房上位，1室，内含1直生胚珠。瘦果，三棱形或双凸透镜状，全部或部分包于宿存的萼片内。种子含丰富的胚乳，胚弯曲。染色体：X=6～11，17。花粉多为3核，具3孔沟至散孔。

识别要点：多为草本；茎的节部膨大；单叶互生，全缘，具膜质托叶鞘；花两性；单被花，花被花瓣状；子房上位；瘦果。

属种数目及分布：蓼科约40属1 200余种，全球分布，主产北温带。我国产14属200余种，分布于南北各省区。本科植物大多生活于水边、湿地或高山潮润草甸之中。因此人们常将蓼科通俗地称"跋山涉水"的科。

常见植物：

（1）蓼属 Polygonum：草本或藤本。茎节明显。花序穗状、总状或头状。花被多具色彩，常5裂；雄蕊3～9枚，通常为8枚。子房通常三棱形，少数双凸镜形，花柱2～3。何首乌 P. multiflorum Thunb.，多年生草质藤本，地上茎称夜交藤。具块根。茎缠绕，多分枝，下部木质化。托叶鞘筒状。圆锥花序大而开展。瘦果3棱形，包于翅状花被内。我国南北各地均有分布。块根入药，为滋补强壮剂，有补肝肾、益精血等功效；藤可治失眠症。虎杖 P. cuspidatum Sieb. et Zucc.，草本。茎中空，散生红色或紫红色斑点。叶卵圆形。雌雄异株。根入药，称"九龙根"，有活血散瘀、清热解毒等功效。酸模叶蓼 P. lapathifolium L.，直立草本，叶披针形，上面具黑斑，故又称斑蓼，托叶鞘筒状，先端截形，无缘毛。瘦果扁圆卵形，黑褐色，具光泽。南北各地均有分布，多生于水沟边和潮湿地。鲜茎叶入药，治疮肿和蛇伤，也可制农药。蓼蓝 P. tinctorium Ait.，一年生草本。托叶鞘圆筒状，有长睫毛。花序穗状，花柱3，瘦果卵形，有3棱。我国南北各地多有分布，多为栽培或为半野生状态。叶供药用，清热解毒，叶又可加工成靛青，作染料。

图10-14 荞麦
1. 花枝　2. 花　3. 花的纵切
4. 雌蕊　5. 瘦果　6. 花图式

（2）荞麦属 Fagopyrum：草本。总状花序或密集的伞房花序。花萼5裂，白色或粉红色；雄蕊8；子房3棱形，花柱3。瘦果3棱形，超出花萼1～2倍。荞麦 F. esculentum Moench.，一年生草本。茎直立，红色。叶广三角形，基部心形。花白色或淡红色。瘦果卵形，有3锐棱（图10-14）。我国各地栽培，种子磨粉供食用；果为治盗汗要药；花、叶可治高血压；嫩茎叶可作绿肥及饲料。

（3）大黄属 Rheum：多年生粗壮草本。叶根生，阔而大。花小，两性，花被6裂，广展，结果时不很扩大；雄蕊9（6）；花柱3，瘦果有翅。大黄 R. officinale Baill.，根状茎粗壮，黄色。叶掌状浅裂，本种和掌叶大黄 R. palmatum L.、鸡爪大黄 R. tanguticum Maxim. ex Regel. 的根茎作泻下药，有健胃作用。

（4）酸模属 Rumex：草本，多具茎生叶。花两性或单性，淡绿色，具柄，花被6深裂，外面3枚小而内弯，内面3枚扩大而成翅，翅背常有1小瘤体；雄蕊6；子房3棱，花柱3。瘦果被扩大的内花被片所包。酸模 R. acetosa L.，叶基箭形，根入药，有消炎解毒、止血通便的功效，治外伤出血、月经过多；外用治疥癣；嫩叶味酸，可作蔬菜；全草可作农药。羊蹄 R. japonicus Houtt.，叶基心形，根入药能清热凉血、杀虫润肠，治外伤出血及便秘；外用治痈肿、疥癣；嫩叶可作蔬菜及猪饲料。

十二、山 茶 科

山茶科 THEACEAE 属于五桠果亚纲 DILLENIIDAE，山茶目 THEALES。

 * $K_5 C_{5,(5)} A_\infty \underline{G}_{(3-5:3-5)}$

形态特征：常绿乔木或灌木。单叶互生，常革质，无托叶。花常为两性，稀单性，辐射对称，通常单生或2至数朵簇生于叶腋，稀排成侧生或顶生的聚伞花序或圆锥花序。萼片5片，稀4至多数，覆瓦状排列；花瓣5，稀4至多数，分离或基部结合；雄蕊常为多数，排成2至数轮，分离或稍连合，常贴生于花瓣的基部；雌蕊由2~8心皮合生，常为3~5心皮，3~5室；子房上位，稀下位，中轴胎座。蒴果、核果状果或浆果。种子具胚乳，常含油质。染色体：X = 15，21。

识别要点：常绿木本；单叶互生，叶革质；花两性，辐射对称，5基数；雄蕊多数，多轮排列，常集为数束；子房上位，中轴胎座；常为蒴果。

属种数目及分布：山茶科有28属700余种，广泛分布于热带和亚热带，主产东亚。我国有15属约400余种，主要分布于长江以南各省区的常绿阔叶林中。

常见植物：

山茶属 Camellia：常绿灌木或小乔木。叶革质，边缘有锯齿，具短柄，少数无柄而抱茎。花两性，单生或2~4朵生于枝顶或叶腋。苞片2~8片，萼片5~6片或更多，二者形态通常相似，但向内逐渐增大，覆瓦状排列；花瓣5~12片，基部多少合生；雄蕊多数，2~6轮，外轮的花丝结合成一个长或短的筒，并与花瓣基部合生，内轮花丝分离，花药丁字形着生；子房上位，3~5室，每室有胚珠4~6枚。蒴果，室背开裂，连轴一起脱落。种子少数，近球形或有棱角，无翅。油茶 C. oleifera Abel.，灌木或小乔木。叶革质，椭圆形。花无柄，通常1~2朵顶生或近顶腋生；苞片和萼片脱落；花瓣白色，分离，常深2裂；雄蕊多数，外轮花丝仅基部合生；子房密生白色丝状绒毛。蒴果，果瓣厚木质，2~3裂；种子背圆腹扁，褐色，有光泽（图10-15）。我国长江流域及以南地区广泛栽培。为我国南方山区主要木本油料植物，种子含油30%以上，供食用及工业用；果壳可提制栲胶、皂素、糠醛等。茶 C. sinensis（L.）O. Ktze.，常绿灌木。叶薄革质，卵圆形，上面叶脉凹入，下面叶脉凸出，叶缘有细锯齿。花1~4朵腋生或成聚伞花序，苞片1~2，卵圆形，早落；萼片5~6，果时宿存；花瓣7~8，白色；雄蕊多数，外轮花丝合生成短管，并与花瓣基部连合；子房3室，花柱顶端3裂。蒴果，每室有1种子。种子近球形，淡褐色（图10-16）。茶原产我国。现在我国长江流域及以南各地盛行栽培。日本、尼泊尔、印度从我国引种栽培。叶供制茶，有强心利尿的功效；根入药，能清热解毒；种子油是很好的润滑油，提炼后可供食用。山茶 C. japonica L.，灌木或小乔木。叶厚革质，倒卵形或椭圆形。花单生或对生于叶腋或枝顶。

苞片和萼片脱落；花瓣大红色，栽培品种有白、淡红等色，且多重瓣，花瓣顶端有凹缺；花丝及子房均无毛。蒴果近球形。山茶原产我国南部，现在我国各地常有栽培，尤以云南地区栽植最为著名，为我国名贵的观赏植物；其种子含油45%以上，供食用及工业用；花为收敛止血药。

山茶科的重要属还有柃属 *Eurya*，常绿灌木或小乔木。叶互生，有细锯齿。花单性，雌雄异株；花单生或簇生叶腋。浆果。本属植物主要分布于亚洲热带和亚热带地区，多数植物是我国常绿阔叶林中灌木层的优势种。在本科植物中，还有供观赏的厚皮香 *Ternstroemia gymnanthere* (Wight. et Arn.) Sprague，供榨油的梨茶 *Camellia latilimba* Hu，供材用的紫茎 *Stewartia sinensis* Rehd. et Wils. 和木荷（荷树）*Shima superba* Gardn. et Champ. 等。

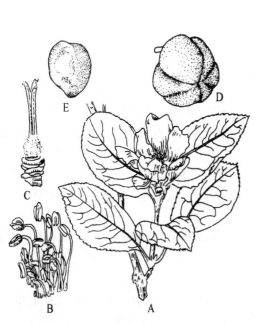

图 10-15 油 茶
A. 花枝 B. 雄蕊 C. 雌蕊
D. 果实 E. 种子

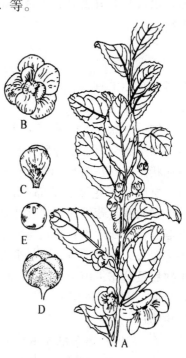

图 10-16 茶
A. 花果枝 B. 花 C. 花瓣及雄蕊
D. 果实 E. 种子

十三、椴 树 科

椴树科 TILIACEAE 属于五桠果亚纲，锦葵目 MALVALES。

$* K_5 C_5 A_\infty \underline{G}_{(2-10:2-10)}$

形态特征：乔木或灌木，稀为草本。常具星状毛或簇生短柔毛，茎皮富含纤维，髓及皮层具黏液腔。单叶互生，稀对生，托叶通常成对。花两性，稀单性；萼5裂，稀3~4裂；花瓣与花萼裂片同数或无；雄蕊多数，稀5~10枚；子房上位，2~10室，每室有一至多个胚珠。蒴果、核果状果或浆果。种子具胚乳。染色体：X = 7，9，16，18，41。

识别要点：常具星状毛或簇生短柔毛；茎皮富含纤维；单叶互生；托叶通常成对；花两性；花萼常5裂；花瓣与花萼裂片同数；雄蕊多数；子房上位；蒴果、核果状果或浆果。

属种数目及分布：本科约50属450种，主要分布在热带和亚热带。我国有11属80余种。

常见植物:

(1) 黄麻属 *Corchorus*: 草本或亚灌木, 无毛或多少被星状柔毛。单叶, 基部两侧通常具 1 枚由锯齿延伸成尾状的小裂片; 托叶两片, 线形。花两性, 黄色, 单朵或数朵组成腋生或腋外生的聚伞花序, 萼片与花瓣同数, 4~5 片, 雄蕊通常多数, 着生于短的雌雄蕊柄上, 离生, 子房 2~5 室, 胚珠每室多个。蒴果长圆柱形或近球形, 具棱, 成熟时室背开裂为 2~5 果瓣; 种子多数。黄麻 *C. capsularis* L., 亚灌木, 高 1~2m; 茎黄绿色、淡紫红色至朱红色, 无毛。叶卵状披针形至狭披针形, 顶端长渐尖, 基部圆形, 有时稍心形, 边缘具锯齿。蒴果近球形, 直径约 1cm (图 10-17)。原产于印度, 世界各热带、亚热带地区均有栽培。我国长江以南各省区常见栽

图 10-17 黄 麻
1. 枝 2. 花 3. 去掉花被的花, 示雄蕊和雌蕊 4. 雄蕊 5. 雌蕊 6. 蒴果 7. 长蒴黄麻的叶和蒴果

培。黄麻是重要的麻类植物, 茎皮纤维可制成麻袋、绳索及麻织品。长蒴黄麻 *C. olitorius* L., 不同于黄麻的是, 叶片基部两侧各有 1~2 个锯齿延伸成钻状物。蒴果长圆柱状, 长 4~8cm, 有 8~10 个棱, 每室有 1 列种子。茎皮纤维可制成麻袋、绳索及麻织品。叶的液汁可作肥皂代用品。

(2) 椴树属 *Tilia*: 落叶乔木。单叶互生, 基部常偏斜, 有锯齿; 具长柄, 托叶舌状, 膜质, 早落。聚伞花序, 花小, 两性, 整齐, 总花梗与舌状苞片下半部贴生; 苞片大, 绿色, 有明显网状脉。雄蕊多数, 离生或合生成 5 束, 每束有 1 枚退化雄蕊; 子房 5 室, 胚珠每室 2 个。果实为核果, 近球形, 不开裂, 稀开裂, 种子 1~3 个。椴树 *T. tuan* Szysz., 乔木, 高达 15m, 枝条无毛。叶阔斜卵形, 长 6~14cm, 宽 3~10cm, 顶端骤尖, 有时尖头尾状, 基部阔楔形或近心形, 偏斜, 边缘近顶部疏生小齿, 中部以下全缘, 上面无毛, 下面密被灰白色星状微柔毛, 叶柄长 2~5cm。果近圆球状, 直径约 8mm, 密被星状微柔毛并散生疣状瘤突。枝皮用作纤维; 花可提取芳香油。

十四、锦 葵 科

锦葵科 MALVACEAE 属于五桠果亚纲, 锦葵目。

$* K_5 C_5 A_{(\infty)} \underline{G}_{(2-\infty:2-\infty)}$

形态特征: 草本或木本。植物体多有黏液细胞。树皮中富含韧皮纤维。幼枝和叶表面常有星状毛。单叶互生, 常具掌状脉, 有托叶。花多为两性, 辐射对称; 萼片 5, 常有副萼; 花瓣 5, 螺旋状排列; 单体雄蕊, 花药 1 室, 花粉有刺; 子房上位, 2 至多心皮合生, 2 至多室, 中轴胎座。蒴果或分果, 种子有胚乳。染色体: $X = 5 \sim 22, 33, 39$。

识别要点: 树皮富含韧皮纤维; 幼枝和叶表面常有星状毛; 单叶互生, 常具掌状脉, 有托叶; 常有副萼; 单体雄蕊, 花药 1 室; 蒴果或分果。

属种数目及分布: 锦葵科约 50 余属 1 000 多种, 分布于温带至热带。我国有 16 属 80 余种, 分布南北各省。本科有多种重要的纤维作物和观赏植物, 部分植物可食用或药用, 有些种类为常见杂草。

常见植物

（1）棉属 *Gossypium*：一年生或多年生草本，有时为木本；叶掌状分裂；花大，单生于叶腋；花萼杯状；蒴果 3~5 瓣，背缝开裂；种子圆球形，表皮细胞延伸成纤维。树棉（中棉）*G. arboreum* L.，一年生或多年生草本、亚灌木至灌木，叶掌状 5 深裂，副萼片 3，顶端有 3 齿。原产印度，我国黄河以南各省区有种植。棉纤维供纺织；种子供榨油；棉子饼作饲料。草棉（阿拉伯棉）*G. herbaceum* L.，一年生草本至亚灌木，叶掌状 5 深裂，副萼 3，顶端 6~8 齿。原产西亚，我国广东、云南、四川及西北地区有栽培，生长期短，约 130 天左右。棉纤维供纺织原料；根入药，能通经止痛，止咳平喘；棉籽榨油作润滑油及药用。陆地棉（美棉、大陆棉）*G. hirsutum* L.，一年生草本至亚灌木，叶常 3 浅裂或深裂，副萼片 3，边缘 7~9 齿；原产中美洲，我国产棉区普遍栽培，品种甚多；种皮棉纤维为重要纺织原料，种子榨油，籽壳可培养食用菌（图 10-18）。海岛棉（长绒棉）*G. barbadense* L.，多年生亚灌木或灌木，叶 3~5 深裂，副萼片 5，边缘 10~15 齿，原产美洲，我国南方热带、亚热带以及新疆东疆与南疆地区种植，纤维特长，价值高，为纺细纱的好原料。

图 10-18　陆地棉
1. 花果枝　2. 花纵切　3. 子房纵切
4. 果实　5. 花图式

（2）锦葵属 *Malva*：一至生或多年生草本；植株被毛或近无毛。叶常掌状浅裂，具长柄；花单生或簇生叶腋，副萼 3，线形；分果圆盘状，种子肾形。锦葵 *M. sinensis* Cavan.，二年或多年生草本，叶 5~7 浅裂，花大，淡紫色或白色。常栽培供观赏；花、叶入药。冬葵（冬苋菜、冬寒菜）*M. verticillata* L.，二年生草本，叶圆形或肾形，花小，淡红色或淡白色。种子入药能利尿解毒，全草药用可治咽喉肿痛等症；嫩苗可作蔬菜；茎皮纤维可代麻用。

（3）木槿属 *Hibiscus*：草本或木本；花通常单生于叶腋，副萼 5 或更多，花萼 5 齿裂，心皮 5；蒴果背裂。洋麻 *H. cannabinus* L.，高大草本；原产非洲，各地广栽，为著名的麻类作物；木槿 *H. syriacus* L.，落叶灌木，叶常 3 裂，花多紫红色，原产中国，各地有栽培，变种和变型甚多，花色青紫至白色，观赏或作绿篱，入药可治疗皮肤癣疮。本属常见的观赏植物还有黄槿 *H. tiliaceus* L.、朱槿（扶桑）*H. rosa-sinensis* L.、木芙蓉（芙蓉）*H. mutabilis* L.、吊灯花 *H. schizopetalus* (Mast.) Hook. f. 等。

（4）苘麻属 *Abutilon*：草本或亚灌木。花单生于叶腋或顶生；花白、橙黄或红色；无副萼；心皮 5~20；分果瓣具 2 长芒，种子肾形。苘麻 *A. theophrasti* Medic.，一年生亚灌木状草本；除青藏高原外，其他各省均产，野生或栽培。纤维作编织、纺织材料；种子榨油供制皂、油漆和工业润滑油；种子作"冬葵子"入药，有利尿、通乳之效；根及全草药用，能祛风解毒。

十五、西番莲科

西番莲科 PASSIFLORACEAE 属于五桠果亚纲，堇菜目 VIOLALES。

$* K_5 C_5 A_{(5)} \underline{G}_{(3-5:1:\infty)}$

形态特征：草质或木质藤本，稀为灌木或乔木；常具卷须。单叶，全缘或分裂。花两性或单性；单生或聚伞花序，通常有苞片3枚；萼5裂，稀3~4裂；花瓣与萼片同数，稀缺如；副花冠与内花冠类型多样，或缺如；雄蕊常5枚，花丝合生，通常生于雌雄蕊柄上；子房上位，心皮3~5枚，1室，侧膜胎座，胚珠多数。浆果或蒴果。种子多数，有胚乳，具肉质假种皮。

识别要点：藤本；常具卷须；单叶，全缘或分裂；花常为5基数；子房上位，1室，侧膜胎座；浆果或蒴果；种子多数，具肉质假种皮。

属种数目及分布：西番莲科约12属600种，主要分布于全球热带、亚热带地区。我国有2属21种。

常见植物：

西番莲属 *Passiflora*：多年生草质藤本，有腋生卷须。叶的下面和叶柄上常有腺体，托叶线状或叶状，稀无托叶。聚伞花序腋生，有时仅具1~2花；花两性；萼片5片；花瓣5片或有时缺如，约与萼片等长；副花冠为1轮至数轮由萼管喉部生出的多数条状裂片组成；雌雄蕊柄下部为一膜质的杯状体所围绕，雄蕊常5枚；子房1室，胚珠多数；花柱3枚。果为肉质浆果，不开裂；种子有肉质假种皮。大果西番莲（日本瓜）*P. quadrangularis* L.，叶阔卵形至近圆形；托叶大，叶状，苞片叶状；浆果肉质，长15~30cm。原产于南美洲热带地区，现广泛栽培于全球热带、亚热带地区。果芳香，可制饮料或冰淇淋。樟叶西番莲 *P. laurifolia* L.，叶卵状矩圆形至矩圆状披针形；托叶线形；苞片倒卵形；浆果长约7cm，黄色，可制清凉饮料。鸡蛋果（紫果西番莲）*P. edulis* Sims.，叶掌状3深裂，裂片有锯齿；苞片有锯齿；花白色带淡紫；果紫色，可用于制作饮料，清香宜人，很受欢迎（图10-19）。

图10-19 鸡蛋果
1. 花枝 2. 花 3. 果 4. 果横切

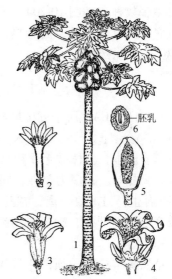

图10-20 番木瓜
1. 植株 2. 剖开的雄花 3. 两性花
4. 雌花 5. 果实纵切面 6. 种子纵切面

十六、番木瓜科

番木瓜科 CARICACEAE 属于五桠果亚纲，堇菜目。

形态特征：乔木或灌木，通常不分枝，具乳状汁液。叶有长柄，聚生于茎顶部，常为掌状分裂，少有全缘；无托叶。花单性或两性，同株或异株；花序各式；花萼细小，下部连合，上部 5 裂；花瓣 5 裂，在芽时呈旋转状或镊合状排列；雄蕊 10 枚，在花冠管上排成 2 轮，有时因内轮退化，雄蕊仅 5 枚，花药 2 室，纵裂；子房上位，心皮 5 个，1 室或由假隔膜分成 5 室，侧膜胎座，胚珠多数，花柱 5 枚。浆果肉质；种子球形，有胚乳。

识别要点：木本，不分枝，具乳汁；叶有长柄，聚生于茎顶部，常为掌状分裂；花 5 基数；子房上位，1 室或由假隔膜分成 5 室，侧膜胎座，胚珠多数；浆果肉质。

属种数目及分布：番木瓜科 4 属约 55 种，主产热带，亚热带也有分布。我国南部许多省（区）引入栽培 1 属 1 种。

常见植物：

番木瓜属 *Carica*：直立乔木，很少分枝，具乳状汁液。叶大型，多聚生于茎顶，掌状深裂，具长柄。花单性，同株或异株，雄花通常为聚伞状圆锥花序，雌花通常数朵簇生或单朵生于叶腋。番木瓜（万寿果、万寿瓠、木瓜）*C. papaya* L.，高达 8m，不分枝或于损伤处发出新枝；茎具螺旋状排列而粗大的叶痕。叶近圆形，宽可达 60cm，通常 7~9 深裂，每裂片再次羽裂。叶柄中空，长可达 60cm。雄花序大，下垂，通常为乳黄色，花萼绿色；花冠管细管状，长约 2.5cm，裂片 5 片，雄蕊长短各 5 枚；雌花单生或数朵组成伞房花序，萼片 5 片，中部以下合生；花瓣乳黄色，5 片，近基部合生；子房卵圆形，花柱 5 枚。果椭圆形至长圆形，长 10~30cm，成熟时橙黄色，果肉厚，内壁着生多数种子（图 10-20）。原产于美洲热带、亚热带地区。我国南部省（区）广泛栽培。番木瓜成熟果实可做果品，具有热带水果的特殊风味，未熟的青果可做蔬菜或浸渍蜜饯，果的乳汁可提取木瓜素供药用。

十七、葫芦科

葫芦科 CUCURBITACEAE 属于五桠果亚纲，堇菜目。

♂ $* K_{(5)} C_{(5)} A_{1+(2)+(2)}$ ♀ $* K_{(5)} C_{(5)} \overline{G}_{(3:1:\infty)}$

形态特征：草质藤本，植株被毛、粗糙，常有侧生茎卷须，具双韧维管束。单叶互生，常掌状分裂，稀复叶，无托叶。花多为单性，同株或异株，单生或为总状、聚伞或圆锥花序；雄花常具雄蕊 5，多两两合生，另 1 枚分离，花药常折叠；雌花的子房下位，心皮 3，侧膜胎座。瓠果，肉质或最后干燥变硬，不开裂、瓣裂或周裂；种子多数，常扁平，无胚乳。染色体：$X = 7~14$。花粉具 3 孔或 3~5 孔沟。

识别要点：草质藤本；有卷须；叶掌状分裂；花单性；花药常折叠；子房下位，3 心皮，侧膜胎座；瓠果。

属种数目及分布：葫芦科约 113 属 800 余种，主要分布于热带和亚热带，少数在温带。我国有 32 属 150 余种，主产南部和西南部，北方多为栽培种。本科经济价值高，包括多种瓜果蔬菜和药用植物。

常见植物：

（1）黄瓜属（甜瓜属）*Cucumis*：一年生攀缘或蔓性草本，茎枝有棱沟，密被白色或近黄色糙

第一节 双子叶植物纲

硬毛；卷须纤细，不分叉。花黄色，单性同株，单生或雄花簇生，花冠轮状或近钟状，5深裂。黄瓜（胡瓜）*C. sativus* L.，果长圆形或圆柱形，有具刺尖的瘤状突起，成熟时黄绿色；原产南亚和非洲，各地广泛栽培作蔬菜。甜瓜 *C. melo* L.，果常具香甜味；原产非洲、中亚、印度。果形、大小、色泽等差异很大，因品种而异。常见栽培变种有菜瓜（越瓜）*C. melo* var. *conomon* (Thunb.) Makino、香瓜（薄皮甜瓜）*C. melo* var. *mukuwa* Mak.、哈密瓜 *C. melo* var. *saccharinus* Naudin 等。

（2）丝瓜属 *Luffa*：一年生攀缘草本，无毛或被短柔毛，卷须2叉或多叉，稍粗糙；叶5~7裂。花单性同株，黄色或白色；雄花序总状，雌花单生，花冠5深裂；果长圆形或圆柱形，未成熟时肉质，成熟后变干燥，里面纤维成网状。丝瓜（水瓜）*L. cylindrica* (L.) Roem.，果圆柱形，嫩时菜用，果实干后里面的网状纤维称丝瓜络，供药用，有清凉、利尿、活血、通经、解毒之效；丝瓜络也可供民间洗涤器皿用。棱角丝瓜（广东丝瓜）*L. acutangula* (L.) Roxb.，果具锐纵棱，南方多栽，用途同丝瓜。

（3）南瓜属 *Cucurbita*：一年生蔓性草本；茎枝稍粗壮；卷须二至多叉。单叶，具浅裂，基部心形。花大，黄色，单性同株；花冠钟状，浅裂至中裂；雄蕊3枚；果常为大型，肉质。南瓜（金瓜、番南瓜）*C. moschata* (Duch.) Poir.，原产墨西哥至中美洲一带，世界各地普遍栽培，我国南北各省区广泛栽培；瓠果形状多样，常因品种而异，有扁球形的，也有椭圆形或狭颈状的，果肉黄色；果可供食用及饲料用；种子食用或榨油；全株可供药用；种子含南瓜子氨基酸，有清热除湿、驱虫之效；藤茎有清热功效，瓜蒂有安胎作用，根可治牙痛（图10-21）。笋瓜（饭瓜）*C. maxima* Duch. ex Lam，原产印度，我国南北各省区普遍栽培；瓠果形状常因品种而异；果供食用或饲料用，种子可榨油。

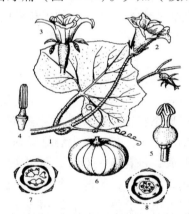

图10-21 南瓜
1. 花果枝 2. 雄花 3. 雌花 4. 雄蕊
5. 雌蕊 6. 果实 7. 雄花图式
8. 雌花图式

（4）葫芦属 *Lagenaria*：一年生攀缘草本，植株被粘毛或长柔毛，卷须2叉；叶卵状心形或肾状圆形，叶柄顶端具2腺体；花大，单生于叶腋，白色；单性同株；瓠果大小形状各异，嫩时肉质，成熟后果皮木质，不开裂。葫芦 *L. siceraria* (Molina) Standl.，果形多样，常因不同变种或品种而异，常为哑铃形，下部和上部膨大，中部缢细，且下部大于上部，有的呈扁球形、棒形或杓形，初时绿色，成熟时白色至带黄色，肉质，成熟后果皮变木质。原产非洲；果嫩时食用，老熟的果壳坚硬民间用作各种容器，也可作水瓢或儿童玩具，还可供药用。其变种有：瓠子 var. *hispida* (thunb.) Hara，果长圆柱形，嫩时作蔬菜；瓠瓜 var. *depressa* (Ser.) Hara，果扁球形，嫩时作蔬菜，老熟的果壳可作水瓢。

（5）西瓜属 *Citrullus*：一年生或多年生蔓性草本；茎枝稍粗壮，粗糙；卷须常2~3分叉。叶3~5深裂，裂片常又作羽状深裂或浅裂。花单性，常同株，多单生于叶腋或稀为簇生；花冠5深裂，黄色。西瓜 *C. lanatus* (Thunb.) Matsum. et Nakai，瓠果大型，球形或椭圆形，胎座组织（瓜瓤）发达，为食用的主要部位。原产非洲，现已广泛栽培于世界热带至温带。品种甚多；果实为夏季水果，味甜，能降温去暑；种子含油，可食；果皮药用，有清热、利尿、降血压之效。

（6）冬瓜属 *Benincasa*：一年生蔓性草本；全株密被硬毛；卷须常2~3分叉；叶为掌状5浅

裂。花大型，常雌雄同株，单生于叶腋；花冠轮状，5 裂，黄色；仅 1 种，世界热带、亚热带及温带地区均有栽培。冬瓜 B. hispida (Thunb.) Cogn.，瓠果大型，长圆柱形或近球形，被硬毛和白霜。果实是主要蔬菜之一，也可作蜜饯；果皮及种子供药用，有消炎、利尿、消肿之效。

（7）苦瓜属 Momordica：一年生或多年生攀缘草本或粗壮大藤本；卷须不分叉或 2 叉；叶常为掌状 3~7 浅裂或深裂；叶片基部与叶柄之间有腺体或无腺体。花单性同株或异株；花冠轮状，5 深裂，黄色或白色。苦瓜 M. charantia L.，果实纺锤形至长圆形，表面具多数钝瘤状突起，成熟时橙黄色。广泛栽培于世界热带至温带地区，我国各地普遍栽培。果实味甘苦，肉质，主要作蔬菜食用；根、藤及果实入药，有清热解毒之效。

葫芦科常见的植物尚有佛手瓜 Sechium edule (Jacq.) Sw.，果实作蔬菜用。油渣果（油瓜）Hodgsonia macrocarpa (BL.) Cogn.，果可食，种子榨油供食用。罗汉果（光果木鳖）Siraitia grosvenorii (Swingle) C. Jeffrey ex Lu et Z. Y. Zhang，果实球形或长圆形，入药，味甘甜，甜度比蔗糖高 150 倍，有润肺、祛痰、消渴之效，治慢性咽炎、慢性支气管炎等，也可做清凉饮料，现已成为重要的经济植物。绞股蓝 Gynostemma pentaphyllum (Thunb.) Makino，全草入药，含有类似人参皂甙的绞股蓝皂甙，有"南方人参"之美誉，具有明显的抗疲劳、抗衰老、降血脂、镇静和催眠等功效；还可提制蓝色素。喷瓜 Ecballium elaterium (L.) A. Rich.，蔓生，多年生草本，无卷须，成熟果实从果柄处脱落，并由此处喷射出果肉黏液和棕色的种子，远达 6~10m，常栽培供观赏。栝楼（瓜蒌）Trichosanthes kirilowii Maxim.，根的制品为中药的天花粉，瓜皮为瓜蒌皮，种子称瓜蒌仁，也均入中药；根有清热生津、解毒消肿之效，其根中蛋白称天花粉蛋白，有引产作用，是良好的避孕药；果实、种子和果皮有清热化痰、润肺止咳、滑肠的作用。

十八、杨柳科

杨柳科 SALICACEAE 属于五桠果亚纲，杨柳目 SALICALES。

♂ * $K_0 C_0 A_{2-\infty}$　　♀ * $K_0 C_0 \underline{G}_{(2:1:\infty)}$

形态特征：落叶性乔木或灌木。单叶互生，有托叶，常早落。单性花，多为雌雄异株，柔荑花序，常于初春先叶开放；每花有一苞片，无花被，常有杯状花盘或蜜腺；雄蕊 2 至多数；雌蕊 1 个，由 2 心皮合生而成，侧膜胎座，子房 1 室，上位。蒴果 2~4 裂；种子小，多数，基部围以由珠柄长成的白色丝状长柔毛，胚直立，常无胚乳。染色体：X = 19，22。花粉无沟（杨属）或 3 沟（柳属）。

识别要点：木本。单叶互生，有托叶，早落。花单性，雌雄异株，柔荑花序；花有苞片，有花盘或蜜腺，无花被，侧膜胎座；蒴果，种子小，基部有长毛。

属种数目及分布：杨柳科有 3 属约 500 余种，主产北温带。我国有 3 属约 230 余种，分布南北各省。本科许多种类是常见绿化观赏与行道树种，有些作防护林和材用树。

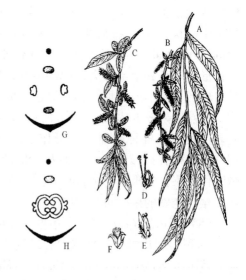

图 10-22　垂柳
A. 枝　B. 雄花枝　C. 果枝　D. 雄花
E. 雌花　F. 蒴果　G. 雄花图式　H. 雌花图式

常见植物：

（1）杨属 Populus：树干通直，常有树脂；顶芽通常膨大，冬芽有芽鳞数枚；叶卵圆形、卵形或三角状卵圆形，有时为近心形，基部常有腺体，叶柄较长；柔荑花序下垂，苞片边缘分裂；花有杯状花盘；雄花序较雌花序早开放，雄蕊4至多数，着生于花盘内；雌花的雌蕊着生于花盘基部；风媒。本属栽培植物皆作绿化和行道树。银白杨 P. alba L.，树皮灰白色，幼枝及冬芽密被白色绒毛；长枝的叶掌状3~5裂，下面灰白色，密被白色绒毛。木材可作建筑、器具用材，也可造纸；叶可作饲料；树皮可提取单宁。毛白杨 P. tomentosa Carr.，树皮灰白色，老时深灰色；叶三角状卵形，边缘具牙齿或波状齿。木材供建筑、家具、造纸、胶合板、人造纤维等用；为庭园和行道树种。响叶杨 P. adenopoda Maxim.，幼树树皮灰白色，平滑，大树树皮深灰色，纵裂；叶卵形或卵圆形，边缘具内弯的钝齿，齿尖有腺体。木材可供建筑、器具用材，也可造纸。

(2) 柳属 Salix：冬芽仅有1个芽鳞；叶通常为披针形或线形，叶柄短或无柄。雌雄异株，柔荑花序直立或斜展；苞片全缘，早落。垂柳 S. babylonica L.，小枝细长，叶狭长披针形或线状披针形，苞片披针形，雄花2腺体，雌花1腺体（图10-22）。全国各地广泛栽培，根系发达，保土护堤能力强；木材可供家具、箱板用材；茎皮可造纸；枝和须根祛风除湿，治筋骨痛、牙龈肿痛；叶、花、果可治恶疮等症。旱柳（河柳）S. matsudana Koidz.，小枝直立或开展，叶长披针形或线状披针形，叶柄长3~8mm，稍被短柔毛；苞片卵形，雄花和雌花皆具2腺体。分布南北各省，为早春蜜源植物，也是行道树、防护树及庭园绿化树种。

十九、十字花科

十字花科 CRUCIFERAE 属于五桠果亚纲，白花菜目 CAPPARALES。

$* \; K_{2+2} \; C_{2+2} \; A_{2+4} \; \underline{G}_{(2:1:1-\infty)}$

形态特征：草本。单叶互生，基生叶常呈莲座状，无托叶。总状或圆锥花序；花两性，辐射对称；萼片4，两轮；花瓣4，排成十字形，黄色、白色、红色或紫色，基部通常具爪；雄蕊6，四强；子房上位，2心皮合生，侧膜胎座，常有1个次生的假隔膜，把子房分成假2室，每室胚珠1至多数。长角果或短角果，自下向上2瓣分裂，少数不裂；种子无胚乳，胚弯曲。染色体：X = 4~15，多为6~9。花粉具3沟。

识别要点：总状或圆锥花序；十字形花冠；四强雄蕊；侧膜胎座，假隔膜隔成假2室；角果。

属种数目及分布：十字花科有300余属约3 200种，广布于全世界，主产北温带，以地中海地区最多。我国产90余属约400余种，各地均有分布。本科有多种重要的蔬菜、油料作物和蜜源植物，另有一些药用和观赏植物，也有不少为农田杂草。

常见植物：

(1) 芸薹属（油菜属）Brassica：基生叶与下部茎生叶常为大头羽裂，上部茎生叶多全缘；花黄色或乳黄色，稀白色，排成总状花序；长角果圆柱形或有棱，成熟时开裂，顶端有喙，多为锥形；种子每室1行，常球形，子叶对褶。本属植物是日常主要的蔬菜。如甘蓝（洋白菜）B. oleracea L.，叶大且厚，肉质；部分或全部茎生叶无柄或抱茎；茎不肥厚。本种的栽培变种或变型较多，常见的有：卷心菜（圆白菜、莲花白、包菜）B. oleraceal var. Capitata L.，基生叶厚，层层包裹成球状体，灰蓝绿色；茎的中下部叶广倒卵形或近圆形；叶球供食用。花菜（菜花、花椰菜）B. oleracea var. botrytis L.，通常菜用类型不开正常花，在茎顶生有一头状体，由密集无色的花序梗、花梗、未发育的花和苞片组成，肉质化，成为食用部分。羽衣甘蓝（花叶甘蓝）B. oleracea var. acephala DC. f. tricolor Hort.，叶面皱缩，有淡黄、黄绿、紫红、粉红等杂色，供观赏。擘蓝（球茎甘蓝）B. caulorapa Pasq.，茎膨大成肉质球茎，外皮浅绿，肉白色，叶集生于球茎上部；球茎供鲜食或盐腌、酱渍。大白菜（白菜、卷心白）*B. pekinensis* (Lour.) Rupr.，冬季心叶紧卷为圆锥状、圆筒状或头状，淡黄色或白色，品种甚多，是冬、春两季的主要蔬菜。青菜（小白菜）*B. chinensis* L.，叶绿色或浓绿色，不结球，为春、夏、秋季常见的蔬菜。芥菜 *B. juncea* (L.) Czern. et Coss.，种子含芥子素，有强烈的辛辣味，可研磨成"芥末面"；种子还可榨油；全草和种子入药，能化痰平喘，消肿止痛。本种的栽培变种有：大头菜 *B. juncea* var. *megarrhiza* Tsen et Lee，肉质块根可腌制酱菜；榨菜 *B. juncea* var. *tumida* Tsen et Lee，茎基部膨大成瘤状，腌制酱菜；雪里蕻 *B. juncea* var. *multiceps* Tsen et Lee，基生叶用于腌制咸菜。油菜（芸苔）*B. campestris* L.，主要油料作物之一（图10-23），种子榨油供食用，也是蜜源植物；茎叶或苔心也可用作蔬菜；种子药用，能行血、散结、叶可外敷治痈肿。欧洲油菜 *B. napus* L.，主要油料作物之一，种子榨油供食用；茎叶或苔心也可用作蔬菜。芥蓝（芥蓝菜）*B. alboglabra* Bailey.，我国南方冬季常见的蔬菜之一。

（2）萝卜属 *Raphanus*：常有肉质肥大的根；叶为大头羽状浅裂或深裂；花白色、淡红色或紫色；长角果不开裂，在种子间常收缩成串珠状，顶端具长喙；种子球形，子叶纵褶。萝卜 *R. sativus* L.，直根肉质，供食用，也可腌制成咸菜；种子可榨油，供制肥皂、润滑油，也可食用；种子（药材名叫莱菔子），鲜根和枯根（药材名叫地骷髅），叶可供药用；种子消食积；枯根能利大、小便，消肿、散虚气；根、叶治初痢、止喘、镇痛，亦可解煤气中毒。常见的变种、变型有：大青萝卜 *R. sativus* var. *acanthiformis* Mak.，直根地上部分绿色，地下部分白色，叶狭长；红萝卜 *R. sativus* f. *sinoruber* Mak.，直根紫红色，叶柄及叶脉常带紫色；种子入药。

（3）荠菜属 *Capsella*：茎直立，纤细；基生叶莲座状，大头羽状深裂或全缘；茎生叶长圆形、披针形至线形，全缘，具缺刻或有不规则锯齿；无柄，基部常抱茎。花序初时呈顶生伞房花序，花后伸长为总状花序，花瓣白色；短角果近倒心形，两侧压扁；子叶背倚胚根。荠菜 *C. bursa-pastoria* (L.) Medic.，常见杂草，嫩叶可做菜食用；种子榨油，供工业用（图10-24）；全草入药，可清热凉血，平肝明目，止血，降压，利尿，消炎；根入药，煎水服治结膜炎。

图 10-23 油 菜
1. 花枝 2. 去花被的花 3. 花的正面观
4. 长角果 5. 花图式

图 10-24 荠 菜
1. 植株 2. 萼片 3. 花瓣 4. 雄蕊
5. 雌蕊 6. 果实 7. 开裂之短角果

十字花科的经济植物还有菘蓝（大蓝、板蓝根）*Isatis tinctoria* L.，主根长圆柱形，肉质，灰黄色。茎上部多分枝。基生叶莲座形，倒卵形至长圆状倒披针形，常全缘，有长柄；茎生叶长圆形至长圆状披针形，基部耳状抱茎。花瓣黄色。短角果长圆形。原产欧洲，我国大部分省区都有栽培。根、叶药用，根称板蓝根，叶称大青叶，均有清热解毒、利咽、凉血作用，主治流行性乙型脑炎、肝炎、腮腺炎、咽喉痛、流感等症。另外，叶可提取靛蓝素，可作蓝色染料。种子可榨油，工业用。豆瓣菜 *Nasturtium officinale* R. Br.，茎、叶可作蔬菜；全草入药，有凉血、清热、镇痛的功效；种子可榨油，供工业用。北美独行菜 *Lepidium virginicum* L.，全草可作饮料；种子含油，可供食用；种子也可入药，有利水、平喘的功效。弯曲碎米荠 *Cardamine flexuosa* With.，全草入药，有祛风、清热、利尿、解毒之效，或治痢疾、肠炎及各种出血；种子可榨油，供工业用。蔊菜 *Roripa montana* (wall.) small，种子油可作润滑油；茎、叶作野菜或饮料；全草和种子入药，有解表止咳、健胃、利尿之效。常见的观赏植物有紫罗兰 *Matthiola incana* (L.) R. Br.、桂竹香 *Cheiranthus cheiri* L.、香雪球 *Lobularia maritima* (L.) Desv. 等。拟南芥 *Arabidopsis thaliana* (L.) Heynh.，因其染色体数目少（2n = 10），生长周期短，易栽培，现被广泛用作分子生物学研究的模式植物。

二十、杜鹃花科

杜鹃花科 ERICACEAE 属于五桠果亚纲，杜鹃花目 ERICALES。

$*，\uparrow K_{(5-4)} C_{(5-4)} A_{10-8,5-4} \underline{G}, \overline{G}_{(2-5:2-5:\infty)}$

形态特征：常绿或落叶，灌木或亚灌木，稀小乔木。单叶，通常互生，少对生或轮生，多革质，无托叶。花两性，辐射对称或稍两侧对称；单生、簇生或为总状、伞形和圆锥花序；花萼4~5裂，宿存；花冠4~5裂，漏斗状、坛状、钟状和高脚碟状；雄蕊为花冠裂片数的2倍或同数，花药常具芒或距状附属物，常顶孔开裂；子房上位或下位，中轴胎座，2~5室，稀更多，每室胚珠多枚，稀1，花柱1。蒴果，稀浆果或核果；种子小，胚直伸，有胚乳。染色体：X = 8，11~13。花粉常3（稀4~5）孔沟。

识别要点：常为灌木；单叶互生；花萼、花冠4~5裂；雄蕊数常为花冠裂片的2倍，花药具附属物，常顶孔开裂；花柱1，中轴胎座。多为蒴果，稀浆果或核果，种子多数。

属种数目及分布：杜鹃花科有75属1 500余种，广布全球，主产温带和亚寒带，也产热带高山地区。我国21属约800种，南北均产，以西南山区种类最为丰富。其中有多种著名观赏植物、果树和药用植物。

常见植物：

杜鹃花属 *Rhododendron*：叶全缘，稀具锯齿；花常排成顶生或假顶生的伞形或伞形状总状花序，稀单生或数朵聚生；花萼和花冠多为5裂，常稍两侧对称；雄蕊5或10，花药无附属物；蒴果，室间开裂为5果瓣，少数为10果瓣。杜鹃（映山红）*R. simsii* Plamch.，落叶灌木，全株密生棕黄色扁平糙伏毛；叶卵形、椭圆状卵形至倒卵形，两面及叶缘均有糙伏毛，花2~6朵簇生枝顶，花冠宽漏斗状，鲜红、深红或粉红色，雄蕊10；分布

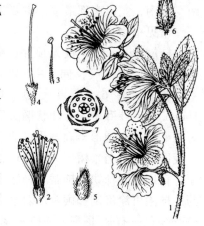

图10-25 杜 鹃
1. 花枝 2. 花剖面 3. 雄蕊 4. 雌蕊
5. 萼片 6. 果实 7. 花图式

长江流域及其以南各省区，著名观赏花木（图 10-25）。满山红 R. mariesii Hemsl. et Wils.，落叶灌木，幼枝初有黄绢毛，后变无毛；叶卵状披针形；花生枝顶，通常成双生（少有 3 朵），先叶开放；花冠轮状漏斗形，浅玫瑰红色，有紫红色斑点，雄蕊 10 枚；分布长江以南各省区，供观赏。锦绣杜鹃 R. pulchrum Sweet，半常绿灌木，多分枝，通常开展；嫩枝密被平贴褐色糙伏毛，叶薄革质，2 型，春发叶椭圆状长圆形，长 6～7cm，宽 2～2.5cm，顶端钝尖，叶柄长约 6mm；夏发叶较小，叶柄也较短；花冠阔漏斗形，粉红色或玫瑰紫色，有深色斑点，长 4～4.5cm，直径达 6.5cm；雄蕊 10 枚，较花冠为短；著名观赏花木，全国各地广为栽培，变种和变型不少。

杜鹃花科常见的植物还有乌饭树 Vaccinium bracteatum Thunb.，常绿灌木，叶革质，椭圆形至卵形，背面主脉具短柔毛；总状花序腋生；苞片宿存；花药附属物不明显，果熟时紫黑色；分布长江以南各省、区，南至台湾；本种为酸性土指示植物；果成熟时味甜，可生食，也可用以制果酱和酿酒；叶及果实又可供药用，治鼻出血、心肾虚弱、支气管炎；根能散瘀消肿、止痛，治跌打损伤红肿、牙痛等；嫩叶汁可染米煮成乌饭食用。

二十一、柿 树 科

柿树科 EBENACEAE 属于五桠果亚纲，柿树目 EBENALES。

♂ $* K_{(3-7)} C_{(3-7)} A_{3-7,6-14,\infty}$ ♀ $* K_{(3-7)} C_{(3-7)} \underline{G}_{(2-16:2-16:1-2)}$

形态特征：灌木或乔木，木材多黑褐色。单叶互生，稀对生，全缘，无托叶。花单生或为聚伞花序；通常单性，雌雄异株，少为杂性；花萼 3～7 裂，宿存，花冠 3～7 裂，钟状或壶状，裂片旋转状排列；雄蕊与花冠裂片同数、2 倍或更多，分离或结合成束，常着生于花冠筒基部，花药内向纵裂；子房上位，中轴胎座，2～16 室，每室 1～2 胚珠。浆果；种子具胚乳。染色体：X=15。花粉具 3 孔沟。

识别要点：木本；单叶，常互生，全缘；花单性；萼宿存，花冠裂片旋转状排列；子房上位，中轴胎座；浆果。

属种数目及分布：柿树科约 5 属 300 余种，主要分布于全世界的热带和亚热带地区。我国仅 1 属约 50 余种，产华中至西南、东南，尤以南部最盛；主要为用材树和果树。

常见植物：

柿属 Diospyros：枝无顶芽；雌花单生，雄花成聚伞花序；花萼、花冠常 4 裂，偶 3～7 裂；雄蕊常 8～16；子房 4～12 室，花柱 2～6；浆果大型，具膨大的宿萼。柿 D. kaki Thunb.，落叶乔木，叶卵状椭圆形至倒卵形，背面及小枝均有短柔毛，果卵圆形至扁球形，直径 3 cm 以上（图 10-26）；原产我国，为著名果树，久经栽培，品种很多；果含葡萄糖和果糖，食用或制柿饼；柿蒂、柿漆、柿霜（柿饼外的白霜）可入药；柿漆可涂渔网和雨伞。君迁子 D. lotus L.，落叶乔木，幼枝灰绿色，有短柔毛，老枝灰褐色，无毛；叶椭圆形至矩圆形，腹面密生脱落性柔毛，背面近白色；果球形或椭圆形，直径约 2cm，蓝黑色；原产我国，果可生食或酿酒，果实及叶可提取维生素 C，供食品及医药用；苗木可作柿砧木。老鸦柿

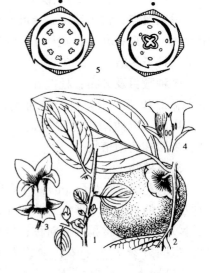

图 10-26 柿
1. 雄花枝 2. 果枝 3. 雄花外形
4. 雌花纵切面 5. 花图式（雄花、雌花）

D. rhombifolia Hemsl., 落叶灌木, 枝条有刺; 叶卵状菱形至倒卵形; 果卵圆形至球形, 直径1.5～2.5 cm, 橙黄色; 果制柿漆, 根、枝药用, 活血利肾。罗浮柿 *D. morrisiana* Hance, 常绿灌木或小乔木; 幼枝稍被短柔毛, 后变无毛; 叶长椭圆形或卵状披针形; 果浅黄色, 近球形, 直径1.5～2 cm; 茎皮、叶、果实入药, 有解毒消炎、收敛之效; 绿果熬成膏, 晒干研粉, 撒敷, 治烫伤; 树皮煎水服, 治腹泻; 未成熟果实可提取柿漆。

二十二、蔷 薇 科

蔷薇科 ROSACEAE 属于蔷薇亚纲 ROSIDAE, 蔷薇目 ROSALES。

形态特征: 木本或草本, 有刺或无刺。单叶或复叶, 多互生, 多具托叶。花多为两性, 辐射对称; 单生或为伞房、圆锥和总状花序; 花托隆起或凹陷; 花多为周位花, 少上位花; 萼片和花瓣常5; 雄蕊通常多数, 稀5～10枚, 花丝分离; 心皮1至多数, 离生或合生; 子房上位或下位。蓇葖果、核果、梨果或聚合瘦果、聚合小核果, 少蒴果。种子常无胚乳。染色体: $X = 7, 8, 9, 17$。花粉多为3孔沟。

识别要点: 多具托叶; 花托隆起或凹陷; 花为5基数, 多为周位花, 少上位花; 子房上位或下位; 果实为蓇葖果、核果、梨果或聚合瘦果、聚合小核果等。

属种数目及分布: 蔷薇科有124属3 300余种, 主产北温带至亚热带。我国有51属1 000余种, 全国各地均产。本科植物具有重要的经济价值, 盛产多种果树和花木, 绿化树种以及蜜源植物也很多, 有些种类是重要的香料植物与高维生素植物, 还有一些种类可药用。

亚科及常见植物:

蔷薇科根据花托形状、雌蕊类型、心皮数目、子房位置及果实类型等特征分为4个亚科 (图10-27)。

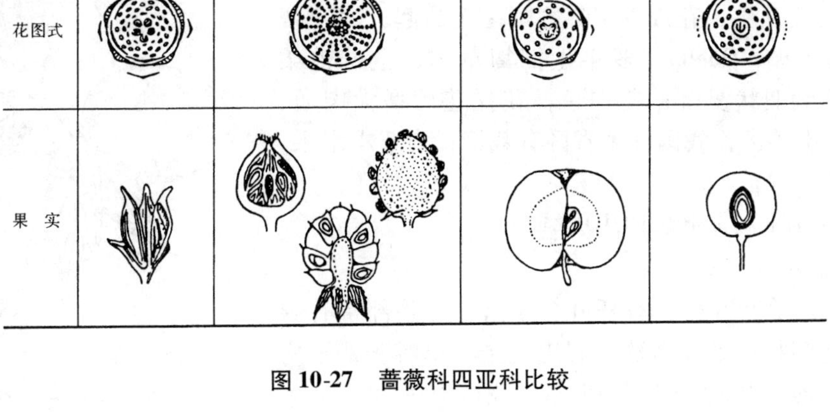

	绣线菊亚科（绣线菊属）	蔷薇亚科	苹果亚科	李亚科（梅属）
花纵剖				
花图式				
果实				

图10-27 蔷薇科四亚科比较

1. 绣线菊亚科 SPIRAEOIDEAE

* $K_5 \ C_5 \ A_\infty \ \underline{G}_{1\sim5}$ 或 $\underline{G}_{(1\sim5)}$

灌木；单叶，少复叶，多无托叶；花托扁平或微凹；子房上位；周位花；心皮 1~5 枚，多分离；蓇葖果或蒴果。约 22 属，我国有 8 属。

绣线菊属 *Spiraea*：落叶灌木；单叶，无托叶；花白色、粉红色、或淡红色，排成伞形、伞房状、总状或圆锥花序，聚合蓇葖果。麻叶绣线菊 *S. cantoniensis* Lour.，庭园观赏花卉，早春洁白鲜花盛开，花朵密集，甚美丽。绣球绣线菊 *S. blumei* G. Don，花白色，庭园观赏花卉。中华绣线菊 *S. chinensis* Maxim.，花白色，除东北、西北和西藏外，全国广布，为山地常见植物，可作观赏植物。

2. 蔷薇亚科 ROSOIDEAE

* $K_5 \ C_5 \ A_\infty \ \underline{G}_\infty$

灌木或草本。叶常为羽状复叶或深裂，互生，托叶发达。花托隆起或凹陷，雄蕊多数；心皮多数，分离；子房上位；聚合瘦果或聚合小核果。约 35 属，我国有 21 属。染色体：$X = 7 \sim 9$。

（1）蔷薇属 *Rosa*：灌木，常具皮刺或刺毛；羽状复叶，托叶常贴生于叶柄上；花单生或为伞房和圆锥花序；花托壶状，稀杯状；花被 5 数；聚合瘦果包藏于壶状花托内（亦称蔷薇果）。多花蔷薇 *R. multiflora* Thunb.，枝条常成蔓状；小叶 5~9 枚；圆锥花序，花径 2~3 cm，白色，果红褐色；原产我国，各地栽培供观赏，栽培变种繁多；花、果及根入药，为泻下剂和利尿剂。月季 *R. chinensis* Jacq.，小枝有直立的或钩状的皮刺；小叶 3~5，稀 7，叶边缘有钝锯齿；花红色、白色或黄色；原产我国，著名花卉，栽培品种甚多；花为香水原料及食品调料，薰茶香料；花及根入药，有活血祛瘀、拔毒消肿之效。香水月季 *R. odorta*（Andr.）Sweet，茎攀缘状，散生下弯皮刺，小叶 5~7，边缘有细锯齿；花白色、黄色至粉红色，芳香；产我国西南地区，各地栽培供观赏。玫瑰 *R. rugosa* Thunb.，小枝密生绒毛；小叶 5~9，叶片上面光亮，多皱，边缘有钝锯齿；花紫红色至白色；原产我国，现各地栽培；著名花卉与芳香油植物，花可提制高级香精，果富含维生素 C；花及根入药，有理气活血、收敛作用。

（2）草莓属 *Fragaria*：多年生草本；常具根状茎，匍匐茎节上常生不定根；羽状复叶有小叶 3 (~5) 片，基生或兼有茎生；托叶部分与叶柄合生；花两性，有时单性，成具数花或多数花的伞房花序，稀为单生；副萼片 5 与萼裂片互生；花瓣 5，白色；花托凸起；聚合瘦果。草莓 *F. ananassa* Duch.，多年生匍匐草本，全株被柔毛；叶基生，三出羽状复叶；花白色，花托花后增大肉质，聚合瘦果；原产南美洲，我国许多省区有栽培；为草本水果，生食或制果酱等。

3. 李亚科（梅亚科）PRUNOIDEAE

* $K_5 \ C_5 \ A_\infty \ \underline{G}_{1:1:1}$

乔木或灌木；单叶互生；有托叶，早落；叶基部常有腺体；花托凹陷呈杯状；雄蕊多数；心皮 1 个，单雌蕊，子房上位；核果，常含 1 粒种子。约 10 属，我国有 9 属。染色体：$X = 8$。

（1）桃属 *Amygdalus*：侧芽 3，具顶芽；叶披针形，幼叶

图 10-28 桃
A. 花枝 B. 果枝 C. 花的纵切
D. 花药 E. 核

在芽中对折；花单生或2朵并生；果皮被毛，果核表面具网状或蜂窝状洼痕，稀平滑。桃 A. persica L.，落叶小乔木；花单生，红色；原产我国，广布全国，但以华北为最多，品质最好；全世界亚热带至温带地区广泛栽培（图10-28）。桃树栽培历史悠久，品种甚多，可分食用和观赏两大类：观赏品种的花色各异，有紫红、粉红、白色等，并有单瓣、重瓣之分；食用品种的果实供鲜食或加工成各种果品，果仁可入药。主要栽培变种有蟠桃 A. persica var. compressa Bean，果实扁圆形，供食用，核小。

（2）杏属（梅属）Armeniaca：侧芽单生，顶芽缺；花先叶开放；叶近圆形或卵形；花单生或2朵并生；子房和果实常被短毛，果核平滑。杏 A. vulgaris Lam.，乔木；花单生；花瓣白色或稍带红色；原产我国及中亚地区，各地广泛栽培，品种很多；果鲜食或加工成各种果品；种仁含油约50%，入药有润肺止咳、平喘、滑肠之效。梅 A. mume Sieb.，落叶乔木；小枝细长，绿色；花瓣白色或淡红色，味香；果黄色或带绿色，果核具孔穴；原产我国，全国各地有栽培，品种甚多；供观赏，果供食用或加工果品，果入药有收敛止痢、解热镇咳、驱虫之效；根和花能活血解毒；木材作雕刻，算盘珠等用。

（3）李属 Prunus：侧芽单生，顶芽缺；花叶同开；叶倒卵状椭圆形至倒卵状披针形；花单生或2~3朵簇生；子房和果实均光滑无毛，常被蜡粉，果核平滑，少有皱纹。本属植物多作果树或观赏，果鲜食或加工各类果品，品种多而栽培广泛。李 P. salicina Lindl.，乔木，叶倒卵状披针形；花常3朵簇生；子房无毛；果实卵球形或近圆形，果肉红、紫红、黄至绿色，核有皱纹；果供食用；核仁含油45%左右，入药，有活血祛痰、润肠利水之效。果可供食用的还有欧洲李 P. domestica L.、杏李 P. simonii Carr.、樱桃李 P. cerasifera Ehrh. 等。

（4）樱桃属 Cerasus：叶椭圆形、卵形至倒卵形；花单生、簇生或形成伞形和伞房花序；果实较小，无沟，不被蜡粉。本属栽培的植物多作果树或观赏，亦供药用，果可鲜食或加工各类果品。樱桃 C. pseudocerasus (Lindl.) G. Don，落叶乔木；果供食用；核仁入药，能发表透疹；树皮能收敛镇咳；根、叶可杀虫，治蛇伤等。樱花 C. serrulata (Lindl.) G. Don ex London，乔木；供观赏；核仁入药，能诱发麻疹。

4. 苹果亚科（梨亚科）MALOIDEAE

$* \ K_5 \ C_5 \ A_\infty \ \overline{G}_{(2-5:2-5)}$

乔木或灌木；多为单叶，稀复叶，互生，有托叶。花托凹陷与子房愈合；雄蕊多数；心皮2~5个，合生；子房下位或半下位，每室有胚珠1~2个；梨果。约20属，我国有16属。

（1）苹果属 Malus：乔木或灌木；单叶，互生，叶缘有锯齿；伞形花序；花白色或红色；花药黄色；花柱2~5，基部合生；子房下位，每室有胚珠2个；果肉通常不含石细胞。苹果 M. pumila Mill.，叶椭圆形，叶缘有钝锯齿；伞房花序3~7朵花，花粉红色；果实扁球形，萼宿存；原产欧洲、西亚，现全世界温带地区广泛栽培；也是我国北部和中部地区重要水果，栽培品种很多；鲜食或加工果品及酿酒等（图10-29）。湖北海棠 M. hu-

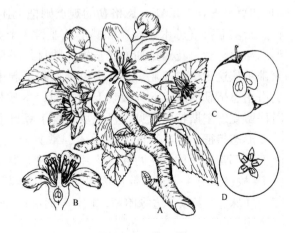

图10-29 苹 果
A. 花枝　B. 花纵切面
C. 果纵切面　D. 果横切面

pehensis (Pamp.) Rehd., 叶片卵形至卵状椭圆形, 花粉白色或近白色; 果椭圆形或近球形, 直径约1cm, 黄绿色稍带红晕; 嫩叶可作茶叶代用品; 果能消积食。花红 *M. asiatica* Nakai, 叶片椭圆形或卵形, 果卵形或近球形, 直径 4～5cm, 黄色或红色; 果鲜食或加工制果干、果丹皮及酿果酒。常作观赏和绿化树种的有垂丝海棠 *M. halliana* Koehne、海棠花 *M. spectabilis* (Ait.) Borkh.、西府海棠 *M. micromalus* Makino. 等。

(2) 梨属 *Pyrus*: 乔木或灌木; 单叶互生, 叶片近卵形; 伞房花序; 花白色, 花药常红色; 花柱 2～5, 分离; 果肉有石细胞。果实梨形。梨 (白梨) *P. bretschneideri* Rehi, 叶片卵形或椭圆状卵形, 花白色; 果实卵形或近球形; 果皮黄色或黄绿色; 分布西北、华北等地, 为我国北部重要果树, 品种很多, 如鸭梨、雪花梨、秋白梨、红霄梨等。沙梨 *P. pyrifolia* (Burm. f.) Nakai, 叶片卵形至卵状椭圆形; 花白色; 果实近球形, 果皮褐色; 原产我国, 为我国南方常见果树, 品种甚多, 如六月梨、同瓜梨、棕包梨等。豆梨 *P. calleryana* Dane., 叶片阔卵形至卵状椭圆形; 花白色; 果实球形, 直径约1cm, 果皮黑褐色; 可观赏或作白梨和沙梨的砧木。

(3) 枇杷属 *Eriobotrya*: 常绿乔木或灌木, 小枝粗壮; 单叶, 互生, 有锯齿或近全缘; 托叶往往早落; 花排成顶生的圆锥花序, 常被绒毛; 子房下位, 2～5 室; 种子 1 至数个, 种皮常褐色。枇杷 *E. japonica* (Thunb.) Lindl., 常绿乔木, 小枝粗壮, 密生锈色或灰棕色绒毛; 叶革质, 披针形至倒卵状披针形, 长 12～30 cm, 宽 3～9 cm, 边缘有锯齿或近基部全缘, 上面光亮, 下面密生灰棕色绒毛; 花瓣白色, 果乳黄色至橙黄色。本种为我国南部地区早春的重要水果, 也供罐头、蜜饯用; 叶晒干去毛供药用, 能利尿、清热、止渴; 枇杷仁及叶有镇咳作用。

苹果亚科常见的经济植物还有山楂 *Crataegus pinnatifida* Bge., 小枝有刺; 果近球形, 果皮深红色, 具浅色斑点; 产华北、东北; 栽培作绿篱; 果生食或作果酱、果糕; 药用治食积泄泻和高血压等。木瓜 *Chaenomeles sinensis* (Thouin) Koehne, 果长椭圆形, 长 10～15 cm, 暗黄色, 木质, 芳香; 果实水煮或糖渍供食用; 药用能镇咳镇痉、清暑利尿, 治关节酸痛、肺病等症。

二十三、豆 科

豆科 FABACEAE 属于蔷薇亚纲 ROSIDAE, 豆目 FABALES。

按照克朗奎斯特等人的意见, 豆目可分为含羞草科 MIMOSACEAE、云实科 CAESALPINIACEAE 和豆科 FABACEAE。恩格勒的观点则把上述 3 个科合并为豆科, 置于蔷薇目中, 分为含羞草亚科、云实亚科 (苏木亚科) 和蝶形花亚科 3 个亚科。把它们分为 3 个科或亚科的依据主要是花冠形态与对称性、花瓣排列方式、雄蕊数目与类型等性状 (图 10-30)。不管如何分类, 植物分类学家都承认这 3 个科或亚科是一个以荚果联系起来的自然类群。目前, 国内大多数《植物学》教材仍沿用恩格勒的观点, 为教学上的方便, 本教材仍按恩格勒的分科范围处理, 分为 3 个亚科。同时保留克朗奎斯特的意见, 仍把豆科置于豆目中。

形态特征: 草本、灌木或乔木, 常具根瘤。叶多为羽状复叶或 3 出复叶, 常互生, 具托叶, 叶柄基部常有叶枕。花两性; 萼片和花瓣均为 5; 花冠多为蝶形, 少数为假蝶形或辐射对称; 雄蕊常 10 枚, 少有 4 个至多数, 常联合成二体雄蕊, 少数全部分离或连成单体; 雌蕊单心皮, 子房上位, 胚珠 1～多数, 边缘胎座, 1 室; 荚果; 种子无胚乳。染色体: $X = 5～14$。花粉具 3 孔沟或 2、4、6 孔。

识别要点: 多为复叶, 常有叶枕; 花冠多为蝶形, 少数为假蝶形或辐射对称; 2 体雄蕊, 少有单体或分离; 单雌蕊, 边缘胎座; 荚果; 种子无胚乳。

第一节 双子叶植物纲

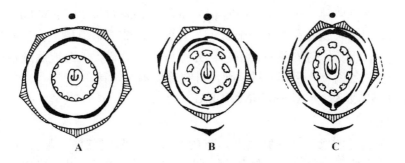

图 10-30 豆科三个亚科的花图式比较
A. 合欢属的花图式　B. 紫荆属的花图式　C. 蚕豆属的花图式

属种数目及分布：豆科约有 650 属 18 000 种，为双子叶植物中第二大科，被子植物中的第三大科。广布全世界。我国有 150 余属 1 300 多种，各省区均有分布。本科有许多重要的经济植物，如豆类作物、蔬菜、饲草、绿肥、药用植物、绿化观赏及材用树种等，另外还有一些农田杂草，是农林牧业生产上很重要的一个科。

亚科及常见植物

1. 含羞草亚科 MIMOSOIDEAE

　　＊ $K_{(5)} \; C_5 \; A_\infty \; \underline{G}_{1:1}$

多木本，稀草本。多二回羽状复叶，少一回羽状复叶。穗状或头状花序；花两性；辐射对称，多为 5 数，亦有 3～6 数；雄蕊常多数，稀与花瓣同数或为其倍数；荚果。染色体：$X = 8$，$11～14$。

合欢属 *Albizzia*：乔木或灌木；二回羽状复叶，小叶通常多数；叶柄和叶轴具腺体。花 5 数，花冠小，下部合生；雄蕊 20～50 枚，花丝长为花冠数倍，基部合生；荚果扁平，带状，不开裂或很迟开裂。合欢 *A. julibrissin* Durazz.，乔木，头状花序，花丝细长，淡红色；各地常栽培为庭园观赏植物或行道树（图 10-31），纤维可制人造棉；树皮和花药用，能安神、活血、止痛。南洋楹 *A. falcataria*（L.）Fosberg，大乔木，高可达 45m；羽片 6～20 对；小叶 15～20 对，棱状长圆形；花小，白色或淡黄色；雄蕊多数，基部结合成短筒；荚果沿腹线有狭翅；原产于马鲁古群岛，现广植于各热带地区，南亚热带许多地区也有栽培；为庭园观赏植物或行道树。

含羞草亚科常见的植物还有含羞草 *Mimosa pudica* L.，草本，二回羽状复叶，受触动即闭合下垂；原产于美洲热带地区，现在广布于世界热带地区，其他地区也有栽培供观赏。台湾相思树 *Acacia confusa* Merr.，乔木，叶片退化；叶柄扁化成叶片状，稍呈镰刀状弯曲；分布于广东、广西、福建、台湾等省（自治区）；性耐贫瘠、

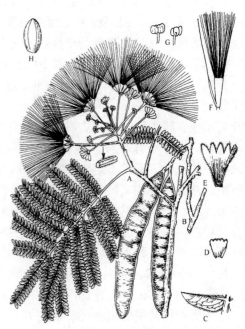

图 10-31 合 欢
A. 花枝　B. 果枝　C. 小叶　D. 花萼　E. 花冠
F. 雄蕊（花丝下部连合）及雌蕊　G. 花药
H. 种子

干旱，为荒山造林的优良树种。金合欢（鸭皂树）*Acacia farnesiana* (L.) Willd.，小乔木或灌木；托叶特化成刺状；二回羽状复叶；花小，金黄色，有香气；荚果暗黑褐色，近圆柱形；花含芳香油，为名贵香料之一；果荚、树皮及根含单宁，并可作黑色染料，入药能收敛清热；茎上所流出的树脂含树胶，可供艺术用及药用；木材坚硬，可制珍贵木器家具。

2. 云实亚科（苏木亚科）CAESALPINIOIDEAE

↑ $K_{(5)}\ C_5\ A_{10}\ \underline{G}_{1:1}$

多木本，少草本。一回或二回羽状复叶，少为单叶。花两侧对称；花瓣为上升覆瓦状排列，居上一花瓣在内侧，即假蝶形花冠；雄蕊10或较少，多分离；荚果各式。染色体：X = 6 ~ 14。

（1）云实属 *Caesalpinia*：乔木、灌木或藤本，通常有刺；二回羽状复叶。花通常美丽，排成腋生或顶生的总状花序或圆锥花序；荚果卵形、长圆形或披针形，扁平或肿胀，平滑或有刺。云实 *C. sepiaria* Roxb.，有刺灌木，常蔓生，二回羽状复叶，花黄色；产江南各省；根、茎及果供药用，有发表散寒、活血通经、解毒杀虫的功效；花美，茎多钩刺，可为绿篱（图10-32）。苏木 *C. sappan* L.，灌木或乔木，有疏刺，二回羽状复叶；主产江南；据记载，本植物的边材不易扭裂，是制小提琴弓的良好材料；枝干可提取贵重的红色染料；根可提取黄色染料；心材供药用，能解热清血，收敛祛痰。

图10-32 云 实
A. 花枝 B. 花瓣
C. 花萼、雄蕊和雌蕊 D. 雄蕊

（2）羊蹄甲属 *Bauhinia*：乔木、灌木或具卷须藤本；单叶互生，顶端常2裂，稀为全缘或分裂到基部成为2小叶；花通常美丽，总状花序常呈伞房状或分枝呈圆锥花序；花瓣5片，近等大，通常有爪；雄蕊10枚或退化为3~5枚，花丝分离；荚果线形或长圆形，扁平。红花羊蹄甲（紫荆花、洋紫荆）*B. blakeana* Dunn.，乔木；小枝细长，密被茸毛；叶近革质，阔心形，顶端2裂，裂片约为全长的1/3，钝头；花紫红，发育雄蕊5枚，不育雄蕊2~5枚；子房有约2cm的柄，粉红色，通常不结实；原产中国香港，为香港特别行政区区花，华南一带广为栽培；花大，色艳，味香，花期又长，是很好的庭园观赏植物。紫羊蹄甲 *B. purpurea* L.，乔木；叶近革质，广卵形或浅心形，顶端2裂，裂片约为全长的1/3~1/2，钝头或略尖；花大，淡红色或白色，芳香；荚果硬革质，扁平，带形，深褐色；多栽培为庭园观赏树；花芽经盐渍可食用；叶可作饲料；嫩叶可治咳嗽。羊蹄甲 *B. variegata* L.，乔木；叶圆形至广卵形，有时为肾形，顶端2裂，裂片约为全长的1/4~1/2，钝头；花大，粉红色，芳香；荚果宽带形，扁平，黑褐色；为良好的庭园观赏及蜜源植物；据记载，花、嫩叶、花芽和幼果均可以作蔬菜；根皮煎煮，治消化不良。

云实亚科常见的植物还有紫荆 *Cercis chinensis* Bunge，乔木，栽培后常为灌木状；叶心形，先端急尖或骤尖；花玫瑰红色，先叶开放；各地栽培供观赏；树皮、木材、根入药，有活血行气、消肿止痛、祛瘀解毒之效；树皮、花梗为外科疮疡要药。皂荚 *Gleditsia sinensis* Lam.，刺圆锥状，常分枝，长可达16cm；一回羽状复叶，荚果带状，直或微弯呈镰刀形，但不扭转；木质坚硬，为优良用材树种；荚果煎汁可代肥皂用；荚瓣、种子、根皮等入药，能祛痰通窍；枝刺药用，能消肿排脓，杀虫治癣。决明 Cassia tora L.，一年生半灌木状草本，复叶具 6 小叶；产江南各省；种子入药，可治眼疾，并有解热、缓泻、润肠、祛风、强壮、利尿的功效；幼苗、嫩叶和幼果可食。我国南方常见栽培供观赏和作行道树的植物有黄槐 Cassia surattensis Burm. f.、凤凰木 Delonix regia (Bojea) Raf. 等。

3. 蝶形花亚科 PAPILIONOIDEAE

↑ $K_{(5)}$ C_{1+2+2} $A_{(9)+1}$ $\underline{G}_{1:1}$

草本或木本。羽状或三出复叶，稀单叶。总状花序或头状花序。蝶形花冠（旗瓣一片，翼瓣二片，龙骨瓣二片）。常为二体雄蕊，少单体或分离。荚果。染色体：X = 5~13。

（1）槐属 Sophora：乔木、灌木，稀为草本；奇数羽状复叶；雄蕊 10，离生或基部稍合生为环状，有时二体；荚果念珠状。槐树 S. japonica L.，乔木；枝棕色，幼时绿色；圆锥花序顶生，花乳白色或淡黄色；原产我国，南北各省区普遍栽培；优良绿化观赏树种与蜜源植物；槐花及花蕾（槐米）可食，含芳香油，又为清凉性收敛止血药；槐实也能止血降压；根皮、枝叶药用，治疮毒。苦参 S. flavescens Ait.，灌木；茎皮黄色，具纵纹和易剥落的栓皮，味苦；我国南北各省均产，根含苦参碱，有清热利尿、燥湿杀虫及抗菌消炎的功效，但脾胃虚寒者不宜用；种子含金雀花碱，可明目；全草煎汁内服，可健胃、驱虫及治赤痢、肠出血、血痔等；种子可作农药用。

（2）苜蓿属 Medicago：一年生或多年生草本；三出羽状复叶，互生，小叶上端有细锯齿；花小，排成腋生的短总状或头状花序；二体雄蕊；荚果螺旋状或环状弯曲，常不开裂。紫花苜蓿 M. sativa L.，多年生草本，多分枝；花紫色；荚果螺旋形，有疏毛，先端具喙；各地广泛栽培或呈半野生状态，为优良饲料植物，又可作绿肥。天蓝苜蓿 M. lupulina L.，一年生草本，花黄色，荚果弯卷呈马蹄形，成熟时黑褐色，具网纹，无刺；为较好的牧草，亦作绿肥及蜜源植物；全草药用，治蜈蚣、毒蛇咬伤。

（3）大豆属 Glycine：一年生草本；羽状复叶具 3 小叶，稀为 5 或 7 片；托叶小。花小，白色至淡紫色，排成腋生的总状花序；萼筒有毛，5 齿裂，上部两齿多少合生；花瓣均具长爪；荚果线形或长圆形，扁平或略肿胀，开裂。大豆 G. max (L.) Merr.，茎粗壮，全株密被褐色长硬毛；荚果长圆形，略弯，呈镰刀状，密被长硬毛（图 10-33），种子椭圆形或卵圆形，黄绿色、褐色和黑色；全国各地都有栽培；大豆的经济价值很高，它富含蛋白质和脂肪，可供食用；它也是重要的油料作物，豆油除供食用外，还是工业生产的多种原料；大豆具有补肾养心、祛风明目、清热利水、活血解毒的功效。

（4）落花生属 Arachis：一年生草本；茎常匍匐；叶为偶数羽状复叶，通常小叶 2~3 对。花单生于叶腋

图 10-33 大豆
1. 花枝 2. 花 3. 雄蕊
4. 果实 5. 雌蕊

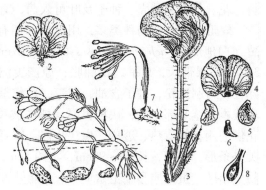

图 10-34 花 生
1. 植株 2. 花 3. 花的纵切 4. 旗瓣 5. 翼瓣
6. 龙骨瓣 7. 雄蕊及雌蕊 8. 子房

或数朵簇生于叶腋内；花冠黄色；花托在子房基部形成短柄状，在花完成受精后能迅速伸长，形成雌蕊柄，将子房推入土中，发育为果实。落花生（花生）*A. hypogaea* L.，花小，单生于叶腋，或2朵簇生（图10-34）；荚果大，肿胀，有网纹，种子间缢缩，在土中成熟，不开裂；原产巴西，我国南北各省多有栽培；花生米和花生油是我国出口的重要农产品之一；种子含油量约50%左右，榨油除供食用外，还可以制生发油等；油粕可作饲料和肥料；茎叶是很好的绿肥。

(5) 菜豆属 *Phaseolus*：草本；羽状复叶具3小叶，稀退化为单小叶。总状花序顶生或腋生；花冠白色、黄色、红色或淡紫色；龙骨瓣顶端延长成一螺旋状的长喙；花柱线状，与龙骨瓣同旋扭，沿一侧有毛。荚果线形至长圆形，扁平或肿胀，种子2至多数。菜豆（四季豆、豆角）*P. vulgaris* L.，一年生缠绕草本，全株被短毛；侧生小叶偏斜；总状花序腋生，较叶短；龙骨瓣顶端卷曲1圈或近2圈；荚果带形，略膨胀，顶端有喙；种子球形或矩圆形，白色、褐色、蓝黑色、红棕色或带斑纹；嫩荚供作蔬菜；种子含油，入药，有清凉利尿、消肿之效。赤豆（红豆）*P. angularis*（Willd.）W. F. Wight，一年生直立草本；荚果圆柱形；种子矩圆形，赤红色，有光泽；种子供食用，民间的红豆汤、红豆沙即以它为原料；种子入药，有行血利尿、解毒消肿的功效。绿豆 *P. radiatus* L.，一年生直立草本，有时顶部稍为缠绕状，被淡褐色长硬毛；荚果圆柱形，有散生、淡褐色长硬毛；种子绿色，有时黄褐色；种子供食用制豆沙、粉丝、提淀粉、生豆芽等；入药有清热解毒、利尿、明目的功效。

(6) 豌豆属 *Pisum*：一年生或多年生草本；叶为偶数羽状复叶，小叶1~3对，叶轴顶端有分枝的卷须；托叶大，叶状，大于小叶片。花单生或为少数花组成的腋生总状花序；花冠白色、紫色或红色；荚果长圆形，肿胀，顶端具短尖。豌豆（荷兰豆）*P. sativum* L.，一年生攀援草本；荚果略扁平；种子青绿色，干后黄色；我国各地广泛栽培；本植物有硬荚和软荚两种类型，前者荚硬纤维多，仅种子供食用；后者荚软质脆，常连荚食用；种子含淀粉、油脂，入药有强壮、利尿、止泻的功效；茎、叶能清凉解暑，并作绿肥和饲料。

(7) 蚕豆属 *Vicia*：一年生或多年生缠绕草本，常有卷须；叶为偶数羽状复叶，叶轴顶端常有分枝或不分枝的卷须；小叶多数，稀1~3对；托叶半箭头形。花单生或数朵排成腋生的总状花序；花冠通常蓝色、紫色或黄色；荚果略扁平。蚕豆 *V. faba* L.，一年生直立草本；荚果大而肥厚；种子椭圆形，略扁，淡绿色或褐色；原产欧洲南部和非洲北部，我国已广泛栽培；种子富含蛋白质和淀粉，青蚕豆更富含维生素A、维生素B、维生素C，为优质蔬菜；茎、叶可作绿肥和饲料；花、荚果、种壳、种子及叶可入药，有止血、利尿、解毒、消肿的功效。

蝶形花亚科植物种类多，用途广，拥有大量经济价值高的植物。常见的可供食用的还有：豆薯（白地瓜）*Pachyrhizus erosus*（L.）Urban.，草质藤本；根肉质，块状，纺锤形或扁球形；小叶3片；荚果带状，扁平，稍肿胀；原产美洲热带地区，我国南方多见栽培，块根味甜，可生食或熟食，可制淀粉；种子含油，有毒，可作杀虫剂。野葛（葛藤）*Pueraria lobata*（Willd.）Ohwi，草质藤本，茎基部木质；块根粗厚；植株被黄色长硬毛；块根可制淀粉；茎皮纤维可织布；葛根和花供药用，能清热、透疹、生津止渴、解毒、止泻；种子可榨油。豇豆 *Vigna sinensis*（L.）Savi.，荚果条形，下垂，长20~90cm，宽约1cm，稍肉质；各地广栽，嫩荚作蔬菜；种子还含有大量淀粉、脂肪、蛋白质和维生素B，入药能健胃补气，滋养消食。扁豆 *Dolichos lablab* L.，茎缠绕；果荚扁平；原产印度，各地广泛栽培；嫩荚作蔬菜；种子或全草可药用，有消暑除湿、健脾解毒等功效。木豆 *Cajanus cajan*（L.）Millsp.，直立灌木；荚果被黄色柔毛；种子供食用、榨油、制豆腐；叶可作饲料；根可入药，有清热解毒、止血、止痛、杀虫的功效。刀豆 *Canavalia gladiata*

(Jacq.) DC., 草质藤本；荚果带形，略弯曲；嫩荚和种子供食用；根、果及种子入药，有行气活血、补肾、散淤的功效。

常见的材用树种还有：紫檀 *Pterocarpus indicus* Willd.，乔木；花冠黄色，稀为白色而杂以紫色；荚果扁平，近圆形具翅；热带和亚热带南部地区有分布，木材坚硬致密，心材红棕色通称"红木"，供制车轮、优质家具、乐器等用；树脂、木材可供药用。黄檀 *Dalbergia hupeana* Hance，乔木；花冠白色或淡紫色，果长圆形；我国南方分布较广；木材黄色或白色，材质坚密，可作各种负重力及拉力强的用具及器材。花榈木 *Ormosia henryi* Prain，乔木；花冠黄白色；荚果扁平；种子鲜红色，长圆形；材质优良，可制家具；根、枝及叶入药，有祛风散结、解毒散淤的功效。

常见的绿化观赏植物还有：刺桐 *Erythrina variegata* L. var. *orientalis* (L.) Merr.，落叶乔木；有圆锥形的刺；羽状 3 小叶，顶生小叶菱状卵形，侧生小叶较小，斜卵形；花冠鲜红色；我国南方常见栽培作绿化树或供观赏；树皮含纤维，为良好的制绳索原料，也可入药，印度有用以退热，治胆病，叶可作驱虫及止吐药，也可作饲料。刺槐（洋槐）*Robinia pseudoacacia* L.，乔木，具托叶刺，花白色，果扁平；各地广栽，为优良绿化与蜜源树种；花和嫩叶可食用；茎皮、根、叶及花入药，有利尿、止血、凉血的功效。紫藤 *Wisteria sinensis* (Sims) Sweet，木质藤本，茎左旋；花冠紫色；我国各地多有栽培供观赏；茎、皮及花供药用，能解毒，驱虫，止吐泻。

常见的饲料和绿肥植物还有：猪屎豆 *Crotalaria pallida* Ait.，直立亚灌木；茎、叶可作绿肥和饲料；种子有补肝肾、固精的功效；根及全草能开郁散结、解毒除湿。白香草木樨 *Melilotus albus* Desr.，草本；为主要饲料作物，也是蜜源植物和绿肥；干草含油 0.1% ~ 0.2%，可作烟草、化妆品及肥皂等香精的调和原料；花干后可直接拌入烟草内作芳香剂。田菁 *Sesbania cannabina* (Retz.) Pers.，小灌木；茎、叶作绿肥及牛、马饲料；纤维可代麻用。紫云英 *Astragalus sinicus* L.，草本；良好的绿肥植物；还可以当饲料。美丽胡枝子 *Lespedeza formosa* (Vog.) Koehne，灌木；水土保持植物；茎叶可作饲料；根入药，有凉血、消肿、除湿解毒的功效。鸡眼草 *Kummerowia striata* (Thunb.) Schindl.，草本；可作饲料及绿肥；全草供药用，有利尿通淋、解热止痢的功效。

豆科植物常具根瘤，有固氮作用，其中不少是绿肥植物。

豆科起源于蔷薇科的李亚科或与李亚科有一共同的祖先。由单一的心皮演化为荚果，但还保留着结合的萼筒、发达的托叶和 5 基数、轮状排列的花。豆科植物的演化趋势是雄蕊群由不定数到定数的结合，花冠由整齐趋向不整齐。

二十四、桃金娘科

桃金娘科 MYRTACEAE 属于蔷薇亚纲，桃金娘目 MYRTALES。

$* \ K_{(4-5)} \ C_{(4-5)} \ A_\infty \ \underline{G}, \ \overline{G}_{(2-5:2-5)}$

形态特征：常绿乔木或灌木。单叶，全缘，革质，常对生，少互生或轮生，具透明油点，揉有香气；无托叶。花多为两性，辐射对称；单生或组成各式花序；萼片和花瓣常 4 ~ 5；具花盘；雄蕊常多数，花丝离生或基部连合；子房下位或半下位，多室至 1 室，中轴胎座，少为侧膜胎座，胚珠多数。蒴果或浆果，稀核果；种子常有角，多无胚乳。染色体：$X = 6 ~ 9$，多为 11。

识别要点：常绿木本；单叶，常对生，全缘，革质，具透明油点；花两性；4 ~ 5 基数；具花盘；雄蕊常多数；子房下位或半下位，中轴胎座；种子常有角。

属种数目及分布：桃金娘科约 100 属 3 000 余种，分布于热带和亚热带地区，主产于美洲和大洋洲。我国原产有 8 属 80 多种，引入栽培的有 8 属 70 余种。

常见植物：

（1）桉属 *Eucalyptus*：幼态叶常为对生，成熟叶常为互生，有边脉，有香气。萼片和花瓣合生成1或2层的帽状体，开花时由于雄蕊伸展而从萼管顶部环状开裂并脱落。子房下位。蒴果，全部或下半部藏于扩大的萼管内，当上半部突出萼管时，常形成果瓣，常裂开为3～6片。原产大洋洲，多为高大乔木。我国南方各省、区均有引种。常见的有桉（大叶桉）*E. robusta* Sm.，树皮深褐色，纤维状，粗糙，有不规则沟裂，宿存；叶卵状披针形。细叶桉 *E. tereticornis* Smith，树皮光滑，灰白色或淡红色，长薄片状脱落，有时在树干基部的粗糙，宿存；叶狭长披针形。蓝桉 *E. globulus* Labill.，树皮灰蓝色，平滑，片状剥落；叶披针形。窿缘桉 *E. exserta* F. V. Muell.，树皮灰褐色，宿存，外面粗糙而有纵裂沟，略呈片状剥落，内皮纤维状；叶披针形或线形。柠檬桉 *E. citriodora* Hook. f.，树皮光滑，灰青色、灰白色或淡棕红色，片状剥落，叶披针形或狭披针形，有柠檬香气。赤桉 *E. camaldulensis* Dehnh.，树皮光滑，暗灰色、片状剥落，在树干基部的粗糙，宿存；叶薄革质，狭披针形至披针形。桉树生长快速，木材硬重坚韧，耐腐，可作枕木、建筑、造船、桥梁等用；枝叶可提取各种不同的桉油，油的主要成分包括桉叶醇、蒎烯、香草醛、松油烃等，在工业、医药等方面有很高的经济价值。我国目前用于大量生产精油的有窿缘桉、柠檬桉、赤桉、蓝桉等。

（2）蒲桃属 *Syzygium*：叶对生，少为轮生，具羽状脉。花3朵至数朵排成聚伞花序再组成圆锥花序；浆果或核果状，种皮粗糙，多少与果皮黏合。蒲桃 *S. jambos*（L.）Alston，乔木；叶对生，长椭圆状披针形，叶基部楔形，叶柄长6～8mm；浆果核果状，球形或卵形，可生食或作蜜饯（图10-35）；枝叶繁茂，花大，可作为庭园绿化观赏植物；分布于广东、广西、云南、贵州、台湾，其他一些南方省市也有引种栽培。洋蒲桃 *S. samarangense*（Blume）Merr. et Perry，可作为庭园绿化树种，果供食用；形态特征与蒲桃相似，主要区别在于洋蒲桃的叶基圆形或微心形，叶柄长不超过4mm。

图10-35 蒲 桃
1. 花枝　2. 花　3. 果实

桃金娘科常见的经济植物还有桃金娘 *Rhodomyrtus tomentosa*（Air.）Hassk.，灌木，叶椭圆形或倒卵形，革质，离基3出脉；浆果暗紫色；产我国南部；果可食用，也可酿酒、制果酱；全株入药，有活血通络、收敛止泻、补虚止血之功效。番石榴 *Psidium guajava* L.，灌木或小乔木；浆果球形，内有白色或胭脂色果肉；原产美洲，我国南部有栽培，有时逸为野生；浆果香甜，富含维生素C，可生食或酿酒；叶含芳香油，可提取香料；叶入药，有健胃功效；树皮亦入药，为收敛止泻药。白千层 *Melaleuca leucadendra* L.，大乔木；树皮灰白色，厚而疏松，薄片状剥落；叶狭椭圆形或披针形，常有纵脉3～7条；蒴果半球形或圆球形；原产澳大利亚，我国南部引入栽培作庭园观赏树或行道树；叶可提取芳香油，可供日用卫生品和香料用，医药上为兴奋、防腐和祛痰剂。

二十五、大 戟 科

大戟科 EUPHORBIACEAE 属于蔷薇亚纲，大戟目 EUPHORBIALES。

♂ * K_{0-5} C_{0-5} $A_{1-\infty}$　　♀ * K_{0-5} C_{0-5} $\underline{G}_{(3:3:1)}$

形态特征： 木本或草本。植物体常含有乳汁。多为单叶互生，叶基部常具腺体。花多单性，雌雄同株或异株，多成聚伞花序；花被常为单层，花萼状，有时缺或花萼和花瓣具存。雌蕊通常3

心皮合生；子房上位，3室，中轴胎座。多蒴果，稀核果或浆果。染色体：X = 7~11，12。

识别要点：常有乳汁；单叶互生，基部常具2个腺体；花单性；子房上位，3心皮合生，3室，中轴胎座；蒴果。

属种数目及分布：大戟科约300属8 000余种，广布全球，主产热带与亚热带。我国约有60多属400余种，各省分布，多产南方。本科有许多重要经济植物，如橡胶树、油桐、乌桕、蓖麻、木薯、巴豆等，此外还有多种药用植物、观赏植物和材用树种，有些种类有毒，可制土农药。

常见植物：

（1）大戟属 *Euphorbia*：草本或灌木，有的茎肉质化，有乳状液汁；单叶，互生、对生或有时轮生，全缘或有齿缺，常无托叶；杯状聚伞花序，单生或组成单歧、二歧和多歧聚伞花序，每一杯状花序观似一朵花，包含多朵雄花和位于中央的1朵雌花，外面围以绿色杯状总苞；花小，单性，无花被；雄花仅1枚雄蕊；雌花仅1枚雌蕊，3心皮合生，3室，每室1胚珠；蒴果。铁海棠（麒麟花、玉麒麟）*E. milii* Ch. des Moulins，灌木；茎稍肉质，有纵棱，疏生硬而锥尖的刺；总苞基部有2枚鲜红色苞片；我国各地公园常栽培供观赏，其美丽鲜红色的苞片，常被误认为花瓣；全株供药用，外敷可治跌打瘀痛、骨折、恶疮。金刚纂（火殃簕、霸王鞭）*E. antiquorum* L.，灌木；小枝肉质，圆柱形或有不明显的3~6棱，托叶皮刺状，宿存，坚硬；我国南方多数省区有栽培；为庭园绿化植物，供观赏或作绿篱；也可供药用，即用鲜茎捣烂，外敷治疔疮，但本品有毒，用时宜慎。一品红（圣诞树、状元红）*E. pulcherrima* Willd. ex Kl.，灌木；茎光滑；叶互生；生于枝下部的叶全为绿色，生于枝顶的叶较狭，开花时呈朱红色；总苞坛状，淡绿色；原产于中美洲，墨西哥；我国南北各地均有栽培；庭园绿化植物；茎、叶供药用，有消肿的功效，可治跌打损伤。大戟 *E. pekinensis* Rupr.，草本；根粗壮，圆锥形；根入药，为利尿剂和峻泻剂，并有通经之效；全草亦供兽药用。南欧大戟（癣草）*E. peplus* L.，纤弱草本；通常从基部分枝；叶全缘；乳汁或全草捣烂外涂可治癣。泽漆 *E. helioscopia* L.，草本；通常从基部分枝；叶缘自中部以上有细锯齿；全株供药用，有清热、祛痰、利尿消肿、杀虫止痒的功效，也可作农药。续随子（千金子）*E. lathyris* L.，草本；茎粗壮，多分枝；原产欧洲，是世界性的栽培油料作物，种子含油量达50%，可制肥皂和润滑油；种子入药，为利尿、泻下剂及通经药；外用治疔癣、恶疮等，但全草有毒，用时宜慎。

（2）蓖麻属 *Ricinus*：仅蓖麻 *R. communis* L. 1种。在亚热带地区常为灌木，在热带地区成小乔木状，在温带地区则为一年生草本；单叶，互生，掌状深裂；花雌雄同株且同序，组成聚伞花序再排成圆锥状花序，顶生或与叶对生；雄花生于花序轴的下部，雌花生于花序轴的上部，无花瓣及花盘；雄花萼裂片3~5，多体雄蕊；雌花萼片5，早落，子房3室，每室1胚珠；蒴果具软刺，分裂成3个2瓣裂的分果片，种皮光滑，种阜明显（图10-36）。原产非洲，我国南北多数省区均有栽培，为重要油料作物；种子含油率达70%左右，其油主要供工业和医药用，为优良润滑油，叶可饲蓖麻蚕。

图10-36 蓖 麻
1. 花果枝 2. 雄花 3. 雌花
4. 果实 5. 种子 6. 花图式

(3) 油桐属 *Vernicia*：落叶乔木，具乳汁；单叶互生，叶柄顶端具 2 腺体；花大，双被花，排成顶生的圆锥状聚伞花序；雌雄同株或异株，雄花有雄蕊 8~20 枚；核果大型，种子富含油质。油桐（三年桐）*V. fordii* (Hemsl.) Airy-Shaw, 叶卵状或卵状心形，常全缘；叶柄顶端的腺体扁平，无柄；花瓣白色，有淡红色条纹，先叶开放；核果近球形，果皮光滑；原产我国，分布于黄河以南各省区，为主要木本油料植物之一（图 10-37）；种子油称桐油，是重要的干性油，为制造油漆、印刷墨油的优良原料；果壳可制活性炭；树皮可提取栲胶；叶可饲白蜡虫；根、叶、花、果可供药用，有消肿、杀虫的功效。木油桐（千年桐）*V. montana* Lour.，叶常 3~5 裂，果具 3 棱和网纹；分布于我国东南至西南；种子油供制肥皂、油漆；树皮可提制栲胶；果壳可制活性炭。

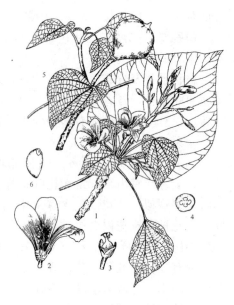

图 10-37　油　桐
1. 花枝　2. 雄花的内部　3. 雌花的内部
4. 子房的横切　5. 果枝　6. 种子

大戟科常见的经济植物还有乌桕（木蜡树）*Sapium sebiferum* (L.) Roxb.，叶菱形至宽卵状菱形；种子外被蜡质假种皮；产黄河以南各省区，为重要的木本油料树种；假种皮（蜡层）为制造蜡烛、肥皂、蜡纸及硬脂酸的原料；种仁榨油称青油，供制油漆和润滑油等；木材供雕刻和制家具；树皮及叶含鞣质，可提取栲胶；根皮及叶入药，有消肿解毒、利尿泻下、杀虫之效。橡胶树（三叶橡胶树、巴西橡胶树）*Hevea brasiliensis* (H. B. K.) Muell.-Arg.，原产巴西，现广植于亚洲热带地区，我国的热带和南亚热带地区有引种栽培；本种是世界天然橡胶的主要来源，橡胶工业的重要原料，用途极广；种子油又可制肥皂和固化油。铁苋菜（海蚌含珠）*Acalypha australis* L.，草本；雌花苞片叶状，沿中脉向上摺合，状如海蚌；全草入药，能清热解毒、利水消肿，用于治痢止泻。红桑 *Acalypha wilkesiana* Muell.-Arg.，灌木；叶边缘具粗锯齿，上面古铜绿色，通常杂以红紫斑彩，下面色略浅；庭园观赏植物。余甘子（油甘）*Phyllanthus emblica* L.，落叶小乔木或灌木；果近球形，外果皮肉质，内果皮硬壳质；果可生食或渍制，又可供药用，能止渴化痰，消食积；根有收敛止泻作用；叶可治皮炎、湿疹。叶下珠 *Phyllanthus urinaria* L.，一年生草本；蒴果圆球形，表面具瘤状体凸起；全草入药，有清肝明目、渗湿利水的功效；可治小儿疳积、肾炎水肿、尿道感染结石、肝炎、黄疸及肠炎、腹泻等。木薯 *Manihot esculenta* Crantz，直立亚灌木；块根伸长，圆柱状，肉质，富含淀粉，品质优良，可供食用或供工业用，但内含氰酸，食用前须水浸并煮熟去毒（也有无毒品种）；原产巴西，现广泛栽培于热带地区，我国南部各省区也有栽种。巴豆 *Croton tiglium* L.，灌木或小乔木，分布于江南地区，为著名杀虫植物和泻药；种仁含油 50% 以上，榨出的油称巴豆油，性烈，有剧毒；外用为皮肤引炎药，涂于腹脐旁有下泻作用；根、叶入药，治风湿性关节炎、疮毒（外用），又可作土农药。红背桂 *Excoecaria cochinchinensis* Lour.，灌木；叶常对生，极少轮生或互生；边缘具疏细锯齿，上面绿色，下面紫红色；庭园观赏植物。变叶木 *Codiaeum variegatum* (L.) Bl.，直立分枝灌木，叶的形状和色彩多样，为美丽的观赏植物。石栗 *Aleurites moluccana* (L.) Willd.，常绿乔木；叶互生，卵形或披针形；花白色；核果卵形或近球形；我国南部各省区常见栽培作行道树；种仁含油达 65%，油为制油漆、肥皂、涂料等的原料；树皮可提取栲胶。重阳木 *Bischofia javanica* Bl.，常绿乔木；三出复叶，小叶卵形、矩圆形、椭圆状卵形；为优良的速生树种，我国南方各省区常见栽培作风景树或行道树；木材坚硬，可供建筑及家具等用材；根可治风伤骨痛及痢疾；叶可治无名肿毒等症。

二十六、鼠 李 科

鼠李科 RHAMNACEAE 属于蔷薇亚纲，鼠李目 RHAMNALES。

$* K_{5-4} C_{5-4-0} A_{5-4} \underline{G}_{(2-4:2-4:1)}$

形态特征：灌木、藤状灌木或乔木，稀草本；常具枝刺或托叶刺。单叶，互生或近对生；叶脉显著，羽状脉或基生 3~5 出脉；托叶小，早落或宿存，或变为针刺。花小，两性，稀单性，辐射对称，多排成聚伞、穗状、总状或圆锥花序；有时单生或数朵簇生。花萼 5~4 裂；花瓣 5~4 或缺；雄蕊 5~4，与花瓣对生；花盘肉质；子房上位或一部分埋藏于花盘内，2~4 室，每室有 1 胚珠，花柱 2~4 裂。果实为核果、蒴果或翅果状。染色体：X = 10，11，12，13。花粉具 3 孔沟。

识别要点：常具枝刺或托叶刺；单叶互生；花为 5~4 基数；雄蕊和花瓣对生。有花盘，子房上位。核果或蒴果。

属种数目及分布：鼠李科约 58 属 900 余种，分布于温带至热带地区。我国有 14 属 130 余种，南北均有分布，主产长江以南地区。

常见植物：

枣属 *Ziziyphus*：落叶或常绿乔木，或藤状灌木；枝红褐色，光滑，常具皮刺。单叶互生；托叶常变成针刺；花 5 基数；核果球形或长圆形，中果皮肉质或软木栓质，内果皮硬骨质或木质。枣 *Z. jujuba* Mill.，落叶乔木或灌木；小枝有细长刺，刺直立或钩状；单叶，基生三出脉；聚伞花序腋生；花小，黄绿色；核果熟时深红色，核两端锐尖（图10-38）；原产于我国北部，国内分布广泛，现全国各地均有种植；果味甜，富含维生素 C、维生素 B，供生食或制蜜饯、果脯等；入药为滋补强壮剂，有养胃、健脾、益血、滋补、强身之效；枣仁入药，可安神，为重要药品之一；枣树又是良好的蜜源植物。无刺枣 *Z. jujuba* Mill. var. *inermis*（Bunge）Rehd.，与枣的主要区别在于无刺，用途与枣相同。酸枣（棘）*Z. jujuba* var. *spinosa*（Bunge）Hu ex H. F. Chow，与枣的主要区别在于：常为灌木，核果小，中果皮薄，味酸，核两端圆钝。产华北，中南各省也有，酸枣仁入药，有镇定安神的功效，主治神经衰弱、失眠等症；果可生食或制果酱；花芳香，也是蜜源植物。

图 10-38 枣
1. 枝条 2. 果枝 3. 花 4. 雄蕊和花瓣 5. 果实横切面 6. 花图式

鼠李科常见的植物还有拐枣（枳椇）*Hovenia acerba* Lindl.，落叶乔木。叶宽卵形，基生三出脉。核果球形，果序轴明显膨大，肉质，扭曲，红褐色；肥厚肉质的果序轴含丰富的糖，味甜可生食和酿酒；"拐枣酒"能治风湿；种子为清凉利尿药，能解酒毒，用于热病消渴、解酒醉、烦渴、呕吐、发热等症；木材坚硬致密，为建筑和细工的良材。薄叶鼠李 *Rhamnus leptophylla* Schneid.，枝端或分枝处有刺；叶边缘有钝圆齿；花 4 基数；核果球形，成熟时黑色，内有 2~3 个分核；全草供药用，有清热、解毒、活血之功效。

二十七、葡 萄 科

葡萄科 VITACEAE 属于蔷薇亚纲，鼠李目。

∗ $K_{4-5} C_{4-5} A_{4-5} \underline{G}_{(2:2:1-2)}$

形态特征：多藤本，茎卷须与叶对生。单叶掌状分裂或复叶，托叶有或无。花常两性；4~5出数，辐射对称；排成聚伞花序或圆锥花序，花序多与叶对生；有花盘；雄蕊与花瓣同数而对生；雌蕊心皮 2~7，常为 2，合生，2~7 室，多为 2 室，每室胚珠 1~2 个，子房上位，中轴胎座；浆果。种子有胚乳。染色体：$X = 11 \sim 14$，16，19，20。花粉 3 孔沟。

识别要点：藤本；茎卷须与叶对生；花 4~5 出数；花序多与叶对生；有花盘；雄蕊与花瓣同数而对生；子房上位，中轴胎座；浆果。

属种数目及分布：葡萄科约 12 属 700 余种，多分布于热带及温带地区。我国有 8 属约 110 余种，南北均产，多数分布于长江以南各省。其中葡萄为著名水果，还有许多药用植物。

常见植物：

葡萄属 *Vitis*：木质藤本，茎卷须与叶对生；单叶，掌状分裂，稀掌状复叶。圆锥花序由聚伞花序组成，与叶对生；花小，淡绿色，花瓣顶端粘合成帽状，花谢时呈帽状脱落。子房 2 室，每室 2 个胚珠。浆果球形或近球形。葡萄 *V. vinifera* L.，卷须分叉；叶圆形或卵圆形，通常 3~5 裂至中部附近，基部心形；浆果成熟时紫黑色而被白粉，富含汁液（图 10-39）；原产亚洲西部，现我国普遍栽培，品种繁多；果味美，为著名的水果，可生食或制葡萄干，酿制葡萄酒；根和藤药用，有止呕、安胎的功效。圆叶葡萄 *V. rotundifolia* Michx.，叶近圆形；浆果近球形；原产于美国南部，现各地广泛栽培；果生食或酿酒，或制果汁、果酱。刺葡萄 *V. davidii* (Roman.) Foex.，幼枝密生皮刺；卷须分叉；野生；果生食或酿酒，根药用，

图 10-39 葡 萄
1. 果枝 2. 去掉花被的花
3. 花 4. 花图式

治筋骨伤痛。毛葡萄 *V. quinquangularis* Rehd.，幼枝、叶柄和花序轴密被灰白色或豆沙色珠丝状柔毛；卷须分叉；浆果球形；果味甜，可生食，也可酿酒。根皮药用，有调经活血、补虚止带的功效。山葡萄 *V. amurensis* Rupr.，幼枝淡紫红色；单叶互生；浆果球形；野生；果可食或酿酒。

葡萄科常见的植物还有乌蔹莓 *Cayratia japonica* (Thunb.) Gagnep.，草质藤本；叶为鸟足状复叶，小叶 5 片，中央小叶较大，椭圆形、长圆形至狭卵形；花瓣无角状突起；浆果倒卵形；全草入药，有清热解毒、活血散瘀、消肿利尿之效。爬山虎 *Parthenocissus tricuspidata* (Sieb. et Zucc.) Planch.，单叶，顶端通常 3 裂；多栽培作为庭园垂直绿化植物，常攀缘墙壁及岩石上；根、茎供药用，有破淤血、消肿毒的功效；果可酿酒。蛇葡萄 *Ampelopsis sinica* (Miq.) W. T. Wang，单叶，心脏卵形或心形，不分裂或不明显 3 浅裂；果实可酿酒；根、茎入药，有清热解毒、消肿祛湿之效。白蔹 *Ampelopsis japonica* (Thunb.) Makino，掌状复叶，小叶 3~5 片；全草及块根供药用，有清热解毒、消肿止痛之效，外用可治烫伤、冻疮；全草又可作农药；根含淀粉，也可酿酒。

二十八、无 患 子 科

无患子科 SAPINDACEAE 属于蔷薇亚纲，无患子目 SAPINDALES。

∗，↑ $K_{4-5} C_{4-5} A_{8-10} \underline{G}_{(3:3:1-2)}$

形态特征：乔木或灌木，稀草本。叶互生，通常羽状复叶，稀单叶或掌状复叶，无托叶。花通常单性，少杂性或两性，辐射对称或两侧对称，常成总状花序、圆锥花序或聚伞花序；萼片4~5；花瓣4~5或缺，常具腺体或鳞片附属物；花盘单侧生，发达，生于雄蕊外方；雄蕊8~10，2轮；雌蕊心皮通常3，合生，子房上位，通常3室，中轴胎座，每室具1~2胚珠。核果、蒴果、浆果、坚果或翅果。种子无胚乳，常有假种皮。染色体：X=10~16。

识别要点：通常羽状复叶；花通常单性，少杂性或两性；花瓣内侧基部常有腺体或鳞片；花盘发达，位于雄蕊外方；心皮3；种子常具假种皮，无胚乳。

属种数目及分布：无患子科约150属2 000余种，广布全球热带和亚热带地区。我国有25属53种，主要分布于长江以南各省区。

常见植物：

（1）荔枝属 *Litchi*：常绿乔木。叶互生，偶数羽状复叶。花单性，雌雄同株，辐射对称，排成顶生的圆锥花序；萼片杯状，5浅裂，花瓣缺；花盘肉质，碟状；雄蕊6~8，花丝有毛；子房有短柄；果实为核果状，果皮有凸瘤。种子具肉质、多汁、白色的假种皮。荔枝 *L. chinensis* Sonn.，常绿乔木。偶数羽状复叶，小叶2~4对，薄革质，披针形至矩圆状披针形。花小，绿白色或淡黄色；无花瓣。果球形或卵形，果皮暗红色，有小瘤状突起。种子具肉质、多汁、白色的假种皮（图10-40）。荔枝广植于我国东南部至西南部，为我国著名果树。假种皮供食用，根及果核供药用，治疝气、胃痛。

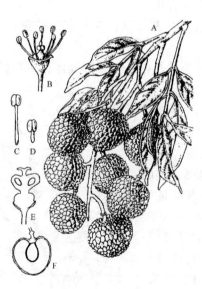

图10-40 荔枝
A. 果枝　B. 雄花　C. 发育雄蕊
D. 不育雄蕊　E. 雌花纵剖面　F. 核果纵切面

图10-41 龙眼
A. 果枝　B. 雄花　C. 雌花

（2）龙眼属 *Dimocarpus*：常绿乔木。叶互生，偶数羽状复叶。花杂性，辐射对称，花萼深5裂；花瓣5或无花瓣；花盘常被毛；雄蕊通常8枚；子房2~3裂，2~3室。果实为核果状，球形，果皮表面有扁平、不明显的疣点。种子有肉质、多汁、白色的假种皮。龙眼（桂圆）*D. longan* Lour.，常绿乔木。偶数羽状复叶，互生，小叶2~6对，长椭圆形或长椭圆状披针形，革质。

圆锥花序顶生和腋生；花小，黄色；萼片、花瓣各5；雄蕊8。果球形，外皮土黄色。种子球形，黑褐色，光亮。新鲜假种皮白色、透明、肉质、多汁、味甜（图10-41）。我国东南部和西南部广泛栽培。为我国南方著名果树。果的假种皮供食用，并为滋补品；种子、根、叶、花均入药。

无患子科常见的植物还有：栾树 *Koelreuteria paniculata* Laxm.，落叶乔木。奇数羽状复叶，小叶纸质。圆锥花序，花杂性同株，近两侧对称；花萼5裂；花瓣4片，淡黄色；花盘偏于一侧；雄蕊8枚；心皮3，子房3室。蒴果囊状。我国南北各地多有分布，叶可提制栲胶，花可作黄色染料，又是北方常见的园林绿化树种。无患子 *Sapindus mukorossi* Gaertn.，落叶乔木。偶数羽状复叶。圆锥花序。核果，肉质，无假种皮，产于我国长江以南各省区。果皮含皂素，可代肥皂使用；种子可以榨油，为润滑油；根、果入药。

二十九、漆 树 科

漆树科 ANACARDIACEAE 属于蔷薇亚纲，无患子目。

* $K_{(5)}$ C_5 A_{5-10} $\underline{G}_{(1-5:1:1)}$

形态特征：乔木或灌木。树皮常含有树脂。叶互生，稀对生，单叶、掌状3小叶或奇数羽状复叶；无托叶或托叶不明显。花小，辐射对称，两性、单性或杂性，排列成圆锥花序；双被花，稀为单被或无被花；花萼多少合生，5裂，稀3裂；花瓣5，偶3或7；雄蕊与花瓣通常同数或为其2倍，着生于花盘外面基部或有时着生在花盘边缘；花盘环状、杯状或坛状；心皮1~5，子房上位，常1室，稀2~5室，每室具1个胚珠。果实多为核果。种子无胚乳或有少量薄的胚乳。染色体：X=10，12，14，15，16，20，21，30。花粉常具3孔沟。

识别要点：木本；有树脂道；雄蕊与花瓣通常同数或为其2倍；有雄蕊内花盘；子房上位，常1室；多为核果。

属种数目及分布：漆树科约60属600余种，分布于全球热带、亚热带地区，少数延伸到北温带地区。我国有16属约54种，主要分布于长江以南各省区。

常见植物：

（1）腰果属 *Anacardium*：灌木或乔木；单叶互生，革质，全缘；圆锥花序顶生，多分枝，略呈伞房状；花小，杂性或雌雄异株，5基数；雄蕊7~10枚，通常仅1枚发育；核果肾形，侧向压扁，果期花托肉质膨大而成棒状或梨形的假果，托于核果的下部，种子肾形。腰果 *A. occidentale* L.，叶倒卵形；核果大，鸡腰状，果基部为肉质梨形或陀螺形的假果所托，假果熟时紫红色；原产美洲热带地区，我国云南、广东、广西、福建、台湾等省（自治区）均有引种（图10-42）；假果可生食或制果汁、果酱、蜜饯、罐头，亦可酿酒；种子炒食，味如花生；含油量较高，为优质食用油，多用作硬化巧克力糖的原料；果壳油是优良的防腐剂和防水剂，又可入药，治牛皮癣和脚癣；树皮可杀虫，治白蚁，还可制不褪色的墨水。木材耐腐，可供造船。

（2）杧果属 *Mangifera*：常绿乔木；单叶互生，全缘，圆锥花序顶生；花小，杂性，4~5基数，花梗有关节。杧果 *M. indica* L.，叶革质，常集生枝顶；雄蕊通常仅1枚发育，不育雄蕊

图10-42 腰 果
1. 果枝 2. 雄花纵切 3. 去掉花萼和花瓣的两性花，示苞片、雄蕊和雌蕊 4. 果实纵切

3~4枚；核果大，肾形，成熟时黄色；中果皮肉质，肥厚，鲜黄色，味香；果核扁，坚硬；分布于云南、广东、广西、福建和台湾等省（自治区），目前世界各地已广为栽培，并培育了百余个品种；果实为热带著名水果，汁多味美，可生食也可制罐头或果酱；果皮入药，为利尿峻泻剂；果核能疏风止咳；叶和树皮可作黄色染料；树冠优美，浓绿，是优良的庭园观赏树种。

（3）漆树属 *Toxicodendron*：落叶乔木或灌木。具白色乳汁，干后变黑，有臭气。奇数羽状复叶或掌状3小叶，互生；小叶对生。花序腋生，聚伞圆锥状或聚伞总状；花单性异株；花部5基数。核果，成熟时黄绿色；外果皮不被腺毛，与中果皮分离；中果皮白色，蜡质，与内果皮连合。本属乳液含漆酚，人体接触易引起过敏性皮肤红肿、痒痛、丘疹，误食引起呕吐、疲倦、昏迷等中毒症状。漆树 *T. vernicifluum* (Stokes) F. A. Barkl.，落叶乔木；奇数羽状复叶互生；小叶全缘；果序多少下垂；核果；我国除黑龙江、吉林、内蒙古和新疆外，其余各省（区）均有分布；树干韧皮部可割取生漆；生漆在国际市场上占很重要的地位；漆是一种优良的防腐、防锈涂料，有不易氧化、耐酸、耐醇和耐高温的性能，用于涂漆机器、车船、建筑物、家具、电线及工艺品等；种子油供制油墨、肥皂；中果皮可提取蜡，用于制蜡烛和蜡纸等；叶、根又可作土农药；干漆可入药，有通经、驱虫、镇咳的功效。

漆树科常见的植物还有盐肤木（五倍子树）*Rhus chinensis* Mill.，灌木或小乔木；奇数羽状复叶，小叶3~6对；顶生小叶的基部楔形，边缘具粗锯齿或圆齿；叶轴具宽的叶状翅，连同叶柄密被锈色柔毛；除青海、新疆外，分布几遍全国；本种是五倍子蚜虫的寄主植物，在幼枝和叶上形成虫瘿，即五倍子；五倍子可供鞣革、医药、塑料和墨水等工业上用；幼枝和叶又可作土农药；果泡水可代醋，生饮止渴；种子油可制皂；根有消炎利尿作用。黄连木 *Pistacia chinensis* Bunge，落叶乔木；偶数羽状复叶互生，小叶10~12；花单性异株；核果倒卵状圆形，初为黄白色，成熟时变红色、紫蓝色；木材鲜黄色，可提黄色染料；材质坚硬致密，可供建筑和细木工用；种子油可作润滑油或制皂；鲜叶可提取芳香油；叶和皮可作农药。南酸枣 *Choerospondias axillaris* (Roxb.) Burtt et Hill，落叶乔木，树皮灰褐色，片状剥落；奇数羽状复叶互生，小叶7~15；花杂性；核果椭圆形或倒卵状椭圆形，成熟时黄色；果生食或酿酒；果核可作活性炭原料；树皮和叶可提取栲胶；茎皮纤维可制绳索；树皮和果入药，有消炎解毒、止血止痛的功效；外用治大面积烧烫伤。本种生长快，适应性强，也是良好的速生造林树种。

三十、芸 香 科

芸香科 RUTACEAE 属于蔷薇亚纲，无患子目。

* $K_{(4~5)}$ $C_{4~5}$ $A_{8~10}$ $\underline{G}_{(4~5:4~5:1~2)}$

形态特征：灌木或乔木，稀草本，有的种类具刺，全体含芳香挥发油。多为羽状复叶或单身复叶，稀单叶，互生，少数对生，叶常具透明油腺点，无托叶。花两性，稀单性，辐射对称；萼片4~5，基部合生或离生；花瓣4~5，离生；雄蕊常8~10，2轮，外轮对瓣，稀多数；花盘位于雄蕊内方；雌蕊心皮常为4~5，稀多数，合生，稀离生；子房上位，中轴胎座，4~5室，亦有多至10余室的，每室通常具1~2胚珠，稀更多。柑果、浆果、蒴果、核果或蓇葖果。染色体：X=7，8，9，11，13。花粉具2~3孔沟或4~8孔沟。

识别要点：多木本；叶常为羽状复叶或单身复叶，互生，叶上常具透明腺点。萼片和花瓣常4~5；花盘发达，位于雄蕊内侧；雄蕊常2轮，外轮对瓣；子房常4~5室，花柱单一；常为柑果和浆果。

属种数目及分布： 芸香科约150多属1 700余种，分布于热带、亚热带。我国连同引进栽培的共29属约150种，主要分布于南方各省。其中柑橘属许多种为南方重要果树，另有不少药用和芳香植物。

常见植物：

柑橘属 *Citrus*：常绿小乔木或灌木，常有枝刺。单身复叶，互生，具透明腺点。花常两性，单生、簇生或成聚伞花序。萼片合生，杯状，3~5裂，宿存，果时增大；花瓣4~8；雄蕊多数，生于花盘基部，花丝中部以下合生成数束；雌蕊子房8~14室，有的更多，每室胚珠1至多数。柑果，球形、扁球形或卵形，肉质，多室，每室有1至多粒种子，种子无胚乳。柑橘 *C. reticulata* Blanco，常绿小乔木或灌木。叶披针形至卵状披针形，叶柄细长，翅不明显。果扁球形，果皮易剥离。长江以南各省区广泛栽培，为我国著名果品之一，本种果皮即中药陈皮。甜橙（广柑）*C. sinensis*（L.）Osbeck，常绿小乔木，叶椭圆形，叶柄短，有狭翅。果实近球形，果皮不易剥离。我国长江以南均有栽培，为我国著名果品之一。柚 *C. grandis*（L.）Osbeck，常绿乔木。叶宽卵形至椭圆状卵形，叶柄有倒心形宽翅。果大，球形、扁球形、梨形，直径10~25cm。长江以南各省区广泛栽培，为亚热带主要果树之一。酸橙 *C. aurantium* L.（图10-43），常绿小乔木，叶卵状矩圆形或倒卵形，叶柄有狭长形或倒心形的翅。果球形，径约7~8cm，橙黄色。长江以南各省区有栽培。果实可提取柠檬酸，入药有破气消积等效。本种的变种代代花 var. *amara* Engl.，花作茶的香料。柠檬 *C. limonia* Osbeck，果味酸，作饮料或蜜饯。

图10-43 酸 橙
A. 花枝　B. 花纵剖面　C. 果实纵剖面
D. 种子　E. 酸橙花图式

芸香科常见的经济植物还有金橘 *Fortunella margarita*（Lour.）Swing.，果较小，直径不超过3cm，金黄色，可生食或制蜜饯。枳（枸橘）*Poncirus trifoliata*（L.）Raf.，有棘刺，三出复叶；果球形，橙黄色，入药名"枳壳"；广泛栽种作绿篱。黄皮 *Clausena lansium*（Lour.）Skeels.，肉质浆果，近球形或长椭圆形，成熟时深黄色。本种为南方果树，果肉味酸甜可食，叶煎水可预防流行性感冒。花椒 *Zanthoxylum bungeanum* Maxim.，茎干常具增大的皮刺，皮刺基部扁宽；奇数羽状复叶，互生；圆锥花序；花单性，单被，花被花萼状，4~8片；雄花具5~7雄蕊；雌花多具3~4心皮，离生；蓇葖果，球形，红色或紫红色，表面具瘤状突起的腺体。除东北和新疆外，其他各地均有分布，野生或栽培。多生于阳光充沛、温暖、肥沃地方。果实为调味料，并可提取芳香油，入药，有散寒燥湿、杀虫之效。种子可榨油。九里香 *Murraya exotica* L.，花香，常作庭园观赏树种，也为药用植物。

三十一、伞 形 科

伞形科 UMBELLIFERAE 属于蔷薇亚纲，伞形目 APIALES。

$$* \; K_{(5)-0} \; C_5 \; A_5 \; \overline{G}_{(2:2:1)}$$

形态特征： 草本。常含挥发油而有香味。茎多中空，有纵棱。叶互生，常分裂或为多裂的复叶，叶柄基部膨大，或呈鞘状抱茎。花小，多成复伞形或伞形花序，花序下常有总苞；两性；辐射对称，少两侧对称；萼片5，常不明显；花瓣5；雄蕊5，着生于花盘的周围，与花瓣互生；雌蕊2心皮合生，子房下位，2室，每室1个胚珠；双悬果，成熟时从2心皮合生面分离成2分果，悬在心皮柄上；种子胚乳丰富，胚小。染色体：X = 4～12。花粉具3孔沟。

识别要点：草本，常有香味；茎多中空，有纵棱；叶柄基部膨大，或呈鞘状抱茎；复伞形或伞形花序；子房下位；双悬果。

伞形科的分类及属、种鉴定主要依据果实的特征。因此了解基本的专用术语，对于正确鉴定该科植物至关重要。

（1）接合面（commissure）：指心皮的连接面，即合生面。

（2）背腹压扁（depressed）：指果向接合面的压扁。

（3）两侧压扁（bilateral compressed）：指果向接合面相垂直的压扁。

（4）主棱（main rib）：指每一分果背面纵向突起的肋条（棱脊），其下具维管束，有3种。

（5）背棱（dorsal rib）：指位于背部中央的主棱，1条。

（6）侧棱（lateral rib）：指位于背部两侧的主棱，2条。

（7）中棱（medial rib）：指位于背棱与侧棱之间的主棱，2条。

（8）次（副）棱（secondary rib）：指位于主棱与主棱之间的纵行肋条。

（9）棱槽（vallecula）：指棱与棱之间的纵行凹槽。

（10）油管（vitta）：指主棱间的果皮内贮有挥发性油的内分泌管道。

属种数目及分布：伞形科约300属3 000余种，分布于北温带、亚热带或热带地区。我国有约95属600种，全国均有分布。本科有许多著名的药用植物及多种常见蔬菜，另有少数有毒植物。

常见植物：

（1）胡萝卜属 *Daucus*：有肉质的根。二至三回羽状裂叶。复伞形花序；萼齿小或不明显；花瓣白色或黄色。果略背腹压扁；主棱5条，线形，棱上有刚毛或刺毛；次棱4条，翅状，具刺毛；每一次棱下有1条油管，合生面2条。胡萝卜 *D. carota* L. var. *sativa* DC.，二年生草本；具肥大圆锥状肉质直根，橙黄色、橙红色；原产欧洲和亚洲，全球广泛栽培；根作蔬菜，富含胡萝卜素，营养丰富；根入药，能消化健胃；果

图10-44　胡萝卜
1. 花枝　2. 花序中间的花　3. 边花　4. 花图式
5. 果实的纵切　6. 果实的横切　7. 肥大直根

入药，可治久痢（图10-44）。野胡萝卜 *D. carota* L.，其形态近似胡萝卜，但其根较细小，多见于山区。

（2）芹菜属 *Apium*：叶一回至多回羽状复叶或三出羽状分裂，叶柄基部成鞘状；常为复伞形花序，顶生或与叶对生；花淡绿色；果近圆形至椭圆形，侧向压扁，主棱线状，每一棱槽中具1油管，合生面2条。芹菜 *A. graveolens* L.，全株无毛；有强烈香气；茎有明显的棱及槽纹；基生叶一至二回羽状全裂，叶柄有鞘；茎生叶3全裂；复伞形花序，伞幅7～16个；花小，绿白色；果

棱尖锐；我国各地均有栽培；全株可作蔬菜，并可入药，有清热止咳、健胃、利尿和降压之效；全株捣汁服，治高血压；煎水外洗疮毒及治毒虫咬伤。

伞形科常见的蔬菜植物还有茴香（小茴香）*Foeniculum vulgare* Mill.，各地栽培，嫩茎和叶可作蔬菜，果含芳香油和脂肪油，作食用调味香料；入药，有祛风、祛痰、散寒、健胃和止痛之功效。芫荽（香菜）*Coriandrum sativum* L.，各地栽培，茎叶作蔬菜和调味香料，有健胃消食的作用；果实可提芳香油，入药有祛风、透疹、健胃、祛痰之效。供药用的植物还有当归 *Angelica sinensis*（Oliv.）Diels.，根供药用，有补血活血、调经、润肠之功效。柴胡 *Bupleurum chinensis* DC.，根入药，主治风热感冒、百日咳、风疹等。独活 *Heracleum hemsleyanum* Diels，根入药，能祛风止痛，治风寒湿痹、腰膝酸痛及痈肿。防风 *Saposhnikovia divaricata*（Turcz.）Schischk.，根及全草入药，能祛风镇痛、清热解毒，治受风头痛、感冒等症。川芎 *Ligusticum wallichii* Franch.，根入药，有祛风活血、行气止痛之功效。珊瑚菜（北沙参）*Glehnia littoralis* F. Schmidt. ex Miq.，根入药，能清肺化痰、生津止渴，治气管炎、咳嗽等症。前胡 *Peucedanum decursivum*（Miq.）Maxim.，根入药，能止咳化痰、健胃、镇痛、活血散风，外用治肿毒。蛇床 *Cnidium monnieri*（L.）Cuss.，果实含挥发油，为兴奋强壮剂，能祛风燥湿，外用可杀虫止痒，治疥癣。

三十二、夹 竹 桃 科

夹竹桃科 APOCYNACEAE 属于菊亚纲 ASTERIDAE，龙胆目 GENTIANALES。

$* K_{(5)} C_{(5)} A_5 \underline{G}_{2,(2)}$

形态特征：木本或多年生草本，常含乳汁或水汁。单叶，对生或轮生，少互生，全缘；通常无托叶。花两性，辐射对称，单生或成聚伞花序；花萼5裂，稀4裂；花冠5裂，高脚碟状或漏斗状，花冠裂片在花芽中多为旋转状排列；花冠喉部常具附属物；雄蕊与花冠裂片同数，且着生于花冠管上，内藏或顶部伸出喉部之外；花药长圆形或箭头形，分离或互相粘合并贴生于柱头上；花盘环状、杯状或舌状，稀无花盘；子房上位，心皮2，离生或合生，1~2室，胚珠1至多数。蓇葖果、浆果、蒴果或核果；种子有翅或有长丝毛。染色体：$X = 8~12$。花粉多型，多为单粒或四合花粉，具散孔、3孔沟和2~3孔。

识别要点：常含乳汁；单叶对生或轮生；花部5数，花冠喉部常具附属物，花冠裂片在花芽中多为旋转状排列；雄蕊与花冠裂片同数，且着生于花冠管上；花药常为箭头形，互相靠合；蓇葖果、浆果、蒴果或核果；种子常具丝状毛。

属种数目及分布：夹竹桃科约250属2 000余种，分布于热带和亚热带，少数在温带地区。我国约47属176余种，主产江南，少数分布于北部及西北部。其中有不少种为药用、观赏或纤维植物；有些植物有毒，尤以种子和乳汁毒性最大。

常见植物：

（1）夹竹桃属 *Nerium*：常绿直立灌木，含水液；叶轮生，稀对生，革质，羽状脉，侧脉密生而平行；叶腋内具腺体。花排成顶生伞房状聚伞花序；花红色、白色或黄色；花冠漏斗状，喉部有5枚鳞片状的附属物（副花冠）；花药箭头形，内藏，彼此互相黏合并贴生于柱头上，顶端具丝状附属物；无花盘；蓇葖果双生，分离；种子长圆形，顶端有毛。夹竹桃 *N. indicum* Mill.，花萼裂片直立，带红色，披针形；花冠深红色或粉红色（图10-45）；分布于伊朗、印度、尼泊尔，现广植于各热带和亚热带地区，我国各地均有栽培，尤以南方为多；本植物花大，色艳，花期长，常栽培为观赏植物；茎皮纤维为优良的混纺原料，种子含油58.5%，可榨油供制润滑油；全株含多种苷，毒性极强，人、畜误食可致命；叶含强心甙，可入药，但有毒，慎用。其栽培变种白花夹竹桃 *N. indicum* cv. Paihua，全株的花为白色，花期几全年，栽培供观赏。

（2）萝芙木属 *Rauvolfia*：直立灌木或乔木，具乳汁；叶对生或轮生；叶腋内及叶腋间具腺体。2~3 歧伞形式或伞房式聚伞花序；花冠裂片左旋；花药长圆形，基部圆形，与花柱分离；核果2个，离生或合生。萝芙木 *R. verticillata*（Lour.）Baill.，灌木，全株无毛；叶对生或 3~5 片轮生；花小，花冠白色，高脚碟形；核果2个，初时绿色，后变暗红或紫红色；产华南与西南，其他南方省区也有栽培；植株含阿马里新、利舍平、萝芙木甲素等近30种生物碱，是治疗高血压药物的原料；民间用根、茎、叶治高血压、高热症、胆囊炎、急性黄疸性肝炎等；外用治蛇咬伤、跌打损伤等症。

图 10-45　夹竹桃

1. 花枝　2. 花冠纵切面，裂片上有条状附属物　3. 雄蕊　4. 果实　5. 花图式

夹竹桃科常见栽培的植物还有长春花（日日有）*Catharanthus roseus*（L.）G. Don，多年生直立草本，有时为亚灌木；叶倒卵状长圆形；花 2~3 朵排成腋生和顶生聚伞花序；花冠紫红色至粉红色；花果期几全年；植株含长春碱，有降血压功效，可治高血压、白血病、淋巴肿瘤、绒毛膜上皮癌、血癌和子宫癌等；也为庭园和公园的栽培花卉。罗布麻（红麻）*Apocynum venetum* L.，亚灌木，枝对生或互生，红色，叶椭圆状披针形至卵状长圆形，无毛；花冠紫红或粉红色；茎皮为优良纤维，可作纺织和造纸原料；嫩枝叶入药，有清凉泻火，降压强心，利尿安神等功效；也为优良的蜜源植物。鸡蛋花 *Plumeria rubra* var. *acutifolia* Bailey，小乔木；花冠外面白色，内面黄色；芳香，树形美观，常栽培供观赏；花可治湿热下痢，也有解毒、润肺的作用。黄花夹竹桃 *Thevetia peruviana*（Pers.）K. Schum.，小乔木；叶近革质，宽线形或线状披针形；花黄色，有香气；枝叶繁茂，鲜绿，花期几全年，为良好的观赏植物；乳汁、花、种子、根及茎皮均含强心甙，有大毒，误食可致命；种子含多种强心甙，对心脏病有良好的疗效，也有利尿、祛痰、发汗、催吐等作用。黄蝉 *Allamanda neriifolia* Hook.，直立灌木；叶 3~5 片轮生，椭圆形或倒卵状长圆形；花大，橙黄色；常为庭园观赏植物；乳汁有毒，人畜中毒则引起循环及呼吸系统障碍；妊娠动物误食可导致流产。

三十三、茄　　科

茄科 SOLANACEAE 属于菊亚纲，茄目 SOLANALES。

* $K_{(5)}$ $C_{(5)}$ A_5 $\underline{G}_{(2:2:\infty)}$

形态特征：直立或蔓生的草本或灌木，稀小乔木；体内具双韧维管束。单叶，稀复叶，互生，无托叶。花两性，辐射对称；常为聚伞花序或簇生，有时单生；花萼常5裂，宿存，果期常增大；合瓣花冠常5裂，轮状；冠生雄蕊与冠裂片同数且互生，花药2室，有时黏合，纵裂或孔裂；子房上位，2心皮合生，2室，稀为假隔膜分成 3~5 室，中轴胎座，胚珠多数。浆果或蒴果；种子具胚乳。染色体：$X = 7 \sim 12$，17，18，$20 \sim 24$。花粉具3（稀 4~6）孔沟。

识别要点：单叶互生；花两性，整齐，5基数；花萼宿存；花冠轮状；冠生雄蕊与冠裂片同数且互生；花药2室，有时黏合，纵裂或孔裂；2心皮合生，中轴胎座，胚珠多数；浆果或蒴果。

属种数目及分布：茄科约有80属3 000余种，分布于热带至温带地区，以美洲热带种类最多。

我国有 25 属约 115 种，各省区均有分布。其中有多种重要的蔬菜、药用和观赏植物，有些是农田常见杂草；野生植物多有毒，勿误食。

常见植物：

（1）番茄属 *Lycopersicon*：草本或亚灌木；羽状复叶，小叶大小不等，具齿或分裂。聚伞花序或圆锥状聚伞花序腋外生；花萼顶端 5~7 深裂；花冠黄色，5~7 裂；雄蕊 5~7 枚；浆果多汁。番茄 *L. esculentum* Mill.，全株被黏质腺毛，揉之有强烈气味；叶为奇数羽状复叶或羽状深裂。花药贴合成 1 长圆锥体，纵裂；子房 2 室或被假隔膜分隔成 3 至多室。原产南美洲，现广泛种植于世界热带至温带地区，我国各地广泛栽培。果实作蔬菜或水果，品种很多。

（2）茄属 *Solanum*：多为草本，稀灌木或小乔木；单叶，稀为羽状复叶；花冠筒短；花药内向，常贴合成一圆筒，顶孔开裂；浆果。茄 *S. melongena* L.，一年生直立草本或亚灌木，全株被星状毛；花色、果形及颜色变异极大；原产亚洲热带，我国各地均有栽培；果作蔬菜；茎、根、叶入药，为收敛剂，有利尿之效；果生食可解食物中毒。马铃薯（洋芋、土豆）*S. tuberosum* L.，草本；地下茎块状；奇数羽状复叶；聚伞花序顶生，后侧生；花白色或蓝紫色；原产热带美洲，全球广泛栽培（图10-46）；块茎作杂粮和蔬菜，也可制淀粉、糖和酒精等制品。龙葵 *S. nigrum* L.，一年生直立草本，聚伞花序对叶生或腋外生，浆果黑色；世界温带至热带广布的杂草，我国各地均有分布；全草入药，能清热解毒、利水消肿。白英 *S. lyratum* Thunb.，草质藤本，叶常为琴形或大多基部为戟形，顶端渐尖，基部常 3~5 裂或少数全缘；分布于华北、西北以及长江以南各省区；杂草；全草入药，能清热解毒、祛风湿、治小儿惊风，果实能治风火牙痛。

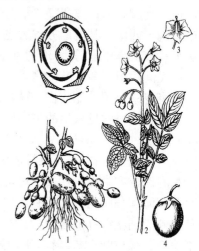

图 10-46　马铃薯
1. 块茎　2. 花枝　3. 花
4. 果实　5. 花图式

（3）烟草属 *Nicotiana*：草本、亚灌木或灌木，全株常密被腺毛；叶互生，不分裂，全缘或稀为波状；圆锥状或总状聚伞花序顶生；蒴果，种子多而微小。烟草 *N. tabacum* L.，1 年生草本，全株密被白色腺毛；叶大。花淡红色；蒴果卵形。原产南美洲，我国南北各省区均有栽培。叶供制卷烟及烟丝；全株含尼古丁（Nicotine），有毒；茎干及叶也可作农药杀虫剂，亦可供药用，作麻醉、发汗、镇静及催吐剂等用。

（4）辣椒属 *Capsicum*：草本，有时为亚灌木或灌木；茎多分枝；单叶互生。花单生或 2~3 朵簇生于枝腋或近枝腋；花药分离，纵裂；浆果无汁，果皮肉质或近革质，常具辛辣味。辣椒 *C. annuum* L.，草本；花单生，花冠白色；浆果初时绿色，成熟时红色、橙色或紫红色，有空腔，味辣。原产墨西哥和哥伦比亚，现世界各地普遍栽培，我国各地普遍种植。本种是常见蔬菜和调味品，种子油可食用，果实有驱虫及发汗作用。由于长期人工栽培、杂交育种，导致品种繁多，常见的有：菜椒（灯笼椒）var. *grossum* (L.) Sendt.，植株粗壮而高大；果实大，味不辣或有轻度辣味，供蔬菜食用。朝天椒 var. *conoides* (Mill.) Irish，果梗及果实均直立，果实较小，圆锥状；多栽培作盆景，供观赏用。簇生椒 var. *fasciculatum* (Sturt.) Irish.，植株粗壮；叶和花在枝顶常 10 数朵和数叶片呈簇生状；浆果指状或圆锥状，味辛辣；多栽培作盆景，或种植供蔬菜或调味品。

茄科供药用的有枸杞 *Lycium chinense* Mill.，灌木，常有针状的棘刺；小枝有棱；单叶互生或

2~4片簇生。花冠淡紫色，裂片边缘具缘毛。我国大多数省区均有分布，栽培或逸为野生。叶有清热之效；果和根皮均入药，果名"杞子"，根名"地骨皮"，均为解热止咳药。曼陀罗 *Datura stramonium* L.，直立草本或亚灌木状；花冠上部白色或淡紫色，下半部带绿色；蒴果；全株有毒，含莨菪碱；药用有镇痉、镇痛、麻醉之功效。洋金花 *Datura metel* L.，直立草本或亚灌木状；花白色或淡紫色；蒴果；全株有毒，尤以种子为最；叶和花含莨菪碱和东莨菪碱；花为中药的"洋金花"，作麻醉剂。天仙子（莨菪）*Hyoscyamus niger* L.，草本；花冠黄色而脉纹紫堇色；蒴果包存于宿萼内；全株有毒；根、叶、种子供药用，含莨菪碱和东莨菪碱，有镇痉、镇痛之效，可作镇咳剂及麻醉剂。供观赏的有：夜香树（夜来香）*Cestrum nocturnum* L.，灌木；花多数，绿白色或黄绿色，夜间极香；原产南美洲，现广泛栽培于世界各热带地区，我国热带和南亚热带地区常有栽培，作园林绿化树种。碧冬茄（矮牵牛）*Petunia hybrida* Vilm.，草本；花单生于叶腋；花冠白色或紫堇色，具条纹；原产南美洲，我国在公园中有栽培供观赏用。供食用的有：挂金灯（红姑娘）*Physalis alkekengi* var. *francheti* (Mast.) Makino，草本；花冠白色；浆果球形，橙红色，柔软多汁，可食用和药用，有清热解毒之效。灯笼果 *Physalis peruviana* L.，草本；花冠黄色，喉部有紫色斑纹；浆果成熟时黄色，味酸甜，可食用或作果酱。

三十四、旋花科

旋花科 CONVOLVULACEAE 属于菊亚纲，茄目。

* $K_5 C_{(5)} A_5 \underline{G}_{(2:2:2)}$

形态特征：常为草本，稀木本；茎缠绕、攀缘、平卧或匍匐，稀直立。植物体常具乳汁。单叶互生，偶复叶，无托叶。花两性，辐射对称；花萼常5裂，分离，宿存；花冠漏斗状或钟状，近全缘或5浅裂；雄蕊5个，生于花冠筒的基部，与裂片互生；花盘环状或杯状；子房上位，2（稀3~5）心皮合生，2（稀3~5）室，每室胚珠常2枚，中轴胎座。多为蒴果，少浆果。种子胚乳小。染色体：X=7~15。花粉具散孔、散沟、多沟或3（4）沟。

识别要点：茎缠绕、攀缘、平卧或匍匐；常具乳汁；花5基数，花冠漏斗状或钟状；常具花盘；雄蕊5个，生于花冠筒的基部；蒴果。

属种数目及分布：旋花科约56属1 800余种，广布全球，主产美洲和亚洲的热带与亚热带。我国有22属128种，南北均有分布。其中有多种为蔬菜和经济作物，有不少药用和观赏植物，有一些为农田常见杂草。

常见植物：

（1）牵牛属 *Pharbitis*：缠绕草本，茎通常被硬毛或绵状毛；叶互生，心形，全缘或3裂，少有5裂。聚伞花序1至数花，腋生；花冠漏斗状或钟状，紫红色或白色；子房3室，胚珠共6枚，柱头头状；蒴果3瓣裂。圆叶牵牛（紫花牵牛）*P. purpurea* (L.) Voigt.，叶圆心形或宽卵状心形；花紫红色、红色或白色。原产于美洲热带地区，现广植于世界各地，我国大部分地区均有分布；供观赏。牵牛（裂叶牵牛）*P. nil* (L.) Choisy，叶常3裂，顶端渐尖或骤尖，基部心形；花蓝紫色或紫红色。原产美洲热带地区，世界热带和亚热带地区都有分布；我国大部分地区常见栽培供观赏，也有野生；种子药用，根据种子颜色，黑色者称黑丑，土黄色者称白丑，有小毒，泻湿热，利大小便。

（2）甘薯属 *Ipomoea*：常为草本；茎缠绕或匍匐。花冠漏斗状或钟状，雄蕊和花柱内藏；花盘环状；子房2或4室，蒴果常4瓣裂；种子4个或较少。甘薯（番薯、红薯）*I. batatas* (L.)

Lam.，多年生蔓生性草质藤本，具块根，茎斜升或匍匐，叶全缘或3~5裂，萼片顶端芒尖状。原产美洲热带地区，现栽培于世界各地，我国广泛栽培；块根既可作粮食（为世界性粮食作物），又可提制淀粉和酿酒；嫩茎叶作蔬菜食用，茎叶为优质饲料（图10-47）。蕹菜（空心菜）*I. aquatica* Forsk.，一年生旱生、湿生或水生草本，全体无毛；茎圆柱形，有节，节间中空；单叶互生，叶形和大小多变化，通常为卵形、长卵形、长卵状披针形等，顶端锐尖、渐尖或钝，基部心形、截形、戟形或箭形，全缘或波状。原产我国，各地栽培。嫩茎、叶作蔬菜。五爪金龙 *I. cairica*（L.）Sweet，多年生缠绕性草质藤本，全株无毛；叶互生，掌状全裂，裂片5片，有时基部1对裂片再2裂；花紫红色、紫色或淡红色，偶有白色。块根供药用，外敷治热毒疮，有清热解毒之效。

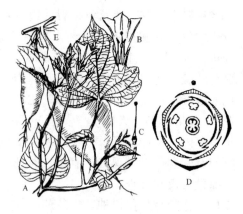

图10-47 甘薯
A. 花枝　B. 花的纵切面　C. 雌蕊
D. 花图式　E. 块根

旋花科常见的植物还有：茑萝（锦屏封、五角星）*Quamoclit pennata*（Desr.）Boj.，叶羽状全裂，裂片细条形，基部二裂片再二裂；花冠深红色；我国各地庭园广为栽培，供观赏。月光花 *Calonyction aculeatum*（L.）House，缠绕草本；叶心形、肾形或戟形，全缘；花大而美丽，夜间开放；花冠白色或淡红色，高脚碟状；常栽培供观赏，也可用以嫁接甘薯，以提高产量。菟丝子 *Cuscuta chinensis* Lam.，一年生缠绕寄生草本，常寄生于草本植物或小灌木上；茎纤细，黄色，毛发状；无叶；花小，白色；蒴果圆形；种子入药，有补肝肾、益精壮阳、养血、润燥之效。马蹄金（小金钱草）*Dichondra repens* Forst.，多年生匍匐小草本；茎细长，节上生根；叶圆形或肾形；花冠黄色，钟状；蒴果小；全草供药用，有清热利尿、祛风止痛、止血生肌、消炎解毒、杀虫接骨之功效，可治黄疸型肝炎、急慢性肝炎、菌痢、疟疾、肺出血、尿路结石等。土丁桂 *Evolvulus alsinoides* L.，多年生草本；茎纤细，多分枝，平卧或斜升；叶长圆形、椭圆形或狭卵形；花小，淡蓝色或白色，蒴果球形；全草供药用，有散瘀止痛、清湿热之功效，可治支气管哮喘、咳嗽、跌打损伤、腰腿痛、痢疾、头晕目眩、消化不良等症。

三十五、唇　形　科

唇形科 LABIATAE 属于菊亚纲，唇形目 **LAMIALES**。

↑$K_{(5-4)}$ $C_{(5-4)}$ $A_{2+2,2}$ $\underline{G}_{(2:4:1)}$

形态特征： 多为草本，稀灌木；常含芳香油。茎常四棱形。单叶，稀复叶，对生或轮生。花两性；常两侧对称；多由腋生聚伞花序构成轮伞花序，通常再穗状或总状排列；花萼5裂，少4裂，有的成二唇形，宿存；花冠合瓣；二唇形，上唇2，稀3~4，下唇3，稀单唇形，假单唇形，或花冠裂片近相等（图10-48），花冠筒内经常有毛环；雄蕊4枚，二强（2长2短），或退化成2枚，生于花冠上；子房上位，由2心皮合生而成，裂为4室，每室1胚珠，花柱1枚，插生于分裂子房的基部，柱头2裂；下位花盘全缘或2~4裂。果裂为4个小坚果。种子无或有少量胚乳。染色体：X = 5~11，13，17~30。花粉3~6沟。

识别要点： 草本，茎四棱。单叶对生。轮伞花序，花冠唇形，二强雄蕊，心皮2个，4室。4个小坚果。

属种数目及分布：唇形科约220属3 500余种，是世界性的大科，广布于全球，近代分布中心为地中海及小亚细亚，是当地干旱地区植被的主要成分。我国约99属800余种，分布于全国各地，尤以西部干旱地区为多。本科植物几乎都含芳香油，可提取香精，其中160余种可供药用，有的种类还可栽培供观赏，或作调味蔬菜。

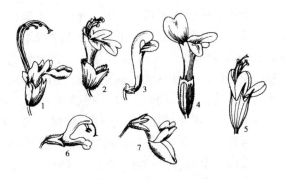

图 10-48　唇形科花被类型图
1. 单唇形花冠（香科科属）　2. 假单唇形花冠（夏枯草属）
3. 二唇形花冠（黄芩属）　4. 1/4 式花冠（薰衣草属）
5. 近整齐的花冠（薄荷属）　6. 二唇形花冠（鼠尾草属）
7. 1/4 式二唇形花冠（香茶菜属）

常见植物：

（1）薄荷属 *Mentha*：草本，植株具芳香；叶背有腺点；轮伞花序；花萼顶端5齿，齿等大或近二唇形；花冠4裂，上裂片稍宽大，其余3裂片等大；雄蕊4，近等长；小坚果卵形。薄荷 *M. haplocalyx* Briq.，茎被倒向微柔毛；叶上下两面都有柔毛，边缘在基部以上疏生粗大锯齿；轮伞花序腋生。我国各地均有野生或栽培，产量居世界首位。全草入药，有解表、健胃、止痛功效，治感冒发烧、喉痛、头痛、皮肤风疹瘙痒等症；此外，对痈、疽、疥、癣亦有效。薄荷的栽培品种繁多，形态上变化很大，如茎从紫色到绿色，叶从小到大，花有白色、淡紫色、深紫色，雄蕊伸出或内藏等等。有的品种主要产脑，有的品种主要产油。薄荷脑用于糖果饮料、牙膏以及医药制品，提取薄荷脑后的油叫薄荷素油，亦大量用于牙膏、喷雾香精及医药制品等。晒干的薄荷叶亦常用作食品的矫味剂和清凉食品饮料，有祛风、发汗、兴奋等功效。留兰香（绿薄荷）*M. spicata* L.，多年生草本，无毛或几无毛；叶边缘具不规则的锐锯齿；轮伞花序聚生茎枝顶端。世界各地广泛栽培。全株含绿薄荷油，为高级香料，广泛用于糖果，牙膏等物品，亦作药用。全草入药，治感冒发热、咳嗽、头痛、咽痛、神经性头痛、胃肠胀气、跌打瘀痛、目赤辣痛、鼻出血、全身麻木及小儿疮疖。嫩枝、叶常作调味香料食用。

（2）益母草属 *Leonurus*：草本，茎下部叶宽大，3~5 裂，上部叶及花序上的苞叶渐狭；轮伞花序多花；花萼具5脉，顶端5齿，近相等或呈不明显二唇形；花冠筒伸出，檐部二唇形，上唇直伸，全缘，下唇直伸或开展，3 裂。益母草 *L. artemisia* (Lour.) S. Y. Hu，下部茎生叶卵状心形，掌状3~5 裂，裂片再分裂，早凋；中部茎生叶常3 裂，基部狭楔形；上部叶宽线形或线状披针形，两面密被短柔毛；花冠上唇全缘，下唇3 裂，粉红色（图10-49）；分布全国各地；全草入药活血调经，为妇科良药；嫩苗入药，称童子益母草，功用同益母草，并有补血作用；花治贫血体弱；种子称茺蔚子，有利尿之效，可治眼疾，肾炎水肿及子宫脱垂。

（3）鼠尾草属 *Salvia*：草本，稀亚灌木；轮伞花序具2 花至多花，再组成总状或总状圆锥花序；花萼2 唇形；花冠2

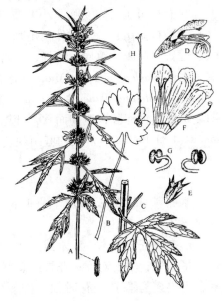

图 10-49　益母草
A. 花枝　B. 基生叶　C. 茎中部叶
D. 花　E. 苞片和花萼　F. 花冠和雄蕊
G. 雄蕊两面观　H. 雌蕊及花盘

唇形，上唇平伸，两侧折合，下唇平展，3裂，中裂片通常最宽大；能育雄蕊2枚，药隔延长成杠杆状，横架于花丝顶端，成丁字形；另外2枚雄蕊退化，藏于上唇内，或不存在；典型虫媒传粉。丹参 S. miltiorrhiza Bunge，多年生草本，叶常为奇数羽状复叶，侧生小叶常1~2（3）对，两面被柔毛；根肥厚，外红内白，名丹参；分布于华北、华东、华中及陕西等地；根入药，具有抗菌、抗氧化、抗动脉粥样硬化、降低心肌耗氧量以及抗肿瘤等作用。常见的还有一串红 S. splendens Ker.-Gawl.，亚灌木状草本，茎钝四棱形；轮伞花序具2~6花，组成顶生的总状花序；原产于巴西，我国各地庭园广泛栽培供观赏；本种为美丽的盆栽花卉，花有各种颜色，从大红至紫色，甚至有白色的。朱唇 S. coccinea Juss. ex Murr.，草本；茎四棱形；轮伞花序具4至多花，组成顶生的总状花序；花冠深红色或绯红色；原产于北美洲，我国各地栽培供观赏。

唇形科常见的经济植物还有罗勒（九层塔）Ocimum basilicum L.，茎叶及花序含芳香油，是重要的调香原料，亦用于制牙膏、作矫味剂。嫩叶可食，有祛风、健胃及发汗的作用。全草入药，治肠、胃等病，外感风寒，跌打损伤，风湿性关节炎；茎叶为产科要药，可使分娩前血行良好；种子叫光明子，主治目翳。金疮小草（筋骨草）Ajuga decumbens Thunb.，全草药用，治痈疽、疔疮、鼻出血、咽喉炎、肠胃炎、急性结膜炎、烫伤、狗咬伤等症；紫背金盘（破血丹）Ajuga nipponensis Makino，全草药用，外用有镇痛、散血、止血的作用，内服可治各种炎症。裂叶荆芥 Schizonepeta teuifolia (Benth.) Briq.，全草入药，治风寒感冒、头痛、咽喉肿痛、月经过多、小儿发热抽搐、疔疮疥癣、风火牙痛、湿疹、荨麻疹以及皮肤瘙痒；全草还可提取芳香油。半支莲 Scutellaria barbata D. Don，全草入药，可代益母草治妇女病；还可用以治肝炎、咽喉炎、阑尾炎、尿道炎、咯血、尿血、胃痛、跌打损伤、蚊虫咬伤等。藿香 Agastache rugosa Fisch. et Mey.，全草入药，可防治感冒、中暑头痛、胸腹胀满、恶心呕吐、食欲缺乏；全草还可提取芳香油。活血丹（金钱草）Glechoma longituba (Nakai) Kupr.，全草入药，内服治膀胱结石及尿道结石，还可治伤风咳嗽、吐血、尿血、妇女病、小儿支气管炎、惊风、黄疸、肺结核、糖尿病及风湿性关节炎等症；外敷治跌打损伤、骨折及外伤出血。紫苏 Perilla frutescens (L.) Britt.，全草入药，叶有发汗、镇咳、健胃、利尿、镇痛、镇静、解毒的作用，治感冒；梗有平气安胎之功；籽能镇咳、祛痰、平喘。水苏 Stachys japonica Miq.，全草或根入药，可治百日咳、扁桃体炎、咽喉炎等症。凉粉草（仙人草）Mesona chinensis Benth.，植株晒干后煮汁，去除枝叶等杂质后，和以米浆煮熟，冷却后即凝结成黑色冻胶，质韧而软，拌糖后可为良好的消暑解渴品。五彩苏（锦紫苏）Coleus scutellarioides (L.) Benth.，常见的庭园观赏植物。

三十六、木犀科

木犀科 OLEACEAE 属于菊亚纲，玄参目 SCROPHULARIALES。

$* \ K_4 \ C_{(4)} \ A_2 \underline{G}_{(2:2:2)}$

形态特征：乔木、灌木或藤本。单叶对生或复叶（三出复叶或羽状复叶），无托叶。花多两性，稀单性；辐射对称；花排成总状或聚伞状圆锥花序，稀单生和簇生；花萼、花冠常4裂；花冠合瓣，多有香味，有时缺；雄蕊常为2枚，常着生于花冠管上；心皮2，合生，子房上位，2室，每室多为2胚珠。蒴果、核果、浆果或翅果。种子有或无胚乳。染色体：X = 10~14，23，24。花粉具3沟或孔沟。

识别要点：木本；叶对生。花萼和花冠常4裂；雄蕊2个生于花冠管上；子房上位，2室，每室2胚珠。蒴果、核果、浆果或翅果。

属种数目及分布：木犀科约30属600种，广布温带和热带地区，亚洲尤为丰富。我国有12属178种，南北各地均有分布。本科多为优良用材、绿化、观赏树种，有些可提芳香油或作药用。

常见植物：

(1) 女贞属 *Ligustrum*：灌木、小乔木或乔木。单叶对生，全缘。聚伞花序通常排成圆锥花序；花两性；花萼钟状或杯状；花冠白色，近漏斗状；雄蕊2，每子房室各具2胚珠。果多为浆果状。女贞 *L. lucidum* Ait.，常绿乔木，小枝黄褐色或褐色，无毛，皮孔明显；叶革质，卵形、阔卵形、椭圆形或阔椭圆形；果称为女贞子，补肾养肝，明目；树皮研末调茶油涂烫伤处或治痈肿；根或茎基部泡酒，治风湿；枝叶也可放养白蜡虫；也可作庭院观赏树种（图10-50）。小蜡 *L. sinense* Lour.，灌木或小乔木，小枝淡黄色，被短柔毛或近无毛；叶纸质或薄革质，卵形、椭圆状卵形、椭圆形至披针形；常见栽培作绿篱；果可酿酒，药用可抗感染、止咳；种子榨油供制肥皂；茎皮纤维可制人造棉。

图10-50　女　贞
1. 果枝 2. 花 3. 果实

(2) 茉莉属 *Jasminum*：直立或攀缘状灌木；单叶、三出复叶或奇数羽状复叶。浆果，通常孪生，有时其中一个不发育而成单生。茉莉 *J. sambac*（L.）Ait.，常绿灌木；单叶对生，背面脉腋有黄色簇毛；花白色，芳香；我国各地栽培；花提取香精或薰茶；花、叶、根均可入药，叶能镇痛；花有清热解表之效；根有毒，有镇痛、麻醉之功效。云南黄素馨 *J. mesnyi* Hance，常绿披散状灌木；叶对生，三出复叶，小叶近革质；花冠黄色；供绿化或栽作绿篱；全株入药，有清热消炎之功效；鲜叶捣烂，投入厕所或池塘内，可灭蚊蝇幼虫。

(3) 木犀属 *Osmanthus*：常绿灌木或乔木；单叶对生；花两性或单性，雌雄异株或杂性异株；核果。木犀（桂花）*O. fragrans* Lour.，原产我国西南地区，现南方各地广泛栽培供观赏和绿化。常见栽培的品种有一年四季开花的"四季桂"；花橙黄至橙红色的"丹桂"；花金黄色的"金桂"；花黄白色至淡黄色的"银桂"。花可提取芳香油，制桂花浸膏，用以配制高级香料，亦可熏茶和制桂花糖、桂花糕、桂花酒等；亦可入药，有散寒破结、化痰生津、明目之功效。果可榨油，供食用。

木犀科常见植物还有：流苏树 *Chionanthus retusus* Lindl. et Paxt.，落叶灌木或小乔木；各地栽培作庭园绿化树种；嫩叶可代茶叶，味香；种子油可食用或制皂。油橄榄（木犀榄、洋橄榄）*Olea europaea* L.，原产地中海区域，我国江南各省区有引种栽培，果榨油供食用，也可制蜜饯。

三十七、玄　参　科

玄参科 SCROPHULARIACEAE 属于菊亚纲，玄参目。

$\uparrow K_{4-5,(4-5)} C_{(4-5)} A_{4,2,5} \underline{G}_{(2:2:\infty)}$

形态特征：多草本，稀木本。单叶，多对生，少互生或轮生，无托叶。花两性，常两侧对称；总状、聚伞或圆锥花序；花萼常4~5裂，分离或合生，宿存；花冠4~5裂，多呈二唇形；雄蕊4个，2强，稀2或5，着生于花冠筒上并与花冠裂片互生；雌蕊含2枚结合心皮，子房上位，通常2室，中轴胎座，胚珠多数；花盘在雌蕊下，环状，或仅见于一侧，或不显著。多为蒴果，稀浆果；常具宿存花柱；种子具胚乳。染色体：$X = 6 \sim 16, 18, 20 \sim 26, 30$。花粉具2~3（稀4）沟、孔沟或拟孔沟。

识别要点：多为草本，稀木本；单叶，常对生。花两性，常两侧对称，花萼 4~5，宿存，花冠 4~5 裂，多呈二唇形；常为 2 强雄蕊；雌蕊 2 心皮合生，常 2 室；雌蕊下常有花盘；多为蒴果。

属种数目及分布：玄参科约 200 余属 3 000 余种，广布世界各地。我国有 54 属约 600 种，南北均产，主产西南地区。本科有多种重要的药用植物和经济树种，有些是常见的观赏植物和农田杂草。

常见植物：

(1) 泡桐属 *Paulownia*：落叶乔木；叶对生，多毛。花冠漏斗形至管状漏斗形，檐部二唇形，上唇 2 裂，多少向后翻卷，下唇 3 裂，伸长；蒴果木质或革质，室背开裂；种子小而多数，有膜质翅。本属植物均为阳地速生树种，木材轻，易加工，耐酸耐腐，防湿隔热，为家具、航空模型、乐器及胶合板等的优良用材；花大而美丽，可供庭园观赏和作行道树。泡桐（白花泡桐）*P. foutunei* (Seem.) Hemsl.，花白色，背面稍带紫色或淡紫色，内部密生紫色细斑块；果长 6~10 cm（图 10-51）；分布南方，北方有栽；材质优良，易于加工，是重要的用材树种。

图 10-51　泡桐
A. 叶　B. 花枝　C. 花冠和雄蕊
D. 花萼和雌蕊　E. 蒴果　F. 种子

(2) 地黄属 *Rehmannia*：多年生草本，具根茎，被多细胞长柔毛和腺毛；叶在茎上互生或同时有基生叶存在，边缘具锯齿或浅裂；花冠紫红色或黄色，筒状，裂片 5，略成二唇形；蒴果藏于宿萼内。地黄 *R. glutinosa* Libosch.，多年生草本；根肥厚，黄色；叶常在茎基部集成莲座状，向上逐渐缩小而在茎上互生；花冠紫红色；根及根茎入药，干后称生地，滋阴养血，加酒蒸熟后称熟地，滋肾补血；以河南怀庆地黄最有名。

玄参科常见的经济植物还有毛地黄（洋地黄）*Digitalis purpurea* L.，草本；花冠紫红色；原产欧洲；叶含强心甙，为强心药。玄参 *Scrophularia ningpoensis* Hemsl.，高大草本，可达 1 m 余；根数条，纺锤状或胡萝卜状膨大；根药用，有滋阴降火、消肿解毒之功效。柳穿鱼 *Linaria vulgaris* Mill.，多年生草本；叶线形至线状披针形；花冠黄色；全草药用，可治风湿性心脏病。金鱼草 *Antirrhinum majus* L.，多年生草本；花冠假面状，红色、紫色或白色；花果期全年；为美丽观赏花卉，可做切花或装饰花坛用。荷包花 *Calceolaria crenatiflora* Cav.，一年生草本，花冠黄色，下唇膨大而成荷包状，上唇小，直立不超过花萼裂片；为美丽的观赏植物。爆仗竹（吉祥草）*Russelia equisetiformis* Schlecht. et Cham.，直立、木贼状半灌木；花冠红色，花冠筒圆柱状，不明显二唇形，上唇 2 裂，下唇 3 裂；原产墨西哥，我国南方一些城市常见栽培供观赏。紫毛蕊花 *Verbascum phoeniceum* L.，多年生草本；花冠紫色；为美丽的观赏植物。

三十八、茜草科

茜草科 RUBIACEAE 属于菊亚纲，茜草目 RUBIALES。

$* \ K_{(4-5)} \ C_{(4-5)} \ A_{4-5} \ \overline{G}_{(2:2:1-\infty)}$

形态特征：多木本，少草本。单叶对生或轮生，常全缘；托叶 2，生于叶柄间或叶柄内，分离或合生，明显而常宿存。花两性，常辐射对称；单生或排成各种花序；花萼 4~5 裂，花冠筒状、漏斗状、高脚碟状或辐射状，裂片 4~5，多镊合状或旋转状排列；雄蕊与花冠裂片同数而互生，着生于花冠筒上；子房下位，多为2心皮合生，中轴胎座，常2室，每室1至多数胚珠。蒴果、浆果或核果；种子有胚乳。染色体：X=6~17。花粉多为3~12孔沟、3孔或3~8沟。

识别要点：单叶对生或轮生；托叶生于叶柄间或叶柄内；花整齐，4~5基数；雄蕊与花冠裂片同数而互生，着生于花冠筒上；子房下位，2室，胚珠多数至1枚，中轴胎座。蒴果、浆果或核果。

属种数目及分布：茜草科约500属6000余种，主产热带与亚热带，少数在温带地区。我国约75属500余种，主产南方，少数分布在北方。其中有咖啡等不少经济植物，另有多种药用、观赏和香料植物，还有一些为农田杂草。

常见植物：

（1）拉拉藤属 *Galium*：草本；茎蔓生或直立，四棱形，常具钩状皮刺；叶4至多片轮生，其中有些叶片系托叶变成，通常无柄；花小，4基数；果实干燥，双生稀单生，常被毛。拉拉藤 *G. aparine* var. *echinospermum* (Wallr.) Cuf.，蔓生草本，茎棱、叶缘及叶脉有钩状小刺毛；全草药用，具清热解毒、利尿消肿及止痛的功效；主治阑尾炎、疮疖、便血、尿血等症。猪殃殃 *G. aparine* var. *tenerum* (Gren. et Godr.) Rchb.，植株矮小柔弱，花常单生；药用同拉拉藤。四叶葎 *G. bungei* Steud.，多年生直立草本，茎丛生，四棱形；叶4片轮生，花冠淡黄绿色，果瓣通常双生；分布于全国各地；全草药用，有清热利湿、消肿解毒之功效；主治痢疾、吐血、肺炎、尿道炎、毒蛇咬伤及跌打损伤等。

（2）栀子属 *Gardenia*：灌木或稀为小乔木状；叶对生，稀3叶轮生；托叶在叶柄内合成鞘；花大，芳香；花冠高脚碟状或漏斗状，裂片5~12旋转状排列；果实浆果状，革质或肉质。栀子（黄栀子）*G. jasminoides* Ellis，常绿灌木；花通常单朵与新梢并生于小枝顶端，白色，后变乳黄色；花冠高脚碟状；果黄色（图10-52）；分布我国南部、中部和东部；常栽培于庭园供观赏；果可提取黄色染料；入药具消炎、解热及止血的功效；花可提制芳香浸膏，作化妆品和香皂、香精的调合剂。其栽培变种白水栀（水栀、栀子花）var. *fortuniana* (Lindl.) Hara.，花大而重瓣、美丽芳香，常栽培供观赏。

图10-52 栀子
1. 花枝 2. 果实

（3）咖啡属 *Coffea*：灌木或乔木；叶通常对生；花冠高脚碟状或漏斗状，裂片5~8旋转状排列；果实浆果状，球形；种子腹面凹陷或有纵槽；种子含生物碱，药用或作饮料，我国南方引栽5种，主栽种有小果咖啡（小粒咖啡）*C. arabica* L.，原产于非洲，现广植于全世界热带地区，我国南部地区有栽培；种子加工后的咖啡味香醇和，含咖啡因成分较低。

茜草科常见的经济植物尚有：东南茜草 *Rubia argyi* (Levl. et Vant) Hara，草质攀缘藤本，有倒钩状皮刺；叶4片或顶部偶有6片轮生；花黄白色或白色，浆果熟时黑色；全草药用，具活血、止血的功效；主治咯血、吐血、尿血、水肿肾炎、痛经、血栓闭塞性脉管炎和跌打损伤等。玉叶金花 *Mussaenda pubescens* Ait.，攀缘灌木；叶对生，有时轮生；花冠黄色，内面有金黄色粉末状小凸点；浆果近球形；茎、叶药用，具清热除湿、消食和胃和解毒消肿的功效；主治气管炎、扁桃体炎、肠炎、小儿疳积及毒菇中毒等。钩藤（双钩藤）*Uncaria rhynchophylla* (Miq.) Miq. et Havil.，木质藤本；小枝四棱形，连同叶柄、托叶及钩状枝均无毛；叶对生；花黄色；蒴果倒锥状纺锤形，聚合成1个球状体；钩和小枝药用，为镇静药，具清热息风、平肝镇惊之功效。巴戟天

Morinda officinalis How，藤本；根肉质，粗厚，分枝，多少收缩呈念珠状；花白色；聚合果近球形或扁球形，熟时红色；肉质根为重要国药之一，祛风强壮剂，治脚气、腰痛、遗精、风痰，并有补血、强筋骨之效。鸡矢藤 *Paederia scandens* (Lour.) Merr.，藤本；叶对生；花淡紫色；全株药用，具消食和胃、理气破瘀、解毒止痛的功效。香果树 *Emmenopterys henryi* Oliv.，落叶大乔木，萼 5 裂，其中一裂片扩大成花瓣状，白色；蒴果；我国特产，分布南方，为优良用材与庭园观赏树种。龙船花 *Ixora chinensis* Lam.，灌木；花红色、黄红色或橙黄色；庭园观赏植物；全株药用，根、茎具祛风活络、散瘀止血的功效；花有调经活血，也有催产的作用。白马骨（六月雪）*Serissa serissoides* (DC.) Druce.，多分枝小灌木；花白色；庭园观赏植物；全株药用，具疏风解表、舒筋活络、消肿拔毒的功效；治感冒、咳嗽及多种炎症和小儿疳积。

三十九、菊　　科

菊科 COMPOSITAE 属于菊亚纲，菊目 ASTERALES。

* ↑ $K_{0-\infty}$ $C_{(5)}$ $A_{(5)}$ $\overline{G}_{(2:1:1)}$

形态特征：多草本，稀灌木或半灌木。有的属具乳汁或具芳香油，有的具块茎。叶多为单叶，常互生，稀对生或轮生；无托叶。

头状花序，花序外有一至多层总苞片，成复瓦状排列；总苞苞片常呈各种形状，如全部干膜质、边缘干膜质、具钩刺、苞片顶端形成附器、苞片具鲜艳的色彩等等。头状花序常再集成总状、伞房状或圆锥状的复合花序，头状花序的花序托（总花托）上，每朵花的基部，有的种类有苞片，称托片，或苞片成毛状称托毛。有时则无托片，也无托毛，称花托裸露（即总花托裸露）。

花两性，稀单性或中性，极少数雌雄异株。花两侧对称或辐射对称。花萼有各种变异，通常变成冠毛。冠毛一般为简单的毛，或羽状毛，有的成鳞片状、有的变成倒刺芒，有的完全退化无冠毛。

花冠合瓣，可分为 5 种不同类型（图 10-53）：① 管状花：辐射对称，先端 5 裂，裂片等大。② 舌状花：两侧对称，花冠上部结合成 1 个舌片，先端具 5 齿。③ 二唇花：两侧对称，上唇 2 裂，下唇 3 裂。④ 假舌状花：两侧对称，舌片仅具 3 齿。⑤ 漏斗状花：花冠呈漏斗状，5~7 裂，裂片大小不等。头状花序中有同型的小花，即全为舌状花或管状花（也称筒状花，下同），或有异型小花，即花序中央为管状花（盘花），而花序边缘的花（边花）为假舌状花。

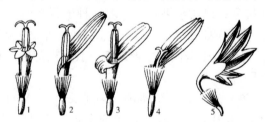

图 10-53　菊科花冠类型图
1. 管（筒）状花　2. 舌状花　3. 二唇花　4. 假舌状花　5. 漏斗状花

雄蕊 5 个，花丝分离，着生在花冠管上，而花药侧面连接成管状，称聚药雄蕊，包在花柱的外面，花药 2 室，内向纵裂。花药基部钝或具尾，顶端药隔突出或不突出。

雌蕊的子房下位，心皮 2，合生，1 室，内含 1 倒生胚珠，具 1 层珠被，花柱细长，柱头 2 裂。花柱基部具花盘。

瘦果，顶端常有宿存的冠毛或鳞片。种子无胚乳。染色体：X = 8 ~ 29。

识别要点：多为草本；叶多互生；头状花序；有总苞；舌状花或管状花；聚药雄蕊；子房下位，1 室，1 胚珠；瘦果，顶端常有冠毛或鳞片。

属种数目及分布：菊科约 1 100 属，约 25 000 ~ 30 000 种，广布全世界，热带较少，是被子植物的第一大科。我国约 230 属，2 300 余种，广布全国各省、区，在中国各个被子植物科中占第一位。本科植物的经济用途极广，有数百种药用植物和观赏花卉，还有多种油料作物、蔬菜及经济植物；农田杂草种类也很多。

亚科及常见植物：菊科可分为管状花亚科和舌状花亚科两个亚科。

1. 管状花亚科（TUBULIFLORAE, ASTEROIDEAE, CARDUOIDEAE）

植物体不含乳汁；头状花序全为管状花，或边花假舌状、漏斗状，而盘花为管状花；本亚科通常分为 12 个族，包括菊科的绝大多数属种。

（1）向日葵属 *Helianthus*：一年生或多年生草本。叶对生，或上部互生或全部互生。头状花序单生，或排成伞房状，顶生；总苞盘形或半球形，总苞片 2 至多层，膜质或叶质；总花托平或稍突起，具托片。花序具异型花，边花假舌状，1 层，中性，黄色；盘花管状，两性，黄色、紫色或棕色，结实；瘦果，冠毛鳞片状。向日葵 *H. annuus* L.，一年生草本；单叶互生，叶心状卵形或卵圆形。头状花序直径 20 ~ 35cm；边花黄色；盘花棕色或紫色。瘦果倒卵形或卵状长圆形，稍压扁。原产北美洲，世界各地均有栽培。种子榨油供食用，为重要油料植物，并可炒食，味香可口（图 10-54）。菊芋（洋姜）*H. tuberosus* L.，多年生草本；头状花序直径约 10cm。块茎盐渍供食用，亦可提制酒精及淀粉，叶作饲料。

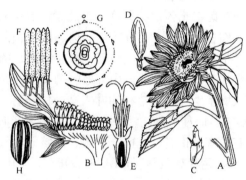

图 10-54　向日葵
A. 花枝　B. 花序纵切　C. 管状花　D. 舌状花
E. 管状花的纵切　F. 聚药雄蕊　G. 管状花的花图式　H. 果实

（2）苍耳属 *Xanthium*：一年生草本。叶互生。头状花序单性同株。雄花序在茎枝上端密集，球形，总苞半球形，总苞片 1 ~ 2 层，总花托圆柱形，具多数同型的管状花，雄蕊花丝结合成管状，花药离生。雌花序生于叶腋，卵形。外层总苞片小，分离，内层总苞片结合成囊状，在果实成熟时变硬，外面具钩状刺，先端具 2 喙，内包小花 2 朵，无花瓣，花柱分枝丝状。瘦果，长椭圆形，包于闭合的壶状体内，无冠毛。苍耳 *X. sibiricum* Patrin.，叶三角状卵形或心形，3 ~ 5 裂，边缘具不规则锯齿；总苞结成囊状，外面具钩刺。苍耳子油可作油漆、油墨及肥皂的原料；全草入药，疏风解表，治风寒感冒、关节风湿痛、麻风病、湿疹、荨麻疹等症；果入药，祛风除湿，宣通孔窍，治鼻窦炎、中耳炎等症。

（3）菊属 *Dendranthema*：多年生，稀二年生草本。单叶，叶不分裂或一至二回掌状或羽状分裂。头状花序单生枝端或伞房状排列；总苞浅碟状，总苞片 4 ~ 5 层，边缘膜质，总花托凸起；花序具异型花，边花 1 至多层，雌性，假舌状，黄色、白色或粉红色；盘花管状，两性，黄色；花药顶端有椭圆形附属物，两种花均结实。瘦果具较多纵肋，无冠毛。菊花 *D. morifolium* (Ramat.) Tzvel.，原产我国，栽培历史久远，品种极多，各地普遍栽培，为我国著名花卉。头状花序入药，为清凉药，散风清热、明目平肝。野菊 *D. indicum* (L.) Des Moul.，野生或栽培，除新疆外，广布全国各地；变种及栽培品种也较多；花序及全草药用，清热解毒。

(4) 茼蒿属 *Chrysanthemum*：一年生草本。叶互生，羽状分裂或有锯齿。头状花序单个顶生或少数生于枝端；总苞宽杯状，总苞片4层，总花托凸起，半球形；花序具异型花，边花1层，雌性，花冠假舌状，黄色；盘花花冠管状，两性，黄色；花药顶端有卵状椭圆形附属物，两种花均结实。瘦果具较多纵肋，无冠毛。茼蒿（南茼蒿、艾菜、春菊）*C. coronarium* var. *spatiosum* Baily，叶边缘有不规则的大锯齿，少有成羽状浅裂；原产地中海地区，是我国各地常见栽培的蔬菜植物，茎、叶供食用。欧茼蒿 *C. coronarium* L.，叶二回羽状分裂；舌状花的瘦果有3条突起的狭翅肋，肋间有1~2条明显的间肋；原产地中海地区，我国各地广泛栽培，供庭园观赏用。

(5) 蒿属 *Artemisia*：多草本，稀半灌木，常有浓烈异味。叶常分裂。头状花序小，多个排成总状、穗状、圆锥状；总苞片边缘膜质；花同型，筒状；边花雌性，2~3齿裂；盘花两性，结实或否。瘦果无冠毛。黄花蒿 *A. annua* L.，一年生草本；叶二至三回羽状全裂或深裂，异味浓；分布于我国南北各地；全草含青蒿素，有清热、解暑、利尿、健胃、凉血之效，治疟疾、结核病潮热、伤暑、低热、无汗等症。茵陈蒿（茵陈）*A. capillaris* Thunb.，半灌木状草本；叶二回羽状全裂，小裂片狭线形或丝线形；雌花结实，两性花不育；我国各地广泛分布；本种多变异，在华东、东南部为半灌木，我国中部地区为多年生草本，在新疆及中亚为一年生或二年生草本；早春二三月采摘基生叶、嫩苗和幼叶入药，中药称"茵陈"，为治肝、胆疾患的主要成分。艾（艾蒿）*A. argyi* Levl. et Vant.，草本或稍呈灌木状；叶上面被灰白色短柔毛；广布于全国各地；本种的挥发油有散寒、止痛、止血、平喘、镇咳等功效。

2. 舌状花亚科（LIGULIFLORAE，CICHORIOIDEAE）

植物体含乳汁，头状花序全为舌状花。舌状花冠先端五裂，小花两性。本亚科仅1族，只含少数属种。

(1) 莴苣属 *Lactuca*：一、二年生或多年生草本；叶基生或互生，通常基部耳形抱茎，全缘或羽状分裂；总苞圆筒形，总苞片多层；头状花序排成圆锥花序，舌状花常为黄色或淡紫红色；瘦果扁平或稍扁平，先端有长喙或短喙，冠毛细，白色，柔软。莴苣（春菜）*L. sativa* L.，一年生或二年生草本；茎粗壮，上部多分枝；头状花序多数，排成伞房状圆锥花序，舌状花黄色。原产地中海，我国各地均有栽培，茎、叶作蔬菜食用；栽培变种较多，常见的有莴笋 var. *angustata* Irish.，基生叶不卷心，茎特别粗壮，肉质，通常以粗肥的肉质茎盐渍供食用或炒食；生菜 var. *romana* Hort.，叶片狭长，直立，全缘，不卷心，摘其嫩叶，供炒食；卷心莴苣 var. *capitata* DC.，叶圆形，阔大，全缘或有缺刻，卷心，其卷心叶供炒食。

(2) 蒲公英属 *Taraxacum*：多年生草本；根粗壮；叶通常自茎基部丛生，莲座状，常为羽状分裂；花葶由基部抽出，头状花序单生于花葶上，舌状花黄色；瘦果顶端有细长的喙，喙的顶端有多数白色细软冠毛。蒲公英 *T. mongolicum* Hand.-Mazz.，广布全国各地，全草供药用，有清热解毒功效（图10-55）。

菊科植物的经济用途极广，供药用的种类很多，约有300余种。除上述属、种外，还有红花 *Carthamus tinctorius* L.，一年生草本，庭园和药圃中常见栽培；种子榨油，食用有降低血脂和胆固醇的作用；花为传统中药，有活血通经、祛瘀止痛之效；主治

图10-55 蒲公英
1. 植株 2. 舌状花
3. 果实与冠毛 4. 总苞片

痛经、闭经、冠心病、心绞痛、跌打损伤、淤血作痛等症。白术 *Atractylodes macrocephala* Koidz.，多年生草本；根状茎供药用，具健脾、燥湿之效；主治脾虚食少、消化不良、慢性腹泻、自汗等症；对慢性关节炎也有疗效。千里光 *Senecio scandens* Buch. -Ham. ex D. Don，多年生草本；全草入药，具清热解毒、凉血消肿、清肝明目之效；主治上呼吸道感染、扁桃体炎、咽炎、肺炎、眼结膜炎、痢疾、肠炎、阑尾炎、急性淋巴管炎、疖肿、湿疹、过敏性皮炎、痔疮等症。一枝黄花 *Solidago decurrens* Lour.，多年生草本；全草入药，具疏风解毒、退热行血、消肿止痛之效；主治毒蛇咬伤、痈疱等。牛蒡 *Arctium lappa* L.，二年生草本；果实供药用，具疏散风热，散结解毒之功效；主治风热感冒、头痛、咽喉肿痛、流行性腮腺炎、痈疖疮疡等症。一点红 *Emilia sonchifolia* (L.) DC.，一年生草本；全草入药，具凉血解毒、活血散瘀之效；可治菌痢、肠炎、喉炎、跌打肿痛、毒疮等症。大刺儿菜（大蓟）*Cephalanoplos setosum* (Willd.) Kitam.，多年生草本；叶缘有齿裂或羽状深裂，有细刺；全草入药，为利尿和止血剂，有凉血、消肿、散瘀之效，又能治痈疮。豨莶 *Siegesbeckia orientalis* L.，一年生草本；全草药用，有祛风除湿、消肿解毒、镇痛功效，治湿疹、暑疖、疔疮肿毒、毒蛇咬伤、食道癌等症。旱莲草（鳢肠）*Eclipta prostrate* L.，一年生草本；全草入药，有凉血、止血、消肿之效，治吐血、咯血、鼻出血、尿血、痔疮出血、肝肾阴虚、咽喉炎、齿龈炎、香港脚、食道癌、胃癌、肝癌等症。蟛蜞菊 *Wedelia chinensis* (Osb.) Merr.，多年生匍匐草本；全草入药，具清热解毒之效，治白喉、百日咳、痢疾、咽喉肿痛、齿龈炎等症。鬼针草（三叶鬼针草）*Bidens pilosa* L.，一年生草本；全草药用，有清热解毒、散瘀活血之效，治慢性阑尾炎、胃肠炎、中暑腹痛吐泻、痢疾、急性咽喉炎、毒蛇咬伤等症。除虫菊 *Pyrethrum cinerariifolium* Trev.，多年生草本，著名杀虫植物，花序含除虫菊素、灰菊素等，作农业杀虫剂和制蚊香的重要原料。

菊科中有很多观赏植物，除菊花外，还有金盏花 *Calendula officinalis* L.，一年生草本；具异型花，花黄色或橙黄色，舌状花通常3层；观赏花卉；也可入药，具发汗利尿、泻下通经之功效，用于治疗感冒风热、咳喘、小便不利等症。矢车菊（蓝芙蓉）*Centaurea cyanus* L.，头状花序单生于枝端，中央为管状花，外围花冠近舌状，紫色、蓝色、淡红色或白色；观赏花卉，也是一种良好的蜜源植物；边花入药可以利尿；全草浸出液可以明目。雏菊 *Bellis perennis* L.，多年生或一年生葶状草本，叶基生；头状花序单生，花葶被毛；舌状花白色或带粉红色，开展；中央为管状花，多数；花坛观赏花卉。翠菊 *Callistephus chinensis* (L.) Ness，一年生或二年生草本；头状花序大，单生于枝顶；舌状花颜色多种，有红色、粉红色、蓝色、紫色或白色等，管状花黄色；观赏花卉。百日菊 *Zinnia elegans* Jacq.，一年生草本；头状花序大，单朵顶生；舌状花颜色多种，有深红色、玫瑰色、紫色或白色等，管状花黄色或橙色；著名观赏花卉。金光菊 *Rudbeckia laciniata* L.，多年生草本；头状花序单生于枝顶，舌状花金黄色，管状花黄色或黄绿色；观赏花卉。黑心金光菊（黑眼菊）*R. hirta* L.，一年生或二年生草本；头状花序顶生，舌状花鲜黄色，基部红棕色，管状花褐紫色或黑紫色；观赏花卉。秋英（大波斯菊）*Cosmos bipinnata* Cav.，一年生或多年生草本；叶深裂成线形；头状花序单生；舌状花红色、紫色或白色，管状花黄色；观赏花卉。万寿菊 *Tagetes erecta* L.，一年生草本；头状花序单生于枝顶，舌状花黄色或暗橙色，管状花黄色；观赏花卉。天人菊 *Gaillardia pulchella* Foug.，一年生草本；头状花序单生于枝顶，舌状花黄色，基部带紫色；观赏花卉。剑叶金鸡菊（线叶金鸡菊）*Coreopsis lanceolata* L.，多年生草本；头状花序单个顶生，直径4~5cm，舌状花黄色；原产北美洲，我国各地常见栽培供观赏。大丽花 *Dahlia pinnata* Cav.，多年生草本；头状花序大，直径6~12cm，舌状花白色、红色或紫色，管状花黄色；原产墨西哥，是世界各地最广泛栽培的观赏植物，品种很多；本种除供庭园观赏外，根含全菊糖，在医药上与葡萄糖有同样功效。

菊科的适应性：菊科是被子植物演化发展过程中比较年轻的科之一，化石仅出现于第三纪的渐新世。菊科的属种数和个体数均居现今被子植物各科之冠，分布也最广，其原因与其特殊的繁殖生物学特性有着紧密的联系。

菊科的花序及花的构造高度适应于虫媒传粉，有利于传粉和结实。在被子植物各科中，访问菊科植物的昆虫最多。因为菊科植物的花和花序有特殊的形态，有很多小花聚成头状花序；管状花和假舌状花在颜色上往往有鲜艳的对比，而且边花大而显著，使传粉的昆虫容易辨别；中间集中大量的盘花，则有效地增大了受粉率和结实率；聚药雄蕊，药室内向开裂，使花粉粒留在花药筒内，当昆虫来访时，引起花丝收缩或花柱的伸长，柱头及其下面的毛环将花粉推出花药筒，有利于传粉；花冠筒不长，既适于长嘴昆虫，又适于短嘴昆虫采蜜；而且雄蕊先熟。这些都保证了异花传粉的进行，从而使后代的生活力更加旺盛。

菊科植物果实传播的方式多种多样。其萼片变态成冠毛，并宿存（如蒲公英），有利于借风力远距离传播；有的属种的花萼变成倒钩的芒刺（如鬼针草），有的总苞外面具钩刺（如苍耳、牛蒡等），易为动物携带而传播果实。所有这些，使得菊科植物的分布非常广泛。

菊科植物大多为草本，草本植物显著缩短了生活周期，这样既能迅速增加个体数目，又能加速新遗传性的形成，使得本科的适应性更加广泛，以致在各种环境中，差不多都有菊科植物的分布。

菊科的演化地位：在双子叶植物纲的所有科当中，菊科的演化地位最高。表现为草本；头状花序，具总苞；萼片形成冠毛；花冠合生，并有多种不同的花冠类型；花序中常具异型花，出现了边花和盘花的分化；聚药雄蕊；上位花盘；子房下位；具萼瘦果等。正由于菊科具有上述一系列进化性状，所以它在双子叶植物纲中，适应性最强、分布最广、种类最多，是双子叶植物中最进化、演化地位最高的科。

第二节 单子叶植物纲

单子叶植物纲 MONOCOTYLEDONEAE 又称百合纲 LILIOPSIDA，根据克朗奎斯特系统，分为5个亚纲，19目，65科，50 000余种。现选择其中9个科介绍如下：

一、泽 泻 科

泽泻科 ALISMATACEAE 属于泽泻亚纲 ALISMATIDAE，泽泻目 ALISMATALES。

　　$* \ K_3 \ C_3 \ A_{6 \sim \infty} \ \underline{G}_{6 \sim \infty : 1 : 1 \sim \infty}$

形态特征：水生或沼生草本。有球茎或根状茎。叶常基生，具长柄，基部有开裂的鞘，叶形变化较大。花两性或单性，辐射对称；总状或圆锥花序；花被2轮，外轮3片绿色，萼片状，宿存，内轮3片花瓣状，脱落；雄蕊6至多数，稀为3枚；心皮6至多数，稀为3枚，分离，螺旋状排列于凸起的花托上或轮状排列于扁平的花托上；子房上位，1室，胚珠1至多枚，花柱宿存。聚合瘦果，种子无胚乳。染色体：$X = 5 \sim 13$。

识别要点：水生或沼生草本；叶基生；花在花序轴上轮状排列；花3基数；外花被萼片状，宿存；雌蕊心皮离生；聚合瘦果。

属种数目及分布：泽泻科有 13 属 100 余种，广布于全球。我国有 5 属约 20 种，南北均有分布。其中一些植物的球茎可食用或药用。

常见植物：

（1）泽泻属 *Alisma*：水生草本；具球茎；圆锥花序；花托扁平；雄蕊 6，轮生；心皮少数至多数，分离，轮生于扁平花托上。瘦果革质，轮生。东方泽泻 *A. orientale*（Sam.）Juz.，挺水叶宽披针形或椭圆形；内轮花被白色、淡红色，稀黄绿色；我国各地都有分布；球茎供药用，有清热、利尿、渗湿之效，主治肾炎水肿、肾盂肾炎、肠炎泄泻、小便不利等症。

（2）慈姑属 *Sagittaria*：水生草本；多有地下球茎；叶形变异大，沉水时带形，浮水叶或露出水面的叶卵形或戟形，有长柄；花单性，少两性，总状花序；花托膨大，雄蕊与心皮均多数，螺旋状排列在凸起的花托上。瘦果具薄翅。慈姑 *S. sagittifolia* L.，多年生草本；具球茎；出水叶戟形，沉水叶狭带形；花单性，总状花序下部为雌花，上部为雄花。我国南方各省区多栽培；球茎可食，也可制淀粉，入药有清热解毒之效；叶可供饲用（图 10-56）。

图 10-56 慈菇
A. 球茎　B. 叶　C. 花枝
D. 花　E. 花图式　F. 果实

泽泻科属于泽泻目，被认为是单子叶植物中最古老的类群之一。可是，从演化的位置来看，它们不处在单子叶植物纲进化的干线上，因此一般认为原始单子叶植物应该有双核花粉和具胚乳的种子。在克朗奎斯特的分类系统中，泽泻目被看做是一个靠近单子叶植物纲进化干线基部的旁支，一个保留着若干原始特征的残遗类群。

二、棕 榈 科

棕榈科 PALMAE（槟榔科 ARECACEAE）属于槟榔亚纲 ARECIDAE，槟榔目 ARECALES。

$* K_3 C_3 A_{3+3} \underline{G}_{3,(3)}$ ♂ $P_{3+3} A_{3+3}$ ♀ $P_{3+3} \underline{G}_{3,(3)}$

形态特征：常绿乔木或灌木，单干直立，多不分枝，稀藤本；茎干常被以宿存的叶基。叶大型，常丛生茎端，掌状或羽状分裂，稀全缘，裂片或小裂片在芽时内向或外向折叠，叶柄基部常扩大成具纤维的鞘。花小，辐射对称；两性或单性，同株或异株，有时杂性；由小花组成分枝或不分枝的肉穗花序，外为 1 至数枚大型的佛焰苞包着，生于叶丛中或叶鞘束下；萼片和花瓣各 3 片；雄蕊 6，2 轮，稀较少或较多；子房通常上位，心皮 3，1～3 室，稀 4～7 室，或 3 枚心皮离生或于基部合生，每室或每心皮内有 1 胚珠；花柱短，柱头 3。浆果或核果，外果皮常多纤维，胚小，有胚乳。染色体：$X = 13 \sim 18$。

识别要点：木本，茎干常被以宿存的叶基；叶丛生茎端，全缘或羽状、掌状分裂；叶柄基部常扩大成具纤维的鞘；花 3 基数；肉穗花序；大型佛焰苞一至多枚；浆果或核果。

属种数目及分布：棕榈科有 217 属约 2 500 余种，主要分布于热带和亚热带地区。我国约有 28 属约 100 余种（含常见的栽培属、种），主要分布于南部至东南部各省。本科多为重要的纤维、油料、淀粉和观赏植物。

常见植物：

（1）棕榈属 *Trachycarpus*：乔木或灌木；叶片半圆形或近圆形，掌状深裂，裂片多数，顶端浅

2 裂或具 2 齿；叶鞘纤维质，呈网状，环抱树干。肉穗花序圆锥状，腋生；花常单性异株或同株，有时杂性；佛焰苞显著。核果肾形或球形。棕榈 T. fortunei (Hook. f.) H. Wendl., 乔木；叶圆扇状，掌状深裂几达基部；我国长江以南各省区广泛栽培。除供观赏外，叶鞘纤维可制绳索，编蓑衣、地毯，制刷子等；幼叶可制扇和草鞋帽等；未开放的花苞又称"棕鱼"，可食用；叶鞘纤维、叶柄、果实、叶、花、根等皆可入药；此外，棕榈也是庭园绿化的好树种（图 10-57）。

(2) 椰子属 Cocos：高大乔木；茎有明显的环状叶痕；叶羽状全裂或为羽状复叶。花雌雄同株，成分枝的肉穗花序，雄花有 6 片花被和 6 个雄蕊，雌花具 3 室子房，每室 1 胚珠，但常仅 1 个发育；果实大型，外果皮革质，中果皮纤维质，内果皮骨质坚硬；本属仅 1 种。椰子 C. nucifera L.，广泛分布于热带沿海地区，亚热带南部沿海地区也有栽培。椰

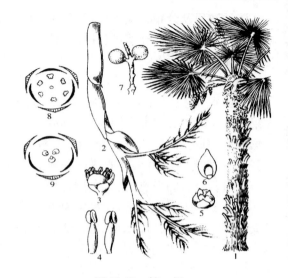

图 10-57 棕 榈
1. 植株全形 2. 雄花序 3. 雄花 4. 雄蕊
5. 雌花 6. 子房纵切面 7. 果实
8. 雄花花图式 9. 雌花花图式

子具有极高的经济价值，全株各部分皆可利用：未熟胚乳可作热带水果食用；椰子水是一种可口的清凉饮料，还是组织培养的良好促进剂；成熟的椰肉含脂肪达 70%，可榨油，还可加工制成糖果、糕点；椰壳可制成各种器皿和工艺品，也可制活性炭；椰棕（中果皮纤维）可制毛刷、地毯等；树干可作建筑材料；果壳油能治皮炎、脚癣、慢性湿疹；红椰的根可治急性黄疸性肝炎；此外，椰子树形优美，是热带地区绿化美化环境的优良树种。

棕榈科常见栽培的经济植物还有油棕 Elaeis guineensis Jacq.，乔木；茎上有宿存的老叶柄基部；叶羽状全裂；果实聚合成稠密、近头状的果束；是重要的木本油料植物，果实和种子含油量高，有"世界油王"之称，其油供食用和工业用，特别用于食品工业；果实的硬壳（内果皮）可制优质活性炭，作脱色剂、防毒剂。槟榔 Areca cathecu L.，乔木；茎有明显的环状叶痕；叶羽状分裂；核果成熟时橙黄色；种子含单宁和多种植物碱，供药用，能助消化和驱肠道寄生虫；果皮通大小便，治腹胀、水肿。蒲葵 Livistona chinensis (Jacq.) R. Br.，乔木；树干无残存叶基；叶扇形，掌状深裂至中部；核果椭圆形，黑褐色；嫩叶可编制葵扇，叶鞘纤维可作填充料及制绳索代用品，叶裂片的中脉可制牙签，叶柄的皮可制葵席；果实供药用，对癌肿、白血病等有一定疗效；根可治哮喘；叶可治功能性子宫出血。短穗鱼尾葵（酒椰子）Caryota mitis Lour.，茎丛生，小乔木状；叶羽状全裂；羽片楔形或斜楔形，顶端具不规则的啮蚀状齿，外侧边缘延伸成短尖头或尾尖；肉穗花序腋生，有长而下垂的分枝；花单性同株；果实球形，成熟时紫红色；树形优美，常作行道树和庭园绿化植物；茎的髓心含淀粉，供食用；花序汁液含糖分，供制糖或酿酒。棕竹（观音竹）Rhapis excelsa (Thunb.) Henry ex Rehd.，丛生灌木，茎圆柱形，有节，上部复以淡黑色、粗纤维质的网状叶鞘。叶掌状深裂，裂片条状披针形；秆可作手杖和伞柄；根药用，治劳伤；叶鞘纤维治鼻出血、咯血、产后血崩。假槟榔 Archontophoenix alexandrae H. Wendl. et Drude，高大乔木，叶羽状全裂，裂片条状披针形；树形优美，是很好的绿化树种，多植于庭园中或作行道树。海枣（伊拉克蜜枣）Phoenix dactylifera L.，乔木；宿存的叶柄基部在茎上呈螺旋阶梯状排列，上

部的叶斜升，下部的叶下垂，形成一个较稀疏的头状树冠；叶簇生茎顶，一回羽状全裂，羽片线状披针形；果实成熟时深橙黄色，果肉肥厚；原产于西亚和北非，是干热地区的重要果树之一，除果实供食用外，其花序汁液可制糖、作饮料；也可作绿化观赏植物。

三、天南星科

天南星科 ARACEAE 属于槟榔亚纲，天南星目 ARALES。

$* P_{4-6} A_{4-6} \underline{G}_{(1-\infty:1-\infty:1-\infty)}$ ♂ $P_0 A_{(1-\infty),1-\infty}$ ♀ $P_0 \underline{G}_{(1-\infty:1-\infty:1-\infty)}$

形态特征：草本，稀灌木或木质藤本。有根状茎或块茎。体内含苦汁、水汁或乳汁，常具草酸钙结晶。单叶或复叶，基生或茎生，网状脉，叶柄基部常具膜质鞘。肉穗花序，具佛焰苞；花小，常有臭味，两性或单性；单性时多为雌雄同株，稀雌雄异株，花被缺，雄蕊1至多数，分离或合生为雄蕊柱；单性同株时，雄花通常生于肉穗花序上部，雌花生于下部，中部为不育部分或是中性花；两性花常有花被4~6片，雄蕊与之同数且对生；子房上位，1至数心皮合生，1至数室，胚珠1至多数。浆果密集于花序轴上。染色体：$X = 7 \sim 17$。

识别要点：常草本，具根状茎或块茎；植物体含苦汁、水汁或乳汁；叶具网状脉，叶柄基部常具膜质鞘；花小，常有臭味，集生成肉穗花序，包于佛焰苞中；浆果密集于花序轴上。

属种数目及分布：天南星科约有115属2 000余种，主要分布于热带和亚热带。我国有35属约206种，主要分布于南方。

常见植物：

（1）芋属 *Colocasia*：多年生草本，有肉质的块茎。叶片盾状着生，卵状心形或箭状心形。花单性，无花被；雄花有雄蕊3~6，合生；雌花子房1室，胚珠多数，生于侧膜胎座上。浆果。芋（芋头）*C. esculenta*（L.）Schott.，块茎通常椭圆形或卵球形，常生数个小球茎；叶盾状着生，卵形，基部2裂；佛焰苞长达20cm，下部成管状，长约4cm，绿色，上部披针形，内卷，黄色；肉穗花序下部为雌花，其上有一段不孕部分，上部为雄花，顶端具附属体（图10-58）。原产亚洲南部，现广植于热带、亚热带各地，我国南方也广泛栽培，块茎称芋头，为长江以南重要食用作物。

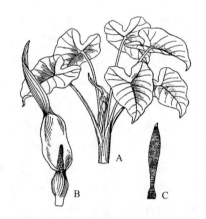

图10-58 芋
A. 植株上部分 B. 肉穗花序
C. 去佛焰苞的花序

（2）魔芋属 *Amorphophallus*：多年生草本。有球形块茎。叶为叉指状复叶，于花后抽出。肉穗花序高大，上部的为雄花，下部的为雌花，顶有大的附属体，开花时发出一种奇臭；佛焰苞大；花单性，无花被；雄花有雄蕊1~6个；雌花子房1~4室，胚珠单生。浆果肉质，种子1~4粒。魔芋 *A. rivieri* Dur.，块茎扁圆形，直径达25cm。叶1枚，具3小叶，小叶2歧分叉，裂片再羽状深裂。先叶开花。佛焰苞卵形，下部呈漏斗状筒形，外面绿色而有紫绿色斑点，里面黑紫色；肉穗花序几乎比佛焰苞长2倍，下部雌花，上部雄花，上端具圆柱形附属体；块茎大，可食用。

天南星科有许多药用植物，如菖蒲（香蒲）*Acorus calamus* L.，多年生草本，根状茎粗大；叶2列，剑状条形，有明显中肋，无柄，具叶鞘；生于浅水池塘、水沟及溪涧湿地；全草芳香，可作香料、驱蚊；根状茎入药，能开窍化痰，辟秽杀虫。半夏 *Pinellia ternata*（Thunb.）Breit.，多年生草本，块茎小球形；一年生的叶为单叶，卵状心形，2~3年生的叶为3小叶的复叶；佛焰苞绿色，上部呈紫红色；花序轴顶端有细长附属物；浆果红色；分布于我国南北各地；因仲夏可采其块茎，故名"半夏"；块茎有毒，炮制后入药，能燥湿化痰，降逆止呕，治慢性气管炎、咳嗽、痰多等症。天南星（山苞米、虎掌南星）*Arisaema consanguineum* Schott，多年生草本，具块茎；掌状复叶具 7~23 小叶，辐射状排列；花序轴顶端有棍棒状附属物；广布于黄河流域以南各地；块茎有毒，加工后入药，有镇痛、祛痰、解痉、消肿毒之效。独角莲 *Typhonium giganteum* Engl.，块茎入药，称禹白附，有祛风痰的作用。

本科有许多观赏植物，如花烛 *Anthurium andraeanum* Linden，多年生草本；叶椭圆形至心形；肉穗花序圆柱形，下部黄绿色，上部黄色；佛焰苞平展，卵圆形，顶部短尖或圆钝，基部微心形，全缘，朱红色，十分艳丽；常做切花或盆花栽培。马蹄莲 *Zantedeschia aethiopica* (L.) Spreng，多年生草本；叶心状卵形、心状箭形或箭形；肉穗花序圆柱状，黄色；佛焰苞白色或乳白色，美观；可做切花或盆栽观赏。红鹤芋 *Anthurium andreanum* Lindl.，叶鲜绿色，长椭圆状心脏形；佛焰苞阔心脏形，表面有像漆一样的具有光泽的鲜朱红色，十分美丽，常做切花或盆花栽培。龟背竹 *Monstera deliciosa* Liebm.，攀缘灌木，茎绿色，有绳状气生根；叶大型，轮廓心状卵形，羽状裂并有穿孔，形似龟背，为观叶植物。常见的观叶植物还有海芋 *Alocasia macrorrhiza* Schott，茎粗壮；叶大型，聚生茎顶，盾状着生，卵状戟形。花叶芋（五彩芋）*Caladium bicolor* (Ait.) Vent.，花葶和叶柄基出；叶片盾状着生，戟状卵状至卵状三角形，叶面布满各色透明或不透明色斑，通常为红、紫红或白色。花叶万年青 *Dieffenbachia picta* (Lodd.) Schott，亚灌木，通常高达 1m；叶通常聚生于茎的顶端，长圆形、长圆状椭圆形或长圆状披针形，叶面绿色并杂有白色及黄色至橘黄色斑块，不整齐；本种在室内或室外排设都很受欢迎。麒麟叶（麒麟尾、蓬莱蕉）*Epipremnum pinnatum* (L.) Engl.，木质大藤本，以不定根攀缘于树干上或岩石上；叶薄革质，幼叶狭披针形或披针状长圆形；成熟叶长圆形至阔长圆形，长 40~60cm，宽 30~40cm，顶端短尖，基部宽心形，两侧羽裂或羽状深裂达中脉，裂片宽条形；本种作为荫棚立体绿化植物很受欢迎。绿萝 *Epipremnum aureum* (Linden et Andre) Bunting，高大藤本，茎攀缘，枝悬垂；幼株上的叶小，顶端短尖，基部心形，全缘，叶鞘几达顶部；成熟枝上叶大，卵形至卵状长圆形，顶端短渐尖，基部深心形，全缘，叶面翠绿色，饰于金黄色斑块；绿萝通常作为室内观叶植物，插于花瓶中或浅盆中，可常年观赏，翠绿嵌于金黄色斑块；给室内以清新之感。

常栽培作饲料的有大薸（水浮莲）*Pistia stratiotes* L.，浮水草本；叶莲座状簇生，叶片倒三角形、倒卵形、扇形至楔形。本种与雨久花科的凤眼莲（凤眼蓝、水葫芦）*Eichhornia crassipes* (Mart.) Solms 常混称水浮莲，都作为家畜和家禽饲料在河水、池塘中放养。两种植物的繁殖都很迅速，有时也会堵塞水道，成为害草。

四、莎 草 科

莎草科 CYPERACEAE 属于鸭跖草亚纲 COMMELINIDAE，莎草目 CYPERALES。

$P_0 A_{3-1} \underline{G}_{(2-3:1:1)}$ ♂ $P_0 A_{3-1}$ ♀ $P_0 \underline{G}_{(2-3:1:1)}$

形态特征：多年生，稀一年生草本；常具根状茎，有的为块茎或球茎；地上茎常三棱形，多实心，节不明显。叶在茎秆基部簇生或茎生，常排成3列；叶片带状，有时退化仅存叶鞘；叶鞘多闭合。花小，两性或单性，生于鳞片（常称为颖）腋内，2 至多数带花鳞片组成小穗，再由小穗排列成穗状、总状、圆锥状、头状或聚伞等各式花序；花序下面通常有 1 至多枚叶状、刚毛状或鳞片状总苞片；花通常无花被，或花被退化成下位鳞片、下位刚毛或丝状毛；雄蕊 3 枚，少有 2

或1枚；2~3心皮复雌蕊，子房上位，1室，含胚珠1枚；花柱1枚，柱头2~3个。果实多为小坚果或有时为苞片所形成的囊苞所包裹，三棱形、双凸形、平凸形或球形；种子具胚乳。染色体：X = 5~60。花粉3核，单孔少2~4孔。

识别要点：茎常三棱形，无节，实心；叶常3列，或仅有叶鞘，叶鞘闭合，无叶耳和叶舌；小穗组成各式花序；多为小坚果。

属种数目及分布：莎草科约80余属4 000余种，广布全球，以寒带、温带地区为多。我国约有30属600余种，分布于全国各地，生于沼泽、湿润草地及高山草甸。本科多种植物可作造纸和编织原料，部分植物供药用、食用、观赏或作草坪植物，还有一些为农田杂草。

常见植物：

（1）荸荠属 *Eleocharis*：秆丛生或单生，常具根状茎；叶片因退化而仅留叶鞘；无苞片；小穗1枚，顶生，常有多数两性花，鳞片螺旋状排列；花有下位刚毛4~8条，花柱基部膨大成各种形状，宿存于小坚果顶端。荸荠 *E. tuberose* (Roxb.) Roem. et Schult.，匍匐根状茎细长，顶端膨大成球茎；秆多数，丛生，圆柱状，有多数横隔膜，干后表面有节；全国各地多有栽培；球茎富含淀粉，供生食或熟食，味甘美；也可供药用，具清热、止渴、开胃、消积、明目、化痰之功效（图10-59）。

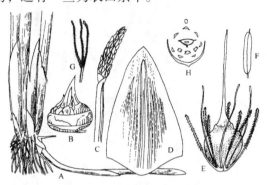

图10-59 荸 荠
A. 植株的一部分 B. 球茎 C. 花序 D. 颖片
E. 小坚果 F. 花药 G. 柱头 H. 花图式

（2）莎草属 *Cyperus*：叶基生；聚伞花序简单或复出，开展或有时缩短为头状，基部具叶状总苞片数枚；小穗稍压扁，小穗轴宿存，颖状鳞片2列；花两性，无下位刚毛，柱头3个，极少2个；小坚果三棱形。常见的经济植物有：莎草（香附子）*C. rotundus* L.，根状茎匍匐，顶端生有黑褐色、椭圆形块茎；叶片狭条形；叶鞘棕色，常裂成纤维状；秆顶有2~3枚叶状苞片，由苞片腋部生出长短不等的伞梗，伞梗末梢约各生5~9个线形小穗，每一小穗有花10~36朵；块茎名"香附子"，内含香附油、香附油精，可提取香料，入药能理气解郁、调经止痛；本种也是常见的田间杂草（图10-60）。油莎豆（油莎草）*C. esculentus* L. var. *sativus* Boeck.，根状茎多而细长，顶端有膨大块茎，可用分株或块茎繁殖；原产地中海地区，我国各地有引种栽培。块茎含油率达27%，为良好的食用油和工业用油；块茎也可生食或煮食。咸水草（短叶莞芏）*C. malaccensis* Lam. var. *brevifolius* Bocklr.，多年生草本，匍匐根状茎长，植株高80~100cm；是一种改良盐碱地和纺织草席、坐垫、提包和草帽等的优良植物。另有大伞莎草 *C. papyrus* L.、伞莎草 *C. alternifolius* L.，均为引入栽培的观赏植物，苞叶伞状，也为插花常用材料。扁穗莎草 *C. compressus* L. 等可作草坪植物。

（3）苔草属 *Carex*：多年生草本，具根状茎；叶基生或秆生；小穗单性或两性，单生或组成穗状、圆锥状花序；花单性，具鳞片，无花被；雄花具3雄蕊；雌花子房外包有苞片形成的囊苞（果囊），花柱突出于囊外，2~3裂；小坚果藏于果囊内（图10-61）。本属是莎草科中最大的属，约2 000种，广布于世界各地；我国约有400余种，各地均产，主要分布于北方。经济植物有：乌拉草 *C. meyeriana* Kunth，秆丛生，粗糙，小穗2~3；雄小穗顶生，圆筒形；雌小穗生于雄小穗下方，近球形；分布于东北，为早年"东北三宝"之一；可作保温填充物、编织和造纸用。白颖苔草（细叶苔草、羊胡子草）*C. rigescens* (Franch.) V. Krecz.、异穗苔草 *C. heterostachya* Bge. 等可作草坪植物。

图 10-60　香附子
A. 植株　B. 穗状花序　C. 小穗顶端的一部分示鳞片内发育的两性花　D. 鳞片正面观　E. 雌蕊及雄蕊　F. 未成熟的果实

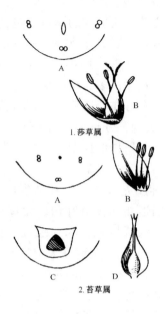

图 10-61　莎草科小穗解剖图
1. 莎草属（A. 花图式　B. 花，示鳞片 1 枚，雄蕊 3 枚，雌蕊 1 枚，柱头 2 叉）
2. 苔草属（A. 雄花花图式　B. 雄花，示鳞片 1 枚，雄蕊 3 枚　C. 雌花花图式　D. 雌花，示果囊，果实）

莎草科的经济植物还有：水蜈蚣 *Kyllinga brevifolia* Rottb，多年生草本，匍匐根状茎细长；生于水边、路旁；全草药用，有疏风解表，消肿，止痛之效。高秆扁莎草 *Pycreus exaltatus* Retz.、蔗草 *Scirpus trigueter* L.、荆三棱 *S. yagara* Ohwi、蒲（席）草 *Lepironia articulata* (Retz.) Domin. 等可作造纸和编织原料。

五、禾　本　科

禾本科 GRAMINEAE 属于鸭跖草亚纲，莎草目。

理论上的花程式：$K_3 C_3 A_{3+3} \underline{G}_{(3:1:1)}$；典型的花程式：$K_0 C_2 A_3 \underline{G}_{(2:1:1)}$

形态特征：草本，少为木本（竹类）。秆常圆柱形，有明显的节和节间，节间常中空；叶 2 列互生，叶脉平行；叶带状，由叶鞘和叶片组成，叶鞘包秆边缘分离，在叶鞘和叶片之间常有叶耳和叶舌。花序复杂，常由小穗为基本组成单位，再由小穗排列成穗状、肉穗状、总状、指状、圆锥状等各式花序；小穗由小穗轴和基部 2 颖片、轴上着生 1 至多朵小花组成；小花常为两性，少为单性；每朵小花基部有 2 枚稃片（苞片），在外的称外稃，在内的称内稃；外稃与子房间有浆片（鳞被，退化花被）2 枚，少有 3 枚，细小，常肉质；雄蕊 3 枚，少为 6 或 1~2 枚，花丝细长，花药丁字形着生；雌蕊 1 枚，多由 2 心皮合生，子房上位，1 室，含 1 倒生胚珠，柱头 2 歧，少为 3 歧，常呈羽毛状；果实多为颖果，稀为浆果或胞果；种子富含胚乳。染色体：X = 2~23。花粉粒 3 核，单孔。

识别要点：秆常圆柱形，有明显的节和节间，节间常中空；叶 2 列，叶鞘包秆边缘分离，常有叶耳和叶舌；由小穗组成各式花序；颖果。

属种数目及分布： 禾本科是国民经济中最重要的一科，是单子叶植物中的第二大科，被子植物中的第四大科，约有700余属10 000多种，我国约有220余属1 200多种，各地皆有。该科植物广布于世界各地，其水平分布和垂直分布都极为广泛，能适应各种不同环境，凡能生长种子植物的地方，均有其踪迹；它是陆地植被的主要成分，尤其是各种类型草原的重要组成成分，在温带地区尤为繁茂。

常见植物：

禾本科划分亚科的意见不一，通常分为2个亚科，即竹亚科和禾亚科；也有分为3个亚科（竹亚科、早熟禾亚科、黍亚科）、5个亚科（竹亚科、稻亚科、早熟禾亚科、画眉草亚科和黍亚科）、6个亚科或7个亚科等等。为便于教学，本书仍沿用2个亚科的分法。

亚科1. 竹亚科 BAMBUSOIDEAE

多为灌木或乔木状竹类，秆一般为木质，秆的节间中空，秆箨（笋壳）与普通叶明显不同；箨叶通常缩小而无明显的主脉，箨鞘通常厚而革质，箨鞘与箨叶连接处常具箨舌和箨耳。枝生（普通）叶具明显叶脉，叶柄明显，与叶鞘连接处常具关节而易脱落。浆片通常3枚，雄蕊6或3枚。染色体：X＝12，稀5～7。

（1）箬竹属 *Indocalamus*：灌木状或小灌木状竹类，秆散生或丛生，每节常1分枝或于上部多至3分枝，枝通常直立，常与主秆等粗；叶片大型，具多条侧脉；总状或圆锥状花序；小穗具柄，含数枚至多数小花；小花有浆片（鳞被）3枚，雄蕊3枚，花柱2枚，柱头羽毛状。阔叶箬竹 *I. latifolius* (Keng) McClure，秆高约1～1.5m，秆箨宿存；分布华东及陕南汉江流域以南，为山地常见的野生竹种；叶用于包裹粽子，也可制船篷、斗笠等防雨用品；秆宜作毛笔杆或竹筷。

（2）刚竹属（毛竹属）*Phyllostachys*：乔木或灌木状竹类；秆散生，圆筒形，在分枝的一侧扁平或有沟槽；每节有2分枝，每枝可重复分出小枝。毛竹（南竹）*P. pubescens* Mazel. ex H. de Lehaie.，高大乔木状竹类，新秆有毛茸与白粉，老秆无毛，秆环平，箨环突起，各节呈1环，小枝具2～8叶；分布于秦岭、汉水流域至长江流域以南各省区，多见于丘陵山地；为我国分布最广、面积最大、经济价值最高的竹种；一般4～5年生的竹秆可选伐利用，供建筑、制器具、编织及造纸等用；笋味甜美，冬笋和春笋均供食用（图10-62）。紫竹 *P. nigra* (Lodd. ex Lindl.) Munro.，新秆绿色，以后渐变为紫黑色或棕黑色；长江流域和以南各省区多有栽培或野生；秆壁薄而坚韧，小者可作乐器、烟杆、手杖、伞柄，大者可制作各种竹器；秆紫黑，叶青翠，甚美观，可供观赏。刚竹（桂竹）*P. bambusoides* Sieb. et Zucc.，秆环隆起，各节呈明显的2环，新秆绿色，常无粉，老秆深绿色，小枝具3～6叶；分布黄河流域至长江以南各省，秆质强韧，为重要材用竹种，可编织多种器具，用途颇广；笋味淡苦，水浸后可食。

竹亚科常见栽培的经济植物还有：麻竹 *Dendrocalamus latiflorus* Munro.，高大乔木状竹类，叶片大型；分布江南，

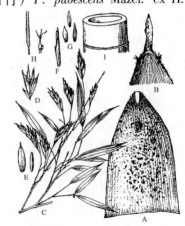

图10-62 毛 竹
A. 秆箨背面观　B. 秆箨顶端的腹面观
C. 叶枝（右）和花枝（左）　D. 小穗丛的一部分　E. 颖（左）和小穗下方的前叶（右）　F. 小花及小穗轴延伸的部分
G. 鳞被　H. 雄蕊（左）和雌蕊（右）
I. 秆的一段，示秆环不显著

笋味较甜，作蔬菜食用，亦可制作笋干、罐头等；秆粗大，为优良建材；叶片可用于包裹粽子，也可制防雨用具；竹丛外观优雅，是庭园绿化的好树种。茶秆竹 *Pseudosasa amabilis* (McClure) Keng f.，秆高约 7~13m，节间长达 48cm；分布于广东、广西、湖南、福建等省（自治区）；秆形通直，壁厚，坚韧而有弹性，用砂磨去外皮后洁白光亮，供作滑雪杖、钓鱼竿及其他运动器材。青皮竹 *Bambusa textilis* McClure，秆高约 6~8m，节间长达 35~50cm；分布于广东、广西、福建等省（自治区）；秆柔韧，节间长直，是优质的篾用竹种，常用于编织各种竹器及工艺品；秆节间常因竹蜂咬伤而分泌出伤流液，经干涸后凝结成固体，即中药"竹黄"，传统上用于清热、治谵妄及小儿惊风等症。佛肚竹（佛竹）*Bambusa ventricosa* McClure，节间短缩而肿胀，呈瓶状；不仅可作庭园观赏，亦可制作盆景；不耐寒，有霜冻的地区引种时应注意防寒措施。黄金间碧玉竹 *B. vulgaris* Schrad. var. *stricta* Gamble，节间具鲜黄色间以绿色的纵条纹，光洁清秀，为优美的观赏竹种；不耐寒，有霜冻的地区引种时应注意防寒措施。

亚科 2. 禾亚科 AGROSTIDOIDEAE

一年生或多年生草本。叶具中脉，叶片与叶鞘之间无明显的关节，也不易自叶鞘上脱落。花具 2 或 3 枚浆片，雄蕊 3 枚或 6 枚。

(1) 稻属 *Oryza*：一年生或多年生草本；叶片长而平展。圆锥花序顶生；小穗含 3 小花，仅 1 花结实，2 不育小花退化，仅存极小外稃，位于孕花之下，颖退化成半月形，附着于小穗柄的顶端；孕花外稃坚硬，具 5 脉，雄蕊 6 枚。水稻 *O. sativa* L.，一年生栽培作物，退化小花的外稃披针形，无毛，孕花外稃与内稃被细毛（图 10-63）；我国是栽培水稻最早的国家之一，根据 20 世纪 90 年代发现的浙江河姆渡新石器时代遗址中有籼稻存在，证明我国至少在 6 000~7 000 年前就开始种植水稻，比世界各国都早；现栽培面积和产量占世界第一位；稻为主栽粮食作物之一，分为旱稻和水稻两大类，前者植于山地和旱地，后者广植于水田中；其中又分粳、籼、糯等品系，糯稻米黏性大；稻米可制淀粉、酿酒、造米醋，米糠可制糖、提炼糠醛或作饲料；稻秆为良好的牛饲草和造纸原料；谷芽和糯稻根药用，前者健脾开胃、消食，后者止盗汗。

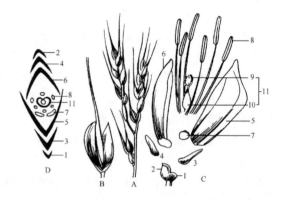

图 10-63 水稻
A. 花序枝 B. 小穗外形 C. 小穗的解剖结构
D. 小穗的花图式
1. 外颖 2. 内颖 3、4、两朵不孕花的外稃
5、6、结实花的外、内稃 7. 浆片 8. 雄蕊
9. 柱头 10. 子房 11. 雌蕊

(2) 小麦属 *Triticum*：一年生或二年生草本；穗状花序直立，顶生；小穗有小花 3~9 朵，两侧压扁，通常单生于穗轴各节，无柄，颖革质或草质，长卵形，有 3 至数脉，主脉隆起成脊。小麦 *T. aestivum* L.，穗状花序约由 10~20 个小穗组成；颖近革质，5~9 脉，顶端有短尖头；外稃厚纸质，先端通常具芒，颖果椭圆形，腹面有深纵沟（图 10-64）；小麦为重要的粮食作物，世界广泛栽培；本种是我国北方重要的粮食作物，品种很多；麦粒入药可养心安神，麦芽助消化；麦麸为家畜的好饲料；麦秆可作编制品及造纸原料。

(3) 狗尾草属 *Setaria*：一年生或多年生草本；圆锥花序通常呈狭窄圆柱状，少数为疏散而开展至塔形。小穗含 1~2 朵小花，全部或部分小穗下托以 1 至数枚由不育小枝形成的刚毛，小穗脱节于杯状的小穗柄之上，常与宿存的刚毛分离；颖片不等长，第 1 小花雄性或中性，第 2 小花两

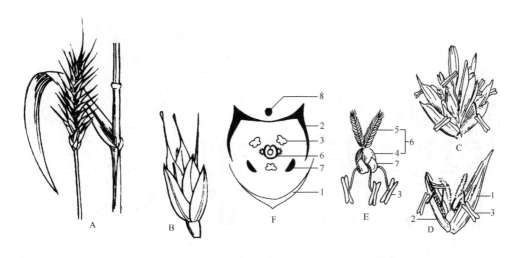

图 10-64 小 麦
A. 花序及茎叶 B. 小穗 C. 开花的小穗 D. 小花 E. 除去稃片的小花 F. 花图式
1. 外稃 2. 内稃 3. 雄蕊 4. 子房 5. 柱头 6. 雌蕊 7. 浆片 8. 花轴

性。粟（小米、谷子）*S. italica*（L.）Beauv.，一年生栽培作物，花序常下垂，长10~40cm，直径1~5cm；本种为我国北方主要粮食之一；谷粒的营养价值很高，可供煮粥、酿酒、造醋；茎、叶为牲畜的优良饲料，谷糠也是猪、鸡的良好饲料。狗尾草 *S. viridis*（L.）Beauv.，刚毛粗糙，通常绿色或褐黄色至紫红色；秆、叶可作饲料；全草加水煮沸20min后，滤出液可喷杀菜虫。金色狗尾草 *S. glauca*（L.）Beauv.，刚毛金黄色或带褐色，簇生小穗仅1个可育；秆、叶可作牲畜饲料。

（4）高粱属（蜀黍属）*Sorghum*：一年生或多年生草本；秆实心；圆锥花序顶生，直立，开展；小穗成对着生，在穗轴顶端1节有3枚小穗；成对着生的小穗，一无柄，一有柄，无柄小穗两性，有柄小穗为雄性或中性；外颖背部凸起或扁平，熟时变硬而有光泽，内颖舟形，具脊。高粱（蜀黍）*S. vulgare* pers.，一年生栽培作物；我国广为栽培，北方较多，为重要杂粮作物；谷粒有红色和白色，供食用、酿酒、制饴糖；种子及根入药，前者治呕吐、腹泻，后者治浮肿。苏丹草 *S. sudanense*（Piper）Stapf，一年生栽培草本，秆直立，高1.5~3m，直径3~9mm；通常自基部分枝；主要分布于美洲、欧洲南部、非洲北部和东部等地，我国各地普遍引种栽培；本种是优良的牧草，产量高，也可作干草备用。

（5）大麦属 *Hordeum*：多年生或一年生草本；穗状花序顶生，每节着生3枚无柄均能发育的小穗，各含1朵小花（稀含2朵小花）（图10-65）；颖果与内外稃黏着或分离。大麦 *H. vulgare* L.，一年生；颖果成熟后黏着内、外稃，不易脱出；本种是我国各地普遍栽培的粮食作物；果为制啤酒及麦芽糖的原料，亦可做面食；麦芽入药，能消积健脾；麦秆可供编织草帽、扇子或造纸。青稞 var. *nudum* Hook. f.、三叉大麦 var. *trifurcatum*（Schlecht.）Alef.，皆为大麦的变种，果实成熟后易脱离内、外稃，前者外稃顶端不裂，芒直伸，后者外稃顶端3裂，芒弯曲或无；西北、西南省区栽培，为冷凉山区粮食作物。二棱大麦 *H. distichon* L.，穗状花序的每节着生3枚小穗，中央小穗无柄，可育；两侧小穗有柄，不育；南方较少栽培；河北、青海、西藏等省（自治区）均有栽培，用途同大麦。

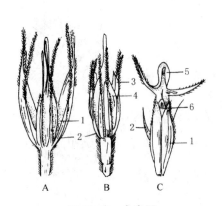

图 10-65 大麦属

A. 大麦 B. 二棱大麦 C. 三叉大麦
1. 外稃 2. 颖片 3. 不孕小穗
4. 结实小穗 5. 外稃的中裂片 6. 内稃

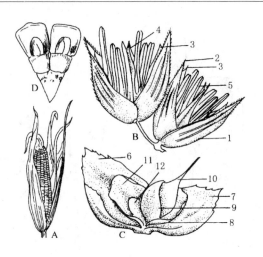

图 10-66 玉 米

A. 果序 B. 雄小穗 C. 雌小穗 D. 两个雌
小穗成熟的颖果 1. 第一颖 2. 第二颖
3. 外稃 4. 内稃 5. 雄蕊 6. 第一颖
7. 第二颖 8. 结实花外稃 9. 结实花内稃
10. 雌蕊 11. 不孕花外稃 12. 不孕花内稃

（6）玉米属（玉蜀黍属）*Zea*：单种属。玉米（玉蜀黍、包谷）*Z. mays* L.，一年生栽培作物；秆粗壮，直立，实心，下部节上常有气生根；叶片阔而扁平；花序单性，同株；雄花序生于秆顶，由数枚至多数总状花序组成的大型、疏散的圆锥花序，雄小穗孪生，1 枚无柄，1 枚具短柄，每小穗含 2 朵小花；雌花序肉穗状，腋生，为苞叶包藏；雌小穗孪生，无柄；每小穗有 2 朵小花，但只有 1 朵小花结实，稃片膜质，雌蕊 1，花柱丝状细长，伸出苞叶外（图 10-66）。原产于中美洲和南美洲，广泛栽培于世界各地，我国各地广为种植，为主要粮食作物之一；穗轴中的髓可提制淀粉、葡萄糖、油脂及酒精等；胚芽含油量高，可榨油供食用；花柱入药，有利尿、消肿功效，可治肾炎、高血压、糖尿病及肝炎等症；秆、叶可作饲料，并可造纸和其他工业用原料。

（7）甘蔗属 *Saccharum*：多年生高大草本；秆直立，粗壮，实心；圆锥花序顶生，大型，通常疏散；小穗成对生于穗轴各节，1 枚无柄，1 枚有柄，均无芒；穗轴易逐节脱落；每小穗含 2 朵小花，仅 1 朵为两性花，结实。甘蔗 *S. officinarum* L.，秆高 2~4 m，直径 2~5 cm；表面常具白粉；节间深紫褐色或绿色；原产于印度，现广植于全世界的热带和亚热带地区，我国南部广为种植；甘蔗是制糖的重要原料，也可以生吃；制糖的副产物，称"糖蜜"，可以制酒精；蔗渣用于造纸、培养香菇；蔗梢和蔗叶是优良的饲料。斑茅 *S. arundinaceum* Retz.，秆高 2~4 m，直径 0.8~2 cm；为固堤护岸植物；茎、叶可造纸。甜根子草 *S. spontaneum* L.，秆高 1~4 m，直径 4~7 mm；节上有绢毛，节下常被白粉；嫩茎叶可作饲料，老秆叶供造纸、编织用，也为良好的固堤植物。

禾亚科常见栽培的经济植物还有：燕麦 *Avena saliva* L.，小穗含 1~2 小花；小穗轴近无毛，不易断落；外稃背部无毛；本种植物是我国北方地区常见栽培的粮食和饲料作物；营养价值很高，谷粒可制面粉及作粥饭；谷糠、秆、叶均为家畜饲料。黑麦 *Secale cereale* L.，一年生或二年生草本，高约 1m，颖果淡褐色；谷粒可制黑面粉；秆可造纸、编织；麦角菌寄生在子房上所形成的菌核，称"麦角"，为止血药，并用于分娩后促进子宫的复原。薏苡（川谷）*Coix lacryma-jobi* L.，一年生或多年生草本，高 1~1.5m；秆、叶可造纸；嫩叶可作牲畜饲料；颖果含淀粉和油，可供面食或酿酒，又可药用，有健脾益胃、清肠胃、利小便之效；根可驱蛔虫。菰 *Zizania caduciflora* (Turcz.) Hand.-Mazz.，多年生草本，秆基为一种黑穗菌 *Ustilago edulis* 寄生后，变为肥嫩而膨大，称茭白或茭笋，为上等蔬菜；颖果称茭米，营养价值很高；秆、叶可作家畜饲料；根状茎入药称菰根，能清热、止渴、利尿。芦苇 *Phragmites australis* (Cav.) Trin ex Steud.，多年生水生或湿生高大草本。具粗壮的匍匐根状茎，叶鞘圆筒形，叶舌有毛。小穗含 4~7 朵小花，最下的小花通常雄性；本种植物为世界广布种，生于河岸、河溪边多水地区，常形成苇塘；嫩叶可作饲料；秆可作造纸原料；秆壁可织帘席；花序作扫帚；根状茎称芦根，药用，有健胃、镇呕、利尿的功效；又为优良的固堤植物。常见的草坪植物有结缕草属 *Zoysia*、野牛草属 *Buchloe*、狗牙根属 *Cynodon*、早熟禾属 *Poa*、地毯草属 *Axonopus* 等属的一些植物。常见的牧草有雀麦属 *Bromus*、羊茅属 *Festuca*、早熟禾属、黑麦草属 *Lolium*、看麦娘属 *Alopecurus*、鹅观草属 *Roegneria* 等属的许多种类。常见农田杂草还有稗属 *Echinochloa*、马唐属 *Digitaria*、看麦娘属、狗尾草属等属的一些植物。

禾本科植物与人类的关系：禾本科植物与人类的生活关系密切，具有重要的经济价值。它是人类粮食的主要来源，同时也为工农业提供了丰富的资源；很多禾本科植物是建筑、造纸、纺织、酿造、制糖、制药、家具及编织的主要原料，少数植物也可作蔬菜；在畜牧业方面，它又是动物饲料的主要来源；在环保绿化方面，它是保持水土、保护堤岸、防风固沙、改良土壤及改造荒山的重要植物，也是观赏竹林和地被草坪的重要植物。另外，禾本科的许多种类也是农田的常见杂草，有的还是多种病虫害的中间寄主。

禾本科植物花的演化：禾本科植物的花小，构造简单，无鲜艳色彩，花被退化，花丝细长，花药丁字着生而易摇动，花粉细小干燥和柱头羽毛状等特征，为典型的风媒传粉植物。

禾本科花的简化是高度适应风媒传粉的结果，从外表看，禾本科花的结构和其他科的花部都不相同，但从禾本科原始类型花的结构观察，竹类和稻属有 6 枚雄蕊，有的植物雌蕊具 3 条花柱（如竹类），这说明禾本科的雌蕊是由 3 个心皮合生而成，花的解剖结果进一步证明了这一点。花被由于适应风媒传粉，发生了更大的变化，一般具 2 枚鳞被，但原始类群常有 3 枚（如竹类），这 3 枚鳞被相当于花的内轮 3 片花被，关于内稃，很多人将它看成 2 片外轮花被的结合，而另一片完全消失。因此，可以推测禾本科祖先可能具有这样的花：两性花，花被 2 轮，每轮 3 片；雄蕊 2 轮，每轮 3 枚；雌蕊 1 轮，由 3 心皮合生。

由以上分析可知，禾本科植物的花，从单子叶植物 5 轮 3 数的典型结构，发展成只有 3 轮结构。2 枚微小的鳞被代表了花被，雄蕊也只有 1 轮 3 枚，辐射对称发展为两侧对称，花序也发生了特化。禾本科是风媒植物高度发展的最终阶段。

六、姜 科

姜科 ZINGIBERACEAE 属于姜亚纲 ZINGIBERIDAE，姜目（蘘荷目）ZINGIBERALES。

$\uparrow K_{(3)} C_{(3)} A_1 \overline{G}_{(3:3:\infty)}$

形态特征：多年生草本，常具芳香。根状茎或块茎。叶基生或茎生，常 2 列或有时螺旋状排列，基部常成鞘状，具叶舌。花两性，两侧对称，单生或组成穗状、总状或圆锥状花序；花被 6 枚，2 轮，外轮花萼状，合生成管；内轮花瓣状，基部合生成管；退化雄蕊 2 或 4 枚，外轮 2 枚常花瓣状，内轮 2 枚联合成唇瓣，显著而艳丽；发育雄蕊 1 枚，具药隔附属体或无；雌蕊由 3 心皮组成，子房下位，中轴胎座或侧膜胎座，3 或 1 室，每室胚珠多数（图 10-67）。蒴果或浆果状。种子有胚乳，常具假种皮。染色体：X=9~26，多数属 X=12。

识别要点： 草本，常具芳香；根状茎或块茎；叶鞘顶端有明显的叶舌；能育雄蕊 1 枚，不育雄蕊常退化为花瓣状；子房下位；蒴果或浆果。

属种数目及分布： 姜科约 50 属 1 500 余种，分布于热带、亚热带地区。我国有 19 属约 160 余种，主要分布于西南部至东南部。

常见植物：

（1）山姜属 *Alpinia*：具根状茎；通常有地上直立茎。叶 2 列，叶鞘开放。圆锥花序、总状花序或穗状花序；花萼管顶端 3 裂；花冠管 3 裂，后方 1 片通常较大，呈兜状；侧生退化雄蕊缺或小，且通常与唇瓣合生；唇瓣显著且有美丽的色彩；药隔无附属体或细小；蒴果，种子具假种皮。华山姜 *A. chinensis* (Retz.) Rosc.，叶舌 2 裂；花序轴无毛；花小；根状茎供药用，有温中暖胃、散寒止痛的功效；也可提取芳香油作调香原料。艳山姜 *A. zerumbet* (Pers.) Burtt. et Smith.，叶舌不 2 裂；花序轴密被毛；花大，艳丽，常栽培供观赏；根状茎及果实有健脑暖胃、燥湿散寒和除痰、截疟的功效。益智 *A. oxyphylla* Miq.，果入药；有益脾胃、理元气、补肾虚之效，治脾胃（或肾）虚寒所引起的泄泻、腹痛、呕吐、食欲缺乏、遗尿、尿频等症。高良姜 *A. officinarum* Hance，根状茎供药用，有温中散寒，止痛消食的功效。

（2）姜属 *Zingiber*：根状茎肉质，芳香或具辛辣味；叶 2 列，叶鞘长，开放。穗状花序，由根茎抽出。花萼管状，顶端 3 裂；花冠管 3 裂，白色或黄绿色；唇瓣外翻，侧生退化雄蕊常与唇瓣基部合生，形成 3 裂片的唇瓣；药隔附属体延伸成长喙状，并包住花柱；蒴果，种子黑色，被假种皮。姜（生姜）*Z. officinale* Rosc.，根状茎肉质扁平，有短指状分枝；花冠黄绿色，唇瓣有紫色条纹和淡黄色斑点（图 10-68）；原产太平洋群岛，我国中部、东南部和西南部广为栽培。根状茎具辛辣芳香味，可作烹调配料或制酱菜、糖姜等；入药为兴奋祛风剂，生姜多用于发汗、止呕及祛痰，干姜多用于兴奋、祛寒、健胃、止痛，姜皮多用于利尿解毒。蘘荷 *Z. mioga* (Thunb.) Rosc.，根状茎淡黄色，有辛辣味；花冠白色，唇瓣中部黄色，边缘黄白色；根状茎辛温，有温中理气、祛风止痛、消肿、活血、散淤的功效；幼嫩花芽可作蔬菜。

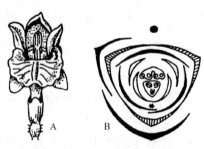

图 10-67 姜科的花和花图式
A. 姜黄属的花　B. 山柰属的花图式

图 10-68 姜
A. 根状茎　B. 茎叶　C. 花序　D. 花

姜科常见的药用植物还有：砂仁 *Amomum villosum* Lour.，果为芳香性健胃、祛风药，主治脾胃气滞、宿食不消、腹痹痞胀、噎嗝呕吐、寒泻冷痢等症。郁金 *Curcuma aromatica* Salisb.，块根入药，有凉血破瘀，行气解郁的功效；莪术 *Curcuma zedoaria* (Berg.) Rosc.，根状茎为芳香健胃、祛风药，并有止痛、通经作用；姜黄 *Curcuma domestica* Valet.，根状茎及根有行气、破瘀、通经、止痛的功效，亦可提取黄色食用染料，所含姜黄素可制成分析化学用的试纸。沙姜（山奈）*Kaempferia galanga* L.，我国华南和西南地区常见栽培供药用，根状茎为芳香健胃剂，有散寒、去湿的功用。

七、百 合 科

百合科 LILIACEAE 属于百合亚纲 LILIIDAE，百合目 LILIALES。

$$* P_{3+3} A_{3+3} \underline{G}_{(3:3:\infty)}$$

形态特征：多年生草本，稀木本。常具根状茎、鳞茎或块茎。单叶，多基生，茎生叶互生，稀为对生、轮生或退化为鳞片状；通常具平行脉，稀为网状脉。有伞形、总状、穗状、圆锥状等各式花序类型；花两性，少单性；辐射对称或稍两侧对称；花被花瓣状，6片，排成两轮；雄蕊6枚，常与花被对生；雌蕊由3心皮合生，子房上位，稀半下位，中轴胎座，3室，每室胚珠通常多数；果实为蒴果或浆果；种子有胚乳。染色体：X = 3～27。

识别要点：单叶；花被花瓣状，6片，排成两轮；雄蕊6枚与花被片对生；子房3室；中轴胎座。果实为蒴果或浆果。

属种数目及分布：百合科约240属4 000余种，广布世界各地，尤以温带和亚热带最多。我国约60余属600余种，各地均有分布，以西南部最盛。

常见植物：

（1）百合属 *Lilium*：多年生草本；有鳞茎，鳞茎的鳞片肉质；茎具叶，不分枝；花单生或排成总状花序，大而美丽；花被漏斗状。野百合 *L. brownii* F. E. Brown ex Miellez，鳞茎球形，直径可达5cm左右；叶散生，披针形至条形；花大，喇叭形，有香气；花被片乳白色，微黄，外面常带淡紫色。分布于我国南方及黄河流域诸省区，可供观赏；鳞茎富含淀粉，可供食用，亦可作药用，有润肺止咳、清热、安神、利尿之功效。百合 *L. brownii* var. *viridulum* Baker，本变种与原种区别在于：叶倒披针形至倒卵形（图10-69）。各地常见栽培供观赏；鳞茎供食用，入药有润肺止咳、清热、安神、利尿之功效；鲜花含芳香油，可作香料。卷丹 *L. lancifolium* Thunb.，花橘红色，有紫黑色斑点；几广布全国，用途同百合。

图 10-69 百 合
1. 地上部分，示花和叶 2. 地下部分，示鳞茎和根 3. 雄蕊和雌蕊 4. 花图式

（2）葱属 *Allium*：多年生草本，大部分种类具葱蒜气味。鳞茎单生或丛生，有鳞被。叶通常基生，扁平或中空而呈圆筒状。花序顶生，常为聚伞状伞形花序，开放前为一闭合的膜质总苞所包；蒴果。葱 *A. fistulosum* L.，鳞茎棒状，其外被白色，稀为淡红褐色；叶圆形中空。原产亚洲，我国各地广泛栽培，世界各地亦普遍栽培；为重要蔬菜和调味料；鳞茎及种子可入药，前者能解表散寒，消肿止痛，后者补肾明目。洋葱 *A. cepa* L.，鳞茎大，呈扁球形，其外被红褐色、黄褐色至黄白色；叶圆筒形，中空，中部以下最粗。原产西亚，我国各地广泛栽培，世界各地亦普遍栽培；鳞茎供食用。蒜 *A. sativum* L.，鳞茎球形至扁球形，常由多个肉质的小鳞茎（蒜瓣）紧密排列而组成，外被数层白色至带紫

色的膜质鳞被；叶带状，扁平，宽可达 2.5cm，背有隆脊；花葶圆柱形。原产西亚或欧洲，我国各地广泛栽培；为重要蔬菜和调味料；幼苗和花葶（青蒜和蒜薹）均可炒食；鳞茎（蒜头）是调味料，含挥发性的大蒜辣素，有健胃、止痢、止咳、杀菌、驱虫、防腐和消毒的作用。韭（韭菜）*A. tuberosum* Rottl. ex Spreng.，具根状茎，鳞茎狭圆锥形，鳞被纤维状；叶条形，扁平，宽 1.5~8mm。原产亚洲东南部和南部，我国各地广泛栽培，亚洲、欧洲、美洲均有栽培；叶供食用。

（3）萱草属（黄花菜属）*Hemerocallis*：多年生草本；根状茎短；根常多少肉质；叶基生，2 列，带状，狭长。聚伞花序顶生，常排成圆锥状；花大，花被基部合生成漏斗状；雄蕊生于花被管喉部；蒴果。黄花菜（金针菜）*H. citrina* Baroni，花较大，黄色，花蕾干制品称金针菜或黄花菜，供食用。萱草 *H. fulva* L.，花橘红色或橘黄色，无香味；各地栽培供观赏。

（4）郁金香属 *Tulipa*：多年生草本；有鳞茎，鳞茎外有多层薄革质或纸质的鳞茎皮；茎、叶光滑，被白粉；茎直立，极少分枝；叶通常 2~4 片，也有 5~6 片，在茎上互生，也有基生；花极大，常单朵顶生，直立，钟状或杯状；花被 6 片，分离，易脱落；雄蕊 6 枚。蒴果。郁金香 *T. gesneriana* L.，叶 3~5 枚，条状披针形至卵状披针形；花单朵顶生，大型而艳丽。原产于欧洲、地中海沿岸及中亚等地；各地广为栽培供观赏；品种繁多，花期、花形、花色及株形有差异。花形有杯、碗、卵、球、百合花形等；单瓣、重瓣兼有；花色有白、黄、粉、红、深红、玫瑰红、黑色，并有复色条斑、背腹双色的品种。

（5）天门冬属 *Asparagus*：多年生草本或亚灌木；直立或攀缘状；有粗壮的根状茎或有纺锤形的块根；茎分枝多数，小枝近叶状，称叶状枝，扁平，常多数簇生，并具叶的作用；叶退化成干膜质鳞片。花小，淡绿色，排成总状花序或伞形花序，两性或单性，有时为杂性；浆果。石刁柏 *A. officinalis* L.，多年生直立草本；叶状枝 3~6 枚簇生，扁圆柱形，细软，常稍弧曲，长 5~30mm；浆果成熟时红色。原产亚洲和欧洲；我国各地常有栽培；嫩苗可作蔬菜，供食用。文竹 *A. setaceus*（Kunth）Jessop，攀缘植物，叶状枝刚毛状，长 4~5mm，常 10~13 枚成簇；叶退化成干膜质鳞片；浆果成熟时紫黑色。原产南非，我国引种栽培供观赏，是常见的园林及庭院花卉。天门冬 *A. cochinchinensis*（Lour.）Merr.，攀缘草本，根稍肉质，中部或近末端成纺锤形膨大或长圆形；叶状枝常 3 枚成簇，长 5~80mm；叶退化成鳞片状；浆果成熟时红色。肉质根可供药用，有滋阴润燥、清火止咳之效。

百合科常见的经济植物还有：浙贝母 *Fritillaria thunbergii* Miq.，鳞茎供药用，是中药"浙贝"，含多种生物碱，有润肺、止咳、化痰、清热之效，治外感咳嗽、咽喉肿痛、支气管炎等。麦冬 *Ophiopogon japonicus*（L. f.）Ker-Gawl.，叶基生成丛，禾叶状；根较粗，中部或近末端常膨大成纺锤状小块根；花葶与叶近等长或稍短于叶；小块根为中药"麦冬"，有生津、解渴、润肺、止咳之效。同属植物沿阶草 *O. bodinieri* Levl.，形态特征似麦冬，但根较纤细，花葶常比叶短很多；小块根也作中药麦冬用。芦荟 *Aloe vera* L. var. *chinensis*（Haw.）Berg.，叶在幼小时呈 2 列状排列，长大后呈莲座状排列，肥厚多汁，条状披针形；总状花序有花几十朵；花黄色而有红色斑点；鲜叶常作为民间草药，有清热消肿、润肠通便之效，治大便秘结、百日咳、疔疮肿疖、烫伤等症。20 世纪 90 年代以来，芦荟已作为化妆品原料，用于护肤美容。按照克朗奎斯特等人的观点，芦荟属已从百合科中分出，另立为芦荟科 ALOEACEAE，但依然置于百合目中。为了教学方便，本书仍将芦荟属归在百合科中。玉簪 *Hosta plantaginea*（Lam.）Aschers.，叶基生；花葶自叶丛中抽出，有花几朵至十几朵组成总状花序；花白色，芳香。各地公园常见栽培，供观赏用；花入药，有清咽、利尿、通经之效，亦可供蔬食或作甜菜，但需去掉雄蕊；叶、根有微毒，外用治乳腺炎、中耳炎、疮痈肿毒、溃疡等。万年青 Rohdea japonica (Thunb.) Roth.，根状茎粗，有多数粗的纤维根；叶基生，3~6片，厚纸质；各地常盆栽供观赏；全株或供药用，有清热解毒、散瘀止痛之效。吊兰 Chlorophytum comosum (Thunb.) Jacques，叶条形至条状披针形；花葶连同花序长30~60cm，弯垂。各地常见栽培供观赏；民间有取全草煎服，治声音嘶哑。玉竹 Polygonatum odoratum (Mill.) Druce，根状茎药用，系中药"玉竹"，能养阴润燥，生津止渴。风信子 Hyacinthus orientalis L.，总状花序顶生，小花10~20朵，漏斗状，单瓣或重瓣，花色有白、黄、粉、红、蓝、雪青等，有香味；花色艳丽，为常见的观花植物。以下几种植物则为庭园常见栽培的观叶植物。虎尾兰 Sansevieria trifasciata Prain，叶1~6枚簇生，挺直，厚实，两面具白色和深绿色相间的横带状斑纹；朱蕉 Cordyline fruticosa (L.) A. Cheval.，叶聚生于茎顶端，矩圆形至矩圆状披针形，长25~50 cm，宽5~10cm，绿色或带紫红色；叶柄长10~30 cm。蜘蛛抱蛋 Aspidistra elatior Bl.，根状茎粗壮，叶单生，相距约1~3cm，叶片矩圆状披针形至近椭圆形，长20~45 cm，宽8~10cm，绿色。

八、石 蒜 科

石蒜科 AMARYLLIDACEAE 属于百合亚纲，百合目。

$* P_{3+3} A_{3+3} \overline{G}_{(3:3:\infty)}$

形态特征：大多数为多年生草本；有鳞茎、根状茎或块茎。叶大多数为基生，细长，条形或带状，全缘。伞形花序，生于花葶顶端，下承以由1至多片苞片构成的总苞；花两性，花被花瓣状，有管或无管，裂片6，分为2轮，有时具副花冠；雄蕊6枚，着生于花被管的喉部或基部；3心皮复雌蕊，下位子房，3室，中轴胎座，每室胚珠多数。蒴果或浆果状；种子有胚乳。染色体：$X = 6 ~ 12, 14, 15, 23$。花粉常为单沟（远极沟）。

识别要点：草本；有鳞茎或根状茎；叶基生，线形；伞形花序，下承以由1至多片苞片构成的总苞；花被片及雄蕊各6个；下位子房，3室；蒴果或浆果状。

属种数目及分布：石蒜科约90多属1 200余种，主产温带。我国包括引种栽培的有17属50余种，分布于全国各地。本科有多种美丽的花卉植物可供观赏，如君子兰、水仙花、花朱顶红、文殊兰等；有些种类可入药，如大叶仙茅、仙茅等；有些种类可提取纤维，如剑麻、龙舌兰等。

常见植物：

(1) 君子兰属 Clivia：多年生草本；有肉质根；叶基部具叶基扩大互抱所形成的假鳞茎。叶基生，多数，2列交互叠生，宽带形，革质，全缘，深绿色。花葶自叶腋抽出，直立扁平，实心；花排成伞形花序，有花数朵至多数；花漏斗状，黄色至红色。浆果球形，成熟时紫红色。君子兰（大花君子兰）C. miniata Regel，叶较厚，倒披针状带形，长达50cm，宽3~5cm，光滑；花阔漏斗状，红中带黄色，花被裂片倒披针形；雄蕊比花被裂片短。原产于非洲南部，我国各省、区常见栽培供观赏。也可供药用，具抗癌等功效。垂笑君子兰 C. nobilis Lindl.，本种与君子兰相似，主要区别在于本种叶片较君子兰稍窄，叶缘有坚硬小齿；花不甚开放，下垂或稍下垂；花被片也较窄，橘红色；雄蕊与花被裂片近等长。原产于非洲南部，我国各省、区常见栽培供观赏。

(2) 水仙属 Narcissus：鳞茎卵圆形；叶条形或带状，直立而扁平，与花葶同时抽出。花葶中空；花高脚碟状，上部6裂，裂片近相等；副花冠长筒形，似花被，或短缩成浅杯状；雄蕊着生于花被管中。水仙 N. tazetta L. var. chinensis Roem.，花白色，有鲜黄色的杯状副花冠。原产地可能在地中海沿岸；我国南北各省、区常有栽培，但以福建漳州栽培的为上品，因而驰名中外。水仙是我国的传统名花，为全国重点花卉之一，具有品、色、香、姿、韵五绝，故历来颇受人们的喜爱与赞美，多被雕刻培育成各种各样的盆景、以供观赏。鳞茎又可入药，用于治疗腮腺炎、痈肿等症。但有毒，应慎用。

（3）石蒜属 *Lycoris*：多年生草本，具鳞茎，叶条形，于花前或花后抽出。花葶实心；伞形花序有花数朵至多朵；总苞片2片，膜质；花通常为漏斗状，花被管圆筒形；喉部有数枚很小的鳞片；雄蕊6枚，着生于花被管的喉部。石蒜 *L. radiata*（L' Her.）Herb.，鳞茎近球形；叶冬季生出，秋季开花时已无叶；花红色，花被裂片边缘皱缩，开展而反卷，雌、雄蕊伸出花被外很长（图10-70）。分布于长江流域以南各省区，常栽培供观赏和药用。鳞茎有毒，可入药，但需慎用，内服能催吐、祛痰，外用能消肿止痛，治痈疖疮毒等症。忽地笑 *L. aurea*（L' Her.）Herb.，花大，鲜黄或橘黄色。分布于长江流域以南各省区，常栽培供观赏和药用。药用功效与石蒜相似。

图10-70 石 蒜
1. 着花的花葶 2. 植株营养体 3. 果实
4. 重生鳞茎 5. 子房横切面示胎座

（4）龙舌兰属 *Agave*：粗壮草本，植物体肉质或稍木质；无茎或有短茎。叶莲座状着生，肥厚，较长，边缘有刺或无刺，顶端多有硬尖刺。花葶高大，有分枝；花组成大型的圆锥花序或穗状花序；花淡绿色，近漏斗形，花被管短，雄蕊着生于花被管的喉部或管内。剑麻 *A. sisalana* Perr. ex Engelm.，叶大型，挺直，肉质，剑形；叶缘通常无刺，顶端有红褐色的硬尖刺，刺长2~3cm。原产于墨西哥，我国南方有引种栽培。本种为世界著名的纤维植物，纤维品质极为优良，居各种龙舌兰麻之首。纤维拉力强，耐磨、耐碱、耐腐、耐水浸，是国防工业等的重要原料。也可栽培供观赏。龙舌兰（番麻）*A. americana* L.，叶大型，肉质，灰绿色，有白粉，狭倒披针形，顶端有暗褐色的硬尖刺，刺长1.5~2.5cm，边缘具疏密不等的刺。原产于美洲热带地区，我国南方有引种栽培。叶可提取纤维，但含量低，质量差；叶汁中含有较丰富的海柯吉宁（Hecogenin），为制可的松（Cortisone）等药物的原料。也可栽培于庭园供观赏。变种黄边龙舌兰 var. *variegate* Nichols.，叶缘带黄色，也为庭园常见的观赏植物。

石蒜科的经济植物尚有朱顶兰（朱顶红）*Amaryllis vittata* Ait.，花大，漏斗状，红色，带有许多白色条纹；原产于秘鲁，我国南北各省、区庭园常见栽培供观赏。文殊兰 *Crinum asiaticum* L. var. *sinicum*（Roxb. ex Herb.）Baker，植株粗壮，叶多，常绿，边缘波状，花芳香，白色，淡雅，较为美丽；我国南方许多城市的庭园常见栽培供观赏。鳞茎与叶可入药，具活血散淤及消肿止痛之功效，用以治疗跌打损伤、热毒疮肿等症。因全株有毒，适作外用，不宜内服。晚香玉（月下香）*Polianthes tuberosa* L.，花乳白色，芳香。原产于墨西哥，我国各省、区常有栽培供观赏，并可作为切花材料；为芳香植物，花可提取芳香油。有的栽培品种花为重瓣。葱莲（玉帘）*Zephyranthes candida*（Lindl.）Herb.，花白色，外面常带淡红色，几无花被管。原产于南美洲，我国南北各省、区常有栽培供观赏。风雨花（韭莲）*Z. grandiflora* Lindl.，花粉红色或玫瑰红色。原产于墨西哥等地，我国各省、区常有栽培，供观赏。

在克朗奎斯特系统中，本科的龙舌兰属归入龙舌兰科，其他属则归入百合科中。为了教学方便，本书仍将具伞形花序、下位子房的石蒜科（包括龙舌兰科中的子房下位类群）分为独立的科，同时仍把石蒜科置于百合目中。

九、兰 科

兰科 ORCHIDACEAE 属百合亚纲，兰目 ORCHIDALES。

↑P_{3+3} A_{1-2} $\overline{G}_{(3:1:\infty)}$

形态特征： 陆生（地生）、附生或腐生的多年生草本，亚灌木，稀有攀缘藤本。陆生和腐生的具须根，常有根状茎或块茎；附生的常具肉质假鳞茎以及肥厚而有根被的气生根。单叶互生，常排成两列，稀对生或轮生；基部常具抱茎的叶鞘，有时退化成鳞片状。花葶顶生或侧生，花单生或排列成穗状、总状或圆锥花序；花两性，稀为单性；两侧对称；花被片6个，排成2轮，均花瓣状；外轮3枚为萼片，中央的1片称中萼片，有时与花瓣靠合成盔；两侧两片斜歪的称侧萼片，有时贴生于蕊

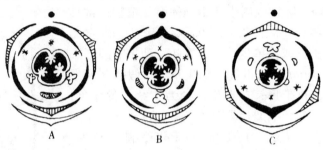

图 10-71 兰科花图式

A. 具2个雄蕊的　B. 具1个雄蕊的（子房扭转前）　C. 具1个雄蕊的（子房扭转后）

柱脚上而形成萼囊；内轮两侧的2片称花瓣，中央的1片特化而称唇瓣（lip），因子房作180°扭转，而使唇瓣位于前下方；唇瓣常有鲜艳的色彩，其上通常有脊、褶片、胼胝体或腺毛等附属物，基部常有囊或距。雄蕊与花柱、柱头完全愈合成合蕊柱（gynostemium），呈半圆柱状；雄蕊2轮，仅外轮1枚中央雄蕊或内轮2枚侧生雄蕊能育；花药2室，花粉颗粒状，通常黏结成2~8个花粉块；雌蕊有3个连合的心皮，子房下位，1室，侧膜胎座，稀3室而成中轴胎座；柱头3，侧生2枚能育常黏合，另1不育呈小突起为蕊喙，或柱头3合成单柱头而无蕊喙（雄蕊为2时）；胚珠多数。蒴果，种子微小，多数，无胚乳，胚小而未分化完全。染色体：X = 6~29。花粉1~2沟、3~4孔（图10-71、图10-72）。

识别要点： 陆生、附生或腐生草本；叶常互生，基部常具抱茎的叶鞘，有时退化为鳞片；花多为两性，两侧对称；花被片6枚，排成2轮，均花瓣状；雄蕊1或2枚，与花柱、柱头愈合成合蕊柱；花粉黏结成花粉块；子房下位，1室，侧膜胎座；蒴果，种子微小，多数。

属种数目及分布： 兰科为单子叶植物中的第一大科，被子植物中的第二大科，约700余属20 000余种，广布于热带、亚热带与温带地区，尤以南美洲与亚洲的热带地区最为丰富。我

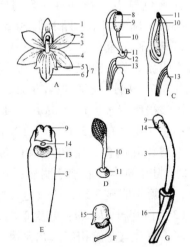

图 10-72 兰科花的结构

A. 兰科的花被各部示意图　B. 兰花的基盘部　C. 兰花的顶盘部　D. 花粉块的结构　E. 合蕊柱　F. 花药　G. 子房与合蕊柱

1. 中萼片　2. 花瓣　3. 合蕊柱
4. 侧萼片　5. 侧裂片　6. 中裂片　7. 唇瓣
8. 花粉团　9. 花药　10. 花粉块柄
11. 黏盘　12. 黏囊　13. 柱头
14. 蕊喙　15. 药帽　16. 子房

国有160余属1100余种，主要分布于长江流域及以南各省（自治区），西南部和台湾尤盛。本科有很多是著名观赏植物，各地多有栽培，还有许多种类可供药用。

常见植物：

（1）天麻属 *Gastrodia*：腐生草本；具横生的块状根状茎，肉质，肥厚，表面有环纹；茎直立，节上具鞘状鳞片；总状花序顶生，通常含数花至多花；花较小，萼片与花瓣合生成筒状，顶端5齿裂；花粉块2个。天麻 *G. elata* Bl.，块状根状茎长椭圆形；茎黄褐色；花黄褐色，萼片与花瓣合生成斜歪筒状，口偏斜；分布于东北、华北、华东、华中及西南地区，现已人工栽培；块茎入药，称"天麻"，为著名中药，有熄风镇惊，通络止痛之功效，常用于治疗多种原因引起的头晕目眩和肢体麻木、神经衰弱、小儿惊风及高血压等症。

（2）兰属 *Cymbidium*：陆生或附生草本，稀腐生植物；常具假鳞茎，少有具伸长的茎；叶常长条形，革质，近基生，通常无柄；总状花序直立或下垂，或花单生；花有香味；蒴果椭圆形或卵状椭圆形。春兰 *C. goeringii* Rchb. f.，陆生草本，假鳞茎聚生成丛；叶4~6枚丛生，狭带形；花单生，少为2朵，黄绿色，有清香气；唇瓣不明显3裂，中裂片乳白色带紫红色斑点。花期2~3月（图10-73）。蕙兰（夏兰）*C. faberi* Rolfe，陆生草本，假鳞茎不明显；叶6~10枚丛生，带形，质硬，直立性强；总状花序有花6~12朵或更多，花淡黄绿色；唇瓣不明显3裂，绿白色，有紫色斑点。花期4~5月。建兰（秋兰）*C. ensifolium* (L.) Sw.，陆生草本，略具假鳞茎；叶2~6枚丛生，带形，较柔软，弯曲而下垂；总状花序有花3~7朵，花浅黄绿色，清香；唇瓣不明显3裂，侧裂片浅黄褐色，中裂片浅黄色带紫红色斑点。花期7~9月。著名观赏花卉，全国各地广为栽培，品种很多；根、叶入药，前者清热止带，后者镇咳祛痰。寒兰 *C. kanran* Makino，陆生草本，假鳞茎卵球形；叶3~7枚丛生，带形，直立性强；总状花序有花5（7）~12朵，花色多变，具香气；唇瓣不明显3裂，侧裂片有紫红色斜纹，中裂片乳白色，中间黄绿色带紫斑。花期9~12月。墨兰（报岁兰）*C. sinense* (Andr.) Willd.，陆生草本，假鳞茎明显；叶3~5枚丛生，带形，暗绿色；总状花序具多花，花瓣黄绿色，清香；唇瓣不明显3裂，浅黄色带紫斑。花期11月至翌年1月。

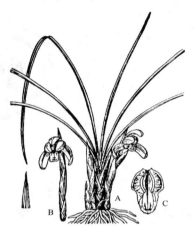

图10-73 春 兰
A. 植株　B. 花　C. 唇瓣

（3）白芨属 *Bletilla*：陆生草本，具假鳞茎；茎生于假鳞茎顶部，直立；叶数枚，近基生；总状花序；萼片与花瓣相似；花粉块8个。白芨 *B. striata* (Thunb.) Rchb. f.，假鳞茎扁球形，上面具荸荠似的环带；茎粗壮，劲直；叶4~5片，宽披针形或长圆形；花序具花3~8朵，花大，玫瑰红色或淡紫红色，萼片与花瓣近等长，唇瓣3裂，白色带淡红色具紫脉；分布于长江流域各省、区。假鳞茎药用，有收敛止血、逐瘀消肿、生肌止痛的功效；花艳丽，可作为观赏植物。

兰科的经济植物尚有：鹅毛白蝶花（龙头兰）*Pecteilis susannae* (L.) Raf.，陆生草本；花大，白色，芳香；分布于我国南方多数省、区，为美丽的园林观赏花卉。流苏贝母兰 *Coelogyne fimbriata* Lindl.，附生草本；花白色或淡黄色；唇瓣黄色或具红褐色条纹，我国南方多数省、区有栽培，供观赏。鹤顶兰 *Phaius tankervilliae* (Ait) Bl.，陆生草本，植株高达60cm；花大，萼片和花瓣背面白色，内面赭褐色；唇瓣背面前部紫色，腹面内侧紫红色带白色条纹；我国南方多数省、区有栽培，为常见的美丽园林观赏花卉，也可作鲜切花。见血清 *Liparis nervosa* (Thunb.) Lindl.，陆生草本，植株高10~30cm；分布于我国南方；全草药用，一般鲜用治肺热咯血、吐血；外用治创伤出血、疮疖肿毒等症。石斛 *Dendrobium nobile* Lindl.，附生草本，茎黄绿色，节间明显；产我国南部；常室内盆栽，供观赏；全株药用，有滋阴养肾、益胃、清热生津之效，可治口干烦渴、肺结核、食欲缺乏、病后虚弱等症。小斑叶兰 *Goodyera repens* (L.) R. Br.，陆生草本，植株高8~23cm；叶面有网纹；总状花序，花偏于一侧；几广布于全国各省、区；全草入药，治肺结核咳嗽、支气管炎、淋巴结核；外用治蛇伤、痈疖疮疡等症。绶草（盘龙参） *Spiranthes sinensis* (Pers.) Ames，陆生草本，植株高15~50cm；叶基生，条形；花小，淡红色；分布于全国各省、区；全草或根供药用，具益阴清热、润肺止咳、消肿散瘀之效，用于治疗病后虚弱、阴虚内热、咳嗽吐血、咽喉肿痛、肺结核、头晕、腰酸、遗精、淋浊带下、疮疡痈肿等症。鹅毛玉凤花 *Habenaria dentata* (Sw.) Schltr.，陆生草本，植株高35~60cm；分布于长江流域及其以南各省、区；块茎入药，具益肾、利湿、解毒之功效，主治疝气、头晕、白浊、白带等症。石仙桃（石橄榄） *Pholidota chinensis* Lindl.，附生草本，假鳞茎入药，据《岭南采药录》载，可治内伤吐血、哮喘、咳嗽、心气痛、风湿、赤白痢、风火牙痛等症。

兰科花对昆虫传粉的适应：兰科植物的花，对于昆虫传粉有着复杂而巧妙的适应。兰科的花常常大而美丽，有香气，唇瓣常有鲜艳的色彩，容易吸引昆虫。雄蕊与花柱及柱头结合成蕊柱，花粉黏结成块，且下有黏盘，柱头有黏液；花的蜜液，大多藏在唇瓣基部的距内、囊内或合蕊柱的基部。昆虫进入花内采蜜时，落在唇瓣上，头部恰好触到花粉块基部的黏盘上，昆虫离开花朵时，带着一团胶状物和黏附其上的花粉块而去，至另一花采蜜时，花粉块恰好又触到有黏液的柱头，黏附于柱头上，完成授粉作用。由此可见，兰科植物的花，结构奇特、高度特化，是对昆虫传粉高度适应的表现，是单子叶植物中虫媒传粉的最进化类型。

兰科的演化：关于兰目系统演化的地位，一般认为兰目来自百合目，并与百合目中具有上位花的科、属最为接近。与百合目相比，它具有一系列进化的特征，如内轮花被的中央1片特化为唇瓣，使辐射对称花发展为两侧对称；雄蕊数目由6枚减少到3、2乃至1枚；子房上位，3室，演变为子房下位，1室；兰科植物在花的形状、大小和颜色方面，在唇瓣的结构及其基部产蜜的囊或距的形态方面，以及在合蕊柱的结构、蕊喙的形态方面，变化极其多样，常常使人难以理解，为何能有纷繁的构造，其实这些都是对各种昆虫传粉的适应，并与各种昆虫协同进化的结果。把花各部分的形态和该种植物传粉昆虫的传粉行为结合起来进行观察分析，便能了解形态与功能的统一性。此外，兰科植物生活型多样，除陆生草本外还有腐生、攀缘藤本的类型；它的种子微小，数量极多，使它能适应各种生态环境，成为单子叶植物的最大科、被子植物的第二大科。

兰科几乎被植物学家公认为代表单子叶植物最进化的类群，主要表现在：①草本，稀为攀缘藤本，附生或腐生。②花两侧对称，内轮花被中央1片特化为唇瓣，唇瓣基部常形成具蜜腺的囊或距。③雄蕊数目减少，并与雌蕊合生为合蕊柱。④子房下位，柱头常具喙状小突起的蕊喙。⑤花部的所有特征都表现了对昆虫传粉的高度适应。

第三节　被子植物的主要分类系统及分类原则

一、被子植物系统演化的两种学说

研究被子植物的系统演化，首先要了解被子植物的原始类群与进化类群各自具有什么特征，目前，对此问题尚无定论，究其主要原因是缺乏原始被子植物的化石证据。当前流行的主要有假花说（pseudanthium theory）和真花说（euanthium theory）和两种学说。

1. 假花说

假花说认为，被子植物花的雄蕊和心皮分别相当于一个极端退化的裸子植物单性孢子叶球的雄花和雌花，因而设想被子植物来自裸子植物的麻黄类中的弯柄麻黄（*Ephedra campylopoda*）。在这个设想里，雄花的苞片变为花被，雌花的苞片变为心皮，每个雄花的苞片消失后，只剩下1个雄蕊。同样，雌花的苞片退化后只剩下胚珠，着生于子房基部。心皮是苞片变来的，而不是大孢子叶。由于裸子植物，尤其是麻黄和买麻藤都是以单性花为主，所以原始的被子植物，也必然是单性花。被子植物中具有单性花的柔荑花序类就被认为是最原始的类型。被子植物的花是由花序演化来的，不是一个真正的花而是一个演化了的花序。

假花说的理论认为，柔荑花序类植物的无花瓣、单性、木本、风媒传粉、合点受精和单层珠被等特征是被子植物中最原始的类型。与此相反，有花瓣、两性、虫媒传粉、珠孔受精和双层珠被等是进化的特征。因此把木兰科、毛茛科认为是较进化的类型，同时认为单子叶植物出现在双子叶植物之前，应放在双子叶植物的前面。

坚持假花说的常被称为恩格勒学派，主要是以德国的恩格勒（A. Engler）(1897, 1909)和奥地利的维特斯坦（Wettstein）(1901, 1935)为代表。恩格勒被子植物分类系统是以假花说为基础建立起来的。

现代多数系统学家认为该学说的依据不足，如柔荑花序类花被的简化是高度适应风媒传粉而产生的次生现象，单层珠被是由双层珠被退化而来的，合点受精和裸子植物一样，但在被子植物进化水平较高的茄科和单子叶植物中的兰科中也有这种现象。因此柔荑花序类的单性花、单被花、风媒传粉、合点受精和单层珠被等特点，都可以看成是进化过程中的退化现象。相反，从解剖构造和花粉粒类型上看，柔荑花序类次生木质部具导管，花粉粒3沟等都是进化的特征。因此，该学说的观点受到许多学者的反对。

2. 真花说

真花说是英国植物学家哈钦松（J. Hutchinson）于1926年发表《有花植物科志》中提出的，他的工作是在英国边沁（Bentham）及虎克（Hooker）的分类系统，和以美国植物学家柏施（Bessey）的花是由两性孢子叶球演化而来的概念为基础发展起来的。

真花说是根据化石植物的证据提出来的，认为被子植物的花是由已灭绝的裸子植物的本内苏铁目（Bennettites）的两性孢子叶球演化来的，孢子叶球主轴的顶端演化为花托，生于伸长主轴上的大孢子叶演化为雌蕊，其下的小孢子叶演化为雄蕊，下部的苞片演化为花被。也就是说，由本内苏铁的两性孢子叶球演化成被子植物的两性花。

根据此学说，被子植物中的两性花比单性花原始；花各部分分离、多数比连合、有定数为原始；花各部分螺旋状排列比轮状排列为原始；木本植物比草本植物原始。该学说认为双子叶植物中的木兰目（Magnoliales）和毛茛目（Ranales）的花与古代裸子植物本内苏铁目十分相似，因此，它们在被子植物中属于原始类型。他们认为柔荑花序类要比离生心皮（木兰目和毛茛目）进化，无被花种类是由有被花种类特化而来。他们还认为木兰目和毛茛目是被子植物的两个起点，从木兰目演化出一支木本植物，从毛茛目演化出一支草本植物，并认为单子叶植物源于双子叶植物毛茛目，因此将单子叶植物列于双子叶植物之后。

坚持真花说的常被称为毛茛学派，主要以美国植物学家柏施（Bessey）(1893)、德国的植物学家哈里（Hallier）(1912)以及英国的植物学家哈钦松（J. Hutchinson）(1926)等为代表。当今流行的较著名的被子植物分类系统，英国的哈钦松（Hutchinson）、前苏联的塔赫他间（A. Takhtajan）和美国的克朗奎斯特（A. Cronquist）等都是以真花说为基础建立起来的。

最近的分子系统学研究得出了极具挑战性的结论，rRNA序列分析证明由草本和半草本包括马兜铃目、胡椒目和睡莲目以及单子叶植物组成的古草本类（paleoherb）是被子植物谱系的基础，而木本的木兰类和真双子叶植物却是一个分支，其中真双子叶植物包括毛茛类、金缕梅类、蔷薇亚纲、石竹亚纲、五桠果亚纲和菊亚纲等具有3沟花粉的类群。结合形态学、rRNA和rbcL数据进行分析，支持绝灭的本内苏铁目和现存的买麻藤目是被子植物最近类群的观点。由于具有花和类花结构，被子植物、绝灭的本内苏铁目、现存的买麻藤目和五柱木属统称为生花植物（anthophyte）。目前的化石资料结合形态学和分子性状认为木兰亚纲植物虽然保存了一系列被子植物花可能的原始特征，如花部分离，花被不分化等，但它并不是最早的被子植物。早期被子植物可能是个体较小的草本植物，其花小、简单，可能为单性，花被分化不明显；雄蕊由不发达的花丝和具瓣状开裂的花药组成；花粉小、单沟，在非孔区覆盖层具不发达的外壁内层；雌蕊群包括一个或几个单室心皮，每室具1或2枚胚珠；柱头表面不明显分化。

二、被子植物的主要分类系统

自从达尔文进化论问世以后，分类学力求建立客观反映生物界亲缘关系和进化顺序的自然分类系统，很多分类学家根据被子植物形态演化的趋势，结合古植物学和其他学科提供的分类信息，形成了各自的系统发育理论，提出许多不同的被子植物系统，其中最有影响的分类系统有恩格勒（A. Engler）系统（1897）和哈钦松（J. Hutchinson）系统（1959）。此外，近代较著名的还有克朗奎斯特（A. Cronquist）系统（1981）和塔赫他间（A. Takhtajan）系统（1980，1987）等。尽管这些系统都属自然分类系统，但由于被子植物种类繁多，古老的原始类型和中间类型已大部分绝灭，而化石资料还不丰富，使这些研究者的考证不足，得到的论据不同，所建立的系统也是不同的。因此，迄今为止，还没有一个为大家所公认的、完美的、真正反映系统发育的分类系统，要达到这个目的，还需各学科的深入研究和大量工作。现把上述四个分类系统的主要观点介绍如下：

（一）恩格勒系统

这一系统是由德国植物学家恩格勒（A. Engler）和柏兰特（Prantl）在1897年发表的《植物自然分科志》提出的，是分类学史上第一个比较完整的自然分类系统。该系统的要点如下：

（1）赞成假花学说，认为柔荑花序类植物是最为原始的。

（2）花的演化规律是：由简单到复杂；由无被花到有被花；由单被花到双被花；由离瓣花到合瓣花；花由单性到两性；花部由少数到多数；由风媒到虫媒。

（3）认为被子植物是二元起源的；双子叶植物和单子叶植物是平行发展的两支；在他所著《植物自然分科纲要》一书中，将单子叶植物排在双子叶植物前面，同书1964年的第12版，由迈启耳（Melchior）修订，已将双子叶植物排在单子叶植物前面。

（4）恩格勒系统包括整个植物界，把植物界分为13门，被子植物是第13门中的一个亚门，即种子植物门的被子植物亚门。以后几经修订，到1964年第12版由原来的45目280科增加到62目344科，并把被子植物列为一门和其他增加的门而列为第17门。

（5）恩格勒系统图是将被子植物由渐进到复杂化而排列的，不是由一个目进化到另一个目的排列方法，而是按花的构造、果实种子发育情况，有时按解剖知识，在进化理论指导下做出了合理的自然分类系统（图10-74）。

恩格勒系统是被子植物分类学史上第一个比较完善的分类系统。迄今为止，世界上大部分国家都应用该系统。我国的《中国植物志》及多数地方植物志和植物标本室，都曾采用该系统，它在传统分类学中影响很大。该系统虽经迈启耳（Melchior）修订，但仍存在着某些缺陷。比如将柔荑花序类作为最原始的被子植物，把多心皮类看做是较为进化的类群等，这种观点，现在赞成的人已经不多了。

（二）哈钦松系统

这一系统是由英国植物学家哈钦松（J. Hutchinson）以英国边沁（Bentham）和虎克（Hooker）以及美国柏施（Bessey）系统为基础建立起来的。哈钦松著有《有花植物科志》一书，分两册于1926年和

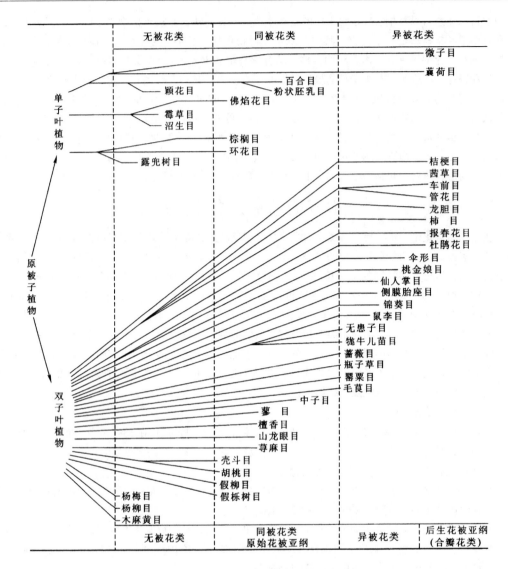

图 10-74　恩格勒被子植物分类系统图

1934 年出版，在书中发表了自己的分类系统。到 1973 年已经几次修订，原先的 332 科增至 411 科。该系统要点如下：

（1）赞成真花学说，认为木兰目、毛茛目为原始类群，而柔荑花序类不是原始类群。认为被子植物是单元起源的；单子叶植物起源于毛茛目。

（2）花的演化规律是：花由两性到单性；由虫媒到风媒；由双被花到单被花或无被花；由雄蕊多数且分离到定数且合生；由心皮多数且分离到定数且合生。

（3）双子叶植物在早期就分为草本群、木本群两支。木本支以木本植物为主，其中有后来演化为草本的大戟目、锦葵目等，以木兰目最原始。草本支以草本植物为主，但也有木本的小檗目等，以毛茛目最原始。分单子叶植物为 3 大支：萼花群 12 目 29 科，瓣花群 14 目 34 科，颖花群 3 目 6 科（图 10-75）。

哈钦松系统把多心皮类作为演化起点，在不少方面正确阐述了被子植物的演化关系，有很大进步。但这一系统坚持把木本和草本作为第一级区分，因此导致许多亲缘关系很近的科（如草本的伞形科和木本的五加科等）远远地分开，占据着很远的系统位置，人为性较大，故这个系统很难被人接受。半个世纪以来，许多学者对多心皮系统进行了多方面的修订。塔赫他间系统、克朗奎斯特系统都是在此基础上

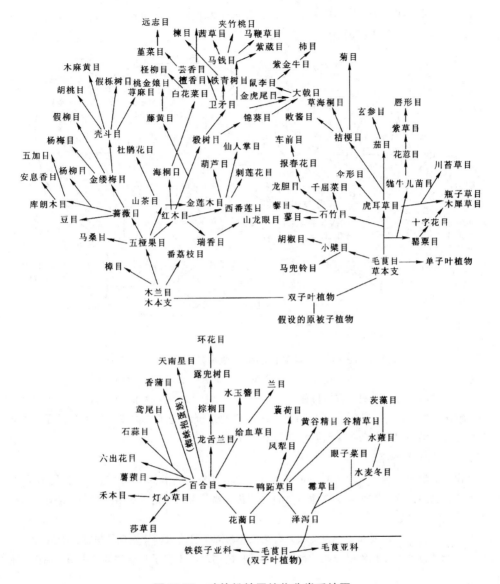

图 10-75　哈钦松被子植物分类系统图

发展起来的。

（三）塔赫他间系统

前苏联植物学家塔赫他间（A. Takhtajan）于 1954 年出版了《被子植物起源》一书，发表了自己的系统，到 1987 年已作过多次修改。该系统的要点如下：

（1）赞成真花学说，认为被子植物可能来源于裸子植物的原始类群种子蕨，并通过幼态成熟演化而成；主张单元起源说。

（2）认为两性花、双被花、虫媒花是原始的性状。

（3）取消了离瓣花类、合瓣花类、单被花类（柔荑花序类）；认为杨柳目与其他柔荑花序类差别大，这与恩格勒和哈钦松系统都不同。

（4）草本植物由木本植物演化而来；双子叶植物中木兰目最原始，单子叶植物中泽泻目最原始；泽泻目起源于双子叶植物的睡莲目。

（5）1980 年发表的分类系统中，分被子植物为 2 纲，10 亚纲，28 超目。其中木兰纲（双子叶植物纲）包括 7 亚纲，20 超目，71 目，333 科；百合纲（单子叶植物纲）包括 3 亚纲，8 超目，21 目，77 科；总计 92 目，410 科（图 10-76）。

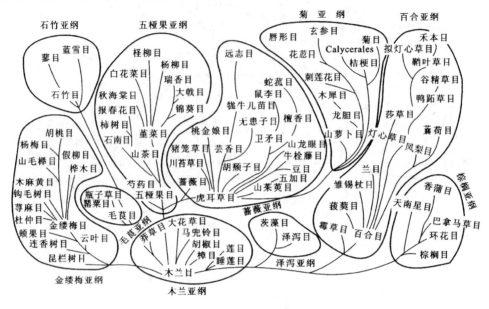

图 10-76　塔赫他间被子植物分类系统图

塔赫他间分类系统，打破了离瓣花和合瓣花亚纲的传统分法，增加了亚纲，调整了一些目、科，使各目、科的安排更为合理。如把连香树科独立为连香树目，把原属毛茛科的芍药属独立成芍药科等，都和当今植物解剖学、细胞分类学的发展相吻合，比以往的系统前进了一大步。但不足的是，增设"超目"分类单元，科数也过多，似乎太繁杂，不利于学习与应用。

（四）克朗奎斯特系统

美国植物分类学家克朗奎斯特（A. Cronquist）于 1958 年在他所著的《双子叶植物目科新系统纲要》一书中发表了自己的系统，1968 年又在他所著的《有花植物分类和演化》一书中进行了修订，1981 年又作了修改。其系统要点如下：

（1）采用真花学说及单元起源观点，认为有花植物起源于已绝灭的原始裸子植物种子蕨。

（2）木兰目为现有被子植物最原始的类群。单子叶植物起源于双子叶植物的睡莲目，由睡莲目发展到泽泻目。

（3）现有被子植物各亚纲之间都不可能存在直接的演化关系。

（4）在 1981 年修订的分类系统中，他把被子植物（称木兰植物门）分为木兰纲（双子叶植物）和百合纲（单子叶植物）。木兰纲包括 6 个亚纲，64 目，318 科；百合纲包括 5 亚纲，19 目，65 科；合计 11 亚纲，83 目，383 科（图 10-77）。

克朗奎斯特系统接近于塔赫他间系统，但个别亚纲、目、科的安排仍有差异。该系统简化了塔赫他间系统，取消了"超目"，在各级分类系统的安排上，似乎比前几个分类系统更为合理，更为完善，科的数目及范围较适中，有利于教学使用，而为许多教材所采用。但对其中的一些内容和论点，又存在着新的争论。例如单子叶植物的起源问题，塔赫他间和克朗奎斯特都主张以睡莲目发展为泽泻目，塔赫他间还具体提出了"莼菜—泽泻起源说"。但日本的田村道夫提出了由毛茛目发展为百合目的看法。我国的杨崇仁等人，在 1978 年，从 5 种化学成分的比较上，也认为单子叶植物的起源不是莼菜—泽泻起源，而应该是从毛茛—百合起源。他们所分析的 5 种化学成分中的异喹啉类（一种生物碱）在单子叶植物中多见于百合科，在双子叶植物中，毛茛科是这种化学成分的分布中心。而睡莲目迄今未发现有这种生物碱的存在。

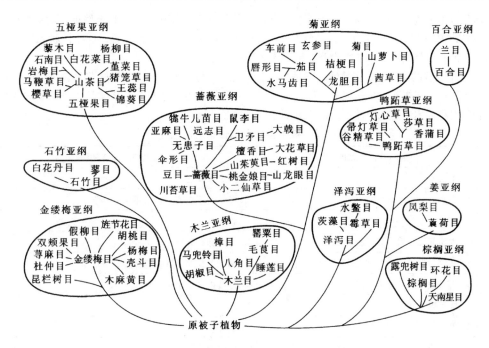

图 10-77 克朗奎斯特被子植物分类系统图

三、被子植物的分类原则

被子植物分类，不仅要把约 25 万种植物归类到一定的纲、目、科、属、种中，还要建立起一个分类系统，反映出它们之间亲缘关系。这个系统要能反映出各分类群哪些比较原始，哪些比较进化，各分类群之间在进化上彼此有怎样的联系。

被子植物分类学是以形态学特征作为分类的主要标准，尤其是以花及果实的形态特征，解剖学方面的特征也常被采用为辅助性的条件。建立被子植物分类系统，客观地反映被子植物各分类群之间的亲缘关系，这是一项很艰难的工作。这是因为被子植物在地球上，几乎是在距今 1.4 亿年的白垩纪突然间同时兴起的，所以很难根据化石的年龄论定谁比谁更原始。其次是由于几乎找不到任何花的化石，而花部特征又是被子植物分类的重要依据，这使得整个化石进化系统成为割裂的片断。然而，人们还是根据现有资料对被子植物的分类系统作了很多探索，并尽可能反映出它的起源与演化关系。这些资料主要是：现有被子植物形态发育特征、化石资料（化石的形态学比较），另外还有植物细胞学、孢粉学、植物化学成分、分子生物学以及植物地理学等方面的资料。

被子植物形态结构的演化规律是判别各种被子植物演化的准则，根据化石资料，多数学者认为被子植物起源于中生代古裸子植物本内苏铁。由它演化出的早期被子植物所具备的性状是原始的，如两性花、花被同形、花部离生、花部多数而不固定等。再由此推断出次生的、进化的性状。同时，再根据其他植物的化石，来推断出原始与进化性状。如最早出现的被子植物多为常绿、木本植物，而落叶、草本植物出现较晚，因此可推断前者为原始性状，后者则为进化性状。基于上述的认识，一般公认的形态构造的演化规律和分类原则如表 10-2。

在看待和应用被子植物分类原则时，应该明确以下 3 个方面：

（1）各种性状在分类上的价值是不等的。如在禾本科的分类中，小穗呈背腹压扁或呈两侧压扁这种性状较小穗含有小花的数目为重要。植物分类学者工作时，总是把某些性状比另一些性状看得重要些，这就是所谓对性状的加权。

（2）各个性状的演化不是同步并进的。一个分类群在演化时，不是所有的性状都演化或以同等速度演化,演化也不都遵循同一方向。一个性状在前进,其他则可能停止不动,甚至倒退。例如萝藦科 ASCLEPIADACEAE 的花,花冠连合,具有合蕊冠,花粉成花粉块,并有传粉装置,这些性状无疑都是进步的。但雌蕊的心皮仍然离生,果实为蓇葖果,这又是原始的性状。

(3) 各个性状的演化,在多数情况下是互相关联的,如与虫媒花相比,风媒花是较进步的性状。但在双子叶植物中,风媒花大多是辐射对称,植物体也大多是木本,这两个性状又是比较原始的性状,风媒花、辐射对称和木本这三个性状,在这里是互相关联着。

表 10-2 被子植物形态性状的演化趋势

	初生的、较原始的特征	次生的、进化的特征
根	1. 主根发达	1. 不定根发达
茎	2. 乔木、灌木	2. 多年生草本或一、二年生草本
	3. 直立	3. 藤本
	4. 木质部无导管,只有管胞	4. 木质部有导管
	5. 环纹、螺纹导管,梯纹穿孔,斜端壁	5. 网纹、孔纹导管,单穿孔,平端壁
	6. 不分枝或总状分枝、二叉分枝	6. 分枝很多,合轴分枝
	7. 维管束环状排列	7. 维管束散生
叶	8. 单叶	8. 复叶
	9. 互生或螺旋状排列	9. 对生或轮生
	10. 常绿性	10. 落叶性
	11. 网状脉	11. 平行脉
花	12. 单生花	12. 有花序,无限花序比有限花序更进化
	13. 花部呈螺旋排列	13. 花部呈轮状排列
	14. 花托柱状或稍隆起	13. 花托平或下凹
	15. 花组成部分数目多,为不定数	14. 花组成部分数目较少,为定数
	16. 单被花	15. 双被花或退化为单被花、无被花
	17. 萼片、尤其花瓣分离	16. 萼片、花瓣合生
	18. 花冠辐射对称(整齐)	17. 花冠两侧对称(不整齐)
	19. 雄蕊多数、离生	18. 雄蕊定数,有时合生
	20. 离生单雌蕊	19. 复雌蕊
	21. 子房上位	20. 子房半下位或下位
	22. 两性花	22. 单性花,雌雄异株比同株更进化
	23. 虫媒花	23. 风媒花
	24. 花粉粒具单沟,二细胞	24. 花粉粒具3沟或多孔,三细胞
	25. 胚珠多数,2层珠被,厚珠心	25. 胚珠少数,1层珠被,薄珠心
	26. 边缘胎座、中轴胎座	26. 侧膜胎座、基生胎座或特立中央胎座
果实	27. 单果、聚合果	27. 聚花果
	28. 蓇葖果、蒴果、瘦果	28. 核果、浆果、梨果、瓠果、颖果
种子	29. 胚乳丰富	29. 胚乳少或无
	30. 胚小、直伸、子叶2个	30. 胚较大,弯曲或卷曲,子叶1个
生活型	31. 多年生	31. 一年生或二年生乃至短命植物
	32. 绿色自养植物	32. 寄生或腐生异养植物

根据以上三点，我们在进行分类工作或分析一个分类群的演化地位时，对待各个性状，既要避免片面性，又要避免等量齐观。也就是说，一方面，要考虑所有的至少大多数的性状，不能只根据一两个或少数一些性状进行类群的区分或据此得出"进化""原始"的结论。另一方面，也不能不分主次地把全部性状看作同等重要。

本章小结

被子植物门（或木兰植物门）可分为双子叶植物纲（或木兰纲）和单子叶植物纲（或百合纲），它们在根系类型、茎的维管束组成和排列、脉序、花的基数、子叶数目等方面都有明显的区别。本章从地理分布、形态特征、常见植物等方面分别对 48 个在我国国民经济中比较重要的科以及分类学上的重点科作了比较系统的介绍。各科植物的主要形态特征如下：

双子叶植物植物纲

（1）木兰科：木本；单叶互生，有环状托叶痕；花单生，雌、雄蕊多数，离生，螺旋排列于柱状花托上；常为聚合蓇葖果。

（2）樟科：木本，具芳香；叶 3 出脉或羽状脉；花常 3 基数；浆果或核果。

（3）睡莲科：水生草本，常有肥壮的根状茎；叶常为盾形或心形；雄蕊常多数；心皮合生成多室的子房或分离而内藏于膨大的花托中；坚果或浆果。

（4）毛茛科：多为草本；花 5 基数；雄蕊和雌蕊多数、离生、螺旋状排列于膨大突起的花托上；子房上位；聚合瘦果或聚合蓇葖果。

（5）桑科：植物体常具乳汁；多为单叶互生；花单性；单被，花被花萼状；雄蕊与花被片同数而对生；上位子房，2 心皮 1 室；多为复果（聚花果）。

（6）胡桃科：落叶乔木；羽状复叶，互生；单被花；花单性同株，雄花序柔荑状；子房下位，1 室，1 胚珠；核果或具翅坚果。

（7）壳斗科：木本；单叶互生；单被花；单性花，雌雄同株；雄花成柔荑花序，雌花 2~3 朵生于总苞中；子房下位；坚果，外具壳斗。

（8）藜科：草本，具泡状粉粒；单叶互生，常肉质，无托叶；花小，单被；雄蕊与花被片常同数而对生；子房 1 室，基生胎座；胞果，包于宿存的花被内；胚弯曲。

（9）苋科：多为草本；单叶，无托叶；花小，单被，花萼状，常干膜质；雄蕊与花被片同数对生；子房 1 室，1 胚珠；常为胞果，多盖裂。

（10）石竹科：草本，茎节部膨大；单叶，全缘，对生，基部常横向相连；花两性，辐射对称；雄蕊常为花瓣的 2 倍；子房上位；特立中央胎座；蒴果。

（11）蓼科：多为草本；茎的节部膨大；单叶互生，全缘，具膜质托叶鞘；花两性；单被花，花被花瓣状；子房上位；瘦果。

（12）山茶科：常绿木本；单叶互生，叶革质；花两性，辐射对称，5 基数；雄蕊多数，多轮排列，常集为数束；子房上位，中轴胎座；常为蒴果。

（13）椴树科：常具星状毛或簇生短柔毛；茎皮富含纤维；单叶互生；托叶通常成对；花两性；花萼常 5 裂；花瓣与花萼裂片同数；雄蕊多数；子房上位；蒴果、核果状果或浆果。

（14）锦葵科：树皮富含韧皮纤维；幼枝和叶表面常有星状毛；单叶互生，常具掌状脉，有托叶；常有副萼；单体雄蕊，花药 1 室；蒴果或分果。

（15）西番莲科：藤本；常具卷须；单叶，全缘或分裂；花常为 5 基数；子房上位，1 室，侧膜胎座；浆果或蒴果；种子多数，具肉质假种皮。

（16）番木瓜科：木本，具乳汁；叶有长柄，聚生于茎顶部，常为掌状分裂；花 5 基数；侧膜胎座，胚珠多数；浆果肉质。

（17）葫芦科：草质藤本；有卷须；叶掌状分裂；花单性；花药常折叠；子房下位，3 心皮，侧膜胎座；瓠果。

（18）杨柳科：木本。单叶互生，托叶早落。花雌雄异株，柔荑花序；花有苞片，有花盘或蜜腺，无花被，侧膜胎座；蒴果，种子小，基部有长毛。

（19）十字花科：总状或圆锥花序；十字形花冠；四强雄蕊；侧膜胎座，假隔膜隔成假2室；角果。

（20）杜鹃花科：常为灌木；单叶互生；雄蕊数常为花冠裂片的2倍，花药具附属物，常顶孔开裂；花柱1，中轴胎座。多为蒴果，稀浆果或核果，种子多数。

（21）柿树科：木本；单叶，常互生，全缘；花单性；萼宿存，花冠裂片旋转状排列；子房上位，中轴胎座；浆果。

（22）蔷薇科：多具托叶；花托隆起或凹陷；花5基数，多为周位花，少上位花；子房上位或下位，果实为蓇葖果、核果、梨果或聚合果。

（23）豆科：多为复叶，常有叶枕；花冠多为蝶形，少数为假蝶形或辐射对称；2体雄蕊，少有单体或分离；单雌蕊，边缘胎座；荚果；种子无胚乳。

（24）桃金娘科：常绿木本；单叶，常对生，具透明油点；花两性；具花盘；雄蕊常多数；子房下位或半下位，中轴胎座；种子常有角。

（25）大戟科：常有乳汁；单叶互生，基部常具2个腺体；花单性；子房上位，3心皮合生，3室，中轴胎座；蒴果。

（26）鼠李科：常具枝刺或托叶刺；花为5~4基数；雄蕊和花瓣对生。

（27）葡萄科：藤本；茎卷须与叶对生；花4~5出数；花序多与叶对生；有花盘；雄蕊与花瓣同数而对生；子房上位，中轴胎座；浆果。

（28）无患子科：通常羽状复叶；花通常单性，少杂性或两性；花瓣内侧基部常有腺体或鳞片；花盘发达，位于雄蕊外方；心皮3；种子常具假种皮。

（29）漆树科：木本；有树脂道；雄蕊与花瓣通常同数或为其2倍；有雄蕊内花盘；子房上位，常1室；多为核果。

（30）芸香科：多木本；叶常为羽状复叶或单身复叶，常具透明腺点。花盘发达，位于雄蕊内侧；子房常4~5室，花柱单一；常为柑果和浆果。

（31）伞形科：草本，常有香味；茎多中空，有纵棱；叶柄基部膨大，或呈鞘状抱茎；复伞形或伞形花序；子房下位；双悬果。

（32）夹竹桃科：常含乳汁；花冠喉部常具附属物；雄蕊与花冠裂片同数，且着生于花冠管上；蓇葖果、浆果、蒴果或核果。

（33）茄科：花5基数；花萼宿存；花冠轮状；冠生雄蕊与冠裂片同数且互生；2心皮合生，中轴胎座，胚珠多数；浆果或蒴果。

（34）旋花科：茎缠绕、攀缘、平卧或匍匐；常具乳汁；花5基数，花冠漏斗状或钟状；常具花盘；雄蕊5个，生于花冠筒的基部；蒴果。

（35）唇形科：草本，茎四棱。单叶对生。轮伞花序，花冠唇形，二强雄蕊，心皮2个，4室。4个小坚果。

（36）木犀科：木本；叶对生。花萼和花冠常4裂；雄蕊2个生于花冠管上；子房上位，2室，每室2胚珠。蒴果、核果、浆果或翅果。

（37）玄参科：多为草本，稀木本；单叶，常对生。花常两侧对称，花萼宿存，花冠多呈二唇形；常为2强雄蕊；雌蕊下常有花盘；多为蒴果。

（38）茜草科：单叶对生或轮生；托叶生于叶柄间或叶柄内；雄蕊与花冠裂片同数而互生，着生于花冠筒上；子房下位。蒴果、浆果或核果。

（39）菊科：多为草本；叶多互生；头状花序；有总苞；舌状花或管状花；聚药雄蕊；子房下位，1室，1胚珠；瘦果，顶端常有冠毛或鳞片。

单子叶植物纲

(1) 泽泻科：水生或沼生草本；叶基生；花在花序轴上轮状排列；花3基数；外花被萼片状，宿存；雌蕊心皮离生；聚合瘦果。

(2) 棕榈科：木本，茎干常被以宿存的叶基；叶全缘或羽状、掌状分裂；叶柄基部常扩大成具纤维的鞘；肉穗花序；大型佛焰苞一至多枚；浆果或核果。

(3) 天南星科：常草本，具根状茎或块茎；植物体含苦汁、水汁或乳汁；叶柄基部常具膜质鞘；肉穗花序包于佛焰苞中；浆果密集于花序轴上。

(4) 莎草科：茎常三棱形，无节，实心；叶常3列，或仅有叶鞘，叶鞘闭合，无叶耳和叶舌；小穗组成各式花序；多为小坚果。

(5) 禾本科：秆常圆柱形，有明显的节和节间，节间常中空；叶2列，叶鞘包秆边缘分离，常有叶耳和叶舌；由小穗组成各式花序；颖果。

(6) 姜科：草本，常具芳香；根状茎或块茎；叶鞘顶端有明显的叶舌；能育雄蕊1枚，不育雄蕊常退化为花瓣状；子房下位；蒴果或浆果。

(7) 百合科：单叶；花被花瓣状；雄蕊6枚与花被片对生；子房3室；中轴胎座。果实为蒴果或浆果。

(8) 石蒜科：草本；有鳞茎或根状茎；叶基生，线形；伞形花序，下承以由1至多片苞片构成的总苞；花被片及雄蕊各6个；下位子房；蒴果或浆果状。

(9) 兰科：陆生、附生或腐生草本；花两侧对称；花被花瓣状；雄蕊1或2枚，与花柱、柱头愈合成合蕊柱；花粉粘结成花粉块；子房下位，1室，侧膜胎座；蒴果，种子微小，多数。

有关被子植物的系统演化，当前流行的主要有真花说和假花说两种学说。比较起来，较多的学者认为真花说较能说明被子植物演化的规律和分类原则而得到赞同和采用。

目前，最有影响的被子植物分类系统有恩格勒系统、哈钦松系统、塔赫他间系统和克朗奎斯特系统。比较来看，恩格勒系统认为葇荑花序类是被子植物中最原始的类型，这一理论是行不通的。因为葇荑花序类无论从形态上还是解剖学上看，它们不可能是最原始的代表，葇荑花序类有可能是由多心皮类中的无花被类型产生的。因此，恩格勒系统的进化线路受到许多学者的批评。但因该系统比较完整，过去曾被广泛采用，故至今也仍有许多著作、教材、标本室沿用恩格勒系统。哈钦松系统为多心皮学派奠定了基础，但由于该系统坚持将木本和草本作为第一级区分，因此，导致许多亲缘关系很近的科（如草本的伞形科和木本的山茱萸科、五加科等等）远远分开，系统位置相隔很远。为此，把被子植物分为木本支和草本支是形式上的附会，有着时代性的错误，故该系很难被人接受。半个多世纪以来，许多学者对多心皮系统进行了多方面的修订。塔赫他间系统和克朗奎斯特系统就是在此基础上发展起来的，这两个系统无论是系统中分类单元的排序，还是对类群进化地位的认识都更合乎逻辑和客观规律。克朗奎斯特系统由于科的数目及范围较适中，有利于教学使用，而为许多教材（包括本教材）所采用。

复习思考题与习题

1. 解释下列名词

托叶鞘、环状托叶痕、佛焰苞、花盘、花萼、合蕊柱、花粉块、叶枕、距

2. 比较下列各组概念

灌木与半灌木、双子叶植物与单子叶植物、木兰科与毛茛科、唇形科与玄参科、禾本科与莎草科、真花说与假花说

3. 分析与问答

(1) 蔷薇科分为哪几个亚科？分类的主要依据是什么？列表加以比较。

(2) 按照恩格勒的意见，豆科分为哪几个亚科？分类的主要依据是什么？列表加以区别。

(3) 为什么说菊科是双子叶植物中最进化、演化地位最高的类群？简述该科的繁殖生物学特性。

（4）为什么说禾本科是单子叶植物中风媒传粉最特化的类群？

（5）兰科被认为代表单子叶植物最进化的类群，主要表现在哪些方面？

（6）正确书写木兰科、毛茛科、石竹科、十字花科、葫芦科、锦葵科、大戟科、伞形科、茄科、旋花科、唇形科、菊科、百合科、禾本科及兰科的花程式。

（7）观察并记录校园内被子植物主要科的植物，比较同一科不同物种的相似特征。

（8）用真花说的观点说明木兰目的原始性状表现在哪些方面。

参考文献

1. 科学院中国植物志编辑委员会. 中国植物志（共 80 卷）. 北京：科学出版社，1959～2003
2. 中国科学院植物研究所. 中国高等植物图鉴（1～5 册，补编 1～2 册）. 北京：科学出版社，1978～1982
3. 辞海生物分册. 上海：上海辞书出版社，1978
4. 华东师范大学. 植物学（上、下册）. 北京：高等教育出版社，1982
5. 中山大学，南京大学. 植物学（下册）. 北京：人民教育出版社，1982
6. 侯宽昭等. 中国种子植物科属词典（第 2 版）. 北京：科学出版社，1982
7. 胡适宜. 被子植物胚胎学. 北京：人民教育出版社，1983
8. 李正理，张新英. 植物解剖学. 北京：高等教育出版社，1984
9. 福建科学技术委员会等. 福建植物志（1～6 卷）. 福州：福建科学技术出版社，1985～1995
10. 汪劲武. 种子植物分类学. 北京：高等教育出版社，1985
11. 李扬汉. 植物学. 上海：上海科学技术出版社，1986
12. 高信曾. 植物学（第 2 版）. 北京：高等教育出版社，1987
13. 贺士元. 植物学（下册）. 北京：北京师范大学出版社，1987
14. 浙江植物志编辑委员会. 浙江植物志（1～8 卷）. 杭州：浙江科学技术出版社，1989～1993
15. 孙时轩. 造林学（第 2 版）. 北京：中国林业出版社，1990
16. 陆时万等. 植物学（第二版）上册. 北京：高等教育出版社，1991
17. 吴国芳. 植物学（第二版）下册. 北京：高等教育出版社，1991
18. 吴万春. 植物学. 北京：高等教育出版社，1991
19. 刘胜祥. 植物资源学. 武汉：武汉出版社，1992
20. 戴宝合. 野生植物资源学. 北京：中国农业出版社，1993
21. 刘一樵等. 森林植物学（南方本）. 北京：中国林业出版社，1993
22. 杨悦. 植物学. 北京：中央广播电视大学出版社，1995
23. 胡玉熹. 植物博物馆. 郑州：河南教育出版社，1995
24. 胡继金. 植物学. 北京：中国农业科技出版社，1997
25. 徐汉卿. 植物学. 北京：中国农业出版社，1997
26. 沈显生. 中国东部高等植物分科检索与图谱. 安徽：中国科学技术大学出版社，1997
27. 贺学礼. 植物学. 西安：世界图书出版公司，1998
28. 马炜梁. 高等植物及其多样性. 北京：高等教育出版社，1998
29. 杨继等. 植物生物学. 北京：高等教育出版社，1999
30. 周云龙. 植物生物学. 北京：高等教育出版社，1999
31. 杨世杰. 植物生物学. 北京：科学出版社，2000
32. 翟中和等. 细胞生物学. 北京：高等教育出版社，2000
33. 顾德兴，张桂全. 普通生物学. 北京：高等教育出版社，2000
34. 曹慧娟，樊汝文. 植物学（第二版）. 北京：中国林业出版社，2001
35. 郑湘如，王丽. 植物学. 北京：中国农业出版社，2001
36. 贺学礼. 植物学. 西安：陕西科学技术出版社，2001

37. 刘穆. 种子植物形态解剖学导论. 北京：科学出版社，2001
38. 潘瑞炽. 植物生理学（第四版）. 北京：高等教育出版社，2001
39. 傅承新，丁炳扬. 植物学. 杭州：浙江大学出版社，2002
40. 胡宝忠，胡国宣. 植物学. 北京：中国农业出版社，2002
41. 姚敦义. 植物学导论. 北京：高等教育出版社，2002
42. 张宪省，贺学礼. 植物学. 北京：中国农业出版社，2003
43. 许鸿川. 植物学实验技术. 北京：中国林业出版社，2003
44. 李名扬. 植物学. 北京：中国林业出版社，2004
45. 许鸿川. 植物学学习指导. 北京：中国林业出版社，2005
46. Rick Parker. Introduction to Plant Science. Washington：Dehmar, Publishers, Inc, 1997
47. A J Lack, D E Evans. Plant Biology. Bios Scientific Publishers Limited, 2002